暖通空调工程优秀设计图集
⑥

中国建筑学会暖通空调分会　主编

中国建筑工业出版社

图书在版编目(CIP)数据

暖通空调工程优秀设计图集⑥/中国建筑学会暖通空
调分会主编. —北京：中国建筑工业出版社，2017.10
ISBN 978-7-112-21147-0

Ⅰ.①暖… Ⅱ.①中… Ⅲ.①房屋建筑设备-采暖设
备-建筑设计-中国-图集②房屋建筑设备-通风设备-建筑
设计-中国-图集③房屋建筑设备-空气调节设备-建筑设
计-中国-图集 Ⅳ.①TU83-64

中国版本图书馆 CIP 数据核字(2017)第 207128 号

本书是中国建筑学会暖通空调分会组织的"中国建筑学会暖通空调工程优秀设计奖"获奖作品集锦。书中包括了 109 项获奖作品，作品包括到全国各个地区的暖通空调设计精品工程，项目涉及办公楼、医院、体育馆、公交枢纽、实验楼、机场航站楼、生产厂房等公共建筑、工业建筑及住宅建筑，具有极大的代表性。本书随书光盘中附有大量优秀工程的设计图纸，为暖通空调设计提供了良好的参考资料。

责任编辑：张文胜 姚荣华
责任校对：焦 乐 刘梦然

暖通空调工程优秀设计图集

⑥

中国建筑学会暖通空调分会 主编

*

中国建筑工业出版社出版、发行（北京海淀三里河路 9 号）

各地新华书店、建筑书店经销

北京科地亚盟排版公司制版

北京圣夫亚美印刷有限公司印刷

*

开本：880×1230 毫米 1/16 印张：25 字数：739 千字
2017 年 12 月第一版 2017 年 12 月第一次印刷
定价：**69.00** 元（含光盘）
ISBN 978-7-112-21147-0
(30786)

前　言

　　加快生态文明建设，走新型城镇化道路，实现可持续发展是国家新时期战略发展的迫切需要。引导暖通空调设计师将绿色、节能、环保、舒适的设计理念贯穿于设计的全过程，为社会节约资源，为人们创造健康舒适的人居空间，对建设节能低碳、绿色生态、集约高效的建筑用能体系，实现绿色发展具有重要的现实意义。

　　"中国建筑学会优秀暖通空调工程设计奖"是继"梁思成建筑奖"之后设立的一项工程设计奖。2013年该奖项纳入中国建筑学会建筑设计奖（暖通空调），是我国暖通空调设计领域的最高荣誉奖，每两年一届。自2016年该奖项设立以来，相继出版发行《暖通空调工程优秀设计图集①-⑤》共5册，内容包括工程概况、设计参数、设计特点、空调冷热源设计及主要设备选型、通风系统设计、防排烟系统设计、系统智能控制等。对暖通空调行业技术发展和设计水平的提高具有重要的指导作用和参考价值。

　　2016年4月，在省地方学会和学会两委会理事委员及相关设计单位的积极参与下，共收到参赛项目123项，经秘书处初审，最终确定评审项目117项，其中华北区51项、华东区36项、东北区3项、华南区7项、华中区13项、西北区5项、西南区2项。2016年9月召开评审会，由代表了专业性、区域性、权威性的17位长期从事设计、研究的资深专业组成评审委员会。在经过预评、初评、评审小组提议、无记名投票表决等一系列严格程序后，评选出获奖项目112项，分别是一等奖14项、二等奖39项、三等奖59项。在经过为期一个月的公示后，同年11月在第二十届全国暖通空调制冷学术年会上举行了颁奖仪式。

　　在获奖项目人员和学会秘书处的共同努力下，《暖通空调工程优秀设计图集⑥》的文稿于2017年7月完成并正式提交中国建筑工业出版社出版，并面向全国发行。希望本图集对广大暖通空调设计师和从业人员有所参考和帮助。但需注意的是，暖通空调工程设计是一项涉及面广、影响因素多的复杂技术工作，因此在参阅本图集时须具体情况具体分析。此外，鉴于本图集获奖工程项目的完成时间不同，其参考的相关标准规范均有不同程度的修订，亦请读者给予注意。

徐伟

2017 年 7 月

目 录

深圳宝安国际机场 T3 航站楼①

- 建设地点　　广东省深圳市
- 设计时间　　2008 年 6 月～2009 年 11 月
- 竣工日期　　2013 年 11 月 28 日
- 设计单位　　北京市建筑设计研究院有限公司
- 主要设计人　方　勇　金　巍　安　欣　黄季宜
- 本文执笔人　方　勇
- 获奖等级　　一等奖

作者简介：
　　方勇，教授级高级工程师，1994 年毕业于北京工业大学热能工程系；现在北京市建筑设计研究院有限公司第四设计院工作。

　　航站楼建筑在从诞生到现在不足百年的时间里，已经从最初功能单一、没有特定风格的交通中转建筑发展到现在有独立的建筑体系、完整的功能空间、独特的建筑风格的综合性交通建筑。航站楼的发展里程，可以说是近一个世纪以来国内外社会经济发展的真实写照。

一、工程概况

　　深圳宝安国际机场 T3 航站楼占地 19.5 万 m²，总建筑面积 45.1 万 m²，设计年旅客吞吐量 4500 万人次，高峰小时旅客人数为 13716 人。航站楼分为主楼和指廊候机厅两部分，共 62 个近机位和 15 个远机位，年飞机起降架次为 37.5 万架。

建筑外观图

　　深圳宝安国际机场 T3 航站楼的外在形态以

不对称设计为主，有着强烈的"地中海风格"，与以往传统的大型航站楼建筑有着不同理念。航站楼的屋面和侧墙自然卷曲过渡，不对称但融为一体，配合"仿生学"的巧妙应用，从而形成了由建筑到环境的自然过渡。

二、工程设计特点

　　航站楼建筑所具备的：①以简洁和新颖的屋面结构展现结构美学；②更为注重个性特征和标志性作用；③到港及出港的旅客运营系统更加便捷、高效；④趋向于"智能化建筑技术"与"智能交通体系"的综合体。建筑工程的特点，决定了内部系统的设置上安全可靠的一致性原则，又需兼顾地域特色及个性化特征。①空调冷源水蓄冷技术应用；②复杂且上下贯通的室内空间；③造型独特的空调末端形式；④相互重叠的民航流程、复杂多样的室内功能需求；⑤空调冷水的远距离输送系统；⑥通透感极强的立面幕墙、排列有序的玻璃天窗、造型夸张的指廊凹陷区等"景观化构造"，以及规模庞大、数量繁多的系统设置，都是空调系统的设计特点，也是空调系统设计的难点。

三、设计参数及空调冷热负荷

1. 室内设计参数的确定
　　室内设计参数的确定是获得适宜的室内热环

---

　　①　编者注：该工程设计主要图纸参见随书光盘。

境的前提，也是空调系统节能的基础。夏季室内设计温度每提高1℃，能耗可减少8％～10％。

衡量室内热环境的主要参数是温度、湿度及室内风速。国家标准《采暖通风与空气调节设计规范》GB 50019—2003中，对舒适性的定义为：温度24～28℃，相对湿度40％～65％，风速不大于0.3m/s。

许多人存在概念上的误区，认为深圳地区温高湿重，夏季室内温度越低越好，应选定为24℃。其实，这并不完全符合华南地区的气候特点、人们对地方气候的适应能力及生活习惯。资料表明，当辐射温度27.8～29.7℃、相对湿度84％～90％、气流速度0.05～0.2m/s、人体皮肤温度29.7～32.0℃时，室内达到温度27～29℃即可使人体感到舒适。

同时，T3航站楼较低的冷水供水温度（5.5℃）、较大的送风温差（全空气送风系统温差为12℃），可以使航站楼室内获得更低的相对湿度（可低于50％）。为在不影响室内舒适度的前提下，适当提高室内设计温度提供了基础条件。

最后，结合《公共建筑节能设计标准》深圳市实施细则的要求，最终确定了温度26℃、相对湿度55％的室内设计参数。

2. 空调负荷计算

航站楼建筑都具备：①流线型的整体屋面，巨大的挑檐；②高低起伏变化的幕墙；③垂直连通的高大空间；④大面积的内区房间；⑤有规律排布的巨大天窗等共同特点，使用传统的空调负荷计算方法难以获得较准确的空调负荷计算结果。系统设计中通过DeST动态模拟计算软件，采用典型年的室外气象条件来模拟分析建筑热环境。

为了使空调负荷计算更加接近于真实，同时相对降低计算强度。在负荷计算中，将航站楼建筑进行有效分区，对于复杂、高大空间（如围护结构为玻璃幕墙的出港大厅、到港大厅、行李提取大厅等公共区域），运用动态模拟软件DeST进行全年逐时空调负荷模拟计算分析，对于建筑内区运用传统的冷负荷系数法完成围护结构负荷计算，室内发热部分按传统计算方法计算（见表1、表2）。

空调系统冷量分类统计（按末端冷量）表1

全空气系统（kW）	内区新风系统（kW）	厨房通风系统（kW）	电气通风系统（kW）	登机桥系统（kW）	风机盘管系统（kW）	合计（kW）
53471	2486	4894	2181	1674	4003	68709
78％	4％	7％	3％	2％	6％	—

空调系统冷量指标　　　表2

	面积（×10⁴（m²））	冷负荷指标（W/m²）
建筑面积	45.1	152.3
空调面积	30.5	225.2

四、空调冷热源及设备选择

1. 机场能源中心

深圳地区采用"分时电价"的电价政策（峰谷电价比为4∶1）、政府部门的鼓励性补贴、航站楼建筑的负荷特性（空调负荷在电峰、谷时段的不均衡性；空调负荷的规律性、周期性强；空调负荷在使用时段及非使用时段的变化大等）及运行管理部门对降低运行费用的强烈需求，都为"蓄冷空调技术"的应用提供了有利的前提。设置"蓄冷空调技术"能在满足建筑空调需求，达到"削峰填谷"，平衡电力供应，提高电能的有效利用的目的。

由于以水作为蓄冷介质的"蓄冷系统"具备传热性能好、性能稳定，且初投资少、系统简单、维修方便、技术要求低、可以使用常规空调制冷系统等特点，深圳机场能源中心冷源采用了温度自然分层式水蓄冷系统。利用水在温度大于4℃，随温度升高、水的密度减少；在温度0～4℃范围内，随温度升高，水的密度增大，在3.98℃时水的密度最大。在分层水蓄冷中，温度为4～6℃的冷水聚集在蓄冷罐的下部，而10～18℃的温水自然聚集在蓄冷罐的上部，实现冷温水的自然分层。蓄冷温度为5℃，航站楼空调冷水供/回水温度按5.5℃/14.0℃设计。

采用相对较低的冷冻水温度（5.5℃），使空调系统具备更强的除湿能力，符合地处高温高湿气候条件下的深圳地区，对空调系统的除湿能力的较高要求。而且，通过采用标准单工况冷水机组，实现空调水系统"大温差、小流量"模式运行，不仅可有效降低输送系统的输送能效比（ER），达到输送系统节能的要求。而且，可降低冷源及输送设备及管材、电力方面的投资。

能源中心内为航站楼服务的水蓄冷系统的设计日最大负荷为907125kWh（2587999RTh），逐时最大负荷62500kWh（17868RTh），峰值负荷应该出现在设计日的16：00左右。系统配置电力驱动冷水机组6台，单台机组制冷量为7.034MW（2000RT）；蓄冷水罐两座，单座水罐水容量为

13800m³，蓄冷量为 12.7×10⁴kWh。总制冷量 42.204MW（12000RTh）；总蓄冷量为 25.4×10⁴kWh。

2. 空调水系统确定

机场能源中心为整个深圳机场航管区规划内的各个建筑提供空调冷源及备用电力，坐落在航站楼的西南侧（见图1）。根据深圳机场规划区内各个建筑的使用功能、建设规模及运行周期，以及运行管理部门对能源管理的规划，在能源中心内将为航站楼服务的冷源系统与为其他建筑服务的冷源系统独立设置。为航站楼服务的空调水系统采用"多级泵"系统，为其他建筑服务的空调水系统采用"板式换热器和二次循环泵"系统。

图1 能源中心位置

基于上述冷源供给模式的变化，将标准的空调冷水输送"三级泵"（"一次泵"负担能源中心内系统的压降、"二级泵"负担能源中心至航站楼外网内系统的压降、"三级泵"负担系统航站楼内水系统分区空调系统末端管路的压降）系统中的"二级泵"和"三级泵"合并，变为"扩大二级泵"系统。简化了相应的控制系统，提高了整个空调冷水系统的可靠性和稳定性。

航站楼空调水系统利用蓄冷水罐中的水位进行系统定压，"一级泵"与"二级泵"分界处的"盈亏管"设置在能源中心内。

五、空调系统形式

（1）航站楼内诸如值机大厅、候机大厅、行李提取大厅、安检大厅等人员密集，有较严格室内环境的温、湿度控制要求，并同时满足室内噪声、空气洁净度及空调区域微正压需求的空间，设置一次回风、可变新风比、变风量全空气系统。全空气机组采用风机变频运行，并配置相应的排风机组。

（2）对于建筑层高超过 10m 的高大空间，采用分层空调的气流方式，形成多股平行非等温射流，将空间隔断为上下两部分，仅对下部空间形成"空调区"，对上部空间形成"非空调区"。

（3）高大空间空调末端采用喷口送风，利用射流在室内形成强烈的回旋气流，带动室内空气进行充分混合，从而使空调区获得较均匀的速度场和温度场。

（4）照明及室内设备发热量较大的内区围合商业区域，设置全年供冷风机盘管系统，另在开放商业空间设置全空气系统。

（5）航站楼内各房间要求温、湿度独立调节室内温、湿度的内区办公区域设置新风加风机盘管系统。新风机组设置排风热回收装置。

（6）厨房送风（含全面送风、灶具排风补风）及变配电间、开闭站送风均采用直流送风系统，送风机组为普通新风机组。

（7）除 PCR、DCR、UPS 及部分 SCR（兼广播）等有特殊要求的弱电机房按要求设置机房专用精密空调机组外，其余弱电机房均设置明装落地风机盘管。

六、空调系统自控设计

1. 新风机组控制（见表3）

新风机组控制表　　表3

控制内容	控制逻辑
送风温度、湿度控制	送风温度设定值人工整定； 根据新风送风温度设定值调节表冷器水路电动调节阀开度
风机启、停控制	根据预定的时间表启、停风机，或者根据航班动态信息控制风机启、停时间的变化；送、排风机联动，并累计运行时间； 当风机出现故障时，自动停机、报警； 控制手动、自动转换状态； 新风处理机组停止运行时新风阀关闭，冷冻水电动调节阀关闭
监测内容	风机和阀门的开关状态； 过滤器积尘、堵塞后阻力超限报警； 风机运行时，进出口压差过低报警； 送风温湿度、冷却盘管温度； 设备故障过载报警、启停次数、累计运行时间、定时检修更换提示

2. 定风量全空气系统控制（见表4）

定风量全空气系统控制表　表4

控制内容	控制逻辑
室内温度控制	室内（回风）温度设定值根据季节人工整定； 根据回风温度与设定温度的偏差值，调节表冷器水路电动调节阀开度
风阀控制	机组新风阀、回风阀采用可调节风阀并互相连锁； 新风阀与送风机组、排风阀与排风机组连锁启、闭； 送风机组与排风机组按以下运行模式连锁控制：①最小新风比运行时，新风和回风阀开启，控制新风阀为最小新风比开度，排风机停止运行；②全新风运行时，控制新风阀全开，回风阀关闭，排风阀开启，排风机运行； 机组停止运行时，冷冻水管路电动调节阀关闭
新风工况转换控制	根据室内外空气状态对新风阀、回风阀及排风阀的开度进行最大和最小新风比双位调节
风机启、停控制	根据预定的时间表或者航班动态信息控制风机的启、停时间；送、排风机联动，并累计运行时间； 最小新风比运行时，排风机组处于关闭状态；全新风运行时，排风机组配合AHU送风机组运行； 当风机出现故障时，自动停机、报警； 控制手动、自动转换状态
监测内容	过滤器积尘、堵塞后阻力超限报警； 室外温度、湿度及空气处理机组的送、回风温湿度； 空气冷却器出口的冷水温度； 空气过滤器进出口静压差的超限报警

3. 变风量全空气系统控制（见表5）

变风量全空气系统控制表　表5

控制内容	控制逻辑
室内温度控制	送风温度设定值人工整定； 根据送风温度调节表冷器水路电动调节阀开度
新风工况转换控制	按设计工况最小新风比50%设置最小阀门开度； 新风量的工况转换采用固定温度法。以室外空气温度 $t_w \leqslant 24℃$（t_s）作为新风免费供冷工况的启动条件
最小新风量控制	空调系统主回风管设置 CO_2 浓度传感器。当按最小新风比模式下，送风机组随室内负荷变化减少时，室内 CO_2 浓度检测值≤0.1%（1000ppm）时，新风阀全开、回风阀关闭，同时开启排风机。系统按100%新风模式运行稀释室内空气，直至室内 CO_2 浓度检测值降低到0.08%（800ppm）时，恢复系统正常运行模式
变风量控制	根据回风温度的设定值控制风机转数，风量变化范围为100%～50%； 系统排风机组与送风机组同步变频
风机启、停控制	根据预定的时间表或者航班动态信息控制风机的启、停时间；送、排风机联动，并累计运行时间； 当风机出现故障时，自动停机、报警； 控制手动、自动转换状态； 最小新风运行时，排风机组处于关闭状态；全新风运行时，排风机组配合AHU送风机组运行

続表

控制内容	控制逻辑
监测内容	室外温度、湿度；空气处理机组的送、回风温湿度； 表冷器出口的冷水温度； 过滤器进出口静压差的超限报警； 风机、水泵、转轮热交换器、加湿器、自控阀等设备运行状态和故障报警； 风机运行时，进出口压差过低报警； 变频器频率和运行状态、故障报警

七、心得与体会

在深圳宝安国际机场T3航站楼项目空调系统的设计过程中，实现了复杂空间的空调负荷整体计算，并结合航站楼项目的冷量需求特点及深圳市的能源结构，将"蓄冷技术"应用于航站楼建筑的空调冷源设置；同时，利用CFD模拟计算的结果，规划了航站楼内全空间、全区域的送风形式；另外，通过深度参与诸如"幕墙体系构造"、"复杂空间烟气控制"、"楼宇自控设计"等专项设计；最后，结合航站楼内民航专项流程，最终确定了整个航站楼建筑的整个空调系统的设计框架，并在此框架指导下，完成了整个空调系统的设计。

从2013年底正式投入运行以来，空调系统也历经了三个完整"空调季"的磨合，经历了从调试、初运行、修正、再调试，直到系统稳定的漫长历程。这不但是饱受各种困扰的过程，同时，也是在"先进设计理念"的指导下，协调航站楼建筑在观感及创新上的需求、航站楼建筑所处的地域特色、超大规模建筑工程的建设工期限制及建设成本控制杠杆、航站楼运行维护成本及经营管理诉求等多方面因素的艰苦前行的过程。

如果有机会再完成一次类似深圳机场T3航站楼这样的大型公共交通类建筑的空调系统设计，我们应打破固有设计理念对的束缚，依据对航站楼建筑的建设理念、运营模式等多方面的理解，在空调系统的设置上首先要简洁可靠、其次要更加灵活而富有"弹性"、在CFD模拟技术的软件应用及边界条件设定、人员密集场所的气流组织、BIM技术应用等环节更加细化，从而在降低改造的成本的同时，达到"真正"的可持续发展。

援塞拉利昂生物安全实验室净化空调系统设计

作者简介：
周权，高级工程师，2007 年毕业于哈尔滨工业大学供热、供燃气、通风机空调工程专业，硕士；工作单位：中国建筑科学研究院；主要设计代表作品：中国农业科学院哈尔滨兽医研究所 P3 实验室、四级生物安全模式实验室。

- 建设地点　塞拉利昂共和国弗里敦市
- 设计时间　2014 年 9～10 月
- 竣工日期　2015 年 2 月
- 设计单位　中国建筑科学研究院 建筑环境与节能研究院
- 主要设计人　周　权　张昆东　曹国庆
- 本文执笔人　周　权
- 获奖等级　一等奖

一、工程概况

埃博拉病毒是一种能引起人类和灵长类动物产生埃博拉出血热的烈性传染病病毒，1976 年在苏丹南部和扎伊尔的埃博拉河地区首次被发现，因其极高的致死率而被世界卫生组织列为对人类危害最严重的病毒之一，其特征包括：突发性发烧、极度虚弱、肌肉疼痛、头痛和咽喉痛。目前尚无有效疗法，有明确接触史的传染率也高。

自 2014 年 2 月开始，这种死亡率极高的病毒又一次在西非国家肆虐。至 2014 年 8 月 1 日，根据世界卫生组织的统计，1323 人感染了埃博拉病毒，其中 729 人死亡。

2014 年 9 月 17 日，我国派出的移动实验室检测队顺利抵达塞拉利昂。塞外交部部长、交通部长、卫生部副部长等在机场为检测队队员举行了欢迎仪式。

2014 年 9 月 24 日，由中国疾病预防控制中心梁主任、蒋处长参加的工作会议，重点强调援塞拉利昂固定生物安全实验室项目重大意义，而且在当下的病毒肆虐的紧要关头，希望设计单位能够全力配合，尽快拿出设计图纸，配合完成境外施工及准备工作。

本工程位于塞拉利昂首都弗里敦市郊区，中塞友好医院东侧，地势平坦。项目占地面积 1762.5m^2，总建筑面积 375m^2，包括生物安全实验室、柴油发电机房等，建筑高度：5m（檐口）。

由于在特殊的历史时期，既要满足生物安全实验的基本要求，又要结合塞拉利昂当地的落后条件，确保实验室尽快投入使用，为解救饱受埃博拉病毒折磨的广大塞拉利昂百姓，本项目的工艺、暖通专业的评审委员会一致认为应以 WHO《实验室生物安全手册（第三版）》为基础，尽可能参考《生物安全实验室建筑技术规范》GB 50346—2011 的相关要求。

本工程包括 BSL-2 实验区、BSL-3 实验室、PCR 准备间、样品库、洗消间、配电室、消防控制室、空调机房、库房等房间（见图 1 和图 2）。BSL-2 实验室内设置有立式高压灭菌锅、培养箱、超低温冰箱、II-A2 生物安全柜等工艺设备。BSL-3 实验区包括男、女一更，男、女淋浴，二更。BSL-3 实验室，核心实验室内包括 II-A2 生物安全柜、超低温冰箱、培养箱、立式高压锅、台式离心机等工艺设备。PCR 准备间包括超净台等工艺设备。

经过紧张的设计与沟通，2014 年 11 月 2 日，由建设单位中国疾病预防控制中心组织，援塞拉利昂固定生物安全实验室施工图评审会顺利召开，专家组提供了宝贵意见并一致认为施工图满足使用要求，顺利通过评审。之后，本项目施工图又通过了施工图外审，就此完成了施工图设计周期内的基本内容，进一步配合施工准备阶段的工作。由于塞拉利昂经济及工业基础非常薄弱，所有建筑材料及设备均在国内完成采购，再租用 747 民

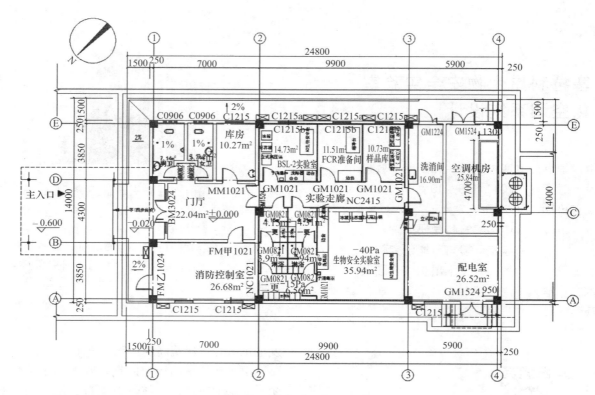

图 1　工艺平面布置图

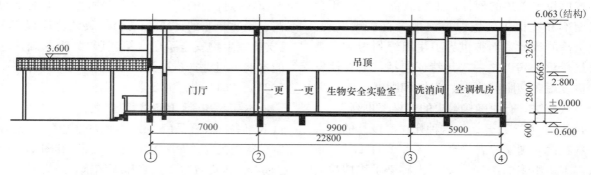

图 2　剖面图

用运输机空运至塞拉利昂。尤其是暖通设备，不但要满足实验室建筑技术等相关规范的要求，还要满足国际空运单件体积和重量的要求，因此必须将空调机组及空气源热泵机组等大型设备拆解装箱。

2014 年 11 月 20 日上午，中国援塞拉利昂固定生物安全实验室举行开工奠基仪式，塞总统欧内斯特·巴伊·科罗马率外交部副部长、卫生部长、内政部长、渔业部长和教育部长等内阁成员参加仪式，我驻塞大使赵彦博、商务参赞邹小明等近百人出席仪式。

2014 年 12 月 19 日晚 8 点，随着最后一斗混凝土浇筑完成，中国援助塞拉利昂固定生物安全实验室项目的屋面混凝土浇筑工作圆满结束，标志着该项目结构封顶比预期封顶时间提前了 5 天。

2015 年 2 月 11 日上午，在塞拉利昂首都弗利敦，中国援塞拉利昂固定生物安全三级实验室举行竣工仪式（见图 3）。中国政府援非抗疫代表团，塞外长卡马拉、卫生部部长福法纳、塞全国埃博拉应对中心首席执行官康特，以及联合国驻塞代表、英国国际发展部驻塞办公室和我援实验室检测队、医疗队等，约 100 人出席了仪式。

2015 年 03 月 11 日，我国援助塞拉利昂第一个固定生物安全实验室——塞中友好生物安全实验室正式启用，开始进行埃博拉病毒标本检测工作。

图 3　竣工验收

实验室正式启用的第一天共接收检测标本 24 份,对样本、分装、灭活、核酸提取、信息传输、PCR 反应等,每一步骤都按照 SOP 有条不紊地进行。经过队员们的共同努力,检出埃博拉阳性标本 1 份,疟疾阳性标本 1 份。

2015 年 6 月 10 日,中国疾病预防控制中心梁晓峰副主任、实验室管理处王子军处长、基建处张利民处长专程来中国建筑科学研究院赠送牌匾,对我院勇担援建塞拉利昂生物安全三级实验室重任及项目组展现的专业实力和服务精神表示衷心感谢。我院王俊院长、设计院马立东院长、曾捷副院长以及项目组成员出席了牌匾赠予仪式。

二、工程设计特点

1. 气象参数

对于援外项目,项目所在地的气象参数对于暖通专业顺利开展设计工作十分重要,对于净化空调系统的设计更是关键性技术参数。气象参数的准确度直接影响到净化间的实际计算换气次数、净化空调系统的总风量、净化机组的选择、空调系统的冷热负荷、空调系统冷热源的选择与匹配、空调系统的总能耗等。如上所述各因素,对于净化空调系统工程投资造价影响很大,更何况本项目建设在世界最贫穷的国家之一,塞拉利昂。

由于塞拉利昂本国基础设施十分落后,国家组织机构尚待完善,无法提供历年的气象参数资料,而工程建设迫在眉睫,设计工作周期都在以小时计算,气象参数无法确定将会严重影响设计工作的开展。经过多方查找,通过世界气象组织的官方网站,查询到了塞拉利昂首都弗里敦有限的气象参数,包括全年月平均最高温度、全年月平均最低温度、全年月平均降水量,但仅以这三个气象参数仍无法开展负荷计算工作的,后经专家讨论会决定,采用我国海南省海口市气象参数作为计算依据。

工程正式投入使用一年多以来,塞方及我国代表团均对实验室内温度表示满意,通过监测记录可以看到,实验室温湿度基本控制在设计值范围内。

2. 生物安全及生物安保

污物的处理及消毒灭菌系统的国内外相关规范要求如下:

世界卫生组织(WHO)颁布的《实验室生物安全手册》(第 3 版),第 4 章,防护实验室——三级生物安全水平,实验室的设计和设施,第 12 条,“防护实验室中应配置用于污染废弃物消毒的高压灭菌器。如果感染性废弃物需运出实验室处理,则必须根据国家或国际的相应规定,密封于不易破裂的、防泄漏的容器中”。

《实验室生物安全通用要求》GB 19489—2008 第 6.3.5.1 条,“应在实验室防护区内设置生物安全型高压蒸汽灭菌器。已安装专用的双扉高压灭菌器,其主体应安装在易维护的位置,与围护结构的连接之处应可靠密封”。

《生物安全实验室建筑技术规范》GB 50346—2011 第 4.1.14 条,“三级生物安全实验室应在防护区内设置生物安全型双扉高压灭菌器,主体一侧应有维护空间”。

从以上描述可以看到,WHO 手册与我国规范中对实验室污染物的处理设备选择及安装方式有着细微的差别。由 WHO 手册原文所述,“An autoclave for the decontamination of contaminated waste material should be available in the containment laboratory”. 可以看出,WHO 手册中仅仅要求三级生物安全实验室内设置高压蒸汽灭菌器,并没有像我国规范中要求的采用"双扉高压灭菌器";同样,WHO手册也没有强调具体的安装位置,相比而言,我国因为要求设置双扉高压灭菌器,所以对安装位置及维修方式都做出的细致的要求。

结合当前国内外的规范要求,在方案讨论会上,专家各抒己见,对此事展开了广泛的讨论。最终,专家组认为,根据本项目工程的具体情况,以及具体实施地——塞拉利昂当地的实际情况,在满足实验室基本使用要求的条件下,选择在实验室内设置立式高压锅,并严格遵守标准的操作规程(SOP)。选择这种方式,可以说是因地制宜,即有效,又经济,达到了最终的目标。

3. 气流组织

有关气流组织的国内外规范要求如下所述:

世界卫生组织(WHO)颁布的《实验室生物安全手册》(第3版),第4章,防护实验室——三级生物安全水平,实验室的设计和设施,第7条,"必须建立可使空气丁香流动的可控通风系统。应安装支管的监测系统,以便工作人员可以随时确保实验室内维持正确的定向气流,该检测系统可带也可不带报警系统。"

《实验室生物安全通用要求》GB 19489—2008第6.3.3.1条,"应安装独立的实验送排风系统,应确保在实验室运行时气流由低风险区向高风险区流动,同时确保实验室空气只能通过HEPA过滤器过滤后经专用排风管道排出"。第6.3.3.2条,"实验室防护区房间内送风口和排风口的布置应符合定向气流的原则,利于减少房间的涡流和气流死角;送排风应不影响其他设备(如:Ⅱ级生物安全柜)的正常功能"。

《生物安全实验室建筑技术规范》GB 50346—2011第5.4.3条,"生物安全实验室气流组织宜采用上送下排方式,送风口和排风口布置有利于室内可能被污染空气的排出。"

根据如上所述,我国规范较WHO手册而言条款要求得更加细致。

从实验室操作流程入手,不难发现,大部分生物安全实验室操作都是在生物安全柜内完成的,当然这里描述的主要是BSL-3类型的实验室,也就是说进入和离开生物安全柜的样品是经过密封和严密包装的,只有在生物安全柜内样品才会暴露出来,才会与周围的空气接触,有害气溶胶才

会扩散出来,而生物安全柜必定还有一道HEPA来防止气溶胶扩散到实验室内。因此,生物安全实验室气流组织应以控制气溶胶扩散为目标,而医药洁净厂房为保证生产药品的质量,需要尽快将洁净室内的颗粒物排出,因此以上两种类型的洁净室在控制对象及控制方法存在一定差别。所以,笔者认为在生物安全实验室内,不需要像医药洁净厂房一样将气流组织设计成上送下排形式,可以采用上供上排的方式。这一观点也得到了CNAS专家的认可。

4. 高效过滤器设置

有关BSL-3生物安全实验室有关高效过滤器(HEPA)的国内外规范要求如下所述:

世界卫生组织(WHO)颁布的《实验室生物安全手册》(第3版),第4章,防护实验室——三级生物安全水平,实验室的设计和设施,第8条,"当实验室空气(来自生物安全柜的除外)排出到建筑物以外时,必须在远离该建筑及进气口的地方扩散。根据所操作的微生物因子不同,空气可以经HEPA过滤器过滤后排放。"第9条,"所有的HEPA过滤器必须安装成可以进行气体消毒和检测的方式。"

《实验室生物安全通用要求》GB 19489—2008第6.3.7.7条,"HEPA过滤器的安装位置尽可能靠近送风管在室内的送风口端和排风管道在实验室内的排风口端";第6.3.3.8条,"应可以在原为对排风HEPA过滤器进行消毒灭菌和检漏。"

《生物安全实验室建筑技术规范》GB 50346—2011第5.1.9条,"三级和四级生物安全实验室防护区应能对排风高效空气过滤器进行原位消毒和检漏。"第10.1.7条,"对于三级和四级生物安全实验室防护区内使用的所有排风高效过滤器应进行原位扫描法检漏。对于既有实验室以及异形高效过滤器,现场确实无法扫描时,可进行高效过滤器效率法检漏。"

根据实验室的生物安全风险评估,选用了带扫描检漏的高效排风口,安装在吊顶上,可以实现在线扫描检漏。因为建设地的条件有限、坡屋面技术夹层的高度限制,并没有采用管道式高效过滤箱,或者袋进袋出(BIBO, Bag In Bag Out)。

5. 风阀设置

有关BSL-3生物安全实验室风阀的设置国内规范要求如下所述:

《实验室生物安全通用要求》GB 19489—2008 第 6.3.3.10，"应在实验室防护区送排风管道的关键节点安装生物型密闭阀，必要时，可完全关闭。应在实验室送风和排风总管道的关键节点安装生物型密闭阀，必要时，可完全关闭。"第 6.3.3.11 条，"生物型密闭阀与实验室防护区相通的送风管道和排风管道应牢固、易消毒灭菌、耐腐蚀、抗老化，宜使用不锈钢管道；管道的密闭性应达到在关闭所有通路并维持管道内的温度在设计范围上限的条件下，若使空气压力维持在 500Pa 时，管道内每分钟泄露的空气量应不超过管道内净容积的 0.2%。"

《生物安全实验室建筑技术规范》GB 50346—2011 第 5.1.7 条，"三级和四级生物安全实验室主要实验室的送风、排风支管和排风机前应安装耐腐蚀的密闭阀，阀门严密性应与所在管道严密性要求相适应。"

根据以上规定，本项目在所有送、排风支管处均设置了生物型密闭阀，并在送、排风总管同样设置了生物型密闭阀。考虑到生物安全风险，即维持核心实验室绝对负压，在核心实验室送排风支管处均安装了定风量阀，保证防护区形成定向气流，防止有害气溶胶外溢。

三、设计参数及空调冷热负荷

1. 根据塞拉利昂当地的实际条件，参考国内外规范和文件

（1）本项目生物安全实验室能够满足 WHO《实验室生物安全手册（第三版）》中三级生物安全实验室的设计要求，同时参照《生物安全实验室建筑技术规范》GB 50346—2011 的相关要求进行设计；

（2）《实验室生物安全通用要求》GB 19489—2008；

（3）《微生物和生物医学实验室生物安全通用准则》WS 233—2002；

（4）《洁净厂房设计规范》GB 50073—2013；

（5）《建筑设计防火规范》GB 50016—2006；

（6）《民用建筑供暖通风与空气调节设计规范》GB 50736—2012；

（7）《洁净手术室用空气调节机组》GB/T 19569—2004；

（8）《生物安全柜》JG 170—2005；

（9）《空气过滤器》GB 14295—2008；

（10）《高效空气过滤器》GB 13554—2008；

（11）甲方提供的有关资料及要求；建筑及其他专业所提供资料。

2. 室外设计参数的确定

考虑境外项目设计条件有限，当地无具体准确的气象参数可参考，故经过专家讨论决定，参考世界气象组织官方网站所提供的全年室外温度逐月平均值作为设计依据（见图4）。

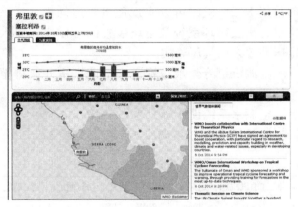

图4　弗里敦气象条件截图

根据世界气象组织官方网站信息，弗里敦全年室外月平均温度在 23～32℃ 之间，12月至次年 3月为旱季，其余为雨季，最高月平均降水量为 800mm（8月）。根据以上情况，本设计选择海南省海口市作为参照城市，夏季空气调节室外计算干球温度为 35.1℃，夏季空调室外计算湿球温度温度为 28.1℃，夏季室外大气压力为 1002.8hPa。

3. 室内设计参数（见表1）

主要房间室内设计参数　　　　　　表 1

名称	全年		洁净度，ISO	噪声 [dB（A）]
	温度（℃）	相对湿度（%）		
BSL-3 实验室	24～26	<70	8	<60
BSL-2 实验室	24～26	<70	—	<60
PCR 准备间	24～26	<70	—	<60

其他房间设计参数见表2。

其他房间室内设计参数　　　　　　表 2

名称	雨季		旱季		换气次数（新风量 m³/h 人）	噪声 dB（A）
	温度，℃	相对湿度，%	温度，℃	相对湿度，%		
办公室	24～28	—	24～28	—	30m³/h 人	<50
消控中心	24～28	—	24～28	—	10～12 次/h	
配电室	<30	<70	<30	—	12 次/h	
柴发室	—	—	—	—	防爆事故通风	

四、空调冷热源及设备选择

1. 空调水系统

本设计采用空气源冷水机组供冷，机组自带水力模块，空调机房内设置矩形水箱，提供系统补水。

空气源冷水机组安装在空调机房侧墙外，机组选用低噪声多机头节能型，为便于维修，制冷剂采用 R22，机组可以实现逐机头启动模式，该机组为集成循环系统及定压装置的一体机，要求定压装置采用气压罐式。

空调机组冷凝水经管道穿空调机房外墙排至室外明沟。

空调水系统设计压力为 0.6MPa。

2. 全空气系统空调冷热负荷（见表 3）

全空气系统空调冷热负荷　表 3

服务区	送风机组	送风量	冷负荷	再热量	排风机组	排风量
BSL-3	JK-1	2580m³/h	48kW	5kW	P-1(a, b)	2660m³/h

3. 舒适性空调

根据当地实际情况及甲方意见，除净化区及辅助机房外，房间选用分体壁挂式或分体立柜式空调机组，在夏季舒适性供冷。

空调室外机组安装高度及位置根据室外情况及相关规范安装，见国家标准图集 94K303。

配电室采用吊顶式恒温恒湿空调机组。

五、空调系统形式

生物安全空调系统划分及组成

（1）BSL-3 设置全新风净化空调系统，新风机组 JK-1，排风机组 P1-a/b。

（2）送排风机风机均为一用一备。

（3）空气净化处理：生物净化空调系统送风采用四级过滤，即粗效、中效、中高效过滤器设在空调机组内，高效过滤器设在服务房间就近。

空调机组内要求配置除菌装置，而且机组配置满足 GB/T 19569—2004，保证送风不滋生细菌。

（4）空调水系统：采用两管制，仅设置表冷盘管。

（5）房间排风：排风为一级高效过滤（带扫描检漏），过滤级别为 H13。

（6）为保护排风系统不被逆向污染，排风机组出风段配止回阀。

（7）空调风系统，配置旁通熏蒸管路，旁通熏蒸运行方式参见图 5。

（8）屋面的排风管均安装锥形风帽，风帽要求设防虫网。

（9）所有新风口均配置新风静压箱，保证进风气流均匀稳定，进风口配防雨百叶风口，进风风速小于 4.5m/s（见图 6）。

（10）影响实验室环境噪声的送排风管道均配置不锈钢微穿孔消声器。

（11）空调机组的送排风机均为变频风机．变频器由空调设备供应商一并集成。

（12）风系统耐压值为 2500Pa。

六、通风、防排烟及空调自控设计

1. 控制策略

（1）温湿度控制策略

本系统空调机组采用两管制，机组内设独立的盘管，冷源为 7℃/12℃冷水，接自风冷冷水机组。

1）制冷除湿模式（露点控制）

① 室内湿度采用串级控制模式，即以排风相对湿度传感器的实测值重置表冷器下游空气的露点温度 T_{dp} 的设定值，控制器调节冷盘管的电动二通调节阀，以实现控制 T_{dp}。

② 根据排风温度的实测值调节空调机组内的电再热，对室内温度进行控制。

③ 电加热要求设无风断电、超温断电保护装置。

（2）压力控制

1）送风管道设置定风量阀，保证该区域送风量恒定不变，调试时根据房间检测风量调节送风支管上的手动调节阀。

2）排风管道设置定风量阀，保证该区域排风量恒定不变，调试时根据检测房间压力（对大气）调节排风支管上的手动调节阀，保证房间的压力梯度。

3）送风机设变频器，根据调试时满足设计风量进行整定。

4）排风机设变频器，调试工况时根据排风管道压力进行风量调节。

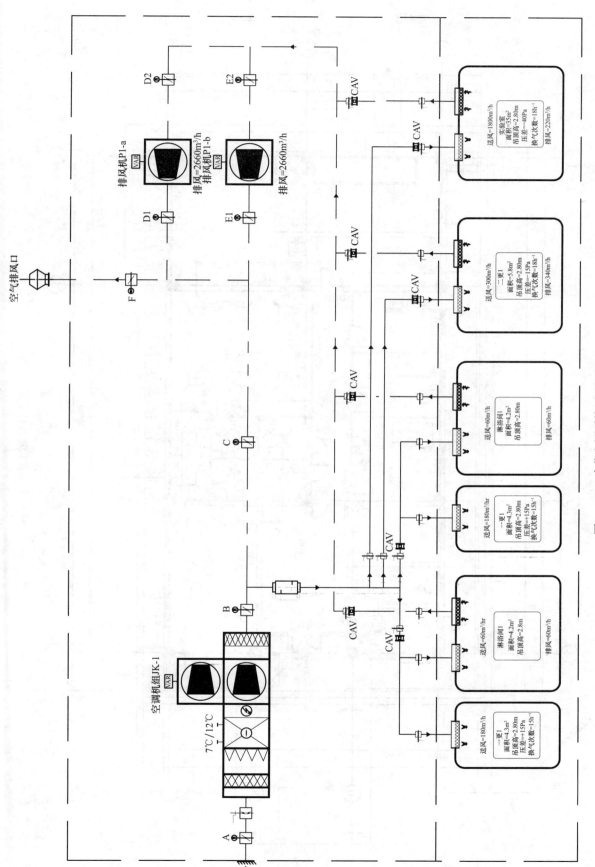

图5　BSL-3净化空调系统原理图

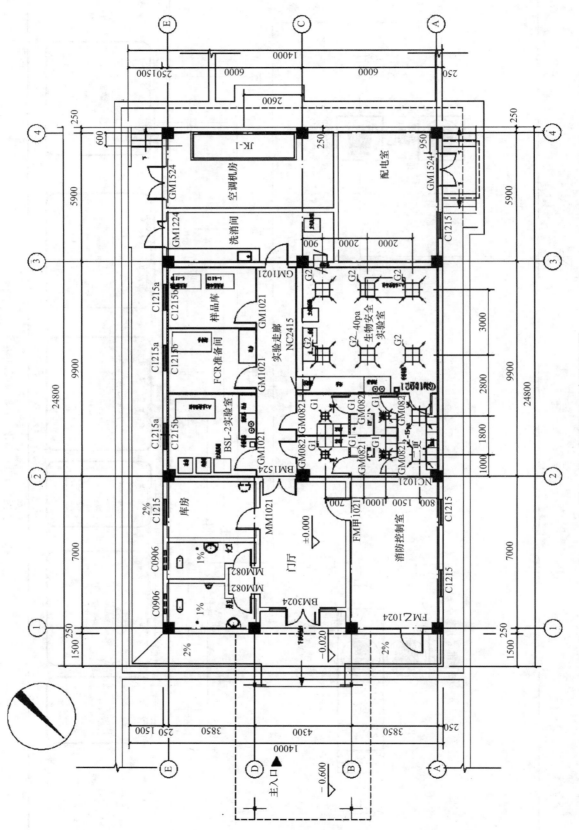

图 6 核心实验室风口布置平面图

5）排风机根据系统排风总管上的压力传感器进行调整，以满足系统排风量要求。

6）运行工况：本系统运行工况为定送、定排系统。

7）排风机与送风机联锁，风机均一用一备，交替运行，避免单台排风机长期运行。

8）启停顺序：先开排风机，后开送风机，关机顺序相反。

（3）消毒：采用系统消毒形式

1）关闭系统新风电动密闭阀（A，B）及排风电动密闭阀F。

2）将消毒区域所有外门封死，区域内所有房间门开启，在房间内用过氧化氢熏蒸消毒，开启熏蒸旁通管路上电动密闭阀（C）及排风机组，循环熏蒸所有房间及排风管道。

3）系统消毒完成后，关闭熏蒸旁通管路电动密闭阀（C），开启新、排风电动密闭阀门（A，B，F）及排风机组，令排风机低频（调试获得）运转，形成直流系统进行置换和稀释。

4）经过验证满足生产要求后转为运行模式。

（4）消防

发生火灾时，70℃防火阀关闭，与之相关的空调系统、排风系统随之关闭（新风风阀也关闭，电动阀亦关闭）。

（5）过滤器设压差报警

粗效过滤器：当其压差 $\triangle P_1$ 大于 100Pa 时报警；

中效过滤器：当其压差 $\triangle P_2$ 大于 160Pa 时报警；

高效过滤器：当其压差 $\triangle P_3$ 大于 350Pa 时报警。

2. 电气及自控要求

（1）基本要求

生物安全净化空调系统均可手动和自动控制。应急手动优先，且应具备硬件连锁功能。应急手动应由监控系统的管理员操作。

全新风直流系统的送风机与排风机联锁，即排风机先于送风机开启；反之逆序。

送、排风系统应有正常运转的标识或提示，如系统发生异常时，能及时处理并报警。

备用机组能够自动切换，尤其必须保证排风机的切换连续。备用送风机能定时互换，以防瞬时切换抱死现象。

能够对所有电动密闭阀进行控制，信号反馈到监控中心。

房间内设置温度、湿度、压力传感器，信号引至监控室并有显示。

根据总送、排风管道的压力控制空调送风机和排风机的变频，保证房间内的换气次数和压力梯度。正式使用前净化空调系统需进行调试及检测，保证房间压力不超过设计范围且不能有压力反置现象。

对室外温、湿度进行监测，信号引至控制室并有显示。

电加热均要求设无风断电、超温断电保护装置；电加热器的金属风管要有接地措施。

所有过滤器均设有超压报警装置。

新风进风口及排风口均设置电动密闭阀。保证系统安全稳定。

监测空调机组送、排风的空气温、湿度及压力参数。

所有生物安全空调通风控制均可以实现在监控室内的远程控制。

空调机组表冷盘管为两管制，表冷盘管的电动两通阀根据房间的温度或回水温度调节控制。

检测所有生物安全系统的空调送排风设备运行状态。

防火阀均为电讯号控制，即控制其关闭（或开启），返回电信号。

当火灾发生时，防火阀报警，消防控制中心监控确认所有人员撤离后，关闭所有送排风系统及相关位置防火阀。

监测空气源冷水机组的工作状态。

空气源冷水机组自带控制装置，根据进回水温度控制机组制冷量，并读取进出水温度、压力信号反馈到监控室。

（2）生物安全及针对设备的特殊要求

生物安全空调通风和自动控制系统必须满足 GB 50346—2011 和 GB 19489—2008 的相关规定。

70℃防火阀为非熔断防火阀，均为电信号控制，并随时监测其状态。

一用一备排风机进出口电动密闭阀与风机联锁启停，并监视状态。

空调机组内的过滤段（粗效\高中效）均配置压差检测报警装置。

旁通熏蒸控制程序参见系统原理图相关内容，

但必须保证专人在场监督操作。

表冷器盘管的回水管配电动两通调节阀，根据排风温度调节流量。

七、心得与体会

本项目为境外援建类型，所有建筑材料及设备均需空运至建设地点（时间紧的原因），为此在设备选型上既要满足使用功能，又要尽量降低其重量与体积，满足国际空运的要求。

针对生物安全实验室的设计方案，各国和地区之间存在很大的差异，在设计之初选用哪种设计标准非常重要，考虑到塞拉里昂当地的建设条件与技术实力，本着简洁、实用、易操作、便于检修的理念，参考国际卫生组织的《实验室生物安全手册（第三版）》作为主要设计依据，适当参考我国相关标准。经过两年多的运行，除更换过一次高效过滤器外，未出现其他重大的维修工作，从监控系统存储的实验室环境数据来看，核心实验室温度、相对湿度、压力梯度均满足设计要求。

近些年，我国生物安全领域不断前进与发展，我国也建造了多个三级生物安全实验室，首个四级生物安全实验室也通过了中国合格评定国家认可委员会的评定，成绩卓越。但是，笔者认为在洁净度等级、换气次数、防护区的划分、过滤装置的选择等方面，仍然存在许多问题值得我们去探讨和研究。

无锡软件园 C 能源站①

- 建设地点　　江苏省无锡市
- 设计时间　　2013 年 08 月~2014 年 08 月
- 竣工日期　　2014 年 08 月
- 设计单位　　中国建筑科学研究院
　　　　　　　建筑环境与节能研究院
- 主要设计人　李　骥　孙宗宇　冯晓梅
- 本文执笔人　李　骥
- 获奖等级　　一等奖

作者简介：

李骥，高级工程师，2009 年 7 月毕业于中国建筑科学研究院暖通空调专业；工作单位：中国建筑科学研究院；代表作品：青岛海都国际水源热泵工程、APEC 会议主会场雁栖湖会议中心水源热泵工程等。

一、工程概况

本项目坐落于无锡（太湖）国际科技园，项目建设的目的为满足江苏外包产业园三期 D 地块的 4 栋办公建筑（A、B、C、D 楼）供暖空调需求。

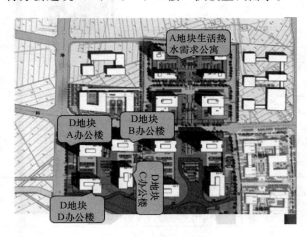

江苏外包产业园二期、三期总平面图

4 栋办公建筑中 A 楼供暖空调面积 51807m²，B 楼供暖空调面积 49395m²，C 楼供暖空调面积 23447m²，D 楼供暖空调面积 15794m²，合计 140443m²。

项目拟采用污水源热泵系统满足上述需求。在 A 楼的预留机房内建立水源热泵能源站一座。在本项目周边已经建设运行有污水处理厂一座，污水拟通过在建的污水泵房取水，流入能源站，

① 编者注：该工程设计主要图纸参见随书光盘。

作为能源站的低位热源。

本项目采用区域能源建设方式，由投资主体对能源站进行投资建设，通过后期运营实现投资收益。

本项目建设内容包括区域供冷（热）能源站工程和相应的污水、空调水管路以及相应的配套设施等。本次设计不包含末端设计，设计范围为出能源站 1m。本次设计包含内容如下：

（1）能源站冷热源以及水泵、水处理、阀门、管路等配套设备；

（2）能源站配电自控等；

（3）末端用户冷热计量装置；

（4）空调蓄能水池；

（5）污水管路（目前已引至机房周边）；

（6）阀门井（中远期规划预留）；

（7）机房隔声降噪措施。

二、工程设计特点

本项目设计过程中，主要设计特点和创新点如下：

1. 本项目跟踪监测项目实际运行数据，保证系统高效运行，达到设计目的

本项目设计完毕后，设计单位跟踪了项目的实际运行 1 年以上，获取了全年实际运行数据。根据 2015 年 7 月（夏季典型月）和 2016 年 1 月（冬季典型月）逐时运行监测数据可知，系统夏季运行 COP 达到 3.7，冬季运行 COP 达到 2.8。与

理论模拟计算值差距在 10% 左右，这是由于本项目在当时入住率还不高，仅达到 60% 左右。在保证入住率的前提下，本项目的系统能效有望进一步提升，最终达到设计目的，实现系统的高能效。

2. 进行了区域能源供应建筑的逐时负荷计算

建筑负荷动态计算是后续设备选型、方案比对以及能源系统设计的前提。只有在充分合理地掌握建筑动态负荷的前提下，建筑的能源方案才能做到合理高效，既定的节能和经济效益才能得到实现。本项目计算采用较为权威的动态能耗模拟计算软件 TRNSYS。在 TRNSYS 的平台上进行建筑物建模，划分热区，计算建筑逐时冷热负荷。

建立模型和计算结果汇总如图 1 和图 2 所示。

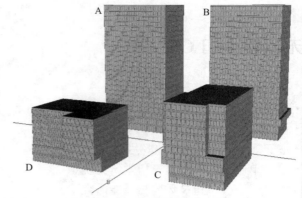

图 1　4 栋楼逐时负荷计算物理模型

建筑负荷 (W/m²)
—— 办公加班
—— 办公不加班
—— 办公最后

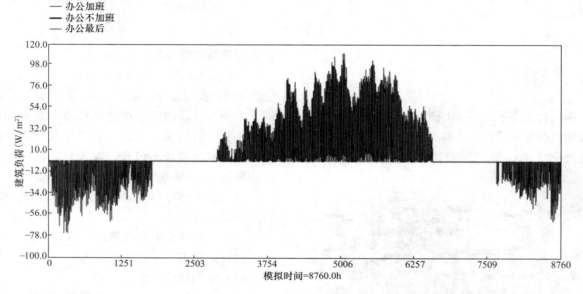

图 2　本项目单位面积逐时负荷

3. 进行了污水资源的详细（逐时）调研、分析、评估以及方案论证

污水源热泵系统的成功设计和良好运行必须建立在对源侧污水水质、水量以及水温数据充分掌握并细致分析的前提下。国内很多污水源热泵运行失败的原因多数都是由于前期对水质调研不充分或者论证不详细，导致后期运行中出现难以挽回的后果。本项目进行污水源热泵设计，进行了大量的污水资源数据调研（1 年逐时数据），并在此基础上对污水源热泵方案进行了详细论证。

（1）污水水质：与其他热源相比，污水源热泵技术的关键点和难点在于防堵塞、防污染与防腐蚀。而防堵塞、防污染与防腐蚀等技术难点又与水质密切相关。本项目污水水质为国家排放标准一级 A，水质参数如表 1。

污水水质参数表　　　　　　　　　表 1

最高允许排放浓度（日均值）(mg/L)		
1	化学需氧量（CODcr）	50
2	生化需氧量（BOD5）	10
3	悬浮物（SS）	10
4	动植物油	1
5	石油类	1
6	阴离子表面活性剂	0.5
7	总氮（以 N 计）	15
8	氨氮（以 N 计）	5（8）
9	总磷（以 P 计）	0.5
10	色度（稀释倍数）	30
11	PH	7
12	粪大肠菌群数（个/L）	1000

通过调研类似实际运行的污水源热泵项目经验（5 年以上）发现：在本项目污水水质条件下，对于某些品牌设备污水可以直接进入热泵机组。综合本项目情况，采用了污水直接进入机组的方

案，免去了加设换热器的需求，大大节约了初投资的同时节省了大量机房面积。

（2）污水水温：污水源热泵冬季从污水中提取热量，夏季从污水中提取冷量。污水温度是污水源热泵技术的关键参数。本项目通过从污水处理厂实时监测数据整理后得到的污水处理厂逐日平均温度如图 3 所示。由图可得，在监测年内污水温度全年最高为 27.7℃，最低为 9.8℃，是水源热泵良好的低位热源。

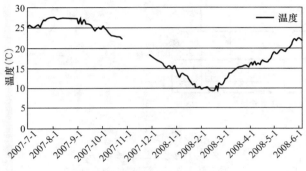

图 3　污水资源全年温度

（3）污水流量：污水资源量的多寡直接决定了可以利用的低品位能源的数量，进而决定了水源热泵应用的规模。通过对污水处理厂实时监测数据整理后得到的污水处理厂典型日逐时流量如图 4 所示。

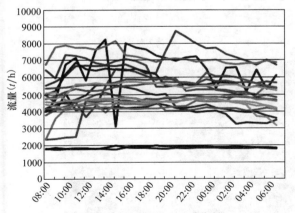

图 4　污水厂典型日逐时流量

（4）设计方案中综合多项创新节能技术，做到了合理匹配和耦合

本项目采用污水源热泵结合蓄冷蓄热技术。蓄冷蓄热技术在利用峰谷电价降低运行费用的同时削减装机容量（20％以上）。要做到水源热泵和蓄冷蓄热技术的合理匹配和耦合，必须基于逐时负荷计算的前提，在此基础上在设计阶段做好典型设计日的运行模式分析（见图 5、图 6）。

蓄能水池通过连接到负荷侧并联母管上的方

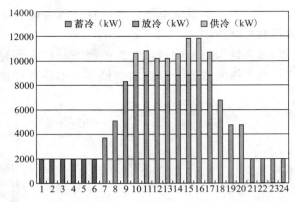

图 5　夏季设计日每小时的蓄冷量、放冷量及供冷量

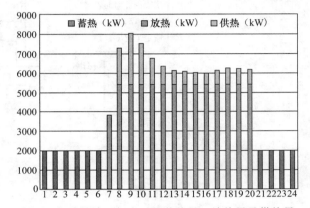

图 6　冬季设计日每小时的蓄热量、放热量及供热量

式来实现蓄能。3 台主机设备兼作蓄能设备，互为备用。在运行中根据设备实际效率决定蓄能设备的开启。释能通过板式换热器与用户侧连接。在低负荷段可以开关电动阀来单独供冷。蓄能主机为一用两备，在主机故障时通过电动阀切换完成另外一台主机的蓄能模式。

（5）进行了蓄冷、蓄热布水器的优化设计

本项目为节省初投资，利用原有地下车库空间建设蓄冷蓄热水池。水池形状非常不规则（见图7），布水器设计较为复杂。本项目在详细计算的前提下，进行了布水器蓄冷和蓄热工况的优化设计。

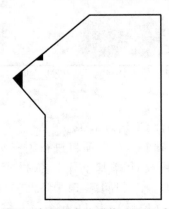

图 7　本项目水池形状（1500m³）

（6）进行了系统全年逐时能耗计算并进行了项目财务分析

本项目为投资项目，项目的经济分析必须建立在对系统能效充分掌握的前提下。本项目在逐时负荷计算的前提下，在能耗模拟软件 TRNSYS 中建立了系统能耗计算模型（见图8），对系统的运行能耗进行了全年逐时计算（见图9）。

通过计算，系统冬季系统综合 COP 为 3.25，

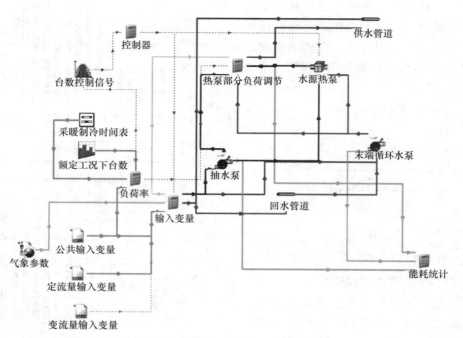

图8　本项目水源热泵全年逐时能耗计算模型

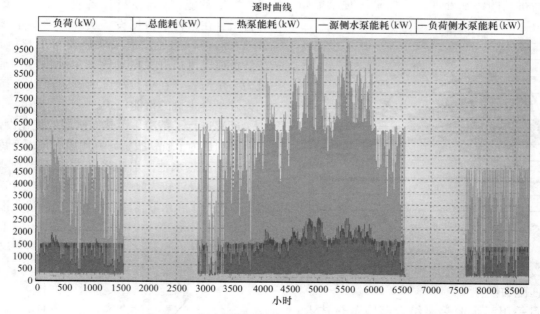

图9　污水源热泵系统全年逐时能耗计算结果

夏季系统综合 COP 为 4.02。

在此基础上，对本项目进行财务分析。在现有价格体系及计算基准下，总投资收益率为7.3%，资本金净利润率14.0%，项目投资财务内部收益率（税后）为11.0%，财务净现值498万元，投资回收期（税后）8.61年，资本金财务内部收益率12.7%。

（7）高效输配系统确保能源站运行效率

本项目负荷侧采用一、二级泵系统，一级泵满足机房内阻力需求。二级泵满足末端循环阻力

需求，二级泵根据最不利末端压差进行变频。运行时，污水取水泵、一级循环水泵与主机采用一一对应的方式，即 1 台主机各自对应 1 台一级循环泵、1 台污水取水泵。一级循环水泵安装变频器，在初调时调到某一频率后定频运行。二级循环泵根据对应区域最不利末端压差变频运行。

考虑到污水进入能源站压力的波动，污水取水泵变频方式为恒定水泵出口压力来调节水泵工作频率。系统中蓄能/释能泵、释能二次泵均安装变频器。蓄能时，在初调到某一频率后定频运行。释能时，蓄能/释能泵根据进入水池温度变频运行。

（8）基于逐时负荷分析，合理定位设备负荷等级，降低变压器容量

本能源站属于区域性供暖换热站，站房内用电负荷为热泵机组、循环水泵、补水泵等。本项目原定设计全部设备均为二级电负荷，在此基础上变压器容量较大，增投资较大。结合前述逐时建筑负荷分析可知，系统中 90% 的时间负荷均在 75% 以下。因此，与业主商议将其中一台主机和其对应的设备定义为三级负荷，其余设备均为二级负荷。

根据《10kV 及以下变电所设计规范》"装有两台以上变压器的变电所，当其中一台变压器断开时，其余变压器的容量应满足一级负荷及二级负荷的用电"的要求选择变压器的容量。根据二级负荷选择变压器的容量，变压器负荷率的计算为 78.6%。

为了两台变压器的负荷均衡将二级负荷均衡地安排在两台变压器上。两台变压器的负荷和负荷率的计算分别为 60.1% 和 70.31%。

三、设计参数及空调冷热负荷

本项目位于江苏省无锡市，工程项目室外设计参数为：

夏季空调室外计算干球温度：　34.8℃；
夏季空调室外计算湿球温度：　28.1℃；
夏季通风计算干球温度：　　　31.2℃；
夏季空调计算相对湿度：　　　69%；
冬季空调室外计算干球温度：　−4.1℃；
冬季通风室外计算干球温度：　2.4℃；
冬季空调计算相对湿度：　　　76%。

能源站供应建筑室内设计参数如表 2 所示。

室内设计参数　　　　表 2

房间	夏季		冬季	人员密度	灯光	设备	新风量
名称	温度（℃）	湿度（%）	温度（℃）	人/m²	W/m²	W/m²	m³/（h·p）
办公	26	55	20	6	16	13	30
走廊	27	60	18	3	12	13	20
大堂/门厅	27	60	18	3	12	13	20

根据全年逐时负荷计算结果，本项目峰值冷负荷为 110W/m²，总冷负荷为 15.4MW，全年累积冷负荷为 10938843kWh；本项目峰值热负荷为 75W/m²，总热负荷为 10.8MW，全年累积热负荷为 4526444kWh。

四、空调冷热源及设备选择

本项目采用污水源热泵作为暖通空调系统的冷、热源。污水源热泵机房位于 A 办公楼地下二层，供暖空调采用 2 台水源热泵机组和一台冷水机组。2 台热泵机组单台设计制冷量为 3199.91kW，设计制热量为 3300.00kW；1 台冷水机组，单台设计制冷量为 3199.91kW。冬季运行 2 台热泵机组供暖，夏季运行 2 台热泵机组和 1 台冷水机组空调。设计工况下，水源侧夏季进/出水温度为 27℃/32℃，冬季进/出水温度为 10℃/5℃。设计工况下用户侧夏季进/出水温度为 12℃/7℃，冬季进/出水温度为 40℃/45℃。水源热泵与冷水机组控制策略：机组优先根据末端负荷进行台数控制，然后进行无级调节。单台调节能力为 10%～100%。冷热源设备参数如表 3 所示。

冷热源设备参数　　　　表 3

序号	名称	数量（台）	设备参数	
1	水源热泵机组	2	额定工况	冷凝器污垢系数	0.086m²·degC/kW
				蒸发器污垢系数	0.086m²·degC/kW
				额定制冷量	3199.91kW
				额定功率（制冷）	607.30kW
				制冷冷凝器阻力	73.3kPa
				制冷蒸发器阻力	84.4kPa
				制冷冷凝器流量	183.69L/s
				制冷蒸发器流量	152.4L/s
				夏季源侧设计进/出水温度	27℃/32℃

续表

序号	名称	数量（台）	设备参数		
1	水源热泵机组	2	额定工况	夏季用户侧设计进/出水温度	12℃/7℃
				额定制热量	3283.54kW
				额定功率（制热）	681.7kW
				制热冷凝器阻力	54.7kPa
				制热蒸发器阻力	58.3kPa
				制热冷凝器流量	159.47L/s
				制热蒸发器流量	123.85L/s
				冬季源侧设计进/出水温度	10℃/5℃
				冬季用户侧设计进/出水温度	27℃/32℃
			设计蓄能工况	蓄冷功率	628.40kW
				蓄冷工况设计进/出水温度	11℃/4℃
				蓄热功率	653.30kW
				蓄热工况设计进/出水温度	42℃/49℃
2	冷水机组	1	额定工况	额定制冷量	3199.91kW
				额定功率（制冷）	510.5kW
				冷凝器侧设计进/出水温度	27℃/32℃
				蒸发器侧设计进/出水温度	12℃/7℃
				冷凝器阻力	73.3kPa
				蒸发器阻力	84.4kPa
				冷凝器流量	183.69L/s
				蒸发器流量	152.4L/s
				冷凝器污垢系数	0.044m²-degC/kW
				蒸发器污垢系数	0.086m²-degC/kW

为了利用峰、谷电价差节约运行费用，本工程采用部分负荷水蓄能系统，蓄冷蓄热水池为1500m³。蓄能水池在峰值负荷段采用与主机串联方式运行来联合供冷，夏季承担约20%峰值负荷。夏季设计日总蓄冷量为10158kWh，蓄冷温度为4℃，释冷温度为11℃。冬季蓄热温度为49℃，释热温度为42℃，冬季设计日总蓄热量为10158kWh。

五、空调系统形式

本项目设计范围为区域能源站冷、热源系统（含站外源侧供回水管）施工图设计。本次设计用户侧范围为甲方投资界面，即空调管进出能源站1m处。末端设计不包含在本次设计范围内。

六、自控设计

自控系统采用集散型（DCS）结构，实现集中管理、分散监控的技术目标。系统由控制工作站（上位机）、末端控制器（下位机）和现场采集设备三部分组成。上位机以图形和菜单的方式提供友好的人机界面。系统实时监测冷热源系统中的压力、温度和设备运行的状态，设备故障时报警，方便对系统运行进行管理。

在能源站的电源侧设置了电表，能够监视电源的电压、电流、电量等参数，数据逐时存入数据库。

在污水源板式换热器的一次侧设冷/热量表；在能源站的空调送、回水管上设冷/热量表，采集进出系统的冷热量参数，数据存入数据库。由上述数据形成的逐时、逐月、逐年的大数据为日后分析整个系统的运行情况和节能的情况提供有力的支持。

七、心得与体会

本项目为无锡软件园能源站项目，能源系统采用污水源热泵＋蓄能＋辅助冷源的集中能源站形式，进行建筑空调、供暖的供应，能源利用效率高，节能效果明显。本项目的实施属于清洁能源和可再生能源的应用，在节约能源的同时对常规能源消耗有较大的替代作用，减少了污染物的排放，缓解了环境危机。项目的实施能给项目建设单位带来较好经济收益的同时形成较大的社会影响力。自2015年4月调试投入使用至今，能源系统运行稳定，基本达到设计预期效果，系统操作灵活、管理便捷、节能显著。蓄能系统充分利用电力的峰谷差进行蓄能，降低了机组装机容量，减少了初投资，节约了运行费用，起到了移峰填谷、合理用电的积极作用。

一个优秀的设计必须建立在前期数据调研充分，设计过程中计算和分析详实，后期有良好的调试和运营的基础上。只有基于此，设计的意图才能得到真实的体现，既定的收益才能如期实现。本项目从前期方案阶段即进行了大量数据调研，设计过程中分析计算充分详实，后续将能耗模拟数据和运行数据比对，项目的良好运行得到了有力保障。

天津市海河医院配套工程——
传染病门诊住院楼（空调系统）①

- 建设地点　　天津市
- 设计时间　　2012 年 1～3 月
- 竣工日期　　2015 年 1 月
- 设计单位　　天津市建筑设计院
- 主要设计人　赵　斌　王　蕾　刘　娜　蒋玉冰
  　　　　　　王　异　黄　珂　芦　岩　王晓磊
  　　　　　　杨　红　王　蓬　郭　睿　尚韶维
- 本文执笔人　赵　斌
- 获奖等级　　一等奖

作者简介：
　　赵斌，高级工程师，1991 年毕业于天津市城市建设学院暖通专业，大学本科；工作单位：天津市建筑设计院；主要设计代表作品：天津市津湾广场、天津市海河医院、天津公馆原生污水源热泵工程、广州大学城区域供冷站第三冷冻站、天津滨海国际汽车城、天津易买得·秀谷商业楼等。

一、工程概况

本工程坐落于天津市津南区津沽高速公路旁，建筑性质：医疗卫生用地；容积率：0.9；用地面积：31853m²；总建筑面积 28668m²。地下 1 层，地上 6 层，建筑高度 26.45m。本传染病门诊住院楼收治结核病患者。传染病医院的特点是对通风量要求较高：病房为 10 次换气；诊室为 6 次换气。

依据对项目所在地能源与资源状况、政策、价格、资费的了解，本着技术成熟、寿命周期成本（LCC）较低、适合项目业态特征以及节能环保的原则，经分析论证并经建设单位认可，确定

建筑外观图

① 编者注：该工程设计主要图纸参见随书光盘。

本工程采用的空调形式为：冷、热源为地源热泵机组；溶液调湿型新风机组；干式风机盘管。即地源热泵机组冬季提供 50℃/45℃热水作为空调系统的热源；夏季提供 14℃/19℃冷水作为空调系统的冷源。

二、工程设计特点

（1）空调系统负荷：热负荷 4302kW；冷负荷 3709kW；土壤换热器夏季平均放热能力 71W/m；冬季平均取热能力 42W/m。

（2）空调末端采用温湿度独立控制系统，新风机组采用溶液调湿型机组，盘管采用干式风机盘管。

（3）由于采用温湿度独立分控系统，使冷水供/回水温度提高至 14℃/19℃，采用高温型地源热泵机组，机组制冷性能系数 8.08，综合部分性能系数 10.18，使机组效率提高 30% 以上。

（4）本医院另一个地源热泵机房负担了 2007 年竣工的甲类呼吸道传染病住院楼的空调负荷，由于有平时与非常时期的工况差异，平时此部分冷、热负荷的富余量较大，包括空调侧与地源侧。所以此次设计中把两个站房的空调侧及地源侧管道进行连通，以夏季负荷选取地源热泵机组、以机组供热量确定室外换热井的数量，这样既可使

两个站房之间相对独立，又可大幅度减少初投资，机组装机容量降低1/3，室外换热井数量减少160口，节约初投资200万元。

（5）溶液调湿型机组承担室内湿负荷，通过计算新风含湿量处理至8g/kg、每人新风量不小于35m³/h时，室内干式风机盘管可在干工况下运行，可抑制和减少细菌的生长与繁殖。

（6）溶液调湿型机组集中设置在屋顶，降低了噪声对功能区的影响，避免了机组对层高的额外要求，减少了机房的占用面积，节省机房面积300m²以上。

（7）由于本工程是传染病住院楼，气流组织非常重要。病房内新风为吊顶侧送；设有两处排风，一处是卫生间吊顶，另一处是与送风在同一侧的低位，使病人呼出的带菌空气控制在病床高度以下。这样的气流组织既可满足卫生间的通风要求，又使医护人员尽可能工作在较洁净区域。

（8）为了进一步保护医护人员的安全，病房区设置了有效的空气压力梯度，压力值由大到小的区域依次为：办公区、医生走廊、患者走廊、病房。使有害空气控制在尽可能小的范围内。

（9）为了保证空气压力梯度，维持送、排风量的有序控制，送、排风支风道均设有定风量阀。

（10）由于不同层的病房可能收治不同种类或患病程度不同的传染病病人，为了避免病房间的交叉感染，排风系统按层、按区域设置，分别由屋顶排出室外，风机设在屋顶。

三、计算与分析

1. 温湿度独立控制空调系统

（1）设计参数

根据天津市气象条件及建筑使用功能，设定冬、夏季室内外设计参数如表1所示，负荷估算结果如表2所示。

室内外设计参数　　表1

参数	温度（℃）	相对湿度（%）	含湿量（g/kg）	焓（kJ/kg）
室外（夏季）	33.9	58.1	19.44	84.08
病房、办公（夏季）	26.0	60.0	12.61	58.40
预冷	19.0	90.0	12.4	50.5
送风	18.0	62.4	8.0	38.4
室外（冬季）	−9.6	56.0	0.92	−7.4

续表

参数	温度（℃）	相对湿度（%）	含湿量（g/kg）	焓（kJ/kg）
病房、办公（冬季）	22.0	40.0	6.55	38.86
预热	35.0	3.6	1.2	38.4
送风	18.0	62.4	8.0	38.4

夏季负荷估算结果　　表2

系统名称	单位	常规空调系统	温湿度独立控制空调系统
	—	风机盘管＋常规新风机组	干式风机盘管＋溶液调湿新风机组
空调面积	m²	22000	22000
总新风量	m³/h	164000	164000
新风负荷	kW	1446	1446
潜热负荷	kW	265	265
显热负荷	kW	2765	2765
系统总负荷	kW	4476	4476
新风机组承担负荷	kW	1446	2041
冷水机组承担负荷	kW	4476	2435

（2）系统方案

1）系统形式

基于溶液调湿技术的温湿度独立控制空调系统，系统流程如图1所示。

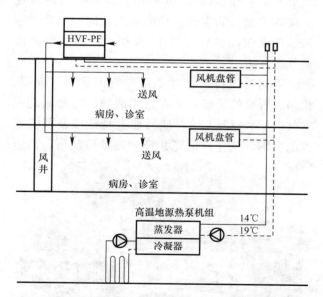

图1　温湿度独立控制空调系统应用形式

2）冷源

冷源采用高温地源热泵机组，为热泵式溶液调湿新风机组（HVF-PF）和室内显热末端（干式风机盘管）提供14℃/19℃冷水。由于冷水温度的升高，使地源热泵机组的 *COP* 进一步提高，可达 8～11；而且空调管路的冷损失进一步降低。

3）末端形式

采用热泵式溶液调湿新风机组（HVF-PF）＋干式风机盘管系统（见图2）。由 HVF-PF 对新风进行集中处理，承担所有新风负荷和室内潜热负荷。室内末端采用干式风机盘管，通入 14℃/19℃ 的冷水，承担大部分的室内显热负荷。

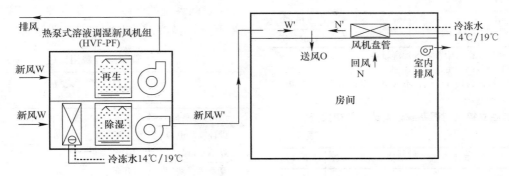

图 2　温湿度独立控制新风＋风机盘管系统应用形式

（3）系统优势

1）良好的室内空气品质

温湿度独立控制空调系统，利用溶液吸收水蒸气的方法除湿，消除了除湿过程中的凝水和潮湿表面；显热处理末端干工况运行，不产生冷凝水，根除了冷凝水排放系统的二次污染。

溶液具有很强的杀菌作用，能够杀死绝大多数细菌和微生物，溶液可以过滤空气中大多数粉尘和颗粒，提高室内空气品质。

2）高效节能，有效利用低品位能源

温湿度独立控制空调系统采用两套独立的系统分别控制温度和湿度，避免了常规空调系统中热、湿联合处理所带来的能量损失。

热泵式溶液调湿机组内的热泵循环经过热力学优化，溶液调湿单元 *COP*（性能系数）可达 4.0 以上，明显高于传统空调系统中的系统制冷效率。

高温地源热泵机组仅承担室内显热负荷，冷水温度可由常规的 7℃/12℃ 提高到 14℃/19℃，其 *COP* 也随之由常规机组的 5～6 提高到 8～11。

3）室内舒适性好

传统空调系统采用低温冷水同时负责降温和除湿的任务，使得控制的温度和湿度只能在一定的范围内变化，兼顾性差。

温湿度独立控制空调系统将温度和湿度分开处理，能够更好地适应室内温湿度的变化，从而提高室内的舒适性。

2. 设备初步选型及经济比较

（1）比较原则

初投资包括设备、安装、自控和配电部分。设备部分包括制冷站房设备和空调末端设备，安装部分包括空调设备、风系统和水系统的安装费，配电部分只包括空调设备的动力配电，自控部分只包括设备的自控监控系统，不含楼宇自控系统。运行费只包括夏季空调制冷设备的运行费。比较仅涉及空调部分，通风系统不在比较范围。

（2）两个空调方案的确定

空调方案分别为：常规空调系统与温湿度独立控制空调系统。常规空调系统：冷水机组制取 7℃/12℃ 冷水，空调末端为风机盘管＋新风系统；温湿度独立控制空调系统：冷水机组制取 14℃/19℃ 冷水，空调末端为干式风机盘管＋溶液调湿新风系统。

（3）设备选型及初投资比较

两种空调系统设备选型及初投资估算分别见表3和表4。

常规空调系统设备选型及初投资　表3

序号	设备名称	技术参数	单价（元）	台数	总价（元）
1	地源热泵机组	$Q_L=2200kW$	1100000	2	2200000
2	冷冻水泵	$G=379t/h$	19725	3	59176
3	冷却水泵	$G=454t/h$	23660	3	70980
4	冷却塔	$G=460t/h$	250900	2	501800
5	打井及埋管费用	—	8000	880	7040000
6	新风机组	$L=4000m^3/h$	16000	2	32000
7	新风机组	$L=6000m^3/h$	24000	5	120000
8	新风机组	$L=8000m^3/h$	32000	1	32000
9	新风机组	$L=10000m^3/h$	40000	1	40000
10	新风机组	$L=12000m^3/h$	48000	9	432000

续表

序号	设备名称	技术参数	单价（元）	台数	总价（元）
11	风机盘管	$Q_L=3740W$	1909	811	1548199
12	配电系统	—	—	—	323200
13	自动控制	—	—	—	708000
14	安装费用	—	—	—	2740000
15	合计	—	—	—	15847355

注：1. 常规新风机组中含冬季加湿设备；
　　2. 以上设备根据负荷估算选型；
　　3. 以上价格为估算价格，不含空调工程相关土建费用。

温湿度独立控制空调系统设备选型及初投资

表 4

序号	设备名称	技术参数	单价（元）	台数	总价（元）
1	高温冷水机组	$Q_L=1600kW$	800000	2	1600000
2	冷冻水泵	$G=276t/h$	16509	3	49527
3	冷却水泵	$G=343t/h$	20636	3	61909
4	冷却塔	$G=347t/h$	154400	2	308800
5	打井及埋管费用		8000	640	5120000
6	热泵式溶液调湿新风机组	$L=4000m^3/h$	260000	2	520000
7	热泵式溶液调湿新风机组	$L=6000m^3/h$	331900	5	1659500
8	热泵式溶液调湿新风机组	$L=8000m^3/h$	397800	1	397800
9	热泵式溶液调湿新风机组	$L=10000m^3/h$	459200	1	459200
10	热泵式溶液调湿新风机组	$L=12000m^3/h$	529800	9	4768200
11	干式风机盘管	$Q_L=2856W$	1850	853	1578050
12	配电系统	—	—	—	263700
13	安装费用	—	—	—	2380000
14	合计	—	—	—	19166686

注：1. 以上设备根据负荷估算选型。
　　2. 以上价格为估算价格，不含空调工程相关土建费用。

（4）空调系统能耗及运行费用比较

在比较空调系统能耗和运行费用时，首先要确定空调系统运行时间和负荷情况，根据天津市气象条件及建筑使用功能，设定比较前提如下：

1）夏季供冷按 120d 计；

2）空调运行时间取为：24h/d；

3）空调季平均负荷按设计负荷的 55％ 计；

4）天津市电价按 0.8 元/kWh 计。

温湿度独立控制空调系统夏季运行费用仅为常规空调系统的 54％，每年夏季可省运行费用 94 万元，经济效益非常显著（见表5）。

夏季运行费用比较　　表 5

比较项目	单位	常规空调系统	温湿度独立控制空调系统
设计冷负荷	kW	4476	
设计制冷电耗	kW	1598	918
夏季总电耗量	MWh	2532	1454
夏季运行费用	万元	203	109
运行费用节省	万元		94

注：1. 常规空调系统冷水机组 COP（含输配系统）按 3.0 计算。
　　2. 温湿度独立控制空调系统中，高温冷水机组 COP（含输配系统）按 5.0 计算，HVF-PF 机组热泵系统 COP=4.0。
　　3. 以上运行费用根据估算的负荷进行计算，仅供参考。

（5）经济性综合比较

空调系统经济性综合比较如表6所示。温湿度独立控制空调系统每个制冷季可节约运行费用 94 万元，考虑初投资增加约 332 万元，3.6 个制冷季可收回初投资。

空调系统经济性综合比较　　表 6

比较项目	单位	常规空调系统	温湿度独立控制空调系统
初投资	万元	1585	1917
初投资增加	万元	—	332
夏季运行费用	万元	203	109
夏季运行费用节省	万元		94
投资回收期	年		3.6

3. 综述

从经济性方面分析，采用温湿度独立控制空调系统，每年可节省运行费用 94 万元，初投资增量回收期为 3.6 个制冷季，节能效果非常显著。从使用效果方面，采用温湿度独立控制空调系统能够很好地改善医院内部空气品质，防止交叉感染，提高空调舒适性。

天津泰达现代服务产业区（MSD）——
泰达广场 G&H 项目①

作者简介：
　　詹桂娟，高级工程师，1990 年毕业于重庆建筑工程学院暖通专业；工作单位：天津市建筑设计院。主要业绩：中新天津生态城起步区 15 号地块公屋项目、泰达广场 A 区、B 区及泰达中央广场项目、天津萨马兰奇纪念馆、天津滨海文化中心美术馆、天津市钢管公司技术中心大厦等。

- 建设地点　　　天津市
- 设计时间　　　2010 年 7 月～2011 年 3 月
- 竣工日期　　　2013 年 3 月
- 设计单位　　　天津市建筑设计院
- 主要设计人　　詹桂娟　卢　祎　张　阳
- 本文执笔人　　詹桂娟
- 获奖等级　　　一等奖

一、工程概况

　　本工程位于天津经济技术开发区的现代服务产业区内，总建筑面积约 24 万 m²，其中地上建筑面积 18 万 m²，地下建筑面积 6 万 m²。建筑的主要功能为办公，其中编号为 G1、G2、H1 及 H3 座的塔楼为 19 层建筑，H2 座为 6 层节能示范楼；裙房位于塔楼首层及二层，作为办公楼的配套餐饮和商业设施；地下层的主要功能为地下车库、设备用房、人防。

　　根据资源条件分析、多方案的多因素评价及关键技术问题的研究，最终确定本设计 H2 节能示范楼的冷热源为高温土壤源热泵机组＋温湿度独立控制的空调系统。考虑全年土壤的冷热平衡，土壤源热泵提供 H2 楼的一～九层的空调热源及三～九层的空调冷源。H2 楼一～二层的空调冷源由 GH 区的区域冷源提供。H2 楼空调末端形式：一～二层采用风机盘管系统；三～四层为毛细管空调，五～九层为地板送风系统。

　　GH 区的区域冷源采用冰蓄冷技术，负担办公区和商业空调冷负荷。制冷机房位于地下一层，蓄冰槽安装位置在地下二层。冷冻水由蓄冰电制冷系统提供，双工况主机与蓄冰槽串联，作为板式换热器一次冷源；板换与常规主机并联，共同

提供 6℃/13℃空调冷冻水。空调热源由市政高温热水提供。市政热水参数 110℃/70℃，经板式换热机组制备 60℃/45℃热水供空调末端使用。热交换机房集中设在地下一层。冬季空调内区的冷源由开式冷却塔经换热后提供。

　　H1、H3 塔楼空调形式为分区两管制的风机盘管系统。G 区塔楼采用 VAV 系统。

建筑外观图

二、工程设计特点

　　（1）空调冷源采用冰蓄冷技术。考虑到天津地区有峰谷电价差异，冰蓄冷系统能充分利用晚间低峰电价差，降低整体运行费用；同时降低制

---

　　① 编者注：该工程设计主要图纸参见随书光盘。

冷机组总装机容量。经综合经济技术比较，本次设计蓄冰量占全天总冷负荷30％左右，显著降低空调运行费用。

（2）制冷系统同时负担5栋办公塔楼及裙房空调，水系统各回路之间阻力损失相差较大，故冷冻水采用一次泵定流量，二次泵变流量系统，供/回水温度为6℃/13℃。一次水泵负责机房内回路循环，定流量运行；按不同回路的冷负荷及扬程需求配置二次变频水泵。通过机房群控系统，控制冷机组、冷却塔、冷冻/冷却水泵的运行台数、制冷主机出力、双工况主机运行模式、融冰速度等，以保证制冷系统经常处于高效能状态下运作，达到节省能源的效益。

（3）采用4台离心式双工况变频机组及1台常规螺杆机组，比定频主机约节能13％，以设计日100％工况为参照，变频机组节约运行费用5394元/d。

（4）H2绿建示范楼采用多项先进技术，热回收式高温土壤源热泵机组、热回收溶液除湿机组、地板送风、毛细管辐射空调系统等。热回收、温湿分控技术及可再生能源利用大幅度节约能源及运行费用。H2节能示范楼实现：中国绿色建筑标准——三星、美国绿色建筑标准 LEED——GOLD、英国绿色建筑标准 BREEAM——VERY GOOD、日本绿色建筑标准 CASBEE——S级。

三、设计参数及空调冷热负荷

1. 室外设计参数（见表1）

室外设计参数 表1

夏季	
空调室外计算干球温度	31.4℃
空调室外计算湿球温度	26.4℃
通风室外计算温度	28℃
室外平均风速	4.4m/s
大气压力	100.47kPa
冬季	
室外平均风速	4.3m/s
主导风向	西北
大气压力	102.66kPa
空调室外计算温度	−10℃
通风室外计算温度	−4℃

2. 室内设计参数（见表2）

室内设计参数 表2

房间名称	室内温度（℃）		相对湿度（％）		新风量 [m³/(h·p)]	通风量（次/h）
	夏季	冬季	夏季	冬季		
办公	26	20	≤60	≥30	≥30	—
商店	26	20	≤60	≥30	≥19	—
餐饮	26	18	≤60	≥30	≥30	—
水泵房	—	≥5	—	—	—	4
变电室	≤40		—	—	—	按散热量计算通风
卫生间	28	18	—	—	—	10
汽车库	—	—	—	—	—	6

3. 冷、热负荷统计（见表3）

冷热负荷 表3

区域		建筑面积（m²）	冷负荷（kW）	热负荷（kW）
G地块	办公	83608	8525	5352
	商业	9363	1669	1926
H地块	办公	64586	6666	4139
	商业	17311	3143	2010
办公总计		148194	15191	9491
商业总计		26674	4812	3936
中央空调总计		174868	20003	13427
独立空调		2940	506	

四、空调冷热源及设备选择

（1）考虑到天津地区有峰谷电价差异，冰蓄冷系统能充分利用晚间低峰电价差，降低整体运行费用；同时降低制冷机组总装机容量，且本地区无市政热网，最终确定该项目空调冷源采用蓄冰电制冷系统。

（2）G地块和H地块集中设置一个制冷机房，负担办公区和商业空调（除会所外）冷负荷。制冷机房位于地下一层，蓄冰盘管安装位置在地下二层，制冷机房内设4台850RT离心双工况主机，1台400RT常规螺杆式制冷机组。联合供冷时总制冷量最大可达5900RT，设计总蓄冰量17664 RTH。夏季提供6℃/13℃的空调冷水。H2节能示范楼采用土壤源热泵机组提供整楼45℃/40℃热源及三～九层12℃/17℃冷源，一～二层冷源由GH区区域冰蓄冷冷源提供。空调热源由市政高温热水110℃/70℃，经板式换热机组制备 60℃/45℃热水供各塔楼及裙房空调末端。

五、空调系统形式

（1）H1、H3 塔楼标准办公区采用分区两管制的风机盘管系统，分内外区设置用户回路。夏季及过渡季由制冷系统提供内区冷冻水，冬季以冷却塔及板式换热器作为冷源制备内区冷水。

（2）H2 楼一～二层采用分区两管制的风机盘管系统；三～四层为毛细管空调，五～九层为地板送风系统。

（3）G1、G2 塔楼标准层办公区水系统采用四管制，配合可变风量（VAV）全空气系统，实现外区夏季供冷、冬季供热。

（4）裙房，夏季除会所外，其他商业区域纳入中央制冷系统；冬季，所有商业（H2 除外）包括会所供热均由中央热交换站机房。裙房水系统分区两管制水系统，外区夏季供冷，冬季制热；内区常年供冷。夏季及过渡季由制冷系统提供内区冷冻水，冬季以冷却塔及板式热交换器作为冷源制备内区冷水。会所只预留屋顶风冷热泵机组基础及电量，待房间功能确定后，二次深化设计。

六、通风、防排烟及空调自控设计

（1）标准办公区设机械排风系统，与排烟系统合用。排风通过竖井接至屋面，或接至地下一层机房，与新风热交换后再排放。办公排风为变风量系统，与相应的新风机同比例变频，维持办公区的相对正压。

（2）地下汽车库设置机械通风系统，由排风机和若干诱导风机组成；诱导风机分区域控制，根据地下车库内设置的 CO 浓度探测器读数，开启相应分区的诱导风机，有效地诱导周围空气，将有害气体从滞留区诱导送排到设计规定的排风口处，而排风机则根据设在排风口附近的 CO 浓度探测器读数，控制风机运行速度，以达节能效果。

（3）地下车库设机械排烟，与机械通风系统合用。

（4）防排烟系统按规范设计。

（5）本工程采用楼宇自动控制系统。在控制中心能显示空调、通风系统设备的运行状态及主要运行参数。

七、心得与体会

（1）本工程实际运行调试阶段遇到的实际问题：

原设计中乙二醇侧供回水干管旁通阀和冷机单独供冷时作用的阀门（变更流程图中云线区域）均为电动两通调节阀，由于本工程建筑面积较大，当只有部分租户空调运行时，电动两通调节阀出现噪声过大、水锤严重、调节性能差、阀门漏水等现象。

改进措施如下：

因调节阀在开度 30% 以下时调节性能差。在大口径管路上并联小管径旁通管及阀门，其流量为大口径电动调节阀 30% 开度时对应的流量（还要考虑单台冷机允许的最小流量）。联合融冰时电动阀门关闭，蓄冰时电动阀门打开，根据阀位反馈信号，当阀门开度 30% 以下时切换至小管径旁通回路，增加了部分负荷的调节性能，降低管路的噪声，同时使蓄冰时段更节能。

改进后的方案，电动阀门均为双偏心，金属硬密封，阀门的可调性及密闭性更好。

图 1 所示是施工图改进后的局部冷冻水系统流程图。

（2）本工程大部分空调区域送回风形式为上送上回。为了与装修配合，送、回风口的间距受到限制，上送上回的送风形式可能导致冬季送风出现短路的现象，鉴于此，对冬季工况下 5 种不同的圆形散流器风口速度对室内环境的影响进行了分析研究。

在模拟结果的分析中，选取了 $Z=1.1m$（人坐着办公的高度）高的速度场和温度场。5 种工况下的温度分布和速度分布图如图 2 所示，其中速度的单位为 m/s，温度的单位为 K。

从图 2 中可以看出：在一定的范围内，工作区内的平均温度随着送风速度的增加呈现先增加后降低的趋势。送风速度过低，由于浮力的作用，会引起热空气聚集在房间上部，出现热空气短路现象，工作区域的温度达不到设计标准。送风速度过高，送风于室内空气的掺混作用增强，送风温度衰减速度加快，虽然工作区内温度的均匀性有所增加，但其平均温度会降低。在散流器颈部速度为 4.09m/s 时，部分工作区域气流速度可以

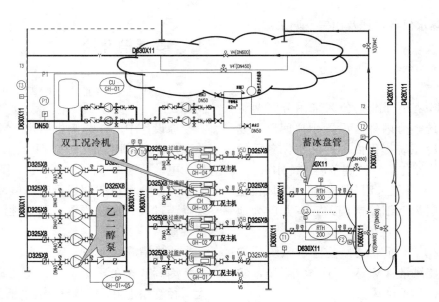

图 1 局部冷冻水系统流程图

工况 1（颈部速度为 1.47m/s）的速度及温度场分布

工况 2（颈部速度为 1.82m/s）的速度及温度场分布

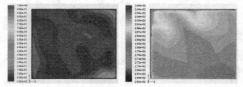

工况 3（颈部速度为 2.3m/s）的速度及温度场分布

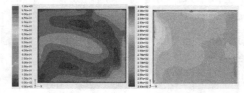

工况 4（颈部速度为 3.0m/s）的速度及温度场分布

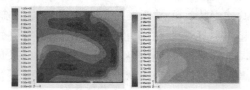

工况 5（颈部速度为 4.09m/s）的速度及温度场分布

图 2 5 种工况下工作区送风速度和温度场分布

超过 0.3m/s，高于《民用建筑供暖通风与空气调节设计规范》GB 50736 中舒适性空调供热工况室内设计风速（≤0.3m/s）的要求，人体舒适感差。

因此在进行设计时，应该综合考虑送风速度对室内气流组织及温度场的影响。就本项目而言，散流器颈部速度为在 2.0~3.0m/s 的范围内较为合理，既能保证工作区域内的平均温度，同时人员也不会感觉到明显的吹风感。

（3）本工程为天津较早使用冰蓄冷加双工况变频主机系统的大型公共建筑项目之一，项目设计是在一系列研究的基础上完成的。系统设计充分考虑了天津地区峰谷电价差异、不同时刻不同朝向的负荷变化情况，最大限度提高节能效率，降低业主初投资及运行成本等特点，节能减排效果明显，主要体现为：

采用双工况变频主机，比定频主机约节能 13%，设计日 100% 工况变频机组每日节约 5394 元，75% 工况每日节约 4249 元，50% 工况每日节约 2767 元，25% 工况每日节约 1350 元。综合统计，变频机组比定频机组年节约费用约 40 万元。

H2 绿色建筑楼采用地源热泵系统，减碳比例 9%，节能比例 6%，年节约能耗费用 5.3 万元。

新风机组空调机组风机均为变频控制，节约空调机单项运行能耗的 20%。

二次泵均采用变频调节的变流量控制，节约单项运行能耗的 20%。

作者简介：
乐照林，教授级高级工程师，1985年毕业于上海城市建设学院暖通专业；现在上海建筑设计研究院工作。代表作品：上海八万人体育场、旗忠网球中心、东方体育中心，汕头游泳馆，越南国家体育场，沈阳奥体中心等体育建筑；静安广场等商办楼等。

上海金外滩国际广场

- 建设地点　　上海市
- 设计时间　　2009 年 8 月～2011 年 2 月
- 竣工日期　　2014 年 1 月
- 设计单位　　上海建筑设计研究院有限公司
- 主要设计人　乐照林　姚　莹
- 本文执笔人　乐照林
- 获奖等级　　一等奖

一、工程概况

本工程为上海金外滩国际广场，地块原名中山南路 B4 地块，位于外咸瓜街以东、会馆弄以南、中山南路以西、老太平弄以北（原十六铺码头斜对面），与黄浦江仅一路之隔，属"外滩金融景观区"的延伸带，位于"外滩金融集聚带"。

外滩金融集聚带定位：以金融为主体，集聚发展金融业及相配套的现代服务产业，为陆家嘴发展金融要素市场、集聚重要金融机构和外资总部提供服务，重点吸引证券等各类金融机构及会计师、律师事务所等为金融服务的中介机构，规划发展成为国内外有重要影响的资产管理、资本运作中心和金融服务中心，该地区正逐步形成以中高档办公建筑为主，以大中型企业为主要租户的新兴办公建筑群。

本工程地上分裙房和主楼两个建筑单体，裙房 2 层，主楼 22 层；地下共 3 层。占地面积为 11675m²，总建筑面积为 78110m²，其中地上总建筑面积约 47548m²，地下总建筑面积约 30562m²，办公楼总建筑高度为 110m（屋顶结构面标高为 99.45m），为高层建筑。

地下功能：地下三层和地下二层主要为车库、另包括部分设备用房；

地下一层部分为卸货区、车库和自行车库及夹层自行车库，另包括设备用房、餐饮及其厨房等，在主楼和裙房之间区域为下沉式广场。

建筑外观图

裙房功能：一层主要为餐饮及厨房，二层主要为餐饮；

主楼功能：一层、二层为办公区挑空大堂，其中一层层高 5.0m，二层层高 4.4m；

三～二十一层为办公楼层，多数标准层高为

4.4m，各层划分为四或六个单元，可根据经营需要，进行单独或组合出租；

二十二层整层为大空间办公，层高4.8m；

其中地上三层、十八、十九层（层高均为5.0m）和二十二层为较高楼层，设想预留金融大客户。

对于本工程设计，业主定位国际化金融商务办公大厦，总体上要求"先进、实用、安全、经济"，要求在相当长的时间内能保持其先进性。经营以出租为主，计划打造成为集办公、商务、服务于一体、理念先进的现代建筑。客户对象主要是金融机构、跨国公司和上市公司等。绿建方面，明确要求获得LEED银奖认证。

对于办公标准层建筑平面设计，业主要求每层分隔为4～6个单元，便于灵活出租；对于空调设计，明确要求采用VAV空调系统，另预留用户机房冷却水。

二、工程设计特点

1. 空调设计特点

本工程空调设计，根据项目特点和业主要求，通过技术创新，经过分析、介绍和沟通，推荐业主放弃了最初所要求的、5A高级办公楼普遍采用的、普遍认为"节能先进"的VAV空调系统，采用了设计推荐的空调系统，实现了以下节能设计等理念，在多方面开创了技术先河，具有节能推广意义，这是在本工程空调设计对于本项目之外所具有的意义和优势所在。

（1）大堂空气源热泵夏季水冷：设计创新设备和系统设计，使空气源热泵夏季制冷时由风冷改为水冷，大幅提高空气源热泵夏季制冷效率，改变了空气源热泵夏季风冷效率低的历史——为空气源热泵被认定为可再生能源系统创造了条件。

（2）水环分体多联机空调系统：在变风量空调系统、风机盘管加新风系统和空气源分体多联机空调系统之外，寻求效率更高、更节能、能更好适应空间灵活分隔、便于计量、适合加班独立使用的办公楼空调系统——基于水环分体多联机的空调系统。

（3）空气源热泵补热：创新采用空气源热泵作为水环分体多联机系统的冬季补热热源，两者构成水环连接的双级压缩系统，制热效率大幅提高，避免了水源分体多联机冬季采用锅炉或热网供热的不节能弊端；为水环分体多联机在本工程中的应用及其推广应用提供了条件。

（4）直接蒸发式热泵热回收型新风机组：该机组可实现新、排风热泵热回收，运行效率高于一般风冷机组，同时解决了当时条件下水环分体多联机在新风处理方面的不足。

此外，该系统还有以下优势：

（1）空调系统按单元设置，使用独立性和灵活性强，可单独加班运行。

（2）便于各单元空调电耗计量，并可依据此电耗进行空调系统公用电耗的分摊。

（3）可适应可能的单元合并需求，便于出租营销，便于分期投入和运行。

（4）与VAV系统相比，空调风管仅为新风管和排风管，风管占用吊顶空间少，有利于提高室内空间净高。

（5）与VAV系统相比，不存在回风利用吊顶空间的卫生不良问题：吊顶虫害鼠患对VAV空调系统空气品质不能说没有影响。

（6）与VAV系统所需的4管制＋2根冷却水管相比，空调水环系统与预留机房冷却水合并系统，仅两管，大堂空调系统同为两管制系统，系统简单，且节省核心筒空间，提高得房率。

（7）与VAV系统相比，系统按单元设置，不同朝向区域（单元）水环多联机系统各自独立，可按各自要求单独制冷或制热，两管制水环系统实现了四管制的功能，却不存在再热能耗。

（8）与VAV系统相比，投资省，控制、系统调试和运行维护简单。

（9）与VAV系统相比，更节能。

本工程最终超过业主的预期目标，获得LEED金奖认证，在总共近26%的节能率中，80%节能量源于空调，对比模型正是VAV空调系统，充分说明了系统的节能性。

本工程于2015年12月经黄浦区发改委委托必维国际检验集团对抽样项目进行的能耗审计，全年单位面积能耗为66.5kWh/(m^2·a)（入住率80%），远低于办公建筑110kWh/(m^2·a)的平均水平。

（10）可以避免使用锅炉。一般情况下，办公楼业主从运营管理角度考虑，普遍不愿意采用锅炉，且按现行燃气和电价格比较，空气源热泵供热运行费用低于燃气锅炉，双级压缩供热的水环分体多联机系统运行费用更低。

2. 技术创新点：

（1）空气源热泵夏季水冷。大堂及办公走廊等公共区域的空气源热泵冷热水机组，冬季制热属空气源制热，效能堪比地源等可再生能源空调系统，但其夏季风冷运行效率低一直是其相比水冷制冷机组的劣势，设计采用带水冷凝器的热泵机组，利用机组的热回收水冷凝器，夏季可进行水冷运行，从而变空气源热泵的夏季风冷为水冷，制冷效率大幅提高。

（2）空气源热泵冬季为水环分体多联机补热。水环分体多联机除有水源或地源条件外，一般普遍采用锅炉或热网补热，而实际上，这是增加能耗的不良应用。设计办公楼水环分体多联机系统，冬季采用空气源热泵补热，实现双级压缩供热，解决了水环分体多联机的冬季补热问题，使其正确合理应用成为可能，开辟了其节能补热的新途径。

（3）用户机房空调的冬季热回收。本项目建设初衷面向金融客户，要求预留楼层机房冷却水。设计将此冷却水系统与水环分体多联机的水环系统合并设置，因而：

1）在冬季运行时，机房空调冷凝热直接向水环分体多联机水系统供热，实现了机房空调冷凝热的热回收，减少了补热量，节省了相应的能耗；

2）同时，两个水系统合二为一，简化了水系统，节省了空间和投资。

3. 其他主要节能优势

（1）水环分体多联机：

1）办公楼采用水环直接蒸发式变冷媒流量分体多联机空调系统，在解决了冬季节能补热措施后，与空气源分体多联机系统相比，冬、夏季运行效率均大幅提高；

2）此外，与空气源分体多联机系统相比，外机可在同层核心筒内的机房设置，冷媒管长明显缩短，系统效率进一步提高。

（2）直接蒸发式带新排风热回收型新风机组。办公楼新风采用直接蒸发式热泵热回收型新风机组，既回收排风余冷余热，同时改善了压缩机冬、夏季运行工况，提高了系统运行效率。

三、设计参数及空调冷热负荷

1. 室外设计参数

对应规范中上海市的室外空气设计参数。

2. 室内设计参数（见表1）

室内设计参数　　　　表1

房间名称	季节	室内温度（℃）	相对湿度（%）	新风量[m³/(h·p)]	噪声[dB（A）]
大堂	夏季	26	60	20	50
	冬季	18	>30		
办公	夏季	25	55	30	45
	冬季	20	40		
餐饮	夏季	25	60	20	50
	冬季	20	>30		

3. 计算空调冷热负荷

裙房空调系统冷负荷为687kW，建筑面积冷负荷指标为139W/m²；

热负荷为348kW，建筑面积热负荷指标为70W/m²；

办公大堂等空调系统冷负荷为549kW，建筑面积冷负荷指标为84W/m²；

热负荷为239kW，建筑面积热负荷指标为36W/m²；

三层以上办公空调系统冷负荷为4832kW，建筑面积冷负荷指标为123W/m²；

热负荷为1918kW，建筑面积热负荷指标为49W/m²。

四、空调冷热源及设备选择

本工程设计始于2009年8月，针对业主的要求和本工程的功能需求，向业主推荐了全新的、综合了一些节能技术创新和措施的空调系统：

办公采用水环分体多联机系统，分体外机按各单元设置，每层单独设置直接蒸发式热回收新风机组，与各单元的室外机共同设置于楼层空调机房内，夏季采用集中设置于裙房屋顶的闭式冷却塔进行散热，冬季采用空气源热泵用于向系统补热，各办公层机房预留冷却水系统与水环分体多联机水环水系统合二为一，夏季，系统预留了白天相应的冷却负荷，各机房冷却空调作为系统的末端，按需接入系统即可使用，夜间由冷却系统值班散热；冬季该部分散热白天则成为系统供热，夜间主要由冷却系统以自然冷却方式运行散热，必要时启动部分冷却塔值班运行。

办公大堂及标准层电梯厅等公共部位另设置以空气源热泵为冷热源、独立的集中空调系统，大堂和电梯厅分别采用空调箱或风机盘管。该系统加班时刻可不运行，租户若有运行要求，管理上需另行收费。

裙房另设置以空气源热泵为冷热源、独立的集中空调系统，餐厅等分别采用空调箱或风机盘管。便于单独出租运行和运行计量。因受裙房屋顶面积限制，其空气源热泵无法再设置冷却塔系统，故未能采用创新的水冷系统。

五、空调系统形式

1. 空调水系统

（1）裙房部分为两管制系统，夏季供冷，冬季供热。冷热水系统采用一次泵循环方式，水泵采用变频运行方式，根据空调负荷的变化进行运行调节，实现节能。裙房水系统为异程形式，各空调末端设电动调节与动态平衡一体阀。

（2）办公楼水环为两管制系统，为确保各多联机主机稳定运行，水泵采用定流量运行方式，水环水系统采用垂直异程和水平同程方式，各层水平回水支管设静态平衡阀。根据水温，由闭式冷却塔散热或由气源热泵机组补热。

（3）大堂空调为两管制系统，夏季供冷，冬季供热。冷热水系统采用一次泵循环方式，水泵采用变频运行方式，根据空调负荷的变化进行运行调节，实现节能。办公楼各层电梯厅风机盘管水系统采用垂直异程方式，各层水平回水支管设压差平衡阀，供水支管设静态平衡阀。大堂周边地板嵌入式风机盘管水系统采用水平同程方式。

（4）裙房气源热泵机组和办公楼补热气源热泵机组水系统之间，设切换管和切换阀，并设计量措施，实现互为备用，以备设备故障检修之需，增加系统可靠性。

空调冷热源水系统原理如图1所示。

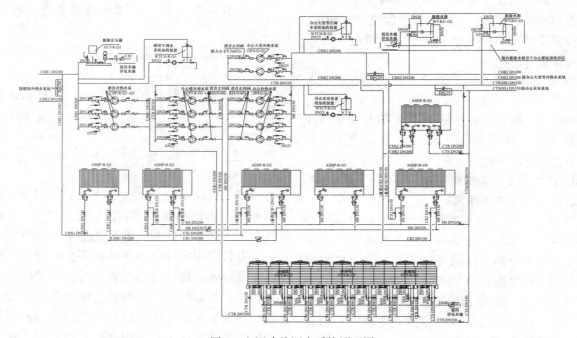

图1　空调冷热源水系统原理图

注：ASHP-R-01为大堂空调空气源热泵；ASHP-R-02～04为办公空调补热空气源热泵；ASHP-R-Q1～Q2为裙房空调空气源热泵。

2. 空调风系统

（1）裙房餐饮等采用集中式低速风道空调系统，由空气处理机组独立处理新、回风，部分系统风机设变频器，在部分负荷时，变风量节能运行。

（2）裙房小空间功能用房设吊装空调器，自带新风。

（3）办公楼一层大堂，设集中式低速风道空调系统，由空调机组独立处理新、回风，均匀顶送，下部集中回风。另沿周边外窗地板设地板嵌入式风机盘管下送风，增加高大空间冬季空调的舒适度。

（4）办公层各办公单元，均采用吊顶式可接风管室内机。

（5）办公楼各层设热泵热回收型直接蒸发式新风机，新风自竖井取风，经新风机组处理后送至各办公单元内区，各层水平总管中设定风量阀，冬季采用高压喷雾加湿器加湿。

（6）办公楼各层办公室排风，经热泵热回收型直接蒸发式新风机组内的排风机排入竖井后至屋顶排放，各层水平总管中设定风量阀。

（7）各集中式空调系统空调箱内设空气净化装置。

（8）办公楼各层电梯厅等采用风机盘管。

六、通风、防排烟及空调自控设计

1. 通风系统

（1）地下一层车库采用机械排风，自然补风；地下二层、地下三层车库，因层高较低，采用诱导风机结合机械排风，机械补风。

（2）变配电间、水泵房等各设备用房，送、排风系统独立设置。

（3）发电机房设排风，排除机房余热，自然补风；油箱间设排风，并采用防爆风机。

（4）各空调区域的通风，结合空调系统实施。大空间功能场所，设排风机排风；小房间，以送新风为主，渗透排风或卫生间排风。办公楼设集中的排风系统。

（5）各卫生间、茶水间、淋浴间均设通风器和集中的排风机接力排风。

（6）各厨房预留送、排风机及相关井道。对于地下厨房或无外窗厨房，设独立的事故通风系统。

（7）对于设有气体灭火的房间及气体灭火机房，设排风系统，采用下排风方式。

2. 防排烟系统

（1）地下、地上按规范需排烟的各功能场所，如走廊、餐饮、办公等，均设机械排烟系统，其中，办公楼二十二层按上海规程设消防补风系统，其余分单元的各办公层预留补风，以备合并单元出租的可能，其他均为自然补风。

（2）汽车库，利用平时通风机兼作机械排烟及补风系统，地下一层利用车道自然补风。

（3）办公楼各疏散楼梯间的地下、地上部分，均分别设置机械加压系统。

（4）裙房各疏散楼梯间的地下部分均采用机械加压系统，地上部分，均采用自然排烟方式。

（5）办公楼疏散楼梯间与消防电梯的合用前室，设正压送风系统。

3. 空调自控

所有的空调、通风系统均设置自动控制系统。除风机盘管、通风器外，均纳入 BAS 楼宇自控系统进行启停、运行和节能控制，包括相关条件参数和控制参数的检测、运行节能控制、设备运行状态显示、手自动转换、工况转换、故障报警、相关联动控制、能量计量、运行数据记录等。

除常规自控外，本工程办公楼冬季补热气源热泵机组供水管设有热水出水温度控制。办公楼各单元水环直接蒸发式可变流量分体多联机主机水路均设流量开关，确保主机运行安全。

七、心得与体会

2015 年 12 月，本项目所在的黄浦区发改委委托必维国际检验集团对大厦的能耗进行了审计，结果显示，从 2014 年 12 月至 2015 年 11 月，大厦全年总能耗为 5151060kWh/a，全年单位面积能耗约为 66.5kWh/($m^2 \cdot a$)（入住率为 80％左右），与 64 个抽样的大型公共建筑能耗指标样本中，办公建筑的全年单位面积能耗值 103kWh/($m^2 \cdot a$) 至 119kWh/($m^2 \cdot a$) 相比，金外滩国际广场的能耗较低，即便按推算入住率由 80％升至 100％的能耗上升，仍然具有很大优势。

对比《建筑能耗标准》征求意见稿中夏热冬冷地区办公建筑的全年单位面积能耗标准，如表 2 所示。

夏热冬冷地区办公建筑能耗指标（B 类）　　表 2

建筑分类	指标单位	约束性指标值	引导性指标值
国家机关办公建筑	单位建筑面积年综合电耗 [kWh/($m^2 \cdot a$)]	90	65
非国家机关办公建筑		110	80

按标准对公共建筑的分类，金外滩国际广场属于体量较大、难以自然通风，采用集中空调、机械送新风和排风的 B 类，其全年单位面积能耗值 66.5kWh/($m^2 \cdot a$)，明显低于 110kWh/($m^2 \cdot a$) 的约束性指标，按入住率推算，也有望达到或优于 80kWh/($m^2 \cdot a$) 的引导性指标。可见，实际

的节能效果良好。

从必维能源审计报告中对于楼宇自控系统的核查结果看，当时大厦的自控调试还存在五方面的问题，尚未完全达到设计要求，若完成整改尚可增加空调节能量，必维估测若调试实现设计意图，约有 9% 的节能空间。

从 2015 年 6 月到 2016 年 6 月，入住率由 80% 上升至 97% 以上，提高了 21.3%，但同期电费账单对比来看，总用电量分别为 492000kWh 和 581640kWh，上升了 18.2%，上升幅度低于入住率，而当时大厦的空调自控整改调试工作仍在进行中，尚未显现应有的效果，因此可以预见，在空调自控调试符合设计要求后，节能量可进一步提高，有望达到或优于 80kWh/(m² · a) 的引导性指标。

本工程最终超过业主 LEED 银奖的预期目标，获得 LEED 金奖认证；检测审计说明实际运行也基本达到了设计预期的节能效果。这源于本工程空调设计，实现了多项技术创新。

其中，空气源热泵夏季水冷系统与制冷机组冷凝热回收系统同源，但技术相同而出发点和效果悬殊，实现了冷凝热回收被动节能方式向空气源热泵夏季水冷主动节能方式的转变，相比而言，可节能领域、可节能量大幅扩展，凡是使用空气源热泵用于夏季空调的场合均可采用，系统简单，而所增加的成本极低，投入产出比极高。在本项目的推进过程中，得到了业主的支持，这是创新得以实现的关键因素和需要致谢的地方！在该技术的后续其他推广应用过程中，曾遭遇不同方面、不同原因的不同境遇，或受阻或"夭折"，实为可惜，体现了新技术在被专业和社会领域接受的过程中，所存在的、难以避免的传统习惯思维的阻力，还需要时间来消除化解。但该技术的推广发展和节能贡献无疑将是必然的。

此外，采用空气源热泵冬季为水环分体多联机空调系统补热，极大地扩展了该系统的应用场合。空气是取之不尽、用之不竭的，相当于在只能随缘的利用水源或地源补热的途径之外，找到了除少数严寒地区之外可以随意利用的补热方式。而这一方式的推广应用，也需要建立在对采用非余热热网，尤其是锅炉补热系增加能耗的正确认识，就目前而言，国内这类耗能补热应用的案例仍屡见不鲜，迷途知返同样需要时间。

华山医院北院新建工程①

- 建设地点　　上海市
- 设计时间　　2011 年 3 月～2012 年 12 月
- 竣工日期　　2014 年 6 月
- 设计单位　　上海建筑设计研究院有限公司
- 主要设计人　葛春申
- 本文执笔人　葛春申
- 获奖等级　　一等奖

作者简介：
葛春申，高级工程师；2002 年毕业于上海理工大学供热通风与空调工程专业；工作单位：上海建筑设计研究院有限公司；代表作品：上海德达医院、上海西郊庄园卡尔森酒店、上海市公共卫生中心、临港新城滴水湖洲际酒店等。

一、工程概况

华山医院北院新建工程位于上海市宝山区，作为上海市政府"5＋3＋1"医疗服务工程重点项目，华山医院北院的设计定位为集医疗、教育、科研于一体的三级甲等综合性医院。医院占地 176 亩，总建筑面积为 72000m²，床位数 600 张。医院由病房楼、门诊医技楼、科研办公楼、传染楼、设备楼等建筑单体组成。其中病房楼高度为 45m，地上 10 层，地上建筑面积为 30190m²。门诊医技楼高度为 24m，地上 4 层，建筑面积为 31010m²。病房楼与门诊医技楼共用地下一层，建筑面积为 8280m²，主要用途为厨房、设备用房及停车库。部分范围为战时核六级人防人员隐蔽部。

建筑外观图

二、工程设计特点

一般情况下，医疗建筑的空调设计为了确保医疗工艺要求，会导致能耗较大。经计算，本工程设计空调总冷负荷为 8570kW，总热负荷为 6050kW，平均冷、热负荷指标分别为 119W/m² 和 84W/m²；设计消毒用蒸汽量为 1.5t/h，空调加湿用蒸汽量为 1.1t/h。考虑到上述负荷需求，并为实现节能减排，本工程在降低能耗、提高能源综合利用率方面做了如下工作：

针对冷热源系统的节能策略：

（1）作技术经济比较选用冷热源：采用能效比较高的电制冷冷水机组＋燃气锅炉，并根据空调、生活、工艺的不同使用要求，分别配置热水锅炉和蒸汽锅炉，避免热源从高位向低位再交换时的能量损失。

（2）作日负荷特性分析，合理配置主机：医技、病房、科研楼的集中式空调系统选用 2750kW 离心机组两台＋1400kW 螺杆机组两台，螺杆机组恰好能满足夜间空调需要。传染楼与主体建筑分离较远，使用情况较为独立，因此采用独立的小型气源热泵机组（带热回收）。

（3）螺杆机组设计冷凝热回收系统，夏季，在供冷的同时，回收冷凝热，用以预热生活用水或提供手术室再加热热水，实现能源再利用，节省一次能源消耗。

① 编者注：该工程设计主要图纸参见随书光盘。

（4）作季节负荷特性分析：对洁净手术部、ICU、低温药库，增设热回收型风冷热泵作为独立冷源，过渡季节在供冷的同时，可提供再加热热水，从而最大限度满足使用要求并节省日常运行能耗。

（5）采用分布式供能系统，利用小型燃气发电机组的余热，供部分空调制热或供部分生活热水用热。系统发电量为250kW，可提供370kW的余热。整套热电联供的分布式供能系统，可实现能源的梯级利用，提高能源的总体利用率，减少碳排量。

针对冷、热水输配系统的节能策略：

（1）冷水系统输送采用6℃水温差（7℃/13℃），以减小输水管管径，并减少经常性的输送动力能耗。

（2）空调冷、热水循环泵、热回收水泵设变频控制，适应系统负荷变化，节省水泵运行能耗。

针对空调末端的节能策略：

（1）对于洁净手术室排风、ICU排风、病房排风，均设置盘管型显热回收机组，回收排风预热，预热新风。

（2）大规格空调箱风机采用变频控制，变风量运行，节省运行能耗。

三、心得与体会

1. 冷源设备的选择

医技楼、病房楼、科研楼设计空调总冷负荷

为8300kW。三栋楼各自的峰值负荷如图1所示，其中病房楼24h使用，其余两栋楼的使用时间为7：00～18：00。负荷最小值为700kW，发生于0：00，此时空调系统仅为病房楼供冷，总体低负荷率的波动范围从8%到20%不等。经统计，供冷季（5～10月）总冷负荷小于25%（既2075kW）的出现频率大于50%。正因为本工程负荷呈现出昼夜差异大，低负荷率出现频率大等特点，设计选用了两台2750kW的离心机组和两台1400kW的螺杆机组，作为系统冷源。螺杆机组恰好能满足夜间空调需要，其能实现在10%～100%的负载率之间的无级调节。这样"两大两小，两离心两螺杆"的组合，能匹配不同负荷需求，保持冷源系统高效运行。

工程使用后，设计院对冷源机组的运行情况进行了回访。以2016年6月为例，当月室外平均温度为24℃，医院的负荷需求如图2所示。冷源运行时开启1台螺杆机或1台离心机。各机组负载率情况详见图3。

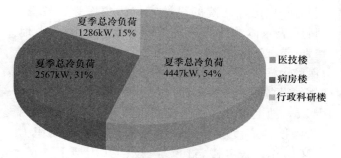

图1　三栋建筑夏季总冷负荷统计

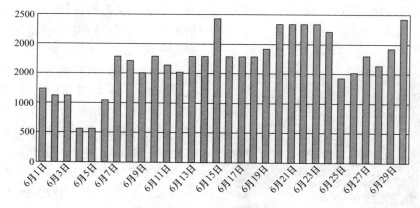

图2　医院2016年6月空调冷负荷（kW）

随着室外温度的逐步升高，医院对于空调负荷的需求增大，负荷率逐步提高。6月负荷最大值为2420kW。以单台离心式冷水机组额定容量2750kW为满负荷。系统在负荷率低于50%的情况下，使用1400kW的螺杆机，螺杆机负载率（工作日）能保持在75%以上；在负荷率高于50%时使用2750kW的离心机，离心机负载率（工作日）能保持在65%以上。这样的负荷和冷

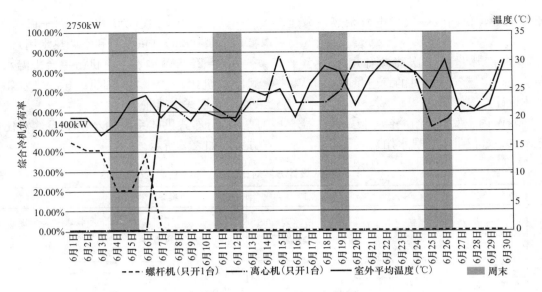

图 3　2016 年 6 月冷机负荷率

机的匹配情况，提高了冷机的运行效率，降低了运行成本。

2. 分布式供能系统

本项目采用分布式供能系统的原因是：分布式供能系统是一种综合的供能方式，分布式能源站靠近用户或在用户场地内，使用一次能源独立供电，并利用余热供热、制冷、供应热水，可实现能源综合阶梯利用。分布式供能以其高效、低排放、安全可靠等优势，成了国家及地方大力推广的节能减排技术。在这样的推广背景下，本工程依据上海市政府相关文件要求，采用燃气内燃机为主机的分布式供能方案，辅助主要能源系统，以减少外网用电量。

分布式供能系统的设计难点在于发电机组机型选定、容量的确定以及回收系统设计方案的确定。不同方案和主机类型，其工作原理不同，初投资不同，回收能力不同，经济收益也会相差很大。

对本工程全年各季节、全天 24h 的电、热负荷作详细计算，并统计调研资料，经归纳得出了各类负荷的最大值和最小值如表 1 所示。

各类负荷最大、最小值　　表 1

名称	最大负荷（kW）	最低负荷（kW）	备注
空调冷负荷	8570	700	最小负荷以室外温度 30℃、夜间 0：00 计
空调热负荷	6050	270	最小负荷以室外温度 13℃、夜间 0：00 计

续表

名称	最大负荷（kW）	最低负荷（kW）	备注
生活用水负荷	3290	700	最小负荷为有 24h 使用可能的病房楼的最大用量计
设计电负荷	7600	650	暂定燃气发电机组挂靠的上级变压器单台容量为 1250kVA
电负荷（实测）	4500	420	该栏取自 2008 年上海市供电局为华山本院所作全年监控值

由负荷分析得知，本工程无论是用热负荷还是用电负荷，其日夜峰谷差值都较大，考虑到内燃发电机组变工况运行特别是低负荷运行时性能不太理想，因此，希望配置的内燃发电机组应尽可能在额定工况下运行。

因此，本工程分布式供能系统的设计原则为："以热（冷）定电，热（冷）电平衡"，"并网不上网"，机组的发电量自发、自用、自平衡，分布式发电机组的总装机容量不大于相应电力系统接入点的上级变压站单台主变容量的 30%。余热供热，匹配一部分空调热负荷需求，这样既实现了能源的梯级利用，又提高了发电机组的运行效率，降低了主机设备初投资。

空调最低热负荷为 270kW，生活热水最低热负荷为 700kW。相对而言，生活热水负荷稳定，因此考虑以匹配生活热水负荷的 50%，确定热电联产产热量不小于 350kW。与此同时，350kW 的产热量，也能保证最低空调热负荷需求，在过渡季可以不开锅炉，仅回收燃气发电机余热，为建筑供暖。

以 350kW 产热量及一次能源利用率不小于 70% 的要求，确定燃气发电机的发电量为 250kW。系统的具体设计方案如下：

（1）250kW 内燃发电机组一台＋板式换热器＋蓄热水箱（80t）（仅供生活热水用）；

（2）250kW 内燃发电机组一台＋板式换热器＋蓄热水箱（80t）（供生活和空调热水用）；

（3）250kW 内燃发电机组一台＋温水型吸收式冷水机组一台（70USRT）＋蓄热水箱（30t）（原设容积式水箱兼用）。

以分布式供能系统的经济效益，对比各设计方案，如表 2 所示。

设计方案对比　　　　　　　　　　　　　　　　　表 2

序号		方案 1	方案 2	方案 3
1	添置设备	水泵 2 套（一用一备）、水箱（80t）、板式换热器	水泵 2 套（一用一备）、水箱（80t）、板式换热器	吸收式冷水机组（70SURT）水泵 3 套（一用一备）、冷却塔一台（100t）
2	设备费用	371 万元	371 万元	482 万元
3	年运行小时数	4320h	5400h	6840h
4	燃气用量	约 700kW＝72Nm³/h	约 700kW＝72Nm³/h	约 700kW＝72Nm³h
5	电机节约费用	$4320 \times (250 \times 0.88 - 2.1 \times 72) = 29.7$ 万元	$5400 \times (250 \times 0.88 - 2.1 \times 72)37.15$ 万元	$6840 \times (250 \times 0.88 - 2.1 \times 72) = 47$ 万元
6	年余热回收量	$4320 \times (80\% \times 700 - 250) = 1339200$kW	$5400 \times (80\% \times 700 - 250) = 1674000$kW	$6840 \times (80\% \times 700 - 250) = 2120400$kW
7	年生活热水节约费用	$4320 \times 310 \times 860 \times 3.3/8400/0.9 = 50.3$ 万元	$4320 \times 310 \times 860 \times 3.3/8400/0.9 = 50.3$ 万元	$4320 \times 310 \times 860 \times 3.3/8400/0.9 = 50.3$ 万元
8	年空调热水节约费用	—	$3 \times 12 \times 30 \times 310 \times 860 \times 3.3/8400/0.9 = 12.6$ 万元	$3 \times 12 \times 30 \times 310 \times 860 \times 3.3/8400/0.9 = 12.6$ 万元
9	年空调冷水节约费用	—	—	$4 \times 12 \times 30 \times 380 \times 0.7 \times 0.88/4.1 = 8.2$ 万元
10	设备折旧	$371/15 = 24.7$	$371/15 = 24.7$	$420.5/15 = 28.0$
11	人工管理费	$5000 \times 12 \times 3/10000 = 18$ 万元	$5000 \times 12 \times 3/10000 = 18$ 万元	$5000 \times 12 \times 3/10000 = 18$ 万元
12	年节约总费用	37.3 万元	57.37 万元	72.1 万元
13	预定投资回收期	$371/37.3 = 9.95$ 年	$371/57.37 = 6.47$ 年	$480/72.1 = 6.66$ 年

根据电、热（冷）负荷的特性和大小，结合发电机组的性能特性并考虑到对工程的总体的影响和投资回报期等因素，设计采用方案 2（250kW 内燃机一台＋板式换热器＋蓄水箱）的热电两联供系统。

该方案发电机组的发电容量与医院的用电负荷的低端相配合，余热产量为 370kW，占整个热源系统负荷的 6%。余热热水管网与锅炉一次水系统并网，白天提供生活用水用热；夜间当生活用水无法消耗全部余热时。冬季：经板式换热器（原有）制备 60℃/50℃ 热水供空调加热，其他季节：利用容积式水箱适当蓄热。此种配置可使内燃机组尽可能在额定工况下运行，能保证机组全年有足够多的运行小时数，机组的余热输出得到充分利用，保证机组达到年平均总热效率大于 70%，年平均热电比大于 55%。

该系统验收时，顺利通过了连续 72h 的试运行测试，燃气耗量为 5040Nm³/h（热值 8600kcal/m³），发电量为 17460kWh，提供生活热水供热量 10150kWh，提供空调热水供热量 8270kWh。测试期间发电效率为 35%，一次能源利用率为 71%，符合上海市《分布式供能系统工程技术规程》中不小于 70% 的要求。

中国人寿数据中心①

- 建设地点　　　上海市
- 设计时间　　　2008 年 9 月～2010 年 4 月
- 竣工日期　　　2014 年 01 月
- 设计单位　　　上海建筑设计研究院有限公司
- 主要设计人　　何钟琪
- 本文执笔人　　何钟琪
- 获奖等级　　　一等奖

作者简介：
　　何钟琪，高级工程师，1985 年毕业于同济大学；工作单位：上海建筑设计研究院有限公司；主要设计作品：招商银行卡中心、中国人寿数据中心、农商银行业务处理中心、北京通州新华医院、河南建业珀尔曼酒店等。

一、工程概况

　　中国人寿数据中心位于上海市张江高科技园区银行卡产业园，总用地面积 53039m²，总建筑面积约 128298m²，其中地下 47200m²，地上约 79044m²，地下二层为车库，地下一层为设备用房、健身房、员工餐厅、车库以及辅助用房。地上分 3 栋主楼，分别为西南侧的 A 栋管理工作区，北侧的 B 栋生产运维监控区以及数据中心，东南侧的 C 栋后勤保障区，裙房的西北及东北侧为能源动力区。建筑高度最高 50m。

建筑外观图

二、工程设计特点

　　数据中心主机房作为综合布线和信息化网络设备的核心，其是否安全运行直接关系到中心的各类重要数据和主要业务的正常运作。为保证机房承担的各项任务，不间断地正常运行，数据中心的空调系统必须在保证安全的前提下，为高性能计算机系统提供稳定、可靠的工作环境。同时，空调制冷系统能耗占据数据中心总能耗的约 1/3，如何降低能耗也是数据中心空调设计的重要课题。因此，本工程的空调系统设计以"高可靠性、高安全性、节能性"为原则，采用了多项措施，为数据中心的可靠、高效运作提供了必要环境。

　　1. TIER IV 标准、冗余度 2N 设计保证可靠度要求

　　由于数据中心的内部负荷密度非常高，一旦制冷系统出现故障停机，机房内部温升会非常快，一分钟之内可能达到 15～20℃。本工程数据中心的安全可靠设计标准为 TIA/EIA—942 电信数据中心基础设施标准的 TIER IV 级以及《电子信息系统机房设计规范》GB 50174—2008 的 A 级设计。在地下一层设有两个大小相同的冷冻机房，平时两个冷冻机房都运行，各负担生产区和能源

---

① 编者注：该工程设计主要图纸参见随书光盘。

动力区 50% 的负荷。当其中一个机房发生故障需要停机维修时，由另一机房 100% 保障生产和动力区的空调系统供冷。空调系统设计能够满足所有数据中心模块并行维修。具有针对设备、管道和控制系统，但不仅限于此的一些系统的故障容错能力。设备、管道和控制系统的单点故障不会影响整个空调系统的正常运行。同时在每个冷冻机房的空调冷冻水系统的平衡管上配置储水量为 600m³ 的蓄冷罐，蓄冷罐内部上下分设布水器，平时工作状态为蓄冷过程，冷冻水的供水经由罐内下部布水器进入蓄冷罐，经由罐内上部的布水器回至冷冻水回水系统，与末端空调机组的回水混合后，进入冷水机组，保证罐内储有 11.5℃ 的冷冻水。为防止高温水逆向流入蓄冷罐，在回水管上设置温度探头，一旦有高温水流入，立即打开一次泵与冷水机组。当市电出现故障，在柴油发电机组启动之前，空调二次冷冻水泵系统、机房精密空调由 UPS 供电，继续运转，蓄水罐处于放冷状态，冷冻水回水通过罐内上部布水器进入蓄水罐，经下部布水器送入二次冷冻水管路系统，为机房精密空调供冷，蓄水量可以满足 10min 的全荷载设计的供冷量。

2. 数据中心冷冻水系统设置了冬季免费供冷系统

为最大化利用免费供冷系统，每台冷冻机组的冷冻水一次水系统和冷却水系统中串联一组板式换热器。在过渡季节可由免费冷源与冷水机组联合供冷，冬季则完全由免费冷源供冷冷却塔自然冷却，最大化降低运行能耗。

上海地区全年湿球温度统计如图 1 所示。

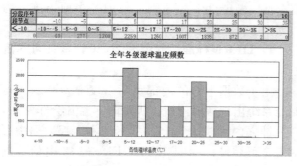

图 1　上海地区全年湿球温度统计

本工程生产区冷冻水供/回水温度为 11.5℃/17.5℃，选取冷却塔逼近温度为 5℃，板式换热器换热温差为 1.5℃，则室外湿球温度 = 11.5 − 5 − 1.5 = 5℃，此时冷水机组停止，转换为全部自然冷却模式。过渡季节冷却塔蒸发量增加，逼近度考虑 4℃ 左右，板式换热器换热温差 1.5℃，则室外湿球温度 ≤12℃ 时可实现部分自然冷却。故本项目冷却塔自然冷却的运行条件为：

室外湿球温度 ≤5℃ 时，全部自然冷却模式；

室外湿球温度 5℃ ～12℃ 时，部分自然冷却模式；

室外湿球温度 ≥12℃ 时，制冷机供冷模式。

从图 1 可以看出，全年约有 1525h 可以采用全部自然冷却模式，占全年的 17.4%；约有 2259h 可以采用部分自然冷却模式，占全年的 25.8%。

3. 采用高温冷冻水系统提高冷源效率

提高数据中心空调冷冻水供回水温度，供/回水温度为 11.5/17.5℃，冷却水供/回水温为 32/38℃ 时其制冷效率 COP 值大于 6.18，综合部分负荷性能系数达 8.05。数据中心冷冻水与冷却水温度均采用了 6℃ 大温差，可减小输水管径，减少经常性的输送动力。

4. 末端精密空调干盘管运行

机房空调机组依据 11.5℃/17.5℃ 冷水供/回水温度选型，干工况运行，只承担机房的显热负荷。精密空调机组不再设置电加湿和电加热，避免发生同时除湿再加湿所产生的巨大能耗。数据机房的房间湿度由新风机组控制。新风空调采用热泵型新风空调机组，另带冷热水盘管，过渡季节自带冷热源进行新风处理。新风机组集中设置电加热器和湿膜加湿器。夏季新风以等室内露点温度送入室内，以保证机房内湿度控制；冬季新风经热泵型新风机组加热至 6℃ 保证不结露的前提下送入空调机房，与精密空调机组回风混合后，再处理送入机房。

三、设计参数及空调冷热负荷

1. 室外计算参数（见表 1）

室外计算参数　　　　　　　　表 1

室外空气计算参数		夏季	冬季
地理位置		北纬 31°10′，东经 121°26′，海拔 4.5m	
大气压力（mbar）		1005.7	1026.6
温度参数	空调室外计算干温度（℃）	34.6	−1.2
	通风室外计算干温度（℃）	30.8	3.5
	空调室外计算湿球温度（℃）	28.2	—
	极端温度（℃）	39.6	−7.7

续表

室外空气计算参数	夏季	冬季
计算日较差	6.9	—
室外计算相对湿度（%）	69	74
室外平均风速 m/s	3.4	3.3
主导风向	S	N

2. 室内设计参数（见表2）

室内设计参数　　　　表2

房间名称	夏季 温度（℃）	夏季 相对湿度（%）	冬季 温度（℃）	冬季 相对湿度（%）	人均使用面积（m²）	新风量 [m³/(h·p)]	噪声标准 [dB(A)]	备注
门厅	26	40～70	18	—	10		25	≤55
管理工作区	25	40～60	20	40～55	5		30	≤45
会议	25	40～70	20	40～55	2.5		30	≤45
宿舍	25	40～70	22	40～55	2人/间	100/间		≤45
食堂	24	40～70	20	—	2.5		25	≤55
多功能厅	25	40～70	20	—	2.5		25	≤55
纸介质库	5～40	40～70	5～40	40～70	20		30	≤55
卡片纪录介质库	5～40	30～70	5～40	30～70	20		30	≤55
磁介质库房	20±2	50±5	20±2	50±5	10		30	≤55
UPS设备机房	35	30～70	35	30～70				
蓄电池室	24	<90%	24	<90%				
数据中心热通道	29±2	30～70	29±2	30～70				维持5～10Pa正压
数据中心冷通道	18±2	30～70	18±2	30～70				

3. 空调冷热负荷（见表3）

空调冷热负荷　　　　表3

建筑功能区		使用面积（m²）	夏季总负荷（kW）	冷量（RT）	冬季总热负荷（kW）
数据中心	生产区	25209	15139	4305	0
	运维监控区	10500	1371	390	834
管理工作区		19544	2962	842	1806
专家及值班宿舍		16873	2835	806	1739
能源动力区		19362	2192	623	0
地下车库		21412	0	0	0
生产、动力区冷热负荷总计			17331	4928	0
非生产区冷热负荷总计			7169	2038	4379

四、空调冷热源及设备选择

1. 冷源

本工程为数据生产中心，生产区和能源动力保障区的空调系统冷负荷为17331kW，装机容量考虑20%的扩容余量，因此总冷量为20798kW；根据业主的要求，本工程数据中心的安全可靠设计标准为 TIA/EIA-942 电信数据中心基础设施标准的 TIER Ⅳ 级以及《电子信息系统机房设计规范》GB 50174—2008 的 A 级。拟在地下一层设有两个大小相同的冷冻机房，每个冷冻机房选用 5 台 4395kW 高压离心式水冷冷水机组。一期每个冷冻机房只设置 3 台冷水机组以及配套设备。平时两个冷冻机房都运行，各负担生产区和能源动力区 50% 的负荷。当其中一个机房发生故障需要停机维修时，由另一机房 100% 保障生产和动力区的空调系统供冷。空调系统设计能够满足所有数据中心模块并行维修。具有针对设备、管道和控制系统，但不仅限于此的一些系统的故障容错能力。设备、管道和控制系统的单点故障不会影响整个空调系统的正常运行。高压冷水机组均采用 10kV 电源供电，提供供/回水温度为 11.5℃/17.5℃ 的空调冷冻水。冷凝器的热量由冷却塔释放到室外，冷却塔的进/出水温度为 38℃/32℃。两个系统共配置 10 台 1000t/h 的冷却塔，每个能源动力区屋顶安装 5 台。考虑到数据中心空调系统运行的安全可靠性，由给排水专业在水泵房设置空调补水应急水箱，水箱容积按空调系统在只保证生产和动力区正常运行所需冷量时，空调水系统一天的总补水量设置。应急水箱的储水量为 1500m³。同时，在每个冷冻机房的空调冷冻水系统中的平衡管上配置储水量为 600m³ 的蓄冷罐，保证罐内储有 11.5℃ 的冷冻水。为防止高温水逆向流入蓄冷罐，在回水管上设置温度探头，一旦有高温水流入，立即打开一次泵与冷水机组。当市电出现故障，在柴油发电机组启动之前，二次冷冻水泵系统、机房精密空调由 UPS 供电，继续运转，蓄水罐处于放冷状态，为机房精密空调供冷，蓄水量可以满足 10min 的全荷载设计的供冷量。蓄冷罐在机房北部室外埋地安装。为最大化利用免费供冷，每台冷冻机组的冷冻水一次水系统和冷却水系统中串联一组板式换热器。在过渡季节可由免费冷源与冷水机组联合供冷,冬季则完全由免费冷源供冷。管理工作区、专家值班宿舍和生产运维工作区的空调总负荷约为7169kW。选用2台2965kW离心式水冷冷水机组和一台1230kW螺杆式水冷冷水机组,均采用380V电源供电,提供供/回水温度为6.5℃/12.5℃的空调冷冻水。冷凝器的热量由冷却塔释放到室外,冷却塔的进/出水温度为37℃/32℃,冷却塔设在东部能源动力区屋顶。此系统共配置2台750t/h、一台350t/h的冷却塔。

2. 热源

本工程冬季供暖总热负荷约为4379kW。其中运维管理工作区约834kW、管理工作区约为1806kW、专家及值班宿舍约1739kW,锅炉房同时为生活热水提供1265kW的热负荷。考虑生活热水的同时使用情况,采用3台1.90MW的燃油、燃气两用热水锅炉提供所有热负荷。锅炉承压0.6MPa。总燃气量600Nm³/h,总燃油量520kg/h。锅炉供/回水温度为90℃/70℃,锅炉提供的热水通过各自的板式换热器转换成供/回水温度为60℃/48℃的热水供冬季空调使用。锅炉房设在地下一层,平时使用天然气,当天然气切断时可使用柴油备用。锅炉房使用的储油罐与柴油发电机使用的储油罐合用。锅炉房中设置日用油箱间和油泵间,日用油箱的体积为1m³。锅炉烟囱接至生产楼柴油发电机房屋顶排放。

五、空调系统形式

1. 空调水系统

(1)数据机房空调系统采用闭式异程循环系统,采用二次泵系统,其中一次泵定流量运行,二次泵变流量运行;计算机房空调采用冷冻水盘管型精密空调机组,常年供冷。每个机组配有单盘管,按满足Tier4要求的2N冗余方式配置。两组精密空调机组的冷源分别由两个冷冻机房(冷冻机房一和冷冻机房二)的两组供回水管提供。保证在有一冷源或局部主管线出现故障时,精密空调机组能正常工作,确保机房供冷的可靠性,消除单点故障。

(2)办公区空调水系统采用四管制闭式异程循环系统,冷源由专供非生产区的冷冻机房提供,空调冷冻水采用二次泵系统,其中一次泵采用定流量运行,二次泵采用变流量运行;热源由锅炉房内板式换热器提供,板式换热器的一次侧水泵采用定流量运行,二次侧水泵采用变流量运行。专家及值班宿舍区的宿舍内部及其卫生间采用低温热水管道地板辐射供暖系统作为辅助供暖。地板供暖的热水由供专家及值班宿舍区的60℃/48℃的热水提供,经智能板式换热机组,转换成供/回水温度为50/45℃的热水。

(3)经过地库主通道内的空调水管为了避开供电系统的大量的电缆等设备,空调水管大部分安装在主通道地下的管沟中,同时管沟需考虑增设排水措施。

2. 空气处理系统

(1)房空调机组为干工况运行,不设再热盘管和加湿器。机房空调机组依据11.5℃/17.5℃的冷冻水供/回水温度选型,承担全部的显热负荷。新风空调采用热泵型新风空调机组,另带冷热水盘管,过渡季节采用自带冷热源进行新风处理,其余时间由办公空调系统冷热源供冷。新风机组集中设置电加热器和湿膜加湿器。夏季新风以等室内露点温度送入室内,以保证机房内湿度控制;冬季新风经热泵型新风机组加热至6℃保证不结露的前提下送入空调机房,与精密空调机组回风混合后,再处理送入机房。

(2)办公区、数据中心的运维管理区采用AHU+VAV的变风量全空气空调系统,空调箱按内外区分别设置,末端采用单风道型变风量空调箱。控制采用以总风量为前馈的变静压控制。其新风由设置在屋顶的带热回收装置的新风机组提供,在夏季和冬季排风经热回收装置将能源回收利用后排放。

(3)对人均使用面积小于3m²/人的人员高密度房间安装CO_2浓度监测器对新风量进行控制。同时设置变频排风机根据房间压力调节排风量。过渡季节另设一台排风机,加大房间新风量。

六、通风、防排烟及空调自控设计

1. 通风系统

(1)各空调区域均设有机械排风,以保证新风的送入。人员密集的房间设有备用排风机,以备过渡季节增大新风量和排风量。

(2)地下车库设置机械排风系统,送风为自然进风或机械进风。地下车库同时还设置 CO 浓度感测系统，平时通过 CO 感测控制风机的启停。

（3）散热量小的地下设备用房集中设置机械送排风系统。

（4）变配电间、电梯机房和发电机房以机组的散热量为依据设置送排风系统和空调机组。电梯机房与发电机房的通风与空调由设备厂家承包设计与安装。

（5）每套客房的浴厕间设置一个通风换气扇，接至排风立管。排风立管至顶层屋面排出室外。公共卫生间均设置独立的机械排风系统。

（6）吸烟室、复印室设置独立排风系统，并保持一定的负压。

（7）中庭顶部设置可开启自动天窗，过渡季节可开启进行自然通风。

（8）钢瓶间设置机械排风系统。

（9）蓄电池室设置机械排风系统。每个电池室有上下两个排气口。电池室安装两个排风机，采用 N＋1 的配置。一台风机连续运行，提供 $1.7 m^3/(h \cdot m^2)$ 的排气量。如果主风机发生故障，第二台风机就会启动。

（10）厨房设有油烟排风机，油烟经静电处理后由屋面排放。

（11）地下一层的燃气锅炉房设置机械通风，锅炉在运行时，应满足锅炉燃烧和消除机房余热的需要的空气量。锅炉房送风量以保证锅炉房运行时不会出现负压计算设置；锅炉房、日用油箱及调压间均设置事故通风，通风机应采用防爆风机。锅炉房还应设置泄爆口，泄爆口面积不得小于锅炉房占地面积的 10％。

（12）管理工作区和宿舍区设置中央吸尘系统。中央吸尘系统由专业厂家深化设计。

2. 消防系统

根据上海市《建筑防排烟技术规程》、《高层民用建筑设计防火规范》、《汽车库、修车库、停车场设计防火规范》对相关场所设置必要的防排烟措施，以保证火灾时的人员疏散要求。

（1）地下汽车库设置若干个防烟分区，由土建设挡烟垂壁分隔。每个防烟分区的排烟量按 $6 h^{-1}$ 换气次数计算。有直接通向室外的汽车疏散口的防火分区采用自然补风；无直接通向室外的汽车疏散口的防火分区采用机械补风。机械排烟和机械补风系统与平时车库机械送、排风系统合用。

（2）防烟楼梯间地上部分采用直灌式或管道式机械正压送风系统，地下室无自然通风条件或直接出口的疏散楼梯间采用机械正压送风系统。消防电梯前室或合用前室采用机械加压送风系统。楼梯间维持 40～50Pa 的正压。前室（合用前室）维持 25～30Pa 的正压。

（3）面积超过 $100 m^2$，且经常有人停留或可燃物较多的地上无窗房间或设固定窗的房间采用机械排烟方式。面积超过 $500 m^2$ 的房间，同时设置自然补风或机械补风系统，送风量不小于排烟量的 50％。

（4）对于采用气体灭火系统的房间，均设有灭火后的排风系统。且在气体释放时所有通室外的风口均应关闭。排风口设在防护区下部，并直通室外。气体灭火后通风换气次数为 $5 h^{-1}$。

（5）在风道穿越机房、防火墙、楼板或竖向风道之支风道上均设置防火阀。

（6）消防控制中心对所有涉及消防使用的设备进行监控。

（7）包括工程项目的通风、防排烟及空调自控设计等。

3. 自控系统

按建筑物的规模及功能特点，设置楼宇自动控制系统（BAS）以及 DDC 系统，每个控制系统由中央电脑及终端设备和各子站组成，在楼宇控制中心及中央制冷机房控制室均配置计算机、液晶显示屏及打印机，需能显示、控制及自动记录各通风设备、空调机组、冷热源设备、水处理设备、水泵等的运行状况、故障报警及启停控制。而所有设备需能采用自动或手动操作及就地开关。

（1）冷热源系统的监测与控制：根据供水总管和回水总管上的温度、流量信号计算进行负荷分析决定制冷机组和锅炉的运行台数，优化启停控制与启停联锁控制；对冷却水阀、冷却水泵、冷却塔风机、冷冻水阀、冷冻水泵、制冷机组按顺序进行联锁控制；除变频系统外，为保证锅炉一次侧热水系统供回水压差恒定，其供回水总管处设置电动压差旁通调节阀进行控制；冷却水塔进行水量分配控制以及根据水温控制风机运行台数以及运行速度；为防止冷水机组的冷却水进水温度过低，在冷却水进出总管处设置一个电动温控旁通调节阀，根据进水温度调节其旁通流量。

（2）空调系统末端的控制：风机盘管由房间

温度控制回水管上的动态平衡电动双位两通阀，并设有房间手动三档风机调速开关；空调机组由回风温度控制回水管上的动态平衡电动两通调节阀；新风机组由送风温度控制回水管上的动态平衡电动两通调节阀；变风量空调机组根据回风温度变频调节送风量，根据送风温度调节动态压差平衡电动两通调节阀。风量调节优先于送风温度调节；空调机组过滤器设有压差信号报警，当压差超过设定值时，自动报警或显示；空调机组新风入口的防冻用电动（开度可调）双位风阀与该机组联动开关控制。

七、心得与体会

（1）本项目运行初期冷负荷仅为设计负荷的10%左右，为避免冷水机组的频繁启动，只能通过系统的蓄冷水罐调剂。通过四个蓄冷水罐的温度监测，控制冷水机组的启动。

（2）目前机房的负荷已经增加到了30%，平时两路各开启一台冷水机组，负载量为70%～80%，运行比较稳定，系统工况不再需要反复转换。

（3）由于业主十分注重使用的安全性，并且总体负载率较低，系统的运行刚开始进入稳定开启阶段，故免费冷源只使用了并联的工况，过渡季节联合运行的工况并未使用。减少了一部分过渡季节的免费冷源利用。因此免费冷源利用时间比较短。

（4）由于业主订货时未安装冷冻机房的群控系统的通信接口以及冷水机组分项耗电计量表，导致数据无法传输，无法取得冷冻机房的参数。只能记录总的耗电量，估算出目前大致机房的PUE值在2.0左右，还是比较高的。这与负载率较低、运行管理偏保守有一定关系。目前业主也准备着手节能改造，补上能耗计量系统与监控系统。

扬州瘦西湖隧道通风排烟设计①

- 建设地点　　扬州市
- 设计时间　　2011 年 4～9 月
- 竣工日期　　2014 年 9 月
- 设计单位　　中铁第四勘察设计院集团有限公司
- 主要设计人　陈玉远　甘　甜　刘　俊　刘　健
　　　　　　　唐　凯
- 本文执笔人　陈玉远
- 获奖等级　　一等奖

作者简介：
　　陈玉远，高级工程师，2007 年毕业于重庆大学暖通专业，工学硕士；就职于中铁第四勘察设计院集团有限公司；代表作品：扬州瘦西湖隧道通风排烟设计、武汉三阳路公铁合建越江隧道通风排烟设计、武汉东湖隧道通风排烟设计、钱江隧道通风排烟设计、杭州望江路隧道通风排烟设计等。

一、工程概况

　　扬州市瘦西湖隧道工程线路全长 3399m，采用上、下双层断面形式，隧道在扬子江北路设置 A、

B 匝道。上层隧道总长 2119m，封闭段长 1789m，下层隧道总长 2630m，封闭段长 2350m，上层 B 匝道总长 315m，封闭段长 165m，下层 A 匝道总长 525m，封闭段长 405m。隧道下穿瘦西湖景区采用单管双层盾构施工，两端接线采用明挖法施工。

隧道总平面图

二、工程设计特点

　　瘦西湖隧道盾构横断面为单管双层结构，管片内径 13.3m，管片厚 0.6m，外径 14.5m，是目前国内外直径最大的单管双层盾构隧道之一。盾构段横断面布置图如图 1 所示。盾构段长 1257m，上下层隧道暗埋段长度为 1789m、2350m。隧道下穿的蜀冈—瘦西湖风景名胜区是扬州首家国家 5A 级旅游景区，对景观、环境要求高。

　　本工程设计具有以下特点：

　　（1）上层隧道创新性地采用了匝道、主线洞口和风塔分散排污的通风方式。上层隧道在出口侧设一个出口匝道，设计中采用了匝道洞口＋主线洞口＋风塔分散排污的方式，有效利用了出口匝道的排污作用，减少了风塔污染物排放总量，将风塔高度降低了 5m。

　　（2）国内首条在隧道侧部设置土建排烟道的单管双层隧道。针对双层隧道防灾救援难的特点，在隧道侧部设置上下层共用排烟道，针对上下层间隔 60m 分别设置电动排烟口，火灾时采用重点排烟方式，开启火源附近的电动排烟口就近将烟气排

───────────

　　① 编者注：该工程设计主要图纸参见随书光盘。

出，该排烟方式在国内单管双层隧道中为首创。

（3）疏散楼梯设置和加压送风系统的创新。隧道疏散方式为上下层设置楼梯间互为疏散，针对火灾时上下层隧道可能发生串烟的难点，首次将楼梯间设计成封闭楼梯间的措施，并针对上下层隧道分别布置加压风机，保证火灾时楼梯间内的余压要求，确保烟气不会进入非火灾隧道，提高了人员疏散的安全性。

图1 盾构段横断面布置图

本工程具有以下创新点：

（1）匝道、主线洞口和风塔分散排污的通风方式，在保证洞口环保的前提下，风塔高度降低了5m，节省土建投资50万元，并减少了风塔对景区景观的影响。

（2）针对双层隧道防灾救援难的特点，设计创新性地采用了在隧道侧部设置土建排烟道的重点排烟模式，为国内单管双层隧道首创，火灾时将人员可用安全疏散时间由550s提高至1200s，人员疏散安全性大大提高。

（3）由于隧道储烟仓空间较小，当下层火灾时烟气可能通过纵向疏散楼梯蔓延至上层隧道，在设计中提出了将纵向疏散楼梯处封闭成单独的空间，并且针对上下层隧道分别布置加压风机，保证火灾时楼梯间内的余压要求，确保烟气不会进入非火灾隧道，提高了人员疏散的安全性。

三、通风、防排烟设计

1. 通风设计

为了保护瘦西湖景区和洞口周边空气环境，

上下层隧道均采用竖井排出式纵向通风。上层隧道在出口侧设一个出口匝道，设计中采用了匝道洞口＋主线洞口＋风塔分散排污的方式，将风塔高度降低了5m。洞口周边环境敏感点分布以及与洞口距离见表1。

上层隧道环境敏感点分布表　　　表1

编号	敏感点名称	与洞口距离
1	国家税务总局党校	距上层隧道匝道出口距离47m
2	扬州教育学院	距上层隧道匝道出口距离51m
3	二十四桥宾馆	距上层隧道匝道出口距离62m
4	扬州天下住宅	距上层隧道主线出口距离66m

上层隧道长度1789m，且设有一处出口匝道，并且敏感点与洞口距离均在47m以上，可利用主线出口和匝道出口分别排放部分污染物，采用SES4.1模拟软件对隧道正常运营时通风量和污染物浓度进行了模拟计算。具体计算结果见表2。

上层隧道全射流纵向通风计算结果　　表2

	车速	主线出口			匝道出口			备注
年限	km/h	风量 (m³/s)	排污比例 (%)	洞口浓度 (cm³/m³)	风量 (m³/s)	排污比例 (%)	洞口浓度 (cm³/m³)	
近期	10	79	59	124	62	41	111	开10台射流风机
	20	86	60	62	65	40	55	开6台射流风机
	40	92	55	29	82	45	26	
	60	209	67	11	105	33	10	
远期	10	86	58	75	67	42	69	开10台射流风机
	20	84	59	42	65	41	38	开6台射流风机
	40	110	57	17	90	43	16	
	60	215	67	7	106	33	7	

由表2可以看出，近期和远期洞口污染物排放比例基本相同，其中匝道出口的排污比例为隧道排放总量的33%～45%，主线洞口的排污比例约为总排放量的55%～67%，由于匝道和主线隧道的分流作用，每个洞口污染物的排放总量均降低。近期隧道需风量最大，因此近期污染物排放浓度大于远期，当隧道内全程阻滞时污染物浓度最大，最大值为124ppm。

将主线和匝道污染物排放比例、排放量提供给环评单位，根据环评单位核算结果，在全程阻滞的最不利工况下，当与洞口距离大于80m时环境空气质量才能满足《环境空气质量标准》中二级标准的要求，根据表1可知，上层隧道4处敏感点与洞口的距离均小于80m，虽然两处洞口均起到了分散排放废气的作用，但采用洞口直接排放的方式仍不能满足洞口周边环保要求，需要设置风塔集中排放废气。由于匝道和主线洞口分散排污的作用，减少了风塔排污量，风塔的高度由22m降低至17m，高度降低了5m。

2. 防排烟设计

针对双层隧道防灾救援难的特点，设计创新性地采用了在隧道侧部设置排烟道的重点排烟的技术方案。

当前公路隧道中采用的排烟模式主要有两种：纵向排烟和重点排烟。对于国内双层隧道，火灾时均采用纵向排烟方案，该方案对于正常行车工况具有良好的烟气控制效果，但在交通堵塞的情况下，纵向通风情况将对火灾下游人员逃生和消防救援带来很大地威胁，无法有效地保证火源下游人员的安全疏散。为此，为了更加体现"以人为本"的设计理念，本工程创新性地采用在隧道侧部设置排烟道的重点排烟模式，具体方案设计如下：在隧道侧部设置排烟道分别与两岸风机房相连，其中排烟道为上下层共用，隧道纵向上、下层每隔60m设置电动排烟口，尺寸为6m×0.5m，火灾情况下开启火灾点附近6个排烟口进行排烟（见图2）。

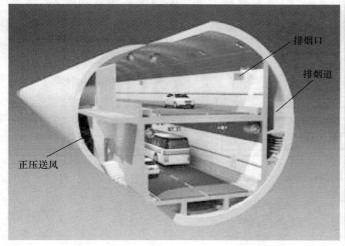

图2　重点排烟效果图（左：盾构段；右：明挖段）

本工程为国内首条采用在隧道侧部设置排烟道的单管双层隧道，搭建了1:15的模型并采用CFD仿真模拟对火灾排烟效果进行了验证（见图3）。

大客车火灾工况进行了模拟计算，计算模型见图4。火灾热释放率20MW，两侧双向排烟，单台排烟风机风量设定为60m³/s，对重点排烟工况进行了模拟，计算结果见图5。

图3　隧道模型拼装效果图

以下层盾构隧道为例，采用FDS软件对中部

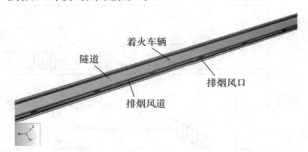

图4　下层隧道模型图
（沿 X 为长度方向，沿 Y 为宽度方向，沿 Z 为高度方向）

当采用重点排烟时，由于排烟口的抽吸作用，烟气从排烟道顺利排走，烟气基本维持在排烟口开启区间附近，且向隧道两端蔓延的速度得到明

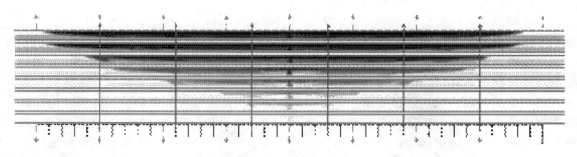

图 5 重点排烟工况 $Y=0m$ 烟气分布云图

显控制，在 900s 之后烟气基本达到稳定，可将高温烟气控制在隧道上方，下方人员疏散区均为无烟区域，与烟气自由蔓延方式相比，人员可用安全疏散时间由 550s 提高至 1200s，极大地提高了人员疏散安全性。

3. 疏散楼梯加压送风方式的创新

由于隧道储烟仓空间较小，当下层火灾时烟气可能通过纵向疏散楼梯蔓延至上层隧道，在设计中提出了将纵向疏散楼梯处封闭成单独的空间，作为上、下层紧急情况互为疏散的通道，疏散楼梯盾构段设置间距为 100m，明挖段为 250m，并且针对上下层隧道分别布置加压风机，保证火灾时楼梯间内的余压要求，确保烟气不会进入非火灾隧道，提高了人员疏散的安全性。

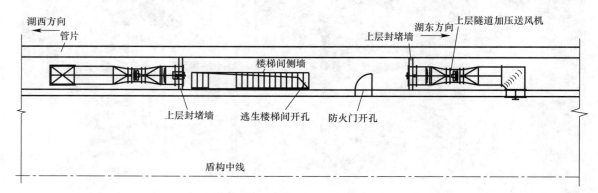

图 6 疏散楼梯间加压风机布置平面图

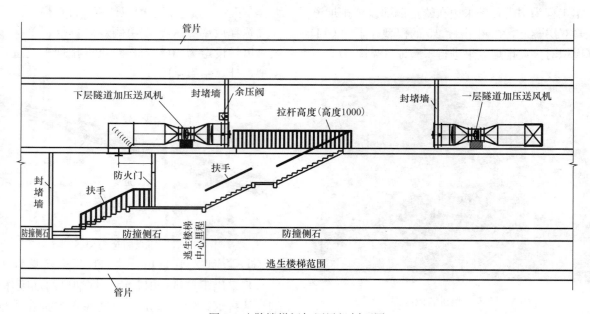

图 7 疏散楼梯间加压风机剖面图

四、心得与体会

汽车行驶在隧道内时不断排放尾气，致使隧道内 CO、NO$_x$ 及颗粒物等有害物浓度显著升高。隧道内废气集中在隧道洞口或排风塔局部区域排放，恶化了该区域的环境，所以隧道建设时要考虑对大气环境的保护，尤其是城市隧道。然而随着城市隧道越来越多，一座座类似"烟囱"的排风塔，既影响环境，又与城市景观不协调。同时随着城市居民环保意识日益增强，高风塔与景观以及所处区域居民的矛盾日益突出。因此，风塔的选址成为隧道建设的难题。如何既能满足大气环境要求，又能兼顾城市规划、景观要求，有效降低排风塔的高度，减小风塔局部区域环境负担，是隧道设计时值得探讨的问题。

本工程结合实际情况，采用匝道、主线洞口和风塔分散排污的通风方式，在保证洞口环保的前提下，风塔高度降低了 5m，节省土建投资 50 万元，并减少了风塔对景区景观的影响。

由于隧道内车流密集，空间狭小的特点，在国内外隧道中由于交通事故及车辆本身的质量问题引起的火灾时有发生，而且救援相当困难，因此通风设计必须满足防灾要求。

本工程为城市主干道，洞口两侧分别设有红绿灯，隧道内发生阻滞的情况较高，且为上下双层隧道，空间受限、顶部储烟仓容量较小，烟气下降速度较快，并有可能通过疏散楼梯蔓延至非火灾隧道，火灾危害性大，推荐采用纵向排烟与重点排烟相结合的方式，在盾构段和部分明挖段采用重点排烟，两端洞口部分采用纵向排烟。通过数值模拟与试验测试相结合，验证了通风排烟系统的有效性。

"幸福堡"接近零能耗建筑——德国认证的被动式建筑①

- 建设地点　　乌鲁木齐市
- 设计时间　　2010年8月～2011年9月
- 竣工日期　　2014年9月
- 设计单位　　新疆建筑设计研究院
- 主要设计人　刘　鸣
- 本文执笔人　王　亮
- 获奖等级　　一等奖

作者简介：

刘鸣，教授级高工，1985年毕业于西安建筑工程学院供热通风与空调工程专业；现工作于新疆建筑设计研究院；主要设计代表作品："幸福堡"被动式建筑、昌吉州人民医院综合病房楼、乌鲁木齐报业大厦、乌鲁木齐市既有公共建筑节能改造项目等。

一、工程概况

新疆乌鲁木齐"幸福堡"工程由新疆大成房地产开发公司投资建设，由德国海德堡能源与环境研究所负责牵头，召集德国被动式建筑节能研究所、德国"文化桥"设计事务所及新疆建筑设计研究院联合设计完成的集商业、办公和餐饮于一体的被动式商业综合楼，其中暖通专业由新疆建筑设计研究院独立完成施工图设计。

该工程建设地点位于新疆乌鲁木齐市幸福路，总建筑面积为7791.03m²，其中地下建筑面积3163.50m²，地上建筑面积4627.53m²，建筑基底面积939.59m²，建筑层数为地上6层，地下2层；建筑总高度为23.40m；建筑体形系数为0.23；建筑耐火等级为二级；建筑工程等级为二级；地下室耐火等级为一级。设计抗震烈度为8

度；屋面防水等级为Ⅱ级；结构体系为框架剪力墙结构。

各层建筑功能见表1。

各层建筑功能　　　　　表1

楼层	地下二层	地下一层	一～三层	四～六层	屋顶
功能	地下车库及生活热水换热站	商业	餐饮及商业	办公	燃气锅炉房及水泵房

该工程被动区与非被动区做如下划分：-2F地下车库及生活热水换热站及-1F商业用房为非被动区，该区域建筑面积为3163.50m²；地上1～6F为被动区，该区域建筑面积为4627.53m²。

该建筑于2014年9月建成，并于当年取得德国被动式建筑节能研究所颁布的认证，成为西北地区第一座被动式建筑，也是当时全国最大的一座由德国被动式建筑节能研究所认证的被动式建筑。

二、设计特点及创新点

1. 建筑热工

外墙采用300mm厚岩棉与XPS板保温，使其最终主体部位的传热系数满足德国被动式建筑的相关要求。地下室顶板及外墙按照德国被动式建筑的要求进行保温处理，将被动区与非被动区进行隔离。窗井、雨篷等构件与主体结构脱离，

建筑外观图

① 编者注：该工程设计主要图纸参见随书光盘。

保证此部位不会产生热桥。外窗传热系数及得热系数均满足德国被动式建筑要求并配以电动外遮阳措施有效地降低了建筑物的夏季空调能耗。

2. 蒸发冷却技术+地板辐射供冷

充分利用新疆地区空气含湿量和湿球温度低的干热气候特点，利用蒸发冷却冷水机组制取16℃/21℃冷冻水用于地板辐射供冷及新风降温。在大幅度提高了整个空调系统能效的基础上使得整个空调系统实现干工况运行，避免了冷冻水温度过低造成的先除湿再加湿的能源浪费。实际运行时地板辐射供冷承担室内大部分显热冷负荷，室内的全部潜热冷负荷和小部分室内显热冷负荷均由新风热回收式机组承担，同时地板辐射系统还可承担冬季供暖作用。

3. 高效新风热回收机组

所有新风处理设备均采用板翅式全热回收机组，热回收效率大于或等于75%。尤其在冬季可节省大量的新风加热量。本设计采用的板翅式热回收器是一种由可渗透水蒸气分子的膜材料生产而成的板翅式热回收器。与金属材质不同，使用这种特殊材质制成的板翅式热回收器，其进排风通道之间的空气发生的是热湿交换，完全可以实现全热回收的功能，且热回收效率可满足设计要求。

同时，由这种膜材料制成的板翅式热回收器当室外温度在-28℃，相对湿度处于40%～50%时，运行4h后，热回收核心部位才开始结冰，此刻排风口开始受阻。而乌鲁木齐白天一般温度均在-20℃以上，故使用该材料的热回收器可以保证热回收机组在-15～-20℃也可正常运行。

4. 灵活的自控系统

（1）所有循环水泵及新风热回收机组均采用变频控制。

（2）冷凝锅炉采用多模块组合方式，实际运行过程可按照热量需求自动调节燃烧工况和模块启停数量。部分负荷时在保证供暖系统供回水温度的前提下，锅炉仍可高效运行。

（3）在典型房间内设置 CO_2 浓度探测器，用于控制新风供给量及机组启动。

（4）室内新风供暖用时间继电器与房间温控器相结合的控制方式

5. 燃气锅炉完善的控制及节能措施

（1）燃气锅炉内部已配置一次侧主循环泵，采用直流变频节能循环泵及直流变频风机，可根据负载需要自动调节所需流量、风量，节约电能。

（2）燃气锅炉通过热力耦合罐将热源一次侧与用户供暖系统隔开，一次侧设置比例调节阀，以调节供暖系统所需负荷；二次侧设置循环泵及温控装置，针对室内温度进行控制。

（3）燃气锅炉具有防冻功能。当锅炉出水温度低于6℃时，该功能将被激活，燃烧器将调整至最小燃烧功率。当锅炉出水温度高于8℃时，该功能将被关闭，燃烧器恢复正常。

（4）燃气锅炉输出功率具备自动调节功能。输出功率自动根据供暖需求进行调整，当负荷较低时可仅开启一个模块，并且最低功率可调制13kW。

三、设计参数及空调冷热负荷

1. 本工程设计参照的依据

截至本工程设计完成时国内还未出台针对公共建筑的被动式建筑设计标准或规范，设计人员采用德国《Passive House Planning Package 2007》手册作为本次设计的参考依据，建筑能耗的计算最终也会采用PHPP软件来进行。

2. 建筑热工

被动式建筑冬季供暖主要靠自由热，即室内人体、照明、设备得热量和透过窗户的太阳照射得热量；夏季主要靠外遮阳、自然通风、地板辐射供冷等降温措施。所以，它对建筑围护结构的热工性能要求很高，具体围护结构的传热系数是否达标，必须经专门的PHPP软件核算，但一般必须满足以下要求：

（1）建筑外保温的所有不透明部位必须很好保温。对于严寒寒冷气候的传热系数应小于 $0.15W/(m^2 \cdot K)$。

（2）窗户必须保温好，对于严寒寒冷气候的传热系数应小于 $0.80W/(m^2 \cdot K)$，$g-value=50\%$。

（3）为了室内空气质量和节约能源，被动式建筑的高效热回收热交换效率应大于75%。

（4）在室内外压差50Pa下，通过建筑缝隙每小时泄漏的空气量必须小于0.6倍建筑体积。

（5）建筑的边缘，转角，连接和缝隙等部位的设计不应有热桥，无法避免的热桥，必须尽可能最小化,应小于 $0.01\mathrm{W/(m^2 \cdot K)}$。

本设计围护结构传热系数见表2。

围护结构传热系数　　　表2

围护结构名称	传热系数 [W/(m²·K)]
外墙	0.15
外窗	0.8
屋面	0.1
底板接触室外空气的架空	0.15
采暖、空调地下室外墙	0.15

3. 冷热负荷的计算

（1）冷负荷的计算

本工程空调冷负荷的构成与常规工程基本是一样的,主要包括外墙及屋面传热冷负荷、外窗温差传热冷负荷、外窗的太阳辐射冷负荷以及人体、照明、设备等内部发热量形成的冷负荷。但计算过程中存在两点差异是设计人员需要注意的:

1）由于新疆室外空气非常干燥,其空气含湿量远低于室内空气含湿量。故室内人体等产生的潜热冷负荷完全可以由新风来承担,在冷源的设计选型时可不考虑该部分冷负荷。

2）由于被动式建筑的空调冷负荷指标要求较低,在内部发热量一定的情况下如何有效降低围护结构形成的冷负荷成为重点。围护结构冷负荷中,外窗太阳辐射冷负荷是占有相当大的比例,因而采用合适的外遮阳措施及严格控制外窗的得热系数对降低室内冷负荷可以起到事半功倍的效果。

（2）热负荷的计算

被动式建筑供暖热负荷计算与常规建筑有一定差别,除需考虑围护结构和通风热负荷外,还要考虑建筑内人员及太阳辐射对建筑热负荷的影响。除此之外,设计人员在具体计算过程中还应注意以下几点:

1）围护结构基本耗热量的计算与常规设计相同,但由于围护结构的传热系数的大幅度减小,该部分的计算结果较常规工程会有明显下降。

2）被动式建筑对于气密性的要求是非常严格的（室内外50Pa压差下,透过门窗缝隙渗透的风量不大于0.6次换气次数）,实际使用过程中,室内外压差一般远低于50Pa,在这种情况下,门窗缝隙的冷风渗透量不再计算。

3）不再计算大门冷风侵入耗热量。虽然建筑物的大门一般会经常开启,但乌鲁木齐地处严寒

地区,其主入口本身要设置门斗。通过合理设置门斗两道门的间距,可有效避免其同时开启,故大门的冷风侵入耗热量实际也是可不计算的。

经PHPP软件计算本建筑单位面积年供热能耗为 $14.09\mathrm{kWh/(m^2 \cdot a)}$,单位面积年供冷能耗为 $4.0\mathrm{kWh/(m^2 \cdot a)}$,一次能源（热水、供热、制冷、其他用电）年能耗为 $54\mathrm{kWh/(m^2 \cdot a)}$,全年25℃超温频率小于或等于10%。德国被动式建筑研究所实测建筑气密性 $n_{50}=0.2\mathrm{h}^{-1}$,以上指标均满足德国被动式建筑考核标准。

四、空调冷热源及设备选择

1. 冷源的设计

因乌鲁木齐夏季度日数 CDD26=36 （℃·d）,空调系统运行周期较短,能耗小；冬季度日数大 HDD18=4329 （℃·d）,冬季的供热能耗数倍于夏季。另外,乌鲁木齐夏季属干热气候,夏季空调任务＝保证空气品质＋降温＋加湿；所以末端设备可实现干工况运行,本工程基于干热气候区,采用室内不宜结露的地面辐射水供暖、供冷系统,以降低一次投资和运行成本。

综上所述,冷源采用设在屋顶的间接蒸发冷水机组供冷水（16℃/21℃）。两个高效二级蒸发冷却功能段（间冷效率＝80%,直冷效率70%）借助干、湿球温差产生的天然驱动势或冷源。经计算,蒸发冷却冷水机组 $COP_n=24.4$,空调系冷源统综合制冷系能系数 $SCOP=24.4$,可见,由于蒸发冷却冷水机组这种特殊的工作原理使得主机的性能系数与综合制冷系能系数是相同的,并且较传统高温冷水机组能效更高。

2. 热源的设计

本工程冬季能耗超低,仅用 $2\mathrm{m^3/m^2}$ 的天然气即可,供热成本小于 5 元/m²。如按集中供热收费,乌鲁木齐目前供热计量收费按 22 元/m²计,则一个供暖季应交热费约17.1万元,可见被动式建筑如采用集中供热很不划算。故放弃城市集中供热,决定采用冷凝式燃气热水锅炉作为供暖热源,节省热费的同时,供暖系统水温的调节更加灵活。

在屋顶锅炉间设置 2 台制热量分别 120kW（两模块）及 180kW（三模块）的冷凝式模块燃气热水锅炉（见图1）。其中三模块锅炉设计供/

回水温度为 80℃/60℃，主要负责全楼的新风加热系统、散热器供暖系统及生活热水辅助加热系统。两模块锅炉设计供回水温度为 40℃/30℃，主要负责全楼的地板辐射供暖系统。每台模块锅炉均内置本体循环水泵，通过耦合罐连接二次侧变频循环泵；整个锅炉会根据实际的建筑负荷及室外气温自动调节锅炉内模块工作数量以改变锅炉的输出功率。当供回水温度为 50～30℃ 时，最高热效率可达 107%。采用冷凝式锅炉主要是考虑冬季供暖的初寒期及末寒期，热媒供回水温度不太高时，燃气锅炉的冷凝热可以一并加以利用。

图 1　燃气热水锅炉

五、空调系统的设计

1. 空调冷热水系统的设计

本工程空调方式采用地板敷设供冷＋新风系统，地板辐射承担室内大部分显热冷负荷，室内的全部潜热冷负荷和小部分室内显热冷负荷均由热回收式空调机组承担；由于本工程冷源为设置于屋面的蒸发冷却冷水机组，为便于冬季、夏季工况切换，管路系统专门设置切换用电动调节阀。

空调系统补水：通过变频补水泵向屋面蒸发冷却冷水机组补充软化水，然后再由机组向系统补水，同时该机组还起到为系统定压的作用。为保证系统水质，水泵吸入端过滤器应定期清洗或更换过滤网。

冬季空调用热水由屋顶燃气锅炉提供，分别供给每台热回收机组的加热段加热新风使用。

2. 地板辐射供暖供冷系统的设计

本工程地板辐射系统冬夏两用，为加大该系统夏季供冷量，全楼盘管间距均采用 100mm。地暖盘管夏季通入由屋面蒸发冷却冷水机组制取的 16℃/21℃ 冷水进行制冷，经计算，设计工况下地板辐射供冷单位面积制冷量约 26W/m²。由于地暖盘管间距均为 100mm，如冬季供暖供回水温度仍按常规 45℃/35℃ 进行设计，则会出现实际供热量远大于热负荷及地面温度超规范要求等问题。故设计时根据建筑物热负荷及地面温度规范要求对地暖系统冬季供回水温度做出修正，最终采用 40℃/30℃ 的低温热水。

3. 新风系统的设计

新风处理设备采用板翅式全热回收机组，板翅式热回收器的材质未采用金属材质而是使用了一种可渗透水蒸气分子的膜材料。使得进排风通道之间的空气可以进行热湿交换，从而实现了全热回收的功能。地下二层车库通风用新风热回收机组热回收效率大于或等于 65%，其余楼层新风热回收机组热回收效率大于或等于 75%。

本工程按照各区域人员新风量标准计算出送风量，表 3 列出了欧洲 EN 13779 标准中不同室内空气品质下对人员新风量的要求，其中被动式建筑新风标准为 30m³/(h·人)，对应表中"中等空气质量"一栏的要求。由于本设计新风除满足室内空气品质要求外还起到室内供暖及供冷的作用，故最终新风量是按照人员新风标准与供暖供冷新风量比较后取大值计算。经计算实际新风量处于 35～45m³/(h·人)，完全满足被动式建筑的要求，甚至部分房间可以达到"高质量空气"的标准。

欧洲 EN 13779 中不同室内空气品质对人员新风量要求

表 3

	EN 13779 class	CO₂ ppm	新风量标准
特殊空气质量	IDA1	小于 400	大于 54m³/(h·人)
高质量空气	IDA2	400～600	36～54m³/(h·人)
中等质量空气	IDA3	600～1000	22～36m³/(h·人)
低质量空气	IDA4	大于 1000	小于 22m³/(h·人)

−1～6F 层空调风系统配置见表 4。

虽然热回收机组对降低冬季新风加热量作用明显，但在实际使用过程中还应注意防冻问题，本工程采用了以下几种防冻措施：

（1）室外新风通过地道进行预热，使得机组的进风温度高于机组排风的露点温度。

（2）热回收机组新风入口及排风出口上安装的保温电动密闭阀除与机组联动外，应对阀门的漏风率做出要求，建议漏风率≤2‰，以防止夜间

一1~6F 空调风系统配置表 表4

编号	风量 (m/h³)	台数	机组位置	送风区域	人数	夏季承担室内显热负荷（kW）	夏季承担室内潜热负荷（kW）	热回收热量（kW）	冬季加热量（kW）
XFJ1	12500	1	−2F	−2F				113	
XFJ2	3800	1	−1F	−1F	120	6.5	2.4	35	15
	3800	1	−1F	1F	120	6.5	2.4	35	15
XFJ3	4200	2	2~3F	2~3F	140	7	2.6	38	17
XFJ4	800	3	4~6F	4~6F	25	3.4	1.3	8	15

机组停机时室内相对潮湿的空气通过其向室外渗透而结冰，另外也保证了建筑物具有良好的气密性。

（3）对热回收器的材质提出要求，比如采用某种结构比较特殊材质对排风中的水分子进行过滤，不让其在排风通道停留过长时间而结冰。

（4）白天如果热回收机组进风温度小于−12℃时（对应室外空气温度为−18℃），建议机组应停止工作，避免热回收机组发生冻结。

六、暖通系统的控制

（1）室内新风供暖用时间继电器与房间温控器相结合的控制方式。其中时间继电器可按照上班、下班、节假日等不同模式实现间歇供热。

（2）在机组回风段设置 CO_2 浓度探测器，用于控制新风供给量和机组的启动。由于新风系统要用于房间供暖，故每个房间通风量的控制应将两者结合考虑，最终确定房间温控器的控制优先于室内 CO_2 浓度控制。

（3）冷凝锅炉按照热量需求自动调节燃烧工况，无须专人值班。NO_x 排放小于 $30ppm/m^3$，排烟温度小于45℃，水蒸气排放量也大幅下降。

七、心得体会

表5为该建筑完整的一个供暖季的实测数据。

运行实测数据 表5

时间段	用电量（kWh）	用气量（m³）
10月10日~11月10日	603	2100
11月10日~12月10日	858	3688
12月10日~1月10日	1200	4122
1月10日~2月10日	1260	6004
2月10日~3月10日	913	3195
3月10日~4月10日	660	1711
合计	5494	20820

从表5可以算出，该建筑供暖季实际单位面积耗电量仅 $0.71kWh/m^2$；故供暖季单位建筑面积耗气量为 $2.67m^3/(m^2 \cdot a)$，目前乌鲁木齐供暖用天然气价格为 1.37 元$/m^3$，则该建筑供暖季单位面积供暖费为 $2.67 \times 1.37 = 3.66$ 元$/(m^2 \cdot a)$，与乌鲁木齐当前 22 元$/m^2$ 的集中供热供暖热费相比大幅降低。整座建筑的暖通系统从近两年的运行情况来看存在以下两点问题：（1）初次设计严寒地区被动式公共建筑，设备选型尤其是热源的选择富余系数选取偏大。（2）个别热回收机组进排风通道上的电动密闭阀漏风率超过设计要求，冬季外墙进排风口明显挂冰，造成此处通风不畅。

被动式建筑标准已受到国际广泛重视，实践证明它的节能技术是成熟的，节能效果得到验证，收益效果巨大。但也必须清楚德国被动式建筑是一个完成的体系，从标准、设计、施工、咨询人员及被动式建筑认证都有一套严格标准和从业资格。"幸福堡"工程在设计过程中采用的许多规范、标准及技术措施都是基于欧盟或德国现行规范，与我国的现行规范和标准并不对等。被动式建筑要实现其节能目标，设计不仅要关注建筑性能的每一个点，还要关注全过程的管理。只有所有环节的质量得以保证，才不会在工程使用时出现节能短板。

北京汽车产业研发基地①

- 建设地点　　北京市
- 设计时间　　2009 年 3 月～2010 年 12 月
- 竣工日期　　2013 年 4 月
- 设计单位　　北京市建筑设计研究院有限公司
　　　　　　　北京市工业设计研究院有限公司
- 主要设计人　韩　露　张　伟　李　洁
　　　　　　　杨军红　耿　健
- 本文执笔人　张　伟
- 获奖等级　　一等奖

作者简介:
　　张伟，高级工程师，2004 年毕业于北京工业大学建筑环境与设备专业；工作单位：北京市建筑设计研究院有限公司。代表作品：北京文化艺术中心、襄阳市民中心、长沙北辰三角洲综合体、长沙梅溪湖国际广场项目、深航翡翠城住宅小区等。

一、工程概况

　　本项目是集北京汽车研究院的各类试验室、办公室、造型中心、公寓楼及部分配套服务设施等多种功能于一体的大型综合性建筑，属于综合科研类办公建筑。本建筑功能分为核心功能及附属部分两大类，其中核心功能包含三部分：工程中心及产品研究中心的研发办公部分、试制及试验中心、造型中心。附属部分包括为以上三部分配备的专家公寓、餐厅、会议中心、职工活动中心、地下车库等多项综合服务性设施。

建筑外观图

　　本建筑总用地面积 157792.9m²（建设用地面积 96367.3m²），总建筑面积为 174310m²。其中总地上建筑面积为 146250m²，总地下建筑面积为 28060m²。地上 7 层（其中裙房部分 3 层），地下 1 层（局部地下 3 层）。建筑高度为 35.59m。

二、工程设计特点

　　（1）本工程空调冷热源均采用复合系统。空调冷源为地源热泵＋水蓄冷＋调峰冷水机组的复合式系统；空调热源为地源热泵＋水蓄热＋调峰空调用燃气锅炉的复合式系统。复合式系统既能满足最大负荷的需求，也能使系统的造价大幅度降低，而且后期的运行费用又接近地源热泵系统，可谓"一举多得"。

　　（2）空调系统采用水蓄能方式，即夏季蓄冷、冬季蓄热。

　　（3）通过分析全年逐时的温度模拟条件和供暖空调能耗计算结果，制定空调系统节能运行策略，节省能耗和运行费用。

　　（4）空调水系统采用了二次泵 8℃大温差系统，供/回水温度为 6℃/14℃，节省输配系统的能耗。

---

① 编者注：该工程设计主要图纸参见随书光盘。

三、设计参数及空调冷热负荷

1. 主要室内设计参数（见表1）

主要室内设计参数　　　　表1

房间名称	夏季		冬季		最小新风量[m³/(h·p)]/(h⁻¹)	排风量或最小换气次数	噪音标准[dB(A)]
	温度(℃)	相对湿度(%)	温度(℃)	相对湿度(%)			
客房	26	≤60	20	≥30	50	—	≤40
客房卫生间			25	≥30	—	90m³/h	—
营业餐厅	26	≤60	20	≥30	30		
职工餐厅	27	≤60	20		30		
办公室	26	≤60	20	≥30	30		≤45
会议室	26	≤65	18	≥30	30		≤45
商业服务	26	≤65	20	≥30	20		
厅堂	27	≤65	20	≥30	30		
活动中心	26	≤60	20	≥30	30		
楼梯间、走道			16~18				
公共卫生间	—	—	16~18			10h⁻¹	
公共厨房	30~32	—	16			60h⁻¹	
淋浴室			25			8h⁻¹	
游泳池	29	≤75	27	≤75		按散湿量计	
更衣室			23			4h⁻¹	
地下车库			5			6/5h⁻¹	
制冷机房	≤32	—	5			按事故通风计	
清水机房	≤32	—	5			4h⁻¹	
变配电室	37~40	—		≥5		按发热量计	
中水机房	≤32	—	5			10h⁻¹	
燃气锅炉房	—	—	≥10			≥6/12h⁻¹	

2. 空调冷热负荷（见表2）

空调冷热负荷统计　　　　表2

统计项目	最大值
夏季空调冷负荷（kW）	14832
其中：Ⅰ、Ⅴ段（南区）冷负荷（kW）	7968
其中：Ⅱ、Ⅲ、Ⅳ段（北区）冷负荷（kW）	6864

续表

统计项目	最大值
夏季夜间空调（23：00～7：00）冷负荷（kW）	3580
冬季热负荷（kW）	11718
其中：Ⅰ、Ⅴ段（南区）热负荷（kW）	7100
其中：Ⅱ、Ⅲ、Ⅳ段（北区）热负荷（kW）	4615
冬季夜间空调（23：00～7：00）冷负荷（kW）	6900
冬季内区空调冷负荷（kW）	900

四、空调冷热源及设备选择

1. 总体方案

本工程空调冷源为地源热泵＋水蓄冷＋调峰冷水机组的复合式系统；空调热源为地源热泵＋水蓄热＋调峰空调用燃气锅炉的复合式系统；散热器供暖热源为真空燃气锅炉；生活热水及游泳池池水加热夏季、过渡季以地源热泵为主，冬季以燃气锅炉为主。

2. 设计原则

空调系统采用水蓄能方式，即夏季蓄冷、冬季蓄热。地源热泵机组全部为双工况热泵。冬季夜间由调峰燃气锅炉向全楼空调系统供热，电力低谷段地源热泵机组向蓄热水池蓄热，白天由地源热泵机组、蓄热水池和燃气锅炉共同供热，燃气锅炉作为冬季供热的调峰设备。内区冬季需要供冷，夏季用于调峰的冷水机组改为热泵型，在冬季供应内区冷量的同时，回收内区热量，供外区空调热量；夏季夜间由调峰热泵型冷水机组配合冷却塔向全楼空调系统供冷，电力低谷段地源热泵机组向蓄冷水池蓄冷，白天由热泵机组、蓄冷水池和冷水机组加冷却塔共同供冷，冷水机组作为夏季供冷的调峰设备。内区夏季供冷和外区空调系统相连，共同供冷；过渡季由地源热泵夜间蓄冷，白天只利用蓄冷水池的冷量为内区供冷，充分节约运行费用，同时过渡季也可利用冷水机组加冷却塔系统为内区供冷。散热器供暖系统采用燃气锅炉供应高温水供给。

生活热水制备及游泳池池水加热夏季以地源热泵为主，利用热泵机组供冷产生的冷凝热"免费"加热生活热水及泳池池水，过渡季利用地源热泵机组从地源取热后制备；冬季制备热水有两种方式：当地源热泵在平段电和谷电时段有闲置机组时，采用闲置的热泵机组制备生活热水，峰段电价时段采用燃气锅炉制备；泳池加热的热量在夏季和过渡季取自生活热水水箱，利用地源热泵机组冷凝热供给，冬季和为散热器供热的燃气锅炉相连，由燃气锅炉供给，通过泳池板换加热游泳池池水。

3. 空调冷源选型

（1）本工程设置4台地源热泵机组，夏季制冷工况单台制冷量为1927kW（总制冷量为7708kW，占夏季设计冷负荷比例为52%），蒸发器供/回水温度6℃/14℃，冷凝器供/回水温度35℃/29℃；夏季蓄冷工况单台制冷量为1813kW（总蓄冷量为7252kW），蒸发器供/回水温度4℃/12℃，冷凝器供/回水温度35℃/29℃。

（2）设置2台调峰源热泵型冷水机组，作为夏季白天调峰冷源、夜间全楼空调冷源、过渡季冬季全楼空调冷源使用。其夏季工况单台制冷量为1849kW（总制冷量为3698kW，占夏季设计冷负荷比例为25%），配合冷却塔承担夏季冷负荷，蒸发器供/回水温度6℃/14℃，冷凝器供/回水温度37℃/32℃；冬季内区制冷外区供热工况，单台制冷量为1452kW，制热量为1815kW，蒸发器供/回水温度6℃/14℃，冷凝器供/回水温度45℃/38℃。

（3）采用部分负荷水蓄冷系统，设置2个蓄能水罐，其中一个容积4700m³（夏季蓄冷，冬季蓄热），另一个容积2300m³（夏季蓄冷，兼消防水池），按蓄冷温度为4℃，放冷时回水温度为12℃进行设计，水池有效蓄冷量约58000kWh，水池设计负荷时供冷量3426kW（占夏季设计冷负荷比例为23%）。

4. 空调及辐射地板供暖热源选型

（1）本工程设置4台地源热泵机组，冬季制热工况单台制热量为1958kW（总制热量为7832kW，占冬季设计热负荷比例为67%），蒸发器供/回水温度4℃/8℃，冷凝器供/回水（空调供回水）温度46℃/38℃；冬季蓄热工况单台制热量为1915kW（总制热量为7660kW），蒸发器供/回水温度4℃/8℃，冷凝器供/回水（水池蓄热供/回水）温度55℃/47℃。

（2）配备真空燃气锅炉2台作为冬季白天调峰热源、夜间全楼空调热源使用，单台制热量为3500kW，夜间最大负荷开启2台，白天开启1台，部分负荷运行（设计负荷时制热量为2100kW，占冬季设计热负荷比例为18%），供/回水温度54℃/38℃。

（3）采用部分负荷水蓄热系统，设置1个4700m³的蓄能水罐，按蓄热温度为55℃，放热时回水温度为40℃设计，水池设计负荷时供热量1786kW（占冬季设计热负荷比例为15%）。

（4）其他热源：设置2台单台制热量700kW真空燃气锅炉，相互备用，一台作为散热器供暖及冬季游泳池池水加热热源，锅炉供/回水温度85℃/65℃；另一台作为冬季卫生热水加热热源，锅炉供/回水温度85℃/65℃。卫生热水供水温度不低于50℃。

五、主要空调系统形式

1. 空调冷热水水系统

（1）空调水系统采用分区两管制、设置单冷风机盘管的内区范围，冬夏分设循环泵等及内外分区。

（2）空调冷热水循环系统采用二级泵系统。冷源侧采用一次泵定流量，负荷侧采用二次泵变流量（共分南区、北区、内区3个环路），用户根据室温控制调节两通阀的流量，使输配系统达到供需平衡。夏季空调冷冻水水温为6℃/14℃。冬季空调热水供/回水温度为46℃/38℃。

（3）空调冷热水的竖向不分区，采用双管异程系统。

（4）空调冷热水系统及供暖热水系统采用气压罐定压，补水泵及水质软化处理装置、软水补水箱等均设在地下一层地源热泵机房内，补水泵受系统压力控制启停，当水系统受热膨胀使压力高于停泵压力时，膨胀管道上的电磁阀打开，使膨胀水量回收到软水补水箱。

2. 供暖系统

（1）试制中心采用燃气辐射供暖系统，供暖负荷为700kW。采用燃气辐射管及燃气辐射板进行辐射供暖。

（2）发动机及排放试验室的部分房间采用散热器供暖系统，采用85℃/65℃供暖热水，热水由锅炉房提供，补水定压均由锅炉房负担。散热器采用GGZ-600钢制管柱型散热器。厨房操作间设置散热器供暖系统。由于位置比较分散，室内供暖温度比较低，供暖热负荷比较小，因此采用46℃/38℃空调热水。热水由锅炉房提供，补水定压均由锅炉房负担。散热器采用 GGZ-600 钢制管柱型散热器。供暖热水管路采用双管异程式系统。采用手动调节阀调节各分支管路的平衡。在供暖主环路上设置热计量装置。在每组散热器上设置温控阀，用户根据室温调节阀门的流量。

（3）游泳池、更衣及外区的大堂设辐射地板供暖系统，供暖负荷为 531.19kW。采用 46℃/38℃空调热水，热水由锅炉房提供，补水定压均由锅炉房负担。辐射地板供暖系统每个环路上采用手动调节阀调节各环路的平衡。

3. 空调通风系统

（1）办公、小会议室、餐厅采用风机盘管加新风系统。新风机组均为全热回收性。

（2）活动中心、大会议室、展厅、造型中心的主要评审区、走廊大开间一次回风定风量全空气空调系统。风量平衡设计：大堂、中庭等，冬夏新风量较少，通过门窗等缝隙排出，过渡季自然通风。空调系统根据空调区/回风温度控制冷水阀或热水阀的开度，从而调节送风温度。

4. 地源热泵系统

工程所在地钻孔深度设计为 150m，地层结构以黏土、粉细砂和中砂为主，非常适合实施地埋管式地源热泵系统。换热孔布置在建筑物周围绿地上，孔数为 1020 个，150m 深，分东西两个区接入热泵机房。为了保持地源系统冬夏季取热与放热达到相对平衡，在典型地源换热孔区域、不同深度内埋设温度传感器，并连接至机房控制室内，观察数年内地温变化情况，并根据地温变化情况调整空调系统运行策略。

六、空调系统控制策略

冷热源系统配置主要包括：地源热泵机组、蓄水池、板式换热器、水池侧蓄能放能泵、板换二次侧的放能泵；与地源热泵机组对应的地源侧循环泵、负荷侧一次循环泵、二次循环泵（南、北区各一路）；调峰冷水机组、与之对应的冷却塔、冷却水循环泵（夏季、过渡季开启）、热回收循环泵（冬季开启）、负荷侧一次循环泵、二次循环泵（内区供冷）；调峰空调用燃气锅炉、与之对应的锅炉供热一次循环泵等设备。

夏季系统可实现地源热泵蓄冷调峰冷水机组供冷、地源热泵单独供冷、水池单独供冷、地源热泵水池联合供冷、地源热泵水池调峰冷水机组联合供冷五种工况；冬季系统可实现地源热泵蓄热调峰空调用燃气锅炉供热、地源热泵单独供热、水池单独供热、地源热泵水池联合供热、地源热泵水池调峰燃气锅炉联合供热五种工况。各工况运行方式通过电动阀转换实现。

根据全年空调冷热负荷逐时计算结果，制定空调系统运行策略如图1和图2所示。

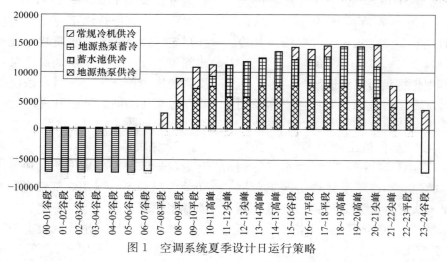

图 1　空调系统夏季设计日运行策略

七、心得与体会

1. 复合式冷热源系统有较好的经济性与节能性

综合考虑初投资、节能绿色等因素并结合项目的空调负荷特点，选择合理的复合式冷热源系统，既节省了初投资，又获得了很好的节能效果。本项目最终获得了国家绿色三星级认证。

地源热泵复合式能源系统和常规系统的能源消耗主要是电和天然气，这两项的比较见表3和表4。

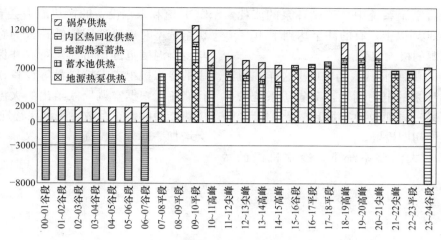

图2　空调系统冬季设计日运行策略

能源消耗比较表（一）　　　表3

	地源热泵复合式系统	常规系统
年耗电量（万 kWh）	879.1	672.2
年耗气量（万 Nm³）	23.3	478.2

将耗电量和耗气量都折合成标煤耗量进行比较：

能源消耗比较表（二）　　　表4

系统形式	耗电量		耗气量	
	年耗电量（kWh）	折合标煤（t）	年耗气量（Nm³）	折合标准煤（t）
地源热泵复合式系统	8790781.2	2901.0	232966.3	309.8
常规系统	6721538.6	2218.1	4782426.2	6360.6

从表4中可以看出，将耗电量和耗气量都折合成标煤耗量后，地源热泵复合式能源系统与常规系统比较，年标准煤耗量减少5367.9t，相当于每年可以减少约14065t CO_2、46t SO_2 和40t NO_x 的排放。

2. 水蓄冷、蓄热系统

本项目的建筑物使用功能决定了其冷、热负荷都具备白天大、夜间小的特点，所以，非常适合实施蓄冷及蓄热系统。另外，空调系统虽然要采用常规的能源方式，但是可以采用蓄能的方式来降低系统中常规设备（燃气锅炉、常规冷水机组）的配置比例，使整个系统尽可能地节能环保，也可以大幅度地降低系统的运行费用。

空调系统中的蓄能方式主要有冰蓄能和水蓄能，水蓄能与冰蓄能相比具有以下的优势：

（1）水蓄能系统既可以在夏季蓄冷、又可以在冬季蓄热，而冰蓄能系统只能是夏季蓄冷，冬季不能蓄热。

（2）蓄冰设备的造价要高于蓄水设备，而蓄冰设备在冬季供热工况时又闲置，所以对本项目从投资上来说采用蓄水系统比采用蓄冰系统具有更大的优势。

（3）水蓄冷系统机组的效率远远高于冰蓄冷系统，系统的运行费用更低。冰蓄冷系统中机组在蓄冷工况时蒸发器最低出水温度为−6℃，水蓄冷系统中机组在蓄冷工况时蒸发器最低出水温度为4℃，出水温度要高10℃左右，机组的效率比冰蓄冷系统高25％以上。

（4）水蓄能系统可以将蓄存的能量尽量用在电力高峰段，系统的运行费用更低。因为冰蓄冷系统中的蓄冰设备受到融冰率的限制，如冰盘管的最大融冰率为15左右，也就是说蓄冰设备在每个小时段最多能提供总蓄冷量的15％左右，蓄存的冷量只能慢慢地分摊在各个小时段提供，不能集中地用在电价最高的时段；而水蓄能系统没有这个限制，可以将蓄存的冷（热）量尽量用在电价最高的时段，这样就可以最大限度地降低系统的运行费用。

当然，水蓄能系统与冰蓄能系统比较也有劣势，就是蓄水罐的体积要远远大于蓄冰罐，但是，对于本项目而言，有比较合适的区域布置足够的蓄水罐。

综上所述，无论是前期投资方面，还是后期运行费用方面，采用水蓄能系统都比冰蓄能系统具有更大的优势，因此，本方案中采用水蓄冷、蓄热的方式。

3. 大温差空调水系统

常规空调系统供回水设计温差一般为5℃，

据统计，很多项目空调系统中各种循环泵的能耗占系统总能耗的30%以上，有的甚至达到了40%左右，造成了能源的极大浪费。

本方案设计的供回水温差为8℃，这样一方面降低了系统循环泵的电力消耗，节省了系统的后期运行费用；另一方面也使得循环管路的管径减小，降低系统的初期投资。

缺点：空调水大温差系统下，冷水机组的COP值和末端设备的换热能力会有所下降。制冷机组选型时需要选用能够在较为宽广的蒸发温度与冷凝温度范围内可靠运行，并保持较高制冷效率的冷水机组。末端风盘等设备在选型时需要进行修正，根据空调厂家给出的大温差下设备供冷供热能力的修正系数，风盘比常规系统适当加大，会增加一部分初投资。

辽宁益康生物制品仓储中心、动物实验室（ABSL-2）、SPF 鸡舍

- 建设地点：　辽宁省辽阳市太子河区南驻路 12 号
- 设计时间：　2009 年 5 月～2010 年 2 月
- 竣工日期：　2012 年 5 月
- 设计单位：　中国建筑科学研究院建筑环境与节能研究院
- 主要设计人：牛维乐　梁　磊　崔　磊　李　屹
　　　　　　　党　宇　张彦国　张益昭　杜国付
- 本文执笔人：牛维乐
- 获奖等级：　一等奖

作者简介：

牛维乐，教授级高级工程师，2002 年毕业于中国建筑科学研究院供热、供燃气、通风与空调工程专业，硕士研究生；工作单位：中国建筑科学研究院建筑环境与节能研究院；代表作品：中国疾病预防控制中心一期工程、北京市疾病预防控制中心、国家兽医微生物中心、国家蛋白质中心、军事医学科学院军事兽医研究所 ABSL-3 实验室及动物房、华中农业大学生物安全三级实验室；等。

一、工程概况

本项目为辽宁益康生物股份有限公司生物制品仓储中心、动物实验室（ABSL-2）、SPF 鸡舍，包括三个单体建筑建筑：生物制品仓储中心、动物实验室（ABSL-2）、SPF 鸡舍。辽宁益康生物股份有限公司是国内生产、经营动物生物制品的大型骨干企业，农业部批准的禽流感灭活疫苗、猪瘟活疫苗定点生产企业。

辽宁益康生物股份有限公司

生物制品仓储中心为厂区的原材料、制成品及其包装材料的储存设施，主要功能单元有原料库、危险品库、化药库、材料库，温库、冷库、说明书、标签室、部长室、保管员室、走道、卫生间、温库缓冲、监控室、值班室、制冷机房、配电间、冷库缓冲、准备间（见图 1）。生物制品仓储中心的设计重点在于常温冷库和低温冷库的制冷系统设计，制冷系统的蒸发器采用吊顶式冷风机，制冷主机采用氟半封闭中央机组，冷凝器采用上向排风风冷冷凝器。

图 1　生物制品仓储中心

动物实验室（ABSL-2）按照生物安全二级实验室（操作对人体、动植物或环境具有中等危害或具有潜在危险的致病因子，对健康成人、动物和环境不会造成严重危害。具有有效的预防和治疗措施）的标准进行设计，动物种类有：猪、羊、犬、鸡、兔、鼠。仔猪、羊、犬、鸡的饲养实验采用相应的隔离器饲养；母猪的饲养实验采用专用的不锈钢猪笼；兔、鼠饲养采用相应的 IVC 独立送风笼具及配套的生物安全柜。本设计主要参照《生物安全实验室建筑规范》GB 50346 及《实验动物　环境及设施》GB 14925，达到 ABSL-2 级动物实验室标准。本项目空调设计的目标是为实验动物提供适宜的生存环境，同时还要保证实验涉及的菌

毒种不外泄，不对大气环境造成生物污染。

SPF 鸡舍（SPF 英文全称是 Specefic Pathogen Free，即无特定病原。SPF 鸡通常指机体内无特定的微生物和寄生虫存在的鸡，但非特定的微生物和寄生虫是容许存在的，所以实际上是指不携带特定病原的健康鸡。SPF 鸡是目前国内外使用最广泛的实验动物，它来自无菌动物繁育的后裔，在隔离屏障设施的环境中进行养殖抚育，它不带有对人或动物本身致病的微生物，对 SPF 鸡我国有统一的国家标准 GB/T 17999—2008，这也是国内唯一有国标的鸡）的设计应满足农业部发布的《兽药生产、检验用 SPF 鸡（蛋）定点生产企业检查验收评标准》及《实验动物 环境及设施》GB 14925 的相关要求。鸡舍饲养区设一间育雏育成舍、四间成鸡舍，一间备用公鸡舍。建成后可饲养成鸡约 13200 套，可年产 SPF 蛋 240 万～280 万枚。鸡群从孵化—育雏育成—成鸡饲养全程自动化操作（备有手动操作功能），能实现自动上料、自动集粪、自动上水、自动集蛋。成鸡舍采用国内领先、国际先进的层叠式行车喂料本交成套自动化饲养设备，人性化本交笼同时适用公鸡、母鸡的生活习性要求，可达到理想的受精率、高密度饲养、降低料蛋比。SPF 鸡舍的空调设计任务是要为 SPF 鸡提供一个洁净、舒适、无菌的生存环境，同时又能满足 SPF 鸡的日常所需的水、料供应和粪便排除，保证一年四季每天 24h 提供适于鸡生存的室内环境（见图2）。

图2 SPF 鸡舍效果图

二、工程设计特点

1. 生物制品仓储中心的冷库设计

生物制品仓储中心设计一个 1400m² 的常温库、一个 588m² 的低温库，高度均为 5.5m。常温库的温度要求：2～8℃；低温库的温度要求：

—15～—18℃。低温库库板采用 150mm 厚聚氨酯双面彩钢保温板，常温库采用 100mm 厚聚氨酯双面彩钢保温板。低温库地面保温采用 150mm 厚 XPS 挤塑保温板；常温库地面保温采用 100mm 厚 XPS 挤塑保温板；冷库门采用手动平移冷库。低温库的进货按冻好的冻干苗估算，冷却时间为 24h，压缩机组 MCF-450PJ 在 —26℃／＋40℃工况下的制冷量为 38.2kW/台。常温库的进货温度按 22℃计，冷却时间为 24h，压缩机组 MCF-200PJ 在 —5℃／＋40℃工况下的制冷量为 53.45kW/台。

2. 动物实验室（ABSL-2）的风量控制设计

本项目的动物实验室均设置隔离器或者生物安全柜等排风设施，这些排风设施的启停会影响实验室的压力稳定。为了避免实验室压力的波动，在实验室各排风之路上设置定风量阀，在送风支路上设置变风量阀，变风量阀依据房间的压力设定值调整送风量的大小，来维持实验室压力的恒定。

动物实验室（ABSL-2）房间压力控制效果如图3所示。

3. 动物实验室（ABSL-2）和 SPF 鸡舍的空调热回收系统设计

依据《实验动物环境及设施》GB 14925、《实验动物设施建筑技术规范》GB 50447、《实验室 生物安全通用要求》GB 19489、《生物安全建筑技术规范》GB 50346 的要求，动物实验室（ABSL-2）和 SPF 鸡舍的空调系统均为全新风直流式空调系统，这种全送全排的空调系统对于冷热量的消耗是很大的。为了节省冷热量的消耗，本项目在动物实验室（ABSL-2）和 SPF 鸡舍的空调设计中采用了乙二醇热管式热回收系统（见图4），这种热回收系统采用乙二醇溶液作为热媒通过设置在排风机组内的盘管回收热量，并通过设置在送风机组内的盘管来降温或者加热室外的新风，用来节省夏季的制冷量和冬季的加热量，并且这种热回收由于新风和排风不直接接触，因此不存在送风和排风的交叉互混问题，特别适用于有生物安全要求的动物实验室（ABSL-2）和 SPF 鸡舍空调系统。这种热回收的冬季平均热回收率大于 40%。

三、设计参数及空调冷热负荷

动物实验室（ABSL-2）空调室内设计参数见表1。

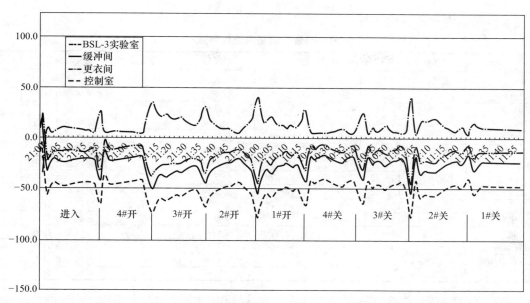

图 3　动物实验室（ABSL-2）房间压力控制效果图

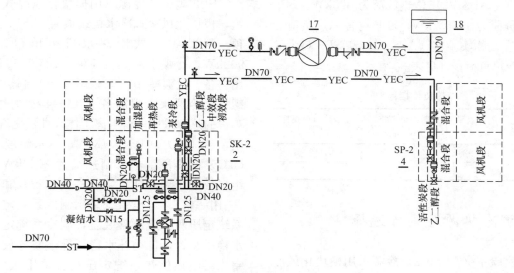

图 4　空调热回收原理图

ABSL-2 空调室内设计参数　　　　　　　　表 1

房间名称	室内温度（℃）		相对温度（%）		新风量	洁净度级别	换气次数	噪声标准
	夏季	冬季	夏季	冬季	人	级	次/h	NR
一更、淋浴、更衣	22～26	16～22	30～60	30～60	全新风	8	见风量计算表	≤60
二更	22～26	16～22	30～60	30～60	全新风	7	见风量计算表	≤60
动物通道	22～26	16～22	30～60	30～60	全新风	8	见风量计算表	≤60
洁物储存、饲料储存	22～25	18～22	30～60	30～60	全新风	7	见风量计算表	≤60
无菌室、解剖室	22～25	18～22	30～60	30～60	全新风	7	见风量计算表	≤60
犬舍	22～25	18～22	30～60	30～60	全新风	7	见风量计算表	≤60
母猪舍	22～25	18～22	30～60	30～60	全新风	7	见风量计算表	≤60
猪舍	22～25	18～22	30～60	30～60	全新风	7	见风量计算表	≤60
羊舍	22～25	18～22	30～60	30～60	全新风	7	见风量计算表	≤60
清洁走廊	22～25	18～22	30～60	30～60	全新风	7	见风量计算表	≤60
污染走廊	22～25	18～22	30～60	30～60	全新风	8	见风量计算表	≤60
清洗消毒	≤30	≥15	≤70		—	—	见风量计算表	≤60
空调机房等设备用房	≤30	≥15	≤70	—	—	—	见风量计算表	—
卫生间	≤30	≥15	≤70		—	—	见风量计算表	—

SPF 鸡舍空调室内设计参数见表 2。

SPF 鸡舍空调室内设计参数 表 2

房间名称	室内温度（℃）		相对温度（%）		新风量	洁净度级别	换气次数	噪声标准
	夏季	冬季	夏季	冬季	人	级	次/h	NR
一更、淋浴	22～28	16～22	50～70	40～70	全新风	8	见风量计算表	≤60
二更	22～28	16～22	50～70	40～70	全新风	7	见风量计算表	≤60
缓冲	22～28	16～22	50～70	40～70	全新风	8	见风量计算表	≤60
成鸡舍、公鸡舍	22～26	18～22	50～70	40～70	全新风	7	见风量计算表	≤60
清洁走道	22～28	16～22	50～70	40～70	全新风	7	见风量计算表	≤60
清洁步梯	22～28	16～22	50～70	40～70	全新风	7	见风量计算表	≤60
集蛋间	22～28	16～22	50～70	40～70	全新风	7	见风量计算表	≤60
消毒间	22～28	16～22	50～70	40～70	全新风	7	见风量计算表	≤60
储蛋间	22～28	16～22	50～70	40～70	全新风	7	见风量计算表	≤60
育雏育成舍	22～26	18～22	50～70	40～70	全新风	7	见风量计算表	≤60
上料间	22～28	16～22	50～70	40～70	全新风	7	见风量计算表	≤60
检验用育雏舍	22～26	18～22	50～70	40～60	全新风	7	见风量计算表	≤60
空调机房等设备用房	≤30	≥15	≤70		—	—	见风量计算表	—
卫生间	≤30	≥15	≤70		—	—	见风量计算表	—

动物实验室（ABSL-2）总冷负荷为 784.7kW。动物实验室（ABSL-2）总热负荷为 823kW。SPF 鸡舍总冷负荷为 1785.7kW，SPF 鸡舍总热负荷为 1871.7kW。动物实验室（ABSL-2）和 SPF 鸡舍的单位面积冷热负荷指标见表 3。

冷热负荷指标 表 3

区域名称	夏季冷负荷指标（W/m²）	冬季热负荷指标（W/m²）
动物实验室（ABSL-2）	396	412
SPF 鸡舍	464	486

四、空调冷热源及设备选择

动物实验室（ABSL-2）冷源采用模块化风冷式冷热水机组，模块化风冷式冷水机组放置在动物实验室（ABSL-2）的屋顶。风冷螺杆式冷热水机组单台制冷量为 794kW，冷媒水温度为 7℃/12℃。冷冻水泵两用一备。过渡季节（未供暖季节）制热采用风冷螺杆式冷热水机组制备 40℃/45℃的热水。动物实验室（ABSL-2）的热源采用一台等离子体改性强化汽水换热机组，蒸汽压力 0.6～0.7MPa，热水温度为 50℃/60℃。换热机组单台制热量为 990kW。换热机组自带定压罐、补水泵（一用一备）和循环水泵（一用一备）。定压系统采用制冷系统定压和供热系统定压两套定压罐装置，制冷系统定压自动补水稳压装置，自动补水稳压补水装置放置在实验室二层屋顶供热系统定压装置采用压力罐定压，压力罐设于换热机组内。系统采用电子除垢仪对循环水和补水进

行处理。空调加湿采用 0.2MPa 的蒸汽加湿器。

SPF 鸡舍的冷源采用模块化风冷式冷热水机组，模块化风冷式冷水机组放置在 SPF 鸡舍的屋顶。风冷螺杆式冷热水机组单台制冷量为 902kW，冷媒水温度为 7℃～12℃。冷冻水泵两用一备。过渡季节（未采暖季节）制热采用风冷螺杆式冷热水机组制备 40℃～45℃的热水。SPF 鸡舍的热源采用一台等离子体改性强化汽水换热机组，蒸汽压力 0.6～0.7MPa，热水温度为 50℃～60℃。换热机组单台制热量为 2030kW。换热机组自带定压罐、补水泵（一用一备）和循环水泵（一用一备）。定压系统采用制冷系统定压和供热系统定压两套定压罐装置，制冷系统定压自动补水稳压装置，自动补水稳压补水装置放置在实验室二层屋顶供热系统定压装置采用压力罐定压，压力罐设于换热机组内。系统采用电子除垢仪对循环水和补水进行处理。空调加湿采用 0.2MPa 的蒸汽加湿器。

五、空调系统形式

动物实验室（ABSL-2）的洁净实验区采用全新风直流式空调系统，实验室采用高效过滤器上送风，高效过滤器上排风（高效过滤排风装置安装在吊顶下紧贴吊顶安装）；空气净化处理如下：

新风——粗效过滤器——中效过滤器——高效过滤器——实验室——高效过滤器——活性炭过滤器——室外

动物实验室（ABSL-2）空调系统参数如表 4 所示。

ABSL-2 空调系统参数　　　　表 4

序号	系统编号	风量	冷负荷(kW)	热负荷(kW)	机外余压(Pa)	再热量(kW)	加湿量(kg/h)	位置
1	SK-1	33462	391.2	543.5	700	45.1	301.2	实验室首层动物实验区
2	SK-2	33660	393.5	546.8	700	45.6	302.9	实验室二层动物实验区

SPF 鸡舍实验室的首层四套鸡舍和二层实验区的两套鸡舍、检验用育雏舍采用全新风直流式空调系统，首层的集蛋区和二层的上料区采用二次回风全空气空调系统。鸡舍采用高效过滤器上送风，侧墙下回、排风（回、排风口安装无纺布初效过滤器）。SPF 鸡舍空气净化处理如下：

SPF 鸡舍空调系统参数如表 5 所示。

新风—粗效过滤器—中效过滤器—高效过滤器—实验室—无仿布初效过滤器—活性炭过滤器—室外

新风—粗效过滤器—中效过滤器—高效过滤器—实验室—无仿布初效过滤器——
　　　　　　　　　　　　　　　回风

SPF 鸡舍空调系统参数　　　　　　　　　　　　　　表 5

序号	系统编号	风量	冷负荷（kW）	热负荷（kW）	机外余压（Pa）	再热量（kW）	加湿量（kg/h）	位置
1	JK-1	23606	276.0	377.5	800	38.9	212.5	实验室首层成鸡舍 1
2	JK-2	23342	393.5	377.9	800	37.4	210.1	实验室首层成鸡舍 2
3	JK-3	23342	393.5	377.9	800	37.4	210.1	实验室首层成鸡舍 3
4	JK-4	19679	393.5	319.7	800	31.4	177.1	实验室首层成鸡舍 4
5	JK-5	2484	8.7	9.4	800	0	4.2	实验室首层集蛋区
6	JK-6	25091	293.3	406.2	800	41.4	225.8	实验室二层育维育成舍
7	JK-7	23067	269.7	374.7	800	37.7	207.6	实验室二层公鸡舍
8	JK-8	11121	31.4	41.3	800	0	18.6	实验室二层上料区
9	JK-9	11230	131.3	184.1	800	11.3	110	实验室二层检验用有雏舍

六、通风、防排烟及空调自控设计

生物制品仓储中心排风系统参数如表 6 所示。

生物制品仓储中心排风系统参数　　　　　　　　　　表 6

编号	房间名称	房间面积（m²）	房间高（m）	房间体积（m³）	换气次数（h⁻¹）	排风量（m³/h）	排风口规格（mm）	排风口数量
1	卫生间	8.4	3.00	25.1	8	201	200×200	1
2	说明书	25.5	5.50	140.1	2	280	200×200	1
3	危险品库	25.5	5.50	140.1	12	1682	200×200	1
4	化药库	25.5	5.50	140.1	12	1682	200×200	1
5	材料库	171.1	5.50	940.9	3	2823	200×200	1
6	原料库	1400.3	6.35	8892.0	6	8402	200×200	1
7	制冷机房	58.4	5.50	321.4	8	2571	200×200	1

动物实验室（ABSL-2）和 SPF 鸡舍排风系统参数如表 7 所示。

ABSL-2 和 SPF 鸡舍排风系统参数　　　　　　　　　　表 7

序号	系统编号	风量（m³）	余压（Pa）	功率（kW）	位置
1	SP-1	41149	700	22	实验室首层动物实验区排风、排风机一用一备
2	SP-2	41400	700	22	实验室二层动物实验区排风、排风机一用一备
3	SP-3	1064	250	0.2	实验室二层清洁前室、无害化储存排风
4	SP-4	54	20	0.001　220V	实验室二层卫生间排风
5	SP-5	1162	250	0.2	实验室一层清洁前室、无害化储存和动物消毒淋浴排风

续表

序号	系统编号	风量（m³）	余压（Pa）	功率（kW）	位置
6	SP-6	74	20	0.001 220V	实验室一层监控室排风
7	JP-1	20974	600	11	首层成鸡舍1排风、排风机一用一备
8	JP-2	20738	600	11	首层成鸡舍2排风、排风机一用一备
9	JP-3	20738	600	11	首层成鸡舍3排风、排风机一用一备
10	JP-4	17485	600	11	首层成鸡舍4排风、排风机一用一备
11	JP-5	224	20	0.02 220V	首层消毒间排风
12	JP-6	208	20	0.02 220V	首层高压前室排风
13	JP-7	22279	600	11	二层与育雏育成鸡舍排风、排风机一用一备
14	JP-8	20505	600	11	二层公鸡舍排风、排风机一用一备
15	JP-9	10010	600	5.5	二层检验用育雏舍排风、排风机一用一备
16	JP-10	217	20	0.02 220V	二层办公室排风
17	JP-11	242	20	0.02 220V	二层监控室排风
18	JP-12	179	20	0.02 220V	二层卫生间排风
19	JP-13	2757	250	0.7	二层公共区域排风

七、心得与体会

本项目能依据项目所在地的气象环境和建筑的工艺要求合理地设计空调系统，体现了以人为本、满足使用要求、动物饲养及实验要求的绿色建筑宗旨。本项目在生物制品仓储中心的冷库设计、动物实验室（ABSL-2）和SPF鸡舍的风量控制、乙二醇热回收技术的应用、换热机组的蒸汽凝结水回收设计、动物实验室（ABSL-2）和SPF鸡舍等洁净动物房设计等方面具有很大的推广价值，对于提高生物制品仓储中心、动物实验室（ABSL-2）和SPF鸡舍的空调设计水平具有很大的指导意义。本项目生物制品仓储中心的结构为钢结构，屋面为彩钢板，项目地点在寒冷地区，在冬季运行过程中屋面会有结冰现象，清理起来很麻烦，提请今后的设计者注意设计融冰设施。本项目为了解决上述问题，屋面敷设了发热电缆，防止屋面结冰。

海军总医院内科医疗楼①

- 建设地点　　　北京市
- 设计时间　　　2009 年 12 月～2011 年 8 月
- 竣工日期　　　2012 年 11 月
- 设计单位　　　北京市建筑设计研究院有限公司
- 主要设计人　　王　旭　孙　亮　黄槐荣　郑甲珊
　　　　　　　　闫　敏　刘洁琮　梁　鹏
- 本文执笔人　　王　旭
- 获奖等级　　　一等奖

作者简介：
王旭，副总工程师，1990 年 8 月毕业于清华大学供热通风与空气调节专业；工作单位：北京市建筑设计研究院有限公司；代表作品：海军总医院内科医疗楼、美邦亚联广场、内蒙古博源总部综合楼、中国兵器装备研究院科技楼改扩建、长沙北辰新河三角洲 A1 地块城市综合体、梅溪湖国际广场、长沙 A9 金融大厦项目等。

一、工程概况

　　海军总医院位于风景秀丽的玉渊潭北岸，东接钓鱼台国宾馆，西邻三环路主干线，北临城市干道阜成路。本设计的内科医疗楼位于院区中心南部，是整个院区的核心地带，为一幢集影像中心、核医学科、放射治疗科、药剂科、消毒供应科及高压氧科、肾内科、呼吸内科、神经内科、血液科、儿科等、肿瘤科、空潜科等护理单元共913 张床位的大型综合性医疗大楼。地上 12 层、地下 3 层，建筑高度 50.00m，总建筑面积96374m²，其中地上建筑面积68002m²，地下建筑面积28372m²。

建筑外观图

二、工程设计特点

　　随着医疗技术的发展，对室内环境要求不断提高，医院建筑已经成为单位面积能耗最大的公共建筑之一。医院大部分区域空调都是一天 24h运行，手术室、ICU、血液病房及许多治疗机房更是要求全年恒温恒湿及空气净化，空调运行能耗巨大。据统计，空调系统能耗往往占到医院总能耗的 60％左右。因此，采取节能措施、降低空调系统运行能耗，成为节能减排的重要环节。

　　医院是多种病原体携带者与易感人群高度集合的特殊场所，必须满足控制院内感染与交叉感染的安全要求。消除空调设备内的潮湿表面、避免通风系统交叉污染、控制室内的相对湿度在合适的范围内，成为医院中央空调系统设计要解决的重要问题。

　　对于供应科无菌区、ICU 病房、层流病房等特殊科室，洁净空调系统成为必不可少的环境保障手段，要求 100％的保障率。这就要求这些系统要有特别的保障措施。

　　海军总医院内科医疗楼科室多、功能复杂，暖通空调的设计难度大。本工程暖通空调设计以建设绿色节能医院为目标，根据医疗建筑特点，开拓设计思路，采用切实可行的新技术，通过特

---

① 编者注：该工程设计主要图纸参见随书光盘。

殊的设备组合，同时配备不同的节能措施，经济实用，达到预期效果。主要有以下特点：

1. 双温冷源系统

传统空调在冷源选择上为了处理潜热负荷，要求冷媒温度低于室内露点温度（通常采用≤7℃冷水），而处理显热负荷只需要稍低于室温的冷水（高温冷水）。由两种不同品位（不同蒸发温度）冷源，对空调负荷分别处理和控制，取代传统空调系统中单一的高品位冷源（低温冷冻水），可提高冷源设备运行效率，达到节能目的。内科医疗楼空调水系统设计为双温冷源。

高温冷水系统设置 2 台离心式高温冷水机组（COP 为 7.1，IPLV 为 8.6），供/回水温度为14℃/19℃，与低温冷源7℃/12℃（COP 为 5.4，IPLV 为 6.2）相比，其蒸发温度提高了7℃，冷水机组的制冷效率提高了约30%。夏季空调负荷中，45%左右由高温冷源承担，系统的综合 COP提高，具有显著的节能效果。

低温冷水系统设置 2 台常规7℃/12℃水冷冷水机组及 2 台7℃/12℃风冷冷水机组；过渡季、冬季等低负荷工况下风冷冷水机组运行，作为特殊科室洁净空调及内区四管制风机盘管冷源；冬季特殊科室洁净空调设有备用电加热器。2 台水冷、2 台风冷及备用电加热器的配置，确保系统安全可靠，并提高系统调节性能。

2. 温湿度独立控制系统

在选择末端设备时，内科医疗楼病房采用干式风盘加新风温湿度独立控制空调系统。干式风盘承担室内热负荷，新风承担室内湿负荷及新风负荷；风机盘管控制室内温度，新风控制室内湿度。

（1）干式风机盘管应用

病房夏季室内干球温度 26℃，相对湿度45%，室内空气露点温度 13.2℃。干盘管的供水温度设计为 14℃，比室内空气露点温度高 0.8℃，可实现干工况运行，没有冷凝水产生，从而彻底解决了常规空调中的"湿表面"污染问题，实现无菌空调。

（2）双级溶液热回收、两级双温冷却盘管新排风机组应用

热回收方式对医院空调防止交叉污染至关重要。转轮式热回收空调系统能进行全热回收，回收热效率高，但漏风率较高，漏风率为0.5%～10%；交叉板式热回收空调系统能进行显热回收，

也有漏风危险，漏风率为0～5%。为了避免排风对新风的交叉污染，采用乙二醇溶液进行显热回收，该系统新风与排风完全分开。

为满足新风深度除湿要求，新风机组设计为双级表冷盘管。一级表冷盘管供/回水 14℃/19℃，二级表冷盘管7℃/12℃。新排风机组形式见图1，新风处理见图2。

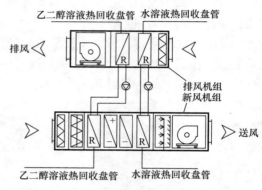

图 1 双级溶液热回收新排风机组

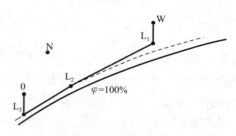

图 2 新风处理过程

病房新风量标准为 50m³/（人·h），病人散湿量按极轻劳动计算，人员散湿量为 109g/（人·h）。根据图 2 计算得 50m²/h 新风量的除湿量为 129g/h，新风满足除湿要求并有一定富余量。

夏季室外新风 W（$T_{db} = 33.2℃$，$T_{wb} = 26.4℃$）经过乙二醇显热回收盘管预冷到 L_1（$T_{db} = 28.2℃$，RH = 79%），再经过一级表冷冷却到机器露点 L_2，L_2 比一级表冷器供水温度高4℃（$T_{db} = 18℃$，RH = 90%），L_2 经过二级表冷器处理到机器露点 L_3，L_3 比二级表冷器供水温度高4℃（$T_{db} = 11℃$，RH = 90%）。

经深度除湿后新风 L_3 若直接送到室内将导致风口结露，为解决结露问题，新排风机组内增设了一组水溶液显热回收盘管，L_3 经水溶液显热回收盘管加热到 O 点（16℃）后送入室内。

（3）节能分析

本工程新风机组采用两级表冷盘管，一级表

冷采用 14℃/19℃ 的高温冷水，其单位冷却量 $h_{L1}-h_{L2}$ 为 29.65kJ/kg；二级表冷采用 7℃/12℃ 的低温冷水，其单位冷却量 $h_{L2}-h_{L3}$ 为 18.16kJ/kg；处理单位新风能耗量为：$29.65/7.1+18.16/5.4=7.54$kJ/kg。而如果只采用一级表冷，完全由 7℃/12℃ 的低温冷水对新风进行表冷除湿，其单位能耗量：$47.81/5.4=8.85$kJ/kg。可以看出采用 14℃/19℃ 高温冷水对新风进行一级表冷的双盘管新风机组比只用 7℃/12℃ 冷水对新风进行处理新风机组节省约 15% 能耗。

采用两级热回收盘管对新风进行预冷和再热，既节省了新风处理的冷量 5.05kJ/kg，同时又解决了新风再热热源问题，避免传统空调再热需增加额外的再热量 5.05kJ/kg。采用两级热回收盘管两级双温冷却盘管新排风机组是本工程实现温湿度独立控制技术的关键。

3. 回收制冷机冷凝加热生活热水

供冷季节回收制冷机冷凝热给生活热水预热，利用制冷机冷凝热对高、中、低区生活热水进行预热，同时降低生活热水和冷却塔能耗，起到双向节能的效果。

三、设计参数及空调冷热负荷

1. 室内设计参数（见表1）

室内设计参数　　表1

房间名称	夏季		冬季		最小新风量 [(m³/h·p)]/(h⁻¹)	噪声标准 [dB(A)]
	温度(℃)	相对湿度(%)	温度(℃)	相对湿度(%)		
普通病房	26	45	22	30	50	≤40
病房层医务用房	26	45	20	30	45	≤50
一般办公室	26	55	20	30	30	≤40
层流病房	26	60	22	40	60/6	≤50
呼吸重症监护病房	26	60	22	40	60/6	≤50
核磁共振机房	24	50	20	30	30	≤60

2. 空调调冷热负荷（见表2）

空调冷热负荷　　表2

工况	用冷项目	冷热源参数	耗冷量/耗热量(kW)
夏季供冷	干式风机盘管供冷（二层及以上）新风预冷（二层及以上）	14℃/19℃冷冻水	3780

续表

工况	用冷项目	冷热源参数	耗冷量/耗热量(kW)
夏季供冷	新风深度除湿降温（二层及以上）、洁净空调供冷、其他空调器、新风机组供冷（地下二层~二层）、湿式风机盘管（首层及以下）	7℃/12℃冷冻水	4540
	合计		8320
冬季供冷	洁净空调供冷	7℃/12℃冷冻水	280
	内区风机盘管供冷	7℃/12℃冷冻水	230
	合计		510
冬季供热	风机盘管、空调器、地板供暖	一次热源110℃/70℃，二次侧60℃/50℃	5600
	散热器供暖	一次热源110℃/70℃，二次侧85℃/60℃	400
	合计		6000

四、空调冷热源及设备选择

1. 冷源

本工程制冷机房设于内科医疗楼地下三层，内设 2 台 550RT14℃/19℃ 高温冷水机组、2 台 650RT7℃/12℃，内科楼屋面设置 2 台 95RT7℃/12℃ 风冷冷水机组。

2 台高温冷水机组为二层及以上病房层干式风机盘管、新风机组一级盘管夏季降温提供冷源；2 台水冷低温冷水机组为病房层新风机组二级盘管及其他空调系统降温除湿提供冷源；2 台风冷冷水机组，夏季作为调峰用冷源，过渡季、冬季作为特殊科室洁净空调及二层以上有供冷需求的内区房间冷源。

设置 2 台高温冷冻水循环泵（手动控制互为备用），对应 2 台高温冷水机组；设置 2 台低温冷冻水循环泵（手动控制互为备用），对应 2 台低温冷水机组；设置 2 台小低温冷冻水循环泵，对应 2 台风冷冷水机组。

每台水冷制冷机配备一台超低噪声型开式冷却塔，设于内科医疗楼十二层屋顶。冷却塔风机变频运行，由冷却塔出水温度控制风机转速。设置 2 台高温冷水机组冷却水循环泵（手动控制互为备用），对应 2 台高温冷水机组，2 台冷却塔；设置 2 台低温冷水机组冷却水循环泵（手动控制互为备用），对应 2 台低温冷水机组，2 台冷却塔。冷却水系统供/回水温度均为32℃/37℃。

2. 热源

内科楼空调供暖热源接自市政热力，医院锅炉房作为备用热源，一次热媒供/回水温度为110℃/70℃。在地下二层设热交换站，空调供暖系统间接连接到城市管网系统，划分为空调和供暖两个独立系统，二次空调热水供/回水温度60℃/50℃，二次供暖热水供/回水温度85℃/60℃。均采用闭式系统，换热机组、补水、定压、软化水装置等都设在热力站内，热力站由热力公司设计。

首层大堂设地板供暖，地板供暖与空调热水合用一套水系统。地下设备用房、厨房、病房卫生间等设散热器供暖，供/回水温度为85℃/60℃，双管异程系统，竖向不分区。

五、空调系统形式

1. 空调冷热水系统

（1）首层及以下空调器及风机盘管水系统均采用低温冷水、空调热水两管制，风机盘管采用普通型，即夏季供低温（7℃/12℃）冷水、冬季供（60℃/50℃）空调热水，冬夏共用一套管道系统。

（2）二层及以上病房层新风机组内设双级双冷源盘管，分别按高低温冷水工况专门设计，分别提供新风预冷和新风深度除湿冷源，其中新风预冷盘管兼加热，新风深度除湿降温盘管冬季不供热水。新风预冷加热盘管、干式风机盘管空调水系统采用高温冷水、空调热水两管制，即高温（14℃/19℃）冷水、空调热水（60℃/50℃）冬夏共用一套管道系统。

（3）特殊科室洁净空调器空调水系统采用低温冷水、空调热水四管制，即低温（7℃/12℃）冷水、空调热水（60℃/50℃）冬夏分设两套管道系统。

（4）三层及以上常年有供冷需求的内区房间风机盘管采用四管制，夏季供冷，过渡季、冬季既可供冷又可供热。夏季供冷采用14℃/19℃高温冷水，冬季供冷采用7℃/12℃由风冷冷水机组提供的低温冷水，冬季供热采用60℃/50℃空调热水。

（5）高温冷水、低温冷水均采用冷源侧定流量系统，末端变流量控制，在总供回水管之间设

旁通管及由压差控制的旁通阀，以确保负荷侧末端变流量、机组侧定流量运行。

（6）高温冷水、低温冷水、空调热水系统分设定压、补水装置。所有管路为异程式，竖向不分区。

（7）空调加湿：特殊科室供应科无菌区、呼吸重症监护病房、层流病房等洁净空调采用电加湿；精密医疗设备用房、控制室等有恒温恒湿要求区域，设独立冷热源的电加湿空调机组；其他有加湿需求的新风及空调机组采用高压微雾加湿。

2. 空调通风系统

空调及新风系统按建筑使用功能划分，并以各科室、各病房区自成系统，以避免交叉感染。

（1）新风加普通风机盘管新排风系统

地下一层、首层医技用房、办公、会议等采用新风加普通风机盘管新排风系统。新风仅承担新风全部及部分室内负荷，风机盘管承担室内全部热湿负荷。新风通过公共卫生间等排风系统排出室外。

（2）温湿度独立控制空调系统

二～十二层普通病房、医生办公室等采用新风加干式风机盘管显热回收新排风系统，新风承担新风负荷及房间湿负荷，干式风机盘管承担室内显热负荷；干式风机盘管控制房间温度，新风控制湿度，温湿度独立控制。新风机组内设有显热回收装置，用以回收排风中的能量，要求热回收效率不低于60%，并采取良好密封措施，以防止交叉污染。新排风支管设置定风量阀，病房等新风通过显热热回收机组排风系统排出，病房等送排风量保持平衡，走廊等空调区域维持适当正压。

（3）一次回风全空气系统

首层大堂采用一次回风定风量全空气空调系统，空调系统根据空调区/回风温度控制冷水阀或热水阀的开度，从而调节送风温度。二层内区采用一次回风双风机变风量全空气系统，系统由变风量空调机组、单风道节流型变风量末端（压力无关型）组成，空调机组内设送风机、回风机和冷热水盘管，过渡季全新风运行。

（4）二次回风全空气系统

洁净护理单元层流病房、新生儿重症监护病房、呼吸重症监护病房、妇产科手术室采用二次回风空气处理方式，固定二次回风比再热的方式，

既保证了控制精度，与一次回风再热系统相比又节省了再热的能耗。夏季新风和一次回风混合后通过减焓减湿处理，充分消除掉室内余湿，和二次回风混合后通过电再热处理至所需送风状态；冬季加热盘管对新风进行加热，处理至所需状态先后与一次回风和二次回风混合，然后通过电极式加湿，达到送风状态点经高效过滤器送至各房间。

（5）其他

地下一层、首层特殊机房控制室、消防中心、通信机房、放射科 CT 机房、直线加速器机房、理疗室、核医学科扫描室、核磁共振机房等，采用风冷式独立冷源空调加新排风系统；有恒温恒湿要求的空调区域，采用风冷式恒温恒湿空调。带有污染的排风设独立排风系统，通过竖井排至屋面。

呼吸隔离病房，设置空调送风和无泄漏式排风机。隔离病房压力可从正压调为负压，或负压调为正压。在隔离病房内设一台双速排风机组，正压时低速排风，负压时高速排风。

地下二层解剖间，采用直流式全空气空调系统。设独立排风系统，通过竖井排至屋面。

六、通风、防排烟及空调自控设计

1. 通风

厨房排风集中设置，排风应经过油烟过滤净化装置处理后再集中排放，油烟处理设备放置在屋顶。厨房补风由厨房补风机（带加热盘管）供给，厨房设有全面排风并兼事故排风。

地下制冷机房、热力机房、水泵房、中水给水机房等，采用机械送排风系统，并适当保持负压，补风带加热盘管。

变配电房等，采用机械送排风系统，用于排除余热余湿。电话模块局、网络交换机房、电梯机房等设机械通风系统或分体空调系统。有气体灭火系统的变配电室，与平时送排风结合设置事故排风和补风装置。所有事故通风机在室内外便于操作的地点分别设置电器开关。

地下车库均设计通风换气系统，排风系统按 $6h^{-1}$、进风系统按 $5h^{-1}$ 设计。通风系统按防火分区设置，排烟与排风共用一套系统。车库内设 CO 浓度探测器，根据 CO 浓度自动控制排风机开启

台数。气体物流机房设机械送风。

2. 防排烟

不具备自然排烟条件的防烟楼梯间、消防电梯前室或合用前室，分别设置机械加压送风防烟系统。按消防规范要求设计。

地下停车库、超过 20m 长的内走道、一个房间面积超过 $50m^2$ 或各房间总面积超过 $200m^2$ 的地下室房间、地上超过 $100m^2$ 的无可开启外窗的房间、净空高度超过 12m 办公楼中庭等设机械排烟系统，按消防规范要求设计。

3. 空调自动控制

小房间风机盘管采用风机就地手控、水路两通阀就地自控；公共区域风机盘管采用分组群控。

二层及以上病房、医生办公室等房间新排风支管设定风量阀，控制新风量，满足房间湿度控制要求。

空调（新风）机组新风入口处的电动保温阀与风机联锁，加热盘管温度低于 5℃ 时自动关闭。空气过滤器设压差显示器报警。表冷（加热）盘管的供水管设电动调节阀，空调机组根据室内温度、新风机组根据送风温度（处理到与室内状态点等湿）的变化改变该阀开度。

冷却塔出水管设温控器，可根据冷却水温度变化控制冷却塔变频风机及电动旁通阀的开启度。

层流病房采用净化空调机组，通过电动定风量阀向新风预处理机吸取新风，确保仓内正压稳定；层流病房的排风通过电动定风量阀向集中式排风机排风。

净化空调机组的自控采用多功能控制器、温湿度传感器、压差开关、电动调节阀等进行自动控制，控制系统对机组运行情况及各级过滤网的堵塞情况进行监控，发现有机组故障及过滤网堵塞现象能及时进行声光报警提示。

七、心得与体会

本项目根据医疗建筑的特点，采用了相对于一般建筑更为复杂的空调通风系统，以满足建筑功能特殊性的需要。通过比较分析，结合当时的设备条件以及使用时的实际性，对于不同的特殊系统，采用了相对有效的节能措施，使得建筑能耗显著降低。

温度湿度独立控制系统对外围护结构的气密

性要求较高。由于该空调系统是靠新风来除湿的，如果空调运行中有开窗现象，室外潮湿空气带来的湿负荷可能无法由送入室内的干燥新风完全承担，导致室内相对湿度升高，这样风机盘管就会有结露的危险。为安全起见，建议干式风机盘管配凝结水盘，并设有冷凝水系统，同时建议加强管理，尽量避免开窗行为。

本工程空调系统已投入运行，达到了设计预期的效果，用户反映新风系统舒适性很好。在室内负荷不大时（如晚间）仅开新风就能维持室内舒适性水平。温度湿度独立控制技术的应用，大大改善了病房空气质量，减少了空调自身带来的感染，有效解决了医疗建筑室内空气质量差及能耗高的难题。

由于当时设计规范、技术条件及安全可靠性考虑，仅病房层部分采用温湿度独立控制系统。近几年来，技术、规范不断更新。GB 50736—2012版医院最小新风量按换气次数法确定，诊室、病房等2次换气，折合人员每人最小新风量比此前按每人每小时 $30\sim50m^3$ 计算加大，新风除湿能力增强；新的公共建筑节能标准对外围护结构的气密性要求提高，室外潮湿空气无组织渗入量减小；智能数字化新风变频技术，新风系统根据室内空气的品质（VOC 或 CO_2 浓度）对新风供应进行实时管理与调节，实现新风的按需分配。这些因素不仅使温湿度独立控制系统更适用于病房，而且为今后医疗建筑在其他区域推广采用温湿度独立控制技术创造了有利条件。

北京英特宜家购物中心大兴项目二期工程（北京荟聚中心）①

- 建设地点　　北京市
- 设计时间　　2010 年 8 月～2013 年 9 月
- 竣工日期　　2014 年 9 月
- 设计单位　　中国建筑科学研究院建筑设计院
- 主要设计人　王　强　王　森　于　洋
　　　　　　　周　芳　刘经纬　辛亚娟
- 本文执笔人　王　强
- 获奖等级　　一等奖

作者简介：
　　王强，高级工程师，1991 年毕业于同济大学供暖通风与空调专业，大学本科；工作单位：中国建筑科学研究院建筑设计院；代表作品：中国国家博物馆改扩建工程、中国疾病预防控制中心、北京丽来花园、中国石油科技创新基地石油工程技术研发中心、融科资讯中心、华润清河橡树湾、华润清河五彩城、北京荟聚中心、华润密云万象汇等。

一、工程概况

本项目位于北京市大兴区西红门镇，地铁大兴 4 号线西红门站以西。本项目为超大型购物中心，总建筑面积约 508486m²，其中地上建筑面积 251186m²，地下建筑面积 257300m²。地上建筑主体为 3 层，局部为 4 层，建筑高度 23.95m，电影院局部为 30m；地下建筑为 3 层。

本项目为目前北京市单体最大的购物中心，建筑物南北向约 500m，东西向约 250m，在超级庞大的体量中汇集了商业、餐饮、超市、电影院、美食广场、精品街等各具特色的商业业态，在建筑设计上秉承欧洲购物中心的模式，室内商业街贯穿建筑内部，商业街顶部为玻璃采光顶屋面，为室内提供充足的阳光，营造四季如春的室内商业空间。地下 3 层，除设备用房外全部为汽车库，可提供 6000 多个车位，被吉尼斯评为全世界最大的单体地下车库。

建筑外观图

二、工程设计特点

本项目为区域型超大型购物中心，其建筑设计理念为英特宜家集团的"为家庭而设计，为商业而建立"的商业理念，开发模式上具有欧洲商业购物中心的特征，以下这些特征因素使得本项目暖通空调设计有别于常规商场设计，同时也增

① 编者注：该工程设计主要图纸参见随书光盘。

加了设计难度：

一是大，建筑规模大、占地面积大、地下停车库大；

二是多，行业多、店铺多、功能多（集购物、餐饮、休闲、娱乐于一体）；

三是高，购物环境要求高，档次高，舒适性要求高；

四是公共空间室内设计要求高，对相关风管及风口布置限制性高；

五是人性化设计要求高，为店铺服务的空调风水及消防干线不允许进入店铺，只能设在后勤通道；

六是进行消防性能化设计，防烟排烟设计要求高；

七是绿色、节能、环保要求高，本着环境优先，以人为本的节能理念，并贯穿于整个设计、施工、运营管理中，这也是这个项目暖通设计的最大特点：

1）设计优先、主动措施优化的原则，采用了远高于国内标准的建筑围护结构热工节能设计；

2）单体建筑超大冰蓄冷系统设计；

3）锅炉大型混水直供系统的运用；

4）全部空调冷热循环水泵及空调送排风机变频技术的运用；

5）排风热回收技术及采用超高效全热回收效率热回收设备；

6）严格的空调节水设计如采用闭式冷却塔和空调冷凝水集中回收；

7）冷热计量设置细到租户；

8）暖通设备小到排气扇的监测（控）设计；

9）地下车库采用智能型诱导风机配合 CO 监控系统；

10）远高国内标准的噪声限值水平及严格的空调噪声控制设计等。

三、设计参数及空调冷热负荷

1. 室外设计计算参数（见表 1）

室外设计计算参数　　　表 1

设计参数	夏季	冬季	设计参数	夏季	冬季
大气压（kPa）	988.6	1020.4	相对湿度（%）	78	45
空调计算干球温度（℃）	33.2	−12	通风计算温度（℃）	30	−5
空调计算湿球温度（℃）	26.4	—	室外风速（m/s）	1.9	2.8

2. 室内空调设计计算参数（见表 2）

室内空调设计计算参数　　　表 2

场所	温湿度（℃/%）夏季	温湿度（℃/%）冬季	人员密度（m²/P）	新风量［m³/(h·P)］	照明冷负荷（W/m²）	设备冷负荷（W/m²）	噪声［dB(A)］
商业街	26/60	20/—	5	30	5	5	≤45
商铺	26/60	20/—	5	30	30	5	≤45
餐饮	26/60	20/—	3	30	10	25.8	≤45
办公	26/50	20/—	10	30	12	20	≤40
儿童教室	26/60	20/—	2	30	12	20	
卫生间	26/—	20/—	10	—	7	0	
后勤区	26/—	20/—	10	30	7	5	
其他空调区域	26/60	20/—	10	30	7	5	
冷冻垃圾库	8/—	8/—					

3. 房间通风量设计计算参数（见表 3）

房间通风量设计计算参数　　　表 3

区域	换气次数（h⁻¹）	区域	换气次数（h⁻¹）	区域	换气次数
卫生间	15	停车库	5（进），6（排）	锅炉房	6（事故 12）
餐饮厨房	60	制冷机房	6	变配电室	按发热量计算
垃圾房	15	泵房	5	柴油发电机房	按工艺确定

4. 建筑围护结构热工特性

建筑围护结构热工特性由建筑专业提供，如表 4 所示。

建筑围护结构热工特性参数　　　表 4

外围护结构	传热系数［W/(m²·K)］	外围护结构	传热系数［W/(m²·K)］
屋面	0.2	外窗天窗（综合）	2.0
外墙	0.3		
不供暖地下室上部楼板	0.342	玻璃遮阳系数 SC=0.4	

5. 空调冷热负荷

本项目空调区域的建筑面积为 18.5 万 m²（不含租户自设独立空调的超市、影院和电气卖场），夏季总冷负荷为 26.83MW，冷负荷指标为 145W/m²；冬季总热负荷为 19.27MW，热负荷指标为 104W/m²（指标说明：本项目餐饮店铺数量较多，餐饮总面积占地上出租店铺面积的约

31%，在设计中考虑到本项目国际化标准较高，为所有餐饮厨房预留了补风加热及冷却预处理冷热量，此部分冷负荷所占指标为19W/m²，热负荷所占指标为31W/m²，占冷热负荷的比重较大，不含此部分补风预处理负荷时，项目夏季空调冷热标为126W/m²，冬季空调热负荷指标为73W/m²）。

四、空调冷热源及设备选择

1. 空调冷源系统设计

（1）冰蓄冷系统

本项目为大型商业建筑，营业时间为早9：00到晚23：00，集中空调系统的使用具有明显的时段性，夜间仅物业加班等需要少部分负荷，结合北京地区的分时电价政策，经过方案论证，采用了冰蓄冷作为本工程的空调冷源。采用冰蓄冷的空调冷源方式减少本工程的空调配电容量，转移和消减空调系统的用电高峰，缓解夏季用电紧张，平衡城市电网峰谷供电。在节省工程空调系统运行费用的同时，实现社会效益。

根据设计日逐时冷负荷表，分析设计日空调冷负荷性质如下：

设计日峰值冷负荷（13：00）：26830kW；

夜间峰值冷负荷：1582kW；

设计日总冷负荷：354336kW·h；

设计日连续空调总冷负荷：15820kW·h；

设计日总蓄冰冷负荷：338516kW·h。

本项目采用部分负荷蓄冰系统，制冷主机和蓄冰设备为串联方式，双工况（制冷-制冰）主机位于蓄冰设备的上游，同时设置一台基载主机在夜间低负荷使用及作为系统备用和补充，基载主机并联运行，直接提供冷冻水。设置一台制冷量为450RT基载主机直接提供6℃/12℃的空调冷冻水。设置3台双工况冷水机组，每台主机空调工况下制冷量约为1866RT，冷冻液温5℃/10℃；每台主机蓄冰工况下的制冷量约为1197RT，冷冻液温−5.6℃/−2.38℃。冷冻液为25%乙二醇溶液。

夜间电价低谷时制冰系统将冰蓄满，白天电价高峰时融冰供冷，融冰量通过改变进入冰盘管水量控制，各工况转换通过电动阀门开关切换。

蓄冰装置采用内融冰蓄冰钢盘管，钢盘管安装在现场设置的钢制保温水槽内，总潜热蓄冰冷量为30400RTH。蓄冰装置出口冷冻液温为3.3℃。钢盘管采用上下双层布置有效节省蓄冰设备占用的设备机房面积。

（2）冬季冷却塔直接制冷系统

对于采用风机盘管加新风系统的内区商铺需要常年供冷，在冬季温度低于5℃时，可停止冷水机组的运行，利用冷却水直接经过板式热交换器制备内区空调所需冷冻水，以节省冬季冷水机组运行电耗。该系统的供回水温度为8℃/14℃。

2. 空调系统热源设计

本工程没有市政热力的条件，采用了燃气锅炉提供热源，锅炉房内设置4台单台额定输出功率为5.6MW的钢制承压热水锅炉提供95℃/70℃一次水用于空调热水及提供生活热水换热用一次热媒水。

锅炉采用卧式全湿背三回程型，热效率达93.8%，并全部设置了烟气热回收装置，进一步提高锅炉综合热效率，降低运行费用，可为用户带来显著的经济效益。

五、空调系统形式

1. 空调水系统

（1）空调冷冻水系统

空调冷冻水来自位于地下三层的制冷机房，空调冷冻水供/回水设计温度为6℃/12℃。空调冷冻水系统为变水量系统，基载机组对应的水泵为定流量泵，融冰系统循环泵采用变水量泵。冷冻水循环水泵及分集水器分设在地下一层南北两个子站中。水系统采用分区两管制水系统。各区水立管按接空调机组、外区盘管、内区盘管分别设置。冷热水管冬夏切换供水，内区常年供冷。

（2）空调热水系统

空调热水来自燃气锅炉房。空调热水采用二次泵变水量的系统形式，一次泵为定流量水泵，一次泵与锅炉一一对应控制，为定水量系统；二次泵采用变水量泵，两个系统以水力均压器（大型混水器）来保证一二次水系统彼此独立运行，减少了采用换热器间接连接的热量损耗，节省换热器投资费用。锅炉供/回水温度为95℃/70℃，空调供/回水温度为60℃/50℃。空调热水循环泵分设在南北两个子站中，冷热水管冬夏切换供水。

（3）冷却水系统

本工程冷水机组的冷却水侧采用定流量水泵，所有冷却水循环泵均设置在地下三层的制冷机房内。冷却塔采用闭式冷却塔，设置在屋面上。和开式冷却塔相比，闭式冷却塔冷却水水质不受外界影响，可减少水处理能耗；冷却塔补水耗量相对小，减少水资源浪费。冷却塔风机采用双速风机，根据冷却塔的回水温度控制冷却塔风机的运转台数和风机的转速，在空调系统部分负荷时节省冷却塔风机的运行电耗。同时，冷却水供回水管上设置旁通阀在过渡季节保持进入冷水机组的温度。冷却水夏季冷却水供/回水设计温度为37℃/32℃。

（4）水系统定压和水处理

制冷机房和锅炉房设置全自动软化水装置，空调各闭式循环水（液）系统均采用气压罐定压补水装置给各系统补水（液）定压。空调冷热水、冷却水系统设置微晶旁流水处理器除垢、阻垢、防腐、杀菌、过滤。空调冷热水系统上设置真空雾化喷射式排气装置，提高水系统循环性能，减少管道腐蚀。闭式塔喷淋水系统设置自动加药装置。

（5）冷热计量

本工程在冷热源站内冷冻水及热水总管上都设计了总冷热表，在给每个租户空调水管都设置了冷热计量表。

2. 空调风系统

（1）空气处理

热回收型全空气可变风量双风机空气处理机组主要用于步行街区域，新风经过新风段、粗效过滤、中效静电过滤杀菌除尘段、热回收段后在旁通段和回风混合经冷（热）水盘管段、风机段处理后由空调送风管路系统送入室内。回风由带粗效过滤的回风段通过旁通段一部分和新风混合一部分通过热回收段后经排风机段排出。送排风机均为变频风机。

热回收型新风机组的组合方式和热回收型空气处理机组的组合方式相同。此机组和空调处理机组功能不同，为送新风系统，运行控制按新风机组的运行方式执行。

空气处理机组、新风机组均可根据房间 CO_2 的浓度控制及不同工况下的风机变频运行节省风机的运行电耗。

热回收型空气处理机组和热回收型新风机组采用全热转轮式回收装置。额定工况的全热回收效率要求不低于80%，可有效减少新风能量损耗。

（2）商业步行街空调通风系统

步行街采用可变新风比的一次回风全空气系统，过渡季节可实现100%的新风比运行。采用热回收型空气处理机组，机组分区集中设在屋顶各机房内。步行街送风采用侧送风口，各主要入口首层及送风射程较远之处采用格栅内嵌球形喷口送风口送风，其他步行街区域采用侧送百叶风口送风。为达到室内严格的噪声要求，除设置必要的消声器外，在空调送风口前均设置了带均流装置、可测风量、调节风量和带测压功能的成品风口静压箱。

（3）商铺、餐厅、办公等空调通风系统

商铺、餐厅、办公采用热回收型新风机组与风机盘管机组结合的空调通风方式，以满足各房间个性化的舒适性调节要求。房间风机盘管机组采用分区两管制接管，外区盘管接冷（热）水管，内区盘管接冷冻水。为地上店铺、餐厅等服务的新风机组大部分设置在屋顶机房内，局部设置在四层。空调冷凝水均排至冷凝水立管并在地下一层集中回收。风机盘管机组带有制冷和供热转换功能、风机三速调节和房间温度的自动控制装置，风机盘管支管上设电动两通阀。

六、通风、防排烟及空调自控设计

1. 通风系统

（1）公共卫生间、清洁间排风系统和店铺预留排风系统

公共卫生间、清洁间排风通过屋顶设置的集中排风机排出。大于100m² 的餐饮店铺预留将来自设卫生间排风系统，按60%店铺同时使用设计各层汇集分区集中排至屋顶，屋顶设置变频排风机。

（2）厨房通风系统

施工图设计阶段餐饮部分仅有餐饮面积，餐饮厨房通风按预留设计，各餐饮厨房设置各自独立的通风系统，预留厨房排油烟、厨房补风、厨房平时排风的管段至屋顶，均从屋顶排油烟、排风和补风的取风，屋顶预留油烟净化器和排风机

的基础；室内预留为厨房补风机组补风加热和冷却所需空调水管段。燃气厨房设置事故排风系统，事故排风机与厨房平时排风机共用并采用防爆型风机，排风机设置为双速风机，低速平时排风，高速事故排风。厨房事故排风换气次数不小于 $12h^{-1}$。

（3）燃气锅炉房通风系统

燃气锅炉房设置平时通风和事故排风系统，锅炉燃气表间设置事故排风系统。事故排风换气次数不小于 $12h^{-1}$。锅炉房的排风机和设置在锅炉房内的送风机均采用防爆型风机。锅炉的燃烧尾气采用双层不锈钢带保温的成品烟囱经建筑竖井从屋顶排出室外。锅炉烟囱排放符合国家和北京市锅炉大气污染物排放标准。

（4）地下汽车库通风系统

地下停车库按照建筑防火分区设置通风系统，平时通风量按送 5 次（排）6 次（送）计算。并按照每小时 6 次的换气次数确定。通风系统和消防排烟系统合用，采用双速风机。

车库采用智能诱导通风系统，诱导通风系统可有效降低管线占用空间，采用智能诱导风机，设备自带 CO 感测探头，设备有自动、手动工作模式，每个防火分区设置一集中控制器，智能化控制诱导风机和主排风机的启停。

（5）机电设备用房通风系统

地下暖通空调设备机房、柴油发电机房、配电设备机房、给排水设备机房、屋顶电梯机房等分别设置机械通风系统以满足设备机房的通风换气要求。

所有穿过设置有气体灭火系统的设备用房的通风管道均设置电动多页密闭风阀，在火灾报警并施放灭火气体前电控关闭穿过上述房间的通风管道。待灭火结束后，先电动开启排风管上的电动阀并启动排风系统排除灭火气体，然后开启所有电动阀恢复正常运行。气体灭火的房间外墙上设有气体灭火自动电控泄压阀。

（6）地下三层六级人防物资库通风系统

战时人防物资库共分 6 个防护单元，按照防护单元设置独立的机械进排风系统。战时人防物资库设清洁、隔绝两种通风方式。

2. 防排烟系统

（1）正压送风系统

不具备自然排烟条件的防烟楼梯间设置机械加压送风系统。靠近外墙的防烟楼梯间采用自然排烟但其不具备自然排烟的前室设置机械加压送风系统。

按消防性能化设计，中心岛首层设置安全走道，各安全走道均设置加压送风。

（2）机械排烟系统

地下停车库设置机械排烟系统和补风系统，与平时通风系统合用。排烟风量按照每小时 6 次换气确定，消防排烟时补风量不小于排烟风量的 50%。

步行街部分进行了消防性能化设计，步行街采用机械排烟方式，划分为 9 个逻辑防烟控制分区（不设挡烟垂壁），每个逻辑防烟分区不大于 $3000m^2$，每个逻辑防烟分区的有效排烟量不小于 35.3 万 m^3/h，无需设置补风系统。在步行街屋顶同时设置可开启的自然排烟窗，在机械排烟失效时可自动开启排烟窗实现自然排烟，自然排烟口的有效面积为步行街面积的 1%。

商铺和餐厅部分进行了消防性能化设计，对于建筑面积大于 $100m^2$ 地上房间应设置机械排烟，建筑面积小于 $500m^2$ 排烟量的计算按 GB 50016 执行；对于建筑面积大于 $500m^2$ 且不大于 $2000m^2$ 的商业，可将其作为一个防烟分区，机械排烟量不小于 $60000m^3/h$。建筑面积大于 $2000m^2$ 的商业空间，单个防烟分区的面积控制在 $2000m^2$ 以内。挡烟垂壁高度按性能化要求确定。带多个防烟分区的系统排烟量同样按最大一个防烟分区的排烟量计算。

非消防性能化设计区域如后勤通道、迪卡侬、超市、电气卖场排烟设计按 GB 50016 执行。其中，影院排烟量按其体积的 13 次/h 换气和 $90m^3/(h \cdot m^2)$ 计算，取大值作为设计排烟量，且同时设置补风系统，补风量不应小于排烟量的 50%。

（3）暖通空调系统的防火措施

空调通风系统在水平方向按照防火分区设置，所有穿过防火分区隔墙、楼板、室内竖井的空调通风管道均设置防火阀，防火阀采用单独的支、吊架安装，吊顶内的防火阀应在其下方设置检修口。

吊顶内的排烟管道应进行保温，并与可燃物保持不小于 150mm 的距离，保温材料采用不燃的带防火贴面的离心玻璃棉毡。消防风机、平时风机和空调设备和风管之间的软连接、墙体伸缩缝连接均采用 A 级不燃软管以确保其防火性能。

当局部发生火灾时，停止一些与消防无关或于消防不利的空调通风系统的运行。竖向管井内的空调管道安装后应对竖井内楼板处进行防火封堵，空调管道穿过防火分区隔墙处的缝隙应采用不燃材料封堵。

3. 空调自控设计

本工程暖通空调系统的自动控制是整个建筑物楼宇控制管理系统 BAS 的一部分，通过该系统实现暖通空调系统的自动运行、调节，以减少运行管理的工作量和成本，节省暖通空调系统的运行能耗。采用 DDC 控制系统进行自动控制。DDC控制应根据自控原理图的要求提供相应的控制设备和器件，并组成完整的控制系统。DDC 系统终端设备采用计算机控制、显示方式。该系统应为开放型的系统形式，以便纳入整个楼宇管理系统和连接消防控制系统。DDC 控制软件应包括设备的最优化启停、PID 控制、时间通道、多台多组设备的群控、动态图显示、能耗统计、故障报警、记录和打印等功能。

本工程空调自控包含空调冰蓄冷冷源和空调冷冻水系统的监测与控制，空调热源和空调热水的监测与控制，空调系统和空气处理装置的监测与控制，通风运行控制等。

七、心得与体会

在本工程设计初始，我国及北京市还没有出台绿色建筑的相关标准、规范，但在整个设计中贯彻了绿色低碳、节能环保的理念和措施，从另一个方面体现了设计的前瞻性。

现在大型购物中心设计项目与日俱增，然而此类项目体量庞大、人员密集、功能多样等特征，导致从消防设计、防火规范、从建造到运营的消防安全管理等方面均对建筑设计形成了重大挑战。因此，面对一系列的消防问题急需总结、提炼和规范化，其中和暖通相关的防烟排烟等设计也是很重要的一个环节。为此本工程项目组通过多次消防性能化论证及专家会议并与消防局、北京市消防总队、我院防火所及英特宜家业主等多方团队沟通、合作和反复论证及研究，一同对本项目和类型项目的宝贵经验、设计措施及消防管理问题，进行系统分析归纳和提炼，完成了《大型购物中心建筑消防设计与安全管理》一书，对消防设计、施工、消防安全检查管理有很大的参考价值。

在本工程开业运行中冬季出现入口区域偏冷的情况，经过回访并通过实测分析发现风量平衡失调严重，某些餐饮租户为了节省运行费用，排油烟时未开启补风机而是通过负压作用直接从临近餐厅吸取空气来补风，严重破坏了原设计风量的平衡，不仅造成空气环境在一些区域恶化（如冬季入口区域），同时在空调季为加热或冷却这些侵入和渗入的室外空气需要消耗额外的能量，造成不必要的能源浪费。对于餐饮租户的通风，设计要求补风机要和排油烟风机连锁开启，并对风机运行进行监测和物业监管，但实际工程中没有做到位，后经过部分整改已初步达到了较好的效果。

北京地铁 15 号线一期工程
马泉营车辆段①

- 建设地点　　　北京市
- 设计时间　　　2009 年 1 月～2010 年 12 月
- 竣工日期　　　2011 年 12 月
- 设计单位　　　北京城建设计发展集团股份
　　　　　　　　有限公司
- 主要设计人　　张宇明　张良焊　郭爱东等
- 本文执笔人　　张宇明
- 获奖等级　　　二等奖

作者简介:
　　张宇明,高级工程师,1999 年毕业于哈尔滨建筑大学供热通风与空调专业;工作单位:北京城建设计发展集团股份有限公司;参与过北京、天津、厦门、沈阳、济南、福州等十几个城市的几十条轨道交通线路场站及控制中心设计。

一、工程概况

　　马泉营车辆段位于望京北扩规划范围以北,地处朝阳区崔各庄乡。马泉营车辆段功能定位为架修段。为北京地铁 14/15 号线共用车辆段,车辆段用地规划为交通用地。车辆段用地西距香江北路站约 900m,南距来广营东路站 1300m。14 号线终点来广营站位于用地西南方向约 900m 处。马泉营车辆段由联合检修库、运用库、内燃机车库等主要生产设施组成。其他辅助生产设施由综合办公楼、设备维修车间、垃圾站、危险品库锅炉房水处理站与食堂等 10 多个单体建筑组成。车辆段总建筑面积为 174236.36（含 4520 地下）m²,建筑物最高点（综合楼）29.4m。其中道路占地面积为 86507m²,绿化占地面积 108600m²,绿地率 24.4%,容积率 0.4。

二、工程设计特点

1. 设计特点

　　地铁车辆基地的设计特点主要以满足地铁工艺检修、运营为出发,力求系统成熟、简单,便于维护,同时节能。

　　供热系统以自建燃气锅炉房为独立热源,散热器为主要供暖方式,优点是系统成熟,便于维护,舒适性好;部分机电房间采用电供暖,优点是此类房间均设置有架空地板,电器电缆较多,同时又有温度要求,所以电供暖的布置灵活能更好地满足要求;运用库、联合检修库属于高大空间供暖,为了克服热分层现象,采用了燃气辐射供暖,由于大库进出车频繁,燃气辐射供暖的即热特点很好地迎合了此类建筑供热的特点。

　　通风系统根据工艺要求,除了部分有特殊要求的场合（如内燃机车库、危险品库、蓄电池间等）采用了机械通风外,均以自然通风为主。这些特殊场合由于有柴油挥发物,甚至一些易燃易爆等危险品的存储,机械通风的方式更能快速排除有害物质的挥发,降低存储风险。排烟系统也尽可能采用自然的方式。

　　空调系统由于建筑物较多,且分散。大部分采用分体空调方式。但是综合楼、维修楼等人员较为集中,且各自工作时间和温湿度要求不同,选择了布置更为灵活的多联分体空调系统,此类系统便于设置、控制灵活,且无需设置独立的机房,满足轨道交通车辆基地的空调特点。且运营在实际应用中也可以根据需要编辑各种工况,且选择了变频压缩机的系统也有利于节能。

　　整个马泉营车辆段核算下来的建筑热指标为

$37.9 w/m^2$。符合当时的节能要求。空调的冷负荷指标在 $110 W/m^2$ 左右，也较为经济。

2. 节能创新点

在北京地铁高大空间车库首次采用了燃气辐射供暖，并在人员活动区域设置的温感启停探头，可根据人员活动区域的实际温度控制系统的启停，以达到进一步节能的目的。在大门口冷风侵入较多的位置设置了燃气辐射加强措施，以减少冷风侵入的影响。并率先在国内进行了工业建筑燃气辐射供暖的能耗实测研究，并取得了第一手的评价资料，并在暖通空调杂志上以论文的形式首次发表。

实测研究结论如下：

单位面积年耗热量对比：燃气辐射比热水采暖系统低 21.02%；

单位面积年耗气量对比：燃气辐射比热水采暖系统低 29.07%；

单位面积供热能源费用对比：燃气辐射比热水采暖系统低 31.28%。

注：上述节能效果均来自于我院自身科研实测结论，测试得到了北京建筑大学供热重点实验室的大力协助。

三、设计参数及冷热负荷指标

1. 流速设计标准
(1) 钢制风管最大排烟风速：$\leqslant 20 m/s$；
(2) 钢制风管 主风管风速：$5\sim8 m/s$；
(3) 支风管风速：$4\sim6 m/s$；
(4) 进风百叶风速：$3\sim4 m/s$。

2. 设计选型附加系数
(1) 风量流量 $K=1.10$；
(2) 风压扬程 $K=1.10\sim1.15$；
(3) 冷量热量 $K=1.10$；

3. 项目室外参数
(1) 供暖室外计算温度：$-7.5℃$，冬季通风计算温度 $-7.6℃$；
(2) 冬季室外风速 $2.7 m./s$，最大冻土深度 69cm；
(3) 夏季通风计算温度 $29.9℃$，夏季室外风速 $1.7 m/s$；
(4) 夏季空调室外计算干球温度 $33.9℃$，夏季空调室外计算湿球温度 $26.9℃$。

4. 项目室内参数（见表 1 和表 2）：

室内供暖设计参数　　　　　　　　表 1

房间名称	室内计算温度（℃）
运用库	10～12
生产车间	16
办公及会议	18
值班室	18
更衣室	18
厕所盥洗	16
泵房	10
材料库房	10

室内空调设计参数　　　　　　　　表 2

房间名称	夏季		冬季		新风量 $[m^3/(h\cdot人)]$
	温度（℃）	相对湿度（%）	温度（℃）	相对湿度（%）	
办公	26～27	≤65	18～20	≥30	30
司机公寓	26～27	≤65	18～20	≥30	30
会议室	26～27	≤65	18～20	≥30	40
活动	24～26	≤60	18	≥30	30
值班室	26～27	≤65	18～20	≥30	30
工区	26～27	≤65	16～20	≥30	20

5. 冷热负荷计算指标

建筑热负荷指标为 $37.9 W/m^2$。建筑冷负荷指标为 $110 W/m^2$。

四、冷热源及设备选择

1. 热源选择

马泉营车辆段热源选择自建燃气锅炉房，选择了 3 台 3.5MW 的燃气锅炉（二期预留 3.9MW）。选择自建燃气锅炉房而没有利用市政热源的原因是当时市政热源不能同期实施，且车辆段的部分功能冬季不能停热，且有工艺用热的需求，考虑到用热的特殊性且方便自主运行，所以选择了自建燃气锅炉房，在锅炉台数的选择上既考虑了远期扩建的预留，也考虑了供暖季分段开启和故障备用的因素。

2. 冷源选择

车辆段建筑较分散，每个建筑的供冷面积都不是很多，如果采用集中冷冻站的方式外网敷设较为浪费，且管网损耗也较大。从车辆段自身用冷特点出发，选择了布置灵活，节能并方便控制的多联分体空调系统的分散式冷源。

五、供热通风空调系统形式

1. 供热系统形式

外网选用的支状管网的直埋有补偿形式，过轨道处选择了全防水钢筋混凝土过轨地沟。

单体内部选择的传统散热器热水系统形式（异程或同程的单、双管系统），大空间选择了燃气辐射供暖系统。

2. 通风系统

主要以自然通风为主，部分人员房间选择了带热回收的新风换气机。

3. 空调系统

人员集中建筑选择多联分体空调系统；人员分散的单体建筑选择分体空调。

六、通风、防排烟及空调自控设计

通风防排烟系统的自动控制由 BAS（环境与设备监控系统）及 FAS（火灾自动报警系统）系统实现，多联分体空调系统自带集中控制器，用以系统内部自控，同时预留上传给 BAS 的系统的接口。

七、心得与体会

项目建成至今已经有 6 年之久，从运营情况来看，轨道交通领域地面建筑的暖通专业设计有几下几个特点：

（1）虽然不属于民用建筑，但是建设之初土建围护结构也均按照民建领域节能要求来执行的，所以建筑物能耗比普通工业建筑低。

（2）轨道交通领域高大空间停车库占比较大，此类建筑物的能耗决定了整个车辆基地能耗的高低，此类建筑从 2010 年后多采用了燃气辐射供暖和高大空间供暖机组一类的高大空间供暖系统，从而有效降低了散热器热水供暖的热分层现象，从而达到了工业建筑节能的目的。

针对高大空间供暖技术与传统散热器热水供暖系统的科学研究一直在稳步推进，前期的一些实测数据显示，高大空间节能采暖技术的应用，

（3）轨道交通领域的高大空间停车库由于大门较多，且开启频繁。然而从实际运营来看，大门的冷风侵入占热负荷的比重考虑不足，个别项目由于受出入段线方向的制约，大库大门冬季朝向主导风向，造成了冷风侵入的增加，所以此类停车库的一个设计重点是如何有效降低大门的冷风侵入。近些年一些大门空气幕的应用是个不错的选择。

（4）近些年随着土地节约利用，从而催生出的地铁车辆基地上盖开发越来越多，盖下空间的通风空调措施越发得到重视，问题也突显出来。如何在保证盖下通风空调环境的基础上，又实现节能运行，是未来需要重点解决的问题。令人欣喜的是近两年一些具有轨道交通特点的通风空调系统得以实验应用，从而找到了解决的方向和方法。

南京地铁 3 号线一期工程①

- 建设地点　　南京市
- 设计时间　　2010 年 1 月～2015 年 1 月
- 竣工日期　　2015 年 4 月
- 设计单位　　北京城建设计发展集团股份
　　　　　　　有限公司
- 主要设计人　许　巍　周良奎
- 本文执笔人　许　巍
- 获奖等级　　二等奖

作者简介：
　　许巍，高级工程师，2000 年毕业于扬州大单供热通风及空调工程专业；工作单位：北京城建设计发展集团股份有限公司；代表作品：南京 2、3、5、S8 号线等多条地铁线路环控系统设计

一、工程概况

　　南京地铁 3 号线是南京轨道交通线网中一条南北走向的骨干线路，线路自北向南依次贯穿南京市"一城三区"重点规划发展地区。北段服务跨江客流，南段为沟通南京南高铁站、东山新市区与主城间的客流走廊。线路全长为 44.9km，全线设地下站 28 座、高架站 1 座、车辆段停车场各 1 座、主变电站 2 座、南京南控制中心 1 座以及 5 座区间事故风机房。

　　南京地铁 3 号线通风空调系统设计范围为各地下车站、地下区间隧道、折返线、出入段线、联络线等车站配线隧道通风空调系统设计及总体技术管理。

　　南京地铁 3 号线通风空调系统由以下四部分组成：车站站厅和站台公共区空调、通风兼防排烟系统；区间隧道正常通风及事故通风系统；车站设备管理用房空调、通风兼防排烟系统；空调水系统。全线工程总投资为 297.68 亿元，其中通风空调系统投资约为 3.33 亿元。

　　本工程于 2015 年 4 月 1 日开通试运营。

地铁线路图

---

① 　编者注：该工程设计主要图纸参见随书光盘。

二、工程设计特点

在总结国内外轨道交通建设经验的基础上，结合当时技术发展方向，贯彻南京地铁"公众地铁、绿色地铁、安全地铁、经营地铁"设计理念。南京地铁 3 号线工程暖通空调系统设计，在满足系统功能要求、降低系统运行能耗及设备、土建初投资、方便系统运行管理方面做了大量创新工作。

（1）本工程经过专题比选研究，确定采用集成闭式空调系统。集成闭式系统采用集成理念，将车站公共区通风空调系统设备与区间隧道通风系统设备利用变频技术集成设置，并且将通风空调设备设置于土建风道内，大大简化了系统，降低系统的机房占用空间，节省土建造价。集成闭式系统的车站送、排风机均采用变频控制。一方面，满足不同通风工况的不同通风参数要求；另一方面，根据季节、时段进行对通风空调系统进行全过程、精细化、智能化控制。集成闭式系统的车站送、排风机在事故工况下——包括车站排烟工况、区间隧道火灾及阻塞工况，兼作事故风机。

（2）南京地铁 3 号线穿越南京主城区，主城区内规划成熟，地铁风亭的建设存在很大的拆迁量和协调难度。针对此问题，经过专项分析，取消集成闭式系统活塞风道设置，将普通车站的风亭数量从 4 组降至 2 组，同时采取加大迂回风道面积、调整过渡季系统运行模式等措施抵消取消活塞风道的影响，通过该措施，大大降低了通风系统外部设施引发的拆迁量和协调难度，很好地推进了工程的顺利开展。

（3）南京地铁 3 号线是南京第一批穿越长江线路，过江段区间总长度约 3.2km。由于无法按照常规方式设置区间事故风机房，因此对越江区间的通风排烟系统进行了性能化专题研究。通过对越江段工程综合分析，区间结构选定单洞双线大直径盾构的方式敷设，同时盾构区间顶部设置土建排烟风道（见图 1）。越江区间专用事故风机分别设置于区间两端车站内。通过越江区间性能化研究 CFD 分析成果，确定了越江区间通风排烟系统采用纵向排烟模式，并确定了越江区间事故排烟口设置间距、事故风机容量等相关设计参数。

 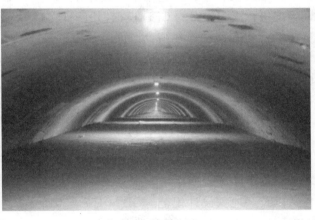

图 1　越江段通风系统

注：南京地铁 3 号线工程在国内首次采用单洞双线大直径盾构技术修建地铁过江隧道，区间隧道内径为 ϕ10.2m；左图为越江段区间断面示意图，盾构区间上部为区间排烟风道，风道断面积 15m^2；右图为越江段区间上部排烟风道内部现场照片。

国内地铁越江线路多为与公路隧道合建方式，没有地铁独立过江线路的区间通风排烟系统工程，因此南京地铁 3 号线的越江通风排烟系统填补了国内越江线路通风排烟系统的空白，为今后地铁越江线路通风排烟系统的设计提供了较好的思路与参考。

（4）南京地铁 3 号线是贯穿南京主城的一条南北走向主干线，线路穿越区域规划成熟，全线共设置换乘站 11 座，因此车站设计因地制宜，站型多种多样，全线除了标准地下 2 层站外，还涉及地下 3 层、地下 4 层车站。在站型上，除了传统岛式车站，还涉及侧式车站、双岛四线车站、一岛一侧车站等。车站形式多样化以及换乘节点多对通风空调系统提出很高的要求，经过通风空调系统设计单位与工点设计单位共同协作，攻坚克难，最终设计出了多种不同类型的风道布置方式，较好地适应了车站的站型以及外部环境特点。

（5）在南京地铁 3 号线工程的设计过程中，大量采用了各种计算机仿真模拟计算手段解决工程实际问题。

采用地铁热环境模拟预测软件 STESS3.0 对地下区间隧道、车站的气流、远期温度进行全面的模拟预测，对列车阻塞及列车区间火灾等事故情况下的区间通风、排烟风速进行模拟计算。从而对通风空调系统方案进行验证，并为制定全线、全年节能运行方式提供科学依据。

为保证在列车区间阻塞条件下列车空调器能够正常运行，采用三维模拟软件 Phoenics 对列车区间阻塞情况下列车周边的空气温度进行模拟计算。

采用地铁热环境模拟预测软件 STESS3.0 和三维模拟软件 Phoenics 对地下车站加装 2.5m 高安全门对列车运行活塞换气量及车站、区间温度进行全面的模拟预测，为合理调整通风空调系统方案提供了有力的科学依据。

采用 FDS 软件对越江段区间在不同火灾工况、不同排烟风机容量、不同排烟口间距下烟气的流动情况进行了多方案的 CFD 模拟，追踪预测火灾气体的产生和移动，并结合区间隧道空间特性来计算火灾的增长和蔓延。从而模拟出各方案的危险来临时间，最终确定越江区间通风排烟系统设计参数。

三、设计参数及空调冷热负荷

本项目位于江苏省南京市，根据南京地区的气象参数以及《地铁设计规范》GB 50157—2013 要求，本项目室内、外设计参数选取如下：

（1）地下车站公共区及区间隧道室外空气计算参数

夏季空调室外计算干球温度：32.4℃，相对湿度：66%；

夏季通风室外计算干球温度：28℃；

冬季通风室外计算干球温度：2℃。

（2）地下车站室内设计参数

站厅夏季空调设计参数：干球温度不大于 30℃，相对湿度 40%～70%；

站台夏季空调设计参数：干球温度不大于 29℃，相对湿度 40%～70%；

站厅、站台冬季计算温度控制在 12～22℃ 之间。

（3）区间隧道内部设计参数

正常运行时，隧道内夏季最高温度≤35℃；

阻塞运行时，隧道内夏季最高温度≤40℃；

区间冬季设计参数：干球温度控制在 5～16℃ 之间。

本工程地下车站采用集成闭式系统形式，全线共设置地下车站 27 座（南京南站已实施）。由于地下车站外围护热散失较小，因此本项目地下车站仅考虑夏季供冷，结合客流预测结果，南京地铁 3 号线全线地下车站公共区设计总冷负荷为 48410kW，车站设备用房区设计总冷负荷为 11000kW，因此全线设计总冷负荷为 59410kW，平均设计冷负荷为 2200kW/站。

四、空调冷热源及设备选择

各地下车站采用分站供冷方式，各地下车站根据公共区冷负荷（简称大系统负荷）选择两台制冷能力相同的水冷螺杆式冷水机组，根据设备管理用房总冷负荷（简称小系统负荷）选择一台水冷冷水机组；对应于每台冷水机组设置一台冷冻水泵。大小系统单独设置，分别设有大小系统独立的分集水器，大小系统分、集水器分别采用连通管联通，以达到互为备用的目的。冷冻站集中设置在车站一端，位置尽可能靠近负荷中心，力求缩短冷冻水供/回水管长度。

空调冷冻水温度：供水 7℃，回水 12℃；冷却水温度：供水 32℃，回水 37℃。冷冻水系统采用一次泵系统，小系统空调机组设置电动两通阀，供回水干管或集水器和分水器间设置压差式旁通阀。冷冻水系统采用膨胀定压罐满足系统定压、补水需求。

五、空调系统形式

工程前期，通过系统制式专题比选，确定本工程地下车站采用集成闭式空调系统制式。车站两端分别设置一条送风道和一条排风道（兼作区间事故通风道）。每端的送风道内设置土建式大型表冷器（含挡水板及过滤器）、消声器、电动组合风阀和送风机（兼作区间事故风机）；每端排风道内设置消声器、电动组合风阀和排风机（兼作区间事故风机）。送、排风道均通过风阀与两条隧道连通。送风道内，在大型表冷器旁边设置旁通风阀，用于区间事故通风时增大送风道的流通面积。送、排风机均设有变频器，用于车站通风空调时变频为低速运行，区间事故运行时采用工频运行。

站厅公共区采用上送上回的送风方式，根据车站规模，一般采用两送一回或两送两回的布置形式，送、排风管均兼作排烟风管。站台层送风管布置于站台候车区域内，满足乘客候车区域舒适性要求；站台排风由列车顶排风和站台下排风组成；列车顶排风道布置在车行道上方，列车顶排风口与列车空调冷凝器的位置对应，便于对列车冷凝器散热的集中排放；站台下排风排风口与列车下发热位置对应，便于列车对列车刹车元件散热的集中排放。列车顶排风道兼作排烟风道。

六、越江段区间通风系统

南京地铁3号线是南京第一批越江线路，越江段区间总长度约3.2km。由于在江中无法按照常规方式设置区间事故风井，因此如何解决越江段灾害工况下的事故排烟是本工程通风系统的一个设计难点。经过对隧道形式多方案的比选，最终确定本段越江线路采用10.5m直径大盾构区间形式，这种盾构形式也是首次在国内地铁工程中采用。结合该种盾构形式，通风专业确定采用上部空间设置土建排烟道，并设置中隔墙，将上、

下行区间进行分隔，中隔墙上设置疏散平台，便于乘客通过侧门进行疏散。越江段盾构区间断面结构如图2所示。

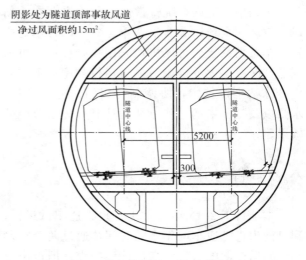

图2　越江段盾构区间断面结构

由于国内没有针对该种隧道形式的越江段工程先例，因此设计阶段针对整个越江段区间的防排烟以及防灾疏散方案进行消防性能化研究。消防性能化研究就区间事故风机的容量以及区间排烟口的设置进行了多方案的模拟比选，最终确定越江段区间两侧车站的专用事故风机利用盾构区间顶部土建风道进行排烟，排烟口间距900m，单台专用事故风机风量为90m³/s的设置方案。结合越江段区间通风排烟系统、疏散平台、加密区间联络门措施以及智能疏散指示系统等多种措施，确保越江段区间防灾疏散方案的可靠性（见图3）。

图3　区间事故通风系统

注：左图为车站通风机，采用变频控制，平进低速运行，灾害工况下工频运行，单机工频风量65m³/s；右图为过江段区间专用事故风机，在过江段两侧车站各设置1台，通过盾构顶风道对过江段区间进行排烟，单机风量90m³/s。

七、通风、防排烟及空调自控设计

本工程地下车站设有火灾自动报警系统（以

下简称"FAS"）以及环境与设备监控系统（以下简称"BAS"），通过BAS系统实现车站通风空调系统的日常运行，通过FAS以及BAS系统的协同运作，实现灾害工况下的通风空调防灾运行。

整个通风空调系统控制由中央控制（中央级），车站控制（车站级）和就地控制三级组成，就地控制具有优先权。

车站通风空调系统日常运行分为空调季小新风、空调季全新风和非空调季、冬季四种运行模式。车站大系统送排风机均采用变频控制，可根据公共区温湿度反馈调节风机运行频率；车站采用冷冻站集控技术，协调制冷机组、冷冻（却）水泵以及冷却塔的运作，从而达到风—水节能的效果。

八、心得与体会

本项目于 2015 年 4 月 1 日投入通车试运营，到目前为止已通车两年多的时间，通过两个空调季节的运行，项目整体满足设计要求，但也出现一些问题反馈，在此简述，以供同类工程参考：

（1）集成闭式系统利用土建风道布置空调处理设备，减小了车站的土建规模，但对土建风道施工工艺要求高，个别车站存在风道漏风情况，造成车站实际送风量偏小，个别车站站厅温度偏高的情况。针对此问题首先通过对风管风量的测量，了解到风道的漏风程度，对一些明显可见的孔洞缝隙进行封堵；然后调整通风空调系统运行模式，加大送入车站的空调风量。采取以上措施后，车站站厅温度明显下降。

（2）个别车站端部迂回风道设置偏小，列车活塞效应加大了车站出入口通道的进风效应，对站厅层局部热环境冲击较大，出入口部附近温度波动较大，影响整个车站的热环境舒适度。由于迂回风道已建成，在运营阶段无法进行相应调整，但是该问题的产生与车站送风量偏小存在一定的关系，经过模式调整后，车站站厅层送风量加大，同时形成一定的正压效应，在一定程度上抑制了出入口通道的活塞效应，降低了站厅层出入口部的整体问题，减小了站厅层出入口部的温度波动。

深圳北站综合交通枢纽工程①

- 建设地点　　深圳市
- 设计时间　　2008 年 6 月～2011 年 4 月
- 竣工日期　　2012 年 12 月
- 设计单位　　北京城建设计发展集团
　　　　　　　股份有限公司
- 主要设计人　邹亚平　郭温芳　王朝福
- 本文执笔人　邹亚平
- 获奖等级　　二等奖

作者简介：

邹亚平，高级工程师，2007 年毕业于天津大学供热供燃气通风与空调工程专业，工学硕士；就职于北京城建设计发展集团股份有限公司；主要设计作品：深圳轨道交通 4 号线二期工程、深圳北站综合交通枢纽工程、深圳轨道交通网络运营控制中心（NOCC）工程等。

一、工程概况

深圳北站位于深圳市龙华新区西南部，是深圳市最重要的陆上交通门户。深圳北站交通枢纽除了铁路车站之外还引入了城市轨道交通（轨道交通 4、5、6 号线）、常规公交、长途汽车、出租车以及社会车辆等多种交通方式，配以合理的物业开发建筑，深圳北站是一个大型的综合客运交通枢纽。

枢纽包含建筑、市政、轨道交通的"一体化、综合性"设计；包含东、西两个配套广场（含交通设施及上盖建筑）；市政配套工程（5 条道路，含路、桥、隧）；轨道交通工程（3 条线）。总用地面积约 68hm²，总建筑面积约 48 万 m²，总投资约 43.4 亿元。

通风空调专业根据枢纽功能形式及分布采用了不用形式的冷源方案，其中枢纽西广场根据投资及运营维护管理主体不同分别选用了常规冷水机组、风冷模块、变频多联机系统等。枢纽东广场及其配套的商业、上盖开发采用了冰蓄冷集中冷站的冷源方式。

枢纽通风空调系统总投资 1.67 亿元，枢纽东广场采用了冰蓄冷集中冷站作为冷源的空调系统，投资 1.17 亿元。

建筑外观图

二、工程设计特点

深圳北站综合交通枢纽通风空调主要设计特点：

（1）根据枢纽不同功能建筑单体及运营管理主体形式选用不同的冷源方式（见表 1），满足枢纽投入使用后不用运营管理部门的要求，实现各有关部门的独立使用要求。

不同运营管理主体对应的冷源形式　　表 1

序号	单体名称	运营（使用）主体	冷源方案	备注
1	派出所	公安局	变频多联机系统	西广场

---

① 编者注：该工程设计主要图纸参见随书光盘。

续表

序号	单体名称	运营（使用）主体	冷源方案	备注
2	E1 长途汽车站	交通局	风冷模块	西广场
3	A1 配套酒店	招商酒店	电制冷冷水机组	西广场
4	B1 枢纽管理中心	枢纽运营管理部门	电制冷冷水机组	西广场
5	东广场（含配套商业 C1、酒店 D1）	枢纽运营管理部门	冰蓄冷集中冷站	

（2）东广场冰蓄冷集中冷站，采用部分负荷蓄冰系统，制冷主机和蓄冰设备为串联方式，主机位于蓄冰设备上游，设计工况的供冷运行方式为主机优先模式，部分负荷时按融冰优先模式运行。

（3）末端设备采用大温差供水，利用双工况机组夜间制冰，末端系统采用5℃/13℃供回水方式，相比较常规 7℃/12℃ 的供回水形式能有效降低输送能耗，减小输送水管管径，同时末端风柜送风温差加大，减少空调末端及风管尺寸，降低枢纽土建造价。

（4）东广场冰蓄冷空调系统冷冻水采用一次泵变频系统，由于东广场末端功能区主要有轨道交通换乘厅、公交站场候车厅、出租车候车厅、枢纽配套商业及酒店等，因此冷冻水根据功能及布局采用分区供水，在保证系统水力平衡的同时也为运营维护提供便利。一次泵变频系统有效降低水系统输送能耗。

（5）末端公共区采用全空气一次回风变频系统，根据末端负荷变化情况调整组合式空调机组的频率，对应交通枢纽人员负荷变化较快的特点，为避免设备频繁调整，控制系统每半小时检查一次，实现节能与设备使用寿命的兼顾。

（6）冷却塔设置于轨道交通4、6号线高架桥下方，充分利用空间，提高土地利用率（见图1）。

（7）根据枢纽建筑布局，在结合整体分区合理的基础上采用动态平衡电动调节阀等措施，将平衡阀与调节阀功能合并设置，减少运营维护成本。

（8）冰蓄冷系统采用模糊控制理论，运营初期根据设定的蓄冷放冷策略进行，并同时记录外部负荷变化情况，一个完整供冷季为一周期。下一个供冷季的蓄冷放冷策略即采用上一供冷季的负荷作为运行策略输入进行修正，循环往复，使运行策略达到最佳。

（9）冰蓄冷系统设置专用变电所，降低变压器装机容量，在过渡季节可以停止运行以降低运营费用并利用该段时间进行维护以延长设备使用寿命。

图1　冷却塔

三、设计参数及空调冷负荷

1. 室外设计参数

夏季大气压：1005.60kPa；夏季空调室外计算干球温度：33℃；

夏季空调日平均：30.00℃；夏季空调室外计算湿球温度：27.9℃；

夏季通风室外计算温度：31.00℃。

2. 室内设计标准（见表2）

室内设计参数　　　　表2

房间名称	室内设计标准			换气次数（h⁻¹）	处理方式	备注
	温度	相对湿度	新风量 [m³/(h·p)]			
轨道换乘厅	28℃	50%±10%	12.6	70%新风量	空调处理机	
公交候车区	28℃	50%±10%	20	70%新风量	空调处理机	
商业区	27℃	50%±10%	20	70%新风量	空调处理机	
管理用房	25℃	50%±10%	30	—	风机盘管＋新风处理机	

3. 根据建筑专业提供的设计图纸，各用冷末端经计算汇总结果为：

（1）设计日峰值冷负荷（14：00）：21671kW；

（2）夜间峰值冷负荷：1250kW；

（3）设计日总冷负荷：267511kW·h；

（4）设计日总蓄冰冷负荷：70023kW·h；

（5）设计日逐时冷负荷见表3。

设计日逐时冷负荷　　　表3

时间	冷负荷 （kW）	时间	冷负荷 （kW）	时间	冷负荷 （kW）
1：00	1250	9：00	17105	17：00	19338
2：00	1250	10：00	18455	18：00	19222
3：00	1250	11：00	19218	19：00	19331
4：00	1250	12：00	19545	20：00	18788
5：00	1250	13：00	20547	21：00	7284
6：00	1250	14：00	21671	22：00	6162
7：00	1250	15：00	20389	23：00	1250
8：00	14952	16：00	19205	0：00	1250

四、空调冷源及设备选择

深圳北站综合交通枢纽建筑体量较大，空调冷负荷装机容量大，由于深圳地区有峰谷电价政策，结合交通枢纽负荷白天高、晚上低的特性，采用冰蓄冷形式作为空调冷源，以降低装机容量并节约运营费用。

1. 系统模式

本工程采用分量蓄冰冰蓄冷系统，制冷主机和蓄冰设备为串联方式，主机位于蓄冰设备上游。系统可按以下五种模式运行：主机制冰、主机制冰同时供冷、制冷机供冷、融冰供冷、制冷机与融冰联合供冷。设置了一台基载主机。

2. 水温设计

在设计工况下，冰蓄冷系统供冷时，进出冷水机组的乙二醇溶液温度12℃/7℃，进出蓄冰槽的乙二醇溶液温度7℃/3.5℃，进出板式换热器的乙二醇溶液温度3.5℃/12℃，进出板式换热器的空调冷冻水温度为5℃/13℃，用于空调末端大温差供回水。

3. 设备设置

冷水机组与乙二醇泵、冷却水泵一对一匹配设置，各设置一台备用，乙二醇泵工频运行。冷冻水采用一次泵变频系统，根据建筑的使用功能和位置通过分、集水器干管进行分区，分、集水器之间安装压差控制器和旁通管进行调节。

4. 空调系统末端设计方案

（1）风机盘管：进出水温度为5℃/13℃；末端设置动态平衡电动二通阀，根据室内温度调整水量，最终通过供回水压差变频调节冷冻水泵。

（2）空调机组：进出水温度为5℃/13℃，末端设置动态平衡电动二通阀，根据室内温度调整水量，最终通过供回水压差变频调节冷冻水泵。但对于新风量小于60%送风量的空调机组，则采用变频调节，根据室内温度，首先调节水量，当末端的阀门达到设定的最小值时（同时水泵通过供回水压差变频调节冷冻水泵水量）。再通过风机变频控制调节风量，由于风机功率越大，风机的温升越高，设计中空调系统要合理划分，避免系统过大。

5. 主要设备选型结果

（1）基载主机：选用一台冷水机组，制冷量1934kW，冷冻水温度为5℃/13℃，冷冻水流量为208m³/h，冷却水温度为32℃/37℃，流量为396m³/h。

（2）双工况主机：选用4台冷水机组，制冷工况制冷量3165kW；制冰工况制冷量2265kW；乙二醇流量为586m³/h，冷却水流量为651m³/h。

（3）蓄冰设备：总蓄冰冷负荷为70023kWh。每平方米预留重量5000kg，蓄冰设备总面积约300m²。

（4）板式换热器：选用4台换热器，单台换热量5185kW。一次侧乙二醇温度3.5℃/12℃，二次侧水温度5℃/13℃。

（5）乙二醇泵：选用5台，其中一台备用，单台流量为577m³/h，扬程为40m H₂O。

（6）冷冻水泵

1）冷冻水一次泵：选用5台水泵，单台流量为598m³/h，扬程为35m H₂O，采用变频控制。

2）基载冷冻水泵：选用2台水泵，单台流量为229m³/h，扬程为35m H₂O，采用变频控制。

（7）冷却水泵

1）双工况主机冷却水泵：选用5台水泵，单台流量为723m³/h，扬程为35m H₂O。

2）基载冷却水泵：选用2台水泵，一台备用，单台流量为442m³/h，扬程为30m H₂O。

（8）冷却塔

选用4台超低噪声横流式方形玻璃钢冷却塔，处理水量900m³/h，功率为7.5×4kW。

选用1台超低噪声横流式方形玻璃钢冷却塔，处理水量540m³/h，功率为11×2kW。

（9）补水定压

1）乙二醇系统：采用隔膜式定压罐定压方式，乙二醇溶液储存在开式水箱内，通过压力传感器设定值控制启动乙二醇补充泵向系统及定压罐补充乙二醇。乙二醇补充泵两台，一台备用，功率0.75kW。乙二醇定压系统设置旁通安全阀及电动阀，在系统压力上升过快是通过压力传感器设定值控制系统安全泄压。

2）冷冻水系统：采用开式膨胀水箱定压方式，通过浮球阀启动补水。

五、空调系统形式

深圳北综合交通枢纽空调系统采用全空气和空气-水系统组成，其中换乘大厅、公交候车厅、商业区采用全空气系统，配套管理用房采用风机盘管的空气-水系统。

六、通风、防排烟及空调自控设计

1. 自控设计

（1）自控系统构成：集中冷站机房自控采用可编程控制器（PLC系统），实现集中管理分散控制的目标，系统由中央控制单元和就地控制单元两部分组成。

（2）自控系统接口：集中冷站机房自控系统作为楼宇自控系统的一个子系统，为综合监控提供接口，该接口符合TCP/IP通信协议，使综合监控系统无需附加设备就能接纳本系统。冰蓄冷制冷机房自控系统为消防系统预留一路开关量输入信号，供消防系统在发生火警时通知自控系统启动紧急停车程序。

（3）自控系统控制概述：集中冷站机房自控系统通过检测及自动控制装置进行各种运行工况优化控制，解决各种工况的转换操作，蓄冷系统供冷温度和空调供水温度的控制以及双工况主机和蓄冷装置供冷负荷的合理分配。各运行模式转换由中央控制单元程序控制，并有人工干预界面。部分负荷蓄冰系统运行工况比较复杂，对控制系统的要求相对较高，除了保证各运行工况间的相互转换及冷冻水、乙二醇的供回水温度控制外，还应解决主机和蓄冰设备间的供冷负荷分配问题。本工程采用优化控制（智能控制）系统，根据测

定的气象条件及负荷侧回水温度、流量，通过计算预测全天逐时负荷，然后制定主机和蓄冰设备的逐时负荷分配（运行控制）情况，合理制定运行工况，最大限度地发挥蓄冰设备融冰供冷量，保证整个系统经济合理运行，以达到节约电费的目的。

集中冷站机房自控系统应能实现以下运行工况的控制：

1）主机制冰工况；

2）主机制冰同时供冷工况；

3）主机单独供冷工况；

4）蓄冰设备单独供冷工况；

5）主机和蓄冰设备同时供冷工况；

6）系统关闭工况。

（4）自控系统主要的控制对象及参数说明

1）冷冻水系统的供水温度由调节通过板式换热器的乙二醇溶液流量来维持恒定；冷冻水系统的工作压力是采用膨胀水箱的定压及补水来维持；冷冻水系统的供回水压差由是通过变频调节冷冻水泵流量来保持恒定。

2）乙二醇溶液系统的供液温度和工作压力：供液温度稳定在3.5℃是通过融冰时，比例调节蓄冰装置旁通调节阀；主机制冷时，主机出水温度设定。工作压力是采用定压罐的定压及补液泵补液来稳定。

3）蓄冰装置的蓄冰量和融冰量：利用蓄冰装置的液位信号来检测，并利用蓄冰装置供回水的冷量计算来辅助检测。

4）制冷机：出水温度即冷机出水温度和冰槽进水温度，按照运行模式的不同，程序将采用不同的设定值。联合供冷时视主机优先或融冰优先而不同，由制冷机本身的控制器执行。

制冰时为−5.6℃；主机优先时按最低温度设定为3.5℃；冷机卸载与台数控制，一般发生在融冰优先方式，负荷降低时，冷机进水温度降低，冷机自动卸载而进行台数控制。

主机制冰时，为保证运行效率最高，一般不进行容量控制，但可以进行台数控制。

主机制冰停机除受蓄冰装置的液位控制和冷量计算辅助控制外，还应受进出水温度低于预定值和蓄冰时间控制。

5）水泵：冷冻水一次泵根据供回水压差信号进行变频调节；乙二醇泵各个工况均工频运行。

6）制冷机房内所有设备启停控制顺序：先开启冷冻水电动阀及冷冻水泵，再开启冷却水电动阀及冷却水泵，然后开启冷却塔风机，最后开启冷水机组（冬季运行最后开启冷却塔）。停机顺序反之。

（5）机房自控系统与末端控制的相互关系

1）风机盘管、新风机组：进/出水温度为5℃/13℃；末端设置动态平衡电动两通阀，根据室内温度调整水量，最终通过供回水压差变频调节冷冻水二次泵。

2）空调机组：采用定风量系统，末端设置动态平衡电动两通阀，根据室内温度调整水量，最终通过供回水压差变频调节冷冻水泵。

2. 通风设计

高低压配电房、控制室、开闭所、发电机房、储油间设事故通风，换气次数不小于12次/人。

需设置空调的房间设置舒适性通风空调系统。不需设空调的房间，自然通风能达到要求的采用自然通风，自然通风达不到要求时设机械通风。

出租场站候车区考虑人员舒适性，采用直接向候车区送新风措施，新风换气次数不小于10次/h。

3. 防排烟设计

当某个防火分区发生火灾时，进入紧急模式，现场手动或远程开启该处防火分区相应的消防设备，其他非消防设备均制停，其他相邻防火分区消防设备待启动，非消防设备均制停。当温度超过280℃时，排烟风机入口处防火阀联锁风机关闭。

七、心得与体会

如前所述，深圳北站综合交通枢纽工程冰蓄冷空调系统设备，在满足系统功能要求、降低系统运行能耗及设备、土建初投资、方便系统运行管理方面具有明显的优点。

（1）根据负荷特性，结合深圳当地的阶梯电价政策，采用冰蓄冷技术，最大限度发挥该系统的社会经济效益和节约运营费用的特点。

（2）末端采用5℃～13℃大温差技术，减小设备选型，减少机房及管路尺寸，节约了土建造价。

（3）冷冻水一次泵变频系统与末端风柜采用变频控制，根据负荷的大小，明确先风后水的自动控制策略，节约运行能耗。

（4）夜间小负荷采用螺杆式基载主机，使系统蓄冰与对外供冷同时进行，夜间运行稳定可靠。

（5）公交车候车厅采用全封闭隔离岛形式布局，对候车区域突破传统采用空调系统，提高枢纽服务水平，取得广泛好评。

（6）根据以往供冷季对负荷进行预测，应用模糊控制理论的蓄冷放冷策略最大程度优化运行模式，取得了较好的经济效益。

钓鱼台国宾馆国际会议中心（芳华苑）

- 建设地点　　北京市
- 设计时间　　2009 年 9 月～2013 年 6 月
- 竣工日期　　2013 年 12 月
- 设计单位　　北京市建筑设计研究院有限公司
- 主要设计人　张铁辉　牛满坡　林　伟　贾洪涛
  　　　　　　张亦凝　王鲁鹏　张辰公
- 本文执笔人　张铁辉　牛满坡
- 获奖等级　　二等奖

作者简介：

张铁辉，教授级高级工程师，1986 年毕业于北京建筑大学；现任北京市建筑研究院有限公司副总工程师；代表作品：凤凰中心、全国人大机关办公楼、中国尊大厦、北京电视中心、人民大会堂改扩建工程、天津天辰大厦、深圳中洲控股中心等。

一、工程概况

　　钓鱼台会议中心即"钓鱼台芳华苑"，是一个古典宁静、温文尔雅的会议中心，设计力图用现代建筑语言去呈现中国古典建筑的典雅之美。项目位于钓鱼台国宾馆用地范围内，是钓鱼台国宾馆内规模最大、最为重要的会议中心。芳华苑位于钓鱼台湖畔，可见湖水清澈，草地芬菲，古建绰约，绿树葱郁，拥有集历史人文和优美景观于一体的绝佳环境。西侧是古建区，内有园内最高级别的接待古建筑养源斋等，西北是钓鱼台十二号总统楼，北侧是丹若园的中式园林。东侧院墙外是北京著名的银杏林。工程占地 1.9hm²，总建筑面积 2.28 万 m²，地上 2 层，地下 2 层；包括一个 1600m² 的宴会厅和一个 1200m² 的大会议厅，多个中小型会议室及其他配套服务设施；地下层设配套厨房及停车库等。建筑高度 23.65m，容积率 0.63。

　　项目提出了"当代中式建筑"的理念：采用当代的建筑理念、建筑材料、建造工艺，充分满足符合当代的使用功能，体现古典氛围，创造全新的中国建筑文化意境。

　　芳华苑的设计解决城市限高与建筑高大空间的矛盾问题，注重建筑与城市的关系、建筑与古建区的关系，并用当代中式设计理念解决与周边古建筑视线与尺度协调的问题。

　　设计关注古木及绿化，用技术方式满足政府型会议中心的特殊需求并保护了场地内绝大多数胸径 20 以上的大树和古树。

　　室内外整体设计，满足了室内外空间的呼应性和整体性。

　　设计全程关注环保节能，使得绿色环保概念与建筑造型完美结合。

　　设计注重材料的选择，用当代的材料表达古典的意境，在表达高贵典雅的同时，满足坚固耐用的实际需求。

　　作为国家级的重点工程，芳华苑地下室有高级别的人防工程，设计付出了极大的努力来节约造价并解决人防空间安全与机电管线使用空间的矛盾。

　　流线设计中，注重空间的礼仪性和序列感，通过精心规划，使 VIP 流线与公众流线相对独立且互不干扰。

　　采用 BIM 技术，对建筑造型及细节设计进行多轮推敲，对室内管线及建筑构件进行综合设计，最大限度保证设计的完善和施工过程的准确高效。

二、工程设计特点

本项目作为国家级的重点工程，是钓鱼台国宾馆内规模最大、最为重要的会议中心，建筑功能多样，在设计中遵循安全可靠，先进适用，体现节能环保、可持续发展的设计理念。暖通专业设计主要特点如下：

（1）为使地上建筑面积得到充分利用、减少噪声及振动的影响，同时，考虑维修和管理，为大宴会厅、大报告厅、大报告厅序厅、VIP休息室等重要房间服务的空调（新风）机房均在地下室集中设置，通过竖向管井将空调风送至各空调区域。

（2）空调机组与空调区域采取相对独立的设置方式，可实现区域控制、调节方便、节能运行；可实现控制噪声，减少串声问题；可实现全新风运行，解决特殊情况下系统安全运行的问题。

（3）宴会厅和报告厅空调系统采用2台空调机组并联设计，空调机组相互备用，最大限度地保证了系统的安全可靠性。

（4）空调机组和部分排风机设有变频调速装置，可根据需求变风量运行，节省风机能耗。

（5）空调机组除设置粗效和中效过滤段外，还设置了水洗空气段和静电除尘段，通过多级净化空气，提高室内空气品质。

（6）宴会厅和报告厅采用特殊的装饰风口，利用 ANSYS Fluent 软件进行 CFD 模拟计算分析，以确定宴会厅和报告厅合理的气流组织形式，提高通风效率，减少供冷量和送风量，降低运行费用。

（7）大报告厅可根据需要灵活分割、分室使用，空调风系统采用特殊的管路设计实现分室使用，节省投资和占地，节省空调能耗。

（8）利用室外新风免费供冷，节省空调能耗。

（9）新风机组内设全热回收装置，回收排风中的能量，节省空调能耗。

（10）宴会序厅（中庭）等高大空间采用分层空调，提高通风效率，减少供冷量和送风量。

（11）宴会序厅（中庭）、宴会厅、报告厅等高大空间地面设有低温地板辐射供暖系统，作为辅助和值班供暖，减小温度梯度，节省能耗。

（12）冬季采用空调和供暖系统联合供暖，可提高供暖的安全可靠性，实现灵活运行、节省能耗。

（13）为满足本楼在设计初期设定的较高噪声设计标准，新风以及全空气空调系统均采用特殊的消声风管、风机盘管系统也均采用了特殊的消声风管及消声弯头，取得了很好的消声效果。

（14）除消声风管外，空调系统还同时设置了消声器，结合消声风管消除各种频率下的噪声；部分普通通风系统（如公共卫生间排风管道）也设置了消声器，满足室内外环境对噪声的要求。

（15）空调机组、新风机组及风机盘管空调水系统均采用四管制，可根据需要随时供冷或者供暖。

（16）空调冷热水分设循环泵，空调冷水由馆内集中制冷站的冷机及冷冻水泵提供，本楼内不再单独设置冷冻水泵；空调热水及供暖热水一次水由馆内的一次热网提供，在本楼内设置换热站，空调及供暖二次热水循环泵设置在楼内，均采用变频调速泵，根据最不利环路的供回水压差控制变频泵的转速。

（17）空调机组、新风机组水路电动阀采用动态平衡电动调节阀；风机盘管水路电动阀采用动态平衡电动两通阀自动调节管网水力平衡。

（18）地板辐射供暖系统采用无线远传温控器和电动温控阀，散热器采用温控阀自动调节室温。

（19）厨房废气经灶具油烟净化器及屋顶高效高能离子油烟净化器两级处理后排至室外，排放浓度达到《餐饮业油烟排放标准》的相关要求。

（20）采用 BIM 技术进行机房和管线排布，不仅解决了空间狭小、管线复杂的设备机房布置问题，而且通过检查碰撞、核对标高等步骤检验并指导室内公共区域管线进行综合排布，最大限度地保证设计的完善和施工过程的准确高效。

三、设计参数及空调冷热负荷

1. 室外计算参数（见表1）

室外计算参数　　　　　　　　表1

室外计算参数	夏季	冬季
空气调节室外计算干球温度（℃）	33.2	−12
空气调节室外计算湿球温度（℃）	26.4	—
空气调节室外计算相对湿度（%）	—	45
通风室外计算干球温度（℃）	30	−5
供暖室外计算干球温度（℃）	—	−9

2. 主要室内房间设计参数（见表2）

室内设计参数   表2

房间名称	夏季		冬季		新风量 [m³/(h·p)]	排风量或小时换气次数	噪声标准 (NR)	备注
	温度（℃）	相对湿度（%）	温度（℃）	相对湿度（%）				
宴会厅	22	≤60	24	≥40	30	—	30	
报告厅	22	≤60	24	≥40	30	—	30	
宴会序厅	22	≤60	24	≥30	20	—	35	
贵宾休息	20	≤60	24	≥30	100	—	35	
多功能吧	22	≤60	24	≥30	20	—	35	
序厅	22	≤60	24	≥30	20	—	35	
化妆室	22	≤60	24	≥30	30	—	35	
会议室	22	≤60	24	≥30	30	—	35	
办公室、值班室、司机休息室	23	≤60	23	≥30	30	—	40	
弱电机房	25	≤60	20	≥30	30	—	40	
公共卫生间	24	—	20	—	—	10h⁻¹	—	进风：负压吸入
公共厨房	25	—	18	—	—	按照厨房顾问提供的排风量	—	按照厨房顾问提供的排风量
地下汽车库	—	—	—	—	—	6h⁻¹	—	送风：5h⁻¹
污水泵房、污水处理间	≤32	—	5	—	—	12h⁻¹	—	进风：负压吸入
变配电室	≤37	—	≥5	—	—	按发热量计	—	

3. 冷热负荷指标（见表3）

冷担负荷指标   表3

建筑面积（m²）	夏季总冷负荷（kW）	夏季冷负荷指标（W/m²）	冬季总热负荷（kW）	冬季热负荷指标（W/m²）
22800	3828	167.9	3763	165

四、空调冷热源及设备选择

本工程空调总冷负荷为3828kW。结合工程的使用性质、建筑功能和布局、现有条件等因素，空调冷源由馆内现有冷冻机房提供。由综合管廊引入一对DN300冷冻水管道作为冷源，冷冻水供/回水温度为7℃/12℃。

本工程空调通风总热负荷为3763kW，热源由馆内换热中心提供的空调供暖一次热水提供。热力站设在地下二层南侧。由室外综合管廊引入一对DN250一次热水管道作为一次热源（供/回水温度80℃/60℃，供/回水压差0.1MPa），并在热力站内分为三个支路。其中一路供应设在热力站内的空调通风热水热交换器，通过板式热交换器和空调热水循环泵，供应60℃/50℃空调通风用热水。另外两路分别供应供暖热水热交换器和生活热水热交换器。

五、空调系统形式

本工程的空调系统主要有以下形式：

1. 一次回风全空气系统

设置区域：大宴会厅、宴会序厅、大报告厅、序厅、多功能吧。

为使地上建筑面积得到充分利用、减少噪声和振动的影响，同时，便于维修和管理，大型空调机房均在地下室集中设置，通过竖管将空调风送至地上各服务区域。各区域空调系统独立设置，采用空调机组与服务区域一一对应方式，可实现区域控制、调节方便、节能运行；可实现控制噪声，减少串声问题；可实现全新风运行，解决特殊情况下系统安全运行的问题。宴会厅和报告厅空调系统采用2台空调机组并联设计，提高系统可靠性。空调机组内设送风机和冷、热水盘管；在新、回风管上设电动比例调节阀；在空调水管上设电动水阀。送风机设置变频器，可根据需要，通过改变风机转速来实现机组送风量的调节。

2. 风机盘管加新风系统＋排风系统

设置区域：化妆室、贵宾休息、办公室、会议室、司机休息、值班、商务中心。

空调系统由新风机组和风机盘管组成。新风机组内设送风机、排风机和冷热水盘管；内设全热回收装置，回收排风能量；在空调水管上设电动水阀。夏季新风处理到与室内等湿，冬季新风处理到室内状态点。在夏季和冬季，开启电动水阀，全热回收装置运行；在过渡季，关闭电动水阀，全热回收装置停止运行。

3. 其他空调通风系统

变配电室采用循环风降温＋通风系统。系统由循环风空调机组和送、排风机组成。空调机组内设送风机和冷水盘管；在空调水管上设电动水阀。当开启送、排风机可满足室温要求时，空调机组停止运行，充分利用室外新风免费供冷；当仅开启送、排风机不能满足室温要求时，空调机组运行，与通风系统联合供冷，电动水阀开启。

弱电机房、消防控制室、音像控制室、报告厅附属机房等电气用房（全天值守）采用单独冷、热源的分体式空调机组加新风系统。新风机组内设送风机和冷、热水盘管；在空调水管上设电动水阀。

厨房采用直流式通风空调系统＋散热器供暖。厨房设置炉灶排油烟和房间全面通风排风机，补风由新风机组送入，总补风量小于排风量，使房间形成负压。新风机组内设送风机和冷、热水盘管；在空调水管上设电动水阀。新风机组与排风机对应设置并联锁启停。

六、通风、防排烟及空调自控设计

1. 通风系统的主要设置区域

热力站采用机械通风系统，送风机与排风机联锁启停。机房内设温控装置，并与送风机联锁，当冬季室内温度达到5℃时，送风机停止运行。

汽车库采用机械通风系统，设有送、排风机。送风机与排风机联锁启停。汽车库排风量为$6h^{-1}$，送风量为$5h^{-1}$，车库保持负压，避免汽车尾气外溢。汽车库通风系统与排烟系统合用。

卫生间、垃圾间、污水泵房、库房等房间设置排风系统，将污浊空气排向室外，补风由走道等处负压吸入。

厨房设有事故通风，通风量在正常工作时为$6h^{-1}$，在事故通风时为$12h^{-1}$，在燃气设备不工作时为$3h^{-1}$。事故通风机、风管、风口与厨房全面通风合用，风机采用防爆风机。厨房的灶具排风量依据厨房顾问的方案确定。

在燃气表间设有事故通风系统，通风量在正常工作时为$6h^{-1}$，事故通风时均为$12h^{-1}$。

2. 防排烟系统的主要设置区域

满足自然排烟条件的场所采用可开启外窗进行自然排烟。

不满足自然排烟条件的楼梯间设置机械加压送风，并且仅在楼梯间设置常开加压送风口，楼梯间不单独送风。

设置排烟系统的主要场所有大宴会厅、大报告厅、宴会序厅、地下汽车库、长度超过20m的内走道、面积超过$50m^2$且经常有人停留或可燃物较多地下房间、经常有人停留或可燃物较多且面积超过$300m^2$的地上房间和无法满足自然排烟要求的房间。

车库排烟和补风系统按防烟分区设置，排烟/补风量按$6/5h^{-1}$换气设计。排烟与平时排风合用风机，分别设置风道。

3. 空调自控的主要设计原则

风机盘管采用风机就地手动控制、盘管水路两通阀就地自动控制；

机电一体化设备由机组所带自控设备控制，集中监控系统进行设备群控和主要运行状态的监测；

热力站内设备在机房内集中监控，但主要设备的监测纳入楼宇自动化管理系统控制中心；

其余暖通空调动力系统采用集中自动监控，纳入楼宇自动化管理系统；

采用集中控制的设备和自控阀均要求就地手动和控制室自动控制，控制室能够监测手动/自动控制状态。

4. 防排烟和气体灭火房间通风系统自控的主要设计原则

加压送风系统由火灾探测报警系统和中控室控制加压送风机启动；楼梯间压力控制加压送风机旁通风阀的开闭。

排烟系统的常闭排烟口和排烟阀就地手动开启和由火灾探测报警系统和中控室控制开启，并联锁开启排烟风机及该防火分区内的排烟补风阀；排烟补风机与排烟风机联锁开闭；火灾探测报警系统和中控室控制平时通风与排烟或补风合用系统的设备、风阀动作，转换至火灾控制状态。

气体灭火房间风阀关闭由火灾探测报警系统和中控室控制，火灾后中控室或防护区外手动打开排风道电动风阀和排风机。

七、心得与体会

芳华苑于 2013 年 12 月竣工，至今已运行三年多时间。在运行期间，本专业各系统运行效果很好，各项空调室内参数均达到了设计和甲方提出的要求，圆满地完成了各项重大活动室内环境的保障任务。

神华技术创新基地①

- 建设地点　　　北京市
- 设计时间　　　2009 年 3 月～2010 年 7 月
- 竣工日期　　　2014 年 12 月
- 设计单位　　　北京市建筑设计研究院有限公司
- 主要设计人　　刘　沛　赵　煜　安丽娟
- 本文执笔人　　刘　沛
- 获奖等级　　　二等奖

作者简介：

　　刘沛，高级工程师，2014 年毕业于天津大学供热、供燃气、通风与空调工程专业，硕士研究生学历；工作单位：北京市建筑设计研究院有限公司；代表作品：中国园林博物馆、人民日报事业发展中心、深圳海上运动基地暨航海运动学校、中国科学技术馆、中关村环保科技示范园 J-03 科技厂房等。

建筑外观图

一、工程概况

　　根据我国发展低碳能源和低碳经济的战略决策，按照中央的"千人计划"和"筑巢引凤"的要求，神华集团在北京未来科技城投资建设了北京低碳能源研究所及神华技术创新基地项目。项目总规划用地面积 41.65hm²，总建筑面积 325354m²。

　　本文介绍为建筑组群，包括 5 个子项，分别为科研 3 号楼（301）、教学楼（302）、职工健身楼（303）、职工集体宿舍及配套（305）、科研 2 号楼及图书档案馆（201），总建筑面积 116047.2m²，其中地上 103672.3m²，地下 12374.9m²。301 楼：地下 1 层，地上 2 层（局部 3 层），总建筑面积 17032.2m²，地上 13933.9m²，地下 3098.3m²，建筑檐口高度 20m，局部 27m。302 楼：无地下室，地上 4 层，总建筑面积 7790m²，建筑檐口高度 20m。303 楼：地下 1 层，地上 1 层，总建筑面积 11745.2m²，地上 9884.7m²，地下 1860.5m²。建筑檐口高度 13m。305 楼：地下 1 层，地上 14 层，总建筑面积 55839m²，地上 51173.4m²，地下 4665.6m²。建筑檐口高度 60m。201 楼：地下 1 层，地上 15 层，总建筑面积 23640.8m²，地上 20890.3m²，地下 2750.5m²。建筑檐口高度 65m。

二、工程设计特点

　　设计之初考虑采用集中供冷，经过分析认为集中供冷适用于高容积率、高负荷密度、高负荷率的区域，但本工程容积率较低，仅为 0.9，负荷密度、负荷率均较低，而且楼与楼之间相距很远（201 楼与 301、305 楼直线距离有 200 多米，而且需要跨越市政路）。考虑到本项目各栋建筑的面积均较小，每个楼单独设置冷热源机房无论从造价还是机房、冷却塔占用面积考虑均不合适，所以在机房设置时采取"大分散、小集中"的方式，项目整体采用分散系统，但对于相对集中的建筑组团设置集中冷热源站，具体分布见图 1，共分为 301＋302、303＋305、201 三个组团。这样设置既规避了集中设置冷热站负荷密度低、输送距离长的问题，也避免了每栋建筑分设冷热站数量过多、规模过小、运维工作量大的弊端。

---

　　①　编者注：该工程设计主要图纸参见随书光盘。

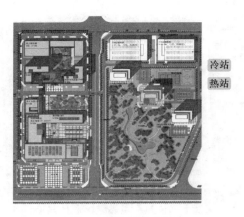

图 1 冷热站分布图

三、设计参数及空调冷热负荷

1. 室内设计参数（见表 1）

室内设计参数   表 1

房间名称	夏季		冬季		新风量 [m³/(h·p)]	噪声标准 [dB（A）]
	温度（℃）	相对湿度（%）	温度（℃）	相对湿度（%）		
办公室、讨论室、教师休息室	26	55	20	≥30	30	≤40
会议室	26	55	20	≥30	15	≤45
门厅、大堂、休息厅	26	55	18	≥30	10	≤50
多功能厅	26	55	20	≥30	15	≤40
餐厅	26	55	20	≥30	30	≤55
公共卫生间	—	—	18	—	—	—
公共厨房	30	—	16	—	—	—
制冷机房	32	—	5	—	—	—
给水泵房	32	—	5	—	—	—
换热站	32	—	5	—	—	—
变配电室	37	—	5	—	—	—

2. 空调供暖负荷（见表 2）

冷热负荷及指标   表 2

供暖热负荷	768.5kW	供暖热负荷指标	81W/m²（建筑面积）
			102W/m²（空调建筑面积）
空调冷负荷	15757.3kW	空调冷指标	135.8W/m²（建筑面积）
			181W/m²（空调建筑面积）
空调热负荷	13573kW	空调热指标	106.7W/m²（建筑面积）
			142W/m²（空调建筑面积）

四、空调冷热源及设备选择

1. 冷源

201 楼：设置 2 台 1100kW 水冷螺杆式冷水机组，供/回水温度 6℃/13℃；

301 楼：设置 3 台 1758kW 水冷离心式冷水机组，供/回水温度 6℃/13℃，满足 301 楼、302 楼的用冷需求，并为规划的 304 楼预留冷量；

305 楼：设置 2 台 2812kW 水冷离心式冷水机组、2 台 1406kW 水冷螺杆式冷水机组，供/回水温度 6℃/13℃，满足 303 楼、305 楼的用冷需求。

2. 热源

冬季热源由动力中心提供的 95℃/70℃ 高温热水，经过设置在 201 楼、301 楼、305 楼地下的热交换站提供空调用热水（60℃/50℃）、地板辐射供暖热水（50℃/40℃）、生活热水（供水温度 60℃）。3 个热交换站的供应范围同冷冻水供应范围。

AHU 在过渡季和冬季通过调节新风比例，利用室外新风作为冷源为室内降温，尽量减少冷水机组的开启，最大限度地利用天然冷源。

五、空调系统形式

主要空调供暖方式见表 3。

不同房间空调供暖方式   表 3

房间类型	空调供暖方式
301 楼会议区	变风量空调系统（风机串联型 VAVbox）
办公室、讨论室、教师休息室、分散小型会议室	风机盘管＋全热回收型新风系统
门厅、大堂、休息厅	定风量一次回风空调系统（排风机采用变频调速装置与新风电动阀联合控制，过渡季至少可 70%新风比运行）地板辐射供暖提高室内舒适性并同时作为值班供暖
职工餐厅多功能厅	定风量一次回风空调系统（排风机采用变频调速装置与新风电动阀联合控制，过渡季至少可 70%新风比运行）
篮球馆	定风量一次回风空调系统（排风机采用变频调速装置与新风电动阀联合控制，过渡季至少可 70%新风比运行）；幕墙周边设置地板管槽式风机型对流散热器，作为平时和值班供暖使用
游泳池	除湿热泵系统；地板辐射供暖提高室内舒适性并同时作为值班供暖
宿舍酒店客房	风机盘管＋集中热管显热回收型新风系统
数据中心	冷却水型恒温恒湿空调系统
档案库	双冷源（风冷＋冷冻水）恒温恒湿空调系统
地下机房	集中送排风系统

六、通风、防排烟及空调自控设计

1. 通风系统

（1）新鲜空气的采集和排风出路

新鲜空气由下沉窗井、侧墙、屋顶引入空气处理设备。

消防排烟由屋顶排出；平时排风主要由屋顶、侧墙排出。

新风采集口和排风口的位置设置满足规范要求。

（2）定风量全空气空调系统

全空气空调系统冬、夏季采用卫生要求允许的最小新风量，与回风混合后送入室内，回风一部分与新风混合，一部分排出室外。过渡季调节新风和排风量，满足至少70％新风。在冬、夏季最小新风（设计值）运行时新风量采用 CO_2 浓度控制进一步减少新风量（利于节能）。

（3）变风量全空气空调系统

301楼集中会议区设置变风量空调系统，风机采用定静压控制方式变速运行。末端采用风机串联型 VAVbox。每台机组的新风入口设定风量阀，当送风量变化时，保证最小新风量不变以满足人员卫生要求。

（4）风机盘管加新风系统和直流式送排风系统

办公、会议、宿舍、酒店客房等房间设风机盘管加新风系统；机房、库房等设直流式送排风系统。新风空调器或送风机将室外新鲜空气送入室内，排风机将室内污浊空气排向室外。

（5）直流式排风系统

卫生间、开水间设置直流式排风系统，将污浊空气排向室外。无外门外窗的分散的小库房、储藏间等房间预留排气扇电源供检修或通风时使用。

（6）建筑物内的风量平衡

大堂、中庭（高大空间）的空调机组当最小新风运行时只回风不排风，形成有效正压，避免室外冷、热气流侵入对室内温湿度造成影响。

游泳馆回风量大于送风量，保持负压，防止热湿空气外溢。汽车库排风量大于送风量，放置有害气体外溢。餐厅保持负压，放置气味外溢。

一般空调房间，回风量小于送风量，使房间形成正压，多余空气压入附近卫生间等负压房间，补偿卫生间等房间的排风量。

2. 防排烟

防排烟系统按规范设计。

3. 自动监控：

（1）风机盘管采用风机就地手动控制、盘管水路动态平衡电动两通阀就地自动控制，公共区风机盘管分组群控。

（2）冷水机组等机电一体化设备由机组自带自控设备，集中监控系统进行设备群控和主要运行状态的监测。

（3）热力、制冷机房内设备在机房控制室集中监控，但主要设备的监测纳入楼宇自动化管理系统总控制中心。

（4）恒温恒湿机组的制冷、加热、加湿及温湿度控制和监测系统由机组自带自控设备完成，房间温湿度由楼宇自动化管理系统监测，当偏离运行范围时报警。

（5）其余暖通空调动力系统采用集中自动监控，纳入楼宇自动化管理系统。

（6）采用集中控制的设备和自控阀均要求就地手动和控制室自动控制，控制室能够监测手动／自动控制状态。

七、心得与体会

在项目的设计、运行过程中有如下经验、问题同大家分享：

（1）对于容积率较低、负荷密度较低的项目，集中或分散设置能源系统需认真分析。

（2）项目热源采用二级泵系统，由于项目分期建设，前期负担负荷较小，水泵偏离设计状态，容易出现大流量小温差、水泵功耗较大的问题。前期管网阻力较小、二级泵的变频控制不力，容易出现混水，造成供水温度偏低。所以对于这种分期建设、分期投入运行的项目，需特别注意系统的水力工况。

（3）变风量系统需特别注意噪声问题，本项目301楼会议区的变风量系统调试时发现房间噪声不能满足会议室要求，经分析并解决以下问题后得以解决：

1）空调机房离会议室房间较近，噪声衰减距离较短，需进一步加强消声措施；

2）施工过程中送风管仅与部分送风口相连，送风口有效面积减小、送风风速增大、气流噪声增大；

3）变风量末端与风口之间的软管未采用消声型产品。

重庆地产大厦①

- 建设地点   重庆市新溉路北侧 L23-2 地块
- 设计时间   2010 年 11 月～2011 年 9 月
- 竣工日期   2014 年 1 月
- 设计单位   北京市建筑设计研究院有限公司
- 主要设计人 王　威　徐广义　李大玮　石立军
　　　　　　刘春昕
- 本文执笔人 王　威
- 获奖等级   二等奖

作者简介：
　　王威，高级工程师；1992 年毕业于北京建筑工程学院；工作单位：北京市建筑设计研究院有限公司；代表作品：北京市高级人民法院审判业务用房、全国工商联办公楼、呼和浩特大唐国际喜来登大酒店、青龙湖郊野休闲社区、重庆地产大厦、中渝国际都会等。

一、工程概况

1. 设计理念

（1）恢宏大气的基石形象

办公楼的设计采用巨构的方式、破土而出的意向，形成强有力的相互支撑和搭接，创造坚实的基石形象，以符合总部办公恢宏、大气的气质。设计力求做到简洁现代，技术安全经济，布局协调合理，功能齐全方便，使用先进可靠，管理现代超前。

建筑外观图

（2）延续的山城文脉

重庆是中国独具特色的山城，项目场地内也存在 30m 高差。设计充分尊重延续重庆山城文脉和场地山地特色，将部分建筑公共功能空间置于绿色坡地中，实现建筑与山地的有机结合，真正实现显山露水。新构筑的地形采用自然草坡方式，并依据原有地形的趋势，由东北向西南逐渐叠落，形成良好的视觉通透感，与城市形成较好的对话。

（3）丰富的公共活动空间

设计了众多不同标高多层次的绿化平台。这些平台一方面丰富了建筑的空间形象，更是为办公楼的使用者们提供了极佳的观看城市景观、聚会饮茶、休闲娱乐的场所。

2. 总体布局

建筑分为两大部分，南半部分为地产集团总部办公，北半部分为出租部分办公。南侧为总部办公主入口广场，采用斜地式布局，形成较为强烈的纵向秩序，提高总部办公出入口的气势。场地西侧中部为出租部分办公出入口广场。

3. 功能

建筑分为南、北楼主楼及裙房楼层。裙房一～四层为公共使用空间。包括出租办公厅、会议中心、茶餐厅、商务服务、多功能厅、中餐厅及包房、健身休闲中心等。主体南楼为集团自用办公楼。包括总部自用餐厅、各部门办公、领导办公、会议接待、顶层花园报告厅等。主体北楼五～二十层作为出租办公楼，功能可根据需要进行灵活多样的楼层划分，便于出租或出售。地下部分一～三层为机房及停车库层。

① 编者注：该工程设计相关图纸参见随书光盘。

4. 流线

出入口：主要出入口位于城市次干道桂园路上，另外在场地东南角新溉路上开设有应急消防通道，场地西北侧桂园路上设有后勤通道。车流：机动车通过场地西北侧的地下车库出入口进入地下停车库，在总部入口与出租办公部分有少量临时地上停车。货运汽车与垃圾车通过场地西北侧的地下车库出入口进入地下车库。人流：VIP人员和总部办公人员可由总部大厅出入口或地下汽车库直接进入大楼，出租办公人员、会议人员、健身娱乐人员等由出租办公出入口或地下车库车进入，另设置了单独的对外餐饮出入口。

5. 使用效果

整个项目从投入使用到现在，在消防、结构、构造等安全性，功能流线的便捷性，设施设备的完整有效性，室内外环境的舒适性、美观性等各方面都体现了较高的质量标准，得到了业主的认可和好评。

二、工程设计特点

本项目将两种不同办公性质（总部与出租）的功能融合在一起。在节能的前提下，冷热源、冷冻水一级泵和冷却循环泵合用，冷冻水二级泵按照南楼、北楼、裙房分设，以满足分阶段启用的要求。

项目采用了冷凝热回收螺杆式冷水机组，夏季回收制冷系统的冷凝热，为厨房、公共淋浴提供生活热水的预热。

三、设计参数及空调冷热负荷

1. 室外计算参数（见表1）

室外计算参数	表1
冬季室外供暖计算温度	5.1℃
冬季室外通风计算温度	5.2℃
夏季室外通风计算温度	32.4℃
冬季室外空调计算温度	3.5℃
冬季室外空调计算相对湿度	82%
夏季室外空调计算干球温度	36.3℃
夏季室外空调计算湿球温度	27.3℃

2. 室内设计参数（见表2）

室内设计参数				表2
区域	夏季温度（℃）	夏季相对湿度（%）	冬季温度（℃）	冬季相对湿度（%）	每人新风量[m³/(h·p)]
营业餐厅	25	≤65	18	≥30	25
办公室	25	≤60	18	≥30	30
入口大堂	25	≤60	18	≥30	15
多功能厅	25	≤65	18	≥30	25

总空调冷负荷为8900kW，空调冷指标为82.4W/m²（总建筑面积），164.8W/m²（空调建筑面积）。

空调热负荷2500kW，空调热指标为24.8W/m²（总建筑面积），46.3W/m²（空调建筑面积）。

四、空调冷热源及设备选择

冷源为地下三层冷冻机房内设置的3台2710kW离心式冷水机组和1台制冷量为957kW、制热量为1169kW的热回收型螺杆式冷水机组，提供7℃/12℃冷冻水、同时可提供供回水温度为60℃/50℃的生活热水的热源。冷负荷较小时，启动螺杆式冷水机组；当冷负荷增加后，逐步启动另外3台离心式冷水机组。冷水机组冷媒为134a。冷却水供/回水温度为32℃/37℃。

热源来自燃气热水锅炉。在地下一层锅炉房内设置2台1300kW的燃气真空热水锅炉，提供60℃/50℃的空调热水。地下三层换热机房内设置空调热水循环泵，为办公提供空调热水。空调热负荷为2500kW。另外，在锅炉房内还设置了2台470kW的燃气真空热水锅炉，为办公提供生活热水的热源。

五、空调系统形式

1. 空调水系统

空调冷水循环系统采用二级泵变流量系统。一级泵采用定频水泵，与冷水机组一一对应；二次泵采用变频水泵，循环水泵分为三组，分别供给北楼五层及以上办公室、南楼五层及以上办公室、四层及以下裙房。空调水系统采用两管制，系统为异程式。

空调冷热水系统竖向为一个压力分区。系统

采用设置屋顶膨胀水箱的补水、膨胀、定压方式。

办公大堂冬季设置辐射地板供暖系统，地板供暖的供/回水温度为 50℃/40℃，大堂设置四组分集水器，每台分集水器的总管上设置温控阀，根据温度传感器，调节温控阀的开度。

空调水系统并联环路安装静态平衡阀，各层之间各路支管初次调节平衡。

分别在裙房、北楼、南楼的总空调冷热水管上设置热计量表；在北楼的办公层，每层风机盘管的冷热水管，按照不同的出租区域，支管上设置热量表，新风机组的冷热水管路上设置一个热量表；在北楼办公层，每层风机盘管的支管路上设置一个热计量表，新风机组的冷热水支管上设置一个热计量表。

冷却塔设置于北楼屋顶，冷却塔采用共用集管并联方式运行，冷却塔之间设置平衡管。

空调热水循环泵采用变频水泵。

2. 办公空调系统

办公室、会议室、小餐厅、贵宾室、休息室、健身房、活动室等均采用风机盘管加新风系统。

部分办公采用带热回收的新风机组，办公室排风和新风进行冷热交换后，送入房间。其他采用普通新风机组，承担室内新风负荷。办公层的新风一部分由卫生间排出室外，一部分留在办公室维持办公室的正压。

裙房小餐厅过渡季节采用加大新风量的方式，消除室内余热。并设置单独的排风系统。

办公大堂、出租办公的入口大厅、体育馆、大餐厅、多功能厅等大空间，采用全空气定风量系统。全空气定风量系统最大新风比为 100%，排风系统与新风量的调节相适应。过渡季节 100% 全新风运行时，单独设置排风机风量与其对应。

多功能厅、报告厅的全空气系统各设置一台双速风机排风机，设计工况时排风机采用低速运行，过渡季时排风机高速运行。

新风机组、空调机组均设粗效板式过滤器（G4）、中效袋式过滤器（F7）两级过滤。机组内的过滤器、凝水盘等采用抗菌材料。新风采风口设置在无污染位置。

六、通风、防排烟及空调自控设计

1. 通风系统

地下车库设置通风，排风的换气次数为 $6h^{-1}$，送风的换气次数为 $5h^{-1}$。地下车库采用喷射导流通风方式，采用自带 CO 感测探头的智能型诱导风机。

变配电室、发电机房、电梯机房及其他机电设备房内采用机械通风系统。

餐厅厨房油烟经排气罩过滤器和屋顶油烟过滤器二级处理达到排放浓度 $2.0mg/m^3$ 的环保要求后，在屋顶排入大气。

燃气锅炉房设燃气泄漏报警装置，与事故排风风机连锁。地下锅炉房平时排风为 $12h^{-1}$ 换气次数，事故排风为 $12h^{-1}$ 换气次数。

卫生间、茶水间设有集中排气系统。补风由空调区送入，保持负压，以防止异味漏出。

2. 防排烟系统

防烟楼梯、合用前室及消防前室均采用机械防烟系统，楼梯间的余压 40～50Pa，合用前室的余压 25～30Pa，当发生火灾时，自动报警系统发出信号启动加压风机，当压力感应器的风压大于设定值时，将调节电动旁通阀使楼梯及合用前室压力维持要求值。

地上大于 $100m^2$ 的办公室，采用开启外窗进行自然排烟，可开启面积大于地面面积的 2%。

篮球馆及出租办公入口大厅，采用电动开启外窗排烟。篮球馆开窗面积不小于地面面积的 5%，出租办公入口开窗面积不小于地面面积的 5%。

地下汽车库、入口大堂、餐厅、多功能厅、各层长度超过 20m 的内走道、虽然可自然排烟但长度超过 60m 的内走道、面积超过 $100m^2$ 且经常有人停留或可燃物较多的地上无窗房间，以及建筑面积超过 $50m^2$ 的地下房间，均设有机械排烟系统。设机械排烟的地下室同时设有补风系统。排烟口设在顶棚或靠近顶棚的墙上，排烟口距本防烟分区最远点小于 30m。排烟量按照规范设计，负担一个防烟分区排烟或净空高度大于 6m 的不划防烟分区的房间时，其排烟量不少于 $60m^3/h$，负担两个或两个以上防烟分区排烟时，则按最大防烟分区面积每平方米不少于 $120m^3/h$ 计算。

3. 空调自控

空调、供暖及通风系统采用楼宇自动控制管理系统作为系统整体控制及监测，范围涵盖制冷机组、一次及二次冷冻水泵、冷却塔、空调及新风机组、通风机、各种阀门、风机盘管、防排烟系统及自然通风等。

系统控制方式采用直接数字式控制（DDC）系统，由中央电脑及终端设备和各子站组成，在空调控制中心显示及自动记录各空调、供暖及通风设备的运行状态及参数数值。

空调冷热源和空调水系统经楼宇自控及DDC系统对各类参数进行监测及控制；控制冷水机组与相关的电动水阀、冷却水泵、空调冷水泵、冷却塔风机等的电气联锁；采用自动化组件测量冷冻水供、回水温度及回水流量，送至控制系统的计算机，再根据实际冷负荷的变化，进行负荷分析决定制冷机组开启台数，以达到最佳节能状态。

七、心得与体会

目前，重庆地产大厦建成后成为重庆市新地标之一，具有极强的造型特点，并体现了地域特色。依据原有地形的趋势设计成自然草坡方式，形成良好的视觉通透感，与城市形成较好的对话，众多的场地平台与空中花园，也形成了非常丰富的城市空间与建筑空间，并具有良好的景观效果。同时，项目较好地控制了建设成本，并实现了经济盈利。

项目在进行到装修阶段时，业主对室内空间的要求极度苛刻，因此，施工阶段预留的空间全部被消化，由于操作空间有限，势必造成局部管线连接不上的情况，又因为是隐蔽工程，监理也很难处处审查到位。在使用过程中就会发现有些风口风量不足的情况。根据现场情况，业主又组织了施工单位进行全面勘察，逐一解决了问题。笔者认为，一个设计团队，应该在设计之初就提前考虑施工的空间，给业主一个合理的净高方案，在能保证施工质量的前提下，也使得业主满意。

天津至秦皇岛客运专线唐山站①

- 建设地点　　唐山市
- 设计时间　　2010 年 2～11 月
- 竣工日期　　2013 年 11 月
- 设计单位　　北京市建筑设计研究院有限公司
- 主要设计人　于永明　张　谦　杨　旭　孙成雷
　　　　　　　颜　皡
- 本文执笔人　于永明　孙成雷
- 获奖等级　　二等奖

作者简介：
　　于永明，高级工程师，1985 年毕业于北京建筑工程学院；代表作品：北京国际金融大厦，北大校史馆，京西宾馆会议楼，司法部办公大楼等。

一、工程概况

　　新建天津至秦皇岛铁路客运专线工程唐山站，站房总用地面积：10.31hm²，站房建筑面积为 59300m²，总高度为 33m。为大型铁路旅客车站，候车模式采用线上式站型设计，旅客流线采用上进下出旅客流线模式，日最高聚集人数为 3000 人。

建筑外观图

　　站房平面分 Ⅰ-Ⅲ 段，中部 Ⅱ 段为进出站通道和高架进站厅，Ⅰ 段为东站房，Ⅲ 为西站房；南北 Ⅳ、Ⅴ 段分别为站台雨棚。地下部分 2 层，地下二层为出站大厅、客服及附属办公用房，地下一层为变配电所、冷冻机房、热交换站、消防水泵房及行包托运库等；地上部分 2 层，局部有夹层。一层为进站大厅、售票大厅、贵宾室及基本站台候车；二层为高架候车大厅，两侧为站务办公及客服等。其中高候车大厅长约 170m，宽 90m，高 22m（见图 1）。

---

① 编者注：该工程设计主要图纸参见随书光盘。

图 1　高架候车大厅全景图

　　本项目暖通空调设计严格遵守国家和河北省公共建筑节能设计规范，根据当地的气候特点、项目的市政条件和建筑的功能布局，合理确定冷热源形式和空调系统形式，精心完成设计。

二、工程设计特点

　　本工程最大的特点是高架候车为高大空间，采用 CFD 模拟优化高架候车厅分层空调设计。现行的分层空调负荷计算一般采用经验系数法：即对分层空调建筑按全室空调方法进行冷负荷计算，然后乘以经验系数 a，a＝空调区分层空调冷负荷/全室空调冷负荷，通常 a＝0.5～0.85，采用这种方法比较简便、直观，但最大的问题是系数的选取没有可参照性。我们采用冷负荷系数法计算得到火车站候车厅夏季全室空调冷负荷，分别取经验系数 a＝0.6，a＝0.65，a＝0.7，运用 CFD 软件对候车厅不同经验系数下夏季的速度场、温度场进行数值模拟。模拟结果如图 2～图 5 所示。

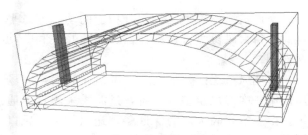

图 2　整体模型三维图

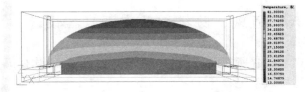

图 3　a＝0.6 时，Y＝31m 处温度场

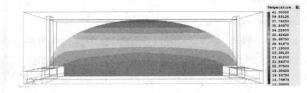

图 4　a＝0.65 时，Y＝31m 处温度场

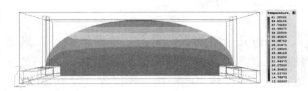

图 5　a＝0.7 时，Y＝31m 处温度场

对壁面边界的描述采用热流边界条件，将固体内壁面在高度方向，以送风口标高处为界，分为空调区和非空调区分别设置，以近似模拟实际情况。候车厅各围护结构热流密度如表 1 所示，高候车大厅长约 170m，取长度方向的 1/4 进行建模模拟。

围护结构热流密度参数表　　表 1

区域	围护结构	热流密度 （W/m²）	区域	围护结构	热流密度 （W/m²）
空调区	南北外墙	18	非空调区	南北外墙	20
	东西外墙	32		东西外墙	36
	普通屋顶	0		普通屋顶	11
	采光天窗	0		采光天窗	128
	地板	43		地板	0

单个风口风量为 1900m³/h，送风温度为 14℃，根据夏季冷空气密度较大，有明显沉降作用的特点，夏季送风角度为向上 15°。不同经验系数下候车厅送风量及风口个数（风口规格及每个风口的设计风速保持不变）如表 2 所示。

不同经验系数下候车厅送风量及风口个数　　表 2

经验系数 a	送风温差 （℃）	送风量 （m³/h）	风口 规格	风口 个数
0.6	12	428800	鼓形风口	224
0.65	12	471520	鼓形风口	248
0.7	12	514220	鼓形风口	268

模拟结果直观反映出了候车厅的温度分布，当 a＝0.65 时，候车厅各区域温度满足规范要求的室内温度 26℃ 的要求，最终选取 a＝0.65 时的空调区分层空调冷负荷为基础进行空调系统设计，比全室空调时较少了近 20% 的送风量，即保证了使用效果，又节省了设备投资和输送能耗。

三、设计参数

1. 室外计算参数（见表 3）

室外计算参数　　表 3

冬季室外供暖计算温度	−10℃
冬季室外通风计算温度	−5℃
夏季室外通风计算温度	29℃
冬季室外空调计算温度	−12℃
冬季室外空调计算相对湿度	52%
夏季室外空调计算干球温度	32.7℃
夏季室外空调计算湿球温度	26.2℃

2. 室内设计参数（见表 4）

室内设计参数　　表 4

房间名称	夏季		冬季		新风量 [m³/(h·p)]	排风量 或新风 换气次数
	温度 （℃）	相对湿度 （%）	温度 （℃）	相对湿度 （%）		
广厅	28	65	14	—	10	—
售票厅	27	65	16	—	10	—
普通候车室	27	65	16	—	10	—
贵宾休息室	26	55	18	≥30	30	—
办公室	26	50	18	≥30	30	—
客服	26	65	18	—	10	—
公共卫生间	—	—	16	—		10h⁻¹
行包房	≤32	—	5	—		5h⁻¹
制冷机房	≤32	—	—	—		按事故 通风计
公共卫生间	≤32	—	—	—		4h⁻¹
中控室	40	—	—	—		按发 热量计

四、空调冷热源及设备选择

冷源：由于站房东西站房跨度大，距离较远，所以本建筑冷热源机房分东、西站房分别设置，机房分散设置可以提高设备运行效率，减小输配能耗。东侧冷冻机房设在地下一层，东侧空调系统总冷负荷为3621.9kW。设3台螺杆式冷水机组，单台制冷量为1305kW，3台冷冻水循环泵与冷水机组一一对应。西侧冷冻机房设在地下一层，西侧空调系统总冷负荷为3154.6kW，设3台螺杆式冷水机组，单台制冷量为1135kW，3台冷冻水循环泵与冷水机组一一对应。冷水机组冷媒为HFC-134a，冷冻水供/回水温度为7℃/12℃。

冷却塔：选用低噪声型横流式冷却塔，设在室外平台。冷却塔与冷水机组一一对应，冷却塔进水管设电动阀与冷水机组连锁。冷却水回水总管进冷水机组前设旁流式电子水处理仪，以保障冷却水水质。由于冷却塔距冷冻机房较远，将冷却水循环泵设在冷却塔附近。冷却水供/回水温度为32℃/37℃。

热源：热交换站的一次热媒由城市热力供给，一次热媒温度为110℃/70℃。空调冬季热水由热交换站供给，东、西站房热力站分别设在东、西站房地下一层，空调冬季热水的供/回水温度为60℃/50℃。空调系统冬季总负荷为5465kW。

五、空调系统形式

空调水系统：空调水系统采用一次泵变流量系统，系统为两管制。冷水机组设动态流量平衡阀；空调机组设置带比例积分功能的动态流量平衡阀；每台风机盘管设温控器、三速开关和电动两通阀。

空调风系统：候车大厅、售票厅等大空间场所采用一次回风全空气系统，过渡季采用自然通风。由于空间高大，为保证冬季送风效果，风口均采用可调风向的鼓形喷口阀门。

六、通风、防排烟及空调自控设计

（1）所有设备机房、配电间、卫生间设有机械排风系统。

（2）柴油发电机房设有事故排风，设备运行送排风预留进排风道位置，由柴油发电机设备厂家负责接入。

（3）候车大厅非空调季节可采用自然通风方式，候车大厅下部设有进风窗，上部和屋顶设有排风电动窗，过渡季节可开启，达到节能的目的。

七、心得与体会

经过几个空调季的运行，夏季空调可以满足使用要求，过渡季运行良好。不足之处在于冬季运行，由于供热市政一次水不能保证足够热流量，导致一次水回水温度偏低，二次水的出水水温达不到设计要求，去年冬季已与当地供热部门进行沟通，近期会得到解决。唐山站作为大型线上式车站，整体暖通空调设计体现了高效、低耗、安全、绿色的理念。经过两年的实际运行，基本达到设计标准和业主要求。

成都东大街9号地办公楼项目
（成都睿东中心）

- 建设地点　　成都市
- 设计时间　　2011年3月
- 竣工日期　　2014年12月
- 设计单位　　中国建筑科学研究院
- 主要设计人　曹　源　冯　帅
- 本文执笔人　冯　帅
- 获奖等级　　二等奖

作者简介：

冯帅，高级工程师，2001年毕业于重庆大学供热通风与空调专业，大学本科；工作单位：中国建筑科学研究院；主要设计作品：中国国家博物馆改扩建工程、清华大学人文社科图书馆、珠海市博物馆和城市规划展览馆工程、成都凯丹广场等。

一、工程概况

成都东大街9号地办公楼项目（现名：成都睿东中心）位于四川省成都市东大街与天仙桥北街交界。紧邻繁华的春熙路购物街，坐落于被誉为中国西部"华尔街"的成都东大街，是远洋地产、太古地产共同打造的大型综合发展项目成都大慈寺文化综合体中的国际甲级办公楼部分。

睿东中心由一座高约200m的主塔及东、西、北三个裙楼组成。项目总建筑面积159062m²，其中地上建筑面积120429m²，地下建筑面积38633m²；地下4层，地上47层。地上分为4个单元，其中：1单元（西裙楼）、3单元（东裙楼）为餐饮，均为7层，建筑高度34.3m；2单元（主塔）为办公，地上47层，建筑高度190m；4单元（北裙楼）为办公，地上10层，建筑高度35m。地下一层为商业、物业用房及自行车库等；地下二～地下四层为车库、设备机房。

建筑外观图（写字楼部分为睿东中心）

二、工程设计特点

成都睿东中心项目甲方的决策时间周期长、变化大、无规律、要求高。从方案阶段到最终租户装修，设计院全程参与。中间经历了办公楼高度从230m调整到200m又到190m、避难层设置位置调整等较大的修改。暖通空调方案配合建筑方案调整做了大的修改，空调末端方案也从VAV调整为风机盘管加新风系统，为了最大限度地增加地上标准层使用面积，多次调整压缩空调机房面积。

主要设计特点如下：

（1）根据商业定位，本工程冷热源形式多样，增加了系统的复杂性：大厦主体采用了集中冷源；东、西裙楼采用了风冷冷水机组；北裙楼采用了多联机系统。

（2）热源：自建锅炉房，采用燃气热水锅炉作为空调集中热源。

（3）水系统竖向分区：本项目为超高层，空调水系统竖向分为高、中、低三个区。

（4）地上办公外区采用四管制风机盘管，内区采用两管制风机盘管，内区按单元预留热水接口；既满足了经济性，又满足了舒适性。

（5）地下一层商业采用四管制末端系统，既解决了商业内区全年制冷要求，又解决了商业运营初期人流不足带来的冬季制热需求。

（6）首层办公大堂采用可变新风比全空气系

统，过渡季加大新风量。

（7）各层空调水路干管上设置电控水阀，可满足分层加班空调的需要。

（8）裙房商业采用多联机系统，方便各种零售业态根据经营需要独立使用空调。

三、设计参数及空调冷热负荷

室内空调设计参数见表1。

室内空调设计参数　　　表1

区域	空调冷负荷（kW）	空调热负荷（kW）	建筑面积（m²）	冷指标（W/m²）	热指标（W/m²）
主塔及地下一层	10795	6237	95564	113	65
西裙楼	1367	810	5774	236	140
东裙楼	2106	1184	9563	220	124
北裙楼	884	535	11073	80	48

四、空调冷热源及设备选择

本项目主楼采用电制冷机组，制冷机房设置在地下四层。机房内设 3 台 3164kW（900 US-RT）的水冷电制冷离心冷水机组，一台 1583kW（450 USRT）的水冷电制冷螺杆冷水机组，主楼热源采用燃气热水锅炉，锅炉房位于项目地下一层北侧，内设 4 台 1750kW（合 2.5t）的常压燃气热水锅炉；东、西裙楼采用热泵型风冷冷热水机组作为空调冷、热源，东、西裙楼的风冷热泵系统各自独立设置，风冷机组分别设置在东、西裙楼的屋顶；风冷热泵机组夏季以制冷工况运行，提供 7℃/12℃ 空调冷冻水；冬季以制热工况运行，提供 45℃/40℃ 空调热水。冷媒采用 R134a 环保冷媒。空调水循环泵、水处理装置及定压补水装置等相关设备均设置在地裙房屋面；北裙楼采用多联机空调系统。多联机主机为热泵型，夏季制冷、冬季供暖。室外机设置于北裙楼屋顶，室内机带电辅助加热设施。

五、空调系统形式

项目地下一层商业和餐饮区域采用四管制风机盘管加新风系统。风机盘管和新风机组均为四管制，接大厦空调冷冻水和空调热水。

东、西裙楼商业和餐饮区域采用两管制风机盘管加新风系统。东、西裙楼首层等空间较高区域，为保证空调效果，末端采用吊顶式空调机组。

北裙楼办公楼采用多联机系统。各房间室内机采用风管机。此外设置独立（或多联式）全新风处理机、新风换气机等设备为办公区提供空调新风。

办公主塔大堂采用定风量全空气系统。系统具备过渡季加大新风量的措施，最大新风量不小于机组风量的 70%。空调机组为四管制。

办公主塔标准层采用风机盘管加新风系统。外区风机盘管为四管制风机盘管，接空调冷冻水和空调热水；内区风机盘管为两管制，接空调冷冻水，全年供冷。

空调水系统竖向分为三个区：十六层及以下为低区；十六~三十二层为中区；三十三~四十七层为高区。低区的空调冷冻水直接采用地下四层的冷水机组提供的一次冷冻水；中区和高区的二次空调冷冻水（供/回水温度 7℃/12℃）由一次冷冻水经换热后间接提供。中区、高区的冷冻水换热器及相关水泵等辅助设施均设置在塔楼十六层的换热机房内。

低区的空调热水直接采用来自锅炉房的二次空调热水。中区和高区的空调冷热水（供/回水温度 60℃/50℃）由二次热源热水经换热后间接提供。中区、高区的热水换热器及相关水泵等辅助设施均设置在塔楼十六层的换热机房内。

冷水机组一次冷冻水系统采用二次泵系统。一次泵为定流量运行，二次泵为变频控制变流量运行。中区及高区的空调循环水泵均为变频控制、变流量运行。

锅炉一次热水循环泵为定流量运行。低区二次热水循环泵及中区、高区的空调热水循环水泵均为变频控制、变流量运行。

六、通风、防排烟及空调自控设计

本项目地下一层一般商铺均采用风机盘管加新风系统；部分比较大的商铺及公共走廊为了减少风机盘管的安装数量，采用吊装吊顶型空调处理机组，这样也可以减少公共区吊顶上检修口的数量，并能满足公共区部分送风口对机组静压的要求，能够实现精装修风口更多的选择。

办公楼各层设置新风机组，新风取自本层新风机房室外百叶，为尽量提高办公区净高，新风主管道平铺在办公区内，新风口按建筑分割单元单独设置。

裙楼层预留餐饮厨房排风系统。其中顶层餐饮区厨房的排风采用排风立管至顶部屋面设置排风机，其余各层餐饮厨房通过预留通风竖井至屋面，各层租户内分设本地排风机。厨房排风须进行油烟净化器处理，并达到饮食业油烟排放标准的要求，再经厨房排风机排至室外。净化设备由专业厂家提供，设计中只预留净化设备的安装位置。业主在招商中应规定租户厨房系统排烟及补风容量不应超出设计注明的预留容量范围。对于无外窗的燃气厨房，其事故排风机与平时通风机合用，位于厨房的燃气浓度报警装置作用后自动开启并切断燃气供应阀；餐饮预留厨房区域小业主在自行安装厨房通风管道时应在接入管道前设置防火阀，以满足消防要求。

本项目办公塔楼所有的防烟楼梯间和消防电梯前室、合用前室均设机械加压送风系统。其加压系统分为地上高区、地上中区、地上低区及地下4段设置，加压风机分别设置在首层、设备夹层及屋顶层。其他单元不具备自然排烟条件的防烟楼梯间、前室或合用前室，均设置正压送风系统。防烟楼梯间的地上和地下部分分设加压送风系统；避难层设置加压送风系统。

地上主楼内走道设置机械排烟。面积超过100m^2，且经常有人停留或可燃物较多的地上房间；房间总面积超过200m^{2}或一个房间面积超过50m^2，且经常有人停留或可燃物较多的地下室设置排烟系统。

本项目所有风机、水泵、冷机、锅炉等空调通风设备均纳入楼宇自控系统监控。自控系统采用直接数字控制（DDC）系统，可在控制中心显示并自动记录、打印出各系统的运行状态及主要参数，并进行集中控制。

办公楼各单元内的风机盘管配有带温控器的三速开关，根据室温就地条件控制回水管上两通电磁阀。公共区内风机盘管及各空调机组加入楼控，可远程控制。

七、心得与体会

成都睿东中心项目自2014年交付使用至今，空调系统运行良好，满足了业主的使用要求。

在设计过程中，办公楼主体由于结构梁限制，吊顶内机电净空仅有200mm，暖通主风管和空调水干管只能平铺在办公室内，将来检修维护会比较麻烦。如有条件，还是建议将空调主水管设置在公共走道内，以方便后期维护。

办公楼主体由于造价及净空限制，无法做到各层内办公单元设置加班空调需求，只能分层设置加班空调。如有可能，在造价允许的情况下，尽可能做到分单元设置加班空调。

本项目地下一层商业内区冬季空调以冷负荷为主，但在运营初期，由于客流有限，还是有可能制热需要，设计中在地下一层空调末端设备，采用四管制双盘管供热，这些措施的实施，避免了冬季可能过冷的问题。

北京浦项中心①

- 建设地点　　北京市
- 设计时间　　2012 年 6 月～2013 年 3 月
- 竣工日期　　2014 年
- 设计单位　　中国建筑设计院有限公司
- 主要设计人　郑　坤　孙淑萍　徐俊杰　宋占寿
　　　　　　　郭　然
- 本文执笔人　郑　坤
- 获奖等级　　二等奖

作者简介：

郑坤，高级工程师，2007 年毕业于西安建筑科技大学暖通专业，研究生；工作单位：中国建筑设计院有限公司；代表作品：海口国际会展中心、国家网球馆新馆、泰安文化艺术中心、专利技术研发中心研发用房项目、北京城市副中心等。

一、工程概况

浦项中心项目位于北京市朝阳区望京三号地1008-629 号地块。地块东北是京 2 号路，西北方向有大望京 4 号路，东南临大望京街，西南临望京中环路。总占地面积为 20021.399m²，场地内地势平坦。本工程总建筑面积 163286.72m²，其中地下建筑面积为 63180m²，地上建筑面积为 100106.72m²，建筑高度为 154.8m，建筑层数：地上 A 楼 33 层、B 楼 25 层；地下 4 层。地上一～三层为裙房：有大堂、多功能厅、会议、健

身中心、银行、餐饮和商店；四层以上除 A 楼三十一～三十二层为供内部员工使用的 200 人的餐饮空间外，均为办公空间。地下共有 4 层，地下一层是商店、餐饮、自行车库和设备机房，地下二～地下四层功能为汽车库、自行车库和设备机房（地下四层战时为六级人员掩蔽所和物资库）。容积率为 5.0。

二、工程设计特点

（1）采用冰蓄冷技术，充分利用夜间富余电力蓄能，减少能源浪费，有效缓解白天用电高峰的电力负荷紧张；自备燃气真空热水锅炉效率较高，安全性好。

（2）空调末端大量采用变风量空调技术，在满足人员舒适的同时节约能源。

（3）空调冷冻水采用二级泵系统，有效节约输送能耗，同时合理采用变频控制技术，以节省能源。

（4）尽可能利用天然冷源，全空气系统过渡季均可通过焓值控制技术实现不小于 70％新风量的运行工况。

（5）四管制水系统满足内外区同时供冷热的需求。

（6）合理设置水路系统及平衡措施，避免水力失调。

（7）分区域设置冷、热计量装置。

建筑外观图

① 编者注：该工程设计主要图纸参见随书光盘。

（8）空调及新风机组设置两级除尘净化装置，有效控制室内颗粒物浓度，满足健康标准。

三、设计参数及空调冷热负荷

室外设计参数（北京市）

夏季：

空调计算干球温度：33.2℃；

空调计算湿球温度：26.4℃；

空调计算日均温度：28.6℃；

通风计算干球温度：30.0℃；

平均风速：1.9m/s；

风向：N；

大气压力：99.86kPa。

冬季：

空调计算干球温度：−12.0℃；

空调计算相对湿度：45%；

通风计算干球温度：−5.0℃；

采暖计算干球温度：−9.0℃；

平均风速：2.8m/s；

风向：NNW；

大气压力：102.04kPa。

1. 室内设计参数（见表1）

2. 空调冷热负荷（见表2）

室内设计参数　　　　表1

房间名称	夏季		冬季		新风 [m³/(人·h)]	设备电功率 (W/m²)	灯光电功率 (W/人)	人员密度 m²/人	噪声 NR[dB(A)]
	温度（℃）	湿度（%）	温度（℃）	湿度（%）					
地下商场	26	≤55	20	≥35	20	35	11	5	45
办公室	25	≤55	20	≥35	35	40	15	5	40
会议室	25	≤55	20	≥40	20	35	11	2.5	40
银行	25	≤55	20	≥35	30	13	11	5	45
地上商店	25	≤55	20	≥35	20	35	11	5	45
餐厅	25	≤60	20	≥35	20	15	13	2	45
多功能厅	25	≤55	20	≥35	20	15	11	3	40
健身中心	26	≤60	18	≥35	50	0	11	3	45
大堂、走廊	26	≤60	16	≥30	10	0	15	10	45
电梯厅	26	≤55	18	≥30	20	0	5	3	45
公共卫生间	27	—	18	—	0	—	11	—	50
厨房	28	—	16	—	—	—	—	—	55

空调冷热负荷　　　　表2

空调建筑面积（m²）	空调冷负荷（kW）	冷指标（W/m²）	空调热负荷（kW）	热指标（W/m²）	地板供暖面积（m²）	地板供暖负荷（kW）
108000	10986.8	101.7	10212.1	94.6	1100	145.2

四、空调冷热源及设备选择

1. 冷源

根据设计日逐时空调冷负荷得到冰蓄冷设计日负荷平衡表，如表3所示。

本工程采用部分负荷蓄冰系统，制冷主机和蓄冰设备采用主机上游的串联连接方式冷源。设计日峰值冷负荷为10986.8kW，设计日总冷量为140543kWh，设计日蓄冷量为38400kWh。设置3

冰蓄冷设计日负荷平衡表　　　　表3

时间	空调负荷	冷水机制冷量		蓄冰槽取冷量	冰槽蓄冰量	取冷率	电价时段
	（kW）	蓄冰工况	空调工况	（kWh）	（kWh）	（%）	
1		4800			14400		谷
2		4800			19200		谷
3		4800			24000		谷

续表

时间	空调负荷 (kW)	冷水机制冷量		蓄冰槽取冷量 (kWh)	冰槽蓄冰量 (kWh)	取冷率 (%)	电价时段
		蓄冰工况	空调工况				
4		4800			28800		谷
5		4800			33600		谷
6		4800			38400		谷
7	7211.3		7211.3	0	38400	0.00%	平
8	9544.6		7383	2161.6	36238.4	5.63%	平
9	10155.1		7383	2772.1	33466.3	7.22%	平
10	10459		7383	3076	30390.3	8.01%	平
11	10734.5		7383	3351.5	27038.8	8.73%	峰
12	9587.2		7383	2204.2	24834.6	5.74%	尖峰
13	9698.1		7383	2315.1	22519.5	6.03%	尖峰
14	10923		7383	3540	18979.5	9.22%	平
15	10940.8		7383	3557.8	15421.7	9.27%	平
16	10986.8		7383	3603.8	11817.9	9.38%	平
17	10944.1		7383	3561.1	8256.8	9.27%	平
18	9318.9		7383	1935.9	6320.9	5.04%	峰
19	8339.9		7383	956.9	5364	2.49%	峰
20	4987.8		2461	2526.8	2837.2	6.58%	峰
21	3861.6		2461	1400.6	1436.6	3.65%	尖峰
22	2850.3		2461	389.3	1047.3	1.01%	峰
残冰量					1047.3		
23		4800			4800		谷
24		4800			9600		谷
总计 (kWh)	140543	38400	103190.3	37352.7		97.27%	

台 2461kW（700RT）制冰/制冷双工况水冷离心机组，夏季夜间制冰，白天制冷。制冰工况乙二醇供/回水温度为−5.6℃/−2.1℃，冷却水供/回水温度为 30℃/35℃；制冷工况乙二醇供/回水温度为 5℃/10℃，冷却水供/回水温度为 32℃/37℃；蓄冰设备根据业主建议采用冰球；选用 3 台乙二醇/水板式换冷器，一次侧（乙二醇）设计供/回液温度为 3℃/10℃，二次侧（空调冷水）设计供/回水温度为 6℃/12℃；冷却水泵、双工况冷水机组的乙二醇泵、冷冻水一次泵（融冰泵）均为三用一备、定流量运行。空调冷、热水系统采用闭式补水定压装置，补水泵一用一备，启泵压力 1.57MPa，停泵压力 1.62MPa；制冷机房设在地下一层，蓄冰池设在地下四层（地下三层、地下四层通高处），冷却塔设在裙房屋顶。

2. 热源

采用燃气锅炉房，锅炉房内设 3 台额定供热量为 3.5MW 的燃气真空热水锅炉供空调供热，锅炉进/出水温度为 60℃/50℃，工作压力为 2.0MPa；另设 1 台额定供热量为 1.51MW 的燃气真空热水锅炉供生活热水换热，锅炉进/出水温度为 80℃/60℃，工作压力为 0.8MPa。锅炉房设于地下一层靠外墙处，烟囱从裙房顶部排出，烟囱出口标高约 18.5m。大堂地板供暖热水采用空调热水，经板式换热机组换热，为地板供暖提供 50℃/40℃的低温热水，换热机组放置于地下一层空调机房内。

五、空调系统形式

（1）空调水系统为四管制系统，夏季冷冻水供/回水温度为 6℃/12℃，冬季空调热水供/回水温度为 60℃/50℃。

（2）空调冷冻水系统为一级泵定流量、二级泵变流量（变频）系统，二级泵根据建筑分区共设置了三组循环泵，其中：公共区域设 2 台冷水循环泵，A 塔楼设 2 台冷水循环泵，B 塔楼设 2 台冷水循环泵；空调热水系统为一级泵、变流量

（变频）系统，设热水循环泵，三用一备，并根据建筑分区设置环路。

（3）空调冷、热水管竖向为异程布置，A、B塔楼外区再热盘管为同程系统；空调及新风机组回水管均设电动动态平衡调节阀，供外区再热盘管和风机盘管的空调水管按区域在其回水管上设压差平衡阀。

（4）定压补水采用闭式定压机组（含囊式气压罐），定压值为1.56MPa，系统补水为软化水。

（5）空调及新风系统设置原则：根据使用功能及防火分区等划分系统。

（6）变风量全空气系统末端采用单风道节流型，冬季外区加热设置：有网络地板的楼层外区采用仅供热运行的对流幕墙加热器，其他楼层外区采用再热型并联式风机动力型变风量末端。

（7）本工程A塔及B塔地上四层及以上各办公层均采用双风机变风量全空气系统，A、B塔楼办公每层设2台双风机变风量机组。

（8）地下一层商场和餐厅、A栋首层餐饮及其大厅设置全空气定风量空调系统，气流组织方式为散流器或旋流风口顶送、单层百叶顶回。

（9）地上其他公共区域，设置双风机变风量全空气系统，气流组织方式为散流器顶送、单层百叶顶回。

（10）地下一层管理办公室设置吊装式空气处理机组送新风，气流组织方式为散流器顶送。

（11）全空气空调系统均可根据室内外气象参数，通过焓值控制，调节新、回风的比例达70%以上；空调系统设防冻运行功能，以维持房间温度不低于5℃。

（12）为保证室内空气品质，空调及新风机组均设置板式初效过滤和平板式电子除尘净化器，节能防疫。

（13）空气加湿采用高压微雾式加湿器，加湿水的利用率应大于或等于70%。

六、通风、防排烟及空调自控设计

（1）汽车库平时通风按6次/h换气设计机械通风系统，并辅以诱导风机设置，诱导风机由车库CO浓度限值控制启停。

（2）厨房设全面排风及局部排油烟净化系统，及其补风考虑一部分由餐厅的空调风补入，另外

对应设置新风机组补风，其夏季降温至28℃，冬季将新风加热至15℃后送入厨房，厨房补风量约为排风量的70%。

（3）厨房排风主要由裙房屋顶排出，因此要求排油烟净化机组的过滤净化效率大于85%，并具有除油除味功能。

（4）自行车库平时通风按3次/h换气设计机械通风系统。

（5）设备用房均设机械通风系统。换气次数：水泵房及制冷机房取4次/h，中水机房取8次/h，变配电室取8次/h；

（6）锅炉房设机械进、排风兼事故排风系统，排风量按12次/h换气次数计算，送风量取15次/h。送风机、排风机均采用防爆风机。

（7）卫生间共设四个集中排风系统：A塔竖向16层为界、B塔竖向以13层为界各设2个排风系统，排风机均设在塔楼屋顶，从高位排出。

（8）根据《高层民用建筑设计防火规范》设置防烟及排烟系统。

（9）本工程自动控制采用集散式中央监控管理系统，由现场传感器、执行器、现场控制器、系统控制器、中央监控管理器组成。集散式中央监控管理系统应具有：监视功能、显示功能、操作功能、控制功能、数据管理功能、通信功能、安全保障功能。

（10）冰蓄冷系统自控要求：部分负荷蓄冰系统运行比较复杂，对控制系统的要求相对较高，除了保证各运行工况间的相互转换及冷冻水、乙二醇的供回水温度控制外，还应解决主机与蓄冰设备间的供冷负荷分配问题。控制系统应根据测定的气象条件及负荷侧回水温度、流量，通过计算预测全天逐时负荷，然后制定主机和蓄冰设备的逐时负荷分配（运行控制）情况，控制主机输出，最大限度的发挥蓄冰设备融冰供冷量，以便充分发挥蓄冰系统节约电费的功能。

七、心得与体会

（1）采用冰蓄冷技术，充分利用夜间富余电力蓄能，减少能源浪费，有效缓解白天用电高峰的电力负荷紧张；自备燃气真空热水锅炉效率较高，安全性好。韩国业主建议蓄冰设备采用冰球，但是缺少大体量封装式蓄冰（冰球）释冷曲线的

资料，仅参考文献中曲线做设计日释冷设备选型。

（2）空调冷冻水采用二级泵系统和大温差，有效节约输送能耗，同时合理采用变频控制技术，以节省能源；四管制水系统满足内外区同时供冷热的需求。冷、热计量便于管理、核算；各级平衡阀的设置保证管路动态水力平衡。由于水系统竖向不分区，下层设备承压较大，阀门均为不锈钢阀芯，初投资相应增加。

（3）空调末端大量采用变风量空调技术，在满足人员舒适的同时节约能源；尽可能利用天然冷源，全空气系统过渡季均可通过焓值控制技术实现不小于70%新风量的运行工况；空调及新风机组设置两级除尘净化装置有效控制室内颗粒物浓度满足健康标准。由于条件限制，部分空调机房偏小，安装、维护困难。

国际种子联合会第 75 届
世界种子大会五星级酒店项目^①

- 建设地点　　北京市
- 设计时间　　2013 年 9 月～2014 年 9 月
- 竣工日期　　2014 年 5 月
- 设计单位　　中国中元国际工程有限公司
- 主要设计人　赵文成　张　娜　杨　红
- 本文执笔人　赵文成
- 获奖等级　　二等奖

作者简介：
　　赵文成，教授级高工，1985 年毕业于湖南大学暖通空调专业，本科；工作单位：中国中元国际工程有限公司；主要设计：北京中旅大厦酒店工程、北京市朝阳医院、北京大学人民医院北院区、宜昌中心医院等。

一、工程概况

　　国际种子联合会第 75 届世界种子大会五星级酒店项目，位于北京青龙湖国际文化会都核心区 A-04 地块。总建筑面积 85647m²，其中地上建筑面积 59345m²，地下建筑面积 26302m²。本工程地上 10 层，地下 2 层，建筑物高度 34.95m，属一类高层建筑。

　　本项目为股份制公司东方集团投资建设，由美高美酒店管理公司运营的五星级会议型酒店。项目建设的首要目标是为了满足北京市政府在 2015 年 5 月 26 日至 5 月 28 日在此承办国际种子联合会第 75 届世界种子大会。酒店的功能设计均按国际种子联合会的会议标准、酒店管理公司的标准进行。各层功能如下：

　　（1）地下二层设有生活水泵房、消防水泵房、中水处理机房、洗衣房、员工更衣淋浴、办公等及汽车库等。

　　（2）地下一层设有冷冻机房、锅炉房、换热站、变配电所、中餐厅、西餐厅、员工餐厅、厨房、经营区等。其中，经营区为多个大空间区域，会议期间作为种子交易、展示、会谈、论坛区域。在会议结束后，将这些大空间改成小隔间的康体娱乐区，该区域包括：KTV、KTV 兼影视厅、MGM 影视厅、中医养生、SPA 足浴、棋牌、乒乓球室、桌球室、特色餐厅等。

　　（3）首层设有大堂吧、前台、全日餐厅、厨房、泳池、健身房、商业、宴会厅及前厅、会议室。

　　（4）二层设中餐厅、厨房、办公室、会议室等。

　　（5）三～八层为客房、服务用房等。

　　（6）九层为行政酒廊、总统套、服务用房。

　　（7）屋顶设备层为空调机房、新风机房及水箱间。

建筑外观图

二、工程设计特点

1. 采用了冷凝热回收技术

　　（1）冷冻机房内两台螺杆式冷水机组热回收冷凝器在制冷的同时制取 45℃/40℃热水，供至换热站用于生活热水的预热，在设计负荷下，可将生活热水由 10℃预热到 30℃，回收热量为

---

①　编者注：该工程设计主要图纸参见随书光盘。

1080.3kW/台。目前，实际运行时可以预热到35℃。

（2）热回收热水泵采用变频控制，水泵根据供回水温度差调整转数，以此达到节能的目的。

2. 采用了消防水池做水蓄冷技术

夏季利用消防水池作水蓄冷系统，消防水池总容量为900m³，可蓄冷量为4106kWh，两台螺杆机中的一台在电价的低谷时间段（夜晚23：00～早7：00）运行约5h，制取4℃的冷冻水，蓄存在消防水池内。在电价的尖峰时（10：00～11：00），开启释冷泵，经板换交换成7℃/12℃的冷冻水供给空调系统。

3. 采用了冬季冷却塔供冷技术

冬季利用冷却塔加板式换热器制取11.7℃/13.7℃的冷冻水供给空调内区，而且采用的供冷板式换热器与夏季水蓄冷系统的释冷板式换热器为同一组板式换热器，节省了工程造价和机房面积。

4. 采用了泳池热回收技术

该项目泳池室内空间面积886m²，层高10m，游泳池面积312.5m²，除湿负荷为54kg/h。

（1）为了维持泳池高质量的室内环境，除湿是重要的保障措施。传统的除湿方式是通过大量的通风，排出室内高湿度的空气，补进干燥室外空气。这一方案会造成大量的能源消耗。除湿热泵机组则利用"热泵"技术，在除湿的同时，回收冷凝热用于加热池水或空气，大大减少对能源的需求。

（2）防结露传感器安装在室内防结露最不利点上，当其感应该点温度降低至室内空气露点温度2.8℃范围之内时，热泵型除湿机会自动调低湿度控制，使该点温度始终高于室内空气露点温度，以防止结露。

5. 采用了变风量VAV技术

会议期间，地下一层各个高大空间的交易、论坛会场，均采用了双风机全空气空调系统，在会议过后，该部分功能改为康体娱乐，分隔成小空间的KTV、KTV兼影视厅、MGM影视厅、中医养生、SPA足浴、棋牌、乒乓球室、桌球室、特色餐厅等。本项目会后的空调系统，在保留各个空调机组不变的前提下，改为了7套全空气VAV系统，各个房间空调末端采用单风道型VAV BOX，空调机组采用定静压法控制。由于该部分均为空调内区，在过渡季和冬季均可以充分利用室外风降温。节省空调能耗。

三、设计参数及空调冷热负荷

1. 室外设计参数

（1）夏季空调室外计算干球温度：33.5℃；

（2）夏季通风室外计算温度：29.7℃；

（3）冬季空调室外计算干球温度：－9.9℃；

（4）冬季通风室外计算温度：－3.6℃；

（5）夏季空调室外计算湿球温度　$t＝26.4℃$；

（6）冬季空调室外计算相对湿度 ＝44%；

（7）大气压力：夏季$P＝1000.2hPa$，冬季$P＝1021.7hPa$。

2. 室内设计参数（见表1）

3. 空调冷热负荷

（1）夏季总冷负荷为4984kW；

室内设计参数　　　　　　　　　　　　　　　　表1

区域	干球温（℃）		相对湿度（%）		新风	排风	噪声（dB）
	夏季	冬季	夏季	冬季			
客房	22	21	50	45	100m³/h	—	NR35
大堂吧	25	20	45	40	30m³/（h·人）	＋5%	NR38
餐厅、包间	22	21	50	40	30m³/（h·人）	＋5%	NR38
卫生间	24	21	—	—	—	12次/h	—
会议室	22	21	50	40	40m³/（h·人）	新风－10%	NR38
贵宾厅	22	21	50	40	40m³/（h·人）	新风－10%	NR38
更衣室	24	21	—	—	－10%	6次/h	NR38
游泳池	29	28	65	60		新风＋10%	NR38
健身	24	21	50	40	50m³/（h·人）	—	NR38
桑拿区	26	25	—	—	－20%	10次/h	NR38

（2）冬季空调、通风热负荷为6308kW；

（3）散热器负荷160kW；

（4）地板供暖热负荷为680kW；

（5）冬季内区冷负荷估算为776kW。

四、空调冷热源及设备选择

冷源采用两台1758kW离心式冷水机组和两台981kW全热回收型螺杆式冷水机组，其中一台离心式冷水机组变频，使得制冷系统在各种负率的情况下均能处于高效运行。

冷冻机房内两台螺杆式冷水机组热回收冷凝器在制冷的同时制取45℃/40℃热水，供至换热站用于生活热水的预热，在设计负荷下，可将生活热水由10℃预热到30℃，回收热量为1080.3kW/台。

夏季利用消防水池作水蓄冷系统。

热源由热交换站分别供给60℃/50℃空调热水和50℃/40℃供暖热水。

五、空调系统形式

（1）本工程采用集中空调，空调水系统为一次泵末端变流量系统。风机盘管水系统为分区两管制异程式，外区冬季供暖夏季供冷，内区四季供冷。空调机组、新风机组为两管制异程式，冬季供暖夏季供冷。

（2）地下一层西餐厅、中餐厅、员工餐厅、特色餐厅走廊区域、首层宴会厅及其前厅、大堂及大堂吧、自助餐厅、游泳池、健身房、二层中餐厅、会议前厅、主楼客房走廊等大空间采用一次回风全空气空调系统。均为双风机。客房走廊采用条线送风口减少送风风速，提高客人的舒适性。

（3）地下一层中医养生区域和足浴区域采用风机盘管＋新风系统＋排风系统热回收，冬季供暖夏季供冷。

（4）地下一层下列区域采用全空气变风量（VAV）系统，采用单风道变风量末端，调节各个房间温度。采用定静压法控制送风机的风量。

1）KTV区域采用全空气变风量（VAV）系统＋排风系统。

2）KTV兼影视厅、MGM影视厅区域采用全空气变风量（VAV）系统＋排风系统。

3）SPA区域采用全空气变风量（VAV）系统。

4）一层桌球乒乓球、棋牌区域采用全空气变风量（VAV）系统。

5）休息厅区域采用全空气变风量（VAV）系统。

6）特色餐厅区域采用全空气变风量（VAV）系统。

7）休息厅走廊区域采用全空气变风量（VAV）系统。

（5）配楼客房各层走廊及电梯厅设全新风空调系统，新风由各层的服务间排出室外。

（6）客房、二层会议及办公均为风机盘管＋新风系统＋排风系统热回收。客房的新风系统沿竖向设置，采用板式热回收新风机组，新风机组设在顶设备层内。

（7）地下一层消防/安防控制室、程控及网络机房、消防电梯机房采用独立的分体空调。

六、通风、防排烟及空调自控设计

（1）冷冻机房内设备及冷却塔的控制由机房群控系统控制。

（2）开机顺序：冷却塔风机—冷却水阀—冷却泵—冷冻水阀—冷冻泵—制冷机组；关机顺序与开机顺序相反。相关设备的开/关需经确认后才能开/关下一设备，如遇故障则自动停泵。

（3）空调冷却水系统：当制冷机组只有1台运行时，群控系统将启用冷却塔节能运行程序，增加实际布水的冷却塔台数，而不开冷却塔风机，用加大水与空气热质交换面积的方法，提高冷却水散热降温的能力；当冷却塔全部通水，且其出水温度也已升到30℃时，群控系统即恢复一机一塔的程序控制，并同时启动投入运行的冷却塔风机，用强制通风强化热质交换。

（4）在春秋季节，当室外温度过低时，控制系统将打开冷却水旁通阀门使冷却水回水温度上升为适当的温度。当水温接近最优点时，旁通阀门再逐步关闭。通过旁通阀门进行调节并保持冷却水温度的稳定。

（5）机组和水泵的运行次序，可以做定期的轮换，也可以由操作员通过控制系统直接调整设备运行的次序。

（6）健身房、宴会厅、大会议室设计二氧化碳浓度监测系统，自控系统根据二氧化碳浓度实现最小新风比的控制。

（7）用于防排烟的风机及兼用风机均由消防控制中心控制。平时使用的通风机及空调设备均由楼宇自控系统控制。

（8）厨房、燃气表间、燃气锅炉房的事故排风机与燃气探头联锁，当探测到燃气泄漏后自动启动事故排风机。

（9）冷冻机房的事故排风机与制冷剂探头联锁，当探测到制冷剂泄漏后自动启动事故排风机。

（10）高大中庭的防排烟：本项目顶部楼层即九层回廊设置全降式挡烟垂帘，当中庭防火分区一～八层火灾报警后，由消防联动控制器联动控制电动全降式挡烟垂帘的降落，并接收其反馈信号。当中庭防火分区九层火灾报警后，全降式挡烟垂帘不动作。火灾报警后，启动有关部位的防烟风机、排烟风机、补风机、排烟口、排烟防火阀等，并接收其反馈信号；当280℃防火阀动作后联锁关闭排烟风机，接收其反馈信号。在消防控制室可直接手动启动排烟风机、防烟风机、补风机。

七、心得与体会

随着城市综合体、综合办公、酒店等项目规模、档次的不断提升，暖通空调专业在设计时应综合考虑建筑的特点、当地的气象条件、能源状况和政策，在满足安全可靠、经济舒适的前提下，选择应用各种节能设备和技术，使工程更加节能、更具有前瞻性。

1. 蓄冷系统的技术经济比

蓄冷机组年能耗估算如表2所示。

蓄冷机组年能耗估算表 表2

	北京峰谷电价时间	7、8、9月共计92天					
	北京峰谷电价时段	高峰时段 8：00～11：00/18：00～23：00					
		非峰谷时段 11：00～18：00/7：00～8：00					
		低谷时段 23：00～7：00					
		计算时间	运行天数（d）	电价（元）	主机功率（kW）	耗电量小计（万度）	年耗电量（万元）	年节约电费（万元）
蓄冷（小时）	1：00～5：00	5	92	0.3418	184	11.8496	4.05	
释冷（小时）	10：00～11：00	1	92	1.2822	184	1.6928	2.17	9.52
	11：00～13：00	2	92	1.4	226	4.1584	5.82	
	18：00～19：00	1	92	1.2822	226	2.0792	2.66	
	20：00～21：00	1	92	1.4	226	2.0792	2.91	

由表2可知，当每年7、8、9月每天均蓄冷5h时，年节约电费9.52万元，蓄冷设备增加初投资费用约27万元，2.8年即可收回成本费用，非常经济。

2. 冷却塔供冷系统的技术经济比

根据本工程的冷水机组配置情况，两台小型螺杆机组的标准工况耗电量为184kWh，按照冬季冷机运行节能30%考虑，冷机耗电量估算为128.8kWh。

冬季内区按照平均每天10h的空调时间计算。

可节约电量为106×10×128.8＝136528kWh，

按照0.8元/度，则节约电费136528×0.8＝10.9万元

由此可见，冬季有制冷要求的工程，采用冷却塔供冷，还是很经济的。同时，冬季使用冷却塔还要注意以下两点：

（1）冬季使用的冷却塔应单独设置，且应使用防冻型冷却塔；且集水盘、管道也应设置电伴热措施。

（2）冬季和过渡季使用的小冷却塔供回水管道上设置旁通管和温控阀。温控阀应能根据冷机使用和冷却塔直接供冷设置不同的控制温度。

北京电力医院改扩建项目
门诊医技病房楼[①]

- 建设地点　　　北京市
- 设计时间　　　2010 年 10 月～2011 年 08 月
- 竣工日期　　　2013 年 11 月
- 设计单位　　　中国中元国际工程有限公司
- 主要设计人　　袁白妹　孙　苗　李　佳　史晋明
- 本文执笔人　　袁白妹
- 获奖等级　　　二等奖

作者简介：

袁白妹，教授级高级工程师，湖南大学暖通专业本科毕业；供职于中国中元国际工程有限公司；主要设计代表作品：解放军总医院、解放军总医院海南分院、北京大学第三医院等。

一、工程概况

北京电力医院作为"国内知名，行业领先"的未来三级甲等医院，建成后日门诊量 3000 人次，住院床位 1000 床，并将成为实现下列 4 个中心：国家电网医疗中心、国家电网医疗保障中心、国家电网健康管理中心、流动人员密集的区域防病防疫中心。医院紧邻人员密集流动性大、疾病的感染风险高的北京西客站交通枢纽，电力医院成为该区域的防病防疫和医疗需求中心。

门诊医技病房楼是电力医院最重要的建筑，总建筑面积 118580m²，其中地上面积 68780m² 地下面积 49800m²，建筑高度 75m，地上层数 17 层，地下层数 5 层。

建筑外观图

二、工程设计特点

（1）采用温湿度独立控制的溶液调湿技术处理地下室新风，控制地下室医疗功能用房室内相对湿度。

为了充分利用地下空间，本楼地下建筑面积占总面积的 40%，除车库外，还布置有放射治疗、核医学、药库及病案库。地下室四季室内相对湿度大，相对湿度过高对上述医疗功能中的医疗设备危害很大，尤其给细菌滋生及繁殖提供了温床，感控风险增高。针对这个主要问题，本次设计采用温湿度独立控制的溶液调湿新风系统，全年高效节能地控制室内环境的相对湿度，使得地下医疗功能的区域的相对湿度始终控制在 60% 以内。

采用溶液调湿的独立温湿度控制机组，克服了常规空调的下列缺点：1）同时对空气进行降温、除湿，造成能源品位的极大浪费；2）空气过冷后再热，冷热抵消能源浪费严重；3）室内空气品质问题。

（2）采用智能新排风系统，实时监控污染物多、感控风险高、风量变化大区域的空气品质，达到最大限度地满足空气品质要求和最大限度地节约能源的双赢效果。

影像中心、血透中心及产房等区域人员密集、污染物多、感控风险大及空气品质要求高，使得这些区域成为医院新风量最大的区域，同时也是风量波动最大的区域，采用智能新排风系统通过

---

① 编者注：该工程设计主要图纸参见随书光盘。

空气品质传感器控制系统可以达到：1）在各房间中按实际空气品质或空气梯度压差要求实时变化送排风风量，保证房间的空气品质；2）按实际需求风量实时调节送排风量，不但使室内空气达到一个有效合理的循环流动保证空气品质，而且能有效地使风机风量与所需要风量互相匹配，在节约送排风风机耗电量同时节约新风冷量，减少制冷机系统的耗电量，最大限度地节约耗电量。

（3）空调冷源采用蓄冰空调系统，削峰填谷，提高电网的整体运行效率，节约能源和降低运行费用。

采用蓄冰空调系统，是一种从被动转为主动、削减尖峰用电负荷的对策，是一种从被包括工程项目设计具有的特点，创新点等。在电力供应十分紧张的条件下，不但保证空调系统投入正常运行，同时减轻电力系统的高峰负荷，增加电力系统的低谷负荷，提高电网整体的供电效率。空调设计日计算峰值冷负荷为16543kW（4844RT），设计日计算总冷负荷为222272 kWh（65955RTh），空调冷负荷由制冷机和蓄冰槽共同负担，设置3台变频离心式双工况冷水机组（单台标准工况制冷量为3157kW，见图1）和1台离心式（制冷量为2455kW）和2台螺杆式（单台制冷量为1052kW）基载冷水机组，40台蓄冰盘管，蓄冰量13968 RTh。

图1　双工况及机载冷机

三、设计参数及空调冷热负荷

1. 空调房间室内设计参数（见表1）

2. 建筑负荷及指标（见表2）

四、空调冷热源及设备选择

1. 冷源

门诊医技病房楼设人工冷源，除为本楼供冷

空调房间室内设计参数　　　表1

房间名称	夏季 干球温度（℃）	夏季 相对湿度（%）	冬季 干球温度（℃）	冬季 相对湿度（%）	新风量 [m³/(h·人)]（次/时）	噪声 [dB(A)]
病房	26	60	21	40	50	≤37
诊室、候诊	26	60	21	40	(3)	≤47
ICU等洁净区	24	60	22	40	>(3)	≤37
手术室	24	60	24	40	>(6)	≤52
试验室	26	60	20	40	(4)	≤47
药房	26	60	20	40	(3)	≤47
检查室	25	60	21	40	(6)	≤47

建筑负荷及指标　　　表2

类别	数量	建筑（空调）面积（m²）	指标
空调计算冷负荷	13197kW	133770	98.7W/m²
空调计算热负荷	8572kW	133770	64W/m²
总空调新风量	610500m³/h	133770	4.6m³/(h·m²)
回收热量	1648	133770	12.3W/m²
回收冷量	1562	133770	11.6W/m²

外，还为其他建筑供冷（见表3），作为区域供冷中心。

区域供冷中心其他建筑冷负荷　　　表3

建筑名称	临时建筑1	临时建筑2	临时建筑3	临时建筑4	临时建筑5	合计
建筑面积（m²）	13928	644	981	9643	2685	27881
空调冷负荷（kW）	1671	77	118	1157	322	3346

由于北京实行峰谷电价，白天高峰时段电价是夜间低谷时段电价4倍，蓄冰空调系统可以充分利用夜间低谷电力制冷把冷量储存起来供白天使用，避开高峰电力，不但使得空调制冷的运行费用大大降低，而且可以提高制冷系统安全可靠性。

空调设计日计算峰值冷负荷为16543kW（4844RT），设计日计算总冷负荷为222272kWh（65955RTh），空调冷负荷由制冷机和蓄冰槽共同负担，设置3台变频离心式双工况冷水机组（单台标准工况制冷量为3157kW）和1台离心式（制冷量为2455kW）和2台螺杆式（单台制冷量为1052kW）基载冷水机组，40台蓄冰盘管，蓄冰量13968RTh。基载冷水机组全天运行提供冷冻水，双工况冷水机组夜间制冰白天制冷水，制冰介质采用乙烯乙二醇水溶液。冰蓄冷系统采用大温差的冷机上游内融冰串联系统，融冰时乙二醇水溶液温度为3.5℃/11℃，经过板式换热器出7℃/12℃空调冷冻水，基载冷水机组提供7℃/12℃空调冷冻水，与板式热交换器并联供末端使用。冷冻中心位于地下二层。基载冷水机组的冷冻水泵与机组一用一备，双工况冷水机组的乙烯乙二醇变频水泵三用一备。新大楼设置3台不锈钢板式换热器，配4台变频循环水泵三用一备；外网设置2台不锈钢板式热交换器配3台变频循环水泵两用一备。基载冷冻机每台配2台循环水泵，一用一备。

双工况冷水机组白天冷却水温度和基载冷水机组冷却水温度均为32℃/37℃，双工况冷水机组夜间制冰时冷却水温度30℃/33.5℃。

进入冬季以后，手术部等净化空调仍有余热产生，为了充分使用室外冷空气的自然冷却作用，设置1台板式热交换器和冷却塔作为冬季空调冷源，减少冷冻机开启的时间，不单独设置循环水泵，与小螺杆机的水泵共用。节约投资和运行费。

2. 热源

由市政热力提供一次热水（130℃/70℃）为热媒。在热交换站内空调回水经水-水板式热交换器后由50℃提高至60℃供给空调使用，当其中一台停用时，其余换热器的换热量应能满足75%总计算热负荷需要。循环水泵采用变频循环泵，根据供回水压差变频调速。空调热水系统定压是变频补水泵形式定压。冬季系统定压压力为88mH₂O；车库及地板采暖系统定压压力为30mH₂O。

五、空调系统形式

1. 净化空调系统

（1）地下一层中心供应的无菌品库房、六层ICU按Ⅲ级洁净辅助用房设计换气次数为13h⁻¹，分别设置净化空调系统，气流组织为高效送风口

均匀上送，单层竖向百叶均匀下回。

（2）手术部共有18间手术室，每间手术室设一个净化空调系统。Ⅰ级洁净手术室送风量按手术区工作面高度截面平均风速 $v=0.3$m/s 计算，气流组织为手术室专用送风单元集中上送，双侧连续单层竖向百叶下回；6间Ⅱ级手术室送换气次数为36h⁻¹，气流组织为手术室专用送风单元集中上送，单层竖向百叶下回。7间普通Ⅲ级手术室换气次数为22h⁻¹，气流组织为手术室专用送风单元集中上送，单层竖向百叶下回。1间正负压切换Ⅲ级手术室换气次数为22h⁻¹，气流组织为手术室专用送风单元集中上送，单层竖向百叶下排。

（3）十一层妇科手术室设置Ⅲ级手术室1间。手术室为全新风手术室，换气次数为22h⁻¹，气流组织为手术室专用送风单元集中上送，单层竖向百叶下排。

2. 其他空调系统设计

（1）一、二层门厅分别设计低速单风道全空气系统。气流组织为上送上回。全空气系统为新风量可调，最大新风比不低于70%。

（2）CT、加速器等有大发热量设备的检查室、消防控制室、计算机网络机房、楼宇控制中心设变冷媒流量制冷系统空调降温。MRI等有特殊要求的检查室设置专用空调系统。

（3）地下二层至十六层的其他区域设计风机盘管加新风系统＋排风系统。每层设1个新风系统。每间房间设新风口和排风口，新排风口单独设置，风机盘管暗装在吊顶内，气流组织为上送上回。新风机组分别为带显热回收的新排风机组、普通新风机组、智能新风机组、溶液调湿新风机组，根据不同的使用功能设置采用不同的机组形式。

六、通风、防排烟及空调自控设计

1. 通风系统设计

（1）电气及设备用房通风系统设置（见表4）。

电气及设备用房通风系统设置　　　　　表4

房间名称	系统形式	机械送风量	机械排风量（h⁻¹）	备注
变配电室	机械送排风	80%排风量	按变压器有功损耗计算	设空调辅助降温
热交换站、水泵房	机械送排风	（5）	（6）	

续表

房间名称	系统形式	机械送风量	机械排风量（h⁻¹）	备注
冷冻机房	机械送排风	80%排风量	按制冷机负荷计算	设空调辅助降温
压缩泵房	机械送排风	80%排风量	按设备发热量计算	
电梯机房	机械排风自然进风	—	按设备发热量计算	设分体空调辅助降温
煤气表间	机械排风、自然进风	—	（6）	并设事故通风（12h⁻¹）

（2）营养食堂设置机械排风和排油烟系统，排油烟量按排烟罩口吸入风速 0.5m/s 计算，油烟经过静电脱排油烟器处理后排至大气，风机及静电脱排油烟器均设置在屋面。排风系统按照工作时排风量 6h⁻¹ 设置全面排风系统；在使用燃气的食品加工间设置事故通风系统，排风量为 12h⁻¹，与燃气泄漏报警系统联动。

（3）卫生间、污洗间、消毒间设计排风机进行机械排风系统，排风量按 10h⁻¹ 计算。

（4）病理科有强烈异味的房间设计机械排风系统，排风量按 8h⁻¹ 计算。并设通风柜排风，排风设活性炭吸附。

（5）直线加速器、PET/CT、SPET 等，地下室变配电，信息中心、病案室、CR、DR、CT、DSA 等预留气体灭火后排风风机，换气次数为 6h⁻¹。排风口设置在防护区的下部。

2. 防排烟系统设计

（1）地上无外窗且长度超过 20m 的内走道或虽有外窗但长度超过 60m 的内走道均设置机械排烟。地上无外窗且面积超过 100m² 的房间设计机械排烟。排烟量为最大排烟分区面积 120m³/（m²·h）。

（2）中庭设机械排烟系统，中厅体积大于 12000m³，排烟量按 6h⁻¹ 计算。排烟口及排烟风机平时关闭，任何一层着火，均开启排烟风机及排烟口。排烟支管及排烟风机入口均设 280℃ 关闭的排烟防火阀。

（3）地下一层按防火分区设机械排烟系统，排烟量按最大防烟分区 120m³/（m²·h）。同时设置与其配套的送风系统，送风量大于排烟量的 50%。

（4）带有消防电梯的防烟楼梯间设机械加压送风系统；该防烟楼梯间的合用前室设机械加压送风系统；一般防烟楼梯间设置机械加压送风系统；大楼消防电梯前室设机械加压送风系统。

（5）地下车库按防火分区设机械排烟系统平时兼用排风，排烟量按 6h⁻¹。同时设置与其配套的送风系统，送风量为排烟量的 50%。

（6）在合用前室及消防电梯前室设正压送风口，火灾时，打开着火层及相邻上层的正压送风口；在防烟楼梯间地上段每隔两层设一个正压送风口，地下部分每层设一个正压送风口，火灾时，分段开启正压送风口。正压送风口平时常闭，由消防信号和手动开启，设返回信号。

3. 自控系统设计

（1）冷（热）源的控制：冰蓄冷系统自控由蓄冷承包商提供，实现双工况主机单独制冰模式、基载主机供冷＋双工况主机制冰模式、主机与蓄冰装置联合供冷模式、融冰单独供冷模式、主机单独供冷模式的判断和选择。

（2）冷冻水系统的控制：冷冻水系统为一次泵系统；在分、集水器设置压差控制装置及旁通管，保证系统压差恒定及控制流量。

（3）净化空气处理机组控制：净化空气处理机在其回水管上设置静态平衡阀和比例积分电动两通调节阀，按回风温度和湿度调节阀的开度。舒适性空调机组（新风处理机）在回水管上设置静态平衡阀和比例积分电动两通调节阀，按回风温度（送风温度）调节水量。

（4）舒适性空调机组（新风处理机）控制：舒适性新风处理机在回水管上设置静态平衡阀和比例积分电动两通调节阀，按回风温度（送风温度）调节水量。全空气空调系统除设置冷冻水调节外，还增加变新风量的运行控制。

（5）风机盘管装电动两通阀及带温控器的三速开关，根据室内温度自动调节。每层风机盘管回水管设静态平衡阀，调节水量平衡。

（6）设置变频器控制：所有净化空调、空调及新风机组的风机均设置变频器控制风量。

（7）所有空调机、通风机均有远距离起停，就地季节转换及检修开关。

北京市密云县医院新建
项目医疗综合楼①

- 建设地点　　北京市
- 设计时间　　2010 年 5 月～2011 年 4 月
- 竣工日期　　2014 年 10 月
- 设计单位　　中国中元国际工程有限公司
- 主要设计人　黄　中　季　涛
- 本文执笔人　季　涛
- 获奖等级　　二等奖

作者简介：

　　黄中，高级工程师，1997 年毕业于重庆建筑大学城建学院供热通风与空调专业；工作单位：中国中元国际工程有限公司；代表作品：小汤山非典医院、佛山市第一人民医院肿瘤中心、解放军总医院肿瘤中心、河北省人民医院改扩建工程、天津医科大学总医院滨海医院一期工程等。

一、工程概况

　　本工程位于北京市密云县长城环岛东南角，为北京市密云县医院新建项目工程，建设用地面积为 93016.209m²，医疗综合楼内设门急诊、医技及病房。床位数 910 张，建筑面积 118938m²。建筑高度 51.45m，裙房建筑高度 22.35m，地下 2 层，地上 12 层，院区建筑容积率为 1.1，建筑密度 30.7%。

建筑外观图

二、工程设计特点

　　首次工程项目设计中采用了大温差二级泵系统，冷冻水供/回水温度为 5℃/12℃ 的 7℃ 大温差，对于冷站服务半径较大的系统，在节约水泵

运行费方面更有优势，同时也减小了管道尺寸，起到节能节材效果；经计算各系统阻力比较，环路最大阻力差值为 60kPa，因此分区域分系统设置二级泵系统起到很好的节能效果。

　　门诊医技部分区域采用水环热泵空调系统，水环热泵系统通过水系统将常年发热的医疗设备机房及建筑内区的热量转移到外区，为外区供热，从而实现建筑物本身的能量平衡。

　　病房楼、教学楼设置溶液热回收新风机组，对排风的能量进行回收，有效降低了新风的能耗。溶液热回收机组的新排风独立分开了，完全避免了交叉污染的可能性，降低了医院有害物质的传播。

　　门诊大厅为 4 层高挑空大空间，设置地板辐射供暖系统。有效提高了人员活动区域的热舒适性，避免了高大空间上热下冷的情况。

三、设计参数及空调冷热负荷

　　室内、外设计参数如表 1 和表 2 所示。

室外空气计算参数　　　　　表 1

室外气象参数	夏季	冬季
大气压力（hPa）	996.9	1018
空调室外计算日平均温度（℃）	28.7	—
空调室外计算干球温度（℃）	32.6	−14

---

① 编者注：该工程设计主要图纸参见随书光盘。

续表

室外气象参数	夏季	冬季
供暖室外计算温度（℃）	—	−11
通风室外计算温度（℃）	29	−7
空调室外计算湿球温度（℃）	26.2	—
室外机计算相对湿度（%）	77	42
室外平均风速（m/s）	1.9	2.8
最多风向及频率	C25% NE 12%	NE 18%
全年最多风向及频率	C 20%	NE 13%

四、空调冷热源及设备选择

1. 冷源

本工程中冷源共分四部分：门诊医技局部设置水环热泵空调系统，门诊、病房、教学科研楼集中设置冷冻机房，传染楼设置水环热泵空调系统，体检办公楼设置变制冷剂流量多联式分体空调系统。

空调房间室内设计参数　　　　表2

房间名称	夏季		冬季		新风量	对室外静压差	噪声
	干球温度（℃）	相对湿度（%）	干球温度（℃）	相对湿度（%）	[m³/(h·床)]（次/时）	Pa	dB(A)
病房	26	55	20	40	50	0	40
诊室	26	55	21	40	(2)	+	55
候诊室	26	55	20	40	(3)	+	55
分娩室	25	55	23	40	(3)	+	50
婴儿室	26	55	23	40	(3)	+	40
ICU、CCU	25	50	22	50	60	5	50
手术室	24	50	22	50	按规范	8	50
洁净辅助区	26	50	21	45	(3)	5	50
恢复室	26	55	21	45	(3)	5	50
检验、病理科的功能房间	26	55	20	40	(4~6)	—	50
中心供应污染区	26	55	20	35	(6)	—	55
中心供应清洁区	26	55	20	35	(3)	+	55
放射线室	26	55	23	40	(3)	+	55
加速器室	26	55	20	40	(6)	+	55
核医学（高活区）	26	55	20	40	(6)	−15	50
B超、心电图	26	55	23	40	(3)	+	50
办公	26	55	20	40	30	+	45
教室	26	55	20	40	20	+	40
呼吸道病房	26	55	20	45	(6)	—	40
呼吸道诊室	26	55	20	45	(6)	—	55
非呼吸道病房	26	55	20	45	(3)	—	40

制冷机房的供冷区域为医疗综合楼（扣除采用水环热泵系统的区域）、医疗综合楼全楼的新风/空调机组、教学科研楼，设计冷负荷为8550kW。冷冻机房设在医疗综合楼地下一层，共设两台电制冷离心式冷水机组和一台螺杆式冷水机组。离心式冷水机组单台制冷量为3516kW（1000RT），分别配置三台冷却水泵、冷冻水泵，均为两用一备；螺杆式冷水机组单台制冷量为1108kW（315RT），分别配置两台冷却水泵、冷冻水泵，均为一用一备；制冷机装机容量为8140kW。冷冻水供/回水温度为5℃/12℃；冷却水供/回水温度为37℃/32℃。设计选型是按照使用时间、建筑物分布区域及使用特点选择不同的冷源方式。

2. 热源

本项目冬季热源由市政热水管网提供，过渡季热源由院区锅炉房提供，空调加湿由院区锅炉房提供。

五、空调系统形式

（1）医疗综合楼净化空调系统：Ⅰ级手术室、

洁净走廊采用二次回风系统，其他手术室、清洁走廊、CCU、DSA 均采用一次回风系统。

（2）舒适性空调系统

1）医疗综合楼一层住院大厅、门诊大厅及科研办公楼报告厅设置全空气变新风量空调系统。

2）局部门诊、各护理单元、教学科研楼均设置风机盘管加新风系统。

3）局部门诊医技、传染楼设置水环热泵加新风系统。

4）体检办公楼设置变制冷剂流量多联式分体空调系统。

六、通风、防排烟及空调自控设计

1. 通风系统

（1）设备用房设置机械通风系统，呼吸道门诊、呼吸道病房每个病区分别设机械排风系统，排风量大于新风量的 10% 以维持负压，气流流向为：清洁区→半污染区→污染区。地下车库设置排风排烟共用系统，风量按 $6h^{-1}$ 计算。

（2）人防通风。地下二层平时办公库房，战时人防为 5 级急救医院。战时的通风方式为清洁式通风、滤毒通风和隔绝式通风三种方式。

（3）气体灭火后排风。在变配电室、大型医疗设备房间、档案室及信息中心等设置气体灭火的房间，设置气体灭火后机械排风系统，部分排风口设置在房间下部区域。

2. 防排烟系统

防烟楼梯间、消防电梯间合用前室及消防电梯间前室设置独立的机械加压送风系统。地下车库设机械排烟系统，同时设置与其配套的送风系统，送风量为排烟量的 70%。长度超过 20m 的内走廊及有外窗但长度超过 60m 的走廊，设计机械排烟系统。

3. 空调自控系统

冷冻机房冷源的控制：空调冷冻水供回水干管设置温度传感器，回水管设置流量传感器，控制器根据计算负荷控制制冷机及相应冷冻水一次泵、冷却水泵的启停台数。水环热泵系统根据系统压差变频调节循环水泵，供回水管设置温度传感器，回水管设置流量传感器。

七、心得与体会

（1）项目中采用二级泵的原因：本工程占地较大，考虑末端阻力差异及运行时间的不同，设计二次泵水系统，环路分为：净化空调冷水二次泵系统、净化空调冬季热水二次泵系统、门诊及内科病房楼风机盘管二次泵系统、门诊医技及内科病房楼新风/空调机组二次泵系统、教学科研楼及外科病房楼空调二次泵系统。

在水泵选择上，必须充分分析环路负荷特点，保证水泵更长时间运行在高效点。

（2）引入水环热泵的优缺点。医院中医技部分有较多医疗设备，这些设备多数常年散发热量，形成稳定的空调冷负荷，在冬季，尤其是北方地区的冬季，为医疗设备房间的制冷需要投入较大，而且不尽如人意，利用水环热泵的特点，不仅在冬季制冷无忧，而且能使这部分热量用于外区房间的供热，可谓一举两得，因此，本次设计在门诊医技中采用水环热泵系统。与此同时，由于水环热泵机组压缩机在室内，需注意噪声影响。

南开大学新校区（津南校区）1号能源站工程①

- 建设地点　　　天津市
- 设计时间　　　2010年1~7月
- 竣工日期　　　2012年6月
- 设计单位　　　天津市建筑设计院
- 主要设计人　　宋　晨　王　砚　秦小娜　王东博
- 本文执笔人　　宋　晨
- 获奖等级　　　二等奖

作者简介：

宋晨，工程师，2006年毕业于河南科技大学建筑环境与设备工程专业；主持了生态城公屋展示中心"零能耗"建筑，南开大学1#集中能源站等数十项工程设计及咨询工作。

一、工程概况

南开大学新校区1号集中能源站，位于南开大学津南新校区中央核心教学区内，能源站建筑面积3430m²，建筑地上高度5.85m。1号集中能源站所服务的单体建筑包括体育馆、公共教学楼、综合试验楼、图书馆及综合业务楼（东、西），总建筑面积为219407m²，最大供冷、供热半径为540m。

建筑外观图

二、工程设计特点

（1）根据校区建筑使用特性及分布区域，制定集中能源站设置位置及负担区域。

（2）采用带冷热调峰土壤源热泵系统，冷调峰为冷却塔，热调峰为燃气热水机组。在充分利用可再生能源的同时，合理确定冷、热调峰形式及容量，保证系统长期的高效运行。

（3）采用分区域二级泵的输配方式，根据单体建筑使用性质及所处位置设置二级泵组，降低输配能耗及能源浪费。

三、设计参数及空调冷热负荷

1. 设计参数

（1）室外气象参数（见表1）

室外气象参数　　　　　　　　　　表1

项目名称	数值	项目名称	数值
夏季空调室外计算干球温度	33.9℃	冬季空调室外计算相对湿度	56%
夏季空调室外计算湿球温度	26.98℃	冬季通风室外计算温度	−3.5℃
夏季通风室外计算温度	29.8/℃	冬季室外平均风速	4.8m/s
夏季室外平均风速	2.2m/s	冬季主导风向	NNW
夏季大气压力	100.52kPa	冬季大气压力	102.71kPa
季空调室外计算温度	−9.6℃	最大冻土深度	58cm

（2）室内设计参数（见表2）

室内设计参数　　　　　　表2

房间名称	室内温度℃		换气次数（h⁻¹）
	夏季	冬季	
办公室	26	20	—
监控室及设备间	26	20	—

---

① 编者注：该工程设计主要图纸参见随书光盘。

续表

房间名称	室内温度℃		换气次数 (h⁻¹)
	夏季	冬季	
主机房	≯30	≮10	4
10kV 开闭站	≯30	≮16	6
配电间	≯30	≮16	6
锅炉房	≯30	≮10	12
维修用库房	—	—	2

2. 设计负荷

（1）设计单位提供的各单体建筑峰值空调冷、热负荷如表 3 所示。

单体建筑冷热负荷　　　表 3

建筑名称	建筑冷负荷（kW）	建筑热负荷（kW）
体育馆	2524	1942
活动中心	1441	1296
图书馆	3369	4075
综合业务楼东配楼	1001	831
综合业务楼西配楼	795	767
公共教学楼	5932	3616
综合试验楼	5521	3892
1 号能源站	30	20

（2）能源站供冷、供热峰值负荷：能源站设计日峰值供冷负荷 20613kW，供热负荷 16439kW。

四、空调冷热源及设备选择

1. 供冷、供热系统方案概述

设有调峰冷、热源的地源热泵系统。其中，调峰冷源为冷却塔；调峰热源为真空燃气热水机组；系统配置 6 台离心式水源热泵机组及两台真空燃气热水机组；地源热泵系统的土壤换热器设于南开湖底及周边区域及能源站所在周围区域；系统采用分区域二级泵系统，通过两管制室外管网，直接向单体建筑供冷、供热。供冷参数：6℃/13℃，供热参数：48℃/38℃。

2. 系统配置

（1）调峰冷源

1）形式——鼓风式冷却塔；

2）容量——4 台，单台循环水量 620m³/h；

3）设计工况参数——32℃/37℃；

4）安装部位——下沉式安装，设于冷却塔基坑内；

5）冷却水泵——设置于能源站内，通过母管并联成组。

（2）调峰热源

1）机组形式——冷凝式燃气热水机组；

2）机组台数——2 台

3）机组参数——2800kW；

4）与主体热源的连接方式——串联。

（3）主机

1）机组形式——离心式水源热泵机组；

2）机组台数——6 台；

3）机组参数——单台机组名义制冷量：3500kW；名义制热量：3300kW。

（4）埋管换热器（地埋管）

1）土壤换热装置——双 U 形垂直式埋管换热器；

2）取、放热能力——依据热响应测试报告：35℃工况，排热量约为 64.2W/m；5℃工况，取热量约为 41.7W/m；

3）布井方案——钻孔数 1810 口、孔深 120m、孔间距 5m、钻孔直径为 Φ200mm；

4）水平集管形式——单管区域集中＋检查井式；

5）连接方式——系统制冷时，地源侧水系统与冷却塔水系统以双母管形式接入机组冷凝器，即任意一台机组均可通过地源或冷却塔排热；系统制热时，地源侧水系统借用夏季用冷冻水母管接入机组蒸发器，实现自地源取热，同时系统水借用夏季地源侧母管接入机组冷凝器。

（5）主要技术参数（见表 4）

供冷、供热系统主要技术参数　　　表 4

负荷				地源侧参数	制冷	30℃/35℃
	冷负荷	20613kW			制热	5℃/8℃
	热负荷	16439kW				
系统供冷参数	水源热泵主机供冷		6℃/13℃	冷却水参数		32℃/37℃
子系统供热参数	水源热泵主机供热		38℃/45℃	系统供热参数	主机＋真空燃气热水机组供热	38℃/48℃
	真空燃气热水机组供热		45℃/48℃			

五、空调系统形式

1. 空调水系统

（1）形式：采用两管制、一级泵定流量、二级泵变流量、冷热水共用型空调水系统，通过机房空调水系统阀门切换实现供冷、供热两种运行模式的转换；将供应的各单体建筑分设为3个供能分区，分别为体育馆供能分区；大学生活动中心、公共教学楼、综合试验楼供能分区；图书馆、综合业务楼东、西配楼供能分区，按不同供能分区设置三套二级泵系统。

（2）定压补水：采用隔膜式定压补水装置，系统定压压力0.55MPa，系统可能出现的最大压力为1.15MPa。

（3）水质保证：采用物理与化学处理方式相结合，其物理方式处理设备为快速直通过滤器与Y形过滤器，化学处理方式为自动加药装置，同时采用旁滤方式保证系统水质。

2. 地源侧水系统

（1）形式：一级泵、两管制、定流量系统；

（2）定压补水：采用隔膜式定压补水装置；

（3）水质保证：采用物理方式，其处理设备为快速直通过滤器与Y形过滤器，同时采用旁滤方式保证系统水质。

六、空调自控设计

1. 机房群控系统

采用基于PLC的机房群控系统实现制冷与供热系统的自动运行与调节，体现为：

（1）根据运行策略自动决定制冷与供热系统的状态。

（2）在制冷工作状态时，实现以下功能：

1）无论何种工况，都能根据主机负荷率，辅之以由主机蒸发器进水温度判断的负荷变化趋势，自动决定主机及相应的一级泵与地源侧循环系统/冷却水循环系统的投入或退出。

2）根据以下要求实现制冷系统的安全运行：制冷系统的启动顺序：系统一级泵、地源泵/冷却水泵启动→冷却塔风机根据冷却水水温启动或停止→水源热泵机组自动启动→系统二级泵启动。制冷系统的关闭顺序：关闭系统二级泵→水源热泵机组、冷却塔风机同时关闭→延时5min→关闭系统一级泵、地源泵、冷却水泵。

蒸发器进水管、冷凝器进水管均设置水流开关及开关型电动两通阀，实现机组保护与系统的卸载运行。

3）根据"等运行时间原则"自动均衡设备运行时间，延长其使用寿命。

（3）在供热工作状态时，实现以下功能：

1）根据运行策略自动实现主机与调峰热源的运行匹配，在保证土壤"年度"热平衡的前提下，充分利用土壤源的供热能力。

2）能根据主机运行负荷率，辅之以由主机冷凝器进水温度判断的负荷变化趋势，自动决定主机及相应的系统一级泵与地源侧循环系统的投入或退出。

3）根据系统回水温度，自动决定真空燃气热水机组的加载、卸载或投入、退出。

4）根据以下要求实现制热系统的安全运行：供热系统的启动顺序为：系统一级泵、地源泵启动→水源热泵机组及真空燃气热水机组自动启动→系统二级泵启动。供热系统的关闭顺序为：关闭系统二级泵→关闭水源热泵机组及真空燃气热水机组→延时5min→关闭系统一级泵、地源泵。

蒸发器进水管、冷凝器进水管均设置水流开关及开关型电动两通阀，实现机组保护与系统的卸载运行。

5）根据"等运行时间原则"自动均衡设备运行时间，延长其使用寿命。

2. 水源热泵主机

水源热泵主机接受由机房群控系统发出的工作指令，根据机组运行负荷率，辅之以由蒸发器进水温度判断的负荷变化趋势，自动决定机组及相应循环系统的投入或退出。

3. 真空燃气热水机组

首先关闭真空燃气热水机组旁通开闭阀，根据系统回水温度判断，实现真空燃气热水机组的加、卸载。

当供水系统的供水温度达到45℃时，系统回水温度仍高于38℃，关闭真空燃气热水机组，开启真空燃气热水机组旁通开闭阀，实现水源热泵机组独立供热。

4. 埋管换热器（地埋管）

根据土壤温度监测，通过土壤及土壤换热器出水温度的变化，自动控制土壤换热器工作状态

（运行或不运行），并在需要时开启冷却塔。根据土壤热平衡情况，夏季调节冷却塔开启时间，冬季调节真空燃气热水机组的使用比例，确保地源热泵系统长期、稳定、可靠运行。

5. 介质输配与水质保证系统

（1）系统一级水泵：根据对应机组开启、关闭，实现一级水泵的加、卸载，实现恒流量运行，在管网阻力发生变化时，根据恒定流量原则调节水泵变频。

（2）系统二级水泵

1）恒定水系统最不利环路（或最不利环路组）资用压差，辅之以供回水温差控制，实现对系统循环泵的变频控制。

2）在保证压差设定值的前提下，以输送效率最高实现循环泵组群控。

（3）地源侧循环泵与冷却水系统循环泵

根据实测流量与设定流量的比较，调节地源侧循环泵台数，流量设定值由机房群控系统根据负荷控制要求在线设定。

地源侧与冷却塔系统采用双母管形式接入主机。供冷时根据地温监测及末端负荷需求，手动转换各台机组接入的系统（即接入地源侧系统或冷却塔系统），相应循环水泵自动加载或卸载；供热时根据热泵机组的加载与卸载联动地源泵的加载与卸载。

（4）定压补水与水质保证系统

1）启动或调节补水泵以恒定水系统定压压力；

2）根据定期的水质分析，采取定时定量的加药处理。

6. 自动控制系统应实现但不限于对下列数据的监测与显示：

（1）系统涉及各种运转设备的工作状态；

（2）系统供、回水温度、流量、压差与输出的冷、热量；

（3）系统总电功率；

（4）系统能效比；

（5）冷却塔系统进出水温度、流量、压差；

（6）土壤埋管换热器系统进出水温度、流量、压差；

（7）土壤埋管换热器系统不同区域、不同深度温度；

（8）真空燃气热水机组供、回水温度、流量、压差；

（9）各单体建筑换热器系统一次侧供、回水温度、流量、压差。

七、心得与体会

（1）集中能源站设计工况，供冷系统 $COP=4.05$，供热系统 $COP=3.46$。

（2）从 2016 年 1 月 1 日，0：00 至 2016 年 3 月 18 日 9：00，集中能源站供热量 13682MWh，折合单位建筑面积供热量 $62kWh/m^2$。按照 11 月 15 日至 3 月 15 日为标准供热季推算，单位建筑面积供热量 $96.96kWh/(m^2 \cdot a)$。地源侧取热量 8315MWh。

（3）实际系统供热 $COP=2.54$。

五矿（营口）产业园企业服务中心工程暖通空调系统①

作者简介：

张志刚，教授级高级工程师，1989年毕业于哈尔滨建筑工程学院暖通空调专业，获硕士学位；现在大连市建筑设计研究院有限公司工作；代表作品：大连万达中心、大连机场扩建工程·航站楼、沈阳铁西万达广场、大连国贸中心大厦、大连天兴罗斯福、大连希尔顿酒店、哈西万达酒店项目机电设计（机电顾问）、旅顺文体中心等。

- 建设地点　　辽宁省营口市
- 设计时间　　2008 年 08 月～2012 年 04 月
- 竣工日期　　2012 年 04 月
- 设计单位　　大连市建筑设计研究院有限公司
- 主要设计人　张志刚　叶金华　郝岩峰　谭福君
　　　　　　　周祖东　祝　金　王小桥　刘　洋
　　　　　　　王宇航　方　熙　王　晶　刘晓鹏
　　　　　　　张雅茗
- 本文执笔人　张志刚　王小桥
- 获奖等级　　二等奖

一、工程概况

本工程位于辽宁（营口）产业园基地，中国五矿（营口）产业园一期核心位置，西临滨海大道，北临新城大街，南临新富大街和荣华路，东临兴工路。用地面积为 31894m²，容积率为 2.19。总建筑面积为 86931.5m²（其中地上面积为 67151.5m²，地下面积为 19780m²），建筑总高度为 96.75m。地下 2 层，地上 21 层，建筑性质为综合性酒店、办公建筑。

建筑外观图

地下 2 层为地下车库，局部人防为平战结合，平时功能为汽车库和设备用房。裙房 3 层，一层

是展示厅、多功能厅、报告厅、接待厅、咖啡厅；二层是宴会厅、西餐厅、特色酒吧；三层是大宴会厅、中餐包房；四～十二层为酒店客房；十三～二十层为五矿（营口）集团办公使用。

二、工程设计特点

（1）本工程冷热源采用水源热泵，满足过渡季、冬季供暖和夏季制冷的需求，满足全年生活热水的需求。水源热泵利用可再生能源，水源热泵可一机多用，节约水资源，环保效果显著。

（2）本工程选用 3 台螺杆式水源热泵机组负责供暖和制冷，选择一台螺杆式水源热泵机组负责生活热水，将机组分开有如下好处：由于生活热水需巴氏灭菌，一般为 55～60℃，不能降低。当冬季供暖负荷较低时，可降低供暖水源热泵机组的供水温度，一般可降到 45℃。机组分开后。可单独降低供暖水源热泵机组的供水温度，也降低了机组的冷凝温度，提高了水源热泵机组的 COP 值，节约能源。

（3）夏季和过渡季，生活热水用水源热泵机组可在蒸发器侧提供冷冻水进行制冷，在冷凝器侧提供生活热水，既实现免费制冷，一机两用，两边收益，COP 值高，节能效果显著。

---

① 编者注：该工程设计主要图纸参见随书光盘。

（4）本工程通过系统设计，使水源热泵系统满足空调末端四管制的要求。空调水系统采用四管制，解决了过渡季和冬季裙房内区需要制冷，外区需要供热的问题，也满足了不同地区、不同客人对客房区不同的温度要求。

（5）根据五矿（营口）提供的水文地质资料，井水中的 CL^- 含量 3210.91mg/L，SO_4^{2-} 含量 685.0mg/L，属于中等腐蚀性水质，不适合使用钢筋水泥混凝土井管，更不适合使用碳钢井管。为了防腐，取水井和回灌井全部采用 PE 塑料井管，其他所有与井水有关的供回水管路，也是全部采用 PE 塑料管材，井水和进入水源热泵机组的水源水之间采用钛板板式换热器间接连接，井水不会对水源热泵机组产生腐蚀。通过上述措施，解决了水系统的防腐问题。

（6）本工程采用了封闭式等量取水还水（小井回灌）技术，采用气水分离除沙器，将井水中的气体和泥沙分离，实现封闭式加压回灌，并以一抽多灌微量注灌方式进行回灌。实现气水分离和封闭式加压回灌的目的，在于让井水从取出到回灌地下过程中不与空气接触，不会发生氧化反应，保持水质不变，不会产生氧化物、黏稠物、微生物阻塞回灌井，不会把氧气带入地下氧化阻塞含水层，不需要回扬洗井也能保证井水长久轻松回灌。一抽多灌微量注灌适合在营口这种地下水位很浅，而且地下含水层渗透系数很小的地方等量取水还水。

（7）由于回灌井数量多、分布广，和传统的对井回灌线性贮能相比，能在地下很大范围内吸收贮存能量，解决了水源热泵工程土壤热平衡问题。

三、设计参数及空调冷热负荷

1. 室外计算参数
室外计算参数参见营口地区气象参数。

2. 室内设计参数
室内设计参数见表1。

室内设计参数　　　　　　　　　　　　　　　　　　　　表 1

房间名称	夏季		冬季		人员密度	新风量	允许噪声值
	温度（℃）	相对湿度（%）	温度（℃）	相对湿度（%）	m²/p	[m³/(h·p)]	[dB（A）]
大堂	25	60	20	40	10	10	≤45
办公	25	60	20	40	8	30	≤45
客房	23	50	22	40	2 人/间	100m³/（h·间）	≤40
会议室	25	60	20	40	2.5	30	≤45
多功能厅	25	60	20	40	2.5	30	≤45
餐厅	25	60	20	40	2	30	≤45

3. 空调冷热负荷
本项目的空调冷热负荷采用浩辰软件计算，对空调区的冬季热负荷和夏季逐时冷负荷进行计算，结果见表2。

空调冷热负荷　　　　　表 2

空调建筑面积（m²）	空调冷指标（W/m²）	空调冷负荷（kW）	空调供暖建筑面积（m²）	空调热指标（W/m²）	空调热负荷（kW）
71426	58.8	4200	86931.5	58.7	5100

给排水专业提供的本工程的生活热水最大小时负荷为 870kW。

四、空调冷热源及设备选择

1. 空调冷热源及设备选择
本工程选择了两个方案，方案一为水源热泵冷热源方案，选择了 3 台高温螺杆式水源热泵机组，单台制热量 1700kW，单台制冷量 1650kW，选择一台高温螺杆式水源热泵机组用于制备生活热水。方案二为市政热力＋电制冷机冷热源方案，冬季采用集中供热，夏季采用 3 台 400RT 螺杆式冷水机组，选用一台 930kW 燃气真空锅炉用于制备生活热水。经计算，水源热泵方案初投资为 1220 万元，年运行费用为 360.5 万元。市政热力＋电制冷机＋燃气真空锅炉方案初投资为 984 万元，年运行费用为 486 万元。经计算，水源热泵方案投资回收年限为 1.9 年，采用水源热泵方案，每年节省运行费用 125.5 万元。经比较，选择了水源热泵方案。

由于空调供热的负荷较大，按空调供热负荷选择 3 台高温螺杆水源热泵机组，单台制热量 1700kW，单台制冷量 1650kW，三台供热量

5100kW，满足空调热负荷要求，三台制冷量4950kW，满足空调冷负荷要求。供热工况时，热水进出/口温度为50℃/55℃，水源侧进/出口温度为14℃/6℃；制冷工况时，冷冻水进/出口温度为12℃/7℃，水源侧进/出口温度为18℃/29℃。

为满足生活热水要求，选择一台高温螺杆水源热泵机组。冬季使用时，制热量为870kW，热水进/出口温度为60℃/55℃，水源侧进/出口温度为14℃/6℃。夏季和过渡季使用时，本机组在冷凝侧产生生活热水的同时，在蒸发侧可产生冷冻水用于制冷，制热量为870kW，制冷量为577kW，冷冻水进/出口温度为12℃/7℃，热水进/出口温度为60℃/55℃。

根据冷热负荷、螺杆水源热泵机组的运行参数和水源水的供回水温差，计算水源水水量，冬季所需的水源水量较大，为464m³/h。水源热泵计算最大的井水需求量取480m³/h，水温为15℃。

2. 当地的水文地质状况

业主委托辽宁省地质矿产局勘察设计院对工程所在地进行了实地勘查，结果如下：

（1）2008年12月11日开始在营口五矿大厦工地实施勘测井钻探工作。勘探结果地貌类型为辽河冲积平原，地面以下60～180m之间主要为粉细砂、细砂含水层，其特点是含水介质颗粒细、层数多、总厚度比较大，共有9层粉细砂层，地下水位埋深3m左右，渗透系数为0.5～2.0m/d，单井小时出水量大于80m³/h。

（2）2009年2月10进行取水试验井施工，钻探揭露180m深度以内地层情况与探测井勘探揭露一致。抽水试验小时出水量120m³/h时井内动水位降深≥20m，小时出水80m³/h时井内动水位降深≤10m，水温15.5℃。抽水试验结束后，对地下水试样进行水质全分析，经国土资源部沈阳矿产资源监督检测中心测试，主要结果如下：PH为6.93，CL⁻含量3210.91mg/L，Fe含量0.67mg/L，SO_4^{2-}含量685.0mg/L，总硬度3631.74。

（3）2009年5月13日～5月18日进行回灌试验井施工，采用流量计计量回灌井回灌量，确认小时回灌量10m³/h情况下井口压力≤0.05MPa，符合预期设计要求。

3. 水源井的设计

针对营口地区地下60m以内都是淤泥，地下60m至180m都是粉细沙含水层，渗透系数为0.5～2.0m/d，渗透系数很小，加之营口地下水位很浅，地下水位埋深3m左右，采用传统开口打井技术难以实现井水等量回灌。

保证100%的同层回灌是水源热泵最关键技术，本工程采用了封闭式等量取水还水（小井回灌）技术，本技术的原理是利用潜水泵取水，气水分离，加压回灌，一抽多灌的技术。本技术保证井水从取出来到回灌地下过程中不与空气接触，没有氧化反应，杜绝氧化物、微生物、无机物阻塞沙层和回灌井；本技术在渗透系数较小的细沙层中也能等量回灌。

水源热泵空调系统需水量为480m³/h，根据需水量设计水源热泵的取水井和回灌井。

设计单井出水量为80m³/h的取水井7口，其中一口备用，总取水量为480m³/h。取水井之间距离不小于50m，回灌井与取水井距离一般应大于25m，可以保证取水还水范围内地下水补给平衡、地下土壤温度热平衡，保证取水量和取水温度的稳定。

取水井采用外径350mmPE塑料管材现场制作井管，取水井井管设计为地下90m以内全部采用光管，90～170m之间制作滤水井管，在下管过程中采用热熔焊接机将每节井管热熔焊接成为整体。由于90m以上地下水含盐量较高，全部采用黄泥球封井。

每个取水井对应设计15个加压回灌小管井，使用10个加压回灌井，由于后期施工不太方便，回灌井的回灌能力会有衰减，为了长期使用，预留5个回灌小井。每个回灌井回灌能力为8m³/h，每组回灌井回灌能力为80m³/h。

回灌井采用外径160mmPE塑料管材现场制作，井管地下40m以上全部采用光管，采用黄泥球封井，确保加压回灌过程中不会有水从井管周围冒上来。40m以下至170m深度全部采用滤水管。

五、空调系统形式

1. 空调风系统

空调风系统形式见表3。

2. 空调水系统

空调水系统采用四管制、一次泵系统，闭式

循环。空调水系统采用变频补给水泵定压方式。

空调风系统形式表 **表3**

所在层数	空调区域	空调风系统形式表
地下一层	物业	新风加风机盘管空调系统
一层	大堂、咖啡厅、多功能厅、大报告厅	一次回风全空气空调系统
	贵宾接待厅	新风加风机盘管空调系统
二层	大报告厅、接待厅	一次回风全空气空调系统
	会议室、办公室	新风加风机盘管空调系统
三层	休息厅、职工餐厅	一次回风全空气空调系统
	厨房	直流式全空气系统
四～十一层	客房	新风加风机盘管空调系统
十二～二十层	宴会厅、办公室、接待厅、签约大厅	新风加风机盘管空调系统
	厨房	直流式全空气系统

六、通风、防排烟及空调自控设计

1. 通风系统

（1）空调房间均设新、排风系统。

（2）卫生间、设备用房、车库等均设机械通风系统。

2. 防排烟系统

（1）地下车库平时送排风系统兼火灾时排烟补风系统，发生火灾时有消防控制系统做切换。

（2）一层大堂中庭设机械排烟系统。

（3）地下和地上不满足自然排烟条件的房间，均采用机械排烟。

（4）所有的防烟楼梯间及其前室、消防电梯前室、合用前室均设机械加压送风系统。

3. 空调自控

（1）本工程的空调自动控制系统采用直接数字控制系统（DDC系统）。

（2）水源热泵机组、空调水泵、水源水循环水泵、深井泵及回灌井组电动蝶阀应进行电气连锁启停，其启动顺序为：回灌井组电动蝶阀—水源循环水泵—空调水泵—水源热泵机组，系统停车时顺序与上述相反。

（3）根据空调负荷来控制水源热泵机组及其对应的水泵的运行台数。

（4）监测地下水的总抽水流量、压力与温度状态及水源水的总回水压力、温度状态；定期监测水源水的回灌量及其水质。

（5）风机盘管：每个风机盘管配一个温控器，温控器配温控开关及三档风速开关，回水管设电动两通阀。

（6）新风机组：

1）新风机组的风机、电动风阀进行电气联锁。电动保温新风阀→风机，停止时顺序相反。

2）新风机组设冬季盘管防冻保护控制。

3）采用DDC温度控制系统，根据新风温度控制水管比例积分电动调节阀的开启大小。

（7）空调机组

1）空调机组的风机、电动风阀进行电气联锁。电动保温新风阀→风机，停止时顺序相反。

2）空调机组设冬季盘管防冻保护措施。

3）采用DDC温度控制系统，根据回风温度控制水管电动调节阀开启大小，根据室外空气焓值控制新、回风电动调节阀开度。

七、心得与体会

2012年至今，水源热泵空调系统一直运行，运行情况良好，满足空调、供暖和生活热水的需求，得到业主的好评。

1. 理论节能情况

经计算，水源热泵方案年运行费用为360.5万元，市政热力＋电制冷机＋燃气真空锅炉方案年运行费用为486万元。采用水源热泵方案，理论上比传统方案每年节省运行费用26％。

2. 回灌、水温情况

井水回灌达100％，且回灌井有15％～20％的富余量。在运行期间，没有对取水井和回灌井进行回扬清洗。

冬季制热运行，井水试运行前平均温度15.3℃，运行后平均温度14.0℃，温差1.3℃，井水温度稳定。

3. 水源热泵实际运行情况

2012～2016年，经现场了解运行记录，夏季制冷、冬季供热和制备生活热水年运行费用比理论计算的要低很多，主要原因为夏季制冷时提高了蒸发温度，降低了冷凝温度，控制了制冷主机的运行时间。冬季随着室外温度的升高，可适当降低冷凝温度，提高机组的COP值，节省运行费用。

夏季制冷时间为 5 月 20 日～9 月 20 日，平均日耗电量为 4600 度，电价为 0.65 元/度，制冷费用为 35.88 万元。冬季供热供暖期为 5 个月，平均日耗电量为 17371.6 度，电价为 0.65 元/度，供热费用为 169.37 万元。生活热水日均用水量 160t，出水温度为 50℃，日均耗电量 2100 度，电价为 0.65 元/度，年均运行费用为 49.83 万元。实际年平均运行费用为 255 万元，比理论计算 360.5 万元少 105.5 万元。采用水源热泵方案，实际上比传统方案每年节省运行费用 48%，节能效果显著。

福州世茂国际中心 1 号楼①

- 建设地点　　福州市
- 设计时间　　2008 年 7 月～2011 年 11 月
- 竣工日期　　2013 年 5 月
- 设计单位　　上海现代建筑设计集团
　　　　　　　华东建筑设计研究总院
- 主要设计人　蒋小易　周凌云　华　炜
- 本文执笔　　蒋小易
- 获奖等级　　二等奖

作者简介：

蒋小易，高级工程师，1993 年毕业于同济大学，现在华东建筑设计研究总院工作，代表作品：北京华能大厦、北京中组部办公楼、上海六和大厦、上海衡山接待培训中心、上海南站北广场地下工程、上海南新雅大酒店、福州世茂国际中心等。

一、工程概况

本工程位于福州市台江区广达路，北临群众路，地块南面为茶亭公园。工程用地 16338m²，总建筑面积 159473m²，建筑密度 30%，容积率 7.63，绿化率 25%。

建筑外观图

项目为集办公、酒店、公寓、餐饮、地下停车等一体的现代化的超高层建筑综合体，1 号楼塔楼主体高达 245.5m，最高部位玻璃幕墙屋顶为 273.88m。

一～七层为酒店公共区，九～十八层为办公，二十～三十三层为酒店客房，三十五～五十三为普通公寓式办公，五十四～五十八为豪华公寓，其中八层、十九层、三十四层、四十七层为避难层。

二、工程设计特点

本工程地处福州市中心，为更好地体现建筑的社会价值，在暖通设计中更多地融入"节能"、"绿色"、"环保"等各方面的理念。

1. 空调冷热源（根据不同功能特点设置不同空调系统）

酒店：根据洲际酒店管理公司要求，酒店独立设置冷水机组和锅炉系统。

办公：根据业主对出租型办公计费的要求，采用分离式水环热泵系统。

公寓式办公：根据业主对出售型办公计费的要求，采用分离式水环热泵系统。

豪华公寓：根据业主对出售型公寓独立系统的要求，采用变制冷剂流量的多联分体空调系统。

2. 分离式水环热泵的选择

可以对于室外机噪声进行隔声处理，最大限度地保证办公室内的噪声要求。

---

① 编者注：该工程设计主要图纸参见随书光盘。

（1）对于办公，室外机的放置进行了两种方案的比选，一是放在走道内，如图1所示。

第二方案是将室外机放置在室内进门处吊顶空间里，并在周围做隔声板围挡，如图2所示。

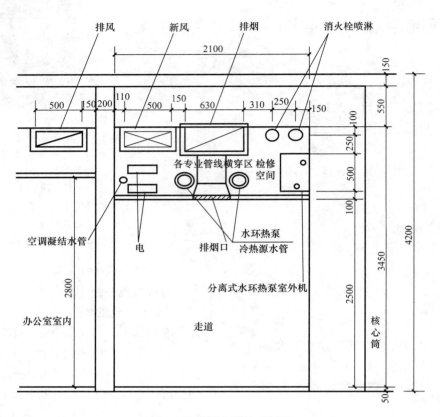

图1　办公层走道典型剖面

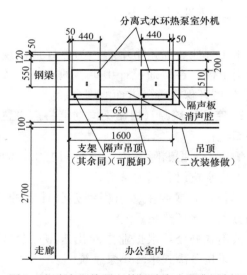

图2　办公水环热泵室外机消声小室典型剖面

因室外机台数较多，考虑到室外机排布在走道吊顶内，检修空间不满足设备的要求，且吊顶净高2.5m，不满足业主2.7m的要求，最后采用第二种方案，结合声学顾问的意见，将每个租户内室外机组放在一隔声空腔内，通过测试，可以满足业主的要求。

（2）对于公寓式办公，室外机放置在公寓各自朝着走道的管井内（可以两户合用一管井），检修门开在走道内，这对于检修和噪声都非常令人满意，见图3。

酒店空调箱内设空气净化装置（紫外线杀菌装置），大大提高室内空气品质。

地下室酒店变电站采用空调送风，可以更好地保证机房内夏季温度要求。目前福州的夏季室外温度越来越高，达到39℃或40℃的天数也不少。对于变电器，夏季高峰时节往往处于满负荷运行状态，排热量也相当大。另外，如果仅采用通风，福州夏季通风温度为33℃，则所需通风量为75000m³/h，那么当夏季温度高于20℃时，则采用空调送风后，则所需总通风量为28000m³/h，同时减小建筑管井面积63%，可增加一层宝贵的营业面积。

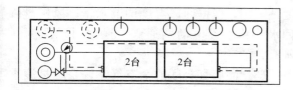

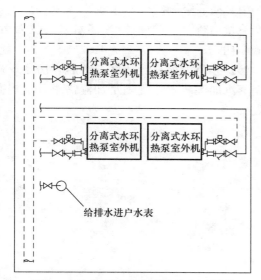

图 3　水冷热泵机组典型管井布置详图

三、设计参数及空调冷热负荷

1. 室外计算参数

夏季：空调计算干球温度　35.2℃，空调计算湿球温度　28.0℃；

冬季：空调计算干球温度　4℃，室外相对湿度　74%。

2. 室内设计参数（见表 1）

室内设计参数　　　　表 1

房间名称	夏季		冬季		新风 [m³/(h·p)]
	温度(℃)	相对湿度(%)	温度(℃)	相对湿度(%)	
办公	25	≤55	20	—	30
酒店客房	22	≤55	24	≥40	50
公寓式办公	25	≤55	20	—	30
酒店餐厅	22	≤65	21	—	20

酒店室内参数按洲际酒店的要求选取。

四、空调冷热源设计及主要设备选择

1. 办公

空调总冷负荷为 2322kW，总热负荷为 710kW，采用水环热泵系统，设置 2 台板式换热器，每台换热量 1800kW，通过与冷却塔换热，夏季提供 33℃/38℃ 的冷却水，配用 3 台变频水泵（2 用 1 备）；冬季设置 1 台换热器，与蒸汽换热，换热量 900kW，冬季提供 15℃/20℃ 的水，热水泵与冷水泵合用。换热器、水泵等设备均设在八层热交换机房内。

2. 酒店

空调总冷负荷为 6059kW，总热负荷为 3082kW，酒店远期冷负荷规划 1315kW，设置 3 台 2110kW 离心式冷水机组和 1 台 1044kW 螺杆式冷水机组，夏季向低区提供 6℃/12℃ 的冷冻水，高区在八层设置 2 台 960kW 的水水换热器提供 7℃/13℃ 的冷冻水；冬季由设置在不同区域的汽水换热器供热，高区 2 台 550kW 换热量，低区 2 台 1074kW 换热量，冬季提供 60℃/50℃ 的热水。冷水机组、水泵等低区设备均设在地下室冷冻机房内。

3. 高区普通公寓式办公

空调总冷负荷为 2411kW，总热负荷为 1020kW，采用水环热泵系统，设置 2 台板式换热器，每台换热量 2000kW，通过与冷却塔换热，夏季提供 33℃/38℃ 的冷却水，配用 3 台变频水泵（2 用 1 备）；冬季设置 1 台换热器，与蒸汽换热，换热量 1200kW，冬季提供 15℃/20℃ 的水，热水泵与冷水泵合用。换热器、水泵等设备均设在八层热交换机房内。

4. 高区豪华公寓式办公

每个户型采用变制冷剂流量多联分体式空调，室外机设在大屋面。

5. 锅炉房

根据酒店、办公等用热情况，集中设置蒸汽锅炉房。选用 5 台 4t/h 全自动燃油燃气蒸汽锅炉，供暖期运行 5 台锅炉，非供暖期使用 2 台。

五、空调水系统

1. 酒店

根据负荷特性和个性化需求，采用四管制水系统，可同时供冷供热。

2. 办公及公寓式办公

水环热泵采用两管制水系统，夏季冷却水，冬季为热水

六、主要节能技术运用

（1）办公区域由于房间进深比较大，内区和外区负荷特性相差较大，进行了内外分区，距离外幕墙 4m 范围内划为外区，其余划为内区。由于采用了水环热泵系统，既保证在内外区各台水环热泵均能各自供冷或供热，又能在内区冬季供冷时水系统内释放热量提供外区所用，以大大减少锅炉的用量，这样可以满足办公人员的个性化需求并且最大限度地节约了能源。

（2）空调箱的回水管路上设动态平衡电动两通调节阀，根据回风温度调节水量；风机盘管的回水管路上设电动两通阀，根据回风温度开关水阀。

（3）酒店宴会厅的全空气空调系统过渡季可采用全新风运行，减少冷机能耗。

（4）酒店空调冷热水系统根据末端压差，进行变流量运行，二次侧的冷/热水泵为变频运行，降低能耗。

（5）办公为提高舒适度，酒店客房冬季新风采用蒸汽加湿装置，既满足加湿需求，又提高用水效率。

南京禄口国际机场二期工程航站区工程 2 号航站楼①

- 建设地点　　　南京市
- 设计时间　　　2010 年 6 月～2012 年 12 月
- 竣工日期　　　2014 年 5 月
- 设计单位　　　华东建筑设计研究总院
- 主要设计人　　沈列丞　陆　燕　夏　琳等
- 本文执笔人　　沈列丞
- 获奖等级　　　二等奖

作者简介：
　　沈列丞，高级工程师，毕业于同济大学，供热、供燃气、通风与空调工程，工学硕士；工作单位：华东建筑设计研究总院；主要作品：公共服务中心大楼、南京禄口国际机场二期工程、苏中江都民用机场航站楼、温州永强机场新建航站楼工程、浦东国际机场三期扩建工程等。

一、工程概况

本项目位于江苏省南京市，为主楼加长廊的前列式国内、国际综合型航站楼，年旅客吞吐量 1800 万人次，到、发分层，总建筑面积为 236935m²。主楼面宽约 315m，进深约 120m，指廊长约 1200m，廊宽度 38m，设有 32 座登机桥。航站楼自上至下共设有 4 个楼层，自上而下分别是出发层、到达夹层、站坪层、地下机房共同沟层。本项目按《绿色建筑评价标准》GB/T 50378—2006 "三星" 要求进行设计建设，因此在暖通设计中需更多地融入 "节能"、"绿色"、"环保" 等各方面的理念。

二、工程设计特点

（1）大型航站楼建筑绿色 "三星" 建筑的目标对设计提出了很高的要求，项目中采用了过渡季加大新风量、全热回收、新风 CO_2 浓度控制、水泵变频控制、西立面可调外遮阳、自然通风等主动式及被动式节能措施。

（2）本项目在设计过程中，以解决工程问题为导向，开展了大量的课题分析与研究，对设计起到了积极的指导作用。

1）针对高大空调分层空调的方式，利用计算流体力学技术对气流组织进行分析；

2）针对空调季下高侧通风窗开启对于分层高度以下区域的热舒适性及节能性的问题进行了研究；

3）利用水力分析软件对本项目的空调冷水系统构建了水力动态分析模型，便于对于该大型空调水系统进行模拟研究。

三、设计参数及空调冷热负荷

1. 室外空调设计参数

夏季：夏季空调干球温度 34.8℃，湿球温度 28.1℃，夏季通风温度 30.6℃，风速 2.4m/s，风向 SSE；

冬季：冬季空调温度 −4℃，相对湿度 79%，冬季通风温度 −1.1℃，冬季供暖温度 −1.6℃，风速 2.7m/s，风向 NNE。

2. 室内空调计算参数（见表 1）

室内空调计算参数　　　　　表 1

编号	区域	夏季		冬季		新风量
		温度（℃）	相对湿度（%）	温度（℃）	相对湿度（%）	[m³/(h·人)]
1	办票厅、迎客厅	25	60	20	35	25
2	行李提取大厅	25	55	20	30	25
3	候机区域	25	60	20	35	20

① 编者注：该工程设计主要图纸参见随书光盘。

续表

编号	区域	夏季		冬季		新风量
		温度 (℃)	相对湿度 (%)	温度 (℃)	相对湿度 (%)	[m³/(h·人)]
4	安检、海关区域	25	60	20	40	20
5	到达通道	25	55	20	30	25
6	商业（零售）	26	55	18	40	20
7	餐饮、咖啡区	26	65	18	40	20
8	VIP、CIP 贵宾用房	25	50	20	40	30
9	航空公司等办公	25	55	20	40	30
10	管理用办公	26	55	20	40	30

3. 空调冷热负荷

冷负荷：34100kW；热负荷：22300kW。

四、空调冷热源及设备选择

本项目空调冷水由设置在交通中心子项的集中制冷机房供给（冰蓄冷系统），供/回水设计温度为 5.5℃/13.5℃。空调热水由陆侧总体锅炉房供给，供/回水设计温度为 110℃/70℃。

空调水系统：

（1）来自集中制冷机房的空调冷水通过共同沟接至位于航站楼内的 4 个热力交换站，经冷水三级泵直接供至各空气处理末端。

（2）来自总体锅炉房的高温热水通过共同沟接至位于航站楼内的 4 个热力交换站，经板式换热器换热为 60℃/50℃后，经用户侧空调热水泵供至各空气处理末端。

（3）用户侧采用切换两管制的系统形式，空气处理末端设置动态平衡电动调节（两通）阀解决末端动态水力失调的问题。

（4）对于内区办公、商业等区域，考虑到其冬季及过渡季供冷的需求，在航站楼分别设置了 2 套风冷冷水机组，通过管路切换的方式，实现各区域的单独供冷。

五、空调系统形式

在充分考虑房间功能需求和可实施条件，系统的舒适性、节能性、经济性以及运行管理的可靠性，对本项目各区域采用的空调系统的形式如表 2 所示。

各区域空调系统形成　　　　表 2

服务区域	空调系统形式	气流组织形式	备注
±0.000m 迎客大厅	全空气定风量系统	侧送顶回	—
±0.000m 行李提取大厅	全空气定风量系统	侧送顶回	—
+9.000m 办票大厅	全空气定风量系统	侧送侧回	利用办票岛及罗盘送回风，分层空调
+9.000m 安检区域	全空气定风量系统	侧送侧回	—
+9.000m 候机区域	全空气定风量系统	侧送侧回	利用核心筒及罗盘送回风，分层空调，可变新风比
+4.200m 到达通道	全空气定风量系统	侧送侧回	—
±0.000m 远机位候机	全空气定风量系统	侧送侧回	—
±0.000m 远机位到达	全空气定风量系统	侧送侧回	—
±0.000m、+4.200m、+9.000m 办公商业等	风机盘管＋独立新风	顶送顶回	—
固定登机桥	多联机空调系统	顶送顶回	—

六、通风、防排烟及空调自控设计

1. 通风系统设计

各类设备机房设有机械送、排风系统，主要设备用房通风配置如表 3 所示。

主要设备用房通风配置表　　　　表 3

	换气次数 (h⁻¹)	方式	换气次数 (h⁻¹)	方式	
公共卫生间	15～25	机械	—	自然渗透补风	
热力交换站房	8	机械	8	机械	只有冬季热水板式换热器
水泵房	5	机械	5	机械	
操作间	20	机械	16	机械或邻室补	

续表

	换气次数（h⁻¹）	方式	换气次数（h⁻¹）	方式	
变压器室	风量由热平衡计算确定	机械	风量由热平衡计算确定	机械①	按变亚器容量的 1.5％确定发热量
高压配电间	8	机械	8	机械①	
UPS\EPS 电源间	风量由热平衡计算确定	机械	风量由热平衡计算确定	机械①	按 UPS\EPS 容量的 20％确定发热量
柴油发电机房	按样本数值	发电机自带	排风与燃烧空气量之和	机械	风冷型柴油发电机应急电源
油箱间、储油间、柴发平时	6	机械	5	机械	风机防爆型
钢瓶间	5	机械		自然渗透补风	
气体灭火机房	5	机械	5	机械	防护区外设开关
楼层配电室、弱电间	4	机械	—	自然渗透补风	弱电间设有分体空调
站坪配电间	8	机械	—	自然渗透补风	
隔油间	15	机械	12	机械	排风配活性炭过滤
储藏/库房	4	机械	3	机械	
垃圾房	15	机械	12	空调降温	排风设除臭装置
吸烟室	45	机械		邻室补风	设静电空气处理装置
各类弱电机房	按设备发热量	机械		机械或邻室补	
湿式报警阀	4	机械		自然渗透补风	
茶水间	6	机械	—	自然渗透补风	

注：① 当机械通风不能满足使用条件所要求的室内温度时，开启空调系统。

2. 防排烟系统设计

T2 航站楼为大跨度、大空间建筑，目前的消防规范不能涵盖其所有内容，消防设计分需消防性能化分析与评估及按消防设计规范设计两部分内容。常规规范可覆盖区域为：−6.000m 地下室机房区域、0.000m 指廊区域、0.000m 行李传输车道、主楼两侧贵宾室及机房区域、9.000m 出发层中部办公区。消防性能化设计评估范围为：航站楼 −6.000m 层、0.000m 层、4.250m 层、9.000m 层（含 14.400m 夹层）除常规设计以外的区域均为性能化设计评估区域，性能化评估引入了"防火仓"、"燃料岛"、"防火隔离带"等概念。

（1）防烟系统：此部分按规范执行，消防楼梯间和消防电梯合用前室分别设有机械正压送风系统。防烟楼梯间及其独立前室，只对楼梯间设置加压送风系统。楼梯间加压送风系统设置超压旁通管。地下避难走道设有机械加压系统，正压送风设在通往机房的消防前室内，按门洞风速 0.7m/s 计算加压送风量。

（2）排烟系统：消防性能化区域的消防措施按性能化报告执行，其他区域按国家消防规范执行。消防排烟分自然排烟和机械排烟两种方式。

1）性能化区域的自然排烟：+14.000m 区域、+9.000m 办票大厅、安检海关区域、+9.000m 候机长廊及 +4.250m 长廊端头候机厅采用自然排烟方式，排烟窗有效面积不小于排烟区域地面面积的 2％。

2）性能化区域的机械排烟：+4.250m 到达通道及到达大厅、±0.000m 迎客厅、行李提取厅及 +9.000m 商业等区域均设置机械排烟系统。单个防烟分区面积不大于 2000m²，单个防烟分区排烟量根据其具体火灾荷载按照烟缕流质量理论公式进行计算，系统排烟量按防烟分区最大一个分区的排烟量、风管的漏风量及其他防烟分区的排烟口或排烟阀的漏风量之和计算。排烟口尽量在防烟分区内均布，且离防烟分区内最远点水平距离不应大于 30m。+9.000m 商业按防火单元考虑，排烟量按《高层建筑防火规范》执行。

3. 空调自控设计

（1）直供系统控制：此控制系统隶属于冷冻机房控制范围，但与 T2 航站楼的楼宇自控系统通过通信接口予以连接。主要控制内容为：以总回水管温度控制总回水管两通电动调节阀为主，以共有管上正、反向流量计为辅助控制；同时在供水总管、三次侧回水管（共有管后）安装温度传感器，用于节能运行调节。冷、热源的总回水管上设有能量计，这些信号均纳入控制系统，直供系统采用工业性 PLC 控制，传感器为工业级。

（2）变频水泵控制：变频水泵的控制系统与变频水泵一起采购，以最不利环路压差为控制信号（多点设置）以及泵组的"水"—"电"最优效率控制程序对水泵进行变频调节以及台数控制，同时设置水泵超压保护，该控制系统通过 485 接口与楼宇自控系统相接，楼宇控制系统具有远程开启水泵和监视水泵运行的功能。

（3）热侧控制：根据二次侧用户回水总管流量传感器、温度传感器检测的流量和温度，计算需求热量。根据末端检测值与设定值的对比进行换热器的台数控制。比例调节一次侧电动两通阀，使二次侧热水供水温度保持设定值。对换热器输出参数进行监视、报警。闭式定压膨胀水箱和化学加药装置的控制箱由设备生产厂家随设备带来，与楼宇自控系统通过 485 接口进行监视。

（4）当主楼部分内区办公、商业在过渡季、冬季存在供冷需求时，冷冻水系统进行电动阀切换，开启风冷冷水机组，系统冷水泵与风冷冷水机组一一对应开启，水系统采用压差旁通的方式进行流量控制。风冷冷水机组运行时，开启风冷冷水机组水系统管路上的电动蝶阀，同时关闭空调水系统上的电动蝶阀，并关闭对应区域新风空调箱动态平衡比例调节阀。

（5）空调系统控制：空调回风温度（回风传感器为室内型）控制回水管上的动态两通平衡调节阀；空调机组风机启停、故障、报警、运行状态显示和手自动状态显示；空调系统各种温、湿度监示；空调机组风过滤器阻塞报警；水侧自控阀与空调系统运行连锁；与 BA 系统通信实现监示、启停和再设定；空调季空调系统采用二氧化碳新风节能控制；过渡季及冬季变新风控制及全新风控制。

对于−6.000m 从土建风道进新风的定风量空调系统，在主回风管内设置 CO_2 浓度传感器，空调箱新风入口设置数字式定风量装置，为空调箱服务的新风送风机为变频风机。以回风 CO_2 浓度为控制目标，调节新风入口数字式定风量装置以及空调箱回风阀的开度。此类空调箱仅设置回风电动调节风阀，数字式定风量装置、回风电动调节风阀与空调箱风机连锁，同时开启与关闭。

（6）新风控制系统：新风送风温度控制回水管上的动态两通平衡调节阀；新风空调机组风机启停、故障、报警、运行状态显示和手自动状态显示；新风系统各种温湿度监视、风机组风过滤器阻塞报警、水侧自控阀与新风空调系统运行连锁；与 BA 系统通信实现监视、启停和再设定、过渡季变新风量运行。

（7）风机盘管控制：以房间温度为控制目标，调节风机盘管回水管上设置的动态平衡电动两通阀（ON-OFF），风机盘管均为就地控制，带三速开关。

七、心得与体会

（1）"绿色三星建筑"要求下，以被动式节能技术为主，主动式节能为辅的设计理念的应用。

（2）高大空间内房中房内区商业的冬季与过渡季供冷方式。

（3）空调季下高侧通风窗开启对于分层高度以下区域的热舒适性及节能性研究。

（4）空调冷水直供系统的应用。

武汉生态城碧桂园会议中心酒店（现名：武汉光谷希尔顿酒店）

- 建设地点　　湖北省武汉市
- 设计时间　　2009 年 9 月～2013 年 1 月
- 竣工日期　　2013 年 5 月
- 设计单位　　华东建筑设计院有限公司
- 主要设计人　刘　览　周铭铭　吕欣欣
- 本文执笔人　刘　览
- 获奖等级　　二等奖

作者简介：

刘览，高级工程师，1983 年毕业于同济大学暖通专业；现就职于华东建筑设计研究总院；代表作品：江苏大剧院、成都大魔方、中国平安金融大厦、上海大酒店、上海大剧院等。

一、工程概况

武汉花山生态城碧桂园 HILTON 会议中心酒店（现名为武汉光谷希尔顿酒店）位于风景秀丽的武汉严西湖之滨，是希尔顿品牌在内地的第一个大型五星级度假酒店项目，她融合了顶级商务会议中心和豪华旅游度假村的功能，成为武汉市乃至华中地区高端政务商务的首选场所。项目占地面积 41360m²，酒店建筑面积 115000m²，主要功能为各式餐厅、宴会厅、休闲娱乐、室内游泳池、客房、会议中心等。拥有 608 间客房，大小会议室近 20 间，会议中心可同时容纳 4000 人进行学术及宴会活动。

建筑外观图

二、工程设计特点

为响应国家"资源节约，生态环保"政策，

本工程能源系统基于酒店会议中心的负荷特性、武汉花山地区的《地埋管换热试验测试报告》结论以及酒店管理公司的要求，并遵循可持续发展理念，采用地源热泵与中央空调相结合的复合式能源方式。

三、设计参数及空调冷热负荷

1. 室外计算参数（见表 1）

室外计算参数　　　　　　　　　　表 1

季节	空调计算温度（℃）	湿球温度（℃）相对湿度（%）	通风计算温度（℃）	主导风向	室外平均风速（m/s）	大气压力（hPa）
夏季	35.3	28.4	32.0	SSE	3.6	9997.0
冬季	-2.4	67	0.1	NNW	3.7	1024.5

2. 室内设计参数（见表 2）
3. 空调负荷（见表 3）

四、空调冷热源及设备选择

本项目的冷热源形式如表 4 所示。

冷热源采用土壤源热泵与中央空调相结合的组合方式，以冬季热负荷选择土壤源热泵冷水机组，夏季负荷与土壤源热泵系统供冷量的差值部分选用普通冷水机组并设置冷却塔，与土壤源热

室内设计参数   表2

房间名称	夏季		冬季		人均使用空调面积 (m²/p)	照明与设备用电量① (W/m²)	最小新风量 [m³/(h·p)]	允许噪声 (NC)
	温度 (℃)	相对湿度 (%)	温度 (℃)	相对湿度 (%)				
客房	25	50	20	40	2p/r	13+22	120m³/(h·r)	30
总统套房	25	50	20	40	2p/r	13+13	120m³/(h·r)	30
客房走道	28	55	16	30	20	4	20	40
行政大堂	26	55	18	30	5	13+20	21.6	40
酒店大堂	25	50	18	—	6	13+22	21.6	45
酒吧	25	50	20	40	1.5	7+33	25	40
日式餐厅	25	50	20	40	3	11+39	25	40
中餐厅	25	50	20	40	2	11+29	25	40
西餐厅	25	50	20	40	2.5	11+29	25	40
室内游泳馆	28	70	30	70	10	13+12	2.6h⁻¹	40
健身房	25	50	20	40	4	13+47	30	45
酒店办公室	25	55	20	40	4	15+20	30	45
会议中心门厅	25	50	18	—	6	13+22	21.6	45
宴会前厅	25	50	20	40	3.5	13+10	25	45
大宴会厅	25	55	20	≥30	1	18+38	30	40
宴会厅	25	55	20	≥30	1.5	15+40	30	40
国际会议厅	25	55	20	40	0.8	9+47	30	40

① 精装修区域的照明与设备用电量按照国家相关规范执行。

空调负荷   表3

冷负荷 (kW)	冷负荷指标 (W/m²)	热负荷 (kW)	热负荷指标 (W/m²)	供暖负荷 (kW)	采暖负荷指标 (W/m²)
11500	137.5	6180	65.3	186	72

冷热源形式   表4

冷源方式	集中式：土壤源热泵＋电制冷
热源方式	集中式：土壤源热泵＋燃气（油）蒸汽锅炉
采暖方式	低温辐射热水地板采暖
能源再利用情况	土壤源热泵、电制冷冷凝热回收

泵系统联合供冷（见图1、图2）。冬季除了土壤源热泵外还设置了小部分锅炉供热作为备用补充热源，这是考虑到土壤蓄热的损失和五星级酒店在冬季极端天气的使用。本项目冷冻机房集中设置2处，分别靠近两片地埋管区域就近设置全热回收型土壤源热泵机组，在制冷的同时将冷凝热回收送至厨房及洗衣房，既利用了废热又保护了生态环境。冷热源主要设备配置：

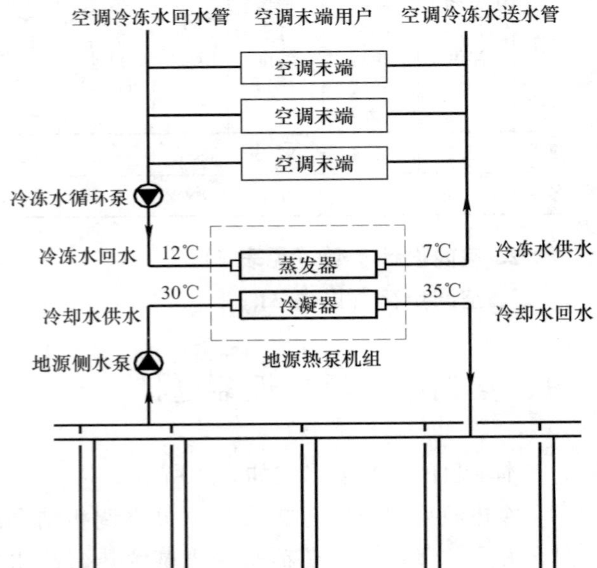

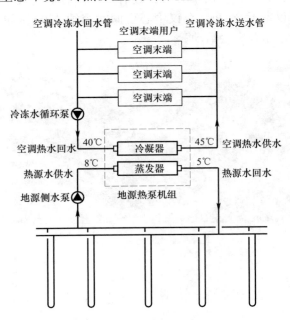

图1 地源热泵原理图（夏季制冷工况）

图2 地源热泵原理图（冬季制热工况）

冷冻机房—1：螺杆式土壤源热泵机组　　　　　　　　　　　3 台；

　　　　　　制冷量/制热量　　　　　　　　　　　　　　　1058kW/1018kW；

　　　　　　用户测进/出水温度　　　　　　　　　　　　　供冷 6℃/12℃，供热 45℃/40℃；

　　　　　　地源测进/出水温度　　　　　　　　　　　　　供冷 36.5℃/31.5℃，供热 10℃/5℃；

　　　　　　离心式冷水机组　　　　　　　　　　　　　　　3 台；

　　　　　　制冷量　　　　　　　　　　　　　　　　　　　1955kW（其中 1 台为全年运行）；

　　　　　　蒸发器进/出水温度　　　　　　　　　　　　　12℃/6℃；

　　　　　　冷凝器进/出水温度　　　　　　　　　　　　　32℃/37℃；

　　　　　　智能性汽—水换热机组　　　　　　　　　　　　1 套；

　　　　　　换热量　　　　　　　　　　　　　　　　　　　2×3300kW；

　　　　　　蒸汽压力　　　　　　　　　　　　　　　　　　0.4MPa；

　　　　　　双板换，水泵 2 用 1 备，带定压脱气装置。

冷冻机房—2：螺杆式土壤源热泵机组　　　　　　　　　　　1 台；

　　　　　　制冷量/制热量　　　　　　　　　　　　　　　1058kW/1018kW；

　　　　　　用户测进/出水温度　　　　　　　　　　　　　供冷 6℃/12℃，供热 45℃/40℃；

　　　　　　地源测进/出水温度　　　　　　　　　　　　　供冷 36.5℃/31.5℃，供热 10℃/5℃；

　　　　　　全热回收型螺杆式地源热泵机组　　　　　　　　2 台；

　　　　　　制冷量/制热量　　　　　　　　　　　　　　　1058kW/826kW；

　　　　　　用户测进/出水温度　　　　　　　　　　　　　供冷 6℃/12℃，供热 45℃/40℃；

　　　　　　地源测进/出水温度　　　　　　　　　　　　　供冷 36.5℃/31.5℃，供热 10℃/5℃；

　　　　　　回收热量　　　　　　　　　　　　　　　　　　1043kW，供/回水温度　45℃/40℃。

五、空调系统形式

本工程主要空调系统形式如表 5 所示。

空调加湿方式采用蒸汽加湿。空气过滤形式是初效为板式过滤：G4（MERV7），计重法 40%；中效为袋式过滤：F7（MERV13），比色法 80%。空气净化装置采用 PHT 光氢离子技术。

主要空调系统形式　　　　　　　　　　　　　　　　表 5

服务场所	空调方式	新风/排风
大堂	分区域设置全空气定风量低速风道系统（AHU），考虑到冬季冷风渗透加大送风量。气流组织为喷口侧送风下回风。紧邻门厅区域设下送风口，并考虑设置电加热风幕机	机房设在一层，新风由空调机房引入/排风靠正压解决
餐厅、酒吧	大餐厅、酒吧采用全空气定风量系统（AHU），小餐厅采用风机盘管（FCU）加新风（PAU）的空调方式，上送上回	新风由各自机房就近引入/排风本层解决。采用 CO_2 浓度传感器，根据人员密度调节新回风比例
室内游泳池	全空气定风量空调系统（AHU），送风方式夏季为上送冬季为下送，下侧回风	机房设在一层新风口由管弄引入/设置过渡季节排风
大宴会厅	全空气定风量空调系统（AHU），空调器设在三夹层内，分 3 个系统。送风道配合建筑沿离地 4m 处设喷口送风，根据冬夏不同送风温度，喷口射流角度可进行调节。回风口设在喷口同侧	新风由三夹层内引入/排风变频排至屋面。采用 CO_2 浓度传感器，根据人员密度调节新回风比例
国际会议厅	全空气定风量空调系统（AHU），空调器设在三夹层内，分 2 个系统。喷口侧送风同侧回风。根据冬夏不同送风温度，喷口射流角度可进行调节	新风由三夹层内引入/排风变频排至屋面。采用 CO_2 浓度传感器，根据人员密度调节新回风比例
厨房	厨房补风作适当降温/预热处理（PAU）：夏季处理至 27℃，冬季处理至 15℃；新风、排风均变频驱动	新风由空调机房就近引入/排风经由设置在塔楼上空的机房的除油烟装置的处理，达到环保要求后排至大气
客房	风机盘管（FCU）+新风（PAU）的空气-水系统方式，风机盘管为卧式暗装侧送风，新风集中则处理经由管弄井风道送入空调房间	新风在地下一层的机房设备层集中处理，低位送入各新风管井；排风机设在六层走道上空机房，排风机将各排风管井集中至排风机房后排至室外

六、通风、防排烟及空调自控设计

1. 通风系统（见表6）

2. 防排烟系统

本工程为多层建筑，消防设计遵照《建筑设计防火规范》DGJ 08—88—2006 执行，如表7所示。

3. 空调自控设计

本工程空调系统自动控制要求采用直接数字式DDC集散式自动控制系统，即中央监示、就地控制。

不同房间通风系统 表6

房间名称	排风		送风		备注
	换气次数（h⁻¹）	方式	换气次数（h⁻¹）	方式	
公共卫生间	15	机械		由门百叶自然渗透	
厨房（工作）	40～50	机械	30～45	机械	按灶具面积复核，排风配静电油雾净化装置
厨房（值班）	12	机械	10	机械/自然	
地下停车库	6	机械	5	机械	
地源热泵机房	6	机械	6	机械	
电梯机房	10～15	机械	10～15	机械	按热平衡计算，温度≤40℃
地下发电机房	由发电机排风量定	发电机自带	排风与燃烧空气量之和	机械	发热量计算校核
锅炉房	热平衡计算并≥12h⁻¹	机械	燃烧空气量＋排风量	机械	事故通风≥12h⁻¹
洗衣房	30	机械	25	机械	按热平衡计算
生活水泵房	4	机械	4	机械	
地下变压器室	风量由热平衡计算确定	机械	风量由热平衡计算确定	机械	
地下配电室	4	机械	4	机械	
地下污水处理用房	12	机械	10	机械	排风配活性炭除臭装置
日用油箱间	6	机械	5	机械	
垃圾房	9	机械	邻近区域补入	空调降温≤15℃	排风配纳米光子除臭装置

主要排烟系统及设计参数 表7

系统	方式	排风量	备注
内走道、后勤用房、娱乐服务	机械排烟	120m³/(h·m²)	负担2个以上防烟分区，7200m³/h以上；设置补风系统
宴会厅、宴会厨房、	机械排烟	120m³/(h·m²)	负担2个以上防烟分区，设置补风系统
国际会议厅	机械排烟	60m³/(h·m²)	负担1个防烟分区
总仓库、洗衣房、主厨房	机械排烟	120m³/(h·m²)	负担2个以上防烟分区，设置补风系统
汽车库	机械排烟	6h⁻¹	与平时排风系统兼用

由控制冷水机组的DDC根据空调二次侧负荷和冷热水流量，对地源热泵机组和离心压缩式冷水机由控制冷水机组的DDC根据其累计运行时间和当前运行时间，对地源热泵机组和离心压缩式冷水机组实施优化运行启停控制，实施定出口温度控制。由冷水机组自带控制器控制其冷热水出口温度。地源热泵机组的冷/热水出口温度设定为6℃/45℃；离心压缩式冷水机组出口温度为6℃。相关水泵、阀门、冷却塔连锁控制。

七、心得与体会

作为复合能源系统中的土壤源热泵系统，应在设计早期进行专项研究、分析及测试，为接下来的设计提供设计依据，这些工作内容包括：

（1）获得项目建设地区地下土壤的温度分布；

（2）获得采用灌注桩进行土壤换热器埋管的散热特性和取热特性；

（3）对比单 U、并联双 U、串联双 U 和并联 3U 等各种不同埋管形式的换热效果，根据建筑的环境条件进行分析比较，确定选择何种类型的地埋管换热系统。

（4）热泵机组工况多变，控制复杂，因此设计者还需要全面了解、熟练掌握其各工况性能对设计不同工作模式进行匹配。

（5）地源热泵系统与中央空调的组合的复合式能源方式使设计、施工及管理诸方面难度增加。

（6）机房比较分散且占地面积较大，需要与建筑及其他专业作密切配合，地源热泵地埋管系统施工必须与建筑、景观及市政等各方面密切配合，地源热泵系统设计带来的新问题，需要业主、设计、施工多方合作，共同解决。

中国博览会会展综合体项目（北块）①

- 建设地点　　上海市
- 设计时间　　2011 年 11 月～2015 年 12 月
- 竣工日期　　2015 年 3 月
- 设计单位　　华东建筑设计研究院
- 主要设计人　魏　炜　贾昭凯　杨辰蕾　韩佳宝
　　　　　　　张　琳　王　全
- 本文执笔人　魏　炜
- 获奖等级　　二等奖

作者简介：
　　魏炜，主任工程师，1995 年毕业于同济大学供热供燃气通风及空调工程专业，研究生；现就职于华东建筑设计研究总院；代表作品：国家会展中心（上海）、天津环球金融中心、大连国际金融中心、上海外滩 SOHO、虹桥商务核心区区域集中供能项目等。

一、工程概况

　　中国博览会会展综合体项目（北块）〔现用名国家会展中心（上海），以下简称"国家会展中心"〕位于上海市西部，北至崧泽高架路，南至盈港东路，西至诸光路，东至涞港路，总用地面积 85.6hm²，总建筑面积约为 147 万 m²，其中地下建筑面积约为 20 万 m²，展览建筑面积约为 80 万 m²；另有约 10 万 m² 的室外展场。最大的展厅建筑面积约为 2.88 万 m²。建筑总高度约为 43m。

建筑外观图

　　国家会展中心是集展览、办公、酒店、商业等配套设施综合为一体的大型综合体，建筑总体布局突破了以往大型展馆呈单元行列式布局的模式特征，突出了展览与非展览功能的有机整合，

通过会展配套功能的合理布局，创造出具有高效会展运营效率的新型会展模式。

二、工程设计特点及创新点

1. 超高大展厅空调送风技术（创新点）

　　国家会展中心设有 3 个超高大单层展厅，长约 270m，宽约 108m，平均高度约 33.5m。展览时可利用展板分隔展位。

　　目前国内外没有如此高大的展厅工程案例，现有高大空间空调送风技术是否适用无法直接判断。依据计算流体动力学 CFD 模拟分析结果，确定了单层展厅采用上送风、下回风的气流组织方式。气流在展位隔断上方直接送入展位，避免了隔断展板对送风气流的遮挡，解决了展位隔断高低不一、展位隔断形状各异、送风不均匀等常见的展厅空调问题。

　　单层展厅采用自动调节送风角度的空气布送器（自动调节导流叶片角度旋流风口），解决了超高大空间冬季空调热风无法送至工作区的重大难题，同时改善了夏季空调冷风口下方吹风感，为暖通创新的成功案例。

2. 超高大展厅排烟控烟技术（创新点）

　　国家会展中心的展厅为超大空间，难以参照现有国家规范和上海市的消防规程划分防烟分区。建设单位希望展厅今后可最大限度地灵活租用，

① 编者注：该工程设计主要图纸参见随书光盘。

尽量不设置实体隔墙和防火卷帘。展厅排烟系统结合消防性能化设计，创新提出了脉冲风机系统控烟技术（见图1）。利用防火隔离带形成虚拟的"防火分区"，在防火隔离带的两侧分别设置1组脉冲风机，当展厅某个"防火分区"着火后，低速启动脉冲风机将扩散至非着火区域的烟气抽回至火灾区域，达到一定的挡烟作用。每侧设置5台脉冲风机，一个防火隔离带共设置10台脉冲风机。通过CFD模拟分析、火灾相似性实景试验和展厅冷烟效能验证等过程，验证了脉冲风机系统具有消防性能化设计所要求的挡烟能力，基本满足防火隔离带对挡烟的要求。

图1 脉冲风机系统

3. 超大展厅压缩空气系统技术措施

从满足展厅功能需求出发，同时兼顾建设单位对成本造价的严格控制，制定出合理、有效、灵活的压缩空气供气方案。展厅分别配置了 $2\times10m^3/min$、$1\times10+1\times5m^3/min$、$2\times5m^3/min$ 和 $2\times5m^3/min$ 共8台风冷微油螺杆式空压机，通过数量与容量的不同配比满足不同规模、不同类型的展览需求。

不锈钢压缩空气管道根据展位箱的布点，沿一层展厅管线槽内架空敷设，沿二层展厅楼板下方架空敷设。

4. 大温差空调供冷技术及控制措施

国家会展中心采用区域集中供能系统，综合考虑冷源和空调末端情况，冷水供回水温差设计为8℃。采用冷水大温差运行，因其冷水特性为小流量大温差，可降低冷水泵输送能耗，容易满足部分负荷运行的特性，实现系统节能运行。与常规5℃温差的空调冷水系统相比，采用大温差设计后，系统循环水量可减少37.5%，水泵、管道及其配件的初投资相应地大大减少，一次投资可以减少5%左右。

能源中心供冷系统采用定流量一级泵＋变频二级泵系统，二级泵变频调速由用户热力机房最不利环路总供、回水管处的压差值进行控制。用户侧供冷系统采用变频三级泵系统，三级泵频率由设于系统最不利环路末端的实时压差控制调节。

5. 用户侧空调直接供能技术及水力平衡措施

国家会展中心内设有7个用户热力机房，采用三级泵直接供冷供热方式，用户侧不设置隔断用换热器。如此大规模复杂综合体建筑采用用户侧三级泵直接供能技术，国内尚属首次。估算采用直供系统比含板式换热器系统减少初投资约2207万元，运行能耗减少约3.1%。无论从初投资还是运行能耗来看，用户侧空调冷水直供系统与含板式换热器系统相比，其优势十分明显。在直供系统控制方案合理、有效的前提下，在类似项目中应优先采用冷水直供系统。

各用户热力入口设置流量平衡和调节装置。为减少用户侧环路与能源中心环路的相互干扰，二级泵和三级泵环路之间设置平衡管，将二、三级水系统断耦，各环路相对独立，可基于不同的压差独立控制各自环路运行。

三、设计参数及空调冷热负荷

1. 室外计算参数（见表1）

室外计算参数　　　表1

	空调		通风	供暖
夏季	干球温度	34.4℃	温度31.2℃	—
	湿球温度	27.9℃		
冬季	干球温度	−2.2℃	温度4.2℃	温度−0.3℃
	相对湿度	75%		

2. 室内空气设计参数和设计指标（见表2）

室内空气设计参数和设计指标　　表2

房间名称	夏季		冬季		新风量 [m^3/(h·p)]	噪声 [dB(A)]
	干球温度（℃）	相对湿度（%）	干球温度（℃）	相对湿度（%）		
展厅	26	50	16	—	16	≤55
办公	26	50	16	≥30	10	≤45
会议	24	55	20	≥30	12	≤40
商业	24	55	20	—	30	≤50
酒店客房	25	60	18	≥30	19	≤37

3. 冷热负荷

根据本项目各功能的面积分布，展厅的夏季和冬季空调冷、热负荷如表3所示。

夏季和冬季空调冷、热负荷　　　　表3

区域	空调冷负荷（kW）	空调热负荷（kW）	冷负荷指标（W/m²）	热负荷指标（W/m²）
展厅	2423	768	221	69
办公	5328	2891	86	46
酒店	7127	6049	88	74
商业	19816	12677	169	108

四、空调冷热源及设备选择

建设单位经综合权衡后，引入能源投资商建设国家会展中心的区域能源中心。能源中心设于基地东南角，毗邻110kV变电站。能源中心以天然气分布式供能系统为核心，供冷采用天然气分布式供能＋直燃型溴化锂冷热水机组＋常规电动冷水机组＋水蓄冷，供热采用天然气分布式供能＋直燃型溴化锂冷热水机组＋蓄热的复合供能模式，设计总供冷负荷121MW，总供热负荷55MW。

五、空调系统形式

1. 空调风系统

各类展厅、办公大堂、员工餐厅、展示厅、商业门厅、超市和酒店大堂、餐厅、泳池池厅等大空间公共用房采用定风量全空气系统。高大展厅依据CFD模拟分析结果，分别采用上送下回和侧送＋上送下回的气流组织方式（见图2）。

其他办公、商铺和酒店客房、后勤办公等采用风机盘管＋新风系统，并设置热回收功能段，回收排风的能量，预冷或预热新风。

使用时间不同且有室温要求的设备用房值班室、控制室、弱电机房、电梯机房、车库管理室等设置分体式空调器或变制冷剂流量多联式空调系统。

2. 空调水系统

国家会展中心内共设7个用户热力机房，用户侧不设换热装置，采用三级泵直接供冷或供热的方式。

图2　单层展厅顶送风方式

空调冷水系统供/回水温度设计为6.5℃/14.5℃；空调热水系统供/回水温度设计为50℃/40℃；酒店空调热水系统的供/回水温度设计为60℃/50℃。

空调水系统为异程式，采用干管静态平衡阀＋末端动态平衡电动调节阀的组合水力平衡方式。

六、通风、防排烟及空调自控设计

1. 展厅通风设计

展厅机械通风系统按空调期和非空调期分别考虑，排风机的风量与二者对应，并按展览的不同阶段，采取不同的运行策略。

展区过渡季节以通风为主，展厅各空调系统可全新风运行，向室内送入新风，满足室内环境的需求。过渡季节排风机全部或部分运行。

夏季和冬季展厅空调系统运行时，展厅新风量由工作区CO_2浓度传感器控制，室内排风机变频运行，排风量与新风量平衡，保持室内微正压；冬季时，排风机停止运行。

2. 排烟系统

国家会展中心展厅均采用机械排烟方式。

考虑到展厅的整体性和使用功能需求，对单层展厅和双层展厅采取不同的防火隔断方式。

以单层展厅为例，单层展厅为无柱大跨度空间，净高达35m，顶部为桁架结构，难以设置防火卷帘来划分防火分区，因此在展厅内部设置防火隔离带，通过防火隔离带将展厅分隔为3个"防火分区"。利用消防性能化设计，分别确定了举办不同类别展览时防火隔离带的宽度。如对于机械类和食品类展览，防火隔离带的宽度设定为12m；而对于汽车类、家具建材类、礼品家居类和纺织类展览，防火隔离带的宽度设定为 17m（见图 3）。

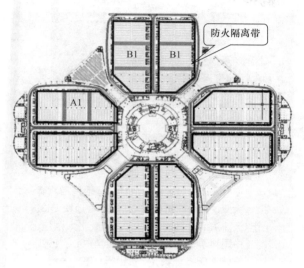

图 3　单层展厅防火隔离带示意图

大空间且人员较为密集的场所中，控制烟气扩散是非常重要的。中博会展厅顶部多为三角形钢桁架，无法设置固定的挡烟垂壁。本项目创造性地提出采用"脉冲风机系统"控制烟气蔓延，即在防火隔离带的两侧分别设置 1 组脉冲风机，其主要作用为：将扩散至非着火区域的烟气抽回至火灾区域，以达到一定的挡烟作用。

七、运行效果

2014 年 10 月展厅区域全部竣工并投入试运行，先后承办了多项国际、国内大中型展会活动，并经历了 2015 年上海国际汽车展、2015 年和 2016 年国药展等大客流展览的考验。以 A1 区单层展厅（净高 35m）为例，物业管理单位对展览现场室内温度的测试结果如表 4 所示。

3 号馆现场温度统计表（单位：℃）　　　　　　　　　表 4

时间	8：30	9：00	9：30	10：00	10：30	11：00	11：30	12：00	12：30	13：00	13：30	14：00	15：00	16：00	17：00
2015 年 12 月 02 日	17	17.3	18	18	18.6	18.7	18.8	19	18.8	18.8	18.8	18.7	18.8	18.8	18
2016 年 07 月 07 日	25.7	25.5	25.5	25.4	25.4	25.4	25.2	25.2	25.2	25.1	25	25	25.2	25.2	25.5

南昌绿地紫峰大厦①

- 建设地点　　江西省南昌市
- 设计时间　　2010 年 10 月
- 竣工日期　　2015 年 12 月
- 设计单位　　华东建筑设计研究总院
- 主要设计人　吴国华
- 本文执笔人　吴国华
- 获奖等级　　二等奖

作者简介：
　　吴国华，高级工程师，1994 年毕业于同济大学暖通专业学士；工作单位：华东建筑设计研究总院；主要作品：宜兴文化中心、南昌绿地中央广场、绿地南昌紫峰大厦、虹桥商务区核心区 08 号地块-D13、天津滨海金融街二期、中洋豪生大酒店、中国科学院上海交叉前沿科学中心、钱江新城 A-08-6 地块（中信银行）等。

一、工程概况

　　江西南昌绿地高新项目是多用途开发项目，包括一座 56 层 250m 高的多用途塔楼和一座高达 5 层的裙楼。地上总面积为 145732m²，地下总面积为 65380m²。塔楼里的办公部分面积占 68965m²，酒店部分占 37475m²。商业零售面积 39292m²。

　　各楼层功能：

　　地下层：塔楼共有地下 2 层，包括酒店后勤部、停车场、卸货和设备空间。

　　首层：主要包括办公楼主大堂，酒店大堂及零售。

　　五层：包括会议室及宴会厅。

　　六～三十七层：办公部分。

　　三十九层及四十层：包括酒店空中大堂及空中大堂夹层。

　　四十一～五十四层：酒店部分。

　　五十五及五十六层：酒店休闲娱乐设施及餐厅层。

　　机械设备层/避难区：主要机械设备层将位于四层及三十八层。避难区将位于第十五、二十七、三十八及五十二层。

---

① 编者注：该工程设计主要图纸参见随书光盘。

建筑外观图

二、工程设计特点

1. 玻璃幕墙采用外遮阳

　　建筑立面的效果为"城市之窗"，意在体现智慧城市的理念，建筑表皮为三角形。该表皮同时作为玻璃幕墙的遮阳百叶。通过模拟计算，最终采用 750mm 的遮阳肋片进深（见图 1）。最终的玻璃幕墙参数如表 1 所示。

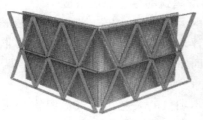  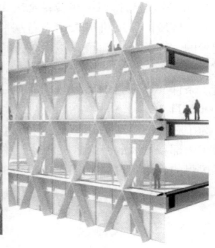

为提高建筑外墙的效率与降低制冷要求，在立面的南面与西面测试了遮阳板的径深与角度。通过分析最终采用750mm的遮阳肋径深与90°角度，以达到南面节能42.3%与西面节能36.3%。

图1　塔楼局部立面

玻璃幕墙参数　　　　　　　　　表1

朝向	玻璃类型	型材类型	传热系数 U [W/(m²·K)]	遮阳系数 SC	可见光透射比
东	8mm+12A +8mm 中空双银 Low-E	断热构造	2.2	≤0.4	0.60
西		断热构造	2.2	≤0.4	0.60
南		断热构造	2.2	≤0.4	0.60
北		断热构造	2.2	≤0.4	0.60

2. 办公标准层采用全空气变风量系统

办公楼层为出租型功能，业主对于室内空气品质和室内净高都有较高的要求。经过各种系统的比选，最终采用风机并联型的 VAV 末端（见图2），既能较好地保证室内空气品质，又可以节约全空气系统的运行能耗。

每个标准楼层选用2台变频全空气变风量空调箱，送风主管采用环管形式。

注：风机并联型末端的风机和来自空调箱的一次风处于相对并联的位置。

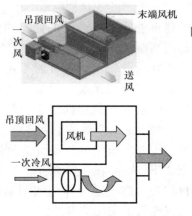

图2　风机并联型末端

3. "华邑"酒店标准客房选用静音型直流无刷电机风机盘管

作为"洲际酒店"在中国第一家"华邑"品牌的酒店，本项目作为样板工程和精品工程。

客房内的四管制风机盘管均采用直流无刷电机。有利于降低运行能耗，同时风机盘管运行时的噪声也大幅度降低。

4. 水系统采用一次泵变流量系统

本项目商业、办公、酒店分设制冷机组。为了降低水系统的运行能耗，采用一次泵变流量的水系统（见图3）。同时，供回水温差采用6℃，进一步减少循环水量，经过一年多的运行实测，节能效果显著。

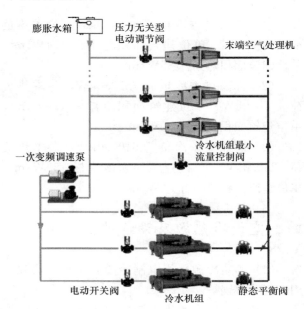

图3　一次泵变流量水系统

5. 办公区域新排风采用转轮全热回收装置

办公区域的新风机组采用设备层和屋顶层集中设置的方式。一方面可以减少外立面百叶对于建筑立面效果的影响，另一方面也为排风热回收创造了条件。本项目的新风热回收机组风量达到44000CMH/单台。

为了在过渡季节利用室外全新风，热回收机组做了内部新排风的旁通（见图4）。然而这就加大了机组的外形尺寸，对于设备机房的布置带来非常大的挑战。

6. 超高层建筑的中庭热压效应

本项目的大堂挑空3层，冬季由于热压造成的热气流上浮，会给大堂的热舒适度带来非常大的困扰。同时室内设计对于大堂吊顶和侧墙立面也有效果要求。

因此，本项目的大堂送风气流组织采用沿玻璃幕墙地板送风，芯筒背部墙面侧回风的方式。

冬季大堂实测的室内温度在19℃左右，业主比较满意。

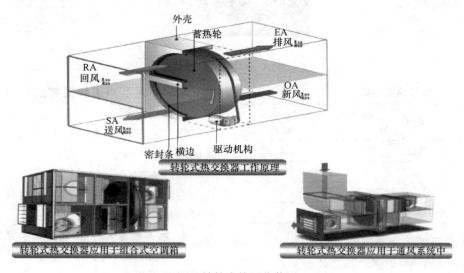

图4　转轮全热回收装置

三、空调冷热负荷

（1）酒店夏季冷负荷4640.0kW，冬季热负荷3162.0kW。单位建筑面积冷指标124W/m²，单位建筑面积热指标85W/m²。

（2）办公夏季冷负荷7533.0kW，冬季热负荷4748.0kW。单位建筑面积冷指标110W/m²，单位建筑面积热指标69W/m²。

（3）商业夏季冷负荷6100.0kW，冬季热负荷3230.0kW。单位建筑面积冷指标155W/m²，单位建筑面积热指标82W/m²。

四、空调冷热源及设备选择

（1）酒店冷源采用电制冷离心机组，热源采用燃气蒸汽锅炉。

（2）办公冷源采用电制冷离心机组，热源采用燃气热水真空锅炉。

（3）商业冷源采用电制冷离心机组，热源采用燃气热水真空锅炉。

五、心得与体会

该项目的建筑设计理念为"城市之窗"，旨在为南昌市树立一个新的建筑地标。

独特的建筑外观和综合性的业态功能，集中组合于一栋超高层建筑内。

暖通专业针对此情况，设计时采用了"集中机房区域，独立冷热源系统，灵活节能高效使用空调末端"的方法。在机房面积十分紧张的情况下，设计了多种节能、高效的空调系统。

本楼的三十九~五十六层设计为洲际酒店在中国第一家"华邑"品牌系列酒店。

本项目作为超高层综合体的典型案例，为今后类似的工程提供了实用的参考。

南京牛首山文化旅游区一期工程
——佛顶宫①

- 建设地点　　南京市
- 设计时间　　2013 年 10 月～2014 年 11 月
- 竣工日期　　2014 年 11 月
- 设计单位　　华东建筑设计研究总院
- 主要设计人　周　钟
- 本文执笔人　周　钟
- 获奖等级　　二等奖

作者简介:

周钟,机电副总师,毕业于同济大学暖通专业;主要设计项目:南京牛首山一期工程;中润嘉兴中心、山东尼山圣境百花谷度假村、苏州中润广场、苏州信汇达商业综合体、无锡灵山耿湾会议酒店和会议中心项目、上海东方艺术中心剧场等。

一、引言

1. 项目位置与总体设计理念

本项目位于南京市江宁区牛首山与祖堂山之间,以"补西峰天阙,修七宝莲道,藏舍利地宫,回复天阙胜景"为总体设计理念,以自然的手法恢复牛首天阙天际曲线。其中佛顶宫作为景区的核心建筑群分别承载了安奉舍利、天际构成、佛教传承等多方面的功能和作用。

鸟瞰图

2. 项目地理条件与功能布局（见图 1）

本项目位于牛首山东西两峰之间由挖矿所形成的矿坑之中,为最大限度地保护现有山体体型以及周边环境,总建筑体量的 80% 被安置在了牛首山双峰之间的矿坑中,向佛顶宫首层以下的延伸达到了 44m 之深。牛首山文化旅游区一期工程

中佛顶宫建筑面积为 100061m²,建筑主体地下 6 层,地上 4 层,共 10 层;其中地上部分,中心区域为单层通高"禅境福海"人员集散大厅,建筑总高度为 46.5m,内部净高约 41.2m;周边为四层辅助空间,包括展示厅、商业区域、设备机房等;地下部分北侧为半地下室外停车区域,可到达地下各层平面,同时在地下三层至地下一层区域设置斜坡式停车位。南侧区域中,地下六层为舍利藏宫,功能为舍利保存、藏品库等;地下五层～地下二层为舍利展示大厅以及佛教文化展厅、会议、办公以及相关辅助用房,设备机房区域;地下二层,地下一层为餐饮、集中厨房区域,商业区域以及配套辅助用房,设备机房区域。

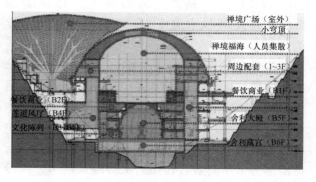

图 1　佛顶宫功能布局

二、空调设计参数

空调房间设计参数如表 1 所示。

空调房间设计参数   表1

序号	房间名称	室内设计干球温度		室内设计相对湿度		新风标准 [m³/(h·人)]	噪声标准 [dB(A)]	人员密度 m²/人	人员活动区风速	
		夏季 (℃)	冬季 (℃)	夏季 (%)	冬季 (%)				夏季 (m/s)	冬季 (m/s)
1	展馆	26	20	50	40	19	40	10	≤0.25	≤0.20
2	观瞻回廊	26	20	50	40	19	40	6	≤0.25	≤0.20
3	禅境福海	26	20	50	40	19	40	8	≤0.25	≤0.20
4	会议	26	20	50	40	14	40	2	≤0.25	≤0.20
5	餐饮	26	20	50	40	25	45	1.5	≤0.25	≤0.20
6	商业	26	20	50	40	19	45	3	≤0.25	≤0.20
7	后勤	26	18	60	—	30	45	8	≤0.25	≤0.20
8	办公	26	18	60	—	30	45	8	≤0.25	≤0.20
9	多功能厅	26	20	50	40	14	40	1.5	≤0.25	≤0.20
10	接待中心	26	20	50	40	14	40	1.5	≤0.25	≤0.20
11	走道	26	18	60	—	10	45	10	≤0.25	≤0.20
12	前厅	26	18	60	—	10	45	1.5	≤0.25	≤0.20

三、空调冷、热源

1. 空调热源

设置集中锅炉房，锅炉房生产的热水用于生活热水系统、空调热水系统的加热。根据暖通、给排水专业提资，供暖热负荷6800kW，生活热水热量1600kW，供暖期最大热负荷8400kW，选用额定供热量为2800kW燃气承压热水锅炉一台，2100kW燃气承压热水锅炉两台，容量为7000kW。供暖期3台锅炉同时运行，非供暖期运行一台2100kW锅炉。锅炉额定工作压力为0.6MPa，运行供水温度为95℃，运行回水温度为70℃。

2. 空调冷源

佛顶宫区域冷负荷为9800kW。考虑到项目使用功能、场地布置等多方面情况，佛顶宫集中设置冷源系统，冷冻机房结合佛顶宫与山体的空间结构设置，冷冻机房置于佛顶宫北侧地下室。冷源部分采用高效、环保的水冷冷水机组及风冷热泵机组，同时设置水蓄冷系统，利用晚间低谷电价获得经济效益，蓄水槽置于佛顶宫北侧地下室。水蓄冷系统里有蓄/放冷水泵、蓄/放冷板式换热器、2300m³蓄水槽以及控制系统，设计最大蓄冷量为5058RTH，夏季低谷电时段使用2台500RT主机用来蓄冷，白天采用离心式冷水机组、风冷热泵机组和蓄冷水池联合供冷。

3. 恒温恒湿空调

考虑到佛骨舍利对存放环境要求，舍利藏宫采用风冷直接蒸发式恒温恒湿（水加湿）精密分体空调机组，24h运行，一用一备，配备有应急电源，以满足重要空间温湿度要求及不间断空调的要求。室外冷凝器结合建筑东侧地下室和室外景观设计情况进行设置。

四、空调水系统

1. 水系统形式

佛顶宫空调水系统采用四管制形式，可以满足不同区域的同时供冷、供热需求，并便于实现流量控制。

2. 空调热水系统

空调热水供/回水温度为55℃/40℃，由锅炉产生95℃/70℃的高温热水经过水-水板式换热器换热后供空调末端设备使用。佛顶宫主体区域与莲道区域分别设置二次泵，设备承压均不超过1.0MPa。

3. 空调冷水系统

空调冷水系统供/回水温度为6℃/13℃，夜间采用冷水机组进行蓄冷，蓄冷时机组进/出水温度为4℃/11℃，经过水-水板换蓄冷，蓄水槽供/回水温度为5℃/12℃，白天经过水-水板换释冷，获得6℃/13℃的供回水供给空调系统使用。佛顶宫主体区域与莲道区域分别设置二次泵，设备承压均不超过1.0MPa。

五、空调方式

佛顶宫作为综合体，内部具有不同的使用功能分区，各功能分区根据各自的使用特点采用不同的空调方式。

1. 后勤、办公、商业等小空间用房

这些小空间用房采用四管制风机盘管加新风系统的形式。风机盘管采用吊顶安装方式。室外新风与对应区域的排风进行集中的全热交换，回收排风中的能量，节省运行能耗。

2. 禅境大观、舍利大殿、宴会厅等大空间用房

舍利大殿这类大空间用房采用全空气定风量空调系统，根据使用功能、使用特点等分区设置。空气处理机组临近服务区域设置，并采用双风机形式，可实现全室外新风运行，在室外气象条件允许的情况下实现免费冷却。机组配置全热回收装置，当室外空气焓值高于某值或低于某值时，系统按最小室外新风量运行工况运行，空调排风通过旁通管直接排至排风竖井（或外百页）后排至室外。室内气流采取侧送下回等气流组织方式，具体结合各使用空间的使用特点、负荷特点及室内装修要求等进行设置。

3. 消防安保、电气控制室等房间采用风冷直接蒸发式分体空调机组。

六、舍利大殿空调设计总结

舍利大殿设于佛顶宫地下五层至地下二层，净高27.5m，该房间短边长30m，长边长50m。设448个蒲团供人安坐。于地下五层设置全空气空调箱，采用喷口形式于地下五层层送风，并于地下五层层低位回风。考虑到该空间高度、跨度较大，管线较为复杂，且为了避免之前宗教项目中出现的装修遮挡风口导致出风有效面积过小等因素，故做了以下工作。

1. 温度场及速度场模拟

舍利大殿采用分层空调，于6.3m高处延房间墙面一圈设20个送风喷口，每个喷口风量为2030m³/h。由专业喷口厂家深化确认喷口尺寸为

ϕ500mm（喉部直径为ϕ286mm），夏季送风角度为斜向上5°，冬季送风角度为斜向下10°。为了确保运营后，房间内安坐于大殿内的游客体感舒适，且不会感受到明显的吹风感。通过Fluent流体模拟软件，对该房间冬季以及夏季流场情况进行了进一步模拟确认，使其满足《民用建筑供暖通风与空气调节设计规范》GB 50736—2012 表3.0.2中风速以及房间设计温、湿度参数的要求。参考其他大空间项目的模拟，具体模拟结果如下：

（1）物理模型

根据围护结构尺寸，对内部装饰简化，得到图2所示的物理模型图。

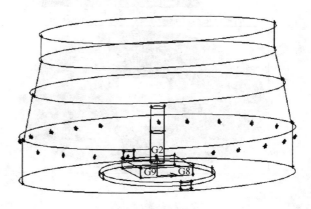

图2　物理模型图

（2）数学模型

对于整个舍利大殿，气体在内流动遵循质量守恒定律、动量守恒定律及能量守恒定律。所研究流体为三维连续不可压缩流体，在研究过程中认为流体的属性不变。流体的控制方程为Navier-Stokes方程，采用有限容积法离散控制方程。数学模型采用Realizable紊流模型。由于研究的流场考虑由温差引起的浮升力的影响，应采用Boussinesq假设。在靠近壁面处采用标准壁面函数法来处理。

（3）边界条件

入口边界：根据喷口实际尺寸以及送风量，计算得到送风出口速度：8.783m/s，湍流强度取5%；

出口边界：自由出流边界（outflow）；

壁面：标准壁面。

（4）计算结果

1）夏季工况：

由于舍利大殿设置了蒲团，考虑房间内人员多为就地安坐。因此重点考察人员头部区域的空

气温度以及风速。取 $Z=1m$，得到平面温度分布图以及平面速度（大小）分布图。

从图 3 中可以看到平面平均温度约为 $25.5℃$。整体上看，呈现与椭圆短边轴对称的分布，由中心到两侧温度逐渐升高，这是由于大厅左右两侧存在部分气流死角，而中心侧则存在部分气流短路向造成。若要改善此情况，可以增加与回风口最近的送风喷口的距离，在左右两个端部增加送风口。而从图 4 中可以看出，除排风口附近外，大殿左右两块的人员静坐区风速均小于规范中 $0.25m/s$ 的设计要求，不会造成人有吹风感。

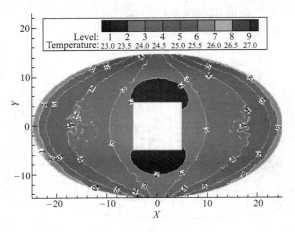

图 3　$Z=1m$ 平面温度分布图

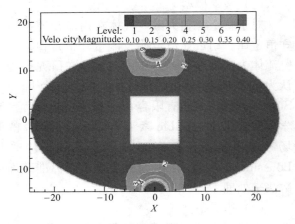

图 4　$Z=1m$ 平面速度（大小）分布图

2）冬季工况：

冬季参考夏季分析工况，得到 $Z=1m$ 高度处的平面温度图，从图 5 中可以看到平面平均温度约为 $20.5℃$。从整体上看，温度分布同样呈现与椭圆短边轴对称的分布，由中心到两侧温度逐渐降低。温度场该分布的原因与夏季工况相仿。而从图 6 中可以看到，$Z=1m$ 高度处除回风口处风速大于

$0.3m/s$ 以外，其余人员静坐区的风速均能满足规范 $\leq0.2m/s$ 的要求，不会造成人有吹风感。

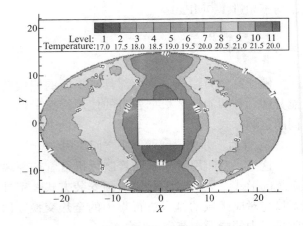

图 5　$Z=1m$ 平面温度分布图

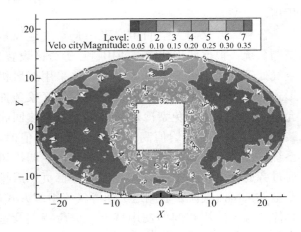

图 6　$Z=1m$ 平面速度（大小）分布图

3）冬季，夏季，垂直方向温度分布：

从夏季以及冬季 $Y=0$ 处的平面的温度分布图（见图 7、图 8），可以发现夏季工况时，由于射流喷口较近，并有一定角度，使气流一部分向上运动，一部分向下。造成在 $Z=10m$ 附近有低温区。而在送风喷口的下部则有气流死角。而冬季工况则同样在 $Z=10m$ 附近有高温区，送风喷口的下部则有气流死角，造成温度较低。但两种情况，均对人的舒适性没有太大影响。

2. 内装配合设计取代传统设计配合内装操作

在以往空调施工配合阶段大都采取设计配合内装的方式，暖通设计师根据吊顶平面调整设备及风口位置。由于舍利大殿宗教文化的特殊性，其墙面上有大量的佛龛，一方面为了避免风口后期调整对空调效果的影响，另一方面为了避免对室内装修产生破坏，故在本次项目中采用内装修

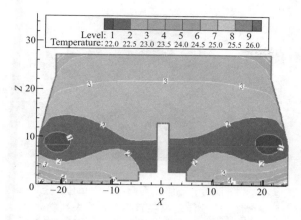

图 7　夏季工况 $Y=0$ 平面温度分布图

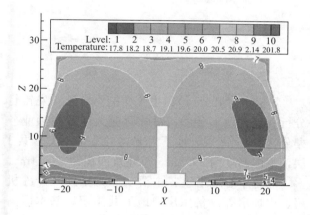

图 8　冬季工况 $Y=0$ 平面温度分布图

配合设计的操作模式，在确定送风口及回风口位置后对佛龛的位置布局进行深化和调整，在保证设备工艺的前提下，也实现了室内装修的完整性与美观性。

3. 其他

（1）冷热源的选择

本项目冷源部分采用高效、环保的水冷冷水机组及风冷热泵机组，同时充分利用了地下空间较大的优势，设置了水蓄冷系统，利用晚间低谷电价获得经济效益，并将蓄水槽置于佛顶宫北侧地下室。蓄冷罐高度较高能够形成斜温层避免冷水和温水的混合保证出水温度。

同时，由于建筑热惰性较大，考虑到早晨预冷或预热的需求，采用风冷热泵机组在较小负荷情况下运行使得系统增加了更多的灵活性。

（2）管线综合

整个佛顶宫地下五层呈椭圆形，整个平面以全空气系统为主，管道尺寸较一般空调水系统来得大，加之空调机房与使用区域距离较远。故采用

TFAS 软件，以小管让大管，非重力管让重力管的原则，并考虑管线保温及吊支架安装，后期检修距离，对所有机电管线进行优化排布。部分管线综合实例见图 9，图 10。

图 9　地下五层管线综合 3D 图

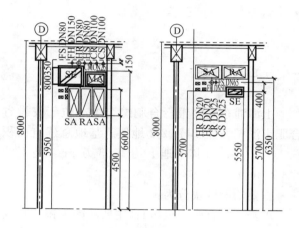

图 10　地下五层管线综合剖面图

七、结语

佛顶宫项目的暖通设计结合其特殊的地理优势设置了水蓄冷设施，利用晚间低谷电价获得经济效益。又因舍利藏宫放至佛顶舍利的特殊性设置了恒温恒湿空调，确保舍利存放的环境要求。

与此同时，为了保证舍利大殿前来参观游客的舒适性以及整个项目现场施工的效果，本项目充分应用了 BIM 设计进行管线综合，优化管线走向，减少了现场施工的修改量，提高了走道吊顶高度。而舍利大殿送风口因需要结合室内装修，风口可以设置的位置以及送回风口大小受到现场装修的诸多限制，因此借助 FLUENT 软件的温度场，速度场模拟也帮助我们进一步检验及优化了该空间空调风口位置、送风量、送风温度，更好地保证了最终的空调使用效果。

上海浦东发展银行合肥综合中心①

作者简介:
陈尹，高级工程师；工作单位：上海建筑设计研究院有限公司；朱竑锦，工程师；工作单位：上海建筑设计研究院有限公司。

- 建设地点　　合肥市
- 设计时间　　2010 年 3 月~2012 年 12 月
- 竣工日期　　2014 年 9 月
- 设计单位　　上海建筑设计研究院有限公司
- 主要设计人　陈　尹　何　焰　何钟琪　朱竑锦
　　　　　　　方文平　刘　军
- 本文执笔人　陈　尹　朱竑锦
- 获奖等级　　二等奖

一、工程概况

上海浦东发展银行合肥综合中心位于安徽省合肥市滨湖新区 BH-02-2 地块。基地总建筑面积约 14.1 万 m²（其中地上约 10.3 万 m²，地下约 3.8 万 m²）。

主要功能区块分为：

A 楼（综合中心机房）：主要功能为银行数据灾备中心、指挥中心及专门为本楼配置的冷冻机房和变配电机房，地上共 7 层，地下设有设备管廊（连通综合中心地下室），主体高度约 42.1m，总建筑面积约 20501m²。

B 楼（能源中心）：主要功能为银行柴发机组群及配电室，地上共 2 层，无地下部分，主体高度约 16.1m，总建筑面积约 2866m²。

C 楼（作业中心）：主要功能为会议中心、数据中心办公、信用卡中心办公、信息科技部办公，地上共 18 层，地下为综合中心地下室，主体高度约 83.7m，总建筑面积约 43047m²。

D 楼（异地客服中心）：主要功能为客服办公区及培训教室，地上共 4 层，地下为综合中心地下室，主体高度约 20.7m，总建筑面积约 9411m²。

E 楼（配套服务中心）：主要功能为餐厅、活动区域及员工宿舍，地上共 5 层，地下为综合中心地下室，主体高度约 23.95m，总建筑面积约

13578m²。

F 楼（合肥分行）：主要功能为合肥浦发银行分行（包含地下金库，对外营业大厅及各项业务办公），地上 8 层、地下为 F 楼独立地下室，共 1 层，主体高度约 39.8m，总建筑面积约 19814m²。

综合中心地下室：主要功能为车库及冷冻机房、锅炉房等设备用房，地下共 1 层，基本层高约 3.9m，此地下室与 C、D、E 楼连通，并通过设备管廊与 A 楼连通，建筑面积约 32142m²。

建筑外观图

二、设计参数

1. 室外计算参数

夏季：空调湿球温度 28.1℃；空调干球温度 35.1℃；大气压力 999.1hPa；风速 2.8m/s；主导风向 S。

---

① 编者注：该工程设计主要图纸参见随书光盘。

冬季：空调干球温度－4.0℃；空调计算相对湿度80％；大气压力1023.6hPa；风速3.4m/s；主导风向N。

2. 室内设计参数（见表1）

室内设计参数　　　　　　　　表1

区域名称	夏季		冬季		新风量 [m³/(h·p)]	噪声 [dB（A）]
	温度（℃）	湿度（%）	温度（℃）	湿度（%）		
大堂	25～26	50～65	16～18	≥30	10	45～60
餐厅	25～27	55～65	18～20	≥30	25	45～60
办公	25～27	45～65	18～20	≥40	30	45～55
商业、服务	26～28	50～65	18～20	≥40	20	45～60
活动室	25～27	50～65	18～20	≥40	25	45～60
休息室	25～27	50～65	18～20	≥30	30	45～50
生产机房	23±1	40～55	23±1	40～55	40	40～45

三、工程设计特点

整个项目分为6大单体，根据使用功能不同配置相应的冷热源：

（1）综合中心机房：采用离心式冷水机组，系统设置上采用2N系统（双系统同时运行），设两套独立的冷水机组，两路独立的冷却水、冷冻水管井，使得任意部位发生故障时系统可照常运作。此系统同时也能达到美国TIA-942：Tier4最高安全级别的标准。设备不会因操作失误、设备故障、外电源中断、维护和检修而导致电子信息系统运行中断；本工程生产机房空调也同样分为两套系统：每一路由一组冷水机组及其配套的冷却水泵、冷水泵、冷却塔及数台末端计算机房精密空调机组组成，正常运行时每路冷冻水系统只各负担50％的负荷，冷水机组轮流停机待用，其中一套系统发生故障需要停机维修时，由另一套系统提供100％保障机房的空调系统供冷。同时，两路系统在紧急情况时（如断电），由平时串联的蓄冷水罐提供10min紧急供冷，冷冻水泵由UPS供电，确保冷冻系统的无间断供水，柴发正常运行后UPS系统再切换到柴发系统，直至市政供电恢复正常供应。市政断水时，由设在地下室的水箱对其中1N系统所对应的冷却塔进行补水，设置一个200t的储水箱（满足12h的冷却水补水量），确保市政停水时空调系统的冷却水正常供应。

冬季利用室外冷却塔作为天然冷源，通过板式热交换器对空调冷冻水进行降温，利于节能。冬季使用的冷却塔每台配15kW的电加热，防止冷却水结冰。

（2）合肥分行：按照大楼独立的功能需求，采用风冷热泵系统，与其余单体分开实现独立控制。

（3）其余办公区、生活配套区域的单体采用冷水机组加锅炉的形式，实现人员对舒适性空调的需求。冷冻水7℃/13℃，大温差，二级泵变流量系统。

（4）加班区域、集中会议区域、管理用房、设备机房等需要24h运行的区域，采用变制冷剂流量多联空调系统，方便运行管理，利于节能。

项目采用多种冷热源混合配置，满足各个单体对工艺空调或舒适空调的需求。

四、空调冷热源及设备选择

（1）A楼（综合中心机房）：办公区域设舒适性空调，生产机房发热量大，且性质重要，需四季供冷，恒温恒湿。中心机房分两期建设，即一期及后期建设预留部分。一期考虑四层及五层一半机房正常设置（负荷密度按1kVA/m²设计），二期将在五层另一半机房内增加主机容量（负荷密度按2kVA/m²设计）四、五层机房为本次设计范围。六层机房为预留发展用房，待后期发展需要增加主机容量。经计算一期冷负荷4377kW，二期冷负荷2602kW，一期考虑采4台2600kW高压离心式冷水机组，二期再增加两台2600kW高压离心式冷水机组，对应的冷却塔流量为600t/h，另带15kW电加热器。每套系统选用二台2842kW水水板式换热器作为空调系统冬季免费冷源。

综合中心机房办公区域：冷负荷约304kW，热负荷约184kW，采用变制冷剂流量多联空调系统，方便运行管理，利于节能。弱电机房设置采用变制冷剂流量多联空调系统。

（2）C楼（作业中心）：十八层主楼计算冷负荷为4451kW，热负荷为2343kW，三层礼仪门厅区计算冷负荷为523kW，热负荷为335kW；加班区域采用变制冷剂流量多联空调系统，计算冷负荷为440kW，热负荷为324kW，单位面积制冷量为125.8W/m²，单位面积制热量为69.7W/m²。

（3）D楼（异地客服中心）：异地客户中心计

算冷负荷为 938kW，热负荷为 565kW。加班区域采用变制冷剂流量多联空调系统，计算冷负荷为 212kW，热负荷为 140kW。单位面积制冷量为 122.2W/m²，单位面积制热量为 74.9W/m²。

（4）E 楼（配套服务中心）：计算冷负荷为 1500kW，热负荷为 1200kW，其中宿舍采用变制冷剂流量多联空调系统，计算冷负荷为 300kW，热负荷为 210kW，单位面积制冷量为 127.4W/m²，单位面积制热量为 100W/m²。

C、D、E 楼冷源配置：总冷负荷约 7412kW，采用常规冷水机组系统，设置地下室冷冻机房，配置三台制冷量为 2000kW 的离心式冷水机组，一台制冷量为 1500kW 的螺杆式冷水机组其供/回水温度 7℃/13℃。

C、D、E 楼热源配置：总热负荷约 4843kW。选用燃气（天然气）热水锅炉 2 台，每台产热量 2500kW，热水系统供/回水温度为 55℃/45℃。供各幢楼冬季空调需要。

（5）F 楼（合肥分行）：包括营业用房、办公用房、档案库及生活配套。夏季冷负荷约 1668kW，冬季热负荷约 1100kW。采用 2 台高效风冷热泵型冷水机组。单台耗电量约 215kW 机组置于屋顶。热泵夏季提供 7℃/12℃冷水、冬季提供 45℃/40℃热水供空调末端使用。并配用相应的冷热水泵及备用泵，设膨胀水箱定压补水。

四层的主机房和 UPS 机房单独设置 2 台制冷量为 90kW 的风冷热泵机组，并配用相应的水泵及备用泵，设膨胀水箱定压补水。

地下室金库采用分体式空调，并配移动式除湿机，同时新、排风同金库门连锁启停。

本项目采用多种冷热源混合配置，满足各个单体对工艺空调或舒适空调的需求

五、空调系统形式

1. 空气处理系统

（1）大空间区域采用全空气低速风道系统。空调箱设粗、中效过滤，保证室内空气品质。

（2）小空间如接待、办公、小会议室等采用风机盘管加新风的空调系统。新风设粗、中效过滤，保证室内空气品质。

（3）值班、信息机房、消控中心、电梯机房、门卫等需要 24h 运行的功能室设置独立的变制冷

剂流量空调系统或分体式空调，方便运行管理。

（4）生产机房采用恒温恒湿精密空调机组，下送上回，并设置电加湿和电加热系统。新风机设粗、中、亚高效过滤器，并设置湿膜加湿。新风机处理新风需加热到房间露点温度以上。送风量维持机房 5～10Pa 正压（新风机按防火分区设置）。

2. 水系统

（1）生产机房区域水系统采用两管制、闭式循环一次泵系统，全年供冷。

（2）舒适性空调水系统采用两管制、闭式循环系统。空调冷冻水、空调热水均采用二次泵系统，其中一次泵定流量运行，二次泵采用变流量运行。

（3）冷却水全程处理：冷却水的处理包括加药处理控制冷却水中微生物的生长、抑制水垢的积聚和控制冷却水管表面的氧化和锈蚀。同时设置过滤器，用于冷却水的连续过滤。

（4）冷冻水水循环：本工程每台冷水机组及对应冷却水泵、冷冻水泵、冷却塔组成一套独立的制冷系统。冷冻水的处理需进行加药处理抑制水垢的积聚和控制水管的氧化和锈蚀。同时设置过滤器，用于冷冻水的连续过滤。

六、防排烟及空调自控设计

1. 防排烟

（1）地下汽车库设置若干个防烟分区，由土建设挡烟垂壁分隔。每个防烟分区的排烟量按 6h⁻¹ 换气次数计算。有直接通向室外的汽车疏散口的防火分区内的防烟分区采用自然补风；无直接通向室外的汽车疏散口的防火分区内的防烟分区采用机械补风。机械排烟和机械补风系统兼用平时车库机械送、排风系统。

（2）房间、中庭、走道等的排烟设置严格按照国家规范要求执行。

（3）锅炉房设泄爆口，泄爆面积不小于锅炉房面积的 10%，并设置不小于 12h⁻¹ 的事故通风系统。

（4）对于采用气体灭火系统的房间，均设有灭火后的排风系统。且在气体释放时所有通室外的风口均关闭。排风口设在防护区下部，并直通室外。

（5）消防控制中心对所有涉及消防使用的设备进行监控。控制如下：

1) 所有排烟风机均与其排烟总管上 280℃ 熔断的排烟防火阀联锁，当该防火阀自动关闭时，排烟风机停止运行。

2) 排烟口（排烟防火阀）平时关闭，能自动和手动开启，与其相应的排烟风机能自动运行。

3) 火灾时，消防控制中心自动停止空调设备和与消防无关的通风机的运行，并根据火灾信号控制各类防排烟风机、补风设备等设施的启用。

4) 各空调通风系统主管道上的防火阀与该系统的风机联锁，当防火阀自动关闭时，该风机断电。

2. 自控

按建筑物的规模及功能特点，设置楼宇自动控制系统（BAS），通风设备、空调机组、冷热源设备等的运行状况、故障报警及启停控制均可在该系统中显示和操作。

（1）冷热源系统的监测与控制

1) 冷热源机房自控：根据冷热负荷的变化进行负荷分析，决定制冷机组运行台数，优化启停控制与启停联锁控制。

2) 对冷却水阀、冷却水泵、冷却塔风机、冷冻水阀、冷冻水泵、制冷机组按顺序进行联锁控制。

3) 除变频系统外，为保证空调冷热水系统供回水压差恒定，其供回水总管处设置电动压差旁通调节阀进行控制。

4) 冷却水塔进行水量分配控制以及根据水温控制风机运行台数。

5) 为防止冷水机组的冷却水进水温度过低，在冷却水进出总管处设置一个电动温控旁通调节阀，根据进水温度调节其旁通流量。

6) 空调冷热水二次循环泵的变频调速和台数控制。

（2）水蓄冷系统的控制

设置电动调节阀，对常规工况和应急工况进行切换，并在应急工况完成后逐步调节水罐和系统中的水量比例，使系统平稳过渡，减少波动。

（3）空调系统末端的控制

1) 风机盘管由房间温度控制回水管上的动态平衡电动两通阀，并设有房间手动三档风机调速开关。

2) 空调机组由回风温度控制回水管上的动态平衡电动两通调节阀。

3) 新风机组由送风温度控制回水管上的动态平衡电动两通调节阀。

4) 空调机组过滤器设有压差信号报警，当压差超过设定值时，自动报警或显示。

5) 空调机组新风入口的防冻用电动（开度可调）双位风阀与该机组联动，开关控制。

6) 大风量空调机组和部分通风风机采用变频调速控制。

（4）所有热泵型变制冷剂流量分体多联式空调系统均自带运行和温度控制系统，并与楼宇自动控制系统联网。

七、节能创新

（1）由于综合中心机房的冷冻机房需常年制冷，故冬季利用室外冷却塔作为天然冷源，通过板式热交换器对空调冷冻水进行降温，利于节能。

（2）会议中心、数据中心、信用卡中心、信息科技部、异地客服中心、配套服务中心分属不同的建筑，故与地下能源中心的距离和建筑层高各不相同，设计采用分区二级泵系统，有效地解决了扬程过高、过低的问题，实现了经济节能运用。

（3）除综合中心机房和合肥分行温度冷冻水供/回为 7℃/13℃，实现大温差运行，减少经常性的输送动力。

（4）加班区域采用变制冷剂流量多联空调系统，由于变制冷剂流量多联空调的特性——可部分机组运行，这样有效地解决了因部分区域使用而需运行冷水机组，从而有效地节约了能源。

（5）大堂采用分层空调，地送风结合一层的侧送风，并在一层设置集中回风，二层以上挑空区域设置排风，既满足了正常使用，又节约了能源。

苏宁易购总部①

- 建设地点　　南京市
- 设计时间　　2012 年 04 月～09 月
- 竣工日期　　2014 年 05 月
- 设计单位　　南京长江都市建筑设计股份有限公司
- 主要设计人　储国成　韩　亮　江　丽　徐　阳
- 本文执笔人　储国成
- 获奖等级　　二等奖

作者简介：
储国成，高级工程师；2008 年毕业于南京师范学校供热供燃气通风与空调工程专业；工作单位：南京长江都市建筑设计股份有限公司；代表作品：苏宁易购总部、福州苏宁广场 B11B13 项目等。

一、工程概况

本工程位于江苏省南京市徐庄软件园内，苏宁电器总部以北。作为苏宁电器集团的一部分，与原总部建筑群相呼应，形成了一个全新的总部基地。总用地面积为 125030m²，总建筑面积为 242023m²，建筑总高度为 49.05m，地下 2 层，地上 9 层，地下二层为地库和相关设备用房，地下一层为厨房，餐厅、车库和设备用房，一层为展厅、会议中心、员工餐厅灯，二～九层为办公。

建筑外观图

项目以创造"低耗、健康、舒适"的高效绿色办公建筑为目标，达到三星级绿色建筑标准，项目结合场地与环境特点，综合建筑功能和业主使用需求，以"被动式措施优先、主动式措施优化"为理念，绿色设计优先采用被动式技术，采用成熟、适宜的绿色建筑技术，达到节能、环保、绿色生态的目标，在满足建筑功能的同时创造"健康"与"舒适"的办公环境，最大限度减少对资源和能源的消耗，实现建筑产业的可持续发展。

二、工程设计特点

根据该办公楼的空调运行特点，冷源采用离心式冷水机组＋水蓄冷系统，该空调方案利用低谷电价蓄冷，高谷电价释冷的系统方式，有效地获取了分时电价的效益，结合消防水池作为蓄冷水池，节省了初投资，降低了电费的支出和运行费用，不仅有较好的经济效益，同时具有良好的社会效益。蓄冷中央空调系统是将冷量以显热或潜热的形式储存在某种介质中，并在需要时能够从储存冷量的介质中释放出冷量的空调系统。水蓄冷是空调蓄冷的重要方式之一，利用水的显热储存冷量。水蓄冷中央空调系统是用水为介质，将夜间电网多余的谷段电力（低电价时）与水的显热相结合来蓄冷，以低温冷冻水形式储存冷量，并在用电高峰时段（高电价时）使用储存的低温冷冻水来作为冷源的空调系统。

三、设计参数及空调冷热负荷

1. 室外气象参数

夏季空调室外设计计算干球温度：34.8℃，夏季空调室外设计计算湿球温度：28.1℃；

---

① 编者注：该工程设计主要图纸参见随书光盘。

冬季空调室外设计计算干球温度：－4.1℃，冬季空调室外设计计算相对湿度：76%。

2. 室内设计参数（见表1）

室内设计参数　　　　　表1

空调房间	室内温度（℃）		相对湿度（%）		新风量	噪声指标
	夏季	冬季	夏季	冬季	m³/(h·p)	dB(A)
办公	26	20	60	50	30	50
大堂	26	18	60	40	10	50
餐厅	25	18	60	40	25	55
会议	26	18	60	50	25	45
厨房	≤29	≥20				

根据鸿业负荷计算软件6.0版，得到本工程空调负荷如下：

夏季冷负荷：18300kW　　冬季热负荷：10500kW；

单位面积冷负荷指标：153W/m²，单位面积热负荷指标：88W/m²。

四、空调冷热源及设备选择

本工程空调冷源为4台855RT（3343kW）单工况离心水冷冷水机组，供/回水温度为4℃/12℃，另设置体积为5200m的蓄冷水池（兼消防水池）。水蓄冷水池和末端冷冻水采用板换连接，板式换热器负荷侧冷冻水供/回水温度为7℃/13℃，板式换热器负荷侧冷冻水泵采用变流量系统；考虑南京地区电价政策，本设计中蓄冷量取35%左右，离心式冷水机组具备蓄冷与供冷同步进行工况的系统模式。这样系统既能高效稳定地运行，又可节省机房空间及制冷设备的初投资。

热源采用3台5t真空燃气（油）热水锅炉并联运行供空调采暖用，其中一台为双回路，供/回水温度为60℃/50℃。一台1.5t锅炉供生活热水用，供/回水温度为85℃/65℃。

本工程冷热源设备如图1所示。

室外冷却塔　　锅炉房　　冷水机组显示屏

冷冻机房安装　　冷冻水泵　　一、二次泵控制面板

图1　冷热源设备

五、空调系统形式

空调水系统为两管制同程能源侧一级泵、负荷侧二级泵的二次泵变流量系统。从冷冻机房接出总供水管（一次泵系统）分别接至地下一层的8个二次泵房，空调水系统立管、支管均为同程式。如在某些支管无法同程设计，则设置必要的平衡阀，水系统最高点设置自动放气阀，最低点设置泄水阀。空调水系统通过屋顶膨胀水箱实现定压和系统补水。水系统采用化学加药方式进行全自动在线化学处理，以防止管内壁腐蚀与结垢。

空调风系统：

（1）餐厅、员工活动中心、大空间办公、会议中心等大空间采用集中处理的低速变风量全空气系统。气流组织为均匀送风，集中回风，送风口采用散流器。

（2）入口门厅高大空间区域设置低速变风量全空气系统，局部设置地板送风方式，下送上回，以及采用上送下回的空调送风系统方式。气流组织为均匀送风，集中回风，地板送风口采用条形送风口，上部送风口采用旋流风口和侧送的喷口送风。

（3）小空间办公、后勤用房、小型会议室等小空间房间采用风机盘管加新风系统。送风口选用条形散流器（条形送风口），风机盘管采用卧式暗装，新风空调箱选用吊装式新风机组。

（4）标准层办公新风、排风竖向设置全热回收系统，采用板式全热换气机，集中设置于屋面．全热换气机采用组合式空调箱．

六、通风、防排烟及空调自控设计

1. 防排烟系统设计

（1）标准层办公垂直方向设有机械排烟系统，每层平面划分为若干防烟分区，每个防烟分区设有排烟风口，平时常闭，火灾时由消防控制中心打开该防烟分区的排烟口（阀），并启动排烟风机进行排烟。排烟量按最大一个防烟分区面积每平方米不小于 $120m^3/h$ 计算。

（2）中庭设置机械排烟系统，体积大于 $17000m^3$ 的中庭，其排烟量按其体积的 $4h^{-1}$ 换气计算；体积小于 $17000m^3$ 的中庭，排烟量按其体积的 $6h^{-1}$ 换气计算。

（3）地下汽车库的排风系统火灾时兼作机械排烟系统。汽车库排烟量按换气次数 $6h^{-1}$ 计算。消防补风为平时机械送风系统兼作消防补风系统，补风量满足不小于排烟量的 50%。

（4）地下一层卸货车库部分设机械排烟系统，由平时排风系统兼用。排烟量按换气次数 $6h^{-1}$ 计算，消防补风为机械补风，补风量满足不小于排烟量的 50%。

（5）面积超过 $100m^2$，且经常有人停留或可燃物较多的地上无窗的房间设置机械排烟系统；房间面积超过 $50m^2$，且经常有人停留或可燃物较多的地下室设置机械排烟系统，同时设置机械补风系统，补风量不小于机械排烟量的 50%。

（6）无直接自然通风，且长度超过 $20m$ 的内走道和虽然有直接自然通风，且长度超过 $60m$ 的

内走道设置机械排烟系统。

（7）不满足自然排烟的防烟楼梯间、消防电梯前室及合用前室分设独立的加压送风系统。

（8）防烟楼梯间加压送风口采用自垂式百叶送风口，隔层设置。

（9）消防电梯间前室或合用前室采用多叶加压送风口，每层设置，风口为常闭型，设置手动和自动开启装置，并与加压送风机的启动装置联锁。着火时由消防控制中心开启着火层和上（下）层正压风口，同时启动正压送风机。

（10）避难走道满足自然排烟要求。

（11）排烟系统：着火时，根据烟感信号，开启该防烟分区的排烟风机（办公及内走道开启该防烟分区的排烟口，并关闭排风防火风口，中庭开启常闭排烟口），系统转为排烟系统。地下车库及商业餐厅等进风系统继续运行，以保证机械补风量。当排烟温度超过 $280℃$ 时自动关闭排烟阀及排烟风机，停止排烟并关闭补风系统。常闭排烟口设手动和自动开启装置。

（12）防排烟系统中的相应风机、控制阀门均纳入消防控制系统（CACF）进行监控。

2. 空调自控系统设计

（1）本工程商业、会议、餐饮等集中空调系统分设中央集中监控系统（BAS）。

（2）除风机盘管、排气扇、外，各种空调、通风设备由 BAS 系统监控。

（3）冷热源等主要设备顺序启动，顺序停止。

（4）冷水机组、板式换热器、水泵等主要设备进行运转台数自动控制，达到高效运行。

（5）板换负荷侧一次泵变流量系统空调供回水总管末端之间设置平衡管，实现系统变流量运行。二次泵变流量系统在最不利环路末端设置压差控制阀，调节控制水泵转速，在满足系统用户侧流量需求的同时节省水泵输送能耗。

（6）空气处理机组（新风处理机组）控制系统由冷暖型比例积分控制器、装设在（送）回风口的温度传感器及装设在回水管上的电动两通调节阀组成。系统运行时，温度控制器把温度传感器所检测的温度与温度控制器设定温度相比较，并根据比较结果输出相应的电压信号，以控制电动动态流量阀的动作，通过改变水流量，使（送）回风温度保持在所需要的范围。空调机组以回风温度作为控制信号，新风机组以送风温度作为控

制信号。空气处理机组控制箱设于机房内,可就地控制及远程监控。风机盘管系统以房间温度为控制目标,调节风机盘管回水管上设置的电动两通阀(ON-OFF)。

(7)当新风温度小于0℃,同时机组不运行时,应保证电动两通调节阀保持最小开度,以便预热盘管。新风入口设电动风阀与机组连锁,冬季机组不运行时关闭电动风阀。

(8)实现变新风比的全空气系统,采用固定干球温度法进行判别控制。在新风入口处设置温度传感器,通过比较室外新风温度和设定值,调节新、回风阀门以及相应排风机频率,以实现加大新风量,直至最大新风量或全新风运行。

(9)空调、通风系统内主要设备(如冷热源、水泵、空调箱、风机等)的主要状态点均需通过区域 DDC 联络至 BA 系统。

七、心得与体会

本工程 2014 年 4 月开始空调系统调试并投入运行,使用效果基本满足了建设方的要求。由于本工程采用能源侧一级泵、负荷侧二级泵的二次泵变流量系统,能源侧一级泵、负荷侧二级泵均采用变频控制,二次泵系统设计的难点在于尽可能将一二次运行解耦,结合本系统的布局设置特点(二次泵房是远离冷热源分散布置的,不大可能在冷热源处设主盈亏管),将传统主盈亏管分拆至每个二次泵房中,较初期两根主盈亏管的设计方案,可以将每组二次泵启停和加减载的压头变化对一次泵系统及其他二次泵的压力波动影响降到最低,使整个一二次泵系统的运行更为稳定。因为该设置形式将各组二次泵在运行上的基本剥离开来,所以只需研究其单一组二次泵的运行状况。

将回水温度稳定在小于 13℃。如果回水温度不稳定,势必会造成斜温层的破坏,因此一个稳定的回水温度的控制是确保水蓄池高效率的关键。在设计中通过板式换热器负荷侧一级泵变频、二级泵变频的空调水系统,以及板式换热器一次侧释冷泵的变频控制,有效地确保了回水温度的相对稳定性。

南京银城皇冠假日酒店①

- 建设地点　　南京市
- 设计时间　　2009 年 6～12 月
- 竣工日期　　2013 年 7 月
- 设计单位　　南京城镇建筑设计咨询有限公司
- 主要设计人　王　琰
- 本文执笔人　王　琰
- 获奖等级　　二等奖

作者简介：
王琰　高级工程师/副总工程师，1990 年毕业于西安冶金建筑学院供热通风与空气调节专业；现在南京城镇建筑设计咨询有限公司工作；主要代表工程：南京鑫星中小银行服务业科技创新基地、银城广场、溧阳金陵饭店、南京市级机关游泳馆等。

一、工程概况

南京银城皇冠假日酒店（原项目名称：湖滨金陵饭店二期）位于南京市江宁区百家湖畔佳湖东路 9 号，用地面积 27552.3m²，由南京华中房地产开发有限公司开发建设。本工程地下 1 层，地上主楼 16 层，裙楼 3 层，建筑高度 59.15m，总建筑面积 49265m²。建筑防火设计分类为一类高层公共建筑。共有客房 411 间，目前为南京市江宁区唯一一家五星级洲际酒店。

建筑外观图

酒店夏季空调集中冷源为设于地下室冷冻机房内的 4 台螺杆式冷水机组，其中一台带热回收；冬季空调集中热源采用市政蒸汽热网。空调末端对于大空间采用全空气系统、对于小空间采用风机盘管＋新风系统，且夏季部分生活热水为由热回收机组免费制取，减少蒸汽耗量。整个楼层采用建筑节能措施，围护结构的节能达到 65% 的标准。

该项目 2010 年初完成施工图设计，2013 年竣工投入使用，至今已经运行四年多，使用效果良好。

二、工程设计特点

本设计的主要技术特色为：酒店空调设计与生活热水系统紧密结合；普通冷水机组与热回收机冷水机组的合理选型；在高低区分区热水供水系统中，减少投资，以数量较少的热回收机组制备出安全可靠的免费生活热水。

三、设计参数及空调冷热负荷

本大楼空调夏季总冷负荷为 6100kW；空调冬季总热负荷为 4877kW，高、中区热水供应供热系统热负荷分别为 1187kW，低区热水供应供热系统热负荷为 818.32kW。

四、空调冷热源及设备选择

空调夏季集中冷源为设于地下室冻冷机房内的 4 台螺杆式冷水机组，每台 432RT。供/回水温度为 7℃/12℃，与其配合使用的冷水泵和冷却水

泵采用一机一泵式，各 5 台，四用一备。选用一台带全热回收的螺杆机组在制冷季回收制取 45℃ 的生活热水，作为中、低区生活热水的预加热，同时设置两台 8t 承压生活热水箱。热回收量 1825.2kW，最高出水温度 45℃。空调冬季集中热源的蒸汽来自城市热网。热交换后的热水供/回水温度为 60℃/50℃，热交换间设于地下室冻冷机房内，内设 4 台板式换热器换热，热水循环泵 5 台，四用一备。

五、空调系统形式

1. 空调水系统

（1）空调水系统为一次泵定水量双管制机械循环系统。供回水管之间设压差旁通装置。横、立管均为异程（加平衡阀）布置。

（2）空调冷热水系统采用自动补水稳压罐定压，由稳压罐压力信号控制补水泵启停，补水水箱及自动补水稳压罐设在冻冷机房内。

（3）水循环采用全程水处理机进行杀菌、灭藻、过滤、防垢。

2. 空调风系统

（1）空调风系统为在 K-1、6 采用定风量全空气系统。空气处理机组配以低速风管送风，配合装修作百叶侧送风口或方形、矩形散流器下送，回风靠负压吸入。空气处理过程：室外新风与室内回风混合-粗效过滤-中效过滤-表冷-风机-消声-室内。全空气系统空调的室内气流组织：除 K-6 系统利用上侧送风下侧回风的形式外，其他均利用上送上回（或侧回）的形式。

（2）空调风系统为 K-2、3、4、5 采用风机盘管加新风系统。冬季采用湿膜对新风进行加湿处理。全楼加湿量为 355kg/h。新风处理过程：室外空气-粗效过滤-冷却-冬季加湿-风机-消声-室内。

六、通风、防排烟及空调自控设计

（1）本工程为一类高层公共建筑，建筑高度超过 50m，全楼地面部分共设置 6 个机械加压送风系统，10 个机械排烟系统。经计算：

1）JY2、JY5 为前室不送风的防烟楼梯间，其加压送风量为 27000m³/h。

2）分别送风的 JY1、JY4 防烟楼梯间的加压送风量为 18000m³/h，JY3、JY6 合用前室的加压送风量均为 14000m³/h。

3）P1、P4 为内走道的排烟系统，每层最大的面积为 113.86m²，按最大的面积 120m³/m²·h 计算，其排烟风量为 6831.60m³/h。

4）P2、P3 为内走道的排烟系统，每层最大的面积为 156.81m²，按最大的面积 120m³/(m²·h) 计算，其排烟风量为 9408.60m³/h。

5）P5 为宴会厅排烟，其面积为 1213.12m²，按面积 60m³/(m²·h) 计算，其排烟风量为 72787.20m³/h，由 4 台低速排烟风机担任。

6）P6 为大堂中庭排烟，其面积为 689.37m²，按换气次数 6h⁻¹ 计算，其排烟风量为 53770.86m³/h，由 2 台低速排烟风机担任。

（2）地下室防烟楼梯间及前室、消防电梯间前室及合用前室加压送风系统风口采用多叶送风风口，地面防烟楼梯间前室、电梯间前室采用多叶风机加压送风防烟。房间内排烟系统采用板式排烟风口，火灾时仅由消防控制中心打开（也可手动打开）着火层防烟分区内的排烟风口，并联动屋顶排烟阀和排烟风机进行排烟，280℃ 自行关闭。

（3）根据业主对本工程的使用要求及为更多的节省能源，本设计设有与本工程级别相适应的空调通风自动控制系统。

（4）本工程的空调自动控制系统采用直接数字控制系统（DDC 系统），由中央电脑等终端设备加上若干现场控制分站和传感器、执行器等组成。控制系统的软件功能包括：最优化启停、PID 控制、时间通道、设备台数控制、动态图形显示、各控制点状态显示、报警及打印、能耗统计、各分站的联络及通信等功能。

七、心得与体会

在夏热冬冷地区的星级酒店中，全年空调系统运行时间超过 6 个月以上，空调系统能耗在整个建筑能耗中的比重高达 50% 以上，热水供应能耗比例约占 15%，成为仅次于空调负荷的第二大建筑能耗。酒店类建筑的能耗费用占年运营收入的 10%~15%。无疑空调冷凝热回收对于降低酒店建筑的能耗和营造良好的城市环境有着重要的意义。

根据 2015 年的运营数据显示，该酒店的平均空调面积装机冷量为 142.7W/m²，平均入住率为 60%，夏季最热月开启 2 台主机运行（入住率 50%），空调、生活热水年耗汽量为 4270t，空调总耗电量为 5888MWh，折合空调、生活热水总能耗为 8058.8X104MJ，单位面积一次能耗量为 1.64GJ/(m²·a)，年运行费用为 630 万元。在江苏省洲际酒店低能耗运行数据中排名第三位，取得了良好的运行效益及效果。全部冷凝热回收系统增加初投资 26.8 万元，节能运行费用 54.1 万元，比传统空调系统分别减少碳排放量 9.2%。

经过近四年的实际运行证明是一种技术可行，经济合理，节能环保的空调及生活热水供应系统。

酒店建筑能源系统中每年产生大量余热废热，将空调制冷过程中产生的冷凝热不排入大气而用于供暖或加热生活热水的方式，即冷凝热回收。

据测算，该项目能源使用阶段常规空调系统碳排放量为 3.51t/a，全部冷凝热回收系统碳排放量为 2.64t/a。采用该方案比传统空调系统分别减少碳排放量 9.2%。通过冷热源配置、热回收方式及运行策略的优化，可以同时达到酒店建筑的经济性、节能性及环保性效果。

据不完全统计，截至 2013 年底，我国星级饭店已超过 1 万家，其中五星级酒店已达到 702 家。调查显示，我国酒店餐饮服务行业整体能耗及二氧化碳排放量较高，每一座大型星级酒店都成为一个城市"热岛"。酒店作为建筑能耗大户，节约使用能源、降低基本耗损，意味着降低酒店经营成本、提高营业利润。冷凝热回收作为一种节能设备与技术的运用，将在长期运营中为酒店获取收益，为绿色酒店发展提供一个新的方向。

中银大厦①

- 建设地点　　苏州市
- 设计时间　　2010 年 10 月～2012 年 12 月
- 竣工日期　　2013 年 12 月
- 设计单位　　启迪设计集团股份有限公司
　　　　　　　（原苏州设计研究院股份有限公司）
- 主要设计人　钱沛如　庄岳忠
- 本文执笔人　庄岳忠
- 获奖等级　　二等奖

作者简介：
庄岳忠，高级工程师，2002 年毕业于同济大学供热通风与空调工程专业；目前就职于启迪设计集团股份有限公司；主要设计作品：苏州市轨道交通控制中心大楼、中国太湖文化论坛总部、苏州独墅湖高等教育区教育发展大厦、西交利物浦大学科研楼、苏州龙湖狮山路综合体、铁狮门苏华路北项目等。

一、工程概况

中国银行苏州分行大楼（中银大厦）项目为美国贝聿铭建筑事务所与我院合作，在国内设计的又一标志性建筑。项目坐落于苏州工业园区金鸡湖东，位于旺墩路北，万盛街东。总用地面积 25096m²，总建筑面积 99640.47m²，容积率 3.18%，绿地面积 6400m²，绿化率 25%。建筑物由主塔楼及东侧裙房、中庭连廊组成。主塔楼地上 22 层办公用房，顶部 2 层机械用房，采用钢筋混凝土框架-剪力墙结构体系，地面以上总高度为 99.72m；裙房地上 4 层，局部一层夹层，采用混凝土框架剪力墙结构体系，地面以上总高度 20.75m；主塔楼及裙房之间为 3 层挑空的中庭连廊，中庭连

建筑外观图

廊四层为餐厅和设备机房，五层为景观屋面，采用大跨度钢桁架结构。大楼主要功能为财富中心、餐饮、办公等，地下一层平时为汽车库、设备用房及金库场所；战时分为 4 个六级二等人员掩蔽所及一个移动电站。

二、工程设计特点

本工程塔楼办公部分空调末端采用变风量空调系统，变风量空调系统 20 世纪 60 年代起源于美国，自 20 世纪 80 年代开始在欧美、日本等国得到迅速发展。塔楼标准层办公区域进深为 10～12m，且具有较大的外窗面积，经过计算，将靠近外围护结构 3～5m 的范围划为外区，其余区域划为内区。外区采用串联风机动力型（配再热盘管）变风量末端装置（见图 1），内区采用单风道变风量末端装置（见图 2）。

采用变风量空调系统可极大地降低风机运行功耗（变静压控制系统可节约风机动力耗能 70% 以上）。在过渡季节变风量系统可大量采用新风作为天然冷源，能大幅度减少制冷机的能耗，亦可改善室内空气质量。变风量空调系统是全空气系统，避免了风机盘管系统中令人烦恼的冷凝水滴漏和污染吊顶等问题。

由于变风量系统控制较为复杂，项目实施成功的关键，很大一部分取决于系统控制，因此在

---

① 编者注：该工程设计主要图纸参见随书光盘。

图1　串联风机动力型变风量末端装置

图2　单风道变风量末端装置

设计过程中就要求系统在控制、调试中至少采用定静压控制和变静压控制两种方式。定静压控制在送风系统管网的适当位置（常在离风机2/3处）设置静压传感器，在保持该点静压一定值的前提下，通过调节风机受电频率来改变空调系统的送风量（见图3）。

变静压控制保持每个VAV末端的阀门开满在85%～100%之间，即使阀门尽可能全开和使风管中静压静可能减小的前提下，通过调节风机受电频率来改变空调系统的送风量（见图4）。

在业主和空调施工单位的积极配合下，最终两种调试方案均通过测试。在实际运行过程中，VAV空调末端送风量和噪声水平也取得了平衡，整体空调运行平稳、安静，为业主提供了舒适的室内空气环境和优良空气品质。

大楼及数据中心均采用了冷却塔免费供冷技术（见图5）。我们在常规空调水系统基础上适当增设部分管路及设备，当室外湿球温度低至某个值时，关闭制冷机组，以流经冷却塔的循环冷却水间接向空调系统供冷，以达到节能的目的。而随着过渡季节及冬季的到来，室外气温逐渐下降，相对湿度降低，室外湿球温度也在下降，冷却塔出口水温也随之降低。而此时建筑室内湿负荷及冷负荷也在不断下降，免费冷却系统完全能满足空调系统舒适性的要求。

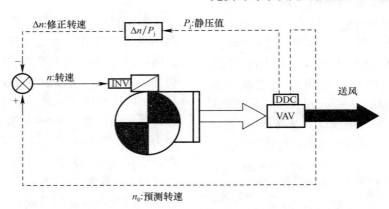

图3　定静压控制原理图

根据负荷计算，结合苏州当地气候条件，大楼及数据中心分别设置了2台换热量为750kW和2台换热量为1000kW的水-水板式换热机组，当室外湿球温度低于10℃时，冷冻机组停止运行，开启塔楼冷却塔、板换机组进行供冷，此时空调供/回水温度为14℃/17℃。随着室外气温的进一步降低，可提供的冷冻水温度也进一步下降，从而满足大楼和数据中心空调冷负荷需求。本项目在实际运行过程中，因数据中心一期装机容量为设计值的20%左右，冷负荷需求较小，数据中心物管人员在春夏交替时节人为延长了免费供冷使用时间。根据最终反馈的运行数据显示，免费供冷系统极限运行状态时室外气温达到了17～18℃，室内供水温度达到了21℃左右，仍能满足运行要求。后续随着数据中心装机容量的增加以及板换污垢系数的增大，免费供冷使用时数将会逐步减少。

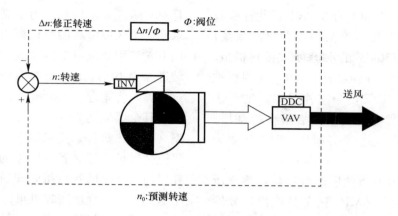

图 4　变静压控制原理图

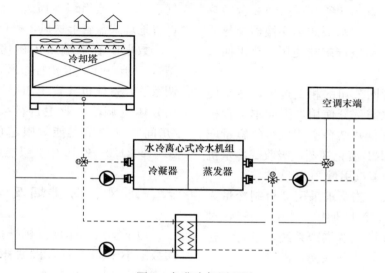

图 5　免费冷却原理图

三、设计参数及空调冷热负荷

1. 苏州地区室外设计参数：

夏季计算干球温度 34.1℃，夏季计算湿球温度 28.6℃，夏季通风计算温度 31℃。

冬季空调计算干球温度－4℃，冬季计算相对湿度 76%。

2. 室内设计参数（见表 1）

室内设计参数　　　　　　　　　　　　　　　　　　　　　　　　表 1

功能区	夏季		冬季		新风量 [m³/(h·w)]	噪声 [dB (A)]	人员密度 (m²/人)	照明功率密度 (W/m²)	电器设备功率 (W/m²)
	温度 (℃)	相对湿度 (%)	温度 (℃)	相对湿度 (%)					
大堂门厅	26	/	16～20	/	10	50	20	13	5
营业厅	26	≤65	16～20	/	30	45	2.5	11	5
会议室	25	≤65	20～23	/	20	40	2.5	9	5
办公区域	25	≤65	20～23	/	30	40	4～8	9～15	13～20

大楼舒适性空调总冷负荷（不包括数据中心）为 7733kW，总热负荷为 3058kW，建筑面积冷负荷指标为 79W/m²，热负荷指标为 32W/m²。数据中心总冷负荷由工艺要求定，按 1000kW 计。

四、空调冷热源及设备选择

大楼办公空调冷源采用 2 台制冷量为 850RT

水冷离心杆式冷水机组和 1 台 500RT 溴化锂吸收式冷水机组，过渡季及冬季采用免费供冷系统，设置 2 台换热量为 750kW 的水-水板式换热机组。空调主机设置在地下一层冷冻机房内，空调夏季供/回水温度为 7℃/12℃，当室外湿球温度低于 10℃时，冷冻机组停止运行，开启塔楼冷却塔、板换机组进行供冷，此时空调供/回水温度为 14℃/17℃。

办公空调热源由城市热网蒸汽提供，蒸汽压力 0.8MPa，减压至 0.6MPa 接至分汽缸，分别送至各用汽点。蒸汽总用量为 6t/h，其中空调 5.8t/h，生活热水 0.2t/h。冬季蒸汽经 2 台换热量为 2400kW 的组合式汽-水板式热交换器换热后产生 60℃热水，提供给空调末端使用，热水回水温度为 50℃。

根据当地热力管网公司的相关规定，冬季使用蒸汽的同时夏季也需部分使用，因此本工程根据夏季须使用的蒸汽量并结合空调机组的容量配比，选择了 1 台 500RT 溴化锂蒸汽吸收式冷水机组，溴化锂机组夏季蒸汽用量 2t/h。

数据中心冷源按工艺要求采用 2 台制冷量为 300RT 水冷螺杆杆式冷水机组（一用一备），过渡季及冬季采用冷却塔免费供冷系统，设置 2 台换热量为 1000kW 的水-水板式换热机组。

五、空调系统形式

本工程空调冷冻水、热水采用一次泵变流量系统，根据末端负荷调整系统冷热水量。空调水管采用四管制系统，冷热水立管采用同程式布置，水平分支管上设静态平衡调节阀，空调机组回水管上设动态平衡电动调节阀。系统经调试后，保证各支路的水力失调度不大于 15%。所有组合式空调机组和末端风机盘管的承压均为 1.6MPa。空调冷冻水闭式循环系统采用带气压罐的定压补水装置、自动加药装置及排气集污装置；热水闭式循环系统采用带气压罐的定压补水装置、自动加药装置及排气集污装置。系统补水在供水管上设置水流量计及防污染隔断阀。

大楼一~四层裙房根据使用功能的不同，小空间采用风机盘管加新风的方式，大开间及公共区域采用组合式空调器（转轮热回收）集中处理空气。塔楼标准层办公区域使用时间相对集中，且对舒适性要求较高。为了满足业主对新风的需求和每个区域室温的可调要求，标准办公层的空调方式采用变风量空调系统。塔楼标准层办公区域进深为 10~12m，且具有较大的外窗面积，经过计算，将靠近外围护结构 3~5m 的范围划为外区，其余区域划为内区。外区采用串联风机动力型（配再热盘管）变风量末端装置，内区采用单风道变风量末端装置。塔楼的新、排风通过设置在屋面的全热回收机组处理后通过专用的管井集中送到各层。全热回收机组热回收效率约为 62%（>60%）。大门厅、营业厅等高大空间采用全空气系统，气流组织为顶送下回方式，玻璃幕墙处设置地埋式盘管上送风，避免幕墙结露。

数据中心末端采用机房精密空调（冷冻水型），一层 ATM 及消控室区域采用独立多联机空调系统，室外机放置于四层设备区。值班室等采用分体空调，由业主自行采购，其能效不低于《房间空气调节器能效限定值及能源效率等级》GB 12021.3—2010 中 2 级能效标准。

六、通风、防排烟及空调自控设计

地下室汽车库设置机械排风，排风量按换气次数不小于 $6h^{-1}$ 计，机械补风；地下室水泵房，冷冻机房按换气次数 $6h^{-1}$ 设机械通风系统，变配电间用房根据设备散热量计算确定机械排风量，机械补风；变配电间用房设置气体灭火后通风系统，下部排风，上部自然补风，通风量不小于 $5h^{-1}$ 换气次数；厨房按换气次数不小于 $40h^{-1}$ 设置机械排风，机械补风按排风量的 80% 计；各会议室及餐厅设置机械排风，排风量不大于新风量，保持微正压。

地下汽车库按建筑面积不大于 2000m² 划分防烟分区，每个防烟分区排烟量按换气次数不小于 $6h^{-1}$ 计，机械补风量不小于排烟量的 50%，风机采用排烟/排风两用风机。所有防烟楼梯间及其前室、消防电梯前室或合用前室均设置机械加压送风系统，送风量按规范值选定。

车库内设动态节流仪，根据车库内 CO 浓度控制送排风机转速，以节约运行费用。营业区、观众厅、多功能厅等人员密集场所设置传感器对 CO_2 浓度进行监测，并且与该房间新风电动阀联动，调节新风量大小，减少处理的新风负荷。但对于房间内人员密度变化较大（20 人/100ft²）时，应确保新风量仍大于排风量，使房间保持正压，以节约运行费用。

七、心得与体会

　　整个项目从设计、施工直至竣工历时三年多，期间经历了与业主、代建方、建筑事务所、总包方、机电施工单位、精装设计施工单位、调试单位、监理单位等各部门的磨合与融合，在大家的协同合作、共同努力下，项目得以顺利竣工，获得了诸多的荣誉，这是对设计的一种肯定，更是一种激励。我们与贝氏事务所共同探讨风口造型、布局，风口与灯具、消防设施的结合，既保证了空调效果，又兼顾造型美观；在调试初期，动力型变风量末端风机噪声过大，我们现场勘查，与施工方一起从源头消声、程序自控方面找寻解决噪声的办法；与业主物管部门一起进行免费供冷系统的启用和监测，保持跟踪，以实际运行数据对设计理论值进行修正，这都为以后的设计积累了宝贵的经验通过，值得在以后的项目中借鉴。

博世力士乐武进新工厂①

- 建设地点　　江苏省常州市
- 设计时间　　2010 年 2 月～2012 年 2 月
- 竣工日期　　2013 年 3 月
- 设计单位　　中衡设计集团股份有限公司
- 主要设计人　廖　晨　廖健敏　徐　光　何光莹
　　　　　　　周冠男
- 本文执笔人　廖健敏
- 获奖等级　　二等奖

作者简介：
　　廖健敏，高级工程师，2004 年毕业于东南大学建筑环境与设备工程专业，硕士；工作单位：中衡设计集团股份有限公司；代表作品：恒宇国际广场、成都崇州经济开发区捷普工业园三期、卡特彼勒（中国）机械部件有限公司驾驶舱生产和装配项目、BD 苏州工业园区第三工厂项目等。

一、工程概况

　　博世力士乐（常州）有限公司由常州市区搬迁至武进高新区。本次搬迁后用地面达 166667m²，新建建筑 89004m²，包括 201、202 厂房两座，208 物流区一栋，辅助用房包括 205 能源房、209 危险品库、207 门卫房，配套建设餐厅 206 一栋。

　　其中 201，202 生产车间为丁类厂房，建筑面积为 60866m²，206 餐厅为 2317m²。

　　厂区规划沿用欧洲先进规划模式，停车场位于厂区外侧相对独立，访客停车与自行车棚与门卫紧邻，便于人流与物流的管理。201、202、208 围合成"口"字形，办公区沿中间内庭院设计，形成了良好的办公景观，沿口字形四边设置物流入口，方便生产运输。更衣等配套设施位于物流区二层，最大限度地利用了一层空间。餐厅与办公区入口遥遥相对，即方便用餐，又围合出新的入口景观空间。能源房、危险品库沿用地边角地区设置，经济高效利用土地。水泵房、变电站、压缩空气、冷却水集中设置于能源房中，位于 201 与 202 中轴线上，以管桥形式与主厂房相联系，最大限度地减小了能源的损耗。

二、设计特点

　　利用厂房工艺常年存在工艺冷冻水的需求，

① 编者注：该工程设计主要图纸参见随书光盘。

采用四管制热泵机组，在供冷的同时提供冷凝热给冬季空调热水使用，提高了系统运行效率；利用冷却塔在过渡季节和冬季的免费供冷来满足工艺冷冻水需求；利用工艺的水冷压缩空气系统的热量提供免费热源给冬季空调热水使用。

　　本工程针对不同功能区域及使用要求，设置不同的空调末端形式：

　　（1）对小办公室、会议室等功能房间，设置风机盘管加新风的形式便于使用者独立控制；对厂房等大空间采用定风量全空气系统；

　　（2）厂房、餐厅均采用双风机空调机组，过渡季节最大限度利用室外新风，满足室内温湿度要求；空调机组采用转轮全热回收器对排风进行热回收来预冷预热新风。

　　（3）热水锅炉采用节能器来提高锅炉效率。

　　厂房内采用置换送风方式来满足室内工艺温湿度要求。

三、空调冷热负荷指标

空调冷热负荷　　　　　　　　　　　表 1

	总冷负荷（kW）	总热负荷（kW）	单位冷负荷（W/m²）	单位热负荷（W/m²）
201、202 车间	10956	4790	180	78
206 餐厅	1121	993	483	428

四、节能创新点

（1）根据工业需求和冷热负荷需求，实现能源交互利用，节能显著。

1）工艺需求

① 本项目中压缩空气系统为工艺使用，常年需要冷却水。

② 本项目中工艺冷冻水为工艺使用，基本24h需要。

③ 本项目中厂区内需要再热以维持室内相对湿度，夏季仍需要再热热源。

2）冷热需求分析

夏季：

压缩空气冷却水：厂区再热使用，减小热源运行时间；

工艺冷冻水：同时产生空调热水，减少热源运行时间；

冬季：

压缩空气冷却水：厂区空调热水使用，减小热源运行时间；

工艺冷冻水：同时产生空调热水，减少热源运行时间。

本工程将不同系统的能量进行相互的利用，由于车间内存在同时供冷供热的情况，空调机组本身就是能量的一个层级利用，同时存在冷源和热源，这时很容易可以实现同时供冷供热，采用3台水-水四管制热泵机组，冬夏季产生工艺冷冻水的同时利用冷凝热来提供给空调再热以及冬季的空调热水，不足的冷量由水冷冷水机组提供；同时将压缩空气的散热均供应给空调再热以及冬季的空调热水，多余的散热由冷却塔辅助散去。

（2）过渡季节全新风运行设计，全热回收，节能舒适。

采取实现全新风运行或可调新风比的措施，同时设计相应的排风系统。全空气系统的送风和排风的电机均双速电机，使送风量可以根据需要调节。采用带全热回收转轮双风机空气处理机组，空调季节利用排风对新风进行预热（或预冷）处理以降低新风负荷。全热回收转轮效率不小于70%。

（3）气流组织因地制宜，舒适运行。

车间内的大空间空调系统为低速单风道全空气系统，气流组织为下部置换送风，上部回风的

方式，部分系统送排风机采用双速调速电机，过渡季节可实现全新风运行。小空间办公室及小会议室采用风机盘管加新风系统。

（4）冷却塔免费供冷。

冬季及过渡季节时利用冷却塔免费供冷，提供工艺冷冻水需求，减少冷冻机组开启时间。

（5）四管制空调水系统。

空调水系统：为四管制，既能满足平时的舒适性空调，又能满足局部内区研发区域的冬季制冷要求。

（6）智能控制系统。

智能控制：空调主机及末端设置智能控制系统，根据实际建筑负荷实现空调系统和其他相关动力设备的自动运行、监控和自动报警等功能，节能率达30%。

（7）锅炉热回收技术的应用，节能减排。

采用烟气回收型热水锅炉，利用烟气余热加热空调热水回水，同时降低排烟温度。

五、综合效益分析

1. 工艺冷冻水散热的夏季热回收计算

本工程稳定的工艺冷冻水用量为4900kW，夏季再热用量为3000kW。

夏季热泵机组供冷运行系统时，不需要启动热水锅炉，需要启动冷却塔、冷却水循环水泵、冷冻水循环水泵；时间约为90天。则经济性计算如下：

初投资增加额：30万元（主要为热泵初投资）；

启动锅炉运行所消耗电力费用（水泵）：

$$S = 5 \times 12 \times 90 \times 0.867 = 4682 \text{ 元}$$

启动锅炉运行所消耗燃气费用：

$$S = 3000 \times 1000 \times 0.86 \times 0.1/8400 \times 90 \times 2.8 = 78000 \text{ 元}$$

其中：商业用电为0.867元/度；；天然气价格：2.8元/m³。

则回收期限：

$$T = 30/8.2682 = 3.62 \text{ 年}$$

不到4年的时间即可收回初投资所增加的成本。

显而易见，自然冷却系统在节能方面的效果是显著的。

2. 工艺冷冻水利用冷却塔免费供冷计算

根据车间运行管理测算，过渡季节所需工艺冷

冻水冷负荷平均约为 1500kW，时间约为 90 天（主要为冬季及部分过渡季节）。则经济性计算如下：

初投资增加额：60 万元（包括自然冷却板式换热器及对应阀门等附件）；

启动冷冻机运行所消耗电力费用：

$S = 1500 \times 12 \times 90 \times 0.867/4 = 351135$ 元

其中：商业用电为 0.867 元/度；冷冻机综合 COP 按 4.0 考虑。

则回收期限：

$T = 60/35.1135 = 1.71$ 年

不到 2 年的时间即可收回初投资所增加的成本。

显而易见，自然冷却系统在节能方面的效果是显著的。

3. 工艺冷冻水及空压散热的冬季免费供热计算

本工程稳定的工艺冷冻水用量为 4900kW，冷凝热为 6000kW，取工艺平均值为 3000kW，

本工程稳定的空压散热为 1550kW，取工艺平均值为 750kW。

合计工艺冷冻水及空压散热冬季免费供热量为 3750kW。

时间约为 90 天（主要为冬季及部分过渡季节）。则经济性计算如下：

初投资增加额：30 万元（主要为板换、控制等初投资）；

启动锅炉运行所消耗电力费用（水泵）：

$S = 5 \times 12 \times 90 \times 0.867 = 4682$ 元

启动锅炉运行所消耗燃气费用：

$S = 3750 \times 1000 \times 0.86 \times 0.1/8400 \times 90 \times 2.8 = 97500$ 元

其中：商业用电为 0.867 元/度；天然气价格：2.8 元/m³。

则回收期限：

$T = 30/9.750 = 3.07$ 年

约 3 年的时间即可收回初投资所增加的成本。

博世中国研发总部大楼①

- 建设地点　　　上海市
- 设计时间　　　2008 年 6～12 月
- 竣工日期　　　2010 年 6 月
- 设计单位　　　中衡设计集团股份有限公司
- 主要设计人　　丁　炯　廖　晨　周　敏　冯　卫　
　　　　　　　　张　勇
- 本文执笔人　　丁　炯
- 获奖等级　　　二等奖

作者简介：
　　丁炯，高级工程师，2003 年毕业于南京工业大学建筑环境与设备工程专业；工作单位：中衡设计集团股份有限公司；代表作品：博世中国研发总部大楼、新鸿基超高层、中茵皇冠假日酒店、苏州工业园区圆融星座、苏州工业园区档案管理中心、博世（珠海）安保系统有限公司新建工程等。

一、工程概况

　　本项目作为博世（中国）研发中心总部大楼，其主要功能是为研究人员与管理人员提供良好工作环境，另设置部分实验室、培训车间及必要的辅助设施。

　　本项目位于上海市长宁临空经济园区，基地北面比邻临虹路，东面比邻福泉路。本项目总基地面积为 28631m²。整个建筑群由三幢高层建筑通过连廊连接，面向临虹路的主体大楼（编号 1 号）为 9 层（局部 6 层），高度 40m，功能为研发办公楼，其二层、三层设置餐厅及会议区与西侧的 6 层楼通过架空连廊连接，每幢建筑物均设置无障碍入口、电梯及专用残疾人卫生间。位于 1 号楼二层的厨房采用天然气供给能源。底层靠外墙处设置集中垃圾间并每日清扫、外运。总建筑面积 78043m²，其中地上 50848m²，地下 27194m²。地下一、地二层为平时使用的汽车库（大型、防火类别 I 类）停车数量 481 辆，每层设两个双车道进出口。根据上海市民防技术规定将建造约 8000m² 的地下民防工程。

　　设计旨在创造具有鲜明特点及风格的总部大楼，体现其作为现代化研发类建筑的特色，对现有的用地进行了整体、统一的规划，使之成为临空经济园区的重要标志建筑之一，并符合国家对消防、安全、环境、抗震等现行规范。

　　目前本项目已取得"绿色二星"设计标识。

二、空调冷热负荷

　　夏季空调冷负荷：7000kW，$Q_c = 136W/m^2$；
　　冬季空调热负荷：4000kW，$Q_h = 70W/m^2$。

三、空调冷热源

　　冷源：采用 1 台 923kW 螺杆式地源热泵机组（全热回收型）＋10 台 78kW 涡旋式地源热泵机组＋3 台 2000kW 水冷离心式冷水机组联合供冷，冷冻水供/回水温度为：6℃/12℃；其中螺杆式地源热泵机组电机功率为 24kW，性能系数 COP 为 4.2，综合部分负荷性能系数 IPLV 为 5.4；涡旋式地源热泵机组电机功率为 24kW，性能系数 COP 为 4.2，综合部分负荷性能系数 IPLV 为 4.6，水冷离心式螺杆式电机功率为 377.4kW，性能系数 COP 为 5.3，综合部分负荷性能系数 IPLV 为 5.6。设计日负荷较大时由地源热泵、水冷离心机组联合供冷；部分负荷及过渡季时，通过优化控制，采用地源热泵供冷模式为末端提供冷量，以节约运行费用。

　　热源：采用 2 台 1400kW 的常压燃气热水锅炉（效率≥92%）＋1 台 923kW 螺杆式地源热泵

　　① 编者注：该工程设计主要图纸参见随书光盘。

机组（全热回收型）＋10 台 78kW 涡旋式地源热泵机组，锅炉的热水供/回水温度为 65/40℃；地源热泵机组的空调热水供/回水温度为 46/40℃；

四、设计特点

（1）采用四管制的地源热泵热回收系统，保证系统安全且大幅提高系统综合 COP。

（2）全年负荷热平衡计算：地源热泵的埋地管做了全年负荷热平衡分析，通过调节运行时间，使土壤侧保持热平衡，可再生能源得到充分的重复使用、再生使用，而冬天使用地源热泵，能使制热效率更高。

（3）大温差系统：夏季冷冻水供/回水温度为 6℃/12℃，使流量减小，从而减少水泵输送能耗。

（4）空调水系统：为四管制，既能满足平时的舒适性空调，又能满足局部内区研发区域的冬季制冷要求。二次泵变流量系统。根据空调末端负荷调节系统水量，空调水系统对于不同用户安装能量表以实现独立分项计量。

（5）空调风系统：大厅采用全空气系统，空气处理机组设在专用机房内，经处理后的空气通过低速风道送至各使用区域；办公室、会议室及实验室设风机盘管，风机盘管设在吊顶内，经处理后的室外新风通过低速风道送至室内，以调节各小空间区域的室温，

（6）新排风热回收：办公区域及实验室区域设置新、排风全热交换系统，效率大于 65%。

（7）实验室采用变风量排风控制系统，用于控制通风柜的排风量、以确保通风柜处于最佳的排风状态，满足业主高标准的通风控制需要。

（8）地下汽车库设置变频智能通风系统，平时送排风设置测控点感测空气中的一氧化碳浓度，通过空气质量传感变送器将感测到的区域空气品质与设定空气品质比较，判定其差值使得风机按照要求的转速运行，从而控制通风机的风量，以节约能源。服务办公区域的空气处理机组排风排至车库，以实现节能及改善车库热湿环境目的。

（9）报告厅采用全空气系统，空气处理机组设在专用机房内，经处理后的空气通过低速风道及单风道风冷量末端 VAV-BOX 送至架空地板。此外，采用金属冷辐射吊顶板辅助制冷以提高热舒适性。

（10）智能控制：空调主机及末端设置智能控制系统，根据实际建筑负荷实现空调系统和其他相关动力设备的自动运行、监控和自动报警等功能，节能率达 30%。

五、系统优点

本项目采用四管制地源热泵热回收空调系统（见图 1），通过下述技术方案解决现有不足：

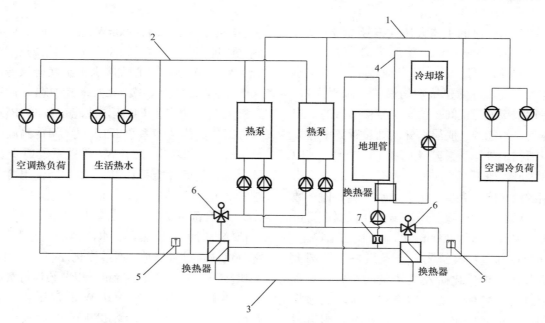

图 1 四管制地源热泵热回收空调系统简图

1—制冷回路；2—供热回路；3—地源辅助回路；4—土壤热平衡控制回路；5—温度计；6—电动三通阀；7—能量计

一种四管制地源热泵空调系统，包括了制冷回路、供热回路、地源辅助回路以及土壤热平衡回路四个独立回路。其中，制冷回路和供热回路分别连接于热泵主机的两侧，并且分别与地源辅助回路通过换热器二次换热，四个回路相对封闭独立，接管方便，不再需要管路切换。土壤热平衡回路用来保证土壤全年内吸/放热平衡。

本系统具有以下优点：

（1）热回收率高，有效回收"冷凝热"或"蒸发冷"，大幅提高系统综合 COP；

（2）接管方便，无需管路切换；

（3）三个回路相互独立，不会出现冷媒混合的情况；

（4）热舒适性好，可以实现同时制冷和供热，满足用户不同用热需求；

（5）最大限度地改善土壤热平衡问题。

附图说明，图 1 为本实用新型专利的系统简图，仅包含了系统的主要部件，

部分阀门、管件及定压设备等必需设备并未全部表示出。

1　制冷回路；

2　供热回路；

3　地源辅助回路；

4　土壤热平衡控制回路；

5　温度计；用于测量回水温度。

6　电动三通阀；当回水温度太高或太低时，通过电动三通阀 6 调节地埋管侧的换热量。

7　能量计。统计一段时间内系统从地埋管侧取热和排热量，以此来控制开启土壤热平衡控制回路 4 的时间。

图 1 中由热泵和空调冷负荷构成制冷能的生活热水负荷（主要在夏季）构成供热回路 2，另外回路 1 及回路 2 均与地埋管侧通过换热器二次换热组成地源辅助回路 3，回路 4 在地埋管和冷却塔（或锅炉）之间组成，用来平衡土壤得热量。

本系统冬夏季不再需要进行管路切换，只要采取控制优先的策略。在夏季时，系统优先满足制冷回路 1 的冷负荷要求，用热泵主机生产冷冻水而产生的"冷凝热"来供应空调供热及生活热水，若仍有多余热量再向地源辅助回路 3 进行排热；同理，在冬季时，系统优先满足空调供热回路的热负荷要求，热泵主机生产热水而产生的"蒸发冷"来供应空调冷冻水，若仍有多余冷量再用地源辅助回路 3 进行加热。

海上世界酒店（希尔顿酒店）①

- 建设地点　　　深圳市
- 设计时间　　　2009 年 9 月～2013 年 4 月
- 竣工日期　　　2013 年 6 月
- 设计单位　　　广东省建筑设计研究院
- 主要设计人　　浦　至　朱少林　陈伟漫等
- 本文执笔人　　浦　至
- 获奖等级　　　二等奖

作者简介：

浦至，教授级高级工程师，1993 年毕业于重庆大学，硕士研究生；工作单位：广东省建筑设计研究院；代表作品：深圳华润中心（一期）（华润大厦、万象城）、深圳中心城广场、深圳中广核大厦、深圳招商蛇口海上世界城市综合体、中山远洋城等。

建筑外观图

一、工程概况

海上世界酒店项目建设用地位于深圳市南山区蛇口，拟建成为拥有钥匙数 325 间、集商务休闲于一体的高级五星级酒店（希尔顿酒店）。

项目红线内用地面积 23654.21m²，总建筑面积 57898.35m²，计容面积 42938.8m²。其中建筑面积地上 42192.45m，地下 15705.90m²（其中地下车库及设备用房面积 14851.7m²，酒店计容面积 677.35m²），建筑基底面积 8016m²，建筑覆盖率 39%。

项目地上 13 层，建筑总高度 58.8m，其中一～三层为酒店配套功能用房，四～十二层为酒店客房和行政酒廊，十三层为屋顶酒吧；地下一层主要为酒店后勤用房、车库及设备用房，地下停车 250 辆。

地块东北侧为填海用地，规划建设商业文化广场，两地块之间设服务道路及绿化隔离带。地块西南侧为南海酒店（建筑高度约 38.5m）及微波山。地块东南侧临海，是深圳 15km 滨海休闲带的起点，视野开阔，与香港隔海相望。地块西北侧与望海路相接，隔望海路与招商局广场及伍兹公寓（在建）对望。

项目空调面积 34631m²（不含分体空调），占总建筑面积 59.81%。

二、工程设计特点

（1）本项目设计达到国家绿色建筑三星级标准。

（2）设置凝结水回收系统，中央空调冷凝水经回收和过滤处理后作为水景补水，当水景补水不足时，由市政补充。

（3）制冷系统设置两台部分热回收螺杆式冷水机组，回收机组冷凝热，为生活热水提供预热。

（4）地下停车库按防火分区设一氧化碳浓度控制器，根据一氧化碳浓度控制对应分区送、排风机的启停。

（5）宴会厅、全日制餐厅、多功能厅、特色餐厅等大空间均采用全空气系统，末端风柜设计变频，回风口设置二氧化碳浓度探测器，根据二

---

① 编者注：该工程设计主要图纸参见随书光盘。

氧化碳浓度调节新风阀门开度，并且过渡季可实现总送风量的50%新风运行，达到节能效果。

（6）酒店三层室内恒温泳池空调末端采用泳池专用三位一体热泵机组，回收泳池空气中的热能加热池水，达到节能的目的。

（7）建筑屋面造型、美观及绿化要求空调设备进行隐藏等特殊处理，卫生间排风系统结合建筑造型，风机隐藏在屋面造型凹槽区域，并做好防水处理。

（8）冷却塔设置变频，根据室外湿球温度及冷却塔出水温度，控制冷却塔变频，达到控制噪声、提高酒店品质的目的。

（9）项目在设计及施工安装中运用BIM技术，进行设备及管线的三维建模，优化管线布置，解决管线交叉问题，提升视觉效果，指导现场施工。

（10）酒店宴会厅及前厅空调末端采用全热转轮热回收空调机组，室外新风先与室内排风经过全热交换进行冷（热）量回收，再经处理后送入室内，全热回收效率达到70%。

（11）酒店所有新风系统出风风管段上安装PHT光氢离子空气净化装置，改善和提高酒店客房的室内空气品质。裙房及地下室公共卫生间、垃圾房、隔油间设置环流喷雾异味控制装置及活性炭吸附装置，提高室内空气质量。

三、设计参数及空调冷热负荷

1. 室外计算参数（选用地区：深圳市，见表1）

室外计算参数　　　　　　　　表1

参数\季节	干球温度（℃）		湿球温度（℃）	相对湿度（%）	大气压力（kPa）
	空调	通风			
夏季	33.7	31.2	27.5	—	100.24
冬季	6	14.9	—	72%	101.66

2. 室内计算参数（见表2）

室内计算参数　　　　　　　　表2

参数\功能	夏季设计参数		冬季设计参数		新风量 [m³/(h·p)]	噪声 [dB(A)]
	干球温度（℃）	相对湿度（%）	干球温度（℃）	相对湿度（%）		
客房	25	50~60	20	40~50	50	NR35
餐厅/宴会厅	25	50~60	18	40~50	30	NR40
会议室	25	≤55	18	>45	30	≤40
商业	25	55~65	16	30~50	20	≤55
过道、电梯厅	26	40~65	16	30~60	10	≤55

3. 冷、热负荷

酒店地下一~十三层空调面积约34631m²，逐时负荷计算总冷负荷为5975kW，总热负荷为1894kW，冷负荷指标为172W/m²，热负荷指标为54.7W/m²。

四、空调冷热源及设备选择

经冷热源方案对比分析，本工程冷源采用常规中央空调冷水机组，考虑到给排水专业有稳定的热水需求，设计选用2台水冷部分热回收螺杆式冷水机组（单机制冷量1495kW，热回收量为132kW）和2台水冷螺杆式冷水机组（单机制冷量1495kW），回收的热量作为酒店生活热水及泳池水加热使用。相应配置350m³/h横流式超低噪冷却塔（冷却塔风机变频），冷却塔放置在三层屋面。

酒店空调供暖热源与生活热水供热热源合设，空调供暖总热负荷1894kW，生活热水热负荷为1880kW，泳池热负荷为155kW，洗衣房蒸汽需求为2.6t/h。酒店洗衣房有蒸汽需求，为减少设备数量，热源设备采用3台蒸汽锅炉（单台容量为3t/h），供暖季节运行3台，非供暖季运行2台。相应配置供暖用汽水板式换热器及生活热水用容积式换热器。

五、空调系统形式

1. 空调水系统设计

（1）夏季冷冻水供/回水温度为7℃/12℃，冷却水进/出水温度为32℃/37℃。蒸汽锅炉提供的蒸汽经汽水板式换热机组换热后供暖热水供/回水温度为50℃/45℃。

（2）冷冻水系统定压均采用自动补水排气定压装置。

（3）裙房空调竖向及水平水管采用四管异程式，各个分支水管处均设置压差控制器；塔楼客房空调竖向水管采用四管同程式，水平管采用四管异程式，立管处设置压差控制器。

2. 空调末端

（1）裙房一~三层酒店全日制餐厅、中餐厅、宴会厅、多功能厅、特色餐厅等大空间采用全空气系统（风机变频），过渡季节加大新风运行。

（2）裙房小会议室、办公及地下一层酒店后场等小空间区域采用风机盘管加新风系统，新风经新风机组处理后送入室内。

（3）塔楼四～十三层酒店客房层均采用四管制静音型风机盘管加新风系统，新风由设置在设备夹层的卧式新风空调器集中处理后送入各个房间。

（4）酒店客房卧式新风空调器出风风管段上安装 PHT 光氢离子空气净化装置，改善和提高酒店客房的室内空气品质，空调加湿采用双次汽化湿膜加湿。

（5）酒店三层室内恒温泳池空调末端采用三位一体热泵机组，回收泳池空气中的热能加热池水，达到节能的目的。

（6）酒店宴会厅及前厅空调末端采用全热回收转轮热回收空调机组，室外新风先与室内排风经过全热交换进行冷（热）量回收，再经处理后送入室内。

六、通风、防排烟及空调自控设计

1. 新排风系统

南楼新、排风系统竖向设计，新风由设置在设备夹层的卧式新风空调器集中处理后送至塔楼客房；卫生间排风由设置在十三层的排风机直接排至室外，每处设置两台排风机，互为备用。新风及排风各层水平支风管处均设置定风量调节阀。

新排风设备结合建筑屋面造型、美观及绿化要求，空调设备进行隐藏等特殊处理，卫生间排风系统结合建筑造型，风机隐藏在屋面造型凹槽区域，并做好防水处理。

2. 防排烟系统设计

本项目防烟楼梯间、消防电梯前室及合用前室均设有机械加压送风系统；地下车库及设备区内走道设置机械排烟系统和消防补风系统；裙房大堂、宴会厅、前厅、多功能厅、中餐厅等均设置机械排烟系统；塔楼客房层内走道设 4 个竖向机械排烟系统，客房采用自然排烟。

3. 空调自控设计

本工程制冷系统设有主机群控系统；地下停车库按防火分区设一氧化碳浓度控制器，根据一氧化碳浓度控制对应分区送、排风机的启停；全空气系统末端风柜设计变频，根据回风温度控制风柜变频频率及冷热水比例积分阀的开度；回风口设置二氧化碳浓度探测器，根据二氧化碳浓度调节新风阀门开度，并且过渡季可实现总送风量的 50% 新风运行，达到节能效果。

本工程中央冷水空调部分采用一套能量型计费系统，分区或分层供回水支管之间设置，由能量积算仪、电磁流量计和高精度温度传感器组成的一套能量表，自动统计各计量区域的实际空调用量，为中央空调计量收费提供依据。

七、心得与体会

（1）本项目运用了主机热回收技术，由于酒店冷负荷时刻变化，热回收量相应变化，影响热回收水温，如直接用于加热生活热水，生活热水水温达不到五星级酒店管理公司的要求，经过长期的运行监测及分析，本项目将回收的热量提供给生活热水预热，既节能又能保证酒店生活热水需求。

（2）酒店项目景观、建筑造型及立面要求高，空调设备、出室外的送排风口需结合建筑造型特别处理，隐藏在裙房或塔楼屋面造型凹槽区域；结合建筑立面，合理设置百叶，减少对建筑立面的影响。

（3）本项目为国家绿色三星建筑，绿色三星对暖通专业提出了相应的节能措施并落实到实际施工中。项目运行至今，整体耗能低于参照建筑，有效减少运行能耗，为业主节省运行费用；减少碳排量，降低对周边环境的污染；酒店入住率高，社会反响较好，成为深圳蛇口海上世界片区的地标性五星级酒店建筑。

建设银行武汉灾备中心的空调设计①

- 建设地点   武汉市
- 设计时间   2010 年 3 月～10 月
- 竣工日期   2015 年 5 月
- 设计单位   中南建筑设计院股份有限公司
- 主要设计人 严　阵　徐　鸿　马友才　吕铁成
- 本文执笔人 吕铁成
- 获奖等级   二等奖

作者简介：
　　吕铁成，高级工程师；2006 年毕业与同济大学暖通专业，硕士研究生学历；工作单位：中南建筑设计院股份有限公司；代表作品：长沙南站、郑州东站、武汉天河机场 T3 航站楼等。

一、工程概况

　　建设银行灾备中心项目位于武汉市洪山区，总建筑面积 20.4 万 m²，由数据中心（3 个机房建筑）、运维中心、呼叫中心、研发及办公综合楼等子项组成。其中运维中心为地上 5 层，高度 22.8m，为多层建筑，其余各子项均超过 24m，为高层建筑。

建筑外观图

二、工程设计特点

　　本项目空调系统分园区和数据中心两部分，其中园区采用集中冷热源的空调系统，数据中心 3 栋机房楼分别设置独立的空调冷源。数据中心空调负荷大且主要为显热负荷，耗能高，可靠性要求高，全年保持每天 24h 供冷，因此在其空调系统设计中，需要充分考虑系统的节能及供冷安全的问题。由于数据中心常年散热，因此本项目冬季利用数据中心散热为园区供暖。

三、设计参数及空调冷热负荷

　　（1）园区空调系统夏季冷负荷 8863kW，冬季热负荷 5200kW。室内主要房间温度按 26℃设计。

　　（2）机房楼每栋空调冷负荷 16000kW，冷通道设计温度 18℃，热通道设计温度 30℃。

四、空调冷热源及设备选择

1. 园区空调系统的冷热源

　　（1）空调系统采用高低温双冷源：冰蓄冷系统为低温冷源，水冷螺杆式冷水机组（冬季为水源热泵工况）作为高温冷源。双工况制冷机组在低谷电价时段满负荷运行制冰蓄冷，空调时释冰放冷，通过板式换热器供应低温冷水，作为新风系统和低温送风全空气系统的冷源；水冷螺杆式冷水机组（水源热泵机组）按高温冷水工况运行，负担室内的显热负荷。水冷螺杆式冷水机组（水源热泵机组）冬季利用数据中心的机房排热作为低位热源进行热泵工况运行，负担本工程全部空调热负荷。水冷螺杆式冷水机组（水源热泵机组）按冬季热负荷选型。

---

　　①　编者注：该工程设计主要图纸参见随书光盘。

另设 2 台燃气热水机组，当数据中心因分期建设前期可能存在排热量不足时，作为供热量的补充及以后水源热泵机组的备用热源。

（2）低温水冷源选用 2 台螺杆式双工况制冷机组，单机标准空调工况制冷量为 1491kW，制冷性能系数（COP）不低于 5.5；采用分量蓄冰，双工况主机与蓄冰装置串联，主机位于上游的蓄冰供冷形式。蓄冰装置采用冰盘管式，选用 6 台蓄冷量为 2620kWh（745RTh）的蓄冰槽，内融冰。载冷剂采用质量浓度为 25% 的乙二醇水溶液，通过板式换热器向新风（空调）系统供冷，板式换热器换热量按满足空调系统峰值负荷时的低温冷水供冷量计算，为 6000kW。一次水温为 3.5℃/11.5℃，二次水温为 5℃/13℃。

（3）高温水冷源选用 2 台水冷螺杆式冷水机组（水源热泵机组），单机设计工况制冷量为 2390kW，采用冷却塔冷却，冷水温度为 13.5℃/18.5℃，冷却水进/出口水温为 32℃/37℃，制冷性能系数（COP）不低于 6.8。冬季水冷螺杆式冷水机组（水源热泵机组）切换至数据中心空调机房的冷水系统，机组转化为热泵工况。数据中心空调机房的冷水系统供/回水温度为 12℃/18℃，即水源热泵机组的低位热源供/回水温度为 18℃/12℃，空调热水供/回水温度为 45℃/40℃。水源热泵机组在设计工况的单台供热量为 2637kW，制热性能系数（COP）不低于 5.0。水冷螺杆式冷水机组（水源热泵机组）同时兼作蓄冰低温冷水系统的基载制冷机，作为夏季夜间冷源，供/回水温度为 6℃/12℃，直接供给低温水系统；供水与高温冷水回水经三通阀混合后，作为高温冷水系统的供水，高温冷水供/回水温度为 13℃/18℃。

2. 数据中心空调冷源

（1）空调冷源采用离心式冷水机组。中央冷冻站设置 5 台 4044kW（1150RT）组冷水机组，按照（N+1）配置，每台冷水机组设置与之配套的冷水一次泵、冷却塔、冷却水泵，冷冻水供/回水温度为 11.5℃/18℃。冷冻水采用一、二次泵系统，一次泵定流量、二次泵变流量运行。

（2）冬季设置板式换热器，环境温度低时采用自然冷却提供冷量，每台冷冻机配一台换热器，规格大小与冷冻机相匹配；换热器的配置与冷冻机相同，换热器同冷冻机串联安装，冬季可提供

部分自然冷却冷量，以节省能耗。

（3）为确保制冷系统能连续制冷，保证数据中心机房的温度在设计范围之内，设置一组不间断供冷系统。蓄水储冷水池内水温设计为 12～13℃，蓄水量为 800m³，可以满足 15min 的全荷载设计供冷量。

五、空调系统形式

1. 园区空调形式

园区以双温冷源温湿度独立控制系统为主，具体情况如下所述：

（1）地下一层（A 区）大会议室、地下一层（A 区）大餐厅及办公综合楼一层大餐厅、一层展示中心、二层展厅采用一次回风、大温差变风量低温送风系统，送风温度 10℃。

（2）运维中心、呼叫中心、研发中心及综合办公楼的开敞式（大开间）办公室采用风机型冷梁（呼叫中心呼叫座席区设有诱导式冷梁）加低温新风系统，小型办公室及小会议室等采用风机盘管加低温新风系统。新风系统采用低温冷水，送风温度为 11.5℃，新风承担全部潜热负荷及一部分显热负荷，风机型冷梁（诱导式冷梁）或风机盘管系统采用高温冷水，承担剩余的显热负荷，为干工况运行。

（3）低温空气的分布采用专用低温送风口，确保新风的高诱导比混合、可靠的防结露控制及良好的空气分布性能。

（4）除住宿外，所有由独立新风系统供应新风的房间均设置集中排风，并在新风机房设置全热交换机组，对排风进行热回收，经过预冷（热）的新风进入新风机组通过低温冷水（夏季）或热水（冬季）进行热湿处理。新风机组设置湿膜加湿器，冬季对新风进行加湿。

（5）在新风进风管设粗效过滤器及蜂巢式静电除尘空气净化模块，新风出风管设紫外线灭菌装置，以满足卫生防疫的要求。

（6）对要求 24h 空调的场所，如消防中心设分体空调，网络机房、弱电间设独立的多联机空调系统。

2. 数据中心空调方式

（1）机房新风系统：为了保证机房内空气的新鲜与稳定，满足在机房内工作人员健康的要求

以及使机房内能够保证机房内正压，每个计算机房模块设置两台新风机组，新风机组的风机设变频驱动，可根据需要调节新风量的大小，维持机房所需正压，新风机组为水环热泵式机组，夏季对新风除湿、冬季将新风加热至室内露点温度以上；通过调节冷水盘管两通阀的开度控制新风处理露点温度；新风机组装设粗、中效过滤器；新风机组不设加湿和加热，在机房空调机房内设直接蒸发式加湿器。

（2）机房 CRAH 机组：CRAH 机组安装于独立的空调机房内，同机架排列方向垂直，CRAH 机组向活动地板下供应冷却空气，并通过有孔地板或格栅风口根据机架和设备的需要向冷通道内输送冷却空气。热通道内出来的回流热空气通过吊顶回至 CRAH 机组。CRAH 机组冷却盘管阀门可控，以便维持送风温度保持设定值。

（3）UPS 电池室空调：UPS 电池室采用风机盘管空调系统降温，用水环热泵式新风机组处理后的新风送入电池室作为电池室排风补风，风机盘管设置在走廊内。

（4）机房辅助室空调：备件库、暂存间、电信接入间等机房辅助间空调采用风机盘管系统。

六、通风、防排烟及空调自控设计

本项目地下车库、设备用房等均设置机械通风系统。防烟楼梯间、前室及消防前室按防火规范设置防排烟系统，房间、内走道相应设置排烟设施。

空调冷热源系统的控制：

（1）空调冷热源系统采用群控的控制方式，实现能量积算、温度控制、出水温度的再设定、机组及配套组的自动投入或退出、机组的均衡运行，实现空调冷源系统智能化运行，达到可靠、经济运行的目的。

（2）双工况制冷机组在蓄冰工况运行时的启停控制程序。开机程序：冷却塔风机开→乙二醇溶液初级泵（对应管路电动蝶阀）→制冷机组。停机与此相反。

（3）双工况制冷机组在空调工况运行时的启停控制程序。开机程序：冷却塔风机开→乙二醇溶液次级泵（对应管路电动蝶阀）→乙二醇溶液初级泵（对应管路电动蝶阀）→空调冷水二次泵（对应水路电动蝶阀）→空调冷水一次泵（对应水路电动蝶阀）→制冷机组。停机与此相反。

（4）夏季夜间供冷高温水的混合控制：夏季夜间供冷由水冷螺杆机组供应 6℃ 的冷水，高温冷水由高温侧回水与 6℃ 的冷水混合而成，现场控制器根据高温冷水侧二次泵入口处的温度传感器，控制电动三通阀，调节低温冷水及高温冷水回水的比例，使之满足高温冷水供水温度的设定值。

（5）二次泵的控制：现场控制器（DDC）根据各自最不利环路上 2/3 处的压差信号控制水泵变频器，调节水泵转速，控制各环路的水流量。

（6）精密空调房间的温度控制：现场控制器（DDC）根据房间温度信号（变配电室）或地板送风口的压差信号控制变频器调节送风机转速，通过调节送风量使室温恒定。

（7）精密空调机组出风温度的控制：当送风机的转速大于设定最小转速时，采用变风量定出风温度控制，使送风温度恒定；当送风机的转速低至设定最小转速时，采用定风量变送风温度控制，使室内温度稳定在设定的基准上。

七、心得与体会

本项目在设计时，充分考虑了数据中心的特点，通过提高冷冻水的供水温度，大幅度提高冷水机组的运行能效，同时也为在冬季冷却塔免费制冷创造了条件。采用了水环热泵式新风机组，直接蒸发冷却处理新风，解决了因为冷冻水温度较高处理新风除湿能力不足的问题。通过设置水源热泵机组，解决了利用数据中心排热在园区供热的问题。比较遗憾的是，项目建设完成后，IT设备实施进度较慢，尚未达到设计的工况，本次申报也比较仓促，运行数据也未收集完整，笔者深表歉意。

长沙轨道交通 2 号线一期工程集中供冷设计①

- 建设地点　　长沙市
- 设计时间　　2013 年 6 月～12 月
- 竣工日期　　2014 年 9 月
- 设计单位　　中铁第四勘察设计院集团有限公司
- 主要设计人　王彦华　赵建伟　邓敏锋
- 本文执笔人　王彦华
- 获奖等级　　二等奖

作者简介：

王彦华，高级工程师，2005 年毕业于湖南大学建筑环境与设备工程专业；现就职于中铁第四勘察设计院集团有限公司；代表作品：长沙地铁 2 号线一期工程芙蓉广场集中冷站、锦泰广场集中冷站、广州地铁 2/8 号线工程江夏集中冷站、长沙地铁 3 号线一期工程、贺龙体育馆、城市生活广场等。

一、工程概况

长沙轨道交通 2 号线一期工程为长沙市第一条开通建成的地铁线路。线路自望城坡站至光达站，正线全长 22.26km，19 座车站，全部为地下线和地下车站。设黄兴车辆基地一座，控制中心一座（与 2、3、4、5 号线共用），主变电站两座。车辆采用 B 型车，四动二拖，6 辆编组，初期配属车数为 16 列/96 辆。牵引供电采用 DC1500V 架空接触网供电。

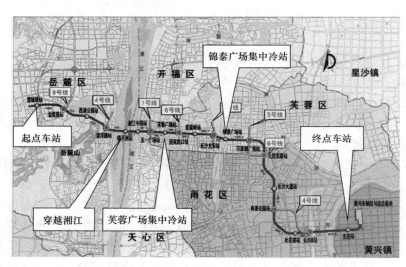

图 1　长沙市轨道交通 2 号线一期工程线路走向示意图

二、工程设计特点

根据 2 号线一期工程线路的走向，线路经过五一大道的湘江中路站至长沙火车站区段有以下特点：属于主城区最繁华的地段，车站的站间距较小，沿线周围建筑布局紧凑，道路两边可供设置冷却塔及风亭绿化带或可征用地面积较少，该路段各车站采用分散供冷方案，分站设置冷却塔较为困难。同时，五一大道上的五一广场站和长

---

①　编者注：该工程设计主要图纸参见随书光盘。

沙火车站分别与 1 号线、3 号线换乘，客流量较大，负荷也比较集中，经比选和论证，本工程五一广场至锦泰广场段车站空调采用集中供冷方案，即在五一大道某个合适的区域设置集中冷站，通过集中冷站向该区域内多个地铁车站空调系统提供低温冷冻水。

最后工程实施情况为：五一大道沿线设置两座集中冷站，分别为芙蓉广场集中冷站、锦泰广场集中冷站。芙蓉广场集中冷站为袁家岭站、迎宾路口站、芙蓉广场站、五一广场站（1 号线与 2 号线换乘）共 5 个车站提供空调冷冻水；锦泰广场集中冷站主要为锦泰广场站和长沙火车站（2 号线与 3 号线换乘）共 3 个车站提供空调冷冻水。两个集中冷站供冷范围如图 2 所示。

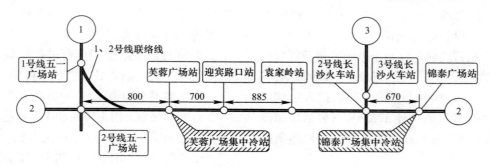

图 2　集中冷站供冷范围示意图

本工程两座集中冷站的设计具有以下特点：

（1）集中供冷是轨道交通领域一种新的供冷方式，通过集中冷站的设置，使空调系统对周围城市环境的影响减小。

（2）由于部分车站不再单独设置冷却塔，减小了地铁建设与环保、规划的协调工作量，减小了市民投诉的几率。

（3）地铁线路的车站成线性布置，集中冷站供冷需通过区间隧道长距离输送冷冻水，输送能耗占总能耗的比率较高。冷冻水管沿区间隧道敷设至各用冷车站，靠行车右侧布置以避免超限界。

（4）采用了冷冻水大温差、水系统变频调节等节能措施，确保供冷系统的总体技术经济性能最优。

（5）集中冷站设置大型离心或螺杆式水冷冷水机组，设备能效较高，同时可提高非高峰负荷时段制冷机负荷率。

（6）为减少输送冷损失，并确保运营安全，区间隧道内冷冻水管对保温材料、保温工艺及管道施工工艺的要求较高。

（7）为减少长距离输送反应的滞后性，集中供冷系统应进行集中自动控制。

本工程具有以下主要创新点：

（1）冷冻水输送采用 8℃ 大温差，冷水机组、空调末端选型设计特殊。

（2）设备选型综合考虑末端车站负荷、系统冷损失以及既往工程实施经验等情况。

（3）采用二次泵系统进行冷冻水长距离输送。

（4）区间冷冻水管保温采用泡沫玻璃。

（5）区间冷冻水管敷设采用了化学锚栓固定，水管连接选用了挠性卡箍接头，很好地解决了区间水管的稳固性及热补偿的问题。

（6）采用了基于负荷预测和模糊控制为基础的空调水系统节能控制系统，大大降低了空调系统能耗。系统综合节能率达到 28% 以上。

三、集中冷站工艺设计

下面主要介绍 2 号线一期工程 2 个集中冷站中规模较大的一个冷站（芙蓉广场集中冷站）的工艺设计情况。

1. 负荷设计情况

冷站所辖车站负荷情况如表 1 所示。

车站冷负荷计算情况　　　　表 1

车站名称	五一广场1	五一广场2	芙蓉广场	迎宾路	袁家岭
车站大系统冷负荷（kW）	852.0	1120.6	800.0	530.0	636.0
车站小系统冷负荷（kW）	287.0	412.0	373.6	354.5	514.4
车站设计总冷负荷（kW）	1139.0	1532.6	1173.6	884.5	1150.4

2. 冷源选择

芙蓉广场集中冷站所辖各车站远期冷负荷为 5880kW，冷损失为 385kW（白天），冷站设备选型总冷量为6892kW（考虑设备选型系数1.1），选用3台制冷量2314kW的水冷离心式冷水机组，冷冻水量为248.8m³/h，冷却水量为463.7m³/h，输入功率398.8kW。蒸发器进/出水温15℃/7℃，冷凝器进/出水温度32℃/37℃，冷媒为R134a环保冷媒。远期高峰负荷时段，冷站所有机组同时开启为车站供冷；近期、夜间以及过渡季节，水系统节能控制系统根据负荷情况，合理选择开启冷机的台数，保证水系统设备综合能耗最低。五一广场站1号线部分投入运营之前，夜间小系统冷负荷（包括区间冷冻水输送冷损失）为1758kW，夜间开启一台冷水机组，负荷率约76%；一号线投入运营以后，夜间小系统冷负荷总计1987kW（包括区间冷冻水输送冷损失），夜间开启的单台冷水机组负荷率约86%。

3. 冷却水系统

冷却水系统主要由冷却塔、冷却水泵、水系统节能控制柜、阀门及管道组成。冷却塔选用3台700水吨的方形超低噪声横流冷却塔。冷却塔设置于室外风亭附近地面，冷却塔风机配置双速电机，夜间低速运行。冷却塔水盘之间设置平衡管，进出水管设置电动蝶阀。冷却水系统共设置4台冷却水泵（3用1备），冷却水泵设置变频器，冷却塔风机夜间能实现低速运转。冷却塔风机、冷却水泵和冷水机组之间的联动控制将由水系统节能控制系统实现。

4. 冷冻水一次环路

主要由冷冻水一次泵、冷水机组、水系统节能控制柜、冷冻水全自动定压排气补水装置、水处理设备及附件构成。冷冻一次泵设置变频器。

主要功能为：水系统节能控制系统根据负荷预测结果来决定一次泵投运的台数和运行频率，并保证冷冻水一次环路的水量和二次环路所需水量基本一致。运营前进行系统预冷（结合小系统的运行实际情况，经运营验证后确定具体的预冷开机时间）；晚间结束运营前，提前关闭部分主机（保证小系统的供冷），充分利用余冷供冷。冷冻水一次泵共4台（3用1备），选型额定流量为295m³/h，扬程为17mH₂O。冷冻水一次环路的分集水器之间设置连通管。

5. 冷冻水二次环路

二次环路由二次泵、水系统节能控制柜、管网及管道附件组成。水系统节能控制系统主要通过基于负荷预测的模糊控制原理，对系统特性及循环周期等进行测算，并通过统计的方法动态计算出空调主机的输出负荷及其变化趋势，推理预测未来时刻系统的运行参数，达到冷冻水回水温度的精确控制，在保证服务质量的前提下，最大限度地利用温差空间，降低水泵能耗。系统通过采集主机冷冻水供回水温度、冷冻水流量、各支路冷冻水供回水压力、压差、温度以及室外环境温度等，计算各支路的空调负荷，与通过负荷预测所得出的各支路空调负荷进行比较，调整二次泵的运行工况，满足各支路的实际空调负荷需要。

二次泵共分3组，一组供芙蓉广场车站，设置2台变频泵（1用1备）和1台定速泵（夜间供小系统用）；一组供五一广场站（1、2号线），设置3台变频泵（2用1备）和1台定速泵（夜间供小系统用）；一组供迎宾路和袁家岭站，设置3台变频泵（2用1备）和1台定速泵（夜间供小系统用）。

冷冻水管敷设在区间隧道内，敷设的规则是：供回水干管沿区间隧道左右线敷设，水管敷设在每条隧道行车方向的右侧。区间隧道内的冷冻水管采用内外涂塑钢管，各区间长度如下：芙蓉广场站～五一广场站（2号线）区间长度为800m，芙蓉广场站～迎宾路站区间长度为700m，迎宾路站～袁家岭站区间长度为885m，为降低二次泵运行能耗，冷冻水供回水干管在芙蓉广场至五一广场区间各有一次变径。

6. 车站末端

主要由车站大小系统的组合式空调机组、柜式风机盘管机组、风机盘管机组、流量传感器、温度传感器、压力传感器（集中供冷系统管网上设置的所有传感器都应在安装之前进行校准）及相应的电动控制阀门组成。车站均为异程式水系统。集中供冷车站的末端均采用大温差，其中五一广场站末端选型温度为7.24℃/14.76℃，芙蓉广场站为7℃/15℃，迎宾路站为7.21℃/14.79℃，袁家岭站为7.48℃/14.52℃。为降低水力平衡调试的难度，每个车站每端从集中供冷过站主干管上只接出1个支路。迎宾路车站内的空调管网可将管内空调水流速提高至2.5m/s左右。空调机组表冷器的冷冻水量将由设置在回水管上动态流量平衡电动两通调节阀控制，其控制信号由设置在空调区域、一次回风系统总回风管或空调机组送风管上的温湿度探头通过车站 PLC 计算以后给出。车站 PLC 可将过站冷冻水供回水管进出站的温度、压力以及车站两端接出的各组合式空调机组和柜式空调机组供回水管上的温度、压力数据通过综合监控网络输送给冷站控制室。

此部分内容由车站通风空调专业设计完成。

7. 系统定压补水及水处理

冷水机组冷冻水循环系统为闭式系统，冷冻水管网的定压采用全自动定压排气补水装置，该装置具有以下功能：（1）调节系统水体由于温度波动而引起的膨胀及收缩；（2）使空调水系统压力设定点的压力恒定，精确地控制系统压力；（3）由于排气损失或当系统发生泄漏时向系统自动补水；（4）能够连续或周期性地排析溶解于水中的气体，彻底排除循环系统水中融解的气体；（5）该装置控制系统配有微电脑处理机、控制柜，具有自动实现精确稳定系统压力，高效排除水中气体，自动补充系统水量等功能；该定压装置设在冷站机房内，系统定压点选在制冷机房的集水器上，定压 15m H_2O。本工程冷冻水和冷却水均设置水处理装置，该设备集物理、化学、电子、机械于一体，主要由旁流在线水处理装置、自动加药装置、机械过滤装置、压差控制反冲排污系统及控制系统组成，具有降低浊度、控制浓缩倍数、阻垢除垢、杀菌灭藻的功能，且能实现无人值守在线全自动运行功能，该装置旁流处理水量为系统流量的 3%～5%，且具备旁流流量实时显示功能。

8. 系统水力平衡措施

由于管网长度较长，水力稳定性差，且集中冷车站与车站之间的末端为异程式接管，为保证最远端车站的资用压头，不可避免地造成了冷站与近端车站之间的资用压头超标，为降低系统水力平衡的难度，各车站每端仅从集中供冷主干管接驳一个支路供该端车站的大小系统末端；另车站内各组合式空调机组和柜式风机盘管机组回水管上均设置 DPF 阀（出入口通道的风机盘管的总回水管上亦设置 DPF，该阀门是电动调节与动态平衡同步执行的两通调节装置，水力平衡和水量调节功能合二为一，不受系统压力波动的影响，能准确调节及平衡流量）来进行水利平衡和减压。当空调机组停止运行时，此阀门可按模式要求处于关闭状态。

9. 集中冷站机房情况

集中冷站制冷机房建筑面积 374m²，靠近制冷机房，为水系统节能控制系统的配电控制柜设有专门的机房。制冷机房内主要放置冷冻一次、二次泵，冷却水泵、定压排气补水装置、水处理设备和冷水机组等设备，设备的平面布置满足检修维护的要求，合理利用机房层高进行管线布置。

10. 水系统运行模式

车站正常运行时，集中冷站水系统根据水系统节能控制系统的冷冻水模糊预测控制子系统和冷却水优化控制子系统自动调节运行，在保证系统输出冷量与末端实际需求相匹配，保证末端空调使用效果的前提下，实现水系统不同工况下设备运行组合最优。

集中冷站、冷站所在车站、冷站所辖车站发生火灾以及区间爆管时，水系统停运。

四、心得与体会

（1）采用冷冻水大温差设计和水系统节能控制，使供冷系统总体技术经济性能最优。全年主机降低能耗 10%～30%，风系统降低能耗 35%，冷冻水系统降低能耗 31%，冷却水系统降低能耗 28%，空调系统总节能率高达 28%。大温差空调水设计控制了冷冻水管管径并节约了运行费用，可获得明显的经济效益。

（2）减少室内外占地面积，降低建设成本。与分站供冷每个车站均需设置冷水机房和冷却塔相比，集中供冷大大减少了室内土建投资和室外占地面积，解决了繁华城区地铁车站设置冷却塔困难的问题。

（3）减少了地铁对周围环境的影响。集中供冷避免了在繁华闹市区设置体形庞大的车站空调冷却塔，减小了地铁建设与环保、规划的协调工作量，减小了市民投诉几率。空调水系统节能控制系统的应用降低了中央空调系统能耗，节约燃煤消耗和减少 SO_2、CO_2、粉尘排放，符合国家节能环保和可持续发展战略。

（4）减少运营维护成本。集中供冷方案将多个车站的制冷设备集中在一起，可实现统一集中管理，减少运营期间人力成本。

（5）为长沙地铁后续线路和其他城市地铁建设提供技术参考。集中供冷方案应用于地铁领域还不多，本项目的成功应用将使集中供冷技术更加成熟完善，为其他地铁供冷设计提供宝贵的经验。

南京地铁十号线一期工程通风空调系统设计①

- 建设地点　　南京市
- 设计时间　　2010 年 1 月～2013 年 6 月
- 竣工日期　　2014 年 7 月
- 设计单位　　中铁第四勘察设计院集团有限公司
- 主要设计人　张之启　陈玉远　刘　俊　王　晖
  　　　　　　吴　晶
- 本文执笔人　张之启
- 获奖等级　　二等奖

作者简介：
张之启，高级工程师，2002 年毕业于兰州铁道学院暖通专业，工程硕士；现就职于中铁第四勘察设计院集团有限公司；代表作品：南京地铁十号线一期工程通风空调系统设计、地铁南京南站通风空调系统设计、南京地铁四号线一期工程通风空调系统设计等。

一、工程概况

南京地铁十号线起自安德门站，终于雨山路站，线路全长 21.6km，共设站 14 座（其中新建线路长 15.9km，设站 10 座；既有线路长 5.7km，设站 4 座），除已建成的小行站为高架站外，其余均为地下站。全线新建一座城西路停车场，新建一座珠江东主变电站。控制中心利用既有的珠江路控制中心进行改造。为南京市第一条屏蔽门系统车站。

十号线一期工程线路走向示意图

二、工程设计特点

南京市位于北纬 32°00'，东经 118°48'，海拔高度为 8.9m，属亚热带季风气候，具有四季分明、光照充足、气候温和、雨量充沛的气候特征。近年来由于温室效应的影响，气温逐年升高。南京既有地铁线路空调开启时间为每年的 5 月 15 日～10 月 15 日，空调季节长达 5 个月之久。南京具有典型的春秋短、夏季长的特点。南京地铁十号线的特点站间距大，其中江心洲沿到临江站区间为国内首条地铁越江大盾构区间隧道，盾构长度为 3600m，属超长越江区间；区间内存在两列车追踪运行的情况；隧道内人员数量众多，对新风和换气次数的需要较高。

1. 本工程通风空调系统设计主要特点

（1）南京第一条屏蔽门制式的通风空调系统线路。南京地铁一号线、二号线、三号线均为闭式系统车站。在对南京的气候特点、南京地铁既有线路、南京地铁十号线既有 4 座车站以及十号线新建线路进行详细研究后，在本线新建车站采用屏蔽门制式的通风空调系统。

（2）空气品质好。有害气体和粉尘浓度高低是影响地铁车站公共区空气品质的主要指标，当环境中有害气体达到一定程度时，人员就容易病发多种疾病。采用屏蔽门系统时，隧道内被活塞风带来的由列车运行时产生的有害气体、垃圾及灰尘都拒之于屏蔽门外，使站台能保持一定的清洁度。

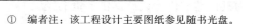

---

① 编者注：该工程设计主要图纸参见随书光盘。

（3）能耗低。在地铁众多设备系统中，通风空调系统能耗占全部能耗的比重较大，约为整个地铁能耗的 40%～50%。通风空调系统的能耗主要由空调负荷所引起，系统所负担的空调负荷越大则设备功率也越大，能耗也随之越大，反之亦然。在站台设置全封闭的屏蔽门，则能将列车发热量隔断在区间内，车站与区间热交换最大限度地减少了，因而车站的空调冷负荷也大幅减小，与之相应的制冷系统及供电设备的容量也减少了。屏蔽门系统的大系统负荷约为 760kW，约为既有地铁车站负荷的 1/3。设置屏蔽门后的地铁车站，通风空调装机容量仅为既有线路的 80% 左右，车站通风空调系统根据客流情况进行变频运行，比闭式车站节电 40% 以上。

（4）事故操作模式简单，运营安全方便

由于屏蔽门系统各个子系统设置独立，当隧道通风系统进入事故灾害模式时，无需对车站通风空调系统做任何操作，保持车站公共区及设备用房通风空调系统正常运行，操作复杂度小，系统可靠性高。

（5）以人为本，节能降噪

十号线通风空调系统设计时，以人为本，对噪声大的设备均配置变频器、消声器、减震器，在夜间和客流低时均采用低频运行，一方面降低设备噪声，一方面节约能源；对于夜间噪声源——冷却塔，则彻底关闭冷却塔的运行。

2. 本工程具有以下创新点

（1）采用屏蔽门系统，与闭式系统相比，年运行费用至少节省 88 万元；土建初投资节省 4530 万元。

（2）南京地铁十号线为国内首条穿越长江的单洞双线地铁隧道，也是首次通过设置顶部排烟道的方式解决区间通风排烟难题的隧道。该过江区间的成功实施，可以说是"地铁通风排烟方式前进的一小步"，但将会促使"地铁工程建设迈进一大步"，为其他城市的跨海、越江、跨湖长大区间的建设提供了借鉴和指导，对我国地铁工程技术进步发挥了重大作用，创造了巨大的社会效益

三、通风、防排烟设计

1. 采用节能的屏蔽门系统通风空调制式

地铁通风空调制式选择不仅受地区气候影响，还与客流量、车辆选型及编组和运行方式、土建等密切相关，同时也影响土建工程相关的机电设备系统，尤其影响后期的运行费用，设计中从安全、卫生、空气品质、节能环保、投资经济等多方面进行了综合比较。

通风空调制式主要有：开式系统、闭式系统和屏蔽门系统三种，由于开式系统车站空气质量较差，在近年修建的地铁中已较少采用，本设计主要对闭式系统和屏蔽门系统进行了比较研究（见图1、图2和表1～表4）。

通过综合比较，车站采用屏蔽门系统后，在空气品质、噪声控制和降低能耗等方面都比集成闭式系统更有优势。设置屏蔽门后，能耗更低，运营费用也明显减少，经济效益显著，其带来的技术优势和社会经济效益都是集成闭式系统无法比拟的，因此在十号线工程中采用屏蔽门制式的通风空调系统。

图1　闭式系统车站

图2　屏蔽门系统车站

两种系统制式投资比选表　表1

通风空调制式		屏蔽门系统	闭式系统	差价
比较类别		（万元/站）	（万元/站）	（万元/站）
初投资费用	空调通风设备投资	700	1000	−300
	站台门	740	740	0
	供电设备投资	269	320	−51
	土建费用	1280	1382	−102
小计		2989	3442	−453

两种系统电力装机容量比较表（kW）　表2

比较类别　　空调系统制式	简化后的集成闭式系统	屏蔽门单活塞风道系统
冷水机组	380	160
组合式空调机组	0	90
回排风机	0	22
区间事故风机	440	360
排热风机		110
冷冻水泵	60	30
冷却水泵	60	30
冷却塔	22	11
合计	962	813

两种系统各季节运行耗电及运行费用一览表　表3

		集成闭式系统	屏蔽门系统
空调季节共153d（5～9月）共计2601h	冷水机组功率（kW）	380	160
	组合式空调机组功率（kW）	0	90
	回排风机功率（kW）	70	22
	区间事故风机功率（kW）	90	0
	排热风机功率（kW）	0	110
	冷冻水泵功率（kW）	60	30
	冷却水泵功率（kW）	60	30
	冷却塔功率（kW）	22	11
	合计功率	682	453
	耗电量（kWh）	1773882	1178253
	实际耗电量（kWh）	886941	589127
	空调季节费用（万元）	48.8	32.4
非空调季节共214d（10～4月）共计3638h	送风机功率	20	30
	回排风机功率	0	15
	排热风机功率	0	15
	合计功率	20	60
	耗电量（kWh）	20	60
	实际耗电量（kWh）	72760	218280
	费用（万元）	4.0	12.0
	全年费用合计（万元）	52.8	44.4

经济技术综合比较　表4

比较条目	集成闭式系统	屏蔽门系统
安全性	高	高
舒适性	差	好
可维护性	相当	相当
控制模式	相同	相同
空调系统负荷	大	小
车站规模	大	小
能耗	大	小
土建及设备初投资	多	少
室外设施占地面积	相当	相当
年运营费用	多	少
推荐		√

2. 过江区间创新性通风模式

江心洲站～中间风井区间是南京地铁十号线一期工程穿越长江的盾构区间，为国内首条穿越长江的单洞双线地铁隧道（外径11.2m），长度3600m，属超长区间（见图3和图4）。由于其是全国第一条过江单洞双线地铁隧道，无其他地铁线路经验可供参考，过江大盾构区间通风（包括正常运营模式、阻塞运营模式、火灾工况通风模式等）模式、人员疏散模式均通过模拟计算、分析比选来确定。

根据土建、线路、行车组织、车辆、地质、客流、气象等参数编制相应的数据文件，采用SES（Subway Environmental Simulation Computer Program 地铁环境模拟计算程序—美国交通部开发，已在上百条地铁隧道通风中得到应用）地铁一维流体计算软件进行计算机模拟；对于局部复杂的气体流动，采用美国商用三维流体计算软件Fluent（美国市场有70%份额）进行仿真模拟计算，以验证通风系统的运行效果，包括正常、阻塞和火灾三种运行模式的分析。正常运行模拟计算分析的目的主要是控制正常运行时隧道的温度，保证该区间夏季的最高温度不超过规范要求，以满足地铁正常的运营需要；阻塞运行模拟计算分析的目的主要是控制阻塞列车空调冷凝器周围的环境温度和配置风机容量，保证阻塞工况下列车空调冷凝器的正常运转，维持阻塞列车车厢内的温度条件；火灾运行模拟计算分析的目的主要是研究烟气控制、乘客逃生和配置风机容量等问题。

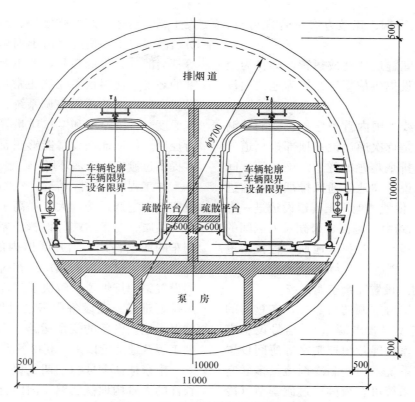

图3 过江大盾构排烟风道示意图

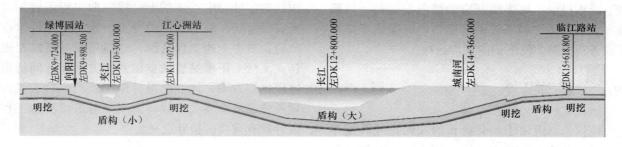

图4 过江区间纵断面示意图

由于过江区间隧道长达3.6km，在正常运行的情况下会有三列车同时处在过江区间隧道内，根据SES程序的模拟计算，区间隧道内的温度会超过规范要求。在某列车事故或者火灾情况下，为保证另外车辆的安全和事故车辆的通风排烟，需要在区间中部设置中间风井，但是整个隧道在长江下，无条件设置中间风井。结合隧道方案，创造性地提出利用圆形隧道顶部比较大的空间在两条线路的顶部设置一条土建通风道，面积约为11m²，土建风道从江心洲站北端的事故/活塞风道开始，到江北的区间事故风机房结束，该风道作为列车在隧道内发生火灾时的排烟风道或送风风道，在风道每隔900m处设置一个3m×5m的风口，此风口可以完全替代中间风井的作用。通过不同里程处风口的开启、关闭，可以对事故列车组织起有效的事故通风，并保证其他列车处于烟气以外，最大限度地保证人员安全。

在过江隧道内加设中隔墙。隔墙设计为防火墙，将隧道分为2个相对独立的部分，墙上每隔200m开设防火门1个，隔墙两侧各有0.7m宽的疏散平台，防火门落地，疏散平台与列车车底等高，防火门两侧与疏散平台由台阶连接。地铁列车着火时人员可以利用疏散平台，穿越防火门进行疏散；道床面经平整处理可直接用作疏散。当地铁列车在隧道越江区间发生火灾时，乘客需穿过防火门进入到相邻轨道的道床面，然后再步行至临近站台和中间风井进行疏散。

为进一步验证过江大盾构区间消防系统的可靠性和安全性，特别邀请了专门的消防性能化单位进行验证和评估。经过评估和评审，均一致认为过江隧道的通风排烟、疏散方案是合理可行、安全可靠的。

过江大盾构区间隧道的建成运营，必将为全国同类型的隧道建设提供依据，并成为地铁建设的经典工程。

南京地铁十号线为国内首条穿越长江的单洞双线地铁隧道，也是首次通过设置顶部排烟道的方式解决区间通风排烟难题的隧道。该过江区间的成功实施，可以说是"地铁通风排烟方式前进的一小步"，但将会促使"地铁工程建设迈进一大步"，为其他城市的跨海、越江、跨湖长大区间的建设提供了借鉴和指导，对我国地铁工程技术进步发挥了重大作用，创造了巨大的社会效益。

3. 重要设备用房设置冗余空调系统

为了增加设备用房空调的可靠性，在重要的设备用房通信设备室（含电源室）、信号设备室（含电源室）、车控室、屏蔽门控制室等房间设置备用空调系统，该系统采用变制冷剂流量多联空调系统。备用空调系统可在夜间、过渡季节（冷却塔、冷水机组无法开启）运行，或者车站冷却塔、冷水机组损坏无法开启的情况下运行，该系统大大提高了空调系统的可靠性，确保了车站重要设备在极端条件下仍能正常运行。

四、心得与体会

地铁长隧道由于具有狭长的几何尺寸和发车密度高、客流大等运营特点，当灾害来临时，易发生燃烧迅速、烟气弥漫快、疏散空间狭窄、人员疏散慢等不利情况。由于列车运行和设备运转等都会散发大量的热量，若不及时排除，隧道内部的环境会使得设备无法正常运转。因此，必须设置合理高效的通风空调系统，对隧道内部的空气温度、气流速度和空气质量等空气环境因素进行控制，保证地铁设备能够正常运转，同时为乘客提供过渡性的舒适环境。

本工程结合实际情况，在站厅、站台公共区设置集中空调系统，大大提高了乘客的舒适性和空气品质。在车站端部设置活塞风道，充分利用列车的活塞作用，增强隧道内的通风换气效果，有效降低了隧道内的温度。在过江段利用顶部空间设置集中排烟道，解决了过江段长大区间的通风排烟难题。在设备用房区设置冗余空调系统，确保了地铁设备的安全运营。南京地铁十号线一期工程开通运营以来，获得各界的一致好评。

南京地铁十号线一期工程是国内第一条穿越长江的大盾构地铁线路、国内首条无预留割接地铁线路、南京市第一条屏蔽门制式的通风空调系统线路。针对南京地铁十号线一期工程需要衔接既有一号线、跨越长江的特点，为有效降低工程风险，节省土建工程造价，该项目根据线路建设特点灵活采用车站通风空调系统方案和区间隧道通风排烟方案，该线的设计施工经验，对于我国地铁建设具有重大里程碑意义，对后续类似工程设计具有重要的指导意义。

北京地铁 6 号线通风空调系统设计[①]

- 建设地点　　北京市
- 设计时间　　2007 年 5 月～2014 年 12 月
- 竣工日期　　2014 年 12 月
- 设计单位　　中铁第四勘察设计院集团有限公司
- 主要设计人　林昶隆　李国栋　黄武刚　杨周周
- 本文执笔人　李国栋
- 获奖等级　　二等奖

作者简介：

李国栋，高级工程师，2009 年毕业于北京建筑工程学院，硕士研究生；工作单位：中铁第四勘察设计院集团有限公司；代表作品：北京地铁 6 号线通风空调系统、无锡 1 号线通风空调系统设计等。

一、工程概况

北京地铁 6 号线是一条贯穿中心城区东西方向的轨道交通骨干线，工程起点站为五路居站，终点站东小营站，线路长 43.1km，共设 28 座车站，总建筑面积约 603250m²，全部为地下站，换乘站 11 座，设置 2 座中间风井。

车站按站台设置高安全门设计通风空调系统，闭式运行，车辆选型为 B 型车 8 辆编组，车站站台有效长度为 160m。6 号线全线隧道通风系统和所有车站（28 座地下站）的通风空调设计均由我院承担，历经 7 年，全线工程于 2014 年 12 月通车。

二、工程设计特点

北京 6 号线为横穿北京东西方向的骨干线，穿越核心城区和高密度办公居住区，周边环境、地下管线、建构筑物极为复杂，包含 6 座全暗挖车站、4 座明暗结合车站、3 座中庭车站。而且换乘站多，共 13 座换乘站。复杂的车站土建方案给车站通风空调、防排烟系统设计带来极大的挑战。北京 6 号线在设计过程中，进行了大量的创新尝试，主要特点如下：

（1）首次在集成闭式通风空调系统中引入活塞风道。

（2）消除隧道内余热技术的成功应用。该技术充分利用列车的活塞效应，并利用了车站端头的富裕空间（见图 1），节省了车站站厅的层高，采用分散供冷原理，由送冷风改成运送冷冻水，提高了运输能效。消除隧道内余热技术在国内外是首次采用，为保证其技术可靠性及经济合理性，该方案较好地解决了高安全门集成闭式系统中大编组列车在隧道内的余热消除问题，有效控制远期隧道温升，解决了地铁设计一大难题，为北方城市其他线路的设计开辟了新思路。

（3）空调冷水机组过渡季节运行技术的成功应用。北京地区过渡季节室外温度较低，地铁车站内部分设备用房仍需排出余热。北京地区空调季节的初期，由于早晨与中午的温差较大，时常会出现早间室外温度较低而致使空调冷水机组无法运行。在冷却水进水温度较低时，通过提高冷凝器冷却水的进水温度，实现提高冷凝温度的目的，以保证机组不仅能够稳定运行，而且能够高效运行。根据对冷却水系统在温度较低时的理论和实验结果来看，通过对冷却水进行旁通调节，使得冷凝器内的冷却水流量和温度稳定，不仅能够保证冷水机组安全、高效、稳定运行，而且能够有效节约能源。北京地铁 6 号线工程各车站的空调冷水机组均在冷却水泵进水口处设置了电动三通调节阀，用以在室外气温较低时调节冷凝器冷却水的进水温度，实现过渡季节室外温度较低条件下空调冷水机组能够安全、高效、稳定的运行。

[①] 编者注：该工程设计主要图纸参见随书光盘。

（4）水系统引入各项新技术。

1）空调水系统引入群控系统。群控系统可根据车站实时负荷选择投入运行的机组台数，各机组具备自动调节自身负荷能力；冷冻水泵根据远端管网阻力实现变频变水量运行，水量的变化范围应能满足冷水机组对水量的要求；冷却水泵与冷水机组联锁采用定流量运行，冷却塔的风机可感应回水温度启闭。

2）电动三通调节阀在冷却水系统中的应用，提高了节能效率。

3）远传水表在空调冷却水系统中应用。

（5）首次在地铁线路内采用中庭车站分层空调送风技术。站厅层采用旋流风口送风，站台层采用轨顶风道的侧边空间，进行侧向送风。该项技术的成功应用，既配合了中庭车站装修设计，外形布置美观大方，又节省了空调系统的运行能耗，并减少了空调主机的装机容量。采用中庭车站分层空调送风技术的有北关站、新华大街站和玉带河大街站。

（6）首次在北京地铁线路内采用中庭车站防排烟技术。常规地铁车站，FAS只接收一次火灾报警信号，对于地铁中庭车站，当车站站台发生火灾时，烟气可能会窜至站厅层，如何将窜至站厅的烟气排除是中庭车站防排烟的关键。

本线地铁车站通过实验证实，修改FAS模块，调整排烟控制模式，FAS可以做到在同一个防火分区内接收第二次报警信号。当站台发生火灾时，排除站台烟气；当站台发生火灾时，烟气窜至站厅层，将通过控制电动风阀，开启站厅层排烟管，进行站厅排烟，从而解决窜烟的问题；当站厅发生火灾时，进行站厅排烟。

该项技术的成功应用，为北京地铁新线建设的大空间消防防排烟开启了全新的、成功的设计思路。采用中庭车站防排烟技术的有北关站、新华大街站和玉带河大街站，此3站消防验收均顺利通过。

（7）率先在地铁线路内采用空调冷凝水回收技术。地铁车站产生的空调冷凝水通常作为废水排至轨行区，流入车站主废水泵房，再排至市政排水管网。这种做法浪费了宝贵的水资源和冷凝水所含的低温能量，和国家倡导的节能减排、节水政策和要求不符。本线开始尝试进行空调冷凝水回收。

冷却水用量与进出冷却塔的温差成反比，即温差越大，冷却水用量越小。通常进入冷却塔的水温为37℃，流出冷却塔的水温为32℃，温差为5℃。空调冷凝水的温度接近空调器的送风温度17℃，温差20℃，如果全部用空调冷凝水来排除冷凝器的热量，水量只有原来的1/4。

该项技术的应用，可节约水资源，提高冷水机组效率，降低空调系统能耗，节省运行费用。随着技术的深入和观念的转变，该技术在地铁车站中必将得到广泛的应用和关注，这和国家倡导的节能和节水理念是相符的。随着越来越多的地铁线路达到远期运营阶段，空调负荷也将达到峰值，空调冷凝水水量也会更加可观，我国城市轨道交通已进入高速发展期，该技术值得推广，在缺水的城市及地区显得尤为重要。

（8）为解决大型设备的运输问题，在南锣鼓巷站引入可拆式冷水机组，克服了因土建条件制约带来的设备运输难题。

（9）为使公共区视野更加开阔，公共区楼扶梯处引入电动挡烟垂帘。

（10）北京地铁6号线建成后，由国家建筑工程质量监督检验中心对车公庄西站、褡裢坡站、黄渠站、物资学院站、北关站、玉带河大街站、

图1　车站端头立式柜机安装效果图

东小营站、草房站～终点区间、东四站～朝阳门站区间、黄渠站～常营站区间、金台路站～十里堡站区间、平安里站～北海北站区间、青褂风井～褂裢坡站区间、物资学院站～北关站区间、

玉带河大街站～会展中心站区间、会展中心站～郝家府站区间、郝家府站～东小营站进行了防排烟系统检验，结果完全符合规范要求，与施工图设计一致。

三、设计参数及空调冷热负荷

1. 空气设计参数及标准

（1）室外空气计算参数

夏季　空调（公共区）　干球温度：$T_w = 32℃$，相对湿度：65%。

　　　空调（设备管理用房）干球温度：$T_w = 33.5℃$，湿球温度 $T_s = 26.4℃$。

　　　通风（区间隧道）　干球温度：$T_w = 25.8℃$。

　　　通风（设备管理用房）干球温度：$T_w = 29.7℃$。

冬季　通风　　　　　　　干球温度：$T_w = -5℃$。

（2）室内空气设计参数

夏季：站厅　干球温度：$T_w = 30℃$　相对湿度：≤65%。

　　　站台　干球温度：$T_w = 29℃$　相对湿度：≤65%。

区间允许最高平均干球温度：正常运行 $T_n ≤ 35℃$；阻塞运行 $T_n ≤ 40℃$。

车站设备管理用房设计参数按《地铁设计规范》第 12.2.35 条及相关专业工艺要求执行。

2. 冷负荷计算

28 座车站公共区总冷负荷约为 69252kW。

四、空调冷热源及设备选择

（1）各车站采用分散供冷的原则，每座车站均设置冷冻站一座。

（2）根据各车站公共区空调冷负荷，选择两台具有相同制冷能力的水冷螺杆式冷水机组。冷冻水泵、冷却水泵及冷却塔应与冷水机组台数对应。根据设备管理用房空调冷负荷，选择一台水冷螺杆冷水机组，冷冻水泵、冷却水泵及冷却塔亦独立设置。

（3）空调冷冻水温度：供水 7℃，回水 12℃；冷却水温度：供水 32℃，回水 37℃。

（4）冷冻水系统采用一次泵系统，大型表冷器或空调机组设置温控流量平衡阀，集水器和分水器间设置压差式旁通阀。三台冷水机组的冷冻水均通过相同的分、集水器，以达到备用的目的。

（5）冷水机组四周应留有必要的操作和维修空间。

五、空调系统形式

1. 车站公共区通风空调系统（大系统）

（1）平时车站公共区通风空调系统

1）首次在地铁线路内采用中庭车站分层空调

送风技术。

2）首次在北京地铁线路内采用中庭车站防排烟技术。

3）车站公共区通风空调系统为双风机全空气系统。车站每端均设置送风道和排风道，按照空气流向，送风道内设置进口消声器（4m）、新风阀、可自动清洗式空气过滤器、可电动开启式大型表冷器、车站送风机、出口消声器（3m）；排风道内设置进口消声器（3m）、排（回）风机、排风阀。空气过滤器进口和排风机出口送排风道之间设置回风阀。

4）车站送、排风道采用单层布置时，风道宽度（有效宽度）最小为 12m，并应结合风道内柱子的设置确定。

5）车站送、排风道采用上下双层布置时，一般可采用 8m 宽度（有效宽度），并应结合给排水专业进出水管情况确定。

6）车站公共区按面积不超过 2000m² 划分防烟分区并设置挡烟垂壁。另外，应在站台层楼扶梯口部设置挡烟垂帘，防止站台火灾烟气蔓延至站厅。

7）在气流组织方面，车站公共区通风空调系统应按站厅、站台均匀送风设计，站厅层和站台层送风量分别按照车站总送风量的 30% 和 70% 考虑。站厅层回风管兼站厅层排烟管；设置站台下

回风道和列车顶回风道，站台下回风口应与列车制动电阻对齐，列车顶回风道兼站台层火灾排烟道，风口应正对列车空调冷凝器。送、回风道设计应充分考虑系统调节所需要的必要的手动风量调节阀。

8）车站排风机宜兼作车站的排烟风机，回/排风道兼排烟道。

9）车站管线布置有困难时可采用集中回风，但必须满足排烟口距最不利排烟点距离小于30m的要求。

10）公共区空调送风口均采用双层百叶风口；回风口均采用单层百叶风口，风口均自带人字阀，并配合装修设计最终确定。

11）车站公共区应设置温、湿度传感器和二氧化碳传感器，一般每车站设置4组，高度距离装修后地面1.7m。

（2）战时人防通风系统

1）人防清洁式通风采用平战结合方式。

2）车站一端小系统新风总管上设置人防送风机，另一端小系统排风总管上设置人防排风机，战时分别与人防隔断门上的风机串联运行，并利用车站公共区送排风道，形成车站一端送风、另一端排风的气流组织形式。每站人防清洁式通风风量均为20000m³/h。

2. 车站设备管理用房通风空调系统（小系统）

车站设备管理用房通风空调系统应单独设置。一般包括车站设备管理用房空调系统、车站设备管理用房排风系统和厕所等房间排风系统、变电所空调系统等。

在车站控制室、通信设备室、专用通信设备室、综控设备室、商用通信用房、公安设备室、信号设备室、AFC设备室、能源再生室、安全门设备室；变配电室和控制室、0.4kV开关柜室、1500V直流开关柜室、整流变压器室、蓄电池室、UPS室及跟随所等房间设置VRV多联空调设备，以消除冷水机组故障时的房间余热。VRV多联空调的室外机尽量设置在室外地面或风亭上方，如室外无条件时，可设在排风道内。

（1）车站设备管理用房空调系统

1）配合建筑专业，尽量将空调或通风要求相同的房间布置在一起，简化管路设计。

2）车站设备管理用房空调系统一般应采用双风机全空气系统。

3）组合式空气处理机组由混合段、过滤段、表冷段、风机段等基本功能段组成。

4）采用气体灭火系统保护房间应布置在一起，房间内的空调送、排风管上均设置全电动防火阀。火灾时电动关闭该房间送排风管上的全电动防火阀，密闭该房间，待灭火后电动开启回排风管上的全电动防火阀和对应的排风机排除废气，工作人员火灾后开门自然补风。

5）电源室以及有散发有害气体的房间采用空调送风＋机械排风（不回风）或自然进风＋机械排风的方式。

6）据车站设备管理用房的面积和分布情况，可利用隔墙或挡烟垂壁划分防烟分区。车站设备管理用房空调回风管兼做排烟风管，回排风机可兼做排烟风机（首选方案），条件不具备时单独设置一台排烟风机。排烟时通过设在走廊和公共区之间的连通管补风，连通管上设置防烟防火阀，风管管径按照补风风速应小于4m/s控制。并应保留由空调机组作为排烟补风的手段。

7）在气流组织方面，每个空调房间均设送、回风口，禁止采用走廊集中回风的方式。空调房间一般采用上送上回方式，送、回风口应拉开一定距离；送风口采用双层百叶，回风口采用单层百叶。

8）管理用房送、回风口均设人字调节风阀，便于风量平衡。

（2）车站设备管理用房排风系统和厕所排风系统

1）除了有空调要求的房间之外，其余房间应设置机械排风系统、自然进风。

2）厕所应设置独立排风系统，污水泵房、废水泵房就近纳入厕所排风系统。

3）混合变电所和降压变电所采用全新风空调系统，设置新风处理机组和排风机，排风量应略大于新风量以保持房间负压。设置回风管，回风管上设置电动风阀，平时保持常闭。

4）管理用房冬季供暖：有人值班和工作的房间应预留电暖气插座，每20m²预留2kW电源插座一个。

六、通风、防排烟及空调自控设计

（1）全线同一时间按发生一次火灾考虑。

（2）列车每辆车火灾发热量为 5MW，考虑 1.5 倍的安全系数后即按 7.5MW 设计。

（3）列车发生火灾而停在区间隧道内时，其控制烟气流动的风速应根据隧道内烟气控制模型的临界风速计算确定，控制风速应不小于 2m/s，隧道内最大风速不得大于 11.0m/s。

（4）站厅、站台公共区防烟分区面积不大于 2000m²，设备管理用房防烟分区不大于 750m²。

（5）地下车站站厅、站台火灾时的排烟量，应根据一个防烟分区的建筑面积按 1m³/（m²·min）计算。当排烟设备负担两个或两个以上防烟分区时，其设备能力按同时排除其中两个最大防烟分区烟量配置。当车站站台发生火灾时，应保证站厅到站台的楼梯和扶梯处具有不小于 1.5m/s 的向下气流。超过 20m 的封闭内走道及超过 60m 的地下通道应有排烟设施，排烟口距最不利排烟点不应超过 30m。

（6）同一个防火分区内设备和管理用房总面积超过 200m²，或单个房间超过 50m² 且经常有人停留的房间应设有排烟设施。

（7）设备管理用房区封闭楼梯间火灾时应设机械加压送风；设备管理用房区火灾排烟时，应通过内走道补充送风，其送风量不小于排烟量的 50%。

（8）挡烟垂帘应提供 FAS 系统监控。

（9）区间隧道排烟风机及烟气流经的辅助设备如风阀、消声器等，应保证在 250℃时能连续有效工作 1h。

（10）地下车站公共区和设备及管理用房排烟风机及烟气流经的辅助设备如风阀及消声器等，应保证在 250℃时能连续有效工作 1h。

（11）防烟防火阀和排烟防火阀的设置标准应符合相关消防规范要求。

（12）所有选择的防排烟设备均必须具备国家指定部门的检测合格证书及本地消防部门的准销证书。

（13）首次在北京地铁线路内采用中庭车站防排烟技术。

七、心得与体会

本项目体量巨大，项目周期长，复杂的边界条件也增加了项目的难度，我院暖通人为此付出了艰辛的努力，在建设过程中暴露中很多问题，均一一被解决，顺利通车，已经建好地铁城市的工程经验，对后续工程有着非常重要的实际指导意义，我们在本项目经验的基础上，编写了《地铁暖通空调工程常见问题及分析》，可供读者参考，目前 6 号线项目运行状况良好。

武汉光谷国际网球中心①

- 建设地点　　武汉市
- 设计时间　　2013 年 1～12 月
- 竣工日期　　2015 年 9 月
- 设计单位　　中信建筑设计研究总院有限公司
- 主要设计人　王　疆　胡　磊　王　雷　曾永攀
　　　　　　　刘晓燕　陈焰华　彭建斌　王　凡
- 本文执笔人　王　疆　胡　磊
- 获奖等级　　二等奖

作者简介:

　　王疆，高级工程师，1991 年毕业于上海交通大学制冷设备与低温技术专业；现就职于中信建筑设计研究总院有限公司；主要设计代表作品：湖北大学新图书馆、武汉东方马城赛马场、武汉新城国际博览中心展馆、新疆国际会展中心一期及二期、武汉光谷国际网球中心、乌鲁木齐高铁站、乌鲁木齐奥林匹克中心。

一、工程概况

　　武汉光谷国际网球中心一期工程位于武汉东湖新技术开发区，总用地面积为 153872m²，项目主要建设一个 15000 座网球主赛馆、一个 5000 座网球场及赛事所需相关配套设施与运营设施，配套楼地下室设置冷冻换热站作为区域冷热源中心，通过地下综合管沟分别与 15000 座主场馆及 5000座网球场相连。其中 15000 座网球主赛馆为 WTA 武汉国际网球公开赛主场馆，属于甲级体育建筑。建筑高度 46.08m，建筑面积 54339.42m²，容积率 0.46，是一座集运动、商务、娱乐为一体的多功能场馆，主赛馆主要满足"世界女子职业网球赛 WTA 超五巡回赛"的比赛要求，及其他体育赛事多种要求的综合性场馆，还要考虑非赛事期间的可持续使用，能满足开展大型活动和面向社会的全民体育、健身需求及场馆自身经营需求。

　　15000 座网球馆地上共 5 层，一层主要为运动员、裁判及球童、贵宾观众、赞助商、竞赛管理用房、设备间及架空车道；二层为观众平台、包厢、售卖、卫生间等；三层为观众卫生间；四层为观众卫生间和设备用房；看台层为评论员用房及设备控制间。比赛大厅屋面是目前国内可开启

面积最大的可开启屋盖结构（可开启尺寸 60m×70m），从而使网球馆可在体育馆及体育场两种模式之间切换使用。

建筑外观图

二、设计参数及空调冷热负荷

　　本项目室内、外设计参数见表 1、表 2。

　　区域冷热源中心主机装机容量根据 15000 座网球馆、5000 座网球场及配套餐饮楼空调冷热负荷综合值确定，同时考虑到 15000 座网球馆有体育馆和体育场两种不同运行模式，系统空调冷热负荷见表 3 及表 4。

---

①　编者注：该工程设计主要图纸参见随书光盘。

室外设计计算参数 表 1

夏季大气压	1002.1hPa	冬季大气压	1023.5hPa
夏季空气调节室外计算干球温度	35.2℃	冬季空气调节室外计算温度	−2.6℃
夏季空气调节室外计算湿球温度	28.4℃	冬季空气调节室外计算相对湿度	77%
夏季空气调节室外计算日平均温度	32℃	冬季供暖室外计算温度	−0.3℃
夏季通风室外计算温度	32℃	冬季通风室外计算干球温度	3.7℃
夏季室外平均风速	2.0m/s	冬季室外平均风速	1.8m/s
夏季最多风向	CENE	冬季最多风向	CNE
海拔高度	23.1m	最大冻土深度	9cm

室内空气设计参数 表 2

房间名称	夏季		冬季		最小新风量标准	噪声标准
	温度（℃）	相对湿度（%）	温度（℃）	相对湿度（%）	m³/h	NR
观众席	26	60	18	35	15	40
比赛场地	26	60	18	35	20	40
贵宾包厢	26	60	20	35	20	40
运动员休息室	26	60	20	35	30	40
裁判员休息室	25	60	20	35	30	40
医务室、按摩室	27	60	20	35	30	40
办公室	26	60	20	35	30	40
媒体工作区	26	60	20	35	30	40
贵宾室	25	60	20	35	30	40
扩声控制室	26	60	20	35	30	35
评论员、播音室	26	60	20	35	30	30
运动员更衣室	26	60	20	35	30	40
淋浴间	27		25			45
卫生间	27		18			45

15000 座网球馆不同运行模式下冷热负荷 表 3

运行模式	空调冷负荷/(kW)	空调热负荷/(kW)
赛事、演出期间（体育馆模式）	8438	4180
赛事、演出期间（体育场模式）	2378	1660
非赛事赛后运营（含 5000 座）	878	660

冷热源系统分区总负荷 表 4

	空调冷负荷（kW）	空调热负荷（kW）
5000 座体育场	890	660
15000 座体育馆	8438	4180
餐饮楼	1292	580
合计	10620	5420
同时使用系数	0.85	0.8
管网热损失修正系数	1.1	1.1
装机冷热负荷	9930	4770

三、空调冷热源设备选择及设计特点

15000 座网球馆具有一般体育馆建筑使用上明显的间歇性、低使用率等特点，在非比赛或非活动期间只有部分运营管理用房正常使用，同时由于其可开启屋盖的存在，空调系统的设计考虑了体育馆和体育场两种不同运行模式的区别，空调计算冷热负荷见表 3。

本工程冷热源系统设计既要保障赛事或演艺

等的高峰空调需求，又要注重平时使用的节能以及维护的便利，结合项目具备市政热源（过热蒸汽管网）的有利条件，经多次方案比选，冷热源系统配置见表5，冷热源机组设于配套楼地下室的区域冷热源中心内。赛时、赛后运营分别设置

独立的冷热源，可避免合用系统经常出现的"大马拉小车"的现象，也方便了后期维护管理工作；双回路燃气真空热水锅炉是保障重大赛事、避免蒸汽检修故障等的备用热源，同时也作为二期工程5000座综合体育馆的备用热源。

冷热源系统配置　　表5

		配置参数		备注
冷源	赛时	3台水冷离心式冷水机组，制冷量3325kW	3台逆流式冷却塔，循环水量900m³/h	考虑了5000座网球场及配套餐饮楼负荷
	赛后运营	1台蒸汽溴化锂冷水机组，制冷量872kW	1台逆流式冷却塔，循环水量300m³/h	
热源	赛时	2台等离子体汽水换热机组，换热量2300kW	1台燃气真空热水锅炉（双回路），制热量2800kW	考虑了5000座网球场及配套餐饮楼负荷；燃气热水锅炉为备用热源
	赛后运营	1台等离子体汽水换热机组，换热量750kW		
运行模式	赛时	离心式冷水机组或汽水换热机组开启；15000座网球馆体育场模式或部分负荷时可采用台数控制及其他负荷调节方式运行		
	赛后运营	蒸汽溴化锂冷水机组或700kW汽水换热机组开启		
设置区域		冷却塔设于配套楼附近室外地面，其余均设于配套楼地下室区域冷热源中心内		

四、空调系统形式及设计特点

1. 空调水系统

空调水系统采用一次泵变流量两管制系统，区域冷热源中心共引出四路水系统，通过综合管沟进入15000座网球馆及5000座网球场，分别为KT-1：5000座网球场系统；KT-2：15000座观众席及比赛场地、入口大厅系统；KT-3：15000座一层功能区及辅助用房、二层贵宾包厢、五层评论员及转播室等系统；KT-4：餐饮楼系统。其中KT-2和KT-3系统可分别对应15000座体育馆

屋顶开、闭状态下的空调需求。空调供回水按大温差设计，夏季5.5℃/12.5℃，冬季60℃/45℃。15000座一层地面下设置了环状管沟，可通过竖向通道送至各空调末端。

2. 空调风系统

比赛大厅由观众区和比赛场组成，其中观众区含高、低区固定座椅及比赛场内固定、活动座椅等，其空调风系统设计采用多种送、回风方式共同保证比赛大厅的空调要求，综合考虑建筑使用特点和节能要求，结合气流环境CFD数值模拟分析结果最终确定的气流组织方式见表6。

比赛大厅气流组织方式　　表6

空调区域		送风	回风	备注	排风
观众区	高区固定座椅	座椅送风	上部回风	回风口设于5层评论员室等房间屋面上方	屋面网架内机械排风
	低区固定座椅	座椅送风	下部回风	回风口设于一层比赛场后环廊内；活动座椅侧送百叶设于内场固定席下部侧墙处，低送风风速；比赛场送风喷口设于场地四角，送风高度为4.5m，小球比赛对风速要求较高时可关闭该送风系统	
	赛场内固定座椅	座椅送风			
	赛场内活动座椅	侧送风			
	比赛场	喷口送风			

观众区固定座椅采用座椅送风的方式，在观众席看台下方设整体式送风静压箱，处理过的冷空气经风道引入送风静压箱内，由阶梯旋流风口送出。座椅送风设计送风温度21℃（送风温差5℃），本项目考虑静压箱内送风温升为1℃，空调器设计出风温度为20℃（含风机温升1℃），空

气处理采用二次回风无再热方式。比赛大厅共划分了31个空调系统，其中低区观众席及赛场部分共23个空调系统，分别设于一层11个空调机房内，高区观众席共8个空调系统，均匀分布在四层的8个空调机房内，形成了分区空调的系统形式，为赛时根据观众人数采取分区售票提供了可

能，可降低空调系统运行成本，节约能源。原设计理念中未考虑屋盖开启状态下的空调需求，但在使用过程中，屋盖开启状态的阶梯送风的空调效果也能达到舒适性要求，观众的满意度较高。

赛事办公区、会议室、新闻发布等区域根据需要分别采用常规风机盘管加新风系统、全空气系统等。

五、通风、防排烟、空调自控设计及减振降噪控制

比赛大厅屋面网架的设备平台处设 8 台柜式排风机，通过马道可以方便地检修和维护，总排风量按新风量的 80% 计算，采取台数控制方式调节风量，及时排除积聚在大厅上部的热量。为避免振动和噪声对室内产生影响，采用减振台座的安装方式，风机表面用隔声材料包覆，在设备外壳上刷沥青胶，粘贴 100mm 厚密度为 80K 的岩棉板（岩棉用玻璃布包裹），然后用麻绳紧密缠绕，进、出风管除采用片式消声器消声外，同时采用 30mm 厚橡塑保温材料包覆。设计阶段拟利用可开启屋盖（8min 可全部打开）作为比赛大厅的自然排烟条件，由于这种自然排烟形式没有相关设计依据，需对其能否有效控制和排除火灾产生的烟气、保证其内部人员安全疏散进行论证。根据国家消防工程技术研究中心针对该项目编制的性能化防火设计报告的相关结论，比赛大厅利用可开启屋盖作为自然排烟条件是可行的，对屋盖开启装置采用双路供电，并与火灾自动报警系统联动，可在现场手动、消防控制室远程控制开启，控制信号采用闭环控制。

二次回风空调机组需要同时控制回风温度和送风温度，采用回风温度控制水路电动阀的开度，送风温度控制二次回风阀开度的控制逻辑。

空调机房、冷冻机房均采用了吸声墙面，空调机组、冷水机组、水泵、风机等均采用了减振基础，主要管道设置了减振支吊架。

六、心得与体会

设计阶段采用全 BIM 设计模式，基于 Revit 系列软件的 BIM 技术应用在本次设计中起了至关重要的作用，机电各专业共用一个中心文件，参照链接建筑与结构模型协同设计，通过协同和可视化，缩短了机电专业信息传递链，保证机电专业发现问题可以马上解决，实现了专业间信息传递的准确、及时、完整性，减少了设计过程中的错漏碰缺。利用 Revit 系列软件进行三维管线建模，并通过软件对管线进行碰撞检测，快速查找模型中的碰撞点，并出具碰撞检测报告，协助设计人员解决碰撞，攻克管路碰撞难题。

关于体育场馆建筑空调设计，笔者认为有两大难点：第一是送风方式的确定，本工程最终采用了整体静压箱的送风方式，静压箱的制作安装要保证整体的牢固性和密封性以及减少对建筑空间的占用，气流组织要通过 CFD 模拟来验证；第二是在建筑高标准美观要求及复杂的结构条件下，找寻各机电管线的路由也是设计的难题，我们充分利用楼梯、主结构斜柱作为主要的竖向通道，借助 BIM 工具的可视化优势最终实现了设计目标。

本工程 2015 年 9 月竣工，投入使用以来成功举办了 2015 年、2016 年、2017 年 3 届 WTA 超五武汉网球公开赛以及张学友个人武汉站演唱会、大型企业年会等，冬夏空调运行效果良好，噪声控制均达到使用要求，希望本项目空调系统设计能为类似工程提供参考。

湖北省图书馆新馆暖通空调系统设计①

- 建设地点　　武汉市
- 设计时间　　2008 年～2010 年
- 竣工日期　　2012 年
- 设计单位　　中信建筑设计研究总院有限公司
- 主要设计人　雷建平　陈焰华　张再鹏　於仲义
- 本文执笔人　雷建平
- 获奖等级　　二等奖

作者简介：

雷建平，教授级高级工程师，1994 年毕业于同济大学；现工作于中信建筑设计研究总院；代表作品：湖北省图书馆新馆、武汉市民之家、辛亥革命博物馆、武汉国际证券大厦、天津滨海火车站、长江传媒大厦、武汉国际博览中心区域能源站等。

一、工程概况

湖北省图书馆新馆位于武昌区沙湖余家湖村，北靠沙湖南岸，南临公正路，建筑地下 2 层，地上 8 层，总建筑面积为 100523m²，其中地上部分为 79699m²，地下建筑面积 20824m²，建筑高度 41.4m，设阅览座席 6279 个，设计藏书 1000 万册，日均读者接待能力超过 10000 人次。

本项目为湖北省"十一五"期间文化建设的重点工程，按"中西部地区领先乃至全国一流的现代化图书馆"的要求进行建设，成了一个集学习阅读、信息交流、文化休闲等功能于一体的信息化、网络化、智能化、安全、环保、具有鲜明时代风格和荆楚文化蕴涵的现代化图书馆。

建筑外观图

① 编者注：该工程设计主要图纸参见随书光盘。

二、工程设计特点

本项目空调冷热源采用地源热泵与冰蓄冷相结合的复合式系统，并采用闭式冷却塔作为夏季辅助排热系统；空调末端采用大温差低温送风全空气系统；空调冷水采用 8℃大温差系统、空调热水为 5℃温差，空调冷水与热水流量相当，与空调冷热负荷的一致性较高。

三、空调冷热源系统

1. 冷热源系统概述

夏季空调设计峰值冷负荷 8050kW，冬季空调设计峰值热负荷为 4600kW，在地下一层冷冻机房内设 4 台三工况螺杆式地源热泵机组和 1 台带全热回收功能的螺杆式高温型地源热泵机组，热泵机组各项性能参数如表 1 及表 2 所示。由于本项目冷热不平衡现象相当明显，为保证热泵机组在变工况下的制冷效率，设计中适当提高了热泵机组冷凝器的进出口水温。

三工况螺杆式地源热泵机组性能表　　表 1

工况	冷热量 (kW)	蒸发器温度 (℃)	冷凝器温度 (℃)	功率 (kW)	COP
制冷	1443.3	6/11	32.5/37	265.9	5.43
制冰	919.4	−2.6/−6	32.5/37	253.9	3.62
制热 1	1626.2	10/6	40/45	319.4	5.09
制热 2	1459.8	7/3	40/45	322.9	4.52

全热回收型地源热泵机组性能表　表2

工况	冷热量(kW)	蒸发器温度(℃)	冷凝(热回收)器温度(℃)	功率(kW)	COP
制冷	367.9	7/12	32.5/37.5	67.6	5.44
制热	395.9	10/6	40/45	79.9	4.95
热回收	361	10/6	50/55	101.6	3.55

蓄冰装置选用非完全冻结式金属蓄冰盘管9台，单台蓄冰量为920RTh，总蓄冰量为8280RTh（29120kWh）。

辅助散热设备采用2台闭式冷却塔，单台散热量为2050kW，冷却水进水温度37℃，出水温度32.5℃，盘管压降69.3kPa，单台通风量为331920m³/h，风机功率30kW，喷淋泵为11kW。

2. 地埋管系统

地源热泵地埋管采用垂直钻孔埋管与工程桩内埋管相结合的方式。

工程桩为泥浆护壁钻孔灌注桩，桩径为800mm，平均有效桩深为19m，共208根，桩内埋管为"W"形，每两根桩串联形成一个环路。

垂直钻孔埋管为双U形，有效深度为106m，钻孔间距为5m×5m，孔径为150mm，设计总钻孔数为848孔，其中东区238孔、南区212孔、西区182孔、北区216孔。

3. 地埋管换热器埋管长度计算

地源热泵系统地埋管换热器依据《地源热泵系统工程技术规范》附录B、自编计算软件进行计算，并结合专业软件模拟验证。

土壤换热器的热阻由水与U形管内壁的对流热阻、U形管管壁热阻、回填材料的热阻、短期脉冲负荷附加热阻及地层热阻构成，其中前四项热阻为"基本热阻"，在一定的钻孔参数及确定的运行时间下为定值；而地层热阻要考虑钻孔之间相互干扰的因素，与埋管矩阵（钻孔规模）及地源热泵系统的动态运行负荷及计算时间有关，本项目经计算的基本热阻、地层热阻及钻孔总热阻及相应的计算埋管长度如表3及表4所示：

综合考虑到热泵机组在实际运行中的情况及循环水泵发热等有利因素，确定地埋管换热器最

基本热阻值（平均水温：冬9℃/夏37℃）　表3

热阻类别	水与U型管内壁的对流热阻 R_f(k/W)	U型管管壁热阻 R_{pe}(k/W)	回填材料的热阻 R_b(k/W)	短期脉冲负荷附加热阻 R_{sp}(k/W)
热阻值	0.0074	0.0366	0.0833	0.0964

地层热阻、总热阻及埋管长度计算表　表4

工况	计算时间	埋管矩阵(m)	孔壁至无穷远处的热阻（地层热阻）单孔热阻(k/W)	孔壁至无穷远处的热阻（地层热阻）多孔叠加热阻(k/W)	孔壁至无穷远处的热阻（地层热阻）地层热阻 R_s(k/W)	总热阻(k/W)	埋管长度(m)
制热	最冷月	5×5	0.2465	0.0511	0.2975	0.263	92967
制热	最冷月	15×15	0.2465	0.0575	0.304	0.264	93411
制热	采暖季	5×5	0.2932	0.1976	0.4908	0.2903	102610
制热	采暖季	15×15	0.2932	0.2916	0.5848	0.3062	108220
制冷	最热月	5×5	0.2465	0.0511	0.2975	0.3082	125010
制冷	最热月	15×15	0.2465	0.0575	0.304	0.3109	126100
制冷	制冷季	5×5	0.2932	0.1976	0.4908	0.3504	142110
制冷	制冷季	15×15	0.2932	0.2916	0.5848	0.3806	154360

终设计的总吸热量为3680kW，地管换热器室外钻孔总数为848孔；垂直埋管群井布置在室外绿化地带及道路下，形式为双U形管，采用规格为De25的HDPE管格，设计有效深度为106m，钻孔总深为89888m；共耗用De25管材359km、De32管材131km。

4. 土壤热平衡分析

采用DEST软件对空调全年逐时负荷进行模拟计算，全年总冷荷为5269975kWh（6月1日至9月30日），总热负荷为1979747kWh（12月1日至3月15日），其不平衡现象比较明显；夏季采用闭式冷却塔作为辅助冷却设备。

采用冰盘管蓄冷及冷却塔散热优先的控制模式，对夏季制冷系统运行进行了逐时模拟运行分析，系统的分项散热量如表5所示。

制冷系统年总散热量明细表（单位：万kWh）　表5

夏季总冷负荷	冰盘管年总冷负荷	夜间冷却塔年总散热	夜间地埋管年总散热	白天主机年总负荷	白天冷却塔年总散热	白天地埋管年总散热	地埋管系统年总散热
527	300	283	100	227	211	59	159

模拟运行的结果表明，空调系统在夏季通过地埋管系统向大地的总散热量为159万kWh，冬季空调系统从土壤中总吸取的热量为158.4万kWh，其不平衡率在10%以内，可以保证全年大地土壤的热平衡。

模拟计算中设定的冷却塔的散热能力为3550kW，考虑到冷却塔的容量要与制冷机组的台数相匹配，最终冷却塔的总设计冷却能力为4100kW，能完全满足两台热泵机组制冷的需要。

四、空调系统形式

空调系统主要采用全空气低温送风系统，本项目室内设计露点温度为 14.6℃，送风温度为 10℃，设计中分析了三类低温送风口的性能：

（1）气流包裹类：在风口上通过合理的开口设计，让整个风口被干燥的低温送风气流完全包裹，让室内空气不与风口表面接触达到防止结露的目的；典型代表为"VDW-LT 型防结露风口"，其测试报告表明在送风温度为 6℃（室内露点温度 20.4℃）时能保证不结露。

（2）气流隔断类：由于风口内部已经完全被低温冷气流包裹而不会结露，在风口外表面用特殊材质设一层"防结露"盖，增加风口表面热阻而达到防止结露的目的。典型代表为"ND 类风口"，测试报告表明，在送风温度不低于 10℃（室内相对湿度 65%）时能保证不结露。

（3）气流诱导类：在风口内部设喷射核，低温气流通过喷射核四周的小喷口高速喷出，大量诱导混合室内高温空气，使送风温度在离开风口十几厘米后达到室内露点温度以上，从而防止风口表面结露，这类风口最大的优点是能适应较低的送风温度（4℃左右），缺点是风口阻力较大，超过了 100Pa。典型代表为"热芯高诱导低温风口"和"吊顶式低温诱导风口"。

本项目采用"气流包裹"类的"低温防结露风口"。

五、设计体会

该项目于 2010 年完成全部施工图设计，2012 年项目施工完毕，现已正常运行多年，效果良好。

阅览室噪声标准要求较高，设计中除采用有效的消声技术措施外，空调系统的回风管采用了消声性能较好的"玻纤复合式风管"，有利于消除空调集中回风管的噪声，但因这类风管的强度不高，在施工过程及长期运行中容易发生破损而发生泄露，在设计中应引起注意。

卧龙自然保护区都江堰大熊猫救护与疾病防控中心建筑环境与设备设计①

- 建设地点　　四川省都江堰市
- 设计时间　　2010 年 5～11 月
- 竣工日期　　2013 年 12 月
- 设计单位　　中国建筑西南设计研究院有限公司
- 主要设计人　杨　玲　陈英杰　戎向阳　陶啸森
　　　　　　　徐　猛　侯余波　高庆龙　刘国威
- 本文执笔人　杨　玲　陈英杰
- 获奖等级　　二等奖

作者简介：
　　杨玲，教授级高级工程师；1993 年毕业于重庆建筑工程学院供热通风与空气调节专业；现工作于中国建筑西南设计研究院有限公司；代表作品：成都双流机场 T2 航站楼、成都双流机场 T1 航站楼北指廊、中国西部国际博览城展览展示中心、ICON 云端、四川航空广场、重庆英利大坪商业中心等。

一、工程概况

　　"卧龙自然保护区都江堰大熊猫救护与疾病防控中心"位于四川大熊猫栖息地世界自然遗产外围保护区—青城山镇石桥村，主要承担野外大熊猫的救护与疾病防治研究工作。

　　项目总建筑面积 12428m²，由监护兽舍、疾病防控研究中心、兽医院、办公楼、科研教育中心、餐厅及活动室、动力中心等八栋单体建筑组成；总体布局按照工艺要求，以川西"林盘"聚落方式布局各栋单体建筑。各栋为单层、二层、三层的坡屋顶建筑。主要功能包括监护兽舍、治疗室、手术室、办公、展厅、餐厅、工作人员宿舍。

建筑外观图

　　本项目合理应用一系列绿色建筑技术，获得国家三星级绿色建筑设计和绿色建筑运营标识证书；并获得 2015 年度住房和城乡建设部全国绿色建筑创新奖一等奖、中国勘察设计协会全国优秀工程勘察设计行业奖优秀绿色建筑专业一等奖、中国勘察设计协会建筑环境与设备分会首届"全国建筑环境与设备专业青年设计师工程设计大奖赛"银奖、第六届优秀暖通空调工程二等奖。

二、工程设计特点

　　项目以三星级绿色建筑为建设目标，业主对项目的"可持续发展"方面有相当高的要求，如何在项目的具体条件下确定适宜的绿色建筑策略是暖通设计的重点与难点。本项目设计的具体特点和创新点包括以下方面：

1. 因地制宜地确定适宜的空调方式

　　本项目由多栋不同功能的小型单体建筑组成，占地广，建筑密度小；确定适宜的空调方式对运行的节能性和使用的灵活性至关重要。项目中有空调需求的建筑包括疾病防控研究中心、兽医院、科研教育中心、办公楼、餐厅及员工活动中心、监护兽舍、员工周转用房。在总图布置上，疾病防控研究中心、兽医院、科研教育中心、办公楼四栋建筑相对集中，且从使用特点上具有

---

　　① 编者注：该工程设计主要图纸参见随书光盘。

相对持续和稳定的空调负荷，故采用集中空调，由一个集中冷热源供应。埋地的动力中心位于4栋建筑的相对中心位置，距各楼栋的距离为20余米至70余米不等，尽可能地减少了水系统输配能耗。其余几栋建筑零星分布，相隔甚远，空调负荷需求的不确定因素多，故采用分散的独立空调方式；其中餐厅及活动中心采用多联机空调系统，监护兽舍、员工周转用房采用分体式空调。

项目根据空调负荷特点、输配距离、人员行为模式特点采用了集中空调和分散独立空调两种方式，有针对性地利用了"集中"与"分散"方式的优点，以保证系统运行的高效节能性和用户使用的灵活性。

2. 可再生能源的合理利用

项目建设场地位于都江堰市西南侧，地下含水层厚，地下水位较高，岩土层导热系数大，属于成都市较适宜利用浅层地能的区域。同时项目占地广，建筑容积率仅0.023，建筑密度0.018，绿地率＞80%，具备设置地埋管换热器的场地。项目地处大熊猫栖息地世界自然遗产外围保护区，对空调系统的环境友好性有相当高的要求。根据以上几点，集中空调采用地埋管地源热泵系统，在本项目中具有适宜性、可行性，且具有满足环保要求的必要性。

3. 热回收的合理应用

排风热回收装置将排风中的热（冷）量传递给新风，可节省新风处理能耗；但由于需要排风、新风均通过换热器相应增加了风机输配能耗。为判定系统设置的合理性，在设计中针对本项目不同类型的房间进行了分析计算。

人员密度较大的房间采用空气-空气热回收装置，转轮选型时合理控制迎风面风速，达到高热回收效率，同时因转轮压降减小而减少了风机能耗的增量。根据主机节约能耗、风机耗能增量的数据，采用热回收后系统总能耗降低较为显著，可采用排风热回收。

疾病防控中心实验操作需要室内设排风的房间，出于安全的考虑，为避免实验室排风与新风的交叉污染，仅可能采用液体循环式热回收装置进行显热回收。计算分析表明：制冷工况风机、水泵增加的能耗大于主机节省的能耗，不适宜进行热回收；制热季每热回收机组节能量微小。热

回收装置投资回收期限长，故本类房间不采用排风热回收。

通过计算分析，为合理设置系统提供了数据支撑。在本项目中人员密度大的餐厅、大会议室设置排风热回收，保证了切实达到节能运行，而非盲目的技术堆砌。

4. 温度湿度独立控制系统的应用

按工艺要求，兽医院手术室的洁净度等级为《医院洁净手术部建筑技术规范》中的"Ⅲ级一般洁净手术室"，并需设置正负压切换；手术室的辅助用房采用Ⅲ级洁净辅助用房标准，空气洁净度级别为100000级。在系统设置上考虑温度、湿度分控的思路：室内输入的新风排除室内余湿，手术室和辅助用房各设置一套全空气系统处理室内显热负荷。手术部的独立空调新风系统采用一台热泵式溶液调湿新风机组将新风集中处理后送入手术部各区域。

系统设置具有以下优点：

（1）温度、湿度解耦处理避免了联合处理带来的损失，且有效保证了手术区的室内湿度；

（2）净化空调和维持正压两大功能分离，在手术部非工作期间可通过开启独立新风机组有效维持正压效果，缩短了手术室启用时的自净时间，还有助于减轻末级高效过滤器的压力；

（3）空气处理无潮湿表面，避免了湿工况潮湿表冷器的有害微生物滋生；负担显热冷负荷的高温冷源能效比，可大幅节能；

（4）避免了"冷热抵消"，节省的冷量占室内冷负荷的27%；节省电热加湿能耗。同时高温冷源的使用还节省了主机运行能耗。

5. 被动式节能

结合建筑设计中传统川西建筑设计元素，利用坡屋顶与通风百叶的结合、底层架空、通风天井以及大面积可开启外窗（77%可开启）的设计，改善各建筑的自然通风。所有建筑在风压的作用下，可保证主要功能房间的换气次数不低于$2h^{-1}$。

项目采用建筑挑檐和窗洞设计两种遮阳形式实现了外遮阳与建筑一体化设计。夏季建筑自遮阳的遮阳系数在0.5～0.8之间，能够阻止部分太阳辐射进入室内，起到一定遮阳作用；冬季太阳辐射以散射为主，遮阳设施对其影响不大，能够允许大部分太阳辐射热进入室内。

三、设计参数及空调冷热负荷

1. 室外气象参数（采用都江堰气象站提供的月值数据，经模拟计算得出）

地理北纬：30.81°，地理东经：103.558°；

常年大气压（帕）：94474Pa；

夏季空调室外计算干球温度：30.9℃，夏季空调室外计算湿球温度：26.67℃；

冬季空调室外计算温度：0.7℃，冬季空调室外计算相对湿度：82.1%；

夏季通风室外计算相对湿度：77.9%，冬季通风室外计算温度：4.8℃。

2. 空调室内设计参数（见表1）

空调室内设计参数　　　　　　　　　　　　　　　　　　　　　　表1

房间名称	室内温湿度参数				新风量 [m³/(h·人)]	室内噪声控制标准 [dB(A)]
	夏季		冬季			
	温度(℃)	相对湿度(%)	温度(℃)	相对湿度(%)		
办公室	25	55	20	自然湿度（不小于30%）	30	≤50
实验室	25	55	20	自然湿度（不小于30%）	40	≤50
小型会议室	25	60	20	自然湿度（不小于30%）	30	≤45
办公楼内150人会议室	25	60	20	自然湿度（不小于30%）	25	≤45
走道	26	60	20	自然湿度（不小于30%）	10	≤50
门厅	26	60	18	自然湿度（不小于30%）	10	≤50
游人中心：商店、主题展廊	25	65	20	自然湿度（不小于30%）	20	≤55
游人中心：餐厅	25	65	20	自然湿度（不小于30%）	25	≤50
兽医院手术室	25	35~60	22	35~60	多项要求中取最大值	≤50
职工餐厅	25	65	20	自然湿度（不小于30%）	20	≤50

3. 空调负荷

集中空调冷（热）源部分的空调冷负荷综合最大值为530kW，单位空调建筑面积冷指标为96W/m²；空调热负荷为393kW，单位空调建筑热指标为72W/m²。根据全年动态负荷计算，系统全年总释热量582MWh，总吸热量218MWh。餐厅及活动室子项的空调冷负荷为65.69kW，空调热负荷为45.05kW。

四、空调冷热源及设备选择

本项目具有小体量、低密度的建筑特点，具备利用浅层地能的条件。为达到合理利用可再生能源、节能减排的目的，本项目集中空调部分（不含兽医院的手术室区域）采用地埋管地源热泵系统。项目采用两台地源热泵冷热水机组（单台制冷量308kW，单台制热量308kW）。冷冻水供/回水温度为7℃/12℃，热水供/回水温为45℃/40℃。地埋管换热系统采用双U形并联竖直地埋管换热器，设于毗邻于动力中心的绿化地带上。地埋管换热系统设置两级集、分水器，动力中心的地源热泵主机房内设置地源侧一级集、分水器，室外共设四组二级集、分水器，以便根据负荷需求分区运行。共设209个竖直地埋管换热器。全年总释热量大于总吸热量，设置一台闭式冷却塔作为辅助排热措施，以避免热堆积。

兽医院内设有为大熊猫手术的手术室、手术室辅助用房以及解剖室，考虑到空调负荷特性及使用时段与其他区域不一致，并结合温度湿度控制系统高温冷源的设置需求，在兽医院室外就近设置风冷热泵机组作为手术部专用的独立空调冷热源，冷冻水供/回水温度为15℃/20℃，热水供/回水温度为45℃/40℃。

五、空调系统形式

1. 空调水系统

采用变流量一级泵闭式两管制系统，末端侧变流量、主机侧定流量。空调水质通过设于管道上的水过滤器及水处理器处理。集中空调大系统采用落地式膨胀水箱定压、补水，兽医院手术室系统采用高位膨胀水箱定压、补水。

2. 地源侧水系统

采用变流量一级泵闭式两管制系统，水泵可根据负荷需求变频运行。制冷工况下地埋管出水设计温度为29℃，系统制热工况下地埋管出水设计温度为 11℃。系统采用落地式膨胀水箱定压、补水，空调水质通过设于管道上的水过滤器及水处理器处理。

3. 空调系统

（1）办公室、实验室、小型会议室等需要独立调控的房间采用风机盘管加新风系统，便于各房间独立开启空调设备和调节室内热湿环境参数。

（2）科研教育中心的餐厅和办公楼内的大会议室采用定风量全空气系统；同时结合这两个房间人员密度大、空调新风需求量大的特点，设置排风系统，排风与新风进行能量交换后排出室外，达到提高室内空气品质和节能运行的双重效果。

（3）科研教育中心的主题展厅包括展厅、视听室两个区域，采用变风量全空气系统，各区域由变风量末端装置调节室内参数。

（4）兽医院手术室、手术辅助用房采用温度湿度独立控制的思路：手术室、手术辅助用房各设置一套全空气系统，手术部空调新风系统独立设置，采用一台热泵式溶液调湿新风机组集中处理新风。热泵式溶液调湿新风机组独立承担了对洁净空调系统湿度控制的任务以处理潜热，全空气循环机组处理显热负荷。为满足手术室的正负压切换，热泵式溶液调湿新风机组配备变频调节装置，在手术室正压工况新风机组降低频率运行并与全空气系统新风入口的定风量阀配合使用，保证在正压空调工况下的新风量；手术室切换成负压（直流）工况时新风机组工频运行，保证负压工况下的新风量。手术室、麻醉室均设置机械排风系统排除室内麻醉气体。

（5）行政办公楼内的网络中继机房、兽医院的核磁共振室设置独立的恒温恒湿空调设备。

（6）兽舍、职工周转宿舍采用房间分体式空调；职工餐厅和活动室、监护兽舍的治疗室采用多联空调（热泵）系统。

六、通风、防排烟及空调自控设计

1. 通风设计

（1）自然通风：坡屋顶与通风百叶相结合，吊顶上设置可启闭通风口，并设有大面积可开启外窗（可开启率达 77%），在过渡季节强化通风换气。

（2）监护兽舍设置机械送风系统和机械排风系统，保持室内负压。

（3）病理学实验室、病原诊断实验室等按工艺要求，按一级生物安全实验室标准进行设计，房间内设生物安全柜。

（4）手术室、麻醉室设置机械排风系统排除室内麻醉气体。解剖室设置机械排风系统和机械送风系统（空调季节为全直流空调新风系统），排风量大于送风量，保持室内负压。

（5）厨房烹饪区设置排油烟系统，将烹饪过程产生的油烟经净化处理后排至室外；设置全面排风系统保持负压。厨房的辅助房间采用机械排风，自然进风。

（6）卫生间设置机械排风。

2. 防排烟设计

优先利用建筑可开启外窗作为防排烟设施。无法利用外窗自然排烟的游人中心展厅设置机械排烟。

3. 空调自控设计

空调、通风系统采用全面的检测与监控，其自控系统作为控制子系统纳入楼宇控制系统。主要包括暖通设备的各项监测、启停机、负荷调节及工况转换、设备的自动保护、故障诊断等，具体控制要求如下：

（1）冷热源侧：对主机、水泵、冷却塔进行集中管理。包括设备联锁启停，根据冷量进行主机、水泵的台数控制。采用各种轮序，平均冷冻机的运转时间及磨损。冷热水机组可利用机组自带的自控系统，根据负荷需求进行能量调节。当室外湿球温度低于土壤换热器出水温度时，通过释热量/吸热量累计值优化控制，运行冷却塔，以避免土壤热堆积。地埋管换热器根据负荷、土壤温度分区运行，三个主要埋管区域各设 2 个监测孔，每孔纵向每相距 10m 埋设 1 个土壤温度传感器。

（2）新风系统机组、全空气系统机组回水管上设电动两通调节阀，送（回）风管内设温度传感器，两通阀的开启度由比例积分温控器根据送风温度变化自动调节。另外设置过滤器压差报警。

变风量全空气系统根据系统静压控制点处的静压变化调节空调送风机频率。单风道变风量末端装置的一次风阀根据控制区域与设定值的偏差调节，并设有最小风量限值。

全空气系统服务房间内设二氧化碳浓度监测

器，根据室内二氧化碳浓度调整全空气系统上新、回风阀，调节新风量，以达到保证室内空气质量和节能运行的双重要求。

（3）热泵式溶液调湿新风机组自带控制系统，可根据设定湿度、温度调节机组处理能力。

（4）风机盘管设风速三档开关，回水管上设双位电动两通阀，由室内温控器控制其开闭。

（5）排风热回收系统设有旁通管，根据新风焓值与室内焓值的差启闭管路上的电动阀，以避免过渡季无谓增加风机能耗，从而保证系统节能运行。

七、心得与体会

整个项目着重突出"因地制宜"的设计理念，各项绿色建筑技术有机集成，技术的应用上均进行适宜性和合理性分析与判断，而非技术的盲目堆砌。在运营过程中充分有效利用自然能源，降低能耗，达到节约能源、绿色环保的目的。

按业主回馈的统计数据，2013 年 12 月～2014 年 11 月全年综合总能耗为 36.6 万 kWh，单位建筑面积能耗为 48.8kWh/(m² · a)，单位建筑面积空调供暖能耗为 16.6kWh/(m² · a)，单位建筑面积照明能耗为 10.0kWh/(m² · a)，相对夏热冬冷地区办公建筑能耗指标平均水平，节能显著。

西宁海湖万达广场——12 号楼（五星级酒店）①

- 建设地点　　青海省西宁市
- 设计时间　　2013 年 6 月
- 竣工日期　　2015 年 6 月
- 设计单位　　甘肃省建筑设计研究院
- 主要设计人　赵立新　韩小平　毛明强　王永涛
- 本文执笔人　赵立新
- 获奖等级　　二等奖

作者简介：

赵立新，高级工程师，1990 年毕业于兰州铁道学院暖通空调专业；现工作于甘肃省建筑设计研究院；代表作品：甘肃省会展中心建筑项目群—五星级酒店、甘肃会展中心建筑群项目-大剧院兼会议中心、白银市体育中心、甘肃嘉峪关机场航站区扩建项目——新建航站楼工程等。

一、工程概况

本工程位于西宁市海湖新区。建筑功能：主楼地上 45 层，裙楼地上 4 层，地下 2 层，为超高层公共建筑，地下一、地下二层为酒店后场、后勤用房及设备用房；一层为酒店大堂、大堂吧、全日制餐厅，全日厨房及办公大堂、咖啡茶座；二层为中餐包房、中餐厨房、酒店办公及设备用房；三层为宴会厅、厨房及会议室；四层为游泳区、健身区、活动室；五～三十一层为甲级写字楼层，其中十五层为避难层（设备层）；三十二层为避难层（设备层）；三十三～四十三层为酒店标准客房层；四十四层为酒店行政楼层；四十五层为酒店标准客房及豪华套房层。

总建筑面积 99986.40m²，地上建筑面积 90204.4m²（其中：酒店建筑面积：35552.30m²；办公建筑面积：54652.10m²），地下建筑面积 9208.0m²。

建筑高度：189.84m；建筑类别为一类（民用公共建筑），建筑防火分类等级：一级。抗震设防烈度 7 度。本次设计仅包括五星级酒店的设计。

二、工程设计特点

（1）本工程空调水系统采用冷、热水四管制

系统，以满足空调同时供冷、供热的要求。冷热水采用一级泵变流量系统。根据最不利环路的压差 ΔP 进行调节水泵的转速和运行台数，在循环水泵最低转速时采用压差旁通控制。

建筑外观图

（2）在冬季、过渡季采用冷却塔作免费冷源，对酒店内区"免费"供冷，负荷按总冷负荷 20％计算，负荷侧供/回水温度为 10℃/15℃，根据室外温度及室内情况考虑运行策略。

（3）游泳池设计除湿热泵。泳池除湿热泵集除湿、水加热、空调于一体，通过回收室内泳池

---

① 编者注：该工程设计主要图纸参见随书光盘。

湿热空气中的能量，用于加热池水、空气同时达到除湿的目的。

（4）严寒地区防冻设计：所有新风机组、带新风工况的空调机组设置预热盘管；所有新风管、排风管与外墙百叶连接处均需设电动保温风阀；出入口通道处设置热风幕机。

（5）空气过滤措施：空调机组及风机盘管均需设置静电过滤器；空调机组、新风机组初中效过滤段为 G3 板式＋静电过滤器（F7）；服务后勤区的空调机组（PAU、AHU）过滤段为板式粗效过滤器（G4）＋中效过滤器（F7）的组合；防菌，在所有设置冷却盘管的空调箱内设置紫外线杀菌灯（UV-C）。

（6）空调水系统水力平衡措施：裙房及地下风机盘管、客房区风机盘管、空气处理机组分别设独立水环路；客房 FCU 水系统设计为竖向同程系统。FCU 采用双位电动两通阀；AHU、PAU 使用比例积分电动调节阀；空调冷热水集水器上的回水管上设置静态平衡阀。

（7）节能设计：客房区空调冷凝水回收利用，客房风机盘管冷凝水在转换层内汇集后经立管排至地下二层中水机房，作为中水水源；锅炉烟气余热回收，提高锅炉效率；锅炉蒸汽凝结水余热回收，预热生活热水补水；空调冷水系统耗电输冷比 ECR 值为 0.025924，小于设计判定值 $A(B+a\sum L)/\Delta T=0.027623$，满足节能设计要求。空调热水系统耗电输热比 EHR 值为 0.006770 小于设计判定值 $A(B+a\sum L)/\Delta T=0.007063$，满足节能设计要求。

（8）厨房油烟净化采用 UV-C 油烟净化器，油烟过滤效率不低于 95%（计重法）。UV-C 油烟净化器后排油烟风管的长度不得小于 20m，使油烟在排至室外前得到充分地处理。

（9）厨房设局部排油烟系统及全面排风系统，机械补风系统分别设置。厨房排油烟补风仅在冬季加热后，送风温度大于或等于 5℃，节约了能源。

三、设计参数及空调冷热负荷

1. 室外计算参数

夏季空调室外计算干球温度：26.5℃；
夏季空调室外计算湿球温度：16.6℃；
夏季空调室外计算日平均温度：20.8℃；
夏季通风室外计算温度：21.9℃；
冬季空调室外计算温度：−13.6℃；
冬季空调室外相对湿度：45%；
冬季通风室外计算温度：−7.4℃。

2. 室内设计参数（见表 1）

室内设计参数 表 1

房间名称	夏季		冬季	
	温度（℃）	相对湿度（%）	温度（℃）	相对湿度（%）
大堂	24	60	21	40
餐厅	24	50	21	30
会议室	23	50	21	40
宴会厅	23	50	21	40
客房	23	50	22	40
健身房	24	60	21	40
办公	24	60	21	40

酒店夏季空调计算冷负荷为 2700kW，冷负荷指标为 76W/m²；冬季空调计算热负荷为 4685kW，热负荷指标为 130W/m²

四、空调冷热源及设备选择

空调冷源采用设两台螺杆式冷水机组，机组蒸发侧工作压力 1.6MPa，冷凝侧工作压1.0MPa。冷冻水设计供/回水温度为 6℃/12℃。

冷水系统采用一级泵变流量，要求冷水机组蒸发器所能允许的最低流量为额定流量的 35%，允许的流量变化率为 30%/min。

冷却水设计供/回水温度为 35℃/30℃。冷却塔采用方形低噪声式冷却塔。

本项目冬季热源为城市集中供热管网，一次热媒为 130℃/70℃的热水。当供暖季市政热力故障时及过渡季采用酒店自建锅炉。酒店地下一层设三台 2.8MW 的燃气（油）承压热水锅炉，作为该项目空调系统、供暖系统、生活热水的热源，锅炉提供的一次热媒为 95～70℃热水。

当市政燃气故障时，锅炉改用柴油。柴油的储量需要满足 24h 的热负荷需求。

五、空调系统形式

1. 空调风系统

（1）大空间公共区域设计单风管定风量一次

回风式全空气低速空调系统，全空气系统使用"空调送风机（变频）＋变频排风机"的单风机空调机组。

（2）商务、会议区、康体中心区域以分散小房间为主，空调系统形式以风机盘管＋新风系统为主。

（3）客房区采用风机盘管＋新风系统。新风、排风竖向系统分高低区，三十三～四十层为低区，新风由设备层的新风机组提供；四十一～四十五层为高区，新风由屋顶层新风机组提供。排风经卫生间及排风竖井集中排放。

2. 空调水系统

（1）空调水系统采用冷、热水四管制系统，冷热水采用一级泵变流量系统。

（2）空调冷热水系统竖向分为低、高两个区域，其中裙房及地下室为低区系统，酒店客房层（三十三～四十五层）为高区水系统。

（3）空调冷水低区系统冷媒由设于制冷机房内的裙楼空调冷水换热器提供，空调冷水高区系统冷媒由设于三十二层避难层（设备层）的空调冷水换热机组提供。

（4）地下一层换热站内设置水-水热交换器，分别为裙楼空调热水换热器（60℃/45℃）、裙楼空调预热及供暖系统热水换热器（75℃/50℃）、主楼客房空调及供暖系统一次板式换热器（85℃/60℃）。

（5）三十二层避难层（设备层）内设水-水板式换热机组，分别为客房层空调热水换热机组（60℃/45℃）、空调预热及供暖系统共用热水换热机组（75℃/50℃）。

六、通风、防排烟及空调自控设计

1. 通风系统

1）地下锅炉房设机械通风和事故排风，事故排风量 $12h^{-1}$。

2）地下制冷机房设机械通风和事故排风，事故排风量 $12h^{-1}$。

3）地下变配电室、换热机房设机械通风。

4）厨房设局部排油烟系统及全面排风系统，机械补风系统分别设置。地下厨房及地上无外窗厨房设事故排风系统，由全面排风系统兼用，事故排风量 $12h^{-1}$。

2. 防排烟系统

（1）防烟系统

1）各防烟楼梯间及其前室、合用前室分别设置正压送风系统。楼梯间地上地下部分分别设置正压送风系统。

2）加压送风系统均考虑泄压措施。采用余压阀泄压。

（2）排烟系统

1）面积大于 $50m^2$ 的地下房间（设备用房除外）设机械排烟系统，机械补风。

2）地上面积超过 $100m^2$ 的地上房间设机械排烟系统，自然补风。

3）高度超过 12m 的中庭设机械排烟系统，自然补风。

4）无直接自然通风且长度超过 20m 的内走道和有直接自然通风、但长度超过 60m 的内走道均设置机械排烟系统，地下部分为机械补风，地上为自然补风。

3. 空调自控设计

（1）空调通风系统均采用楼宇自控系统，以获得有效的使用和节能效果

（2）系统采用一次泵变流量系统。通过分析和比较设置在最不利环路上的压差传感器所采集到的压差值与设定值的关系，来确定循环水泵的转速，而水泵转速的调节通过变频器实现。在冷水供回水总管上分别设温度传感器，并在回水总管上设流量传感器，以测定每一瞬间冷水的供回水温度及总水量。

（3）新风机组、组合式空气处理机组回水管上配比例积分电动调节阀，根据送风温度调节阀门开度，使送风温度保持在所要求的范围内。控制加湿器供水管上电动调节阀，使送风湿度达到设定值。

（4）全空气系统根据室外新风焓值及室内 CO_2 浓度设定值来控制新风量，过渡季节转换为直流系统。排风系统随新风量变化而联动变化。

（5）空调机组、新风机组、风机盘管上电动两通阀均与风机作联锁控制。同时冬季空调机组、新风机组停机时，电动两通阀应保留 5％ 开度，以防加热器冻裂。

（6）所有的风机盘管均设三速开关，室内设温控器，温控器优先控制三速开关调节风量，其次控制风机盘管回水管上的电动两通阀调节水量。

七、心得与体会

（1）该项目采用冷却塔"免费"供冷系统，节省了能源。

（2）全空气调节系统过渡季采用控制新风比的方式运行，充分利用了室外自然冷源，降低了能耗。

（3）空调水系统采用四管制，解决了过渡季和冬季酒店内区需要供冷，外区需要供热的问题。

（4）厨房设局部排油烟系统及全面排风系统，机械补风系统分别设置，节能效果非常明显。

（5）游泳池设计除湿热泵。泳池除湿热泵通过回收室内泳池湿热空气中的能量，用于加热池水、空气，同时达到除湿的目的，能耗明显低于较传统通风除湿系统。

新疆阿克苏地区第一人民医院门诊综合楼①

- 建设地点　　新疆阿克苏市
- 设计时间　　2010 年 05 月～2010 年 08 月
- 竣工日期　　2013 年 07 月
- 设计单位　　乌鲁木齐建筑设计研究院有限责任公司
- 主要设计人　祝大顺　曹远江　康　梅　王旭龙
- 本文执笔人　祝大顺
- 获奖等级　　二等奖

作者简介：

　祝大顺，2001 年 6 月毕业于中原工学院；工作单位：乌鲁木齐建筑设计研究院有限责任公司，代表作品：新疆维吾尔自治区人民医院暖通设计、和田地区人民医院暖通设计、新疆师范大学新校区暖通规划设计等。

一、工程概况

阿克苏地区第一人民医院门诊综合楼总建筑面积为 42853m²，建筑总高度 71.1m，本项目冬季供暖建筑面积为 42853m²，供暖总热负荷为 1286kW；冬季新风热负荷：380kW；夏季空调建筑面积为 39198m²，空调总冷负荷为 2198kW。

二、工程设计特点

1. 工程设计特点

空调系统设计如下：利用地下水及干空气能作为夏季制冷的能源，选用设备为换热机组、水源热泵机组和蒸发冷却新风机组，同时水源热泵机组冬季为风机盘管提供热水，医院内原有的高温热水作为冬季新风加热的热源。整个空调系统的运行过程分为 6 种工况，具体流程如图 1 所示。

2. 节能创新点

（1）能源的选择节能、环保、健康、绿色：本项目将地下水自然冷源、水源热泵与蒸发制冷系统有机地结合起来，充分利用了阿克苏地区巨大的干空气能和阿克苏地区丰富的地下水资源，相互弥补各自的不足，系统运行稳定，能够常年

为建筑物提供供热，空调及生活用热水，有效地实现项目的节能、环保、健康及绿色。

（2）温湿度独立控制，风机盘管干工况运行：风机盘管系统采用地下水换热后直接供冷，而不是使用冷水机组提供的冷冻水，既可实现节能，又能够保证风机盘管干工况运行，风机盘管只承担室内部分显热负荷，新风系统承担室内全部湿负荷及显热负荷。

（3）增设中间表冷段，保证极端天气除湿能力：间接蒸发冷却段和直接蒸发冷却段之间增加了一个表冷段，表冷段既可由地下水经换热后直接供给，也可由水源热泵机组提供低温冷冻水，在尽量少开启冷水机组的情况下，以保证新风系统有足够的除湿能力和承担部分显热负荷的能力，从而满足室内舒适性要求。同时，由于间接蒸发冷却段的预冷作用，减少了表冷器承担的冷量，从而水源热泵机组的能耗。

三、设计参数及空调冷热负荷

1. 室外设计气象参数（见表 1）

2. 室内设计参数（见表 2）

3. 冷热负荷

本项目冬季供暖建筑面积为 42853m²，供暖总热负荷为 1286kW；冬季新风热负荷 380kW；夏季空调建筑面积为 39198m²，空调总冷负荷为 2198kW。

---

① 编者注：该工程设计主要图纸参见随书光盘。

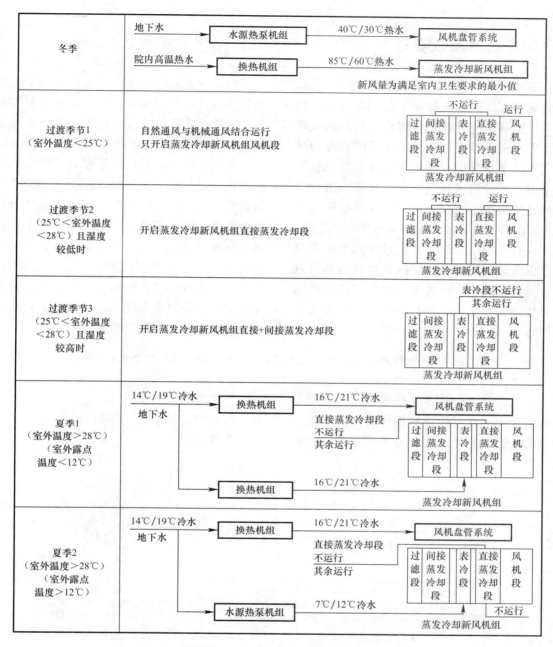

图 1　空调系统工作原理图

室外设计气象参数　　　　　　　　　　　　　　　　　　　　　　表 1

冬季供暖室外计算温度	−12.3℃	冬季通风室外计算温度	−13.2℃
冬季空调室外计算温度	−15.7℃	冬季空调室外计算相对湿度	78%
冬季室外平均风速	1.5m/s	冬季室外大气压力	90123Pa
夏季空调室外计算干球温度	32.6℃	夏季空调室外计算湿球温度	21.6℃
夏季室外大气压力	88263Pa	最大冻土深度	80cm

室内设计参数　　　　　　　　　　　　　　　　　　　　　　　　表 2

房间名称（%）	夏季		冬季		新风量［m³/(h·人)］	
	温度（℃）	相对湿度（%）	温度（℃）	相对湿度（%）	夏季	冬季
病房	27	60	22	≥30	100	50
诊室、候诊、药房、大厅、办公室等	27	60	20	≥30	100	30

四、空调冷热源及设备选择

阿克苏地区冬季寒冷，夏季炎热，气候干燥，地下水资源丰富，地下水温常年在14℃左右。因此，本项目空调系统设计结合阿克苏地区的气候特点及地下水资源特点，充分利用了阿克苏地区夏季空气中的干空气能，采用蒸发冷却新风机组承担了室内全年的通风换气以及室内夏季潜热负荷及部分显热负荷。充分利用了阿克苏地区地下水资源丰富的特点，利用水源热泵机组冬季供热，夏季为新风机组提供冷源；并在过渡季节不开启水源热泵机组，利用地下水经换热机组换热后直接供冷，充分利用了自然冷源，减少了热泵机组的运行时数，具有节能、环保等优点，具有明显的绿色概念。

五、空调系统形式

（1）空调系统形式：空调系统为干工况风机盘管+蒸发冷却新风系统，可实现温湿度独立控制，风机盘管系统冷水由地下水经换热机组换热后直接供冷，全年为干工况运行，承担室内约50%显热冷负荷，新风经处理后承担室内的潜热冷负荷（湿负荷）及剩余的50%显热冷负荷。风机盘管系统不产生冷凝水，避免盘管及凝结水盘滋生细菌，减少了病毒二次传播的环节，且室内提供的新风量大，室内空气品质好，有益于病人的康复，系统设计健康卫生。

（2）运行模式：空调系统的运行过程分为多个工况，能源利用采用的是自然冷源优先，机械冷源优化的方式，利用的先后顺序是：

自然通风 —→ 机械通风 —→ 蒸发冷却 —→ 蒸发冷却+地下水换热供冷

蒸发冷却+地下水换热供冷+水源热泵机组 ◄——

根据能耗大小将系统运行设计为多种运行方式，能量消耗越低越优先运行，当该方式不能满足室内温湿度要求时，切换为下一种方式，具体运行方式见图2。

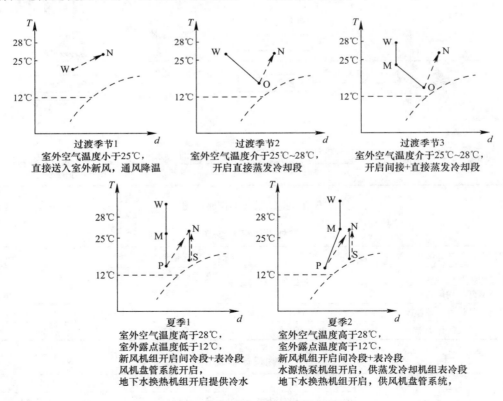

过渡季节1
室外空气温度小于25℃，
直接送入室外新风，通风降温

过渡季节2
室外空气温度介于25℃~28℃，
开启直接蒸发冷却段

过渡季节3
室外空气温度介于25℃~28℃，
开启间接+直接蒸发冷却段

夏季1
室外空气温度高于28℃，
室外露点温度低于12℃，
新风机组开启间冷段+表冷段
风机盘管系统开启，
地下水换热机组开启提供冷水

夏季2
室外空气温度高于28℃，
室外露点温度高于12℃，
新风机组开启间冷段+表冷段
水源热泵机组开启，供蒸发冷却机组表冷段
地下水换热机组开启，供风机盘管系统，

图2 空调系统空气处理原理图

注：W——室外空气状态点；N——室内空气状态点；M——间接蒸发冷却出风状态点；P——表冷段出风状态点；
O——直接蒸发冷却段出风状态点；S——风机盘管出风状态点

（3）逆流盘管：风机盘管系统夏季由换热机组提供 16℃/21℃ 冷水，实现干工况运行，为了提高换热效率，风机盘管采用逆流式排管，盘管进风侧空气温度为 27℃，出水温度为 20℃，盘管出风侧空气温度为 20℃，进水温度为 16℃。有效提高了盘管的换热效率，同时降低了盘管的出风温度，提高了处理能力。同时有利于提高盘管冬季的进出水温差（供水：40℃，回水：30℃），实现冬季空调系统小流量运行，节能电耗。

（4）蒸发冷却新风机组：该项目采用的蒸发冷却新风机组没有采用标准机组，而是做了较大的改动，首先在间接蒸发冷却段和直接蒸发冷却段之间增加了一个表冷段，主要原因和目的如下：根据 ASHRAE 气象资料，阿克苏地区蒸发冷却空调设计室外气象参数为（5% 概率时）：湿球温度为 21.6℃ 时，干球温度为 30.6℃，在该工况下，仅依靠蒸发冷却技术，新风系统不能完全承担室内的潜热负荷，这时需要启用水源热泵机组提供的冷冻水对室外空气进行冷冻除湿，降低新风湿度，以便实现新风的除湿功能。蒸发冷却机组的运行模式有以下几种：1）过渡季节 1，只开启新风机组送风机，将室外空气过滤后送至室内；2）过渡季节 2 和 3，开启蒸发冷却机组直接蒸发冷却段（或者间接蒸发冷却段＋直接蒸发冷却段）与送风机；3）夏季 1，开启蒸发冷却机组所有功能段（表冷段由换热机组提供冷水）；4）夏季 2，开启蒸发冷却机组间接蒸发冷却段和表冷段（表冷段由水源热泵机组提供冷冻水，间接蒸发冷却段作为预冷空气使用），提高除湿能力，并且关闭直接蒸发冷却段；5）冬季，机组送风机采用变频风机，冬季由于室外空气温度较低，新风机组切换为最小新风量以满足室内卫生要求。

六、通风、防排烟及空调自控设计

1. 通风设计

（1）各层公共卫生间和病房卫生间均设置机械排风系统。

（2）设备机房、配电室及地下室库房单独设置送排风系统。

（3）核磁机房等带有射线的房间单独设置一套送排风系统。

2. 防排烟设计

（1）防烟楼梯及消防电梯合用前室有均设置机械防烟措施。正压送风机设置于屋面，通过竖向风道送至楼梯间或各层合用前室。

（2）各层内走道不满足自然排烟的条件，均设置机械排烟系统及排烟补风系统。

（3）地下室设备机房、配电室以及部分库房不满足自然排烟的条件，均设置机械排烟系统及排烟补风系统。

3. 防排烟自控

本楼加压送风口设置手动开启和自动开启装置，并与加压风机的启动装置联锁。排烟风机由排烟口控制开启，并应联锁正压送风机开启，排烟风机入口处，设置当烟气温度超过 280℃ 自动关闭的防火阀连锁排烟风机关闭。排烟口设置手动开启和自动开启装置，排烟口与排烟风机联锁，当任一排烟口开启时，排烟风机入口总管上设置当烟气温度超过 280℃ 时能自动关闭的防火阀，并与排烟风机联锁。

4. 通风、空调自控

（1）本工程采用直接数字式监控系统（DDC 系统）：它由中央电脑及终端设备加上若干个制盘组成。在控制中心能显示打印空调、通风、制冷等各系统设备的运行状态及主要运行参数，且能将给排水和电气设备等一并控制。具体控制内容为：制冷及供热系统采用循环泵变频变流量控制。空调机组和新风机组冷水回水管上设动态平衡电动两通调节阀，通过调节表冷器的过水量以控制室温或新风机组送风温度。风机盘管设三速开关，且由室温控制器控制回水管上的两通阀开度，以调节进入风机盘管水量。空调机组、冷水机组、风机盘管上两通水阀均与风机做联锁控制。同时冬季空调机组、新风机组停机时，两通水阀应保留 5% 开度，以防加热器冻裂。

（2）多种运行模式，自然冷源优先，机械冷源优化：新风机组的运行根据室外空气温度及湿度的变化，采用多种运行模式，能量消耗越低越优先运行，最大限度实现运行节能。

（3）冬季节能措施：冬季新风机组切换为最小新风量运行，既可实现节能，又能有效避免冬季室外温度过低，机组冻结的问题；冬季换热机组设置气候补偿装置，控制循环水泵的转速及一次高温热水电动调节阀的开度。

（4）变频控制：循环水泵、新风机组及排风机组均采用变频控制，进一步实现调控的节能。

七、心得与体会

（1）实际运行数据：根据建设单位提供的数据，2014 年制冷季和 2014～2015 年度供暖季耗电量、天然气耗量以及运行费用见表 3。

从上述统计数据可以看到，该项目夏季采用蒸发制冷＋地下水供冷为主，水源热泵作为补充

耗气量及运行费用统计 表 3

年度	耗电量（kWh）	耗天然气量（Nm³）	电费（万元）	燃气费用（万元）	合计（万元）
2014 年制冷季	256000		14.08		14.08
2014～2015 年供暖季	740000	91240	40.7	12.5	53.2

手段，空调耗电量较低，大概为传统空调方式的 40％～50％，整个空调系统全年运行费用较低，符合国家节能政策。

（2）运行测试记录表。2013 年 11 月空调系统正式投入使用，在投入使用后，建设单位会同安装企业，于 2014 年 4～9 月以及 2014 年冬季对该项目空调系统进行了实际运行测试，分别选择夏季几个典型的时间段对部分典型房间进行测试，实测数据整理如表 4 所示。

运行数据统计表 表 4

	测试时间	4.19	5.10	6.15	7.12	8.16	9.3	9.26	1.15
室外气象参数	干球温度（℃）	22.5	27.4	29.4	33.2	31.6	28.9	27.8	−11.2
	湿球温度（℃）	12.1	15.2	18.2	21.1	20.4	17.2	13.6	
	运行模式	过渡季 1	过渡季 3	夏季 1	夏季 2	夏季 2	夏季 1	过渡季 2	冬季
室室内参数	一层办公 室内温度（℃）	25.2	25.5	26.5	26.9	26.2	25.6	26.2	20.2
	室内相对湿度（%）	36	53	55	54	52	52	54	37
	二层门诊 室内温度（℃）	24.6	25.6	26.8	27.1	26.4	25.8	26.1	20.1
	室内相对湿度（%）	40	56	57	56	53	53	56	35
	七层病房 室内温度（℃）	24.5	25.9	26.2	26.6	25.9	25.3	25.6	21.6
	室内相对湿度（%）	35	52	55	53	51	51	55	34

注：各时间段的测试数据均满足设计要求。

（3）本项目将地下水、水源热泵与蒸发制冷系统有机地结合起来，充分利用了阿克苏地区的干空气能和地下水资源，系统运行稳定，有效地实现项目的节能、环保、健康及绿色。温湿度独立控制，风机盘管干工况运行，自然冷源优先，机械冷源优化：机组的运行根据室外空气温度及湿度的变化，采用多种运行模式，能量消耗越低越优先运行。从冷源的选择、系统的设计、运行的管理上均充分实现了节能的目的，且满足了各个阶段的空调需求，该方式在新疆乃至西北地区具有较好的推广价值。

重庆轨道交通六号线会展中心支线（礼嘉至会展中心段）工程[①]

- 建设地点　　重庆市
- 设计时间　　2010 年 3 月～2012 年 3 月
- 竣工日期　　2013 年 5 月
- 设计单位　　北京城建设计发展集团股份有限公司
- 主要设计人　吴　益　龚　平　郭爱东　祝　岚
　　　　　　　赵礼正　王奕然　王怀良
- 本文执笔人　吴　益
- 获奖等级　　三等奖

作者简介：
　　吴益，高级工程师；1999 年毕业于中南工业大学暖通专业；工作单位：北京城建设计发展集团股份有限公司；代表作品：重庆地铁一号线七星岗站及烈士墓站、重庆轨道交通六号线会展中心支线以及重庆轨道交通十号线一期工程等。

一、工程概况

重庆轨道交通六号线会展中心支线（礼嘉至会展中心段）工程连接礼嘉、黄茅坪、悦来、会展中心等功能区。起自礼嘉站，终点为会展中心北站，预留远期向北延伸条件。线路全长 12.055km，其中地下段长度为 11.883km，高架线长度为 172m。本工程共设车站 5 座，全部为地下岛式车站，分别是：平场站、黄茅坪站、高义口站、会展中心站、会展中心北站。会展中心站或会展中心北站与规划的地铁四号线换乘。本工程在高义口车站附近设主变电所一座。本工程与六号线共享车辆段和控制中心。

二、工程设计特点

重庆六号线会展中心支线通风空调系统设计，在满足系统功能的同时，具有（土建）投资节约、节能环保以及贴近运营实际需求等特点。全线车站结合工程实际，采用单、双活塞风道相结合的隧道通风方案；根据车辆特点，取消站台板下排热风道，并较小相应设备容量；位于核心区、景观带的车站空调冷源采用蒸发冷凝机组与系统。

三、设计参数及空调冷热负荷

1. 室外通风空调计算参数

公共区夏季空调室外计算干球温度：33.8℃；公共区夏季空调室外计算湿球温度：31.5℃。

公共区及区间隧道夏季通风室外计算干球温度：28.6℃；公共区及区间隧道冬季通风室外计算干球温度：7℃。

2. 室内通风空调计算参数

站台公共区夏季空调计算干球温度 29.0℃，站厅公共区夏季空调计算干球温度 30.0℃。

站厅、站台公共区夏季空调计算相对湿度 65%。

区间通风设计计算参数：隧道内正常运行时，日最高平均温度≤40℃；区间阻塞时，列车顶部最不利点温度≤45℃。

3. 公共区空调计算负荷（见表 1）

公共区空调计算负荷　　　表 1

车站名	空调计算总冷量（kW）	空调计算总风量（m³/h）	空调计算新风量（m³/h）
平场站	656	99132	9913
黄茅坪站	633	98553	9855
高义口站	607	91575	9157
会展中心站	1005	152448	15245
会展中心北站	678	102508	10251

---

① 编者注：该工程设计主要图纸参见随书光盘。

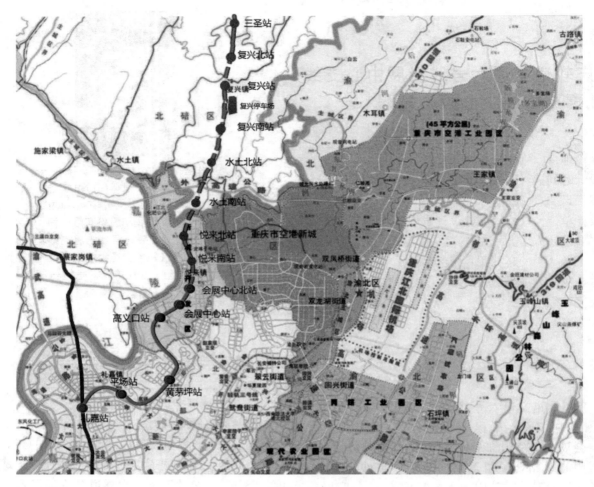

地铁走向图

四、空调冷热源及设备选择

根据冷负荷计算情况，本工程平场站、高义口站及会展中心北站空调冷源，每站各选用两台螺杆式冷水机组，互为备用；根据本工程整体规划、景观及节能环保的需要，黄茅坪站、会展中心站空调冷源，每站各选用两台螺杆式蒸发冷凝冷水机组。

五、通风空调系统形式

公共区空调，风系统采用双风机一次回风集中空调系统；冷冻水系统采用一次泵定流量系统。

六、通风、防排烟及空调自控设计

1. 通风、防排烟设计

区间隧道采用纵向通风及排烟的系统形式，由设置在车站两端的隧道通风机及区间射流风机承担。

车站轨行区采用半横向通风及排烟的系统形式，由设置在车站内的排热风机负担。

公共区、设备管理用房过渡季节通风排烟系统由空调系统兼用，防烟楼梯间及其前室采用加压送风方式。

2. 自控设计

隧道通风系统由全线的中央控制、车站控制、环控电控室控制和就地控制组成，就地控制具有优先权；车站公共区、设备管理用房通风空调系统由车站控制、环控电控室控制和就地控制组成。

通风空调系统根据负荷的变化与室外温湿度环境的变化，在小新风空调工况、全新风空调工况、通风工况三种运行模式间自由自动转换。发生火灾时，通风空调系统根据FAS报警部位自动转换到相应的排烟模式。

公共区空调系统送、回（排）风机采用变频风量调节，冷冻水系统采用水泵定流量末端变流量的调节方式，冷冻机房系统及设备采用群控。

七、心得与体会

结合工程的实际特点，区间隧道通风采用了单、双活塞相结合的隧道通风方案，以及取消站台板下排热风道的排热通风方案，有效降低了工程投资和运行能耗。采用的蒸发冷凝冷水机组的空调水系统及冷源的方案，即使在地下安装也可以满足地铁工程的运营需要，达到了满足规划及节能环保的要求。在实际工程中为解决蒸发冷凝冷水机组在地下空间冷凝器侧排热的需要，针对具体情况进行了针对性的进风及排风设计，实际运行中状况良好。

嘉铭中心酒店①

- 建设地点　　　北京市
- 设计时间　　　2009 年 3 月～2010 年 1 月
- 竣工日期　　　2012 年 8 月
- 设计单位　　　北京市建筑设计研究院有限公司
- 主要设计人　　段　钧
- 本文执笔人　　段　钧
- 获奖等级　　　三等奖

作者简介：
　　段钧，高级工程师，1993 年毕业于北京工业大学供热通风与空调专业，现就职于北京市建筑设计研究院有限公司；代表作品：北京 LG 大厦、联想园区 C 座、海南博鳌金海岸大酒店、北京华尔道夫酒店等。

一、工程概况

　　本项目坐落于北京东三环中路，定位于高级城市商务酒店，总用地面积 2.3709hm²，总建筑面积 55237m²，其中地上面积 35000m²，地下面积 20237m²，建筑高度 99m，地上 25 层，地下 4 层。由酒店主楼客房区、裙房接待、商务、餐饮、

建筑外观图

会议、厨房、地下一层休闲娱乐、游泳池、健身房、KTV、地下二层后勤办公用房、机电用房及地下三、地下四层车库等组成。

二、工程设计特点

　　此项目定位为白金五星级酒店，因此在空调系统设计上多了一些复杂性，特别是需要满足酒店管理公司的特殊需求等。针对高档酒店项目，空调系统的管线复杂是其最大的特点，在系统设计上尽量减少过多的管道交叉，在管道的敷设上需要更多地结合各专业做好管道综合，合理的走向以满足内部空间的装修高度要求。另外，本工程设计了诸多节能措施也是一大亮点，比如：冬季免费冷、过渡季全新风运行、增大供回水温差、冷机变频、空调机组变风量、CO 传感器等。

三、设计参数及空调冷热负荷

1. 室外计算参数

冬季室外供暖计算温度：　　　　　　　　 −9℃；
冬季室外通风计算温度：　　　　　　　　 −5℃；
夏季室外通风计算温度：　　　　　　　　 30℃；
冬季室外空调计算温度：　　　　　　　　 −12℃；
冬季室外空调计算相对湿度：　　　　　　 45%；
夏季室外空调计算干球温度：　　　　　　 33.2℃；

① 编者注：该工程设计主要图纸参见随书光盘。

夏季室外空调计算湿球温度：　26.4℃

本工程空调总冷负荷：4670kW；空调总热负荷：3900kW。

2. 室内设计参数（见表1）

室内设计参数　　　　　　表1

房间名称	夏季		冬季		新风量[m³/(h·p)]	排风量或新风小时换气次数
	温度(℃)	相对湿度(%)	温度(℃)	相对湿度(%)		
客房	25	60	22	≥40	60	—
餐厅	25	60	20	≥40	30	—
职工餐厅	25	60	20	—	25	—
会议室	25	60	20	≥40	35	—
大厅、堂	25	60	18	≥40	30	—
KTV、娱乐	25	60	20	≥40	30	—
宴会厅	25	60	20	≥40	30	—
公共卫生间	25	—	20	—	—	10～12h⁻¹
职工淋浴	26	—	22	—	—	8～10h⁻¹
游泳池	28	≤70	26	≤70	—	按散湿量计

四、空调冷热源及设备选择

由于酒店管理集团要求冷机备用，酒店冷水机房设置3台1935kW离心式冷水机组，以保证两台机组运行时满足酒店正常运营。冷水机组冷水/供回水温度为6℃/12℃，冷却水/供回水温度为32℃/37℃，冷媒采用满足国家环保要求的冷媒，如R134a，冷水机组性能参数应达到或超过节能规范的要求。为节省空调运行费用、降低冷机启动电流，选用变频冷水机组。

酒店冬季供暖热源由市政热网提供，在地下二层设置换热站，市政一次热水（110℃/90℃）通过板式热交换机组为本楼空调系统提供二次热水（60℃/50℃）。另外，酒店游泳池及大堂等区域地板辅助供暖系统由单独板式热交换机组提供地板一次供暖热水（60℃/40℃），经末端混水器提供（50℃/40℃）地板供暖热水。

五、空调系统形式

酒店大堂入口、餐厅及宴会厅采用定风量全空气空调系统，并考虑过渡季全新风运行。酒店客房采用风机盘管加新风热回收系统，小会议室及SPA区均采用风机盘管加新风系统。泳池采用定风量空调机组与除湿机组形式。办公区后勤及零售区采用风机盘管加新风系统。

六、通风、防排烟及空调自控设计

厨房、变配电室、汽车库、机电用房等处均设置排风系统，排风机采用双速风机。厨房排油烟机的进风管道上设置油烟净化器以保证排风达到排放要求。客房卫生间均设排风扇，通过垂直排风管经热回收新风机组排至避难层外侧百叶风口。公共卫生间、会议室、健身娱乐、KTV、游泳池、写字楼区及局部吸烟区均设置机械排风系统。

除满足可开启外窗自然排烟的区域外，其他区域均设置机械排烟系统，地下设置机械补风系统。楼梯间设置加压送风系统。

对于冷热源的控制、末端的控制以及防排烟系统控制均提出了详细的控制要求。

七、心得与体会

此类酒店型体比较复杂，建筑形态及内部功能较多，因此后期精装修配合工作量非常大，精装风口采用的形式经常会不利于空调气流组织，因此需要与精装设计单位密切沟通，否则室内空调效果差。另外，从施工管理角度看，空调设备实际性能与招标文件有偏差，如冷机在设计工况时实际压降大于设计要求。水泵后期运行时发现满足设计流量的情况下，扬程偏小。诸如此类问题，业主方及施工方应在项目中后期紧密协调好设计与施工的关系，并且为了实现一个好项目必须对所设计的产品把好关。

克拉玛依石化工业园生产指挥中心①

- 建设地点　　　克拉玛依市
- 设计时间　　　2007 年 3 月～2008 年 9 月
- 竣工日期　　　2012 年 1 月
- 设计单位　　　清华大学建筑设计研究院有限公司
- 主要设计人　　贾昭凯　于丽华
- 本文执笔人　　贾昭凯
- 获奖等级　　　三等奖

作者简介：

贾昭凯，教授高级工程师，1983 年毕业于河北建筑工程学院暖通空调专业；工作单位：清华大学建筑设计研究院。代表作品：北京奥运会射击馆资格赛馆、中国第一历史档案馆迁建工程、国家会展中心（上海）B 区、石家庄国际展览中心、北京清华长庚医院、中国黄金集团综合业务楼、北京 9107 工程（某代号研究院）等。

一、工程概况

　　本工程位于新疆克拉玛依市金龙镇石油化工工业园区内，总用地 52 公顷。地块与 217 国道连接紧密，西南侧为西五街，东南为北六路，西北为北七路，东北为西三街。

　　工程为克拉玛依石化公司的自用办公楼，分成主楼和辅楼两部分。主楼以办公和会议为主，地上 12 层，地下 1 层。辅楼包括会议厅、展厅、餐饮和体育活动设施，地上 2 层。总建筑面积 36513mm²。2012 年 1 月 13 日竣工交付使用。主楼为一类高层建筑。

建筑外观图

二、工程设计特点

　　设计充分考虑当地气候特征，创造了绿色的、多层次的空间环境。通过一系列不同高度和尺度的绿色庭院和空中花园，为使用者营造了良好的办公空间的氛围。在植被稀少的克拉玛依，创造建筑内部的绿化庭院更具多方面的积极意义。首先是高 12 层的绿色共享中庭，其次是每两层一个的生态舱（见图 1），另外，在十一层和十二层办公空间的中部有空中植物温室，为工作环境增添了生机勃勃的气氛。同时，这些空间积极的帮助建筑实现了自然通风和采光。在外部环境上，利用湿地、水面、树林等创造绿色的景观环境。

图 1　生态舱

　　暖通空调专业设计中充分考虑到工程所在地域自然环境、当地及园区能源现状、当地气候条件、国家及当地节能政策、建筑空间布局特点等

---

① 编者注：该工程设计主要图纸参见随书光盘。

因素，主要节能创新点如下：

（1）空调冷源充分利用园区发电厂余热（乏蒸汽）

设蒸汽型吸收式制冷机制冷水供夏季空调，充分利用园区发电厂余热。

（2）空调冷源节能、环保、运行费低

充分利用园区发电厂余热制冷水供夏季空调，节约了能源、节省了运行费。由于吸收式制冷机制冷剂为水，与普通制冷剂（如氟利昂及其替代品）相比对大气臭氧层无任何破坏作用，是最理想的环保冷媒。

（3）较好地解决了严寒地区高大空间冬季供暖难题

与主楼同高的中庭高49m且有天窗，冬季采用散热器很难使中庭地面达到供暖要求，设计中采用设低温热水地面辐射供暖结合中庭周边首层顶板下侧送热风，运行几年效果较好，中庭首层、中庭退台层地面的花草生长茂盛。

主楼两端各有一个（占两层高）生态舱，层高高、玻璃面积大，设计中采用低温热水地面辐射供暖结合窗下立式风机盘管上送风，生态舱盆花生长茂盛。

（4）较好地解决了严寒地区有天窗的中庭顶部冬季供暖期过热问题

冬季由于全楼供暖形成的温度梯度明显再加上天窗产生热量，顶部容易过热，设独立制冷会造成冷热抵消浪费能源，本工程设一套空气热泵系统（仅冬季使用），室内机设于中庭顶部，室外机设于地下大型库房，中庭顶部余热转移到地下大型库房（严寒地区地下一层有热负荷），地下大库房温度过高时运行通风系统。过渡季可用顶部排风解决；夏季空调负荷加大消除预热。

（5）新风系统节能设计

工程地处严寒地区，冬季热回收节能明显，新、排风之间设热回收，将排风余热加热新风。

三、设计参数及空调冷热负荷

1. 室外空气计算参数

夏季：空调计算干球温度：34.9℃，空调计算湿球温度：19.1℃，空调计算日平均温度：32.0℃，通风计算温度：30℃，大气压力：958.9hPa（mbar），主导风向：NW，风速：5.1m/s。

冬季：空调计算干球温度：－28℃，空调计算相对湿度：77%，通风计算温度：－17℃，供暖计算干球温度：－24℃，大气压力：980.6hPa（mbar），主导风向：NW。

2. 室内设计参数

夏季：干球温度26℃，相对湿度60%，冬季：干球温度20℃，相对湿度：30%新风量：30m³/（h·p），噪声：≤39dB（A）。

3. 空调冷负荷

A区1655kW、B区67kW、C区448kW、合计2170kW。空调热负荷：A区1561kW、B区111kW、C区474kW、合计2146kW。

四、空调冷热源及设备选择

空调冷源为蒸汽（1.0MPa饱和蒸汽，由附近热电厂提供）型吸收式制冷机。空调热源为蒸汽/热水换热器（1.0MPa饱和蒸汽，由附近的热电厂提供）。冷热源配套的制冷机、换热器、水泵、水箱等除冷却塔以外的设备均设于地下一层制冷换热机房。横流式冷却塔设于食堂屋顶制冷选用2台1500kW蒸汽型双效吸收式制冷机。冷水温度7℃/12℃。冷却水温度30℃/35℃。冷冻水泵设2台，流量与制冷机相对应。冷却水泵设2台，流量与制冷机相对应。冷却塔设2台，冷却水量与制冷机相对应。制热选用3台蒸汽/热水板片间焊接板式换热器。热水温度60℃/50℃。热水泵设2台，一用一备，其中一台变频控制。冷热水系统水处理、补水、定压：冷热水水处理采用全自动软水器、补水采用2台补水泵，一用一备，定压采用闭式膨胀罐（屋顶无面积设膨胀水箱间）。凝水回收：凝水回收装置采用成套设备。凝水箱为密闭式、凝水泵采用一用一备共2台，凝水回收至热电厂。冷却水水处理：除垢、除藻采用加药装置。采用两管制、变流量系统。

五、空调系统形式

A区办公为风机盘管加新风系统。新、排风设热回收，新风另设夏季冷却、冬季加热后送入房间。B区报告厅采用全空气系统。空调机设预热段。C区展厅、食堂、健身用房、篮球馆（篮球馆空间大、人不多，全空气系统运行费高）等均为风机盘管加新风系统。新、排风设热回收，新风不另设夏季冷却、冬季加热。A 区中庭高49m 且顶部有天窗，为解决夏季中庭和走廊上部几层过热、冬季中庭和走廊下部几层过冷现象，走廊设有风机盘管。为解决冬季中庭和走廊上部几层过热，设一套多联分体空调系统（仅冬季使用），室内机设于中庭顶部，室外机设于地下大库房，中庭顶部余热转移到地下大库房（余热回收），地下大库房温度过高时运行通风系统。地下室网络机房、各层网络间设多联分体空调系统。消防值班室、电梯机房设分体空调。

六、通风、防排烟及空调自控设计

1. 通风

办公、会议、健身等房间通风见空调部分。卫生间、库房、制冷机房、水泵房、变配电室、网络机房均设机械通风。中庭顶部设机械排风。厨房设新风机送热（冬季）风、机械排风。

2. 防排烟

防烟楼梯间设机械防烟送风（前室不送风），每部防烟楼梯间地上、地下上下对应的两部防烟楼梯间合用风道、送风机，风量相加，送风机在屋顶。长度超过 20m 的内走道，面积超过 100m² 经常有人停留或可燃物较多的房间，经常有人停留或可燃物较多的地下室，中庭。

七、心得与体会

通过几年运行，效果较好，对严寒地区高大中庭、玻璃天窗、厂区废热利用、热回收等方面提供了成功参考实例。

对严寒地区高大中庭温度梯度形成的上热下冷非常明显，设计中应引起高度注意，本工程中庭地面设地板供暖、利用多联分体空调系统将中庭顶部余热转移到下部（室外机设于下部）值得参考。本工程在严寒时段中庭地面温度还不是特别理想，一般 16～17℃，建议中庭地面设地板供暖面积尽量大、加热管加密、水温提高；中庭首层空调加大送风量、利用多联分体空调系统将中庭顶部余热转移到中庭地面或利用通风将中庭顶部余热直接送至首层。

玻璃幕墙形成两层通高休息厅将落地风机盘管设于地面外墙侧也值得参考。

清华大学新建医院一期工程①

- 建设地点　　北京市
- 设计时间　　2009 年 9 月～2010 年 9 月
- 竣工日期　　2014 年 10 月
- 设计单位　　清华大学建筑设计研究院有限公司
- 主要设计人　贾昭凯　韩佳宝　于丽华　刘建华
- 本文执笔人　韩佳宝
- 获奖等级　　三等奖

作者简介：

韩佳宝，高级工程师，2009 毕业于哈尔滨工业大学；工作单位：清华大学建筑设计研究院有限公司，代表作品：中国博览会展综合体（北块）、北京市老年院医院医疗综合楼、晋中市博物馆、中国历史第一档案馆等。

一、工程概况

北京清华长庚医院位于北京市昌平区天通苑。总用地面积为 101441m²，其中总建设用地面积为 82637m²，总建筑面积为：225000m²，工程分一、二期完成。

本次设计为一期工程，包括 1 号楼——门诊医技住院楼（主要功能为门诊、医技、手术部、1000 床病房）94918m²；2 号楼——东配楼（动力中心、后勤办公、餐厅）7980m²，位于 1 号楼东侧，二层与 1 号楼有连廊联通；3 号楼——综合楼（办公及员工宿舍）28789m²。建筑高度 58.45m。

二、工程设计特点

北京清华长庚医院是一所综合三甲公立医院，暖通空调设计包括室内参数的确定及集中空调冷热源系统、空调水系统、空调风系统、通风系统、供暖系统等，重点是负压病房、检验科、影像科、核医学、放疗科、中心供应等特殊科室暖通空调设计。

建筑外观图

三、设计参数及空调冷热负荷

室内主要设计参数如表 1 所示，主要设计指标如表 2 所示。

室内主要设计参数　　　　　　　　　　　　　　表 1

	温湿度（夏季）		温湿度（冬季）		新风量		噪声
	温度（℃）	相对湿度（%）	温度（℃）	相对湿度（%）	换气次数（h⁻¹）	按人数[m³/(h·人)]	A 声级 [dB（A）]
门诊	26	60	20	40	3		≤50
医技	26	60	20	40	3		≤50
手术部	25	60	22	40	按级别		≤50
病房	26	60	20	30		40	≤40
大堂	27	60	18	30	3		≤50

注：医技设备等要求特殊房间另述。

① 编者注：该工程设计主要图纸参见随书光盘。

主要设计指标　　　　　　　　　　　　　　　表2

项目名称	建筑面积(m²)	设计冷负荷(kW)	单位面积设计冷负荷(W/m²)	设计热负荷(kW)	单位面积设计热负荷(W/m²)
1号门诊、医技、住院楼	94918	6478	68.2	6400	67.4
2号能源中心	7980	625	78.3	667	83.6
3号办公及员工宿舍	28789	—	—	1290	44.8

四、空调冷热源及设备选择

集中空调总冷负荷 7103kW，冷冻水温度 7℃/12℃，冷却水温度 32℃/37℃。制冷机选用 3 台，两大一小，容量分别为 2813kW（800RT）2 台、1758kW（500RT）1 台，均为离心式。其中 1758kW（500RT）机型变频控制，满足夜间、手术室、医疗设备等区域小负荷需求。冷水泵、冷却水泵分别设 3 台，流量与制冷机对应，均变频调速。冷却塔设 3 台，横流式，风机变频调速。

过渡季、冬季利用冷却塔免费供冷给内区和手术室等空调使用，水管采用电伴热防冻，实现空调系统节能、环保运行，手术室供冷，过渡季节当冷却塔免费供冷不能满足要求时，可开启制冷机组供冷，冬季手术室供冷需求较小，设置冷却塔免费供冷即可，单独设置一套供冷系统没有必要，目前实际运行使用状况良好。

集中空调、地板供暖总热负荷 8357kW，热媒参数为 60℃/50℃热水。选用 3 台 4.2MW 热水锅炉，两用一备，机房并预留 2 期设备位置，热水泵选用 3 台，两用一备，均设变频调速控制流量。

供医技消毒、生活热水用 2 台 2t/h 蒸汽锅炉，一用一备。蒸汽锅炉与热水锅炉设于同一锅炉房。

五、空调系统形式

门诊、医技、病房采用风机盘管＋新风系统；手术室区域、ICU 采用全空气系统（见图1）；网络机房、电话机房、消防控制室、UPS 房间、电梯机房等采用专用空调，一些特殊要求科室、医技房间空调系统专门介绍。

六、特殊房间空调系统

医院各个医技科室要求不同，充分了解工艺

图1　手术室机房

需求，根据需求进行空调系统设计，以下介绍检验科、影像科、核医学科、中心供应等特殊房间暖通设计。

检验科中心试验室中有大量现代化检验设备的使用，常年放热量大，设置两套空调系统，既有风机盘管＋新风系统，又有多联机空调系统。

影像科主要 X 射线机、CT、CTA、DSA、MRI 等设备。X 光、CT、CTA 等房间，采用常规空调解决发热、新风换气就可以。DSA、MRI 要求相对较高，DSA 血管摄影类似介入性手术，对环境有净化要求，级别 10 万级，采用全空气系统送风 12h⁻¹，新风 3h⁻¹，并设有缓冲室，保证 DSA 检查室内的空气品质要求。MRI 核磁共振，磁体室、设备室设置恒温恒湿专用空调，室外机位于裙房屋面，MRI 设备自带风冷式冷水机组，室外冷水机组设于裙房屋顶，预留电量 50kW。设备的防护罩顶部会有氦气排出，设失超管连接，管径 DN250，管材采用无磁不锈钢，为防止氦气泄漏人员接触冻伤，失超管高空无人处排放；磁体室平时排风 5h⁻¹，应对氦气泄漏事故排风 12h⁻¹，并设独立机械排风；室内管线应做防磁处理，避免对检查造成影响。

PET-CT（正子发射电脑断层扫描），有核辐射的危险，所以病人、医护人员活动尽量避免交叉。辐射性由高到低依次是：注射室（调剂室）→卫生间→PET-CT 扫描→病人休息区，通风设计应维持各房间之间一定的压力梯度，保证空气由低辐射区流向高辐射区，核医学部分通风设计要独立设置，辐射强度高的调剂室（和废弃物存放热核室）设有专用通风柜，通风柜内设活性炭吸附、高效过滤，排风管高空排放；核医学内卫生间有带辐射排泄物，核辐射强度较大，需设置独立排风；医护人员操作办公区域通风独立设置，与患者区域相独立。空调采用多联机＋新风系统。

加速器室空调、通风设计还需要注意以下几点：首先加速器在工作过程中会产生臭氧，其密度比空气重，气流组织上送下排，加速器机房有一定的洁净度要求，送排风口设置亚高效过滤器；其次直线加速器机房考虑到有射线产生，机房通常采用铅和混凝土浇筑而成，设置迷道，管线的进入条件苛刻。加速器本身自带风冷式水冷机组，采用分体式，考虑路由及预留室外机位置、电量。

医院中心供应室（CSSD）又称消毒供应中心，分污染区、清洁区、无菌区。相邻两区之间设缓冲区。不同区域空调独立设置，污染区排风量大，清洁区散热量大，无菌区设置净化空调。

七、心得与体会

暖通空调专业在医院设计中担负着重要角色，尤其是手术室、排除有毒有害气体科室、价格昂贵的检查室和治疗室，空调、通风系统的设计尤为重要。暖通设计需要了解各个科室的需求，设备的要求，将暖通空调设计与工艺融为一体，才能将设计做好。总结本医院的设计及实际使用情况，归纳以下几点体会：

（1）医院单层面积较大，形成内区，采用四管制较好，可以满足不同使用需求，本工程采用分区两管制也有两管制的优点，节省造价也可以解决内外区问题，但是有些特殊房间如检验科等常年发热房间，需要考虑增设独立空调措施。

（2）对于大型医疗设备房间，在空调设计时要考虑充分的余量，医疗设备更新换代较快。

（3）有洁净要求，但级别不高，设置全空气系统有困难且噪声要求不高的房间，可以使用FFU系统。

（4）对医院运行使用情况进行回访，用户对于整个楼的空调效果满意，也发现一些问题，空调系统的运行维护需要专业运行维护人员，并且需要得到业主的重视，有些空调系统由于运行、维护不当造成能源的浪费和室内温湿度不满足要求。

中国传媒大学图书馆①

- 建设地点　　北京市
- 设计时间　　2005 年 08 月～2008 年 8 月
- 竣工日期　　2013 年 4 月
- 设计单位　　清华大学建筑设计研究院有限公司
- 主要设计人　于丽华　姚红梅　崔晓刚　徐　青
　　　　　　　李　果
- 本文执笔人　于丽华
- 获奖等级　　三等奖

作者简介：
　于丽华，高级工程师，北京建筑大学毕业；工作单位：清华大学建筑设计研究院有限公司，代表作品：中国工程院综合办公楼、河北省博物馆、宁夏地质博物馆、郑州大学医学院组团、北京百旺茉莉园住宅、综合教学楼、华能石岛湾核电厂厂前区等。

一、工程概况

　　中国传媒大学图书馆位于中国传媒大学校内，校园总用地面积为 375434.8m²，其中本项目占地 7139m²，总建筑面积 43908m²，其中地上建筑面积 33862m²，地下建筑面积 10046m²。主楼地下 2 层，地上 7 层，主楼南侧主入口处女儿墙顶高 35.50m；配楼地下 1 层，地上 2 层，结构最高点标高为 17.7m。主体钢筋混凝土框架抗震墙结构，抗震设防烈度为 8 度。属一类高层建筑。

建筑外观图

二、工程设计特点

　　本项目是一座现代化智能型图书馆。方案是由加拿大 AMMNAT 建筑师事务所完成，初步设计及施工图阶段由我院完成。建筑设计理念新颖，平面功能复杂、多样，与传统图书馆的设计有很大的不同。主楼入口是一个两层高的休息大厅，宽大的楼梯通向主阅览室。各层主要功能为公共检索区、读者休闲区，行政办公区、阅览区、计算机房、书库、特藏库等。地下二层为汽车库，部分战时为六级人防物资库，平时为传媒博物馆。配楼入口是一个 2 层高的带玻璃顶棚的中庭空间，网吧、书店、笔记本电脑租借处、电话亭、休息空间、特色实物收藏展览区、影视欣赏厅和报告厅均围绕着有顶棚的花园布置，在这里还可以进行临时的聚会或举办特殊的活动，因而加强了图书馆作为一个公众学习中心的使用功能。配楼二层为学术报告厅——设 200 多个座位（圆形）、影视资料观摩厅、多功能展厅。

三、设计参数及空调冷热负荷

1. 室内设计参数（见表 1）
2. 冷热负荷
　　夏季总冷负荷：3036kW（考虑了夏季学校放假的因素），冷指标：69.13W/m²。

　　冬季总热负荷：2615kW（考虑了冬季学校放假的因素），热指标：59.6W/m²。

---

① 编者注：该工程设计主要图纸参见随书光盘。

室内设计参数　　　　　　　表1

房间名称	夏季		冬季		新风量 [m³/(h·人)]	换气次数 (h⁻¹)	噪声标准 [dB(A)]
	温度(℃)	相对湿度(%)	温度(℃)	相对湿度(%)			
古籍书库、珍贵文献特藏陈列室	20～24	60～45	18～20	45～60		1.5	
密集书库	24～28	65～40	18～20	40～60		1.5	
密集音像资料库房	≤10	65～40	≤10	40～60		1.5	
电子阅览室	24	60	20	40	30	1.5	≤30
图书资料室、阅览室	26	65～40	18～20	40～60	30	1.5	≤40
视听室、报告厅	26	65～40	20	40	30		≤30
办公室、内部用房	26	65～40	20	40	30		≤45
大厅、检索	28	65～40	20	40	30		
声光控制室	26	65～40	20	40	30		
网络机房、保安监控、消防中心	24	65～40	20	40	30		≤45

四、空调冷热源及设备选择

本工程采用全年集中式空调系统。空调冷热源、地板辐射采暖热源均由地下二层制冷、换热设备机房提供。

制冷机组采用2台水冷离心式冷水机组，供/回水温度为7℃/12℃，冷冻水泵、冷却水泵、冷却塔与制冷机组配套设置，冷却塔设于屋顶。

板式换热器设置2台，每台换热量为总热负荷的75%。一次热源为校区内集中锅炉房提供，一次热水温度为85℃/60℃，空调供/回水温度为60℃/50℃。

六层古籍书库、珍贵文献特藏陈列室、七层密集音像资料库房采用风冷式恒温恒湿机组。室内机设于空调机房内，室外机设于屋顶。

首层计算机机房、UPS电源夏季采用大楼的空调系统；冬季采用变制冷剂空调系统，室外机设于屋顶。

首层消防监控室除采用大楼的集中空调外，为了满足机组停机时仍能保证房间内的温度，采用VRV变冷媒冷暖空调机组，室外机设于屋顶。

弱电竖井设置变制冷剂空调系统。电梯机房设置分体空调。

五、空调系统形式

（1）消防中心（当时规范没有明确消防控制室不能使用风机盘管）、楼宇自控、电话交换机房等设风机盘管、分体空调加新风系统。

（2）裙房二层影视观摩厅、报告厅、七层视听观摩采用全空气系统，部分回风经过热回收后排出室外。空调机组为带显热回收装置的双风机机组，热回收机组采用板式或转轮显热机组。过渡季可采用全新风。

（3）密集音像资料库房、古籍书库、珍贵文献特藏陈列室等区域采用全空气循环风系统，新风经大楼内带热回收的新风机组集中处理后送至房间内。

（4）其余各房间（区域）均采用风机盘管加新风系统。由于图书馆人员较多，耗冷量、耗热量较大，为了降低建筑物的能耗，主楼的新风均采用显热热回收机组。各层新风的处理：排风通过竖向管井集中收回，经带热回收的新风处理机组处理后，排出室外。处理后的室外空气再由新风竖井送至各层。

（5）地下室密集书库设置移动式除湿机，由管理人员根据室内湿度手动运行。

六、通风、防排烟及空调自控设计

本楼内设有消防控制中心，防排烟系统均由消防控制中心控制。

1. 通风及防排烟自控

（1）高度超过12m的所有中庭设置机械排烟系统，体积均小于17000m³，按6h⁻¹计算。中庭下部或上部设电动或气动可开启外窗，平时自然通风。火灾时电动可开启外窗，与屋顶排烟风机连锁。

（2）前室采用手动或远距离控制的多叶正压送风口，平时常闭；火灾时，开启着火层及其上下两层，并连锁加压送风机运行。

（3）长度超过20m的内走廊及无外窗的地下房间设机械排烟系统。排烟口为手动或远距离控制的排烟口，火灾时，手动或远距离开启着火区域内的排烟口，并连锁排烟风机运行。有补风系统补风机同时运行。

（4）设有机械加压送风系统的楼梯间，火灾时，加压送风机运行。

（5）气体灭火的房间设事故排风。火灾时，关闭所有送排风口分管上的阀门，自动开启泄压口阀门。灭火完毕后，开启相应区域内排风管上电动密闭风阀，并开启排风机。

（6）发生火灾时立即停止所有运行的空调通风设备。

2. 空调系统自动控制与监测

根据业主对本工程的使用要求及节约能源，空调系统采用楼宇自控。

对制冷机房、换热站、空调机组、新风机组等数据进行检测、显示、报警、联锁控制等。

七、心得与体会

项目运行良好，室内环境及温度均满足设计要求。

本项目设计在2005年开始，从方案阶段设计团队共同参与设计，在和加拿大机电公司沟通过程中，了解到当地围护结构选用的材料非常好，传热系数很低。但当时国内公共建筑节能标准远低于今天的标准，可否降低本项目的传热系数？降低多少？

在初步设计阶段，根据现行规范标准进行负荷计算后，发现围护结构占空调比例负荷较大。因此暖通专业积极参与，综合考虑国内外标准和经济性，建议建筑专业采用较好的围护结构，降低围护结构传热系数，从而使围护结构空调冷热负荷降低，冷热源设备及末端设备容量降低，既节约了能耗又为甲方节省了初投资。同时，在使用过程中，降低运行能耗，节约了运行费用。从今天国家要求节能角度来看，当时的做法是超前的、合理的。

新风及空调机组均设置显热回收装置，回收排风能量。新风机组集中设置，竖向通过井道送至阅览区，回收排风能量。

空调机组过渡季可以通过旁通采用全新风运行，冬初、春末也充分利用室外空气对室内降温，减少冷热水加热、降温，节约能耗。

由于变频器的价格过高，因此新风机组、全空气空调机组未考虑采用变频机组。从现行公共建筑节能标准及绿色建筑标准来看，如果采用变频机组，阅览室设置CO_2浓度探测控制机组新风量，节能效果会更明显。

唯一不足：当时想采用集中控制多台风机盘管的措施，但是自控水平无法达到。因此每台风机盘管设置一个温控器，数量较多，增加了后期管理的工作量。

先正达北京生物科技研究实验室①

- 建设地点　　北京市
- 设计时间　　2009 年 04 月～2010 年 02 月
- 竣工日期　　2011 年 08 月
- 设计单位　　清华大学建筑设计研究院有限公司
- 主要设计人　刘建华　李　冰
- 本文执笔人　李　冰
- 获奖等级　　三等奖

作者简介：

　　刘建华，高级工程师，1994 年毕业于清华大学热能工程系；现就职于清华大学建筑设计研究院有限公司。代表作品：2008 奥运会北京射击馆、2008 奥运会北京柔道跆拳道馆、浙江佛学院二期、亚洲基础设施投资银行总部办公楼等。

一、工程概况

　　本项目为全球领先的农业科技公司——先正达公司在中国投资建设的重要研发基地一期工程，项目总用地面积 25261m²，其中一期总建筑面积 17372m²（包含实验楼和温室），容积率为 0.833。

　　实验楼：主要功能为办公和实验室及配套用房，建筑面积为 13954m²，地下 1 层，地上 4 层，高度为 21.65m。

　　温室：主要功能为温室大棚种植区，建筑面积为 3418m²，地下 1 层，地上 1 层，高度为 5.15m。

　　先正达北京生物科技研究实验室工程作为先正达公司的重要研发基地，一期实验楼功能复杂，内部空间立足于实用性及高智能化，同时，还要满足环境的舒适性、通达性、企业文化内涵性、工作空间先进性；另外，平面布局与立面造型要彰显世界领先的科技性和创新性。通过合理营造的内部空间，使空间使用者在创造力、工作活力，以及实验研究潜能等方面得到最大程度的释放。

建筑外观图

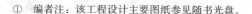

　　① 编者注：该工程设计主要图纸参见随书光盘。

二、工程设计特点

　　本工程内部空间繁杂、环境配置及室内气候要求精细；因而，对暖通专业设计要求达到系统合理、控制灵活、布置精细、供需精准、节能操控、智能协调。在系统设计中，充分考虑了不同供暖、通风及空调系统的特点，体现了实验办公楼与温室的不同使用功能在各自内部不同空间、不同需求要求为源点的设计思想。高大空间及大型实验室采用全空气系统，在满足室内冷、热负荷需求的前提下，有效控制室内的温湿度波动范围、噪声、换气次数及室内洁净度，过渡季实现全新风运行。南、北朝向的实验室分别设置空调机组，以适应不同朝向房间空调冷、热负荷的不同规律。小开间房间及附属用房采用新风加风机盘管的灵活空调方式，保证局部区域温度控制灵活，调节方便。对室内有特殊温湿度要求的房间则根据各个房间的温湿度基准和控制精度选用恒温恒湿机组。增设冬季散热器供暖系统，保证冬季室内温度要求。遇极端严寒的气候，采用散热器和空调系统并用的方式，保证室内环境达到标准。实验室根据要求控制正、负压值。局部通风设备设置局部通风。

　　设计中充分融合了智能化控制系统，在提高系统运行控制管理水平及节能管理的前提下，充分满足了实验、种子培育及生长、种子储存的室内温湿度需求，营造了安全、健康、舒适的工作环境。

三、设计参数及空调冷热负荷

本建筑夏季空调冷负荷为3516kW（含二期工程，不含独立的恒温恒湿机组和低温空调机组），其中一期实验办公楼冷负荷为1250kW，单位面积冷负荷指标为120W/m²；二期实验办公楼预留冷负荷为1000kW，单位面积冷负荷指标为120W/m²；实验温室冷负荷为1050kW，单位面积冷负荷指标为300W/m²。冬季空调热负荷为3500kW，其中一期实验办公楼热负荷为1250kW，单位面积热负荷指标为120W/m²；二期实验办公楼预留热负荷为1000kW，单位面积热负荷指标为120W/m²；实验温室热负荷为1050kW，单位面积热负荷指标为300W/m²。

四、空调冷热源及设备选择

本工程夏季空调系统冷源采用两台螺杆式水冷冷水机组，单台制冷量为1758kW，耗电功率为330kW，安装在地下一层的设备机房内；相应选择两台超低噪声冷却塔，冷却塔安装在四层屋顶。夏季空调冷水供/回水温度为7℃/12℃，冷却水供/回水温度为32℃/37℃。

本工程冬季空调及生活热水热源均为设置在地下一层设备机房内一台燃气锅炉和一台燃油燃气锅炉（以满足天然气因故障中断时，能够为温室继续提供热源），燃气调压站设置在室外地面，单台锅炉的额定热功率为1750kW，额定电功率为3.5kW，额定天然气耗量为194Nm²/h，锅炉供/回水温度为95℃/70℃，一部分一次热水经板式换热器进行热交换后提供供/回水温度为60℃/50℃的空调热水，供给实验办公楼；另一部分直接供给温室的采暖系统。

五、空调系统形式

（1）办公区域采用风机盘管加新风空调方式：风机盘管负担围护结构、人员及室内照明和设备负荷。新风机组负担新风负荷，新风机组按照防火分区的划分分层设置，过渡季可将室外新风直接引入室内；部分新风机组采用热回收新风机组，对排风进行热回收。

（2）大厅等高大空间的内区：采用一次回风全空气定风量空调方式。在新风管、回风管、排风管上设置电动调节阀，比例调节新风、排风量，保证室内风量平衡。

过渡季节空调机组可全新风运转。所有房间均设置回风口，回风统一回到空调机房进行全热回收后排放。对于要求保持正压的房间，保证回风量小于空调送风量；对于要求保持负压的房间，保证回风量大于空调送风量。

转化实验室为独立的全空气系统，在满足室内新风要求的前提下，用送风量和回风量来控制室内正压值。

特性研究实验室和植物分析实验室为独立的全空气系统。在满足室内新风要求的前提下，用送风量和回风量来控制室内负压值。

（3）明/暗室、生长室及封装室采用独立的风冷恒温恒湿机组，根据各个房间的温湿度基准和控制精度划分系统，并在明/暗室、生长室内设置夹壁墙作为空调送风静压箱，合理组织气流，保证室内的温湿度要求。

明/暗室、生长室及封装室设置新风系统，通过送风量大于排风量来保证正压的要求。

（4）10℃冷媒储存室、培养基准备室和4℃储藏室采用独立的风冷低温空调机组。

10℃冷媒储存室、培养基准备室和4℃储藏室设置新风系统，通过送风量大于排风量来保证正压的要求。

（5）弱电机房、控制中心等采用计算机房专用空调机组。

（6）消防控制室等设置分体空调。

（7）一次回风全空气定风量系统和新风系统的空调运行方式：夏季根据室内CO_2浓度检测值改变系统新风量（新回风比）；过渡季节根据室外焓值情况采用全新风运行；冬季将室外新风加热到≥5℃送至室内，已达到室内设计温、湿度的要求。

六、通风、防排烟及空调自控设计

1. 通风系统

（1）去离子处理室、种子储存室、灭菌室均设置机械送风，集中排风系统。其中排风系统兼做走廊的排烟系统。送、排风量按 $3h^{-1}$ 换气计算，总送、排风量为 $2500m^3/h$。

（2）一期实验办公楼主要利用空调系统来满足室内换气次数和卫生标准的要求。有局部排风要求的实验设备、房间，排风通过竖井接至屋顶排放，排风机设置在屋顶。有毒室采用滤毒式通风机。

温室部分主要利用自然通风和机械通风来保证室内换气和植物生长所需的二氧化碳浓度要求，同时在温室内设置二氧化碳发生器，当室内二氧化碳浓度不能满足要求时，自动启动该设备。

（3）所有的卫生间、电梯机房等均设置机械排风系统，排风量按照 $10h^{-1}$ 换气计算。

（4）气瓶间设置机械排风系统，通风量按 $6h^{-1}$ 确定；设置事故通风，通风量按 $12h^{-1}$ 确定。

（5）所有事故通风的风机，应分别在室内、外便于操作的地点设置电器开关。

（6）防排烟风道、事故通风风道及相关设备应采用抗震支吊架。具体由相关厂家深化设计。

2. 防排烟系统

按照当时执行的《建筑设计防火规范》GB 50016—2006 进行设计。

3. 空调自控

本工程暖通空调系统的自动控制是整个建筑物楼宇控制管理系统的一部分，通过该系统实现暖通空调系统的自动运行、调节，以减少运行管理的工作量和成本，节省暖通空调系统的运行能耗。

其余暖通空调动力系统采用集中自动监控，纳入楼宇控制管理系统。

采用集中控制的设备和自控阀均要求就地手动和控制室自动控制，控制室能够监测手动/自动控制状态。

七、心得与体会

本工程采用建筑、室内、景观一体化的设计管理模式，为创作精品建筑创造了条件。采用 Revit 进行三维的管线综合，为工程的实施及可行性创造了条件。

避免了内部空间管线实际施工中大量相互冲突，内部空间吊顶高度难于控制等弊端。通过此项创新产生了如下技术成效：

（1）使室内空间和建筑形式更准确的表达使用功能和设计意图。

（2）避免了水、暖、电专业的重复设计，一步到位。

（3）采用 Revit 进行三维的管线综合，为施工的合理性和吊顶的可实施性奠定了基础，避免了相关专业管线冲突，保证了层高和设计效果的落实。

（4）一体化设计保证了施工的顺利进行，缩短了整个项目投入使用的工期。

（5）一体化设计较好地预控了整体造价，实际施工决算造价与工程概算相差无几。

望京 SOHO 中心

- 建设地点　　北京市
- 设计时间　　2010 年 11 月～2011 年 5 月
- 竣工日期　　2014 年 8 月
- 设计单位　　悉地（北京）国际建筑设计顾问有限公司
- 主要设计人　程新红　黄　艳
- 本文执笔人　程新红　黄　艳
- 获奖等级　　三等奖

作者简介：

程新红，悉地（北京）国际建筑设计顾问有限公司暖通总工程师，1988 年毕业于同济大学暖通专业，本科；代表作品：山西体育中心、南昌体育中心、中国人寿研发中心（北京）、青岛海天中心、杭州奥体博览中心、济南汉峪金融商务区等。

一、工程概况

望京 SOHO 项目位于北京市朝阳区望京 B29 地块，基地东北侧为阜通西大街，东南侧位阜安东街，西南侧位望京街，西北侧为阜安西街。

建筑外观图

各单体的建筑面积、建筑功能、建筑高度、层数见表 1。

总用地面积 115393m²，容积率 5.0。

SOHO 项目一般位于核心城市的核心区域、繁华地段，办公与商业协同开发，建成后以其超大规模或前卫的设计而成为地标建筑。

望京 SOHO 项目建筑功能主要由办公和商业组成，这两部分的项目特点为：

（1）办公设计为单元式办公，定位为中档，以每个单元的形式进行散售；机电考虑预留灵活，以增加后期办公单元出租的灵活性；每个办公单元机电资源应考虑独立计量；办公运行时间通常为 8：00～19：00，机电系统的设置应考虑各办公单元运行时间的差异。

（2）商业设计为单元式商铺，定位为中档，商业以单个商铺的形式散售；机电考虑预留灵活，以增加后期商铺单元出租的灵活性；每个商铺单元机电资源应考虑独立计量；商铺运行时间通常为 10：00～22：00，机电系统的设置应考虑各商铺单元运行时间的差异。

二、工程设计特点

1. 大体量 SOHO 办公建筑群高效节能的冷热源设置

望京 SOHO 项目总建筑面积 50m²，办公部分近 29 万 m²，T1、T2 散售，T3 自持。针对 SOHO 办公建筑的使用特点，会出现加班负荷和值班负荷情况，三个塔楼 T1、T2、T3 分别设置集中冷站和市政换热站系统，冷机按照大小和台数搭配，选用三大两小选型方案，满足加班、值班低峰负荷和日常高峰负荷的经济运行；空调水系统采用二级泵系统，以满足不同负荷工况的节能运行，二次泵另外单独设置值班小水泵。

T1、T2、T3 各设一个冷冻机房，冷机配置如表 2 所示。

建筑概况　　　　　　　　　　　　　　　　　　　　　　　　　表1

单体/区域	建筑功能	建筑面积（m²）	总建筑面积（m²）	建筑高度（m）	备注
T1	三个塔楼在首层和二层除办公入口大堂外，均为商业店铺，此外 T1 东南端三～五层和 T2 北端的三～五层也是商业。各塔楼的其余部分及楼层为中档办公	38195	521265	120	地上共 25 层（不含顶部机房层）
T2		123768		130	地上共 25 层（不含顶部机房层）
T3		124368		200	地上共 45 层（不含顶部机房层）
PAVILION	商业	5934		15	小商业裙房地上 1～3 层
地下部分	车库、设备用房、商业	129000		深度约 19.3.m（不含底板厚度）	地下室共 4 层

冷机配置　　　　　表2

单体	T1	T2	T3	备注
离心机	3 台 1100RT	3 台 950RT	3 台 850RT	380V 供电
螺杆机	2 台 350RT	2 台 350RT	2 台 350RT	380V 供电

2. 较早使用三级高效过滤系统降低 PM2.5 值

为除去室外空气有害颗粒物，降低室内 PM2.5 浓度，有效控制在优秀空气品质范围内，本项目在集中新风热回收系统中设置了粗效、袋式＋静电三级过滤系统，PM2.5 过滤效率实现 90％以上，保证了送入室内新风的洁净，同时在新风管道入口设置新风流量传感器和臭氧浓度传感器，在节约能耗的前提下，提供良好的室内空气品质。

3. 大型公建能耗分级计量及空调用户远传计量系统

本项目结合项目单元式租售的特点，供暖空调系统进行了分用户、分区域和分室的冷热计量，做到用热有量、便于管理和收费。对于单元式办公，设置空调计量远传抄表系统，空调冷热计量表选用一体式，每户户内设置显示面板；为便于对用户的控制和管理，每户的空调水管入户管上同时装设电动阀。整个办公空调供冷热均为预付费系统。本项目针对空调用能，设置一套远程能耗监测系统对大楼的能耗实现精细化计量、监测和管理。分级计量的部位如表 3 所示。

分级计量部位　　　　表3

部位	冷冻机房	热力引入间	热交换站	办公
计量设置	商业和公共供冷的总计量	T1、T2、T3 的供热总计量	办公空调、商业空调、办公大堂地板供暖的分计量	每户办公的租户计量

4. 新型办公网络机房用集中租户冷却水系统

考虑现代办公网络机房的 24h 机房空调要求，本项目为此设置了一套集中的机房冷却水系统（以下简称租户冷却水系统），承担网络机房空调冷凝器的功能，从而避免了每户采用风冷式机房空调对建筑立面的影响，在系统设计上为满足机房空调冷却水水质问题，供至用户侧的租户冷却水系统均采用板换与冷却塔供回水分隔开。租户冷却水系统水平干管设置在公共走廊，每户预留租户机房空调的冷却水管，并设置对应接管的关断阀门；租户冷却塔采用开式冷却塔，冬季塔体和室外管线设置电伴热措施；租户冷却水一、二级水泵均采用变频水泵，根据租户的使用情况调节冷却水量。

5. 复杂轮廓的 BIM 技术与机电管线综合应用

SOHO 办公项目层高均不是很高，而且望京 SOHO 项目建筑体形复杂，每一层、每个立面均不一样，每一层结构梁、楼板均不一样，建筑墙、结构梁的定位均发生变化，没有水平、垂直方向的定位。如其结构模型图 1 所示。

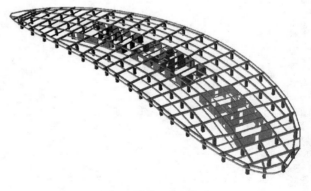

图 1　结构 BIM 模型

本项目利用 BIM 技术进行机电管线的三维建模排布，优化每层机电管线布置和屋顶复杂钢结构下的设备管线布置，在管线排布紧凑合理的情况最大限度提高室内净高，实现净空与机电后期检修空间的结合。BIM 技术的利用，在设计阶段解决了管线之间的冲突以及和结构、建筑之间的碰撞问题，大大避免施工阶段因管线的碰撞带来的返工现象，从而有效控制造价和节约造价，为绿色建筑创新。

6. SOHO 商铺项目初期的特殊负荷考虑

SOHO 项目一般均为分散出售，代客出租，因此项目的养商期，尤其是商业的养商期较长。而在养商期内商铺的出租率并不高，商铺之间的隔墙、商铺与公共区之间隔墙的保温性能很差，因此在对商业部分进行设计时就应当充分考虑此特点，并采取如下措施：

（1）计算商铺内的负荷时，考虑周围商铺无空调的情况，并以此为依据设计预留管径；

（2）在计算公共区的负荷时，考虑周围商铺无空调的情况，并以此为依据进行设备选型；

（3）这项负荷不计入项目的总负荷。

考虑 SOHO 商铺存在养商期，为防止养商期间 SOHO 商铺内的有水管线冻裂现象，SOHO 商铺内均设计了防冻风盘，防冻房间温度计算温度按照 10℃ 计算。

金茂丽江雪山酒店①

- 建设地点　　云南省丽江市
- 设计时间　　2013 年 3～11 月
- 竣工日期　　2015 年 6 月
- 设计单位　　悉地（北京）国际建筑设计顾问有限公司
- 主要设计人　房轶韵　秦冬梅　卢仲炜
- 本文执笔人　房轶韵
- 获奖等级　　三等奖

作者简介：

房轶韵，高级工程师，2009 年毕业于天津城市建设学院环境工程专业，硕士；现就职于悉地（北京）国际建筑设计顾问有限公司；代表作品：金茂丽江雪山酒店项目、鄂尔多斯蒙古族学校、天津塘沽万达广场项目等。

一、工程概况

项目基地位于玉龙雪山"5A"级景区核心地带——甘海子，毗邻玉龙雪山两家高尔夫球场，正对玉龙雪山，与之隔谷相望。金茂雪山酒店由酒店部分和定制式企业会馆两部分构成，总建筑面积为 23994.5m²，其中地上建筑面积为 14571.22m²，地下建筑面积为 9423.31m²。其中公共区地下 2 层，地上 2 层，建筑高度：12.20m，总建筑面积：12421.28m²；其中地上建筑面积：6019.13m²，地下建筑面积：6402.15m²（客房及设备用房）。SPA 区地下 1 层，地上 2 层，建筑高度：12.105m，总建筑面积：4817m²；其中地上建筑面积：3369m²，地下建筑面积：1448m²。项目包括公共区、SPA 区、长廊以及 23 幢独栋客房，总客房数 117 套。

本项目位于海拔 3100m 的玉龙雪山脚下，此地无气象参数，根据当地气象站近几年的观测数据，并考虑高度修正系数，最终确定供暖和空调计算温度，作为负荷计算和设备选型的依据。所有的用电设备的机外余压及配电量均经过计算并进行海拔修正，以防止实际采购时造成选型过大。锅炉及风冷热泵机组的实际出力需经过海拔修正，保证高海拔情况下的实际使用效果。整体设计需满足凯悦设计标准及 AON 验收标准。

建筑外观图

二、空调冷热源

公共区冷负荷 431kW，热负荷 693kW，SPA 区冷负荷 180kW，热负荷 600kW。公共区和 SPA 区选用 2 台 583kW＋1 台 352kW 螺杆式风冷能量提升冷水机组作为空调冷热源（冷暖型），制冷机冷媒采用 R134a。全年供冷，冷冻水供/回水温度为 7℃/12℃，布置于公共区东侧区域。别墅部分采用多联机系统（冷暖型）。热源本项目无市政热源，故在地下一层设置锅炉房提供全年生活热水、游泳池加热负荷，以及全年空调供热和地板采暖负荷，供/回水温度 60℃/50℃，锅炉房内设置 2 台 1400kW 的燃气热水锅炉，负担 1 号、2 号楼

全年空调供暖及地板供暖负荷，设置 1 台 660kW 的燃气热水锅炉，负担游泳池加热负荷及全年生活热水负荷。独栋客房分栋设置燃气锅炉供地板辐射供暖。根据本项目的特点，分散的独栋客房与 1 号楼公共区和 2 号楼 SPA 区分开设置冷热源，采用了锅炉＋多联机的冷热源组合，以适应此酒店的季节性运行特点，从而避免了集中冷热源情况下长期处于低负荷输出状态。对设备电量进行海拔修正，节省电力初投资，节省运行费用。全空气机组采用热管热回收功能段，回收效率高，运行维护成本低。考虑全新风运行工况，充分利用山区室外焓值低于室内焓值的时间较长的特点，节省能源消耗。采用高压微雾加湿，消耗水量小，加湿量大。满足五星级酒店卫生要求。

三、暖通空调系统设计

1. 空调风系统

（1）全空气系统首层大堂、公共区多功能厅采用全空气一次回风双风机系统；大堂酒廊、宴会厅采用一次回风热管热回收系统。冬季和夏季采用最小新风比运行，过渡季采用全新风运行；对于冬季需要消除余热的区域，冬季新风量将根据负荷侧的变化，采用变新风比运行。变新风比运行的全空气定风量送风系统将选用双风机组合式空调箱。

（2）宴会厅 AHU 机组采用变频风机，与 AHU 机组相对应的排风机也相应地采用变频风机，同时设置空气品质传感器，控制新风阀及排风机的开度，满足宴会厅气流组织的要求。

（3）风机盘管加新风系统。地下一层行政办公、一层办公区、SPA 及健身区域采用风机盘管＋新风系统。泳池采用除湿热泵＋全空气机组，多余热量用于池水加热。客房部分采用风机盘管＋新风系统。加湿由新风机内湿膜加湿完成，设备前加设永磁防垢装置。

（4）与全空气空调系统配套使用的排风机，用变频风机，与新风阀联动，在变风量运行的情况下，使新风量与排风量达到动态平衡。空调系统的排风机变频，空调系统的送风机定频。

2. 空调水系统

（1）在冷水分水器之后，按照水系统的阻力的不同分为 2 个环路：公共区＋SPA 区新风机组、全空气处理机组冷冻水环路；公共区＋SPA 区风机盘管冷冻水环路；热水分水器之后，分为 3 个环路：公共区＋SPA 区新风机组、全空气处理机组热水环路；公共区＋SPA 区风机盘管热水环路；SPA 区地板供暖热水环路。新风机组及全空气处理机组：冷热水采用异程式系统，新风机组及热回收机组冷冻水管采用下供下回异程式系统，公共区和 SPA 空调冷、温水均采用四管制系统，在需要时可根据不同房间的需要同时供冷和供热。冷、热分设循环泵，空调冷水、空调温水循环系统采用一次泵系统，在供回水总管上采用压差旁通阀来实现负荷侧变流量、冷源侧定流量运行。空调冷热水的竖向分为一个分区。空调冷温水补水采用软化水，设置补水泵对系统进行补水。系统定压采用隔膜式气压罐定压。

（2）空调凝结水系统。风机盘管及空调机组、新风机组的冷凝水集中排至冷凝水立管或就近地漏。

（3）地板辐射供暖系统。SPA 区域以及游泳池岸边及更衣室采用地板辐射供暖，由锅炉房换热后引至如上区域，供/回水温度为 60℃/50℃，供暖采用下分双管式异程式系统。供回水系统管道布置在本层吊顶内；埋地加热管管材采用 PE-RT 管，使用条件 4 级，S4 级系列管材；垫层内的管道除与分集水器连接处采用专用材质连接件热熔连接外，其他部分不能设任何连接配件，连接件本体为锻造黄铜。明装 PE-RT 管道可采用热熔连接，管道外径 $d=20mm$，壁厚为 2.3mm。

（4）地板辐射供暖区域室温控制器宜设在被控温房间或区域内，自动调节阀内置于集水器中，调节阀为自力式温度控制阀，温控器控制器设置高度宜距地面 1.4m。

3. 通风设计

（1）厨房设全面通风及局部通风系统，包括平时排风机、排油烟风机、局部补风和平时送风机组。局部排风经排风罩自带的紫外线光解油烟净化器处理后，通过专用厨房排风竖井排放。各厨房全面排风风机兼事故排风。厨房燃气探测器报警时须联动启动事故排风并关闭燃气切断阀。

（2）公共卫生间和客房卫生间都设机械排风，以达到排除臭气、改善环境的目的。公共卫生间的排风量按照换气次数 $12h^{-1}$ 计算。客房卫生间的排风量按新风标准量的 90% 考虑。客房部分卫生间排气扇接软管至预留风井。

（3）设备用房均设置机械排风及机械送风系统，气流组织为上送上排，排风采用轴流风机或壁式排气扇，风机吊装于设备用房内或安装于侧墙上。

（4）变配电室、PABX通信机房消防设有气体灭火系统的房间，设置事故后排风，事故排风机在室内、外便于操作的地点。设置电气开关警时根据消防控制中心指令，在喷射气体灭火前，首先根据指令自动关闭送排风管道上的70℃防烟防火调节阀（电动），并同时关闭所有空调室内外机的运行。气体灭火后，手动开启事故排风机、送风机，进行事故排风。

（5）柴油发电机房和日用油箱间设机械排风和机械补风系统。日用油箱间设置事故通风系统。事故通风的手动控制装置应在室内外便于操作的地点分别设置，平时通风时可通过风机开启时间调节室内通风换气次数，以满足通风要求。

（6）锅炉房及计量间设置单独的送排风系统，联动锅炉运行，兼事故通风，事故通风的手动控制装置应在室内外便于操作的地点分别设置。燃气探测器报警时须联动风机启动事故排风锅炉并关闭燃气切断阀。

（7）所有室外百叶必须加设防虫网。

该项目在精装修二次机电设计中对一次机电的管线布置进行了很多优化，主要是针对前期对设备及风管噪声问题考虑不足的问题进行优化；地下公共区部分的管线布置过密，后经优化管线布置，改变主管路由等方式解决之前无检修空间的问题。到目前为止项目运行2年，运行基本顺利，也得到了业主及酒店管理方的认可。

哈法亚油田一、二期地面建设暖通设计

- 建设地点　　　伊拉克东部米桑省
- 设计时间　　　2010～2014 年
- 竣工日期　　　2014 年 8 月
- 设计单位　　　中国石油集团工程设计有限责任公司
　　　　　　　　北京分公司
- 主要设计人　　艾江慧　李懿宏　王元春　赵海涛
　　　　　　　　孟文霞
- 本文执笔人　　艾江慧
- 获奖等级　　　三等奖

作者简介：
　　艾江慧，高级工程师，2003 年毕业于西安石油大学；现任职于中国石油集团工程设计公司北京分公司；代表作品：苏丹 3/7 区 PDOC 石油公司总部办公大楼、华北石油图书馆、中石油后勤办公楼、多个海外油气田项目暖通设计、二十多座大中型石油商业储备库暖通热工设计、十多条大型输油输气管线热工暖通设计等。

一、工程概况

　　伊拉克哈法亚项目是中国石油作为作业者在海外规模最大的投资项目，油田地面工程设计总规模近 3000 万 t/a，实行三期滚动开发。一二期建成产能 1000 万 t/a，总投资 30 亿美元，已完成油田集中处理站 2 座，自备电站 1 座，站外集输系统、通信系统、道路及其他辅助系统。工程克服了重重困难，于 2014 年 8 月一次投产成功，油田集中处理站因完美布局及先进流程被伊拉克当地政府盛赞为"艺术品"。投产成功表明哈法亚油田在伊拉克第二轮国际石油合作项目中成为第一个实现千万吨产能的油田，领跑高端国际油气市场。标志着中伊能源合作又向前迈出坚实步伐，中国石油中东油气合作区揭开了历史新篇章。

　　哈法亚油田地处伊拉克东南部米桑省的沙漠无人地区，当地气候常年极度高温炎热干旱，暖通设计涵盖哈法亚油田一二期地面工程的 18 个工业厂房及 2 套外输泵电机冷却系统。厂房均为单层建筑，面积集中在 300～500m²，高度在 4～8m 之间。主要建筑单体有：中央控制室、高低压配电室、高低压变频器间、化验室、维修车间、综合办公室等。对于多个工业厂房来说，暖通设备需常年不间断运行，且运行环境条件异常苛刻。

　　暖通设计从工程项目总承包（EPC）全局运作管理的高度制定暖通设计方案，采用世界通用的最具有权威性的 ASHRAE 标准及国际新型 Carrier 计算软件。介于当地炎热的气候类型和沙漠无人的基础条件，提出"安全、可靠、简捷、便维护"为暖通总设计原则。针对不同工艺厂房采用不同暖通方案，不盲从于伊拉克惯用的空调方式，以风冷式分散系统为空调主要形式，兼具考虑厂房的正压、抗爆防爆等要求，并保证空调机组在满足现场超高温的严苛条件下能够不间断常年运行。实践证明，本次暖通设计既满足不同工业厂房的工艺需求，又满足操作人员舒适度及安全性要求，功能合理，技术水平先进，绿色环保节能，为油田的正常投产和运行提供了有力的服务保障，同时也形成了本海外油田项目暖通专业独有的设计方式和风格，广受业主好评。

二、设计特点

　　（1）本项目暖通专业采用了世界通用的最具有权威性的 ASHRAE 标准及国际新型开利计算软件，获得业主和监理的高度认可。运用由 ASHRAE 标准支持的有世界空调之父之称的开利公司开发的，并得到海外广泛认可 Carrier-e20 的空调计算选型软件。在本项目的空调负荷计算、空冷机组优化选型中发挥了重要作用。这种运用世界权威标准和一流软件的做法在海外项目中屈指可数，并得到业主的高度认可。

（2）从工程项目总承包（EPC）全局运作管理的高度制定暖通设计方案，并细化实施运行。由于我公司承担了本项目从开发方案、概念设计、基本设计、详细设计、配合采办、施工投产的全过程技术服务，项目的每个专业设计思路就不仅仅局限于单一的设计角度，而是要围绕EPC的全套服务流程去论证考虑，暖通的设计亦是如此。在设计中坚定服从全局设计理念和建设标准，从设计方案到设备选型计算，围绕"建设标准—设计规范—设备采办—施工配套—后期服务"全局运作的高度依次进行。例如在设备选型计算时不仅仅从设计角度考虑，还要顾及国内外设备采办的差异性和施工运营维护等因素，权衡各方面因素综合确定。

（3）本项目位于伊拉克东南部沙漠无人区，现场没有基础设施，常年高温、干旱、沙尘，针对现场实况提出"安全、可靠、简捷、便维护"的暖通总设计原则。主要以风冷式分散系统为主，不考虑大中型水冷系统，机组为分体直膨式风冷机组，室内采用全空气系统。通风设备以轴流和离心风机为主，并依据厂房性质选用防爆或防腐性能。无论是空调机组还是风机机组，均要求配备防晒、防尘、防沙、防小动物及必要的空气除尘过滤设施等各种防护措施。在与电气、仪表、油气等工艺专业充分沟通结合后，对工艺不同的厂房采用了不同的空调和通风方式，主要方式如下：

1）中心控制室的数据中心设备间采用机房恒温恒湿精密空调；

2）中心控制室人员操作间为保证人员不受H_2S的污染及舒适度要求，采用分体空调＋屋顶新风机，新风入口设置H_2S检测连锁装置及抗爆装置。

3）油田大型配电室有正压要求的，采用全空气＋新风系统，无正压要求的则采用普通大容量分体空调；

4）高低压变频器间采用普通大容量分体空调；

5）其他的房间例如维修车间、通信仪表间、办公会议室等均采用分体空调。在有人员房间设置H_2S检测连锁装置及抗爆装置。

（4）不盲从于伊拉克惯用的空调方式，未选用当地常用的整体式屋顶空调机组，而是选用室内和室外两部分的机型，简化气流组织，满足工艺需求。当地习惯采用风冷式全空气系统，机组采用整体式屋顶空调机组。由于整体式机组体积较大，受制于建筑及场地等各方面制约，本工程在设计时所有的空调机组都未采用整体式机组，而是选用室内和室外两部分机型，更容易配合建筑，便于安装和施工。室内气流组织设计也不是按当地习惯在所有的房间内都设置送回风风管及风口，而是依据建筑的实际情况，在跨度较大的厂房设置送回风风管及风口，跨度较小的厂房仅设置送回风口，尽量简化气流组织，满足工艺需求。

（5）重点把关空调室外机空冷器的选择计算，保证空调机组在现场超高温的严苛条件下能够不间断常年正常运行。本项目地处气候酷暑炎热、沙尘等恶劣气候条件的地区，主要工业厂房如中控室、变频器室、配电室等，对室内环境的要求较高，必须保证空调设备全年不间断运行。对空调设备，尤其是空气冷凝器的要求极高，目前满足国内风冷空调T3工况的空调设备，都无法保证在此种外部环境条件下正常运行。因此，空气冷凝器的换热盘管材质、换热性能选择计算是暖通设计的重中之重。在设计中充分与生产商沟通协作，单独特制冷凝器盘管。目前现场使用的空调机组均不同于国内的标准机型，全部是根据设计提供的参数要求专门定制，满足了现场的特殊高温使用要求。

（6）基于油区整体HAZOP（危险与可操作性分析）研究，突出暖通系统的抗爆防爆设计，采取可靠抗爆技术措施，保证油气田的"神经中枢"控制室在任何情况下都能正常运行，同时保证操作人员的绝对安全。在重要的厂房中控室、部分配电室等均需执行严格的抗爆设计规范，暖通设计除严密配合建筑之外，自身也采取多项抗爆技术措施。如在所有的新风入口、排风出口、余压阀口设置与建筑围护结构同等抗爆等级的抗爆阀，新风入口设置可燃、有毒气体探测报警器等。

（7）采用完善合理的自控方式，为重要厂房的空调通风设备运行提供可靠保障，方便运行管理。油气田重要厂房包括数据中心、高低压变频器室、部分配电室等，尤其是作为中枢的中控室，数据中心内设置了重要机柜和密集的控制线路，为之服务的空调通风机组的自控系统必须确保安全、合理、可靠。自控方式主要分为4大类：

1) 通风空调设备与建筑物的火灾报警系统及可燃有毒气体探测报警器统连锁；

2) 运行空调机与备用空调机之间，设置故障自动切换、定时自动切换控制；

3) 空调通风设备的启停及故障报警信号引至油区总控制系统（DCS）。

4) 重要厂房的所有通风设备的启停运行均做到远程及或就地控制。

三、技术经济指标

中控室数据中心冷负荷指标：485W/m²；

中控室人员操作间冷负荷指标：165W/m²；

配电室冷负荷指标：185W/m²；

高低压变频器室冷负荷指标：255W/m²；

耗电指标：55～120W/m²。

四、优缺点及节能创新点

1. 优点

（1）运用国际新型 Carrier 计算软件，获得业主和监理的高度认可。

（2）不盲从于伊拉克惯用的空调方式，为每个建筑单体分别选择最适合、简单的空调方式，简化气流组织，既满足工艺需求又满足操作人员舒适度及安全性要求，同时便于现场安装与维修。

（3）重点把关空调机组空冷器的选择计算，保证空调机组在满足现场超高温的严苛条件下能够不间断常年运行。

（4）突出暖通系统的抗爆防爆设计。

（5）采用多种灵活空调自控方式，达到很好的节能效益，方便运行管理。

2. 缺点及节能创新点

本项目无基础设施，油区内自建燃气发电站提供电力。电站的燃气发电机要总体考虑冬夏两季的用电负荷平衡，空调的用电也要在站场冬夏两季总用电量平衡的前提下，再考虑节能等因素。因此在国内非常注重的空调通风设备能效系数的考核，反而并不特别强调。但对于距集中处理站较远的外输站场，配电条件有限，对空调的功率、开启电流等都有较严格的限制和要求，对这部分的空调运行节能效率又非常重视。

中国农业科学院哈尔滨兽医研究所
综合科研楼项目①

- 建设地点　　黑龙江省哈尔滨市
- 设计时间　　2013 年 2~4 月
- 竣工日期　　2015 年 6 月
- 设计单位　　中国中元国际工程有限公司
- 主要设计人　李　顺　张　晨　张　娜
- 本文执笔人　张　晨
- 获奖等级　　三等奖

作者简介：
　　张晨，暖通工程师，2007 年毕业于北京工业大学建筑工程与设备工程专业；现工作于中国中元国际工程有限公司；代表作品：中国农业科学院哈尔滨兽医研究所综合科研楼、秦皇岛阿那亚黄金海岸社区、海口塔等。

一、工程概况

　　哈尔滨兽医研究所新所区位于哈尔滨市南郊动力区，东侧为城市道路哈五路，北侧为城市道路松花路，隔路是省农科院园艺所用地，场地南侧与北辰公司相邻。

　　综合科研楼位于哈尔滨兽医研究所新所区北侧核心位置，处于院区中轴线上，临近位于哈五公路上的主入口西侧，项目呈 U 字形布局，沿中轴线对称，项目南侧、北侧与院区道路相邻，东侧与入口广场相邻，是该所知识创新基地的重要组成部分和地标性建筑，也是该所创建国际一流现代农业科研机构的重要研究平台。

　　项目总建筑面积 45509m²，其中地上建筑面积为 35161m²，地下建筑面积为 10348m²，建筑总高度为 40.5m。地下 1 层，设有地下车库、洗衣房、清洗间及各设备用房；地上 7 层，其中首层设有会议厅，病理实验室，大、小实验室及辅助用房；二~六层为实验室及辅助用房；七层设有信息中心、阅览室等。

建筑外观图

二、工程设计特点

　　本项目于 2014 年被评为三星级绿色建筑，是国内首个获得绿色建筑三星认证的大型实验室建筑，也是黑龙江省首个绿色三星级项目。

三、设计参数及空调冷热负荷

　　本工程总建筑面积为 45509m²，空调冷负荷

---

① 编者注：该工程设计主要图纸参见随书光盘。

3234kW，冷指标 71.1W/m²；空调热负荷（仅冬季新风加热）6056kW，空调热指标 133.1W/m²；供暖负荷 1599kW，供暖热指标 35.1W/m²。

室外设计参数：夏季空调干球温度 30.7℃，空调湿球温度 23.9℃，通风温度 26.8℃，大气压力 98770Pa；冬季空调干球温度 -27.1℃，相对湿度 73%，供暖温度 -24.2℃，通风温度 -18.4℃，大气压力 100420Pa。

室内设计参数：办公等功能房间夏季 25℃，相对湿度 55%；冬季 18℃，相对湿度 40%。入口大厅夏季 26℃，相对湿度 55%；冬季 16℃，相对湿度 40%。档案库夏季 24℃，相对湿度 50%；冬季 16℃，相对湿度 40%。无菌间夏季 25℃，相对湿度 55%；冬季 20℃，相对湿度 50%。

四、空调冷热源及设备选择

空调冷源、供暖热源均由院区集中供给，降低了设备初投资。其中空调冷冻水供/回水温度为 7℃/12℃，供暖热水供/回水温度为 85℃/60℃，入口位置设置冷热计量表。空调热源由建筑内热交换站提供，空调热水供/回水温度为 60℃/50℃。

五、空调系统形式

报告厅采用全空气的低速空调系统，根据报告厅内 CO_2 浓度调整系统风量，变新风比运行，过渡季节全新风，座椅送风；实验室、办公室、档案室、入口区域等采用风机盘管加新风的空调方式。

空调水系统为两管制，冬季供热水，夏季供冷水，其中风机盘管仅夏季供冷，冬季不使用，冬夏转换阀门设置于热交换站内。空调冷热水管采用异程式，水系统工作压力为 0.6MPa。

六、通风、防排烟及空调自控设计

实验室通风系统按照模块化设计，并根据实验室污染物浓度调整实验室风量；实验室内部及全楼风系统进行平衡设计；地下车库设置平时通风及防排烟系统，汽车库的排风平时与火灾时的排烟系统兼用。

采用楼宇自控系统对空调设备进行管理，保证空调系统安全可靠节能运行。

七、心得与体会

本项目作为国内首个获得绿色建筑三星认证的大型实验室建筑，利用了多种主动绿色技术，例如采用可调节外遮阳系统，改善室内环境；设置室内空气质量监控系统，保证健康舒适的室内环境等手段来满足绿色建筑的要求。

本项目通过 IES-VE 软件进行模拟，采用参照建筑与设计建筑对比法比较设计建筑与参照建筑围护结构、供暖、空调、通风和照明等消耗的全年能耗比例及造价。由于新风热负荷在实验室建筑负荷中所占比例较大，且实验室排风气体不适宜进行热回收，从而限制了建筑整体的节能率。但该项目设计建筑年能耗较参照建筑仍节能 11.8%。

除此之外，本项目为了充分利用哈尔滨较长过渡季节的自然冷源，针对室外风环境和室内风压、热压进行了综合分析，对办公室、接待室、走廊、大厅及值班室等有使用条件的房间进行了设计优化，保证了上述功能房间的室内整体自然通风效果。此项优化实现了单个实验室内部的通风系统平衡，同时，建筑内气流保证"办公空间→公共走廊→实验室内公共空间→实验室内设备空间"的通风流向，在国内处于领先水平。

经过 1 年多的运行使用，业主认为整个建筑内的暖通设备运行良好，尤其实验室部分，既满足了实验过程中设备运行的要求，又为实验人员营造了舒适的工作环境，同时运行能耗低于国内同类建筑，使用效果完全满足业主的预期。

通过本项目发现，绿色建筑的理念已经深入到各个功能类型建筑设计中，诸如实验室这种高耗能的建筑，也可以利用多种绿色技术措施、能耗模拟等方法有效降低建筑能耗，并在实际使用中起到良好的效果。另外，对于实验室建筑来说，通风系统的系统平衡、通风流向是保障实验室实验环境的重点。该项目利用实验室模块设计，利用风系统变频及定（变）风量阀的调节，实现了对单个实验室内部的通风系统平衡；其次，根据全楼的风压、热压及各功能房间的使用条件，优化实现了全楼整体的通风效果。此项优化在实际使用中得到了业主方面的肯定，各实验室运行状态良好。

另外，东北地区冬季室外温度很低，在冬季的供暖形式选择方面，散热器供暖形式较空调形式在室内温度保障方面更为可靠。而且散热器供暖的能耗也低于空调供暖，空调制热能力低，经常导致室温不均匀，吹出的热风直接吹到人身上，让人感觉很不舒服。同时，室内灰尘、病菌极易随热风到处漂浮，令室内尘土飞扬，易引发上呼吸道疾病。

南宁市五象湖综合配套工程（北区）①

- 建设地点　　南宁市
- 设计时间　　2013 年 2 月～2013 年 5 月
- 竣工日期　　2013 年 5 月
- 设计单位　　中国中元国际工程有限公司
- 主要设计人　刘志坤　成　明　吴　翠　郑明强
- 获奖等级　　三等奖

作者简介：

刘志坤，工程师，2006 年 6 月毕业于河北建筑工程学院；工作单位：中国中元国际工程有限公司；代表作品：威宁邻家广场、中科油北京实验楼、中科油内蒙古综合楼等。

一、工程概况

本项目位于南宁市五象新区核心区域五象湖以西的滨湖地段，东临五象湖公园，西临玉象路，北临秋月路，中部城市道路玉洞大道东西穿越将项目分为北、南两区，本项目为北区。北区总用地面积 174899.84m²，总建筑面积 53225.88m²，其中地上 39119.91m²，地下 14106.07m²。项目定位旨在五象湖西岸建设一个面向社会多类型需求的集生态、旅游、娱乐、休闲为一体的大型综合性城市公园。项目共有 16 个单体，包括一栋一级接待楼、5 栋三级接待楼和综合服务楼、网球馆、警卫楼、地下车库、2 座地下设备用房及 4 座岗亭，冷机房位于 10 号楼地下室。

建筑外观图

二、工程设计特点

该项目虽然地处夏热冬暖地区，原则上冬季不用设计供暖系统，但是该项目建筑功能繁多，有体育设施、客房，需要大量的生活热水，为提高项目品质及满足部分建筑功能冬季供暖需求，同时结合本项目占地面积大的特点，通过各种方案的综合分析，采用了地源热泵空调系统。地源热泵一套系统解决了夏季供冷、冬季供热和生活热水的需求。整个生活热水系统非传统能源利用率达到 83.56%。实现可再生能源利用，符合可持续发展理念，是广西节能减排推广的技术之一。

三、设计参数及空调冷热负荷

1. 室外空调设计气象参数（见表 1）

室外空调设计气象参数　　　　　　表 1

参数 季节	干球温度 ℃	湿球温度 ℃	相对湿度 %	风速 m/s	大气压力 hPa
夏季	34.2	27.5	—	1.5	996.0
冬季	7	—	73	2.4	1014.0

---

① 编者注：该工程设计主要图纸参见随书光盘。

2. 主要房间室内设计参数（见表2）

室内设计参数　　表2

参数 房间	夏季 ℃	夏季 %	冬季 ℃	冬季 %	新风 m³/h	噪声 dB（A）
客房	25	60	20	30	50	35
办公	26	60	20	30	30	40
大堂	26	60	18	30	10	45
休息	26	60	20	30	30	40
会议	26	60	20	30	30	40
餐厅	26	60	18	30	20	45

3. 空调冷热负荷（见表3）

空调冷热负荷　　表3

名称分类	空调冷负荷 （kW）	空调热负荷 （kW）	生活热水 （kW）	备注
1～6号楼	3230	1411	1053	由能源中心一供给
7、9号楼	1534	765	192	由能源中心二供给
8号楼	0	0	58	由能源中心二供给
合计	4914	2246	1303	

四、空调冷热源及设备选择

根据该项目建筑功能特点，需要冬季供暖、夏季制冷，同时还需要提供生活热水。但项目所在地附近没有现成的热源可用，本项目冷热源设计的主要矛盾实际上是如何解决夏季供生活热水和冬季供暖的热源问题。如果直接采用燃气热水锅炉，这又与广西节能减排绿色发展的理念相左，物业管理方也明确表示希望采用新能源技术。根据现场土壤热物性测试试验报告，分析认为本项目采用土壤源热泵系统技术可行，也符合当地的能源政策。热泵系统不仅满足了制冷和供热的需求，选用带全热回收的机组，制冷的同时还能提供生活热水。本项目冷热源采用土壤源热泵系统是合适的，环境效益较好。

考虑到土壤侧的热平衡问题，为确保各建筑的制冷效果，能源中心的热泵系统配套冷却塔，将部分夏季散热量排入大气。夏季冷、热联供，提高能源的利用效率的同时减少了向土壤排热的数量，有利于土壤的冷热平衡。

根据冷、热负荷的比例及负荷变化趋势，配置4台热泵机组，其中2台为带全热回收的机组同时满足生活热水的需求，2台为不带热回收的普通热泵机组，主要设备参数如表4所示。

主要设备技术参数　　表4

编号	设备名称	主要技术参数	数量（台）	备注
1-1、1-2	螺杆式地源机组	制冷量：826.4kW/N＝141.4kW	2	
		制热量：830.4kW/N＝179.2kW		
2-1、2-2	螺杆式地源机组	制冷量：826.4kW/N＝141.4kW 热回收量：830.4kW/N＝185.6kW	2	带全热回收/制生活热水
		制热量：830.4kW/N＝179.2kW		
3-1、3-2、3-3、3-4、3-5	空调冷冻水循环泵	流量：175m³/h，H＝32m，P＝22.5kW	5	四用一备
4-1、4-2、4-3、4-4	地源侧循环泵	流量：200m³/h，H＝30m，P＝25kW	4	三用一备
5-1、5-2	生活水箱循环泵	流量：200m³/h，H＝12m，P＝7.5kW	2	一用一备
6-1、6-2、6-3、6-4、6-5	冷却塔循环泵	流量：200m³/h，H＝28m，P＝25kW	5	四用一备
7-1、7-2、7-3、7-4	闭式冷却塔	流量：200m³/h，P＝11kW	4	
10	蓄热水箱	有效容积：120m³	1	组合式不锈钢

备注：制冷＋热回收工况：冷冻水进水温度12℃，出水温度7℃；冷却水（地源侧）进水温度25℃，出水温度30℃；热回收侧进水温度25℃，循环至出水温度55℃。

制热工况：空调热水进水温度40℃，出水温度45℃；生活热水进水温度18℃，循环至出水温度55℃；地源侧进水温度15℃，出水温度10℃。

五、空调系统形式

1. 空调风系统

客房、办公室、餐厅等采用风机盘管＋新风系统。风机盘管吊顶内布置。气流组织为上送上回或侧送上回。网球馆设全空气系统，送风管、回风管设于场地上方。分层送风，气流组织采用侧送顶回的方式，送风管设于场地两侧上方，回风管设于场地中间上方。

2. 空调冷热水系统

空调冷水供/回水温度7℃/12℃，空调热水供/回水温度45℃/40℃。空调水系统为两管制，采用一次泵变流量（机组定流量，用户侧变流量）

运行。系统定压采用气压罐闭式定压。空调水供应系统的干管为环状管网，保证单点故障时系统的正常运行。1～4号楼为一个环路，5～6号楼为另一个环路。冷水循环泵与机组一一对应设5台，四用一备、变频控制。

六、通风、防排烟及空调自控设计

1. 通风系统

游泳池设置全面通风，排风换气次数为5h^{-1}。冬夏季室内设空调系统，过渡季节空调机组全新风运行，对室内进行通风换气。

地下车库设机械通风兼排烟系统，送风兼补风系统，送排风风机均设置在专用的风机房内。其他设备站房设置机械通风系统，所有的卫生间均设置机械排风系统。

2. 排烟系统

设计原则：尽量采用自然排烟，不满足自然排烟条件的采用机械排烟。

地下室超过50m^{2}且经常有人停留或可燃物较多的无外窗房间，设置机械排烟。排烟量按最大防烟分区面积120m^3/(h·m^2)，消防补风为送风量的50%。

超过20m的无自然排烟条件的内走道设置机械排烟系统，屋顶设置两台排烟风机，每层排烟竖井处设置常闭板式排烟口。

9号楼网球馆设置屋顶电动排烟窗，排烟面积不小于该场地面积的5%，自然补风。

3. 空调系统控制

每台新风机组的回水管上均设电动两通阀，通过新风送风温度自动调节水量，达到节能的目的。机组自动连锁空调机组的新风阀的启、闭。新风机组设压差报警装置。各新风机组均由楼宇自控系统集中控制和管理。

风机盘管回水管设电磁阀，采用自带液晶控制器、三速开关就地控制。

全空气系统空调机组的新风量可在总风量的20%～100%之间进行调节，并能根据室内空气状况和预测的空气参数自动调节送风温度和新风量；并自动连锁空调机组的新风阀、电动阀的启、闭。各空调机房均由楼宇自控系统集中控制和管理。

七、心得与体会

根据项目初期的岩土热物性勘察报告，冬季土壤的热传导系数要优于夏季，而该地区的夏季空调冷负荷远远高于冬季的热负荷，故该项目夏季配用了备用散热设备冷却塔，这样既有效保护了土壤的热平衡环境，又保证了系统安全可靠的运行。

该项目通过竣工验收投入使用之后，经过这几年的运行，室内温湿度达到设计要求。且系统运行稳定，很好地达到了设计目标。

西双版纳国际度假区傣秀剧场①

- 建设地点　　西双版纳
- 设计时间　　2013 年 5 月～2014 年 3 月
- 竣工日期　　2015 年 3 月
- 设计单位　　中国中元国际工程有限公司
- 主要设计人　张　瑾
- 本文执笔人　张　瑾
- 获奖等级　　三等奖

作者简介：

张瑾，高级工程师，2002 年毕业于北京建筑工程学院供热通风与空调专业；2002 年进入中国中元国际工程有限公司从事暖通设计工作至今；代表作品：燕翔饭店改扩建项目、金融街重庆金融中心、中关村 23 号地大型商业综合体、亚投行总部大楼、中航信高科技产业园总部办公、中国人民银行国家外汇管理局外汇储备经营场所等。

一、工程概况

云南西双版纳傣秀剧场工程（简称傣秀）是由大连万达集团股份有限公司投资开发建设的主题型娱乐秀场。本工程位于云南省西双版纳州景洪市西北部，西两侧倚靠背景山体，南临景洪市规划的北环路，西南部与景洪市工业园区一期相邻。

本工程为 1183 座乙等中型剧场建筑。项目总建筑面积 19500m²，其中地上建筑面积 13700m²（其中附属用房建筑面积 1300m²），地下建筑面积 5800m²。建筑耐火等级为一级；主体建筑结构形式采用钢筋混凝土框架-剪力墙结构，附属建筑采用钢筋混凝土框架结构。设计使用年限 50 年，抗震设防烈度 8 度。主体建筑高度 21m，地下 2 层，地上 3 层；附属用房建筑高度 8.5m，地上 2 层。

建筑外观图

二、工程设计特点

（1）为配合舞台演出及控制观众厅的温湿度需求，在水舞台与观众厅相交的边缘设置灯雾箱，此装置为国内剧场设计中的首创。

灯舞箱具有很高的集成度，利用有限的空间实现水池内表演灯光、喷雾、烟气、除湿等多重演艺效果所需要的多种功能。通过此装置设计，不仅解决了演出烟雾、灯光的需要，解决了水舞台对观众厅温湿度的影响，还优化了管线路由。面对如此复杂、庞大的系统，通过这样的创新，

① 编者注：该工程设计主要图纸参见随书光盘。

将其设计成适用、可靠、方便管理的系统，为舞台工艺在国内开拓了新的研究模式。

（2）首次在国内剧场通过信息化 BIM 平台实现从设计到施工到运营的全过程模拟管理。

由于傣秀建筑表演空间和设备管线的复杂性，施工精度的高需求性，必须通过 BIM7＋1 的协作平台模式统一管理和控制每个阶段的设计成果。BIM7＋1 即分别为幕墙、景观、夜景照明、导向标识、弱电、内装、包装；1 指土建设计。在施工阶段，通过 BIManywhere 系统对现场施工进行实时监督与指导，使得工程管理人员能够更深入地掌握现场发生的情况，指导并纠正现场施工状况，为整个施工保证了进度，提高了施工质量。

三、设计参数及空调冷热负荷

本工程夏季空调总冷负荷为 3472kW（其中集中电制冷机组提供的制冷量为 3050kW，由变制冷剂流量空调系统提供的制冷量为 422kW），冷指标为 178W/m²；冬季空调总热负荷为 900kW，热指标为 46W/m²。

四、空调冷热源及设备选择

冷、热源设计根据西双版纳地区的气候特点和本项目的使用特点，选用风冷热泵机组主要作为冬季热源，同时可兼用夏季供冷调峰冷源，减小了冷冻机房冷源的设计供冷量。

空调冷热源系统：夏季空调总冷负荷为 3472kW，空调系统冷源来自地下二层的冷冻机房，集中冷源由电制冷机提供。设置两台制冷量为 1125kW 的水冷螺杆式电制冷机，同时在附属用房房顶设置两台风冷电制冷机（该机组主要用作冬季供暖，夏季作为调峰用冷源，每台机组标准工况下制冷量为 400kW）。风冷热泵机组冬季可兼作水池一次加热热源（泳池加热时，不能提供供暖用空调）。有持续散热的电气设备间（如监控室、服务器机房、音响室、调光室等）、机械设备间（如液压机房、特效泵房等）和有超时使用需要的管理办公用房采用独立空调系统。服装干燥间、湿储藏间设独立除湿机组。水舞台区设置高效节能的除湿热泵空调系统。

空调水系统：一次泵变频变流量水系统。对应水冷冷水机组设置 3 台 170m³/h 的冷冻水循环泵，两用一备。对应风冷冷水机组，设置 3 台 80m³/h 的冷热水循环泵，两用一备。用于演员表演区域的机组及风机盘管为四管制，其他区域均为两管制。风机盘管与空调机组分设立管。空调水管立管及水平干管均为异程式。通过秀场水管井将空调冷热水输送至各层空调末端处。各环路系统干管到本环路内支管回水管上设置静态平衡阀。空调机组、新风机组水管上设置比例积分电动调节阀与动态压差平衡阀。

五、空调系统形式

观众厅与舞台区域无分隔，各区域温度、湿度要求不同（见表1），空间温度控制难度大。

舞台不同区域温湿度要求　　表1

房间名称	夏季		冬季	
	干球温度（℃）	相对湿度（%）	干球温度（℃）	相对湿度（%）
观众区	24	55	20	50
水中舞台	32	≤80	30	≤80
陆地舞台	28	≤80	28	≤80
空中舞台	32	≤80	30	≤80

观众厅：采用低速风道全空气系统，气流组织采用座椅下送风、观众区后侧的墙面回风的置换通风形式。共设 2 个空调系统，每个空调系统送风量为 45000m³/h，空气处理机组设在地下一层空调机房，直接送入位于观众席下方的空调静压箱内。每个座椅送风量为 110m³/h，为避免吹冷风感，座椅下的送风柱内气流流速控制在 1m/s 以内，送风孔风速控制在小于或等于 0.25m/s。观众区空调送风温度 21℃，送风温差 4℃，可通过座椅送风口内稳流器调节风量。为实现 4℃送风温差，采用二次回风进行再热，通过调节一、二次回风比例控制送风温度，并设置末端电加热进行送风温度精度调节。

干舞台：舞台设置全空气处理系统。由于各种灯光多，散热量大，为保证演职人员的工作条件，气流组织采用舞台后侧 4.5m 标高设置消声射流球形喷口，侧送风，上回风，顶排风的方式。喷口上设置调节阀，根据舞台演出需要可调节风口的送风方向和送风量。

水舞台区域：设置全空气除湿空调系统，在

水池与观众席之间的池岸周边设置下送上回的分隔气流，尽可能减少水池热湿空气对观众席的影响，同时负担水池表演区的热湿负荷。空气处理器采用除湿机组，机组设置在地下一层的空调机房内，从水池上空回风的热湿空气经过冷冻盘管一级处理后送入机组的蒸发器盘管进行除湿处理，空气流经蒸发器盘管将热能传递给冷媒，液态冷媒流过蒸发器之后变为气态，然后进入设备的压缩机，经压缩变为高温气态冷媒，压缩机排出的冷媒包含了压缩机消耗的能量，以及空气中回收的热量，高温气态冷媒与来自蒸发器的干冷气流进行能量交换，完成气流的再热过程。共设两个空调系统，每个系统的送风量 30000m³/h，经处理后的空气送入观众席与水池之间的分隔气流送风管。为达到有效的分隔效果，分隔气流采用喷口送风，风口风速 5m/s。

表演通道平台层，栅顶马道表演区：设置全空气空调系统，对人员活动区域进行送风，气流组织为在 11.5m 标高处均匀布置一圈侧送风，此处送风量为 40000 m³/h；并沿马道和栅顶区设置消声射流球形喷口顶送风，此处送风量为 50000m³/h。集中侧墙回风。优点：除湿机组的送风口位置的选择既能满足演出需要的湿度要求，又能减少由于湿舞台与观众席相邻的布置所造成热、湿气流对观众席的影响，提高观众席的舒适度。

通过针对舞台空间进行空调气流组织分析，对不同区域采用不同的空调系统，同时采用灯雾箱设施结合了演出效果和温湿度控制，为国内首创。

在观众厅与舞台空间全空气分区域空调气流组织设计上，运用大型国际先进软件，对空调典型工况下的气流组织进行了数值模拟（CFD），营造舒适的空调环境（见图 1 和图 2）。针对观众

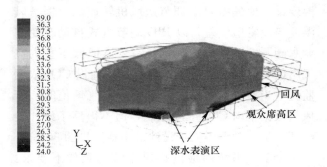

图 1　CFD 模拟表演区及观众席温度场剖面

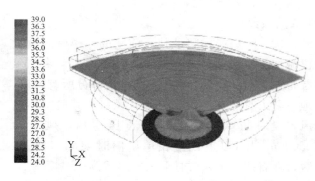

图 2　CFD 模拟距地面 1.5m 处的温度分布

席、干舞台、湿舞台、马道、乐队平台等不同空间设计不同的空调系统，以满足不同的温湿度要求。实际应用中也获得了演员、观众、办公人员很好的评价。

在初期的建筑方案中，观众席和干舞台之间没有护栏（玻璃护栏）的设计，但是经过后期的模拟计算发现，没有护栏的时候，观众区两侧靠近舞台处的温度无法满足设计需求，后经反复计算与权衡，最终选择设置护栏的方案。

六、通风、防排烟及空调自控设计

1. 通风设计

（1）舞台平台层的排风机房，设有 6 台独立排风机，可根据不同季节、观众人数多少、灯光散热量大小，通过与每个区域的空气处理机组的新风阀、回风阀的联锁控制，使风机风量合理匹配，达到灵活调整排风量的目的。

（2）变配电室、冷冻机房、设备间、水泵房等均设机械排风和机械补风系统，排风经过竖井由风机排至室外，补风将室外新风经过竖井由风机送至各房间，并保证排风量大于补风量，使这些区域常年处于负压状态，以满足各类房间空气品质要求。

2. 防烟系统设计

（1）防烟楼梯间带合用前室的，楼梯间和其合用前室分别设置机械加压送风系统。均采用常闭加压送风口。楼梯间每隔一层设一个加压送风口，地上着火时打开地上部分所有风口，地下着火时打开地下部分所有风口；合用前室每层设置一个加压送风口，着火时打开该层及其上下两层的风口。防烟楼梯间正压送风量为 16000m³/h，合用前室正压送风量为 13000m³/h（以上风量在单扇门时乘 0.75 的系数，在有两个出入口时乘

1.5 的系数）。

（2）防烟楼梯间带独立前室的，楼梯间设置机械加压系统，均采用常闭加压送风口，每隔 1 层布置 1 个。地上着火时打开地上部分所有风口，地下着火时打开地下部分所有风口。其前室不送风，仅对防烟楼梯间进行正压送风，风量为 25000m³/h（以上风量在单扇门时乘 0.75 的系数，在有两个出入口时乘 1.5 的系数）。

（3）各系统均设有泄压装置。

3. 排烟系统设计

（1）剧院的观众厅考虑消防排烟和补风。按上海市《建筑防排烟技术规程》DGJ 08—88—2006 计算排烟量，总排烟量约为 130000m³/h。考虑舞台可能有烟火表演，排烟量计算在火灾热释放量、火灾增长系数等相关参数取值时偏严。观众厅体积 21000m³，满足观众厅体积的 6h⁻¹ 的换气量。由于建筑较为密闭且在事故时人员疏散较一般建筑慢，故剧院另设有机械补风系统，补风量为排烟量的 50% 以上，利用平时空调系统的送风管送进室内。

（2）舞台区按防烟分区设计机械排烟和机械补风系统。按上海市《建筑防排烟技术规程》DGJ 08—88—2006 计算排烟量。考虑舞台可能有烟火表演，排烟量计算在火灾热释放量、火灾增长系数等相关参数取值时偏严。舞台区体积 10000m³，总排烟量约为 68000m³/h。利用平时的空调系统兼做火灾时的补风系统，补风量不低于排烟量的 50%。

（3）面积超过 50m² 的地下房间、地上超过 200m² 的有人长期停留的无窗房间均设计机械排烟系统。负担一个防烟分区的排烟系统风量按防烟分区每平方米面积 60m³/h 计算，负担两个或两个以上防烟分区的排烟系统风量按最大防烟分区面积的每平方米 120m³/h 计算。同时设置不小于排烟量 50% 的补风系统。

（4）长度超过 20m 的内走道，均设置机械排烟系统。

（5）演艺用特效按演艺要求就近排风，补风利用剧场平时空调系统兼作补风。其事故排风风机，由舞台排烟风机兼做。按照剧场体积的 6h⁻¹ 计算换气量。

（6）靠外墙处的房间，考虑自然排烟方式，窗的有效开窗面积要满足地面面积的 2%，当不

满足上述要求时，设置机械排烟及补风系统。

（7）机械加压送风防烟系统和排烟补风系统的室外进风口布置在室外排烟口的下方，且高差不宜小于 3.0m；水平布置时，水平距离不小于 10m。

4. 自动控制系统

（1）冷水机组的控制：通过自身的控制系统保证冷冻水供水温度，根据冷负荷变化自动调节制冷量大小。检测冷冻水泵、冷却水泵和冷却塔的运行参数及启停顺序、启停台数及轮时启、停顺序，自动显示机组各种参数及故障报警信号。冷水机组与机组出口管道上的电动阀、冷却水泵电气联锁，冷却塔与对应电动水阀之间的电器联锁。制冷主机开启控制：冷却塔风机—冷却水的电动阀—冷却泵—冷冻水电动阀—冷冻泵—冷水机组，停机顺序相反。冷冻水泵、冷却水泵亦可单独手动投入运转。

冷却水塔采用共用集管并联运行，底部水槽连通。根据冷却水供水温度控制冷却塔风机的转速。

设置总供冷、热量计量装置，自动计量冷、热量消耗。

（2）水系统的控制：根据系统冷、热负荷变化，控制设备投入数量；空调水采用变频变流量时，可根据供、回水管间的压力差或供回水温差改变循环泵转速，通过冷水机组的最小流量不得低于额定流量的 70%，冷冻水供回水总管间设置压差旁通装置。

（3）新风机组的控制：新风送风温度由送风总管上的温度传感器经现场控制器 DDC 指令新风机组冷热盘管回水支管上的比例积分式电动两通阀开度来调节水量，实现新风送风温度稳定在设定值上。新风阀与风机联锁控制。

（4）空调机组的控制：根据回风温度与室内温度设定值偏差自动调节送风机转速。根据送风温度与设定值偏差，以 PID 调节方式自动改变空调水阀开度。供冷季当室外空气焓值低于室内空气焓值时，按最大新风比运行。室内设 CO_2 浓度监测，当室外空气焓值高于室内空气焓值时，新风量根据室内 CO_2 浓度控制，但不得高于设计最小新风量，且不得低于设计最小新风量的 50%。

全空气系统对应的排风系统满足如下要求：最小风量满足空调季设计最小新风量排风要求；

最大风量满足最大新风比运行时的排风要求。新风阀与风机联锁控制。

空调机组、新风机组水管上设置比例积分电动调节阀与动态压差平衡阀；机组粗、中效过滤器设压差报警装置；新风阀和回风阀动作随室外空气变化调整。空调机组新风量可在总风量的10%～100%间调节，监控系统显示各个空调系统运行工况（如：房间温湿度、空调送回风温度、新风温度、冷水供回水温度及故障报警等），能根据室内空气状况和预设置空气参数自动调节送风温度和新风量，各空调机房由楼宇自控系统集中控制管理。

（5）风机盘管由温控三速开关进行控制，在风机盘管回水管上设置电动两通阀以满足末端负荷，并达到节能目的。

（6）所有空调机、通风机均设置远距离启停、就地季节转换及检修开关。

（7）各层卫生间与屋顶排风机联锁启停。

（8）事故通风设备在室内、室外便于操作的地点设置电器开关。

七、心得与体会

本项目暖通设计运用了多种技术手段，通过大量的计算、分析，经过反复论证，选择出了最能与建筑方案完美融合的空调、通风方案，保证整台秀的完美演绎。通过本项目的设计，深入研究并总结了适合本类型剧场舞台、观众厅等重要组成元素的特点，成为我国文化创意产业发展的先驱。实现了建筑、设备与艺术效果的完美结合，使建筑空间成为演出的重要组成部分。同时在投入使用一年多的时间里，各项技术难点均经过了实验测试，实施效果理想，成为表演艺术、建筑空间、结构空间、地域特色完美结合的典范之作，得到了业主、观众等社会各界的一致好评。

陕西省核工业二一五医院整体迁建项目①

- 建设地点　　陕西省咸阳市
- 设计时间　　2010 年 4 月～2012 年 3 月
- 竣工日期　　2014 年 3 月
- 设计单位　　中国中元国际工程有限公司
- 主要设计人　符晓满　汤小丹　周　喆　朱娇颖
　　　　　　　秦玉超
- 本文执笔人　符晓满
- 获奖等级　　三等奖

作者简介：

符晓满，高级工程师，1988 年 7 月毕业于湖南大学暖通空调专业；现就职于中国中元国际工程有限公司；代表作品：北京 2008 年奥运会丰台垒球场、东直门交通枢纽暨东华国际广场商务区公交场站及南区商业、交通枢纽集散大厅、中新天津生态城代谢病医院等。

一、工程概况

本工程为陕西省核工业二一五医院整体迁建项目门诊、医技、病房楼。项目用地位于咸阳市区内，南侧临近医院原址，北侧贴临咸阳陶瓷研究院；东侧靠近福园国际时代广场；西侧贴临陕西省纺织器材研究院。陕西省核工业二一五医院是一所三级甲等综合性医院。

建筑外观图

本工程门诊、医技、病房楼，是由南北 2 栋高层病房楼和门诊医技部分的裙房构成综合性一体化建筑，建筑地下 2 层，裙房部分地上 5 层，两栋病房楼地上 12 层，建筑高度裙房部分结构标高 23.65m 及 24.65m，病房楼结构标高 48.85m。

本工程总建筑面积 91231m²，其中地上 74060m²，地下 17171m²，容积率 5.22。总床位数：1134 床。年门急诊量：30 万人次。

地下二层为停车库，部分为机械停车，战时为 6 级人防物资库，地下一层为放疗中心、核医学科、营养厨房、设备用房、太平间；首层为门诊大厅、急诊、门诊治疗、儿科、肠道科、发热门诊、出入院大厅和血透中心；二层为外科、五官科、放射科、影像科和介入中心；三层为专家门诊、内科、功能检查、检验科和内镜中心；四层为行政办公、体检中心、妇产科、ICU、血库、病理科、配液中心和中心供应；A 区五层为神经内科护理单元，其下设置管道夹层；B 区五层为手术部，其上设置设备夹层，六层以上均为各科护理单元。

建筑体形系数为 0.17，窗墙比东、南、西、北向分别为 0.368 \ 0.342 \ 0.239 \ 0.245。

本工程为一类高层建筑，耐火等级为一级，抗震设防烈度为 8 度第一组，屋面防水等级为 Ⅱ 级，地下室防水等级为一级，地下二层人防按 6 级物资库设计。本工程设计使用年限 50 年，建筑结构形式为框架-剪力墙结构，本工程室内环境污染控制类别为 Ⅰ 类。

二、工程设计特点

本工程设置集中空调系统，冷热源均采用燃气型直燃机组，总制冷量/总制热量为 9306kW/

---

① 编者注：该项目工程设计主要图纸参见随书光盘。

9323kW，直燃机房位于地下一层，空调水系统为一次泵变水量系统，分为洁净空调、内区风机盘管、新风和空气处理箱环路和风机盘管环路及供暖环路。空调冷冻水（温水）系统采用变频水泵加闭式气压罐补水定压，补水采用软化水，空调冷、热水系统均设置真空脱气机，为保证水系统排气管路无坡度敷设。门诊及住院大厅采用空气品质好、档次高、舒适可靠的分层全空气空调系统；候诊、病房、诊室、超市、办公室和管理室等采用经济节能、控制灵活的风机盘管加新风系统；手术室、ICU、无菌品库和一次品库、产房、洁净配液中心、血透室采用空调精度高、安全洁净的净化空调系统；化验室采用空调品质高、可避免交叉污染、安全可靠的直流空调系统；CT、DSA检查室、影像中心机房、消防控制、电话网络机柜室采用管理方便、经济节能、可独立运行的变冷媒流量的空调系统；计算机中心采用空调精度高、可独立运行的恒温恒湿机房专用空调系统；电梯机房采用分体空调系统。

本工程按现行国家标准及相关技术措施设置若干机械排风系统及对应的补风系统。

本工程按防火分区及防烟分区分别设机械排烟及补风系统；不能自然排烟的防烟楼梯间、防烟楼梯间前室、合用前室分别设置加压送风系统；全楼共设置了36套机械排烟系统和12套机械加压送风系统。

本工程设有与本工程级别相适应的空调通风自控系统与节能系统。

经过两年多的运行，本工程暖通专业设计完全满足了全年空调、供暖、通风、人防及消防的要求，得到了院方和业内人士的高度评价。

三、主要技术经济指标

本工程主要技术经济指标如表1所示。

主要技术经济指标　　　　表1

类别	数量	建筑（空调）面积（m²）	指标	备注
空调计算冷负荷	8860kW	91231	97.1W/m²	
热回收冷负荷	—			

续表

类别	数量	建筑（空调）面积（m²）	指标	备注
空调计算热负荷	8700kW	91231	95.3W/m²	
热回收热负荷	—			
总新风量	33200 m³/h	91231	0.36m³/（h·m²）	
总加湿量	175 kg/h	(2500)	70g/（h·m²）	电热式蒸汽加湿器，仅洁净空调系统设置加湿系统
冷源总耗电量	306kW	91231	3.35W/m²	
热源总耗电量	208kW	91231	2.28W/m²	
空调、通风总耗电量	1737kW	91231	19W/m²	其中净化空调总用电量：698 kW

四、冷热源

本项目用地位于咸阳市区内（医院整体迁建至原址对面），当地的市政热力资源不能满足医院的全年热负荷需求，空调系统也需全年运行，当地天然气资源充足，经过前期技术比较，本工程采用燃气型直燃机组作为工程的冷、热源，此类型机组调节能力强（5%～115%），可根据室外气温和室内负荷变化全自动进行无极变频负荷调节，运行费用低，充分满足了该工程全年不同时期的供暖、空调系统的冷量、热量需求。

根据生活热水负荷和运行调节要求，选择1台全自动常压燃气热水锅炉作为本工程的生活热水热源，总供热量为2.1MW，可满足全院卫生热水的加热需求。

冷却水供/回水温度为32℃/38℃，冷冻水供/回水温度为7℃/14℃，空调热水供/回水温度为60℃/50℃，一次卫生热水供/回水温度为95℃/70℃。

经过2年多的运行使用，完全达到设计要求，同时也得到了业主的充分肯定和好评。

五、空调水系统

空调水系统分为洁净空调、新风机组环路和地板供暖环路三大环路，竖向干管异程布置。洁净空调环路为异程式四管制，新风机组均为两管制，洁净空调机组和新风机组表冷段、加热段回水管上均设置动态平衡电动调节阀以保证机组工况的稳定；空调水系统各分环路回水总管上设置静态平衡阀，冷凝水就近集中收集，排至集水坑、卫生间、污洗间、空调机房、开水间、报警阀室等房间地漏。

六、空调风系统

门诊及住院大厅采用分层全空气空调系统，同时设置地板辐射供暖系统以保证冬季供暖效果。大厅空调系统可根据气候变化变新风比运行，设计最大新风比均大于或等于 80%。

四层中心供应、ICU、洁净配液、五层手术部、洁净走廊、清洁走廊、无菌品库等区域设置四管制净化空调系统，同时对应设置机械排风系统以保证要求的压力梯度。净化空调机组夏季再热采用电加热器加热，冬季采用电热式蒸汽加湿系统加湿。净化空调机组均为变频机组。

除洁净空调系统以外的办公室、候诊、诊室、病房、药房、药品储藏室、休息、超市、污洗、餐厅等房间均采用风机盘管加新风系统，新风机组均为两管制。

直线加速器室、模拟定位、后装室、CT、ECT、放射科及控制室等设置可独立运行的变冷媒流量（VRV）空调系统。

放射科的 MRI 机房设恒温恒湿机房专用空调系统，新生儿抚触游泳室、新生儿护理室设恒温恒湿空调机；消防控制室、网络中心设冷暖型分体空调机，并采用全热能量回收新风换气机回收部分能量。

七、通风系统

通风系统严格按建筑功能分区、排风系统性质分开或独立设置。

车库、变配电室、冷冻机房、水泵房等均设机械排风和机械补风系统，排风由风机经过竖井排至室外，补风将室外新风经过竖井由风机送至各房间，并保证排风量大于补风量，使这些区域常年处于负压状态，以满足各类房间对空气品质的要求。

所有公共卫生间、浴室均设置机械排风系统，屋顶设置集中排风机。

重症病房、男女卫浴、更衣、配餐、库房、污洗、洗消、污物、换药室均设机械排风系统，视情况或直接从本层侧墙排出室外，或经竖井由屋面排风机排出；直线加速器室设置独立的送、排风系统；ECT、病理室设置独立的排风系统。

各空调内区均设空调新风机械排风系统，排风口设置部位为有污染或无外窗的内房间及走廊，排风量与新风量协调而定。

所有电梯机房均设置机械排风系统。

设有 FM200 气体灭火系统的无外窗的房间（地下一层分配电所）及气瓶间设置机械排风系统兼作事故排风消防系统。

净化区按洁净空调系统分设独立排风系统，排风量与空调新风量协调，通过新、排风管上设定风量阀控制恒定的新、排风量，保证要求的压差；排风出口设电动密闭阀，并与排风机联锁，排风经过滤后从本层侧墙或设备层排出；洁净配液、层流病房设置独立的机械排风系统，排风经过滤后由通风竖井从屋面排出。

地下一层厨房设机械排风、事故排风和机械补风系统共 5 个。

八、心得与体会

经过两年多的运行，陕西省核工业二一五医院整体迁建项目的空调通风系统运行效果良好，得到了院方和业内人士的高度评价。净化空调机组均可变频运行，空气处理机组可根据气候变化采用变新风比运行，最大新风比大于或等于 80%，节能效果显著。同时采用燃气型直燃机组作为工程的冷、热源，集中空调冷水系统采用大温差供水，减少了冷冻水输配能耗，运行费用比较经济。

由于项目容积率偏高（5.22），建筑功能复杂，同时建筑控制立面及吊顶高度的要求又比较高，各层管线的汇总问题比较突出。本专业机房繁多，风、水管空间占位比重大，各专业紧密配合，最终基本满足了各专业的设计要求。

设计体会是：在建筑功能布置允许的情况下话，暖通专业机房位置最好贴临服务区域设置，进、排风井应与机房贴临布置。

邢台学院体育馆暖通设计①

- 建设地点　　河北省邢台市
- 设计时间　　2009 年 10 月～2010 年 1 月
- 竣工日期　　2012 年 3 月
- 设计单位　　天津大学建筑设计研究院
- 主要设计人　涂岱昕　姚　远　王丽文　胡振杰
- 本文执笔人　涂岱昕
- 获奖等级　　三等奖

作者简介：

涂岱昕，高级工程师；2008 年毕业于天津大学供热、供燃气、通风与空调专业，博士；工作单位：天津大学建筑设计研究院；代表作品：响螺湾五矿大厦、响螺湾燕赵大厦、响螺湾恒富大厦、华北理工大学图书馆、天津市代谢病医院、天山米立方、天津市天颐京城酒店等。

一、工程概况

邢台学院体育馆项目位于河北省邢台市邢台学院院内，为综合体育馆。体育馆由Ⅰ区体育馆、Ⅱ区游泳馆、Ⅲ区训练馆三部分组成，体育馆呈椭圆形。体育馆等级为甲级，游泳馆规模为中型。

建筑总用地面积 63883m²，总建筑面积 25659m²，其中地上 23931m²，地下 1728m²。容积率 0.40，绿化率 32.7%。包括 4167 席综合比赛馆，539 席游泳馆，地上部分主体单层，两侧看台局部有夹层，主馆比赛场上空净高 21.3m，训练馆净高 11m，游泳馆净高 9.5m，地下一层，层高 4.5m。

本项目曾为 2012 年河北省第十七届大学生运动会的主场馆，投入使用后空调系统运行良好，本项目的设计达到了建设单位的使用要求。

建筑外观图

① 编者注：该工程设计主要图纸参见随书光盘。

二、设计特点

1. 制冷站设计

（1）空调冷、热源：采用电制冷＋校园热网作为空调冷、热源，夏季提供 7℃/12℃ 的冷水；冬季提供 60℃/50℃ 的热水。冷、热源机房设在地下一层。训练馆散热器供暖系统热源为校园热网提供 75℃/55℃ 的热水。

（2）冬、夏季分别设置冷、热水循环泵，循环水泵均设一台备用泵。

（3）水系统采用变频泵补水定压，补水为软化水。

2. 空调风系统

（1）办公、休息等房间，考虑使用的灵活性，采用风机盘管＋新风系统，气流组织均为上送上回。

（2）多功能室、游泳馆、训练馆、比赛馆和 685 座大会议室采用定风量全空气处理方式，空气处理设备为组合式空调器。

（3）主馆比赛场根据场内不同区域的特点，将其划分为三个空调区，分别设置空调系统：

1）比赛场地部分：采用上送，侧回的气流组织形式，送风管网架内敷设，送风口采用球形喷口；

2）观众席（固定座椅区）部分：采用侧送，

侧回的气流组织形式，送风口采用自动温控球形喷口；

（3）观众席（活动座椅区）部分：采用侧送，下回的气流组织形式，送风口采用双层百叶风口。

（4）游泳馆采用全空气处理方式。组合式空调器内设双风机和板翅式显热交换器。气流组织采用上送，下回形式，送风口采用自动温控旋流风口。

3. 空调水系统

（1）水系统为两管制、异程式系统，竖向不分区。

（2）冷水系统采用一级泵系统，冷源侧定流量；负荷侧变流量。

（3）游泳馆设地板辐射供暖。

（4）训练馆采用散热器供暖和空调热风相结合的方式：散热器按维持室温10℃设计，不足部分由空调系统负担。

4. 通风系统

（1）地下各设备用房均设置机械通风系统。

（2）多功能厅、游泳馆、比赛馆和685座大会议室等采用机械排风。

（3）地上暗房间及卫生间等设机械排风系统。

5. 空调系统控制

（1）风系统控制：全空气系统在过渡季，当室外空气焓值低于室内空气焓值时，改为全新风模式。

（2）水系统控制：

1）制冷系统调节：制冷站设群控系统，根据负荷大小、室外气象参数及供水温度等参数综合判断，自动调节冷机出力大小；冷机、循环水泵及冷却塔风扇开启台数等，使整个系统在效率的最高点运行。

2）供暖系统调节：换热机组内设气候补偿器，冬季在保持室内温度的前提下，根据室外气温变化自动改变供、回水温度，对热媒进行质调节，实现"按需供热"和节能的目的。

3）空调冷水系统：冷源侧定流量运行，负荷侧变流量运行，供、回水干管之间设置压差旁通，根据供、回水干管之间压差值自动调节旁通管上电动调节阀的开度。

4）空调热水系统：二次侧循环泵均为变频水泵，供、回水干管间设压差控制器，根据压差变化自动调节循环水泵的转速。

5）在接风机盘管的回水管上设动态平衡电动两通阀，就地控制。在压差变化时（一定的范围内）保证风盘流量为设计流量，由室内温度决定两通阀的开启或关闭。

在接新风机组和组合式空调器的回水管上设具有流量平衡和等比例积分调节功能的动态平衡电动调节阀，由楼控系统控制。新风机组根据送风温度调节动态平衡电动调节阀；组合式空调器根据回风温度调节动态平衡电动调节阀。

三、技术经济指标

1. 空调冷、热负荷指标

空调面积：23836m²；

夏季冷负荷为3600kW，151W/m²；冬季热负荷为3800kW，159W/m²。

2. 机组选型

冷源：两台制冷量为1490kW螺杆式冷水机组＋一台制冷量为628kW螺杆式冷水机组；

热源：水-水换热机组一台，机组内设两台板式换热器，单台换热量为2500kW，按设计热负荷的65％配置，当一台换热器停止工作，仍可保障基本供暖需求。

3. 机组性能参数

（1）螺杆机组性能参数：COP≥5.41；IPLV≥6.23；

（2）冷、热循环水泵设计工作点效率≥70％；

（3）热回收效率≥60％。

4. 新风量

比赛馆、训练馆：20m³/（h·人）；办公：30m³/（h·人）。

四、优缺点

该项目是邢台市最大的综合体育馆，建成后将作为2012年河北省第十七届大学生运动会的主场馆，还要兼顾供集会、体育比赛和大型娱乐活动的使用以及社会体育休闲活动的需要，以补充邢台市文娱体育设施的不足。建设方对体育馆的设计提出了较高的要求，同时对空调系统的初投资、使用效果及后期运行费用等也十分关注。

在设计过程中，与建设方充分沟通，详细计算、认真分析，综合考虑该建筑负荷特征及使用特点等因素，合理选择空调形式，在提供舒适环境的前提下，尽可能降低能耗。

主馆比赛场，对比赛场地、观众席（固定座椅区）、观众席（活动座椅区）三个区域分别设置空调机组，采用不同的气流组织形式，满足各部分需求。

训练馆结合使用方需求，采用空调热风与散热器供暖相结合的方式，在绝大多数没有空调需求的时间内，使用散热器供暖满足基本要求，尽量能降低能耗。

设计中，对所有大空间的空调系统均进行了详细分析，合理选择气流组织形式，并对送风口的射流长度等均进行了校核计算，根据计算结果，合理选型。项目投入使用后，空调系统运行良好，得到建设方和使用方的一致认可。

软通旭天（天津）服务外包园 A 区暖通设计①

- 建设地点　　天津市
- 设计时间　　2008 年 7～10 月
- 竣工日期　　2011 年 10 月
- 设计单位　　天津大学建筑设计研究院
- 主要设计人　涂岱昕　冯卫星　王丽文　胡振杰
- 本文执笔人　涂岱昕
- 获奖等级　　三等奖

作者简介：

涂岱昕，高级工程师；2008 年毕业于天津大学供热、供燃气、通风与空调专业，博士；工作单位：天津大学建筑设计研究院；代表作品：响螺湾五矿大厦、响螺湾燕赵大厦、响螺湾恒富大厦、华北理工大学图书馆、天津市代谢病医院、天山米立方、天津市天颐京城酒店等。

一、工程概况

软通旭天（天津）科技外包园-A 区位于天津空港物流加工区，项目功能是集研发、办公、配套商业为一体的办公综合楼。

该项目总用地面积 15000m²，总建筑面积 59180m²，其中地上 46662m²，地下 12518m²，容积率 3.0，主体建筑高度 43.00m，高层主体 10层，裙房两层，地下一层。

建筑外观图

二、设计特点

1. 制冷站设计

（1）空调冷、热源：采用电制冷＋市政热网作为空调冷、热源，夏季提供 7℃/12℃ 的冷水；

冬季提供 60℃/50℃ 的热水。冷、热源机房设在地下一层。

（2）冬、夏季分别设置冷、热水循环泵，循环水泵均设一台备用泵。

（3）水系统采用变频泵定压，补水为软化水。

2. 空调风系统

（1）各房间均采用风机盘管或吊顶式空调器＋新风系统；

（2）二～十层新风系统：按朝向划分为西南和东北两区，分区设置新风系统，从三层起：

A1 区奇数层新风机组负担本层及上一层西侧和南侧房间的新风；偶数层新风机组负担本层及下一层东侧和北侧房间的新风；

A2 区奇数层新风机组负担本层及上一层东侧和南侧房间的新风；偶数层新风机组负担本层及下一层西侧和北侧房间的新风。

新风机组设初、中效两级过滤及热回收。

3. 空调水系统

（1）水系统为两管制、异程式系统；竖向不分区。

（2）冷水系统采用一级泵系统，冷源侧定流量；负荷侧变流量。

4. 通风系统

（1）地下车库通风采用喷流诱导通风系统，车库内形成接力式的射流，将整个空间的空气诱

---

① 编者注：该工程设计主要图纸参见随书光盘。

导和卷吸起来，防止污染物聚集，达到良好的通风效果。由于没有风管系统，降低层高、节省造价。

（2）地下各设备用房均设置机械通风系统。其中，变电站和配电室通风系统单独设置，补风为空调器补风。

（3）厨房设局部排油烟和全面排风系统，补风为空调器补风。油烟经油烟净化器过滤，达标后再排入大气；全面排风兼作事故排风，排风量按 $12h^{-1}$ 设计。

5. 空调系统控制

（1）风系统控制：在过渡季，当室外空气焓值低于室内空气焓值时，热回收新风机组内新风和排风均通过机组内旁通阀绕过热交换器，不做热交换。

（2）水系统控制

1）制冷系统调节：制冷站设群控系统，根据负荷大小、室外气象参数及供水温度等参数综合判断，自动调节冷机出力大小；冷机、水泵及冷却塔风扇开启台数等，使整个系统在效率的最高点运行。

2）换热机组内设气候补偿器，冬季在保持室内温度的前提下，根据室外气温变化自动改变供、回水温度，对热媒进行质调节，实现"按需供热"和节能的目的。

3）空调冷水系统：冷源侧定流量运行，负荷侧变流量运行，供、回水干管之间设置压差旁通，根据供、回水干管之间压差值自动调节旁通管上电动调节阀的开度。

空调热水系统：二次侧循环泵均为变频水泵，供、回水干管间设压差控制器，根据压差变化自动调节循环水泵的转速。

4）在接风机盘管和再热盘管的回水管上设动态平衡电动两通阀，就地控制，在压差变化时（一定的范围内）保证风盘流量为设计流量，由室内温度决定两通阀开启或关闭。

在接新风机组和组合式空调器的回水管上设具有流量平衡和等比例积分调节功能的动态平衡电动调节阀，由楼控系统控制。新风机组根据送风温度调节动态平衡电动调节阀；组合式空调器根据回风温度调节动态平衡电动调节阀。

三、技术经济指标

1. 空调冷、热负荷指标

夏季冷负荷为 5580kW，94W/m²；冬季热负荷为 4800kW，81W/m²。

2. 机组选型

（1）冷源：两台制冷量为 2285kW 的变频离心式冷水机组＋一台制冷量为 1020kW 的螺杆式冷水机组；

（2）热源：水-水换热机组一台，机组内设两台板式换热器，单台换热量为 3200kW，按设计热负荷的 65％ 配置，当一台换热器停止工作，仍可保障基本供暖需求。

3. 机组性能参数

（1）变频离心式冷水机组：COP≥5.80；IPLV≥6.93；

螺杆机组性能参数：COP≥4.96；IPLV≥5.80。

（2）冷、热循环水泵设计工作点效率≥70％。

（3）热回收效率≥60％。

4. 新风量

餐厅：20m³/（h·人）；办公：40m³/（h·人）。

四、优缺点

该项目是集研发、办公、配套商业为一体的办公综合楼，体量大、人员多、负荷大。建设方对空调系统的初投资、使用效果及后期运行费用等均十分关注。在设计过程中，与建设方充分沟通，详细计算、认真分析，综合考虑该建筑负荷特征及使用特点等因素，合理选择空调形式。

该项目中建设方最为关注的是：室内有大量的办公与研发人员，空气品质对工作人员的健康及工作效率等有较大影响。针对建设方要求，设计中首先采用较高新风量标准；其次，二～十层按朝向布置新风系统，新风机组设粗、中效两级过滤及热回收；最后在送风管上预留高能离子净化器的位置及电源。

项目投入使用后空调系统运行良好，得到建设方和使用方的一致认可。

石河子科技馆及青少年文化宫

- 建设地点　　　新疆石河子市
- 设计时间　　　2010 年 9 月～2011 年 2 月
- 竣工日期　　　2014 年 1 月
- 设计单位　　　天津大学建筑设计研究院
- 主要设计人　　张君美　胡振杰　王丽文
- 本文执笔人　　张君美
- 获奖等级　　　三等奖

作者简介：
　　张君美，高级工程师，2005 年毕业于天津城建学院热能与动力工程专业，硕士；现在天津大学建筑设计研究院工作；代表作品：鄂尔多斯市第一中心、石家庄传媒大厦、颐航大厦等。

一、工程概况

　　本工程地下 1 层，地上 5 层。地下层为设备房、汽车库（71 辆车）和活动室；地上层为科技展览、剧院（816 座）、4D 影院（187 座）、青少年宫及相关附属用房。结构形式为框架剪力墙结构，建筑高度：31.9m。本工程性质为综合楼，建筑分类为二类高层建筑，耐火等级：地下一级，地上二级，汽车库Ⅲ类。本工程总建筑面积为 37636m²，其中地上建筑面积为 30802.2m²，地下面积为 6834.09m²，建筑占地面积 9332.4m²。

　　本项目主要为广大青少年提供展示科技、学习科技、探索科技的场所。本建筑用地北侧布置科技馆，4D 球幕影院完整的球形体量作为科技馆的象征，被布局在用地东北角，西面设置演艺厅及公共共享区，南侧布置青少年文化宫。

　　本工程的建设弥补了石河子市科技类建筑的稀缺，提升了市民的科技生活水平，为青少年提供了科普教育基地。

建筑外观图

二、系统设计

1. 冷热源设计

　　（1）该工程总建筑面积约 37636m²，冬季热负荷计算为 3280kW，热指标为 87W/m²；夏季冷负荷计算为 4749kW，冷指标为 126W/m²。

　　（2）该工程夏季采用两台蒸汽溴化锂吸收式水冷冷水机组为其供冷，该制冷机组单台制冷量为 2412kW；设于地下层制冷机房内，冷冻水泵、冷却水泵各设三台，两用一备。冷冻水供/回水温度为 7℃/12℃，冷却水供/回水温度 30℃/35℃。冬季利用 0.6MPa 的市政蒸汽，用热交换出 60℃/50℃ 热水供冬季空调使用，热水循环泵采用一用一备，水处理设备、水箱及定压膨胀装置设于地下室的制冷机房内。溴化锂吸收式双效制冷机蒸汽压力为 0.6MPa 时，单位制冷量蒸汽耗量≤1.31kg/kWh。空调冷水循环水泵的 ER 值≤0.0241。

2. 空调系统设计

　　（1）空调形式：该工程采用中央空调系统，少年宫、科技馆五层及各功能小房间采用风机盘管加独立新风系统；剧场，科技馆展厅，4D 球幕影院，共享大厅等采用组合式空调器处理系统。

　　（2）室内空气处理：

　　1）采用风机盘管的系统，风机盘管设置在房间吊顶内，通过设置在房间吊顶上的送回风口使房间内空气得以处理，末端风机盘管回水管上设置开关式电动两通阀与动态平衡阀的组合阀。风机盘管负担房间热、湿负荷。

2）采用全空气空调器处理的系统，组合式空调器设于空调机房内，送风通过送风管道送入空调房间并与室内空气进行热湿交换，回风经回风管道回到空调机房与新风混合后再经空调器处理后送入室内。

（3）空调水系统：采用两管制，竖向干管异程设置于空调机房或竖井内，并与水平干管相接，水平干管敷设于各层走廊吊顶内，水平干管为异程式敷设。

（4）空调自控设计：

1）空调供回水管间设压差控制旁通电动调节阀，根据供回水管压差值的变化控制旁通水量，实现部分负荷时节能运行。

2）分、集水器间设压差控制装置，根据供回水管压差值的变化控制旁通水量，实现对冷水机组及水泵台数的控制。

3）风机盘管设有冷热模式转换的恒温控制器，风量由三速开关控制。风机盘管回水管上设动态平衡电动两通阀。新风机设电动调节阀。空调器回水管设置比例式电动两通阀与动态平衡阀组合为一体的流量控制阀，根据回风温度调节水流量。

4）组合式空调机组、新风机的新风入口处，设电动保温阀与风机连锁，当冬季风机停止运行时，风阀关闭，防止冻裂表冷器。

5）冬、夏季蒸汽耗量设热计量装置——蒸汽流量计进行监测。

3. 通风及防排烟系统设计

（1）地下汽车库设置机械通风系统，通风系统按防火分区设置。通风量按 $6h^{-1}$ 换气次数计算（层高按 3m 计），排烟量按 $6h^{-1}$ 换气次数计算。

（2）制冷机房、水泵房等以及超过 20m 的内走廊采用机械通风排烟方式，排烟量按照 $60m^3/h$ 计算。风管的各个分支管段设有电动回风排烟防火阀进行排风和排烟的转换。设置气体灭火的地下变电站设机械通风系统，排风量按 $10h^{-1}$ 计算。

（3）地下柴油发电机房、贮油间设机械排风、送风系统，贮油间的排风量按 $5h^{-1}$ 设计，柴油发电机房的补风量按 $63000m^3/h$ 计算。

（4）剧场中庭、剧场舞台、少年宫中庭设机械排烟系统，体积小于或等于 $17000m^3$，换气次

数 $6h^{-1}$，体积大于 $17000m^3$，换气次数 $4h^{-1}$。

（5）楼梯间及前室设置加压送风系统进行防烟。

三、设计特点

中央空调系统主要设计思路：

（1）对比分析多种制冷方式，最终选择合理的冷热源形式。

（2）选择合理的空调末端形式及气流组织形式。

设计难点：

（1）该项目建筑形式复杂，增加了空调系统设计的难度。

（2）非合理工期设计，增加了设计工作的强度和难度。

（3）严寒地区如何保证空调系统的正常运行是本项目的又一设计难点。

设计过程中，针对本项目的以上特点开展工作，首先确定冷热源形式：经过与甲方的多次沟通与实地考察，证实该项目附近建有热电厂，可全年提供温度较高的工业余热（蒸汽），经技术经济论证后，冷热源选择蒸汽型吸收式冷水机组。该项目的冷热源形式与其附近的热电厂形成了冷热电联产，实现了能量综合梯级应用，使一次能源综合利用效率显著提高，既有环境效益，又有经济效益。

空调系统末端设计：该建筑包含科技馆、剧院、4D 影院、青少年宫四个功能，既是一体建筑，又相对独立，且四个功能房间均为高大空间，需根据温湿度参数、允许风速、噪声标准、空气质量、室内温度梯度及空气分布特性指标等要求，再结合室内装修、工艺布置等特点进行设计计算，合理设计气流组织。

其中，剧院的空调末端形式采用座椅下送风空调形式，地面送风口上设置下送风器，并和座椅相结合，组成下送风座椅。座椅下送风器不仅是座椅的支撑结构，而且是观众厅空调系统的末端出口。经空调机组处理过的空气通过座椅下静压箱直接送入人体就坐区。这种送风方式不仅简化了送风管道，而且可以均匀分配风量，为有效的空调效果和合理的气流分配提供了保证。

4D 球幕影院外围护结构为点式玻璃幕墙，内

嵌 3/4 球形网架结构，整个影院自下而上设置四个风道柱，风道柱既是支撑结构，又可作为建筑装饰，同时又兼作空调风道，三大功能巧妙结合，二层大厅就是沿风道柱四周安装筒形喷口进行送风。

最后，该项目位于严寒地区，建筑的节能要求尤为复杂。要充分考虑新疆地区的日照时间长、冬天气温偏低的情况。玻璃幕墙选用三层玻璃满足较高的传热系数的要求，且设置电动窗帘抵御长时间日照对室内空间的影响。本工程严格按照《公共建筑节能设计标准》GB 50189—2005 进行设计，各房间冷热负荷均按节能规范要求计算。同时共享大厅、4D 球幕影院等空间均设置低温辐射供暖系统，以保证空调系统的冬季运行效果。

该项目自 2014 年 1 月投入使用以来，空调及通风系统运行情况良好，节能效果显著，受到了当地政府和群众的一致好评，现在石河子科技馆及青少年宫已成为石河子市的地标性建筑。

海河剧院及附属用房

- 建设地点　　　天津市
- 设计时间　　　2011 年 3 月
- 竣工日期　　　2012 年 11 月
- 设计单位　　　天津市建筑设计院
- 主要设计人　　康　方　　赖光怡
- 本文执笔人　　康　方
- 获奖等级　　　三等奖

作者简介:
　　康方,高级工程师,1993 年毕业于天津大学供热通风与空调工程专业;现就职于天津市建筑设计院;代表作品:天津电视台、赛顿中心、天江格调住宅小区、泰达城、君隆广场、SM 商业广场、南开中学滨海校区等。

一、工程概况

　　本工程位于天津市南开区卫津路与复康路交口。海河剧院隶属天津评剧白派剧团,该剧院建成后将为津城市民又添一处丰富文化生活的去处。

　　本工程总用地面积 16072m²,总建筑面积 21253m²。其中剧院面积 12564m²,地下 1 层,地上 4 层,建筑高度 25.05m。包括 950 座大剧场 1850m²,217 座小剧场 700m²,艺术交流室、排练厅、化妆间、会议室等 6538.5m²。

建筑外观图

二、系统概述

1. 空调冷热源工艺

　　(1)空调冷热源形式。经节能分析论证并经建设单位认可,确定本工程采用的空调冷热源方案为:城市热网(过渡季热水锅炉)+电制冷系统,即城市热网(78℃/50℃热水)冬季以换热方式提供 60℃/50℃热水,供空调系统、入口大厅冬季地面辐射供暖系统及办公用房散热器供暖系统使用热源;过渡季由热水锅炉提供 55℃/45℃热水。电制冷系统夏季提供 7℃/12℃冷水作为全空气空调系统、新风机组及风机盘管的冷源。

　　(2)空调冷、热负荷。空调计算总冷负荷为 1220kW,空调建筑面积冷指标为 94W/m²。空调计算总热负荷为 800kW,空调建筑面积热指标为 62W/m²。

　　(3)冷源系统。主要设备、系统形式:选用单螺杆式冷水机组 1 台,为空调系统提供 7℃/12℃冷水。单台冷机额定工况制冷量 914.3kW。冷却水进/出水温度 32℃/37℃。

　　(4)热源系统。主要设备、系统形式:选用水—水换热机组一套。内设板式水—水换热器 1 台,材质为不锈钢 S304。换热器额定换热量为 800kW。系统参数:机组一次侧,78℃/50℃热水、二次侧,60℃/50℃。

　　选用真空热水锅炉 3 台。单台额定制热量 99kW,为剧场过渡季提供热源,热水供、回水温度 55℃/45℃。

2. 主要房间空调末端系统

　　(1)剧场。采用全空气系统。空调冷、热水由制冷换热机房经空调水系送至组合式空调机组。

　　(2)办公用房:采用风机盘管+新风系统。

空调冷、热水由制冷换热机房经空调水系送至新风机组及风机盘管系统。

3. 机械通风系统

（1）全空气系统空调区域：观众厅及舞台设机械排风系统，排风机设于屋顶，风口位于上部空间，可排除部分余热。过渡季，由空气处理机内置的送风机直接实现空调系统的全新风或加大新风量运行。排风/新风比为 70%。

（2）风机盘管加新风系统：卫生间设吊顶通风器、排风由竖井至屋顶排出室外。

（3）其他：锅炉房、高低压变电站及厨房设事故通风，换气次数为 $12h^{-1}$。

三、工程特点

本工程空调冷源为螺杆式冷水机组，夏季提供 7℃/12℃ 冷水；冬季热源由市政热网提供，二次水温为 60℃/50℃。计算空调总冷负荷为 1220kW，考虑剧场可以采用预冷措施，装机容量采用计算负荷 75%，为 900kW，空调热负荷为 800kW，选择换热器换热量为 850kW。另设 3 台热水锅炉为剧场过渡季提供热源，单台热负荷 99kW，供/回水温度为 55℃/45℃。

系统形式以全空气系统为主，空调机组分层分区域设置。全空气系统在过渡季可全新风运行，充分利用天然冷源，以节约运行能耗。办公室、更衣室、化妆间及餐厅空调系统形式采用风机盘管加新风系统。

水系统采用两管制，末段设备回水支管上均设有电动两通阀。系统供回水总管上设有压差旁通装置。整个工程系统布置合理，便于调节，便于节能运行。

四、运行效果

自 2012 年竣工后投入运行，空调及供暖系统稳定可靠，运行管理便捷，供冷、供热效果满足使用要求。采用的节能措施，也实现了节约运行成本的效果。

银川市市民大厅及规划展览馆^①

- 建设地点　　银川市
- 设计时间　　2013 年 1～9 月
- 竣工日期　　2014 年 12 月
- 设计单位　　天津市建筑设计院
- 主要设计人　周忆惟
- 本文执笔人　娄菁芸
- 获奖等级　　三等奖

作者简介：

　　周忆惟，高级工程师，1991 年毕业于天津大学土木工程系供热通风于空气调节专业；现就职于天津市建筑设计院；代表作品：天津市新安广场、天津市开发区海关综合办公楼、天津市开发区中惠熙元广场、厦门市市民服务大厅、海南万宁希尔顿酒店等。

一、工程概况

　　本项目位于银川市，与悦海湾商务区的相邻。西临万寿路，南侧临中阿之轴，东侧及北侧均临规划路。总建筑面积 124970.6m²，其中地上 84277.9m²，共 4 层，地下 41871.9m²，共 1 层。容积率为 0.49。银川市市民大厅建设规模 64000m²，银川市规划展示馆建设规模 24016m²。项目主要功能包括 12 个审批厅、市民大讲堂、银行、信息发布厅、多功能厅、规划展示馆、应急指挥中心、档案库、员工食堂、地下室、4 万 m² 的停车场等。左侧为 4 层，中间设夹层，右侧为 3 层，中间以景观连廊连接。

建筑外观图

二、工程设计特点

　　依据建筑功能区域的划分和实际使用具体要求，该工程空调系统末端形式分为两大类别：

　　(1) 首层至三层审批大厅等高大空间区域采用定风量全空气系统，选用旋流风口和远距离球形投射风口，充分保证室内的空调送风效果和舒适度，而且，在过渡季节可采用"全新风运行"的节能模式；入口形象大厅设置低温热水地板辐射供暖系统。

　　(2) 夹层区域的办公室和四层各管理部门办公区域采用风机盘管加新风系统，末端机组相对独立运行控制，以方便平常工作和节假日期间部分办公室的临时加班的个别需求。

　　所有组合式空调机组的新风入口处均设置热回收机组，在制冷/供暖季利用室内排风对室外新风进行余热交换预处理，以满足节能减排的要求。主机选用一体化直燃机组，采用清洁高效能源——天然气。地下室档案库和中央网络弱电机房采用

---

　　① 编者注：该工程设计主要图纸参见随书光盘。

直蒸式机房专用恒温恒湿机组。

三、设计参数及空调冷热负荷

设计参数及空调冷热负荷如表 1 所示。

设计参数及空调冷热负荷　　　　表 1

	夏季 (℃)	冬季 (℃)		夏季 (℃)	冬季 (℃)
室内设计参数	26	18	室外设计参数	28.6	−7.9
供暖/空调总热负荷	9378kW		空调总冷负荷	8036kW	
面积热指标	112W/m²		面积冷指标	96W/m²	

四、空调冷热源及设备选择

冷、热源选用燃气型一体化溴化锂直燃机组，可根据当地气候变化，自主、灵活地确定制冷、制热运行工况时间。充分利用联网监控能源管理系统，实现 24h 实时监控主机运行状况，实现了主机不间断运行和机房无人化管理，有效降低了运行能耗和运行管理成本。

本项目主机于 2014 年底投入运行使用，经两个制冷机和两个供暖季的实际运行数据统计，燃气耗量约 172 万 Nm³/a，耗电量约 45 万 kWh。按当地燃气 2.98 元/m³，电价 0.8 元/kWh 计算，与建筑规模相当的项目采用传统电制冷主机＋燃气锅炉系统的全年运行费用进行经济分析比较后，全年可节省运行费用近 15%。

五、空调系统形式

入口形象大厅、审批大厅高大空间采用全空气系统，所有组合式空调机组的新风入口处均设置洁净型热回收机组，滤除 PM2.5。在过渡季采用全新风运行模式。同时针对当地冬季寒冷的气候特点，机组新风入口处设置电动保温风阀，且其开闭与送风机联锁控制，在楼控程序中该部位设计上进行了特殊的设定：开机时，先打开风阀，30s 后再启动风机；停机时，先关闭风机，30s 后再关闭风阀。避免了风阀的电动执行机构在运转过程中因节流造成的异常受力而造成损坏，致使风阀关闭不严，甚至无法关闭，从而有效避免了空调机组表冷器冬季冻结的风险。

六、通风、防排烟及空调自控设计

地下车库的排风、排烟系统管道和风机根据"平战结合"的设计思路共用，提高了设备的使用率，有效节省了管道的制作安装费用。

七、心得与体会

越是大型工程项目的设计工作，越要从细微处着手，精细处之。

环渤海（滨海）名家居购物中心[①]

- 建设地点　　　天津市
- 设计时间　　　2013 年 1～5 月
- 竣工日期　　　2014 年 10 月
- 设计单位　　　天津市建筑设计院
- 主要设计人　　贺振国　王　蓬　郭　睿　孟　硕
　　　　　　　　王晓磊
- 本文执笔人　　贺振国
- 获奖等级　　　三等奖

作者简介：
　　贺振国，高级工程师，1988 年毕业于湖南大学；现就职于天津市建筑设计院；代表作品：天保国际商务园项目、新建呼和浩特市游泳馆项目、熙汇广场（一期）项目等。

一、工程概况

本工程位于天津市滨海新区，占地面积 27457.9m²，总建筑面积为 126623m²，地上 5 层，地下 2 层，建筑总高度为 23.9m。地下二层和地下一层的主要功能为单层汽车库和设备用房，同时设有部分自行车库和办公辅助用房；地上各层均为建材家具商铺，定位为滨海新区高端家居、建材展卖旗舰店。

建筑外观图

二、工程设计特点

本项目依据建设方要求，力求提高购物场所空气品质及舒适度，营造良好的购物环境，地上

商铺均采用全空气定风量空调系统。并依据内、外区及不同区域的负荷构成，划分为若干个系统，便于系统灵活运行。

空调系统设粗（G4）、中（F6）效两级过滤，冬季加湿采用循环水增压细雾＋湿膜加湿设施，使购物环境更加舒适。

依据顾客行为规律，室内送风口设置在靠近走廊一侧，排风口设置在靠外墙进深处，便于减少空气龄及家具 VOC 排放。

二～五层商铺、走廊展位采用转轮热回收空调机组，共 50 台，总风量 3380000m³/h，其额定全热回收效率大于 60%。由此，夏季设计冷负荷可减少 1239 kW、冬季设计热负荷可减少 1963 kW。

三、设计参数及空调冷热负荷

本工程室内设计参数如表 1 所示。

室内设计参数　　　　　表 1

房间名称	室内温度（℃）		相对湿度（%）		新风量 [m³/(h·p)]	换气次数（h⁻¹）	人员密度（m²/人）
	夏季	冬季	夏季	冬季			
商铺	26	20	60	≮40	19	—	5
走廊展位	26	20	60	≮40	19	—	10
物业办公	26	20	60	60	30	—	7
网络机房	24	16	60	—	—	4	—
变电站	≥35	—	—	—	—	12	—

[①]　编者注：该工程设计主要图纸参见随书光盘。

冷、热负荷：夏季空调计算总冷负荷为8300kW，空调建筑面积冷指标为79.4W/m²；冬季空调计算总热负荷为5400kW，空调建筑面积热指标为51.6W/m²。

四、空调冷热源及设备选择

本项目经多种方案比选，并会同建设方参观已有成功使用项目，最终确定采用"直燃型溴化锂冷、温水机组"供冷/供热。

选用3台直燃型溴化锂冷、温水机组（单台机组制冷量为2919kW，制热量为2335kW）；冷水泵三用一备，冷却水泵三用一备；冬季配3台独立热水循环泵。溴化锂直燃机设于五层屋面。夏季提供7℃/14℃冷水；冬季提供55℃/45℃热水，均变水量运行。

五、空调系统形式

首层商铺、走廊展位采用定风量全空气空调系统，二～五层商铺、走廊展位采用转轮全热回收空调机组。空调系统分内、外区设置；每个区域按送风参数又划分成若干空调系统；过渡季可加大新风运行。

物业办公、网络机房等房间采用变制冷剂流量多联分体式空调系统（VRF）供冷/供热。

六、通风、防排烟及空调自控设计

空调冷/热源采用中央智能控制系统，控制系统提供强、弱电一体化控制。

控制系统对冷冻水泵采用基于末端主动性调节技术，根据空调末端阀门通断或开度状态的变化建立数学模型，结合控制系统数据库，预测出未来时刻空调负荷所需的制冷量和系统的运行参数，调节冷冻水泵各控制柜的变频器输出频率，改变冷冻水泵的转速或启停。

控制系统对冷却水系统采用最佳效率算法进行节能控制，该算法是将制冷主机COP、冷却水泵以及冷却塔风机作为一个整体，通过智能控制算法模型进行计算，找到制冷主机最佳效率点，并以此调节冷却水泵和冷却塔风机的转速或运行台数。

要求循环水泵供应商提供单台水泵特性曲线图样本，其中不仅应包括水泵流量、扬程、轴功率、效率、转速，还应包括电动机额定电压、额定电流、功率因数、效率、转速以及绝缘等级等。

空调机组、新风机组、通风机采用现场DDC控制，并要求DDC控制器的通信协议符合楼宇控制系统。

所有在消防系统工作时须动作的阀门均采用可就地控制的电动远控型，所有相关的设备均接入消防电源及消防控制系统。

七、心得与体会

本项目大量采用转轮空调机组，节能可观，但为保险起见，选型中溴化锂冷、温水机组的装机容量并未因此而减少。在后来的实际运行中证明，减少冷机的装机容量还是可行的。

转轮空调机组（室外型）均设置在屋面，经送/排风竖井为每一个区域空调。给使用方提供更多的卖场，获得了可观的经济效益，同时也暴露出了一些问题，"冬季转轮空调机组（室外型）的热水盘管的防冻问题"。后通过现场DDC控制器调试，提高传感器防冻温度，水阀全开，极端低温时强制空调机组室内空气循环等措施，解决了机组防冻问题。

本次设计转轮空调机组兼作消防补风设施，给电气专业消防控制造成了很大难度，控制繁琐，如再遇到此类情况，建议设独立消防补风系统，不再与空调系统合用。

天津市南开医院①

- 建设地点　　天津市南开区
- 设计时间　　2008 年 9 月～2010 年 10 月
- 竣工日期　　2011 年 1 月
- 设计单位　　天津市建筑设计院
- 主要设计人　彭　芳　刘　娜
- 本文执笔人　彭　芳　刘　娜
- 获奖等级　　三等奖

作者简介：

彭芳，高级工程师，1987 年毕业于天津大学热能利用与空气调节专业；工作单位：天津市建筑设计院；代表作品：天津劝业场天祥商场营业楼、中美史克制药厂、天津国际航运大厦、天津市 120 急救中心、天津市疾病防治中心、天津市第一中心医院东院、中新天津生态城服务中心、天津市南开医院、天津生态城动漫园投资开发有限公司动漫园主楼等。

一、工程概况

天津市南开医院位于天津市南开区，南至长江道，北至南开三纬路，是一所以中西医结合治疗急腹症和其他消化系统疾病为主要特色的三级甲等综合性医院。新建南开医院总建筑面积 86800m²，建筑主体为 16 层，裙房 4 层，地下 1 层，建筑主体高度 74.4m，裙房高度为 22.5m。首层设门诊大厅、挂号、收费、取药、药库、急诊与急救中心、儿科、妇产科、骨科门诊、核磁共振、介入中心、影像中心、住院大厅；二层设急诊与急救中心，包括 1 个门诊手术室，1 个急救手术室；内科门诊，外科门诊等门诊用房，内窥镜室，透析中心，功能检查，中心配液，中心检验等；三层设手术部、五官科、心理咨询、计划生育、中医理疗等门诊用房等；四层主楼部分为手术部的净化机房及办公用房、图书馆、网络信息中心；五层设妇产科及产区；六层、七层设胃肠、胆胰科病区；八层、九层设高级病房和高级专家工作区；十～十三层、十五层、十六层设标准病房层；十四层设心内科及集中 CCU 病区。

建筑外观图

二、工程设计特点

（1）实现最大限度减少空调系统自生性污染，降低空气途径交叉污染风险与传播。

1）根据房间使用功能划分空调系统。

2）采用基于末端干工况运行的"温、湿度分控"空调系统。

3）重视空调与通风系统气流组织和压差控制的合理性，实现空气由清洁区向污染区的梯度流动。

---

① 编者注：该工程设计主要图纸参见随书光盘。

（2）实现在改善热舒适的同时，节约能源、减少初投资、降低运行费用。

1）合理确定室内设计标准。

2）将2台离心式制冷机组水温降低至6℃/11℃作为新风机组及全空气空调系统的冷源；将2台离心式制冷机组水温提高至15℃/20℃作为干盘管系统的冷源，同时提高了机组COP，冷水机组效率提高20%。

3）空调风系统按内、外区分设，解决了内、外区冷、热需求不一致问题，并为冬季及过渡季使用免费供冷提供条件。

4）风冷型双温新风机组（或风冷型双温空调机组）内置旁通阀，冬季及过渡季通过增加新风量来解决内区冬季及过渡季过热问题。当室外温度提高但还未到供冷季时，通过加大新风无法消除余热，启用机组内置制冷系统来消除内区余热。

5）风机盘管风机采用直流无刷型，降低噪声，减少风机能耗。

三、设计参数及空调冷热负荷

室内设计参数如表1所示。

室内设计参数　　　　　　　表1

房间名称	室内温度		相对湿度		新风量 [m³/ (h·p)]	排风量
	夏季 (℃)	冬季 (℃)	夏季 (%)	冬季 (%)		
标准病房	26	22	≤55	45～50	≥40	按100%的新风量计
心脏监护病房	25	22	≤55	45～50	≥60	按90%的新风量计
分娩室	25	24	≤55	50～55	6次	5h⁻¹
诊室	26	22	≤55	45～50	≥40	按80%的新风量计
候诊区	26	20	≤60	≤40	≥30	按80%的新风量计
办公	26	20	≤55	≤40	≥30	按80%的新风量计

（1）空调计算总冷负荷为7327kW，空调建筑面积冷指标为88W/m²；

（2）空调计算总热负荷为7033kW，空调建筑面积热指标为85W/m²。

四、空调冷热源及设备选择

冷、热源方案为城市热网（过渡季燃气锅炉）＋电制冷系统，即城市热网（85℃/60℃热水）冬季以换热方式提供55℃/45℃热水，供空调系统、门诊大厅冬季地面辐射供暖系统及卫生间散热器供暖系统使用热源；过渡季由双回路真空热水锅炉提供55℃/45℃热水。电制冷系统夏季提供6℃/11℃冷水作为新风机组及全空气空调系统的冷源；提供15℃/20℃冷水，作为干盘管系统的冷源。由双回路真空热水锅炉为生活热水常年提供80℃/60℃一次热水。

（1）选用离心式制冷机组2台，为新风系统及全空气系统提供6℃/11℃冷水。单台冷机额定工况制冷量1758kW。冷却水进/出水温度32℃/37℃。

（2）选用离心式制冷机组2台，为干盘管系统提供15℃/20℃冷水。单台冷机额定工况制冷量1758kW。冷却水进/出水温度32℃/37℃。

（3）选用水—水换热机组一套。内设板式水—水换热器2台，材质为不锈钢S304。单台换热器额定换热量为3500kW。系统参数：机组一次侧，85℃/60℃热水；二次侧，55℃/45℃。

（4）选用真空热水锅炉2台。单台额定制热量2.1MW，为供暖系统用户侧提供1.4MW热水，热水供/回水温度55℃/45℃；同时，为设于急诊楼地下一层生活热水换热器提供0.7MW一次侧热水，热水供/回水温度80℃/60℃。

五、空调系统形式

空调系统形式如表2所示。

空调系统形式　　　　　表2

功能区域	系统形式
门诊大厅	采用单区全空气系统，上送上回，冬季辅以地板辐射供暖。 商店及办公采用干式风机盘管＋除湿新风系统形式。空调冷、热水由制冷换热机房经空调水送至新风机组及风机盘管系统。建筑给水系统为空气处理机加湿器提供水源
医技放射科	检查室设置风冷型双温空调机组，此机组为双盘管，一组为空调系统冷热水盘管，一组为内置的风冷热泵型冷媒盘管，过渡季及冬季需要供冷时，冷媒管提供冷源兼排风热回收。 气流组织形式为上送上回。排风经过竖井由屋顶处排放。 候诊区采用干式风机盘管＋除湿新风系统形式。 设备机房设置独立风冷热泵型直接蒸发式洁净空调机组。室外机置于三层屋顶

续表

功能区域	系统形式
诊室	采用温湿度分控系统，即：干式风机盘管＋风冷型双温新风系统。 内、外分区设置。 新风由内庭院采集，排风通过风道由屋面处排放。 送风方式为上送上回。 空调冷、热水由制冷换热机房经空调水系送至新风机组及风机盘管系统。 建筑给水系统为加湿器提供水源
肠镜胃镜	肠镜、胃镜：采用直流式空调系统，即：使用风冷型双温空调机组处理新、排风 气流组织形式为上送上回 排风经过竖井由屋顶处排放
超声心电脑电	采用干式风机盘管＋风冷型双温新风系统，按功能分区设置。 新风由内庭院采集，经机组处理后送入室内。 排风经热回收机组热交换后通过竖井至屋顶排放
病理室	病理室内共设四个通风柜，设通风柜房间为一套空调系统，采用直流式空调系统，采用变风量空气处理机，送风量随通风柜排风量的改变而改变，同时维持房间微负压，排风机随通风柜柜门开启大小迅速调节排风量，并保证夜间及非工作时间最小排风量。排风经竖井至屋顶排放
病房	采用温湿度分控的干式风机盘管＋除湿新风系统形式

六、通风、防排烟及空调自控设计

（1）空调制冷、锅炉及换热系统采用群控方式实现系统自动运行与调节，体现为：

1）根据预设定程序自动决定空调制冷与换热系统的工作状态，即：制冷/供热。

2）在制冷工作状态时，完成以下任务：

① 根据以下要求实现制冷系统的安全运行：

制冷系统的启动顺序为：冷水泵、冷却水泵启动→冷却塔风机根据冷却水水温启动或停止→冷水机组自动启动。

制冷系统的关闭顺序为：关闭冷水机组的同时关闭冷却塔风机→延时5min→关闭冷水泵、冷却水泵。

蒸发器进水管，冷凝器进水管均设水流开关及开关型电动两通阀，实现机组保护与系统的卸载。

② 根据"等运行时间原则"自动均衡设备运行时间，延长其使用寿命。

（2）冷、热水循环泵系统：

1）恒定水系统最不利环路（或最不利环路组）资用压差，辅之以供回水温差控制，实现对冷、热水循环泵的变频控制。

2）在保证压差设定值的前提下，以输送效率最高实现循环泵组群控。

3）与对应的冷水循环泵的控制方式为：

① 优先保证蒸发器最低水系统压差的恒定水系统最不利环路（或最不利环路组）资用压差的循环泵的变频控制。

② 供、回水母管设电动压差旁通阀，根据蒸发器最低水系统压差动作，即：压差大于最小值时，旁通阀关闭；小于或等于最小值时，调节。

（3）补水及加药系统：

1）启动或调节补水泵以恒定水系统定压点压力；

2）根据补水箱电子式液位计的高低液位，自动控制进水电磁阀和加药计量泵的启闭，即：达到液位下限时，电磁阀开启，同时启动加药泵；达到液位上限时，电磁阀关闭，加药计量泵当次累积流量达到设定值时，停止运行。

（4）空调处理机组：

1）现场DDC控制，DDC控制器的通信协议应符合楼宇控制系统要求；

2）根据回风温度，实现空调送风机与排风机的变频调速运行。设回风机时，根据机组新、回风混合点静压实现空调回风机的变频调速运行；

3）盘管回水管设具备冷、热模式转换的动态平衡电动调节阀。根据回风温度，调节冷、热水流量；

4）以上控制风机优先，即：动态平衡电动调节阀处于常开状态，仅当风机转速达到下限值时，进行调节；

5）根据回风相对湿度，控制加湿器的工作状态；

6）根据回风与新风的焓值比较，控制热回收装置的工作状态；

7）根据室内设计状态焓值与新风焓值的比较，确定是否全新风运行，即：

① 夏季，新风焓值低于室内设计状态焓值时，全新风运行。新风焓值≥室内设计状态焓值时，最小新风量运行。

② 冬季，新风焓值高于室内设计状态焓值时，全新风运行。新风焓值≤室内设计状态焓值时，最小新风量运行。

8）所有空气过滤器及风机设压差报警。

七、心得与体会

风机盘管系统具有隔离性、灵活性、可调性。传统风机盘管＋新风系统空调系统，主要使空气通过盘管表冷器对空气进行降温除湿，盘管必须处于湿工况，冷表面长期积水，湿表面很容易滋生细菌，常常成为室内的细菌源、尘埃源和气味源。且单靠日常运行维护难以消除。经 6℃/11℃

冷水处理的新风负担室内湿负荷，采用 15℃/20℃冷水处理的干盘管系统消除显冷负荷，消除了除湿过程中的凝水和潮湿表面。显热处理末端干工况运行，不产生冷凝水，根除了冷凝水排放系统可能存在的隐患及霉菌滋生的温床，最大限度减少分散的空调系统自生性污染，有效控制空气途径污染。同时在病房卫生间内设置排风，排风量与新风量相同，实现空气由清洁区向污染区的梯度流动。

天津国际贸易中心

- 建设地点　　天津市
- 设计时间　　2011 年 8 月
- 竣工日期　　2014 年 11 月
- 设计单位　　天津市建筑设计院
- 主要设计人　康　方　蔡廷国　常　邈　吴　喆
- 本文执笔　　康　方　蔡廷国
- 获奖等级　　三等奖

作者简介：

康方，高级工程师，1993 年毕业于天津大学供热通风与空调工程专业；工作单位：天津市建筑设计院；代表作品：天津电视台、赛顿中心、天江格调住宅小区、泰达城、君隆广场、SM 商业广场、南开中学滨海校区等。

一、工程概况

天津国际贸易中心位于天津市小白楼商务中心区，为商业项目，包括办公、混合式公寓、商业、餐饮及地下车库等。由 A、B、C 三座超高层

塔楼和 5 层商业裙房以及地下 3 层车库组成。其中 A 塔 57 层，为钢结构，建筑高度 235m；裙房一～五层为商业、餐饮、会所等；地下一层～地下三层为汽车库、设备用房及其他附属用房等。本工程规划建设用地面积为 20325m²，总建筑面积约为 23.96 万 m²。

二、系统概述

1. 冷热源

（1）商业部分冷源由地下一层制冷机房提供，采用电制冷供冷，冷冻水温度为 7℃/12℃。冷却塔位于五层裙楼屋顶，冷却水供/回水温度为 32℃/37℃。公寓和办公采用户式多联机空调系统。

（2）本项目冬季热源由市政热网提供，市政供/回水温度 95℃/60℃。裙房及 ABC 塔分设换热站。公寓换经地下一层换热站内板换为公寓提供 85℃/55℃ 热水，再通过避难层二次板换为公寓提供 55℃/45℃ 的地暖热水。办公经地下一层换热站内板换为办公提供 85℃/55℃ 高温热水。再通过避难层二次板换为办公提供 70℃/50℃ 热水，末端为散热器供热。裙房底商部分供热由制冷机房内的换热机组提供，空调热水供/回水温度 60℃/50℃ 空调热水。

建筑外观图

---

①　编者注：该工程设计主要图纸参见随书光盘。

2. 负荷计算（见表1）

冷热负荷计算表　　　　表1

区域名称	建筑面积	总冷负荷	冷指标	总热负荷	热指标	空调供暖形式
裙房商业	3.4万m²	5450kW	160W/m²	3367kW	99W/m²	中央空调
B塔办公	4.1万m²	—	—	2400kW	54W/m²	散热器
A、C公寓	11.5万m²	—	—	4900kW	42W/m²	地板供暖

3. 空调风系统

（1）裙房商业部分，小型商铺、餐饮店因独立经营，采用操作灵活的风机盘管的空调形式。另设新风机组提供室内人员所需新风量。部分新风机组设置热回收装置，以降低新风能耗。大堂、中庭区域面积较大，功能、空调需求较为一致且负荷波动不大，此部分区域将采用全空气空调系统。

（2）泳池采用泳池专用热泵型除湿机，除湿热泵全自动运行，在通过除湿控制室内空气相对湿度的同时，可给空气加热，池水加热，节约能源及运行成本。

4. 空调水系统

裙房部分商业，舒适性要求较高，进深较大，内外区分明。空调水系统采用分区两管制水系统。可实现内区提前供冷，满足不同区域对冷热的不同需求，同时相比四管制，节省管材。在冬季内区冷负荷较小时，风机盘管可不开启制冷，通过新风机组送入经过预热的低温新风，消除内区冷负荷，保证商铺温度满足使用要求。

5. 供暖系统

本工程为超高层，为保证供暖系统安全运行，供暖水系统竖向分区。在避难层设二次换热站。为保证在冬季供热时，不会对相邻楼层产生影响。避难层换热机房做好隔声降噪措施，水泵基础采用浮筑基础，降低了水泵运行时对相邻楼层住户的影响。供暖热源采用市政供热。

6. 空调系统自控

空调、通风等采用直接数字控制（DDC）系统进行自控，可在空调控制中心显示并自动记录、打印出各系统的运行状态及主要参数，并进行集中控制。空调机组、新风机组设置动态电动平衡调节阀，风机盘管系统设置动态平衡阀。

三、工程设计特点

（1）本工程曾是烂尾楼再建项目，经部分拆除后，作为一个新项目设计。在设计过程中，需要根据现有的土建结构，对暖通专业设计进行合理优化。利用现状条件，在满足新的使用功能和新规范要求上做了许多工作，既降低了改造难度，又满足了甲方的使用要求，得到了甲方的好评。

（2）商业水系统采用分区两管制。内外分区，满足商场内区提前供冷的需求。

（3）本工程为超高层，为保证供暖系统安全运行，供暖水系统竖向分区。在避难层设二次换热站。为保证在冬季供热时，不会对相邻楼层产生影响。避难层换热机房做好隔声降噪措施，水泵基础采用浮筑基础，降低了水泵运行时对相邻楼层住户的影响。

（4）充分利用首层7m层高，在非公共区域设空调机房夹层，节省了首层商业面积。

（5）泳池采用泳池专用热泵型除湿机，除湿热泵全自动运行，在通过除湿控制室内空气相对湿度的同时，可给空气加热，池水加热，节约能源及运行成本。

（6）各专业紧密配合，以"绿色、生态、人文"为主题，重视第五立面。将屋顶设备隐藏在屋顶花园内，在保障了功能的前提下，最大限度地保证屋顶美观（见图1）。

图1　屋顶花园

四、运行效果

商业空调水系统采用分区两管制，内外分区，满足商场内区提前供冷的需求。采用全空气空调的区域均可实现过渡季加大新风量运行，节约能源，同时提高室内空气品质。泳池采用泳池专用热泵型除湿机，除湿热泵全自动运行，在通过除湿控制室内空气相对湿度的同时，可给空气加热，池水加热，节约能源及运行成本。

本工程自 2014 年 11 月竣工后投入运行，空调及供暖系统稳定可靠，运行管理便捷，供冷、供热效果满足使用要求。采用的节能措施，也实现了节约运行成本的效果。

天津市胸科医院①

- 建设地点　　天津市
- 设计时间　　2009 年 3 月
- 竣工日期　　2014 年 1 月
- 设计单位　　天津市建筑设计院
- 主要设计人　孙 汛　蔡廷国　常 邈　赖光怡
- 本文执笔人　孙 汛　蔡廷国
- 获奖等级　　三等奖

作者简介：

孙汛，高级工程师，1987 年毕业于清华大学空调专业；工作单位：天津市建筑设计院；代表性工程：天津电视台、天津市君隆广场、天津万丽泰达会议酒店、天津市胸科医院、天津市津兰商贸中心、天津市梅江会展中心、天津市中医一附院、天津市环湖医院等。

一、工程概况

本工程为门急诊综合楼，地下 1 层，裙房 2 层，地上 8 层，总高 39m，建筑面积 12 万 m²，其中地下一层为汽车库、医用房间及设备用房，地上一～三层为门急诊及手术室，四～八层为病房层。新院区的建成，改善了医疗环境、交通环境、设备更新、科室发展、科研教学等问题，成为我市最大的胸部专科医院，产生了极大的社会反响及优异的社会效益。

建筑外观图

二、系统概述

本工程对可能采用的空调冷、热源方案进行了技术、经济分析。经与业主协商，最终确定采用冬季地热深井水换热＋水源热泵梯级利用＋直燃型溴化锂冷温水机组作为空调冷热源。

空调计算总冷负荷为 11805kW。空调冷指标为 98W/m²。

空调计算总热负荷为 8400 kW。空调热指标为 70W/m²。

冷机选型：本工程选用制冷量为 1800kW 的水源热泵型冷水机组两台，制冷量为 2919kW 的直燃型吸收式冷水机组两台，同时为保证部分区域过渡季供冷的需求，设置制冷量为 1100kW 的螺杆冷水机组一台，其冷量调节范围为 20％～100％。冷冻水供/回水温度为 7℃/12℃冷水。

空调水系统：首层及二层裙房内区诊室、检验中心、放射科、配液中心、手术室、ICU 的空调水系统为四管制，首层及二层裙房外区诊室、塔楼病房的空调水系统为两管制。空调冷热水由位于地下室的制冷机房供给。空调水系统的工作压力为 1.0MPa。

空调热源：采用冬季地热深井水换热＋水源热泵梯级利用＋直燃型溴化锂冷温水机组作为空调热源。地热深井热水部分：地热井提供温度为 76℃、流量恒定为 88t/h 的热水。76℃的井水先经板换直供空调系统，提供 3480 kW 的热量；再经二次板换置换出 7℃/15℃的循环水，进入水源热泵机组，深井热水回灌温度为 10℃。两台水源热泵机组，单台供热量 2000 kW。不足部分由直燃机组提供。直燃型吸收式冷温水机组单台制热量为 2452kW，既最为热源补充，同时作为备用

---

① 编者注：该工程设计主要图纸参见随书光盘。

热源，在地热井出现故障时，保证院区安全供热。空调热水供/回水温度为50℃/40℃。

地下室病案室、二层网络中心、弱电间、DSA，CT等大型设备机房设独立的多联机空调系统。手术室配置风量冷水模块机组。

空调系统：门诊综合楼裙房部分首层、二层的门诊大厅采用全空气空调系统。空调机房设在二层，组合式空调器设于空调机房内。采用侧送，下回方式。

裙房诊室、办公等小开间房间、主楼办公、病房等房间采用风机盘管加新风系统。

地下室药库房设风机盘管加除湿机。保证药房干燥。

三、技术经济指标、节能创新点

（1）选用新型环保节能热源。地热资源利用属于新能源开发，其在节能、环保等方面具有明显的优势。天津市胸科医院项目采用地热能为建筑物提供能源，具有能效高、无任何排放物，具有更高的节能、环境保护特性。本工程采用地热资源开发循环利用集约供热工艺，最大限度地减少了废气废物的排放，节约了城市污染的治理费用，有效保护了生态环境。同时为院区提供了优美、舒适的环境。

经计算，与锅炉燃烧供热的方式比较，年节约原煤量为3038.02t，其环保效益详见表1。

环保效益一览表 表1

序号	名称	减少排放量		节约治理费用	
		换算	年总量	单价	总价（万元）
1	二氧化硫	30kg/t原煤	91140.6kg	1.1元/kg	10.03
2	氮氧化物	9kg/t原煤	27342.18kg	2.4元/kg	6.56
3	二氧化氮	0.77m³/t原煤	2339.28m³	2元/m³	0.47
4	煤尘量	7kg/t原煤	21266.14kg	0.8元/kg	1.70
5	总计				18.76

（2）采用冬季地热深井水换热＋水源热泵梯级利用＋直燃型溴化锂冷温水机组。优先利用地热深井水换热＋水源热泵梯级利用，极大地降低了运行费用，减少了空调系统的运行费用，同时

保证了医院空调系统的安全稳定。冷站水泵为变频泵，制冷系统的控制设备能跟踪负荷的变化，自动调节系统的运行参数和水泵转速。节约运行成本。

（3）本工程裙房面积较大，内区较多，且房间功能较为复杂，对温度要求各不相同，空调水系统采用四管制，可以满足不同功能房间，对室内温度的不同需求。

（4）首层大厅，为高大空间，为保证医患舒适性，设置全空气系统，采用侧送下回方式，保证气流组织的合理性，同时设地板供暖作为辅助热源，提高了大厅的舒适性。

（5）根据房间使用功能、使用性质及时间划分空调系统。注重空调与通风系统气流组织和压差控制的合理性，实现空气由清洁区向污染区的梯度流动。

（6）采用全空气空调的区域均可实现过渡季加大新风量或全新风运行。充分利用室外空气消除室内的余热余湿，节约能源。

（7）手术室、导管室等重点区域，合理设置冷热源，保证全年空调系统安全运行。

根据设计之初，对胸科医院了解，该医院手术室需24h保证冷热源供应。特别是冬季有可能仅一间手术室。考虑到最小负荷的供应问题，为手术室及导管室设置模块风冷冷水机组作为冷源。通过计算，单间手术冷负荷为23kW。选用低温风冷涡旋冷水机组（室外温度-20℃时，正常制冷运行）两台，单台制冷量为80kW，最小启动负荷为20kW，保证手术室最小负荷可以安全供冷。同时配置制冷量为65kW的风冷涡旋冷水机组六台（室外温度-10℃时，正常制冷运行），满足过渡季供冷需求。

四、运行效果

本工程自2014年1月竣工后投入运行，空调及供暖系统稳定可靠，运行管理便捷，供冷、供热效果满足使用要求。采用的节能措施，也实现了节约运行成本的效果。

秦皇岛市海港区文化馆①

- 建设地点　　河北省秦皇岛市
- 设计时间　　2012 年 7 月
- 竣工日期　　2013 年 10 月
- 设计单位　　秦皇岛市建筑设计院
- 主要设计人　刘海生　周梅英　刘　颖　陈立光
　　　　　　　李晓云　张泽波　边　疆　邢家玮
　　　　　　　潘　旭　黎振华　张晓玉　孙仕勇
　　　　　　　鄂向辉　张　茜　郭　宇　魏领帅
　　　　　　　张　伟　鲁　姣
- 本文执笔人　周梅英
- 获奖等级　　三等奖

作者简介:

周梅英,高级工程师,2001 年毕业于甘肃工业大学供暖通风与空调专业;工作单位:秦皇岛市建筑设计院;代表作品:在水一方中德被动式低能耗建筑示范工程、彩龙国际商贸中心、卢龙县文化体育广电新闻出版局体育馆,秦皇岛恒大城地块六综合楼、秦皇岛五兴房地产有限公司在水一方小区写字楼项目等。

一、工程概况

　　本工程总建筑面积 7852.32m²,地上 2 层,本工程为地上建筑。其中对称轴上布置椭圆形的多功能厅,利用多功能厅升起式台阶下方空间作为组合式空调设备用房。对称轴东西两侧为二层的食堂、学习辅导用房、活动室等功能房间,每层层高 5.4m,多功能厅在 4.5m 标高处设出入口,可与对称轴东西两侧的功能房间通过台阶及坡度相通。建筑高度 20.25m,耐火等级为二级。

二、空调冷热源及形式

　　本工程学习辅导室、展厅、活动室、大厅采用风机盘管加新风的空调方式,多功能厅采用组合式空调机组座椅下送风,由市政热源提供热源,由水冷离心型冷水机组提供冷源,制冷机房设于一期地下室内,机组大小搭配,充分考虑部分负荷运行的节能效果。

　　空调设备的性能系数(COP)满足《公共建筑节能设计标准》GB 50189—2005 第 5.4.5 条的规定。夏季空调冷负荷面积指标为 221W/m²,冬季热负荷指标为 105W/m²。

建筑外观图

　　本项目通过 2 年多的运行,空调能够实现分室控制,水冷离心型冷水机组和循环泵均变频控制,节能、运行控制灵活。每层内走廊内均设置

---

① 编者注:该工程设计主要图纸参见随书光盘。

了新风机和组合式空调机组，设置了新风接入，提高了空气品质，增加了人员的舒适性，甲方对此给予认可。

本项目采用一次泵末端定流量两管制系统，末端水路采用电动三通阀及风机盘管温控阀，实现房间温度的独立控制。空调房间采用风机盘管加新风的空调方式，新风系统的吊顶式新风机组前设电动风量调节阀，水系统设电动三通阀，新风机组控制系统应实现电动三通阀先于风机和风阀的开启，后于风机和风阀的关闭的联锁装置，并设置电动三通阀的最小开度限制，并在空气加热器出水温度达到下限 5℃时开大电动三通阀，以防新风机组冻坏。

经过 2 年多的运行，空调完全能满足人员对温湿度的要求，效果良好。除此之外仅在多功能厅处，为保证室内吊顶的造型空间缩小风管管径而造成空调噪声偏大，后经过改进，基本能满足设计对噪声的要求，贴近主席台的组合式空调机房噪声较大，经过空调房间贴吸声材料、风机减振变频处理后，基本满足设计要求。

三、设计特点

本工程设计前期就水冷机、风冷机、多联机三种方案进行了详细的经济分析比较，并根据甲方的各项要求及本楼各种功能房间布置以及日后改造后的功能，经与甲方协商，采用了风机盘管加新风系统，多功能厅采用组合式空调机组座椅下送风，并进行了热回收，实现了舒适与节能的完美结合。

风机盘管加新风系统的优点：

（1）控制灵活，具有个别控制的优越性，可灵活地调节各房间的温度，根据房间的使用状况确定风机盘管的启停；

（2）风机盘管机组体型小，占地少，布置和安装方便。

（3）容易实现系统分区控制，分层控制。冷热负荷能够按房间朝向、使用目的、使用时间等把系统分割为若干区域系统，实施分区控制。

由于本楼为活动、会议、敞开办公性质，各房间有自主调节要求，用风机盘管系统控制灵活方便、节约能源、运行费用低，运行可靠。

由于多功能厅层高较高，故采用了组合式空调机组座椅下送风，充分利用多功能厅两侧包柱空间进行集中回风，然后经过台阶下组合式空调机组集中统一进行处理，比如在春秋季，当外界温度低于室温要求时可不用开启冷冻机，把回风外排，用全新风运行即可满足室内温度要求，同时设置了热回收装置，大大节约了能源。

本工程立管全部设于公共部位的管井内，每层开设检修门，既方便检修、管理，又能兼顾美观要求。

由于空调机房设于地下一层，冷却塔均设于屋面，噪声和减振设计初期也是非常的重视，屋顶室外机尽量避开甲方有特殊要求的房间的正上方，施工图要求空调厂家根据机组的运行特征曲线采取隔声减振措施满足 GB 3096—2008 第 5.1 条要求。

运行期间，办公室的风机盘管完全能够实现独立控制，过渡季节，利用新风换气机进行通风，效果非常显著，水冷离心型冷水机组采用变频机组，使得控制操作灵活、管理运行简单，得到业主的好评。

辽宁出入境检验检疫局综合实验楼中央空调及空气净化工程

- 建设地点　　大连市
- 设计时间　　2007 年 3 月
- 竣工日期　　2013 年 9 月
- 设计单位　　大连市建筑设计研究院有限公司
- 主要设计人　刘　洋　谭福君　叶金华　郝岩峰
　　　　　　　张志刚　万言兴　熊　刚　高国泉
　　　　　　　刘晓杰　王小桥　邓　丹　王　晶
- 本文执笔人　刘　洋
- 获奖等级　　三等奖

作者简介：
刘洋，高级工程师，2004 年毕业于天津大学供热、供燃气、通风及空调工程专业；工作单位：大连市建筑设计研究院有限公司；代表作品：大连万达中心、大连机场扩建工程·航站楼、丹东金融大厦、大连市公安局综合楼、旅顺文体中心等。

一、工程概况

辽宁出入境检验检疫局综合实验楼位于大连市中山区长江路北侧，大连东港区改造控规 C10 地块。项目占地面积约 27640m²，建筑面积 58665m²，地下 2 层，地上一～四层裙楼，五～二十七层为塔楼，建筑高度 96.75m。建筑结构形式为框剪-核心筒结构。主要功能：地下室为车库，裙楼为对外办公楼，十九、二十、二十四层为洁净实验室，二十三、二十四层为恒温恒湿实验室，其他楼层均为办公室。

建筑外观图

二、工程设计特点

（1）大楼的舒适性空调及实验室净化空调均采用集中冷热源的中央空调系统，与寒冷地区普通常规舒适性空调相比，由于实验楼的空调系统对温湿度的设计精度要求较高，冷水机组运行时间较长，一般可持续至过渡季末期至初冬。本工程采用离心式冷水机组变频技术作为机房节能的主要控制手段。其工作原理是：根据冷冻水实际温度、设计温度、蒸发/冷凝压力等参数，通过控制主轴转速和导流叶片开度控制压缩机的输出负荷，优化压缩机的做功能力，降低无用功的比例，从而使机组可以在较大的范围内运行，达到节能目的。冷水系统控制相对简单、安全可靠。

（2）项目热源采用市政蒸汽，经降温减压后通过高效过冷汽水换热器换热，提高了换热效率，降低了凝结水的温度。蒸汽凝结水回收后充分利用其余热，用于大堂地板辐射供暖及值班供暖系统。低品位的凝结水再用于空调系统补水。充分利用了蒸汽的热能和水资源。

（3）各类洁净室及要求标准高，均配备了专用净化专用空调器，优化气流组织，达到洁净要求。

（4）中央空调末端采用多项节能、环保措施：大空间采用组合式空调机组，在过渡季可加大新风量，充分利用室外新风的冷量，免费供冷。空调水系统竖向采用同程式系统，水平各层采用异程式系统，主要环路设平衡阀，空调末端配电控阀，分支路系统平衡性好。

三、设计参数及空调冷热负荷

1. 室外计算参数

夏季：空调室外计算干球温度 29℃，空调室外计算湿球温度 24.9℃，通风室外计算干球温度 26.3℃，室外风速 4.1m/s。冬季：空调室外计算干球温度－13℃，空调室外计算相对湿度 56%，通风室外计算温度－3.9℃，室外风速 5.2m/s。供暖室外计算温度－9.8℃。

2. 室内设计参数

营业大厅：夏季 26℃，相对湿度≤65%，冬季 18～20℃，新风量 20m³/(h·p)。

办公室：夏季 25℃，相对湿度≤65%，冬季 20～22℃，新风量 30m³/(h·p)。

各洁净室的温度精度控制在±1℃，相对湿度控制在±2%。

3. 冷热负荷

本工程采用鸿叶软件对夏季空调逐时冷负荷和冬季热负荷进行计算，结果如下：空调面积冷指标为 90.9W/m²；空调面积热指标为 96.9W/m²。

四、空调冷热源及设备选择

1. 冷热源机组选型

本工程选择 2 台变频离心式冷水机组（环保冷媒 R134a），单台机组额定工况制冷量为 2110kW，N＝396kW，标况 COP＝5.33；空调水系统夏季运行供/回水温度为 7℃/12℃，空调冷却水供/回水温度为 32℃/37℃。

热源为外网提供 0.5～0.7MPa、190～210℃的过热蒸汽，经汽—水换热器制取 60℃/50℃热水作为冬季空调热媒。机房另设蒸汽凝结水回收水箱，余热用于一层大堂作为地板辐射采暖及值班供暖系统，多余的水量用于空调系统补水。

2. 洁净空调系统

本工程各生物实验洁净室为避免回风交叉污染，影响实验结果，采用全新风空调系统或独立空调系统。设计采用净化空调机组，空调机组功能段设置有粗效过滤、中效过滤、表冷（加热）段、再热（电加热）段、风机段、出风段。每个洁净室一般设有万级实验洁净室并设置了十万级的缓冲间。各级差洁净区域的设计压差值为 20Pa。气流组织一般是从高精度的万级洁净室流向十万级洁净缓冲区域。气流组织为上送下回的形式。

3. 恒温恒湿空调系统

纺织实验室及包装实验室对温湿度精度要求高，设计采用自带压缩机＋风冷冷凝器的专用恒温恒湿精密空调机组，能按要求自动调节室内温、湿度，具有同时实现制冷、加热、加湿、除湿等功能的能力。气流组织为吊顶孔板送风＋地板回风。送风采用双层吊顶形式，双层吊顶之间空间作为静压箱，专用空调加装管道送风进静压箱，气流再经孔板整体均匀向下送风。地面设 300mm 高的架空地板作为回风静压箱。

五、心得与体会

和普通办公楼的空调系统相比，本项目含有洁净室的空调系统具有单位面积冷指标较高、空调负荷昼夜变化大、制冷周期长等特点。

本项目的空调冷负荷主要分为两部分，其中舒适性空调系统的冷负荷与一般空调负荷的计算一致，主要由围护结构、人员、照明、新风、设备等负荷组成。洁净空调的冷负荷与舒适性空调差异较大，相关文献表明，洁净室能耗较普通空调办公楼耗能多 10～30 倍。其主要特点是：换气次数大、空调风量大、风压较常规空调高 300～400Pa，风机能耗高；新风比例大，以本项目为例，动物饲养室要求全新风运行，PCR、细菌实验室等的新风量所占比例都在 30% 左右；工艺设备多，散热量大。

分析空调冷负荷的变化规律，本项目空调冷负荷除了随季节天气变化外，在某一相对稳定的时间段内也具有比较明显的运行变化特点：在常规的工作时间段，营业场所、普通办公室的舒适性空调系统和洁净区的空调系统均运行。在节假日或者夜间，营业场所、大部分办公区域的空调系统处于关闭状态，但少部分工作区及洁净区因实验工作的需求会连续工作，夜间及节假日会有一定的值班负荷，而且与正常负荷的差异较大。

大连地区一般舒适性空调的运行周期是从 6 月初至 10 月初，120 天左右。而洁净室空调系统的运行周期则长很多，主要原因是空调新风量较大，除湿要求高。为满足系统的送风温湿度的精度要求，制冷机组在 5 月份即开始要求制冷，制冷周期延续到 10 月底至 11 月初，运行周期约为 6 个月，180 天左右，运行时间较普通舒适性空调增加 50％。

有文献研究指出，在中央空调系统能耗中，冷冻水泵能耗只占整个冷水机房内能耗的 15％～20％，而冷水机组的能耗占冷水机房能耗 70％左右的比例。综合以上分析，提高冷水机组的效率，要求机组部分负荷条件下 IPLV 值高，减小冷水机组的能耗是影响整个中央空调系统能耗的关键因素。

分析本工程相应数据表明：离心式冷水机组变频可节约整个冷水机房能耗 20％左右，离心式冷水机组变频节能效果显著，投资回收期短。有效回收蒸汽的余热，和采用市政热水的项目比较，节省较多供暖费用。

工业和信息化部综合办公业务楼①

- 建设地点　　北京市
- 设计时间　　2011 年 11 月～2012 年 04 月
- 竣工日期　　2015 年 06 月
- 设计单位　　哈尔滨工业大学建筑设计研究院
- 主要设计人　金玮涛　田　刚　姜允涛　金玮漪
　　　　　　　张　磊
- 本文执笔人　金玮涛　张　磊
- 获奖等级　　三等奖

作者简介：

金玮涛，高级工程师，2016 年毕业于哈尔滨工业大学建筑与土木工程专业，硕士学位；工作单位：哈尔滨工业大学建筑设计研究院；代表作品：哈尔滨国际会议展览体育中心 3 号工程、辽宁（营口）沿海产业基地奥林匹克体育中心、盘锦市中心医院、大庆市人民医院等。

一、工程概况

"绿色、节能、低碳、环保、可持续发展"为设计理念的"工业和信息化部综合办公业务楼"位于北京市西长安街 13 号院院内。西侧为南安里，北侧为北安里，东侧据中南海西边界约 230m 并与北京联通、统战部等单位相邻。院区坐落于北京城区的中心地带——旧皇城保护区，区域内市政基础设施齐备，公用服务设施配套齐全。总用地面积 23083.99m²，建筑用地面积 22721.541m²，建筑面积：62745.67m²，地上：32890.60m²，地下：29855.07m²。建筑层数：地上 6 层，地下 3 层。建筑高度：22.700m（室外地面至檐口）。建筑主要功能为办公、会议、地下车库、人防、相关配套设施等。本建筑防火设计建筑分类为多层建筑；

建筑外观图

建筑耐火等级为二级；建筑密度为 40.62%；建筑容积率为 1.81；绿化率为 20.08%。

二、工程设计特点

"绿色、节能、低碳、环保、可持续发展"为本工程设计的设计理念。本项目为工业和信息化部综合办公业务楼设计项目，设计过程中遵循绿色建筑设计理念，使工程在全生命周期内达到"节地、节能、节水、节材"等方面的绿色化建筑目标，达到国家三星级绿色建筑设计标准。

设计时充分考虑到室内的自然通风；在通风、空调系统中根据风系统的特点采用了四种不同的热回收形式；空调水系统采用一次泵变流量系统，冷水机组采用变频式；设置完善的节能监管平台，根据监测得到的数据调整空调自控系统的运行策略。

三、设计参数及空调冷热负荷

1. 室外设计参数（见表 1）

建设地点：北京市（北纬 39°48′，东经 116°28′）；

海拔：31.3m，大气压力：冬季 1021.7hPa，夏季 1000.2hPa。

室外设计参数　　表1

冬季		夏季	
空调计算干球温度	−9.9℃	空调计算干球温度	33.5℃
室外计算相对湿度	44%	空调计算湿球温度	26.4℃
通风计算干球温度	−3.6℃	空调日平均温度	29.6℃
最多风向平均风速	4.7m/s	计算日较差	9.3℃
最多风向及频率	C　N (19%　12%)	通风计算干球温度	29.7℃

2. 室内主要房间设计参数（见表2）

室内主要房间设计参数　　表2

房间名称	夏季		冬季		新风量 [m³/ (h·人)]	噪声标准 [dB(A)]
	温度 (℃)	相对 湿度 (%)	温度 (℃)	相对 湿度 (%)		
办公室	26	60	20	40	30	≤40
会议室	26	60	18	40	30	≤40
餐厅	26	60	18	40	30	≤50
入口大厅	26	60	18	40	10	≤40
报告厅	26	60	18	40	20	≤50
档案阅览室	26	60	20	40	2h⁻¹	≤40
计算机房	26	60	20	40	2h⁻¹	≤40
图书资料库	24	50	14	40	2h⁻¹	≤40
录入，绝密录入	26	60	20	40	4h⁻¹	≤40
装订	26	60	18	40	2.5h⁻¹	≤45
速印，数码印刷等	26	60	18	40	10h⁻¹	≤45

3. 冷热负荷

本建筑空调总冷负荷 4210kW，冷负荷指标为 67.3W/m²；空调及通风总热负荷 4145kW，热负荷指标为 66.2W/m²，其中空调供热热负荷 1470kW，空调新风热负荷 2675kW。

四、空调冷热源及设备选择

（1）考虑到本工程各区域的使用功能的差异性，为提高部分冷负荷下冷水机组的运行效率，便于实现冷水机组的群控策略，本工程冷水机组由设置在地下二层制冷机房内的 3 台 426RT 的电制冷螺杆式冷水机组和 1 台 100RT 电制冷螺杆式冷水机组提供，按每台冷水机组对应的流量设置一一对应的冷冻水泵，冷却塔和冷却水泵。最小的冷水机组作为低负荷时值班供冷或调峰时使用；空调冷水供/回水温度为 7℃/12℃，冷却水供/回水温度为 32℃/37℃。

（2）为响应国家节能减排和环保治理等政策

的号召，考虑到本工程周边配套有完善的城市集中热网，本工程供暖和空调热源选择市政一级热网，供/回水温度为 130℃/70℃，在本建筑的南侧进户；在本建筑的地下二层制冷换热机房内设置一台空调换热机组，换制成 60℃/50℃ 空调和地热供热热水，作为本建筑供热热源。空调换热机组内含两台 3000kW 的板式换热器（每台负担总热负荷的 70%），对应配置了两台循环水泵（两用）。

（3）空调冷热水采用全自动软水装置（钠离子交换）处理过的软水进行系统补水，并且循环时通过综合水处理器进行处理。空调冷却水采用生活给水进行补水，采用除藻除垢型综合水处理器进行水质处理。

五、空调系统形式

本工程空调系统形式采用全空气一次回风空调系统，风机盘管加新风系统及多联机空调系统相结合，根据建筑各不同区域使用性质不同，合理设置不同的空调系统形式，各空调系统可分区域、分时、分工况运行，充分体现了绿色节能的设计理念。

（1）一层主入口门厅为两层连通的高大空间，为降低空调系统冷负荷，同时满足主入口大厅下部空间的热舒适性要求，设计中采用全空气的分层空调系统形式，采用侧送喷口送风，多股侧送平行射流相互搭接，满足主入口大厅区域的全覆盖送风，回风采用侧下回风，主入口大厅上部开设电动自然排烟窗，兼作自然通风窗，以排除上部非空调区的余热，减小向下部空调区的热转移。主入口大厅空调系统过渡季节可以全新风运行，有效利用过渡季室外自然冷源。

（2）二层大报告厅兼多功能厅层高 7.4m，为同时满足冬夏季供暖空调的使用要求，采用一次回风全空气空调系统，送风口采用可调节旋流送风口，满足冬季供暖送风气流射程，送风射流可到达人员活动区，气流组织上送上回。同时设有机械排风系统，空调系统最小新风量运行时，进行排风能量回收。空调通风系统过渡季可实现全新风运行模式，有效利用室外自然冷源，降低空调系统运行能耗。考虑到报告厅的使用性质，本设计中设置了风机盘管进行值班供暖，有效降低空调系统能耗。

（3）各层办公房间采用风机盘管加独立新风系统，为便于独立控制，分区域运行管理，各空调系统实现小型化，空调新风机房设置于各层，各层同时设置排风系统，新风机组采用吊顶式能量回收空气处理机组，回收排风中的冷热量，有效降低新风机组的冷热量的消耗。

（4）有污染源的房间（如卫生间等）排风采用显热能量回收装置，处理后的新风送入相应房间，防止产生交叉污染。

（5）地下室共设置 9 台排风机、9 台新风机组，由于风机房设置比较分散，采用液体循环式能量回收装置，能量回收效率大于 55％。

（6）变电所、中控室等电气用房设备显热发热量大且散热量较为稳定，湿负荷小，且电气房间内不允许出现漏水，多联机空调系统具有运行灵活性及安全可靠性，因而对此类房间设置多联机空调系统。电话机房监控核心机房、网络交换机房、互联网安全监测机房等网络专用机房设置恒温恒湿空调系统，机房专用恒温恒湿空调机组设有无风断电，超温断电保护装置，且电加热器应与送风机联锁。

六、通风、防排烟及空调自控设计

（1）本工程的空调自动控制系统采用直接数字控制系统（DDC 系统），由中央电脑等终端设备加上若干现场控制分站和传感器、执行器等组成。控制系统的软件功能包括：最优化启停、PID 控制、时间通道、设备台数控制、动态图形显示、各控制点状态显示、报警及打印、能耗统计、各分站的联络及通信等功能。

（2）冷水机组、冷水泵、冷却水泵、冷却塔风机及其进水电动蝶阀应进行电气联锁启停，启停顺序为：冷却塔进水电动蝶阀—冷却水泵—冷水泵—冷却塔风机—冷水机组，系统停车时顺序与上述相反。

（3）冷水系统采用冷量来控制冷水机组及其对应的水泵，冷却塔的运行台数；冷却塔风机的运行台数则由冷却水回水温度控制。

（4）热水系统采用热量来控制换热器及其对应的水泵的运行台数；换热站设置供热量自动控制装置。

（5）新风空调机组的风机，电动水阀及电动新风阀应进行电气联锁。启动顺序为：水阀-电动新风阀及风机，停车时顺序相反。

（6）新风空调机组控制送风温度及典型房间的相对湿度；送风温度通过控制冷热水回水管上的电动两通阀的开度来实现，电动两通阀的理想流量特性为等百分比特性，常闭型。典型房间的相对湿度通过控制加湿器的电动两通阀的开度来实现，电动两通阀采用双位式，常闭型。

（7）新风空调机设冬季盘管防冻保护控制。

（8）风机盘管的控制由室温调节器加带比例调节三速开关及电动调节阀组成。电动调节阀为常闭型，弹簧复位。

（9）所有设备均能就地启停。同时，除少数就地使用的风机（或排风扇）、风机盘管及多联空调机外，大部分设备也能在自控室中通过中央电脑进行远距离启停。

（10）地下车库设 CO 浓度传感器，自动控制车库的通风机运行。

（11）消防控制系统与空调 DDC 控制系统兼容及通信，在火灾时应通过消防控制系统直接启停进入 DDC 系统的设备。

（12）排烟风机与排烟风口联锁，任何一个排烟口开启，与排烟口同一系统的排烟风机开启。排烟口均可手动或自动开启。排烟风机与其入口处 280℃排烟防火闭联锁。排烟支管上排烟防火阀当烟气温度超过 280℃时应能自行关闭。

七、心得与体会

项目设计过程中，查阅了相关图书资料，并对各种不同设计方案进行经济技术比较后，确定最终设计方案，力求设计经济合理性。项目竣工后，暖通空调系统运行状况良好，空调房间室内温、湿度、风速等满足热舒适性要求，室内余热、余湿、有害污染物等得到了有效排除。

昆山一醉皇冠会展酒店①

- 建设地点　　　江苏省昆山市
- 设计时间　　　2009 年 7 月～2011 年 1 月
- 竣工日期　　　2014 年 5 月
- 设计单位　　　华东建筑设计研究总院
- 主要设计人　　肖　暾
- 本文执笔人　　肖　暾
- 获奖等级　　　三等奖

作者简介:
　　肖暾,高级工程师,1999 年毕业于同济大学供热通风与空调专业;现就职于华东建筑设计研究总院;代表作品:江苏广电城、上海北外滩白玉兰广场、南京金鹰天地广场等。

一、工程概况

　　昆山一醉皇冠会展酒店位于江苏省昆山市前进西路和江浦路交叉口东南方,为一座超大规模高星级商务会展酒店,并配套大面积的餐饮娱乐设施。酒店用地面积 27355.3m²,总建筑面积140400m²。酒店由地下室、裙房及 A、B 塔楼组成的建筑群,其中 A 塔楼 29 层,高约 120m,B塔楼高 80m,均为酒店客房。裙房分为南北两大部分,北侧裙房主要为酒店配套设施,南侧裙房

建筑外观图

---

① 编者注:该工程设计主要图纸参见随书光盘。

主要为相对独立的娱乐和会展设施,南北裙房通过过街楼联系在一起,地下室共两层,主要功能为停车库和机电用房、酒店后勤用房等。建筑总体风格强调简约现代的设计风格。酒店在满足使用者功能需求的同时,也致力于创造城市的新地标,并使之成为更为实用、高效的节能型建筑。

二、工程设计特点

　　本工程项目设计具有如下特点和创新:
　　(1) 冷水机组合理搭配:设计选用 3 台大容量电制冷离心式冷水机组,并配置变频装置,同时搭配一台小容量螺杆式机组,这样的组合可覆盖酒店空调负荷全部变化范围,同时离心机组采用变频调节,在使用中能随时跟进负荷变化节能运行,通过几个空调季的运行,很好地体现了机组的搭配合理性和负荷调节性能。
　　(2) 合理的供水温差:考虑酒店使用较多风机盘管,通过综合分析冷水机组效率、空调末端换热效率、输送能耗等因素,确定采用 6℃/12℃的空调冷水,热水采用 65℃/50℃,同时采用专用大温差型风机盘管,对温差、出水温度等进行校核,确保实现设计参数要求。
　　(3) 优化空调水系统:配合变频冷水机组的变流量运行要求,循环水泵均采用变频调速方式的变流量控制技术;根据建筑高度的实际情况,通过综合分析,空调水系统不设中间层断压,采用一级泵形式,虽然加大了系统的工作压力,但

通过对设备、施工等各个环节的把握，完全实现了设计意图，充分发挥冷热源系统效率，减少了中间换热损失。

（4）热回收技术：根据酒店的特点，有针对性地采用热回收技术。客房新风采用竖向系统，在设备层和屋面设置新风机组，并与排风进行热回收，节约运行能耗；考虑酒店生活热水的使用情况，螺杆式冷水机组采用热回收型，在制冷的同时，回收冷凝热，制取生活热水。

（5）高大空间合理设置气流组织，大堂采用高低位送风相结合，同时沿幕墙设置风机和高速喷口（见图1），冬季对高位热量进行回收后向下送风，有效减小垂直方向的温度梯度。大空间空调箱均采用双风机型空调机组，变频调节，过渡季节实现全新风运行。

图1　高速喷口

（6）楼宇分布式供能系统：响应国家节能减排的政策，对酒店内设置分布式供能系统进行了详细的分析和研究，对空调冷热负荷、生活热水负荷、用电负荷均进行了分析，并提出了设置分布式供能系统的可研报告。

三、设计参数及空调冷热负荷

1. 室外设计参数（参考苏州地区参数，见表1）

2. 室内设计参数（见表2）

3. 冷热负荷

本工程空调总冷负荷为12800kW，单位建筑面积冷指标88W/m²，空调总热负荷为10000kW，

单位建筑面积热指标69W/m²。

室外设计参数			表1
夏季空调计算干球温度	34.1℃	冬季空调计算干球温度	−4.0℃
夏季空调计算湿球温度	28.6℃	冬季空调计算相对湿度	74%
夏季通风计算干球温度	32.0℃	冬季通风计算干球温度	3.0℃

室内设计参数						表2
序号	房间名称	温度（℃）		相对湿度（%）		新风量	噪声值
		夏季	冬季	夏季	夏季	m³/(h·p)	dB(A)
1	客房	23	22	≤55	≥40	50	45
2	大堂	26	18	≤60	≥40	10	50
3	包房	25	20	≤60	≥40	30	50
4	餐厅	25	18	≤60	≥40	30	45

四、空调冷热源及设备选择

根据酒店的使用特点和要求，同时考虑工程所在地供电情况，冷源采用大容量变频电制冷冷水机组，冷冻机房设置于南侧裙房。热源采用市政热网蒸汽，冷热源主要由下列装置和系统组成：

（1）3台3800kW离心式变频冷水机组。

（2）1台1405kW螺杆式冷水机组（带冷凝热回收功能）。

（3）空调冷却水—冷水板式换热器，可在室外温度合适的季节采用冷却塔直接供冷。

（4）设换热器与市政热网蒸汽进行交换制取空调热水。

五、空调系统形式

空调系统主要包括下列形式：

（1）客房采用风机盘管加新风空调系统，新风系统竖向设置，采用空调排风热回收措施，节省运行能耗。

（2）大堂、大宴会厅等大空间区域采用定风量空调系统，采用侧送或顶送下回的气流组织方式，空气处理机组采用双风机形式，并采取空调排风热回收措施及风机变频运行控制措施，可实现全新风运行，节省运行能耗。

（3）客房区域空调设置加湿措施，采用高压微雾加湿形式。

六、通风、防排烟及空调自控设计

（1）空调区域：结合空调新风设置必要的排风措施，以满足室内风量平衡和卫生要求。

（2）地下汽车库：地下汽车库设置机械排风（兼排烟）系统及机械送风（兼补风）系统。

（3）建筑设备机房：各类机电用房、库房等按需求设置通风设施，保证换气次数。

（4）厨房：所有的餐饮厨房均设置排油烟系统。厨房产生的高温烟气由设置在炉灶上方的油烟过滤罩收集，通过管路排出屋面，排放前经油烟净化除异味装置处理。

（5）消防设施严格按照国家和地方消防法规执行。

（6）大楼所有通风空调设备均采用DDC控制，并纳入建筑设备自动控制与管理系统（BAS）。

七、心得与体会

作为超大型会展酒店，设计初期通过对该地区同类型酒店进行调研，分析现有的运行数据，得出合理的空调负荷数据，同时，根据该地区能源价格，进行了充分论证，确定适合酒店运营和具备较好节能性经济性的空调冷热源形式，并合理设置各空调系统。对具有会展特色的大宴会厅等高大空间，认真分析气流组织，精心设计。经过几个空调季的运行，空调系统运行良好，室内各参数均达到设计要求。

烟台潮水机场航站区航站楼①

- 建设地点　　山东烟台潮水镇
- 设计时间　　2010 年 11 月～2013 年 10 月
- 竣工日期　　2014 年 10 月
- 设计单位　　华东建筑设计研究院有限公司
- 主要设计人　左　鑫　王小芝　蒋晓杰
- 本文执笔人　左　鑫
- 获奖等级　　三等奖

作者简介：
左鑫，毕业于同济大学；现就职于华东建筑设计研究院有限公司。

一、工程概况

烟台潮水国际机场航站楼建筑总面积 85000m²，分主楼及候机长廊两部分。主楼±0.000m 为行李处理机房、行李提取大厅及部分设备机房；+8.000m 为办票大厅及安检大厅（其中+4.000m 夹层为设备机房层）；+13.500m 为商业餐厅。候机长廊主要分为四层：-4.800m 为共同沟及设备机房层，主要功能为各类设备用房；±0.000m 为 VIP、非公共区办公及远机位候机厅；+4.000m 为达到/出发走廊、远机位候机厅；+8.000m 为候机大厅及商业。

烟台潮水国际机场航站楼属超中小型交通建筑，设计的主导从舒适性、经济性和节能性角度出发，使其建成后达到国内先进水平。

建筑外观图

---

① 编者注：该工程设计主要图纸参见随书光盘。

二、工程设计特点

（1）空调冷冻水、热水均采用直供系统。空调三次冷、热水泵均采用变频水泵，由设在水系统末端的压差传感器及机房总冷、热水管上的流量计进行计量。空调冷、热水泵采用自动变速控制。

（2）高大空间空调系统采用分层空调，送风高度基本控制在 3.5～4m 之间，并经 CFD 验证。

（3）考虑到过渡季节及冬季或集中空调系统停止运转期间，来自航站楼内部有少量的制冷/供热的需求（主要来自部分工艺机房、部分弱电机房、控制室、内区办公室、商业模块或 VIP 区域等），设计考虑设置一套水冷 VRV 系统作为集中空调系统的补充。冷却塔设置在地下室机械通风良好的机房内。

（4）在有条件的候机及办票大厅设置自然通风天窗，其他大空间区域过渡季节设置机械排风系统，实现过渡季的全新风运行。小空间的办公及商业区域，采用过渡季节加大新风的方法，最大限度地利用自然能。

（5）空调系统考虑采用全面自控系统，使系统运行处于高效范围。

（6）特殊区域根据消防性能化报告进行的排烟系统的设计。

（7）严寒季节室内防冻设计措施：利用供暖热水系统作为 24h 热源，提供航站楼建筑物周边空调系统循环热水,维持室内最低防冻温度。

三、空调、供暖冷热源

航站楼工程设计采用集中空调系统加局部冬季热风供暖系统,由位于航站楼外的能源中心集中提供空调系统及供暖系统所需的冷热源。根据负荷计算,夏季空调冷负荷约为 9400kW,冬季空调供热负荷约为 8100kW,冬季围护结构供暖负荷约 2150kW。从能源中心至航站楼之间的管道通过直埋方式敷设。

航站楼地下室设置入口换热机房,由能源中心输送至航站楼的空调冷水/热水,在此通过末端次级循环水泵的加压作用,直接将空调冷冻水/热水/供暖热水输送至航站楼内部的末端设备。由能源中心提供的空调冷水供/回水参数为 6℃/12℃,空调热供/回参数为 60℃/50℃。航站楼空调末端加湿采用等焓加湿方法,设计考虑采用高压微雾加湿。

由能源中心输送至航站楼的供暖热水,通过加压水泵直接供至供暖末端设备,供暖热水供/回水参数为 80℃/60℃。供暖热水同时作为冬季空调供热系统的备用热源,在夜间能源中心空调循环热水系统停止运行或管线故障期间,通过换热器形成低温热水,提供空调系统基本供热需求;在冬季严寒时段夜间,用于开启空调系统低负荷运行,维持航站楼内基本温度,起到对室内带水管线的防冻保护作用。

考虑到过渡季节及冬季或集中空调系统停止运转期间,来自航站楼内部有少量的制冷/供热的需求(主要来自部分工艺机房、部分弱电机房、控制室、内区办公室、商业模块或 VIP 区域等),设计考虑设置一套水冷 VRV 系统作为集中空调系统的补充。冷却塔设置在地下室机械通风良好的机房内。

对于有特殊温湿度要求的工艺机房、专门的控制室,例如网络机房、TOC、AOV 机房等,设计采用风冷机房专用空调。

登机桥固定端部分采用风冷 VRV 空调。

四、空调、供暖冷热水系统

(1)由能源中心输送至航站楼的空调冷水/热水管道以及供暖用热水管道分成 2 路,其中 1 路为空调冷水/热水供回水管道,冷热合用;另外 1 路为供暖用热水供回水管道。2 路管线共同进入航站楼内部的入口换热机房,机房内供水总管上分别设置流量计量装置,回水总管上设置自动流量调节装置,供回水总管上均设置温度传感器及手动截止装置。

(2)入口换热机房内设置次级空调循环水泵,根据负荷的不同,分别设置变频控制的冷热循环水泵。由循环水泵的加压作用,直接将空调冷水/热水输送至空调末端设备。

(3)空调次级水系统为两管制二级泵系统,空调末端亦为冷热盘管合用的两管制设备。水系统分配主要分 2 路,一路服务区域为主楼中线至换热机房远端区域;一路服务区域为主楼中线至换热机房近端的区域。2 路二次水系统分配均为异程式设计,局部有条件时同程式设计,主要分支处采用手动平衡调节措施控制基本水力平衡。2 路二次空调供回水总管均设置在航站楼地下室的机电管线共同沟内,穿越航站楼底部,在不同区域分支通过立管输送分配至最终末端用户。

(4)空调系统末端设备盘管前,AHU 设置电动两通动态平衡调节阀,FCU 设置限流型电动两通平衡双位阀。

(5)供暖热水进入热交换机房后,通过加压水泵的加压,直接将供暖热水输送至末端散热设备(主要是热风幕机)。每个支路总管采用手动平衡调节措施控制基本水力平衡。每个支路均为水平双管异程设置。另外,设置一组加压水泵及换热机组,将 80℃/60℃ 高温供暖热水间接转化成二次 60℃/50℃ 低温热水,并入空调热水一次水系统中,作为空调热水系统的备用热源。

五、空调风系统

主要房间空调方式如表 1 所示。

主要房间空调方式一览表　　　表 1

服务区域	空调系统形式	气流组织	备注
±0.000m 迎客大厅	低速全空气系统	高侧送顶回	系统风量整体可变
±0.000m 行李提取大厅	低速全空气系统	高侧送顶回	系统风量整体可变
+8.000m 办票大厅	低速全空气系统	侧送侧回	利用办票岛及罗盘分层空调

续表

服务区域	空调系统形式	气流组织	备注
+8.000m 安检区域	低速全空气系统	侧送侧回	利用办票岛及罗盘分层空调
+8.000m 候机区域	低速全空气系统	侧送侧回	利用办票岛及罗盘分层空调
+4.000m 候机区域	低速全空气系统	顶送顶回	系统风量整体可变
+4.000m 到达通道	低速全空气系统	侧送侧回	系统风量整体可变
+4.000m 国际到达	低速全空气系统	顶送顶回	系统风量整体可变
±0.000m 远机位候机	低速全空气系统	顶送顶回	系统风量整体可变
±0.000m 远机位到达	低速全空气系统	顶送顶回	—
+12.000m VIP/CIP	低速全空气系统	底送底回	系统风量整体可变
+8.000m 商业内部	水冷 VRV+新风	顶送顶回	独立新风处理
+8.000m 办公室	风机盘管+新风或水冷 VRV+新风	顶送顶回	独立新风处理
±0.000m 办公室	风机盘管+新风或水冷 VRV+新风	顶送顶回	独立新风处理
固定登机桥	风冷 VRV	顶送顶回	—

六、热风幕机

为了隔绝冬季室外向航站楼内部的大量冷风渗透，航站楼行李传送转盘穿越行李提取大厅与行李机房隔墙处，设置向下吹送的小型热风幕机；8m 出发大厅、0m 迎客大厅公共出入口，考虑设置在建筑门内的大型热风幕机，向下吹送。

七、自然通风

结合航站楼建筑的外幕墙及屋面设计，拟考虑 8m 层顶部的高侧玻璃幕墙设置一定数量的自动可开启部分，可以在春秋过渡季节及夏季的夜间停航期间，进行航站楼内大空间的自然通风，降低室内环境温度和加快室内空气的更新，为第二天的空调系统运营创造良好条件，同时也可以有效减少空调系统的运行时间。

八、根据消防性能化报告进行的设计

+8.000m 出发大厅、+8.000m 候机大厅、±0.000 国内远机位候机大厅挑空至 +8.000m 候机大厅区域、+4.000m 国际候机大厅挑空至 +8.000m 候机大厅区域。由于建筑设计的要求，其超大空间均无法按照《建筑设计防火规范》的要求进行防火分区及排烟分区的划分。此部分区域按照国内主流航站楼的通常设计做法，均采用消防性能化的分析计算方法，得出这些区域的消防实际可能发生的火灾范围和火灾规模，计算其所需排烟量。

设计采用自然排烟的方式，通过顶部高侧幕墙上或立面上设置自动可开启的外窗来实现。具体开窗的有效面积、位置等各项参数根据消防性能化分析结果设置。

九、大空间气流组织设计分析及验证

与第三方合作在设计过程中针对航站楼主要大空间功能区域，冬季和夏季设计工况下，各大空间区域在空调系统作用下室内温度场、速度场、室内热舒适性以及空气龄的分布（见图 1～图 4），用以评估空调系统气流组织设计的合理性，优化气流组织的设计。

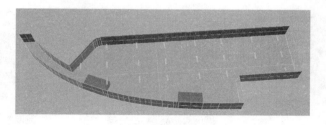

图 1　迎客大厅气流组织分析几何模型

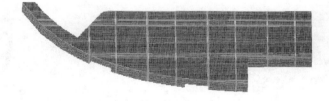

图 2　迎客大厅气流组织分析网格模型

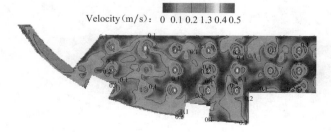

图 3　迎客大厅冬季工况室内 1.5m 高度处速度分布

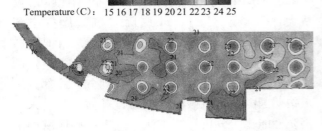

Temperature（C）：15 16 17 18 19 20 21 22 23 24 25

图 4　迎客大厅冬季工况室内 1.5m 高度处温度分布

为满足使用要求，设计须考虑多种冷热源的灵活组合方式来应对。航站楼的高大空间将会带来气流组织方面的特殊难题，需要采用气流模拟的方法开进行设计、计算、分析，达到舒适、节能、合理的目的。航站楼的高大空间也是消防排烟重点考虑的内容，特殊情况下须进行性能化的专项分析，以满足消防使用要求。

十、设计心得

航站楼的使用要求具有特殊性及显著的特点。

新江湾城 **F3** 地块办公楼项目①

- 建设地点　　　上海市
- 设计时间　　　2011 年 09 月～2012 年 08 月
- 竣工日期　　　2014 年 10 月
- 设计单位　　　华东建筑设计研究院
- 主要设计人　　陆琼文　魏　炜　沃立成　周　寅
　　　　　　　　刘　飘
- 本文执笔人　　陆琼文
- 获奖等级　　　三等奖

作者简介：

　　陆琼文，高级工程师，2003 年毕业于同济大学供热通风与燃气工程，硕士；现于华东建筑设计研究院有限公司工作；代表作品：上海长海医院、山东省省立医院、湖北省人民医院、中央电视台新台址、外滩国际金融服务中心等。

一、工程概况

　　新江湾城 F3 地块办公楼项目位于上海市杨浦区江湾城路、民府路，是新江湾城 F 地块区域中的园区办公用地的其中一块。其北边为生态保留区，东边为住宅（F2 地块），南边为综合开发（F1 地块）。F3 地块办公楼项目因其世界水平的商务住宅园区而成为整个 F 地块的基石。本项目用地面积为 84022.2m²，建筑占地面积 25169.26m²，总建筑面积 276341.26m²，容积率为 2.32。主要功能以办公建筑为主，局部沿街办公楼一层设置多功能展览功能，标准办公楼采用高效简洁的中心核心筒平面，形成环形大空间办公室。

建筑鸟瞰图

二、工程设计特点

　　本工程设计力求精简高效，在确保室内舒适性的前提下，紧密结合运营维护需求，最大限度实现节能。

　　（1）项目根据租赁情况分为三部分：Spec 办公楼（1～5 号楼）；Nike 楼（7、8 号楼）；Nike 后期办公楼（6、9 号楼）。冷源据此设为三部分，分设于两个冷冻机房内。

　　（2）办公楼采用中心核心筒形式，形成环形大空间办公室，进深较大。本工程依据朝向及进深划分区域分别计算负荷，合理设置对应的空调系统，内区采用单风道变风量末端，外区采用带热水盘管的并联式风机动力型变风量末端。

　　（3）各层全空气空调机组设于当层，新风机组设于屋面，采用全热回收措施，以办公室内 CO_2 浓度控制变风量运行，整个空调系统便于运行管理，卫生舒适且节能。

　　（4）冷冻水由一次泵从制冷机房送至每栋楼地下室的二次泵，一次泵定频，二次泵变频，根据实际负荷调节二次泵冷冻水流量。

三、设计参数及空调冷热负荷

　　本项目的室内外空气设计参数见表 1 和表 2。

---

① 编者注：该工程设计主要图纸参见随书光盘。

<table>
<tr><td colspan="4" align="center">室外空气设计参数　　　　表1</td></tr>
</table>

	空调		通风
	干球温度（℃）	湿球温度或相对湿度（℃或%）	计算温度（℃）
夏季	34	28.2	32
冬季	−4	—	3

室内空气设计参数　　　　表2

区域名称	夏季		冬季	
	温度（℃）	相对湿度%	温度（℃）	相对湿度（%）
办公区域	25	55	20	≥30
会议室	25	55	20	≥30
篮球场	25	55	20	≥30
健身房	25	55	20	≥30
走道	26	60	18	≥30
电梯大堂	26	60	18	≥30
餐饮	25	55	20	≥30
展览厅	25	55	20	≥30

本项目办公室为大空间办公室，实际负荷计算根据朝向及进深划分为多个区域分别计算。各区域空调系统计算指标见表3。

空调系统主要技术经济指标　　　　表3

	1号楼	2号楼	3号楼	4号楼	5号楼	6号楼	7号楼	8号楼	9号楼
建筑面积（m²）	17635	37105	17523	17464	17500	17500	35276	20020	17480
总冷负荷（kW）	1922	4112	1810	1800	1800	1970	3295	2441	1805
冷负荷指标（W/m²）	109.0	110.8	103.3	103.1	102.9	112.6	93.4	121.9	103.3
总热负荷（kW）	1390	2921	1150	1125	1125	1395	2096	1487	1150
热负荷指标（W/m²）	78.8	78.7	65.6	64.4	64.3	79.7	59.4	74.3	65.8

四、空调冷热源及设备选择

（1）本项目办公建筑的特点是建成后将用于出租，租户间相互独立，所以独立性是其冷源设计的核心。根据建筑所在区域和租赁情况，本项目的总冷源划分为三部分，分设于两个冷冻机房内。所有冷冻系统均采用高效冷水机组。

（2）Nike楼（7、8号楼）设2台950RT离心制冷机组和1台400RT螺杆机组；Spec楼（1～5号楼）设3台900RT和1台500RT变频离心机组；Nike后期办公楼（6、9号楼）设2台500RT变频离心机组。

（3）为节约能量，各冷源系统冬季均采用两台板式热交换器，从冷却塔里的冷却水通过板换获得免费的冷冻水。

五、空调系统形式

1. 空调水系统设计

（1）本工程由10栋单体组成，各单体距冷热源机房的距离不尽相同，因此设计中考虑采用二次泵变流量系统。所有冷冻系统均采用一次泵定频，二次泵变频系统。一次泵负担机房侧压损，二次泵负担自系统压损，以节省空调水系统输送能耗。

（2）冷冻水供回水温差为6℃，循环水量比常规5℃温差的系统减少16.7%，大幅节省空调水系统输送能耗。

（3）90℃/70℃热水由锅炉热水泵从锅炉房采用异程管路（加设静态平衡阀）送至位于每栋楼地下室的热交换机房，通过2台板式换热机组产生空调热水60℃/50℃，然后通过3台空调循环水泵（二用一备）输送至各建筑内的空调末端。

2. 空调风系统设计

（1）大空间办公层均采用VAV系统，每层设置空调机组。外区采用设置热水盘管的并联式风机动力型变风量末端，内区采用单风道变风量末端。

（2）转轮热回收新风处理机组放置于每栋楼屋顶，新风进行预处理后由竖井送至各层空调机组。

（3）回风主管设置CO_2探测器，根据室内人员情况调节空调机组新风量。

六、通风、防排烟及空调自控设计

1. 通风及防排烟系统设计

通风系统依据相关设计规范及技术措施设计；防排烟系统根据《高层民用建筑设计防火规范》进行设计，下文将列出本项目部分特殊情况下的设计规则。

（1）走道或回廊设置排烟措施，建筑中单元面积小于 100m² 的房间不设排烟系统。

（2）1～7/9 号楼大空间办公室面积超过 500m²，排烟量按 6h⁻¹ 换气次数计算（8 号楼大空间展厅按《建筑防排烟技术规程》相关公式计算），设置机械排烟系统，补风为机械补风。由于二次装修阶段将进行房间分隔，故排烟风机风量增大至 33000CMH，以满足分隔后房间的排烟量需求。

（3）8 号楼回风管兼用排烟管，回风支路根据着火点做启闭控制。PAU-8-R-02 空调箱兼作补风风机。竖向新风管消防时转换为补风风管（AHU 新风管，回风管设置 MED 做消防工况关闭）。在补风风管上侧装 GP 风口（低位设置），如大于 500m² 的区域排烟，开启当层及上层 GP 风口将风补至走道。如走道排烟则不开启。

2. 空调自控系统设计

本工程中央空调设备监控系统采用甲级标准，按《智能建筑设计标准》的要求实施。

（1）测量、计算并显示大楼空调系统负载段的实际用冷（或热）量。

（2）空调冷热源采用机组群控方式，实现优化控制运行。

（3）所有通风设备的运行状态控制、监制及故障报警；变频风机的转速控制。

（4）新风机组将新风送至每台 AHU 和未来独立租户，各 AHU 的新风量由房间 CO_2 浓度传感器控制的新风支路风阀调节，新风机组在送风主管上的压力传感器控制下变频控制，以保持所需的送风主管静压和由于过滤器的阻力造成的压降。

（5）VAV 箱分内外区设置，由于受外区负荷受围护结构和太阳辐射的影响，外区 VAV 箱内设有热盘管，在冬季，加热送风以补偿热量损失。

七、心得与体会

本工程冷冻水采用二次泵变流量系统，节省水泵输送能耗；空调风系统采用变风量系统，不仅减少了送风风机的动力能耗，还避免了冷凝水地漏和污染吊顶等问题；新风系统采用转轮热回收，冷源采用免费冷却技术，在实际使用过程中切实起到节能效果。项目运行良好，获得业主好评，荣获 LEED-ND 金奖。

郑州绿地广场①

- 建设地点　　郑州市
- 设计时间　　2007 年 10 月～2011 年 3 月
- 竣工日期　　2014 年 8 月
- 设计单位　　华东建筑设计研究院有限公司
- 主要设计人　盛安风　崔　岚
- 本文执笔人　崔　岚
- 获奖等级　　二等奖

作者简介：

崔岚，高级工程师，2000 年 7 月毕业于上海理工大学；工作单位：华东建筑设计研究院有限公司；代表作品：中国博览会会展综合体、虹桥商务核心区一期能源中心、SOHO 鼎鼎外滩、天津 117 酒店服务大楼及商场项目、天津 117 双子塔办公楼等。

一、工程概况

郑州绿地广场地块位于 CBD 核心区的中央轴线上。东侧为郑州国际会展中心，西临河南艺术中心，北面为中心公园和中心湖，南面正对中心广场，是 CBD 的主体建筑，位置重要。

本项目用地面积约 28636m²，高 280m，总建筑面积为 25.3 万 m²，包括一个 60 层的办公楼和酒店大楼，以及一个由零售空间、酒店宴会厅和会议功能组成的 3 层裙房建筑。

本项目是集商业、办公、五星级酒店、观光旅游等多功能为一体的综合性建筑。作为郑州市地标、在市民中具有极大知名度和高度认同感的城市公共活动中心，同时作为中原五省的标志性建筑，具有极大的辐射影响。

二、工程设计特点

（1）根据建筑功能特点及业主、酒店管理公司要求，整个工程的冷、热源设备分成两个独立系统：一个为五星级酒店服务；另一个为高级办公楼与商业零售部分服务。

（2）酒店设置 3 台 2637kW 冷水机组，并在三十六层设备层设 2 台 2350kW 水-水板式换热器实现酒店高地区分区供冷。办公区设置 4 台 3868kW 冷水机组。考虑到系统输送能效及酒店

高区板换换热需求，冷冻水供/回水温度定为 5℃/12.8℃。冷水供、回水温差高达 7.8℃，既减少水泵输送能耗，又减小设备、管道、配件的规格，降低初投资。

（3）使用高效冷水机组，性能系数达到 5.30W/W，符合节能设计要求。

（4）制冷机房内另设 1 台 2029kW 板式热交换器、1 台 2975kW 板式热交换器作为酒店与办公的免费冷设备以满足过渡季及冬季少量供冷要求。减少系统运行能耗。

（5）本项目建筑高度 280m，为降低热媒输送能耗，本工程采用蒸汽锅炉作为热源。同时根据酒店管理公司要求，将酒店与办公的热源系统分开，设酒店和办公两个锅炉房。锅炉房位于西地块地下一层靠外墙处，锅炉房上部为绿化，下一层及贴邻部位为非人员密集场所，两个锅炉房分别设有泄爆口及两个安全出入口。

（6）为节约能耗，锅炉设备选用高效率、低能耗设备（锅炉热效率≥92%）；锅炉烟道尾部配设节能器；回收蒸汽凝结水；锅炉连续排污排入闪蒸罐，二次汽余热回收至除氧器；锅炉房设有蒸汽流量计、水表、燃气计量表，锅炉房设置集中热力监控系统，使供热系统经济节能运行，提高自动化程度和工作效率。

（7）锅炉以天然气为主燃料，以－10 号轻柴油为备用燃料。燃油储存于锅炉房室外 2 只 15m³ 埋地钢制卧式储油罐，地下储油罐面对建筑物设

---

① 编者注：该工程设计主要图纸参见随书光盘。

一堵防火墙，以满足防火间距要求。储油罐可满足锅炉房满负荷运行 9～11h 的用油量。

（8）地下一层设置 3 台 1500kW 风冷式应急柴油发电机，供市电停电故障时消防设备及应急照明等设备用电；燃料采用-10 号轻柴油，柴油储存于室外 10m³ 埋地钢制卧式储油罐。为减少柴发机组噪声对环境影响，对机组采取消声、隔振措施，并对柴油发电机房采取消声隔声措施。

（9）低压天然气主要供地下、裙房、酒店高区厨房燃气炉灶具使用。天然气供至塔楼五十九层，为此在塔楼核心筒设有独立燃气竖井。

1）满足消防要求，燃气竖井从地下二层开始每隔 2～3 层做防火封堵，竖井墙体为耐火极限不低于 1.0h 的不燃烧体，井壁上的检查门为丙级防火门。燃气竖井内每隔 3 层设置燃气泄漏报警器；燃气竖井内设置地震感震器。

2）为满足燃气规范要求，燃气竖井设有平时通风和火灾时防止"烟囱"效应的措施。在燃气管井最底层丙级防火门下部设置带有电动防火阀（由消防控制中心联动控制）的进风百叶，管井顶部设置百叶窗与大气相通。燃气竖井内每层楼板在燃气管周围留有适当空隙。

3）进燃气竖井的燃气供气管上设手动快速切断阀及紧急切断阀，与燃气泄漏报警器连锁。

（10）中、低压天然气进入地下室及地上密闭房间，所经过的场所均需设置性能可靠的燃气泄漏探测、报警、切断气源的设施，并设置机械通风和事故排风设施，在大楼消防控制中心能显示紧急切断阀、泄漏报警器、排风机等信号及运行状态。

三、设计参数及空调冷热负荷

1. 室外空调气象参数

夏季：夏季空调干球温度 35℃　湿球温度 27.5℃　夏季通风温度 30.9℃。

冬季：冬季空调干球温度-5.7℃　相对湿度 56%　冬季通风温度-3.2℃。

2. 室内空调设计参数（见表 1）

室内空调设计参数　　　表 1

房间名称	夏季		冬季		新风
	温度（℃）	湿度（%）	温度（℃）	湿度（%）	CMHP
办公室	25	≤60	20	≥40	30
会议室	25	≤60	20	≥40	30

续表

房间名称	夏季		冬季		新风
	温度（℃）	湿度（%）	温度（℃）	湿度（%）	CMHP
餐厅	25	≤60	20	≥40	30
大堂	26	≤60	20	≥40	10
零售	25	≤60	20	-	20
客房	25	≤60	20	≥40	50

3. 冷热负荷

酒店空调冷量为：6804000kcal/h；7912kW，2250USRT；酒店空调热量为：5020680kcal/h，5838kW；办公及零售等空调冷量为：13305600kcal/h，15472kW，4400USRT；办公及零售空调热量为：10110160kcal/h，11756kW。

热源采用蒸汽锅炉，锅炉房供汽压力 0.8MPa。蒸汽由分汽缸分路接至各用汽设备，蒸汽高压输送低压使用，在各用汽点处根据用汽压力要求分别设蒸汽减压阀组。空调及生活热水热交换器蒸汽压力 0.5MPa，洗衣房蒸汽压力 0.8MPa，空调加湿蒸汽压力 0.2MPa。

四、空调冷热源及设备选择

（1）冷冻机配置合理：酒店设 3 台 750USRT 的变频冷水机组，办公设 4 台 1100USRT 的冷水机组。高效、节能、系统平稳。

（2）冷冻水实现大温差：供水温度 5℃，回水温度 12.8℃。大大减小了水泵的容量和水管的直径，节约能耗。

（3）在冷冻机房设置了一台水-水板式换热器。在过渡季或冬季利用冷却塔免费置换冷冻水以满足过渡季或冬季少量的供冷需求。

（4）酒店设置 2 台 10t/h 蒸汽锅炉，办公设置 2 台 8t/h 锅炉。供塔楼及西地块供暖和生活热水热交换器、空调加湿、洗衣机房、厨房蒸煮、锅炉除氧所用。可回收之蒸汽凝结水余压或加压回至锅炉房软水箱，供锅炉循环使用，以利节能。

五、空调系统形式

（1）办公标准层采用风机盘管加新风系统。新风为垂直系统。新风通过四层及三十六层的新风空调箱送至芯筒的管井，再通过每层的 2 个定风量装置送至各办公室。办公层的吊顶上设置的若干假风口作为排风口，每个空间的吊顶上部设置连通管使其吊顶空间连为一体。每层设 4 个定风量装置，通过 2 个排风管井排至四层及三十六层。经与新风全热交换后排至室外。

（2）酒店的客房采用风机盘管加新风系统。新风为垂直系统。新风空调箱设置在三十六层及五十六层，新风分别在四十层及五十五层分配至各客房的管井后再送至各房间。

（3）地下三层的一些备用房间；地下二层的办公、财务、成本控制、人事、更衣、自助餐厅等；地下一层的面包房、食品加工区、工程维修、备用房等采用四管制风机盘管加新风的空调系统。地下一夹层的零售、观景层大厅等采用四管制风机盘管，新风通过全热交换器交换后进入室内，排风通过全热交换器交换后排出室外。

（4）裙房一层门厅及三层大会议室、宴会厅、前厅设置低速全空气空调系统。房间气流组织形式为顶送顶回。在非空调季节或冬季内区房间，可调整系统新风量，实现"免费冷却"。为适应新风量的变化，设置相应的排风系统。

（5）裙房一层、二层零售区及三层东区各会议室设置风机盘管加新风系统，便于室温单独控制，灵活简便。集中设新风处理机（机组带热回收），新风经配备两级空气过滤器（粗、中效）的新风处理机处理后直接送入室内。夏季新风经表冷器降温降湿处理至与室内空气等焓；冬季新风经加热加湿处理到室内等温，湿膜加湿，保证室内湿度。为实现空气平衡，设置集中排风，与新风结合设置带转轮热回收装置的新风空调机组。

六、通风、防排烟及空调自控设计

（1）主楼的地下停车库设机械排风和排烟系统（6h^{-1}）。车库中部设置了一些诱导通风器（既节省了层高又满足了要求）。地下车库均设置了补风系统。排风和补风风机均为变频（根据 CO 浓度）。

（2）厨房设置补风空调系统，补风量为排油烟量的 80%，不足部分由相邻区域空气补入。

（3）餐厅等公共区域均设置排风系统。

（4）西区的地下车库均设置了变频的排风兼排烟系统和补风系统。排风和补风风机均为变频（根据 CO 浓度）。地下室的内走道、备用房、更衣室、各办公室、零售等各空间均设机械排烟系统。排烟风机置于技术层。一些空调新风机兼作补风风机。所有兼用设备均配消防电源。

（5）各避难层的避难区域均设置正压送风系统。

（6）裙房、三十七～三十九层及五十六层以上的公共区域均设置机械排烟系统。

（7）办公标准层的排烟：排风风管的干管和立管兼作排烟管，平时及着火时作阀门切换。对层高作出了很大的贡献。

（8）酒店中庭：根据国家有关规范，在中庭下部（40 层）设置 8 台消防补风风机，每台风量 7500m^3/h，顶部设置 8 台排烟风机，每台风量 15000m^3/h。另在四十层的外窗设 10m^2 的电动百叶作为消防自然补风。火灾时自然补风优先，根据室内外压差再开启机械补风机。

（9）酒店各层走道设机械排烟系统。着火时开启酒店内廊排烟风机、打开着火层及上一层的排烟口。

七、心得与体会

（1）原设计中，天然气要供至塔楼五十九层。因建筑平面布局限制，燃气管井无法从地下一层直通屋面，在四十层有水平转换。在地下一～四十层这一段管井顶部因无法做到自然通风，采用的是机械通风。四十层～屋面这段管井采用的是自然通风。施工时，当地消防局只允许燃气上到三十九层餐厅，不允许上到塔楼五十九层。所以燃气管井只做到四十层结束。

（2）设计根据项目的特点，通过建模分析与反复论证，最终决定采用了大温差的冷冻水供回水温度，以减小水泵的容量和水管的直径，节约能耗及初投资。

（3）本项目经过 2～3 年运行，取得了显著的社会效益和经济效益，说明暖动系统达到预期目标。

上海洲际中心二期^①

- 建设地点　上海市
- 设计时间　2013 年 1 月～2013 年 9 月
- 竣工日期　2015 年 3 月
- 设计单位　华东建筑设计研究院有限公司
- 主要设计人　梁庆庆　张伟伟　王新林
- 本文执笔人　张伟伟
- 获奖等级　三等奖

作者简介：

梁庆庆，教授级高级工程师，1982
年毕业于同济大学暖通空调专业；现在
华东建筑设计研究院有限公司工作；代
表作品：上海合生广场、浦江国际金融
广场、上海宝矿国际广场（洲际酒店）、
武安体育中心（一场二馆）、上海浦东
游泳馆等。

一、工程概况

上海洲际中心二期项目位于上海市闸北不夜城地区，总占地面积 14437.90m²。总建筑面积 84029.87m²，地上总建筑面积 73802.06m²，地下室面积 10227.81m²。地上 31 层，裙房 5 层，地下 2 层。功能主要以办公为主，裙房设有商业和地上停车库。

建筑外观图

① 编者注：该工程设计主要图纸参见随书光盘。

二、工程设计特点

本项目的暖通设计充分考虑节能性、舒适性、经济性等因素，为打造 5A 级超高层写字楼提供高效、节能、舒适的暖通空调系统。主要设计特点如下：

（1）空调冷热源设计经过三个方案的技术经济比较，并对冷却水免费供冷系统进行了技术经济论证。办公塔楼和裙房商业分别设置空调冷热源，满足不同的使用要求，既方便运行管理又避免大系统在低负荷时的低效率运行。

（2）空调水系统充分考虑利用一次侧水的温度，根据最大承压而不是按设备层位置进行系统分区。

（3）空调末端按内外分区设置风机盘管，内区为两管制，外区为四管制，最大限度地满足舒适性需求。

（4）办公塔楼部分新风机组中设置全热交换器，回收排风中的能量。排风热回收装置的设置考虑整栋楼的风量平衡问题，保持房间正压，避免空气渗透损失，同时热回收器可以高效率运行。

（5）锅炉采用冷凝真空锅炉，回收烟气中的热量，降低排烟温度，实现节能。

（6）空调水系统采用单式泵变流量系统，根据用冷负荷变频调节冷水泵流量，最大限度地降低水泵能耗。空调冷水系统采用大温差，降低输送能耗和减小水管管径。

三、设计参数及空调冷热负荷

1. 室外计算参数（见表1）

室外计算参数 表1

	大气压力（mbar）	空调计算干球温度（℃）	空调计算湿球温度（℃）	相对湿度（%）	通风计算干球温度（℃）	主导风向	风速（m/s）
夏季	1005.4	34.4	27.9	—	31.2	SE	3.1
冬季	1025.4	−2.2	—	75	4.2	NW	2.6

2. 室内设计参数（见表2）

室内设计参数 表2

房间名称		夏季		冬季		人均使用面积（m²/人）	新风量[m³/(h·p)]	噪声标准[dB(A)]
		温度（℃）	相对湿度（%）	温度（℃）	相对湿度（%）			
裙房商业	公共区	26	≤65	18	—	5	10	50
	商业	25	≤60	20	—	3	19	50
	餐饮	25	≤65	20	—	2.5	30	50
办公	大堂	26	≤65	20	≥40	5	10	50
	办公	25	≤55	20	≥45	8	30	≤40
	会议室	26	≤65	20	≥40	2.5	14	≤50

3. 空调冷热负荷

办公塔楼空调计算冷负荷为6309kW，单位建筑面积冷负荷指标为117W/m²；空调计算热负荷为3945kW，单位建筑面积的热负荷指标为73.3W/m²。裙房商业空调计算冷负荷为887kW，单位建筑面积冷负荷指标为197W/m²；空调计算热负荷为548kW，单位建筑面积的热负荷指标为122W/m²。

四、空调冷热源及设备选择

对办公塔楼部分比较了三个冷热源方案的初投资和运行费用。方案一为冷水机组＋热水锅炉，方案二为冷水机组＋直燃机，方案三为冷水机组＋空气源热泵。经过比较，方案一的运行费用最低，方案二的初投资和运行费用都最高，方案三的初投资最低，运行费用较高。根据全年负荷计算，方案一比方案三每年节省运行费用22万元，初投资增加140万元。综合比较，采用方案一作为本项目办公部分的冷热源方案。

办公塔楼采用螺杆式电制冷冷水机组＋燃气型冷凝真空热水锅炉提供冷热源。冷源共选用4台1609kW螺杆式冷水机组。冷水供/回水温度为6℃/13℃，冷却水供/回水温度为32℃/37℃。热源选用3台制热量为1396kW的燃气型冷凝真空热水锅炉，锅炉供/回水温度为60℃/50℃。裙楼商业采用2台空气源螺杆式冷热水机组，单台制冷量为448kW，单台制热量为350kW。

办公楼低区（六～二十层）的空调冷热水由电制冷冷水机组和真空锅炉直接提供。办公楼高区（二十一～三十一层）的二次空调冷热水则通过设置于十五层设备层的板式热交换器提供。二次空调冷水供/回水温度为7℃/14℃，热水供/回水温度为58℃/48℃。空调冷热水系统均采用一次泵变流量系统。空调水系统立管采用异程式、四管制系统，每层水平总支管上设自力式压差控制阀。在塔楼屋顶设置闭式冷却塔为办公标准层的IT机房提供24h冷却水。

五、空调系统形式

大堂等公共区域采用全空气定风量低速空调系统，气流组织为上送下回。办公塔楼采用风机盘管加独立新风系统，内区采用两管制，外区采用四管制。新风系统均分段设置，新风机组分别设置在十五层及屋顶。商业裙房采用两管制风机盘管加新风处理机组。

六、通风、防排烟及空调自控设计

（1）通风系统：机电用房、卫生间、地下车库设置有通风系统。垃圾房、隔油处理机房等机房所排出的废气，先经过活性炭过滤设备，然后通过竖井至高位排放。餐厅厨房按照 $60h^{-1}$ 的换气次数设置厨房机械排风系统，在排风机之前设置静电除油烟装置，使厨房排风达到规定的排放标准（不大于 $2mg/m^3$）。

（2）防排烟系统根据国家规范和上海市地方标准进行设计。

（3）空调自控系统：本工程设有楼宇自动控制系统（BAS）系统，冷热源设备、通风设备、空调设备等运行状况监控、故障报警及启停可在系统中显示和操作。

七、心得与体会

经业主反馈，经过一个完整的制热制冷季的运行，空调效果良好，实际运行能耗较低，达到了预期的设计目标。

宛平南路 88 号地块①

- 建设地点　　上海市
- 设计时间　　2009 年 5 月～2010 年 12 月
- 竣工日期　　2015 年 11 月
- 设计单位　　华东建筑设计研究院有限公司
- 主要设计人　张革新
- 本文执笔人　张革新
- 获奖等级　　三等奖

作者简介：
　　张革新，高级工程师，1998 年毕业于西安交通大学，工作单位：华东建筑设计研究院有限公司；代表作品：上海国浩长风城、斜土街道 107 街坊商办楼项目、丽水市体育中心、兰州国际高原夏菜副食品采购中心一期等。

一、工程概况

　　本工程位于上海徐汇区宛平南路 88 号，位于肇家浜路以南，辛耕路以北，宛平南路以西地块当中。基地面积：34894m²，总建筑面积：157943.5m²，其中：地上 107886m²，地下 46370.55m²。

建筑外观图

　　单体包括三幢高层住宅楼 A 栋、B 栋和 C 栋，分别为 14 层、25 层和 26 层；两栋高层办公楼 D 栋和 E 栋，分别为 26 层和 18 层。五幢高层建筑共用一个两层的地下室，地下室功能为车库、俱乐部及相应配套设备用房。

　　本文主要对 E 栋办公空调系统进行详细介绍。

二、工程设计特点

　　E 栋办公从绿色节能考虑，采用地埋管地源热泵系统。

　　E 楼被评为上海市可再生能源与建筑一体化示范项目，达到能效测评标识"二星级"的要求。

　　E 栋冷热负荷相差比较大，建筑场地能用于打孔的面积有限（地下二层大底板下埋管满铺），且项目位于市中心，周围土壤情况比较复杂，土壤温度恢复能力没有郊区好。故本单体采用地源热泵＋冷水机组的复合式系统，地埋换热管的长度按冬季热负荷设计，夏季当地源热泵系统不能满足换热要求时，启动冷水机组及相应冷却塔。

　　好处在于：（1）可减少埋管井数量及埋管的场地面积需求，减少初投资；（2）有利于全年排热量与吸热量的平衡，避免长期运行后土壤温度的逐年升高。

三、设计参数及空调冷热负荷

1. 室内设计参数（见表 1）

2. 冷、热负荷

夏季空调计算总冷负荷：3766kW，冬季空调计算热负荷：1935kW。

---

① 编者注：该工程设计主要图纸参见随书光盘。

室内设计参数　　　　　　　　　　　　　　　　表 1

主要房间名称	夏季		冬季		人员密度（人/m²）	新风供应量 [m³/(h·p)]
	温度（℃）	相对湿度（%）	温度（℃）	相对湿度（%）		
办公室	26	≤55	20	45	0.2	30
餐厅	26	≤65	20	—	0.5	25
商业	26	≤60	20	—	0.4	19

四、空调冷热源及设备选择

1. 主机技术参数

1、2 号地源热泵机组（高温热回收型）：

夏季：制冷量 $Q=411.5\text{kW}$，冷冻水供/回水温度：7℃/12℃，冷却水供/回水温度：30℃/35℃；

冬季：制热量 $Q=453.1\text{kW}$，空调热水供回水温度：45℃/40℃，蒸发器供回水温度：10℃/5℃；

生活热水：制热量 $Q=421.3\text{kW}$，生活热水供回水温度：55℃/50℃。蒸发器供回水温度：10℃/5℃。

3 号地源热泵机组：

夏季：制冷量 $Q=1481\text{kW}$，冷冻水供/回水温度：7℃/12℃，冷却水供/回水温度：30℃/35℃

冬季：制热量 $Q=1532.35\text{kW}$，空调热水供/回水温度：45℃/40℃，蒸发器供回水温度：10℃/5℃

4 号水冷机组，配置冷却塔：

夏季：制冷量 $Q=1481\text{kW}$，冷冻水供/回水温度：7℃/12℃，冷却水供/回水温度：30℃/35℃

夏季运行 1、2、3、4 号机组；冬季运行 1、2、3 号机组；1、2 号高温热回收型机组夏季制冷的同时能制取生活热水（55℃/50℃），冬季在非空调时段可制取生活热水，储存在生活热水水箱内。

2. 地埋管部分设计

E 栋设计 486 个地埋孔，共分 6 个区，总共分为 54 小组，每小组为 9 个孔相连，每小组采用同程式系统，每个区设置集分水器，分集水器设在地下一层的外墙的检查室内。

地下换热垂直有效长度为 100m，孔间距 4～6m，打孔孔径 130mm，换热管直径 de32，采用单 U 连接。公称压力 1.6MPa。

地埋系统的供回水温度：冬天供/回水温度为 10℃/5℃；夏天供/回水温度为 30℃/35℃。

五、地源热泵运行策略

1. 一天内的运行策略

建筑冷负荷较低时，先启动地源热泵机组，随着冷负荷逐渐增大，当根据冷水供回水管监测参数计算出的实时冷负荷超过热泵机组的额定制冷量时，冷水机组进入运行，并由冷却塔提供冷却水。若通过测量值计算出的实际冷负荷低于热泵机组的额定制冷量时，冷水机组逐步卸载。

同时，夏季当土壤温度高（或地源侧回水温度过高，一般不超过 33℃）时，应及时开启水冷机组以及冷却塔，保证土壤热平衡。

2. 一年内的运行策略

一个制冷季和制热季以后，根据地埋管的进出水参数累计得出地源热泵一年中向土壤吸收和排放的热量，并结合热电偶所测温度，根据这些数据比较从而进一步优化调整下一个制冷季地源热泵的启停动作参数，以使土壤温度维持平衡。

六、空调系统形式

1. 空调风系统

（1）一～三层大堂、大商场、餐饮采用组合式空调全空气系统，上送下回或上送上回。过渡季采用全新风运行。

（2）办公室采用风机盘管加新风系统，新风机组位于每层的机房内，新风通过竖直管从屋面进风。

（3）组合式空调机组、办公新风机组表冷段前设高压静电除尘型空气净化器。

（4）每层空调水平回水干管设电动阀及热计量器，便于管理和计量。

2. 空调水系统

空调水系统采用两管制，夏季水温 7℃/

12℃，冬季水温 45℃/40℃。水立管采用同程式，一～三层水平管采用异程式，四层以上采用同程式。

七、心得与体会

（1）地源热泵系统成功的因素：系统设计合理、地埋管施工质量、运行策略管理。

（2）复合式地源热泵能有效缓解夏季排热量在土壤的堆积，防止土壤环境的恶化，使系统达到高效、节能运行。

（3）双 U 管的单位长度换热量是单 U 管约 1.2～1.3 倍，造价是单 U 管的约 1.3 倍。在满足埋管场地面积的情况下，双管系统并没有比单 U 管系统具有太大的优势，而且双 U 管系统水平埋管施工比单 U 管复杂、难度高。故本项目采用单 U 管。

（4）地埋管施工难度大，施工质量一定要控制好，防止埋管的上浮，避免埋管的损坏。

（5）运行管理很重要，有些项目的使用方为了追求当前的利益，一直使用地源侧冷却，导致土壤温度逐年上升。最后导致地源热泵机组无法运行。

（6）本项目正式运行一年，办公、商业均已使用，冬夏季的空调均正常使用，地源热泵系统比较成功。

阿拉善盟传媒中心^①

- 建设地点　　内蒙古阿拉善盟
- 设计时间　　2009～2012 年
- 竣工日期　　2015 年 1 月
- 设计单位　　华东都市建筑设计总院
- 主要设计人　朱　泓　洪青春　张革新　钟　瑜
- 本文执笔人　朱　泓
- 获奖等级　　三等奖

作者简介：

朱泓，高级工程师，2005 年毕业于上海交通大学暖通空调专业，工程硕士；工作单位：华东都市建筑设计总院；代表作品：长影世纪城、长风国浩城、漕河泾兴园技术中心宛平南路 88 号地块等。

一、工程概况

本工程位于内蒙古阿拉善盟，该地区气候为严寒 B 类地区。本项目共 3 个单体，分别为阿拉善盟广播电视中心大楼、印刷厂及微波站房相关配套用房项目。2009 年开始施工图设计，2011 年配合装修设计，2015 年 1 月竣工验收，正式投入运行。广播电视中心大楼地上 11 层，地下 1 层，裙楼 3 层，建筑总高约 49m。大楼地上建筑面积约为 26000m²，地下建筑面积约为 1200m²。印刷厂地上共 3 层，大楼总高 13.2m，建筑面积约为 2637m²，为丙类厂房。微波站房地上共 2 层，楼高 8.6m，建筑面积约为 820m²。

建筑外观图

二、工程设计特点

现就广播电视中心主楼为主介绍设计特点：

（1）大楼空调供暖系统复杂。夏季除了在地下室机房内设置 2 台水冷螺杆式制冷机供 7℃/12℃冷冻水作为主楼冷源外，还有很多工艺房间要求冷源独立，比如网站机房、节目检索、节目上下载、媒体介质库等。地处严寒 B 区，冬季既有热空调系统又有供暖系统。供暖末端还有散热器、地暖等不同形式。

（2）工艺房间声学要求高，播音室、录音棚噪声标准为 15dB，中、小演播厅、配音噪声标准为 20dB，导播、直播、大演播厅噪声标准为 25dB。由于对房间噪声控制严格，观众候播厅、演播厅等大空间建筑及有声学要求的房间等工艺用房均采用定风量全空气系统。

（3）高大空间多，该项目共有大、中、小三个演播厅，其中裙楼一层大演播厅挑空为层高 24m，中演播厅为 15.3m，小演播厅层高 10.2m；大堂是 3 层挑空，空间高度为 14.1m。

（4）阿拉善盟地区地处严寒 B 类地区，冬季空调室外计算干球温度 -17.1℃，要做好冬季防冻及预热措施。

（5）建筑平面复杂，各专业间协调工作量大。

三、设计参数及空调冷热负荷

1. 室外计算参数（参照银川，见表 1）

2. 主要室内设计参数（见表 2）

3. 空调冷热负荷

广播电视中心主楼空调系统大楼空调冷负荷

---

① 编者注：该工程设计主要图纸参见随书光盘。

约为2480kW；冬季空调热负荷约为1900kW；空调建筑面积单位冷负荷指标95W/m²；单位空调热负荷指标73W/m²。

室外计算参数　　　　　　　表1

冬季		夏季	
室外计算干球温度	−17.1℃	室外计算干球温度	31.3℃
室外计算相对湿度	74%	室外计算湿球温度	22.2℃
室外计算通风温度	−11.9℃	室外计算通风温度	27.7℃
室外计算采暖温度	−12.9℃		
大气压力	89733Pa	大气压力	88137Pa

四、空调冷热源及设备选择

广播电视中心主楼冷源选用2台水冷螺杆式制冷机。夏季空调供/回水温度为7℃/12℃。冬季热源由热力公司提供一次热水接入大楼，一次热水供/回水温度为85℃/60℃，供/回水压力为0.36MPa/0.28MPa，冬季空调热水经热交换后供/回水温度为50℃/60℃。

室内设计参数　　　　　　　　　　　　　　　　　　　　　　　　　　　　表2

设计参数	干球温度（℃）			相对湿度%		新风量	噪声标准
房间类型	夏季空调	冬季空调	冬季供暖	夏季	冬季	m³/(p·h)	dB（NR）
导播、直播	25	18	18	55	40	50	25
播音室、录音棚	25	18	—	55	40	50	15
中小演播厅、配音	25	18	18	55	40	30	20
大演播厅	25	—	16	55	40	20	25

五、空调系统形式

（1）空调水系统采用两管制，大楼空调冷热水设一个水系统，夏季采用循环水泵和冷水机组一一对应设置。空调、供暖水系统采用一个闭式膨胀水箱定压。大楼空调水系统为局部水平同程式。

（2）空调风系统：门厅、观众候播厅、演播厅等大空间建筑及有声学要求的房间等工艺用房均采用定风量全空气系统，有声学要求的工艺用房，均采用双风机空调箱系统。消防控制室、通信机房、无线网络机房，UPS机房设置独立冷源分体空调。网站机房、节目检索、节目上下载、媒体介质库，设有独立冷源的机房空调。

六、通风、防排烟及空调自控设计

（1）通风设计：电动制冷机房、水泵房、热交换器室，6h⁻¹；变电间按设备发热量计算；工艺设备间通风按设备发热量计算；UPS换气次数10h⁻¹；发电机房全面通风按8h⁻¹；配电间排风量按5h⁻¹计算；各公共场所及工艺用房如导播室、配音室、录音室演播厅等房间排风量根据新风量的80%确定；办公室与走道设连接导通管，靠压差排风。气体灭火消防房间，灭火结束后，对房间有害气体进行排放。

（2）防排烟：地上大于100m²的满足自然排烟要求的房间自然排烟开窗面积按建筑面积的2%计算。一层报社挑空中庭上部、裙楼候播大厅由建筑专业设满足规范要求的自然排烟窗，自然排烟开窗面积按建筑面积的5%计算。地上大于100m²的房间不能满足自然排烟要求的房间按消防规范要求设置机械排烟系统；大楼有外窗的疏散楼梯间，前室均采用自然排烟方式，主楼无外窗的前室采用机械正压送风。每层设常闭的正压送风口，着火时打开着火层风口。

（3）空调自控设计：大楼所有通风空调设备均纳入建筑设备自动控制与管理系统（BAS）。空调器回水管路上设电动两通调节阀；风机盘管的回水管路上设电动两通阀；冬季新风空调箱根据送风湿度控制加湿量；末端机组与空调主机组、负载侧循环水泵、冷却塔侧水泵联动。热水系统按一换热器对一泵配置，采用根据压差信号控制调节阀门开度；空调箱盘管冬季均设防冻控制，需在盘管回水端设置温度探测，回水温度小于5℃时需开大调节阀。

七、心得与体会

传媒中心大楼要求达到的功能远远高于一般的民用建筑，广电建筑对声、光、电、空间结构等方面都有很多特殊要求。建成后的阿拉善盟传媒中心共有 7 家单位入住，阿拉善日报社、电台、电视台、微波总站、广电监测台、文化执法支队、阿盟文广局。积累了一些经验心得如下：

（1）注重节能设计：有声学要求的工艺用房，采用双风机空调箱系统，过渡季节可调节新回排风调节阀，采用变新风比运行；大中演播厅为高大空间，过渡季节和冬季从节能角度考虑引入经预热的室外新风制冷而不用开启制冷机；大楼所有通风空调设备均纳入建筑设备自动控制与管理系统（BAS）。

（2）注重各专业的沟通和协调：由于建筑平面复杂，各专业间协调工作量大。有声学要求的房间为满足空调降噪必须提供大风量、低风速的送风，为了达到这两个基本要求，就必须加大风管截面积，并在风管接口处增设消声设备，这无形中增加了空间需求。在各地广电中心建设过程中，都不同程度地出现了走廊净高过低的现象，在此问题上可以通过以下途径解决：

1）设计各专业挖潜，尽可能做好管线综合规划设计，及时跟进拍图协调。

2）在各工种管线施工时加强监控，做好施工组织管理和各专业协调配合，保证随时监控施工进展情况。

3）在室内设计时通过光线、装饰弱化层高影响，减弱层高过低带来的压力感。如主楼一层西部层高 5.1m，走廊最后的净高仅 2.7m，由于空调、供暖、防排烟、通风系统复杂，管线众多，加上其他专业管线，如果不组织协调根本无法保证业主提出的净高要求，这已经是反复协调的最好结果。

龙美术馆①

- 建设地点　　上海市
- 设计时间　　2012 年 06 月～2013 年 2 月
- 竣工日期　　2014 年 3 月
- 设计单位　　同济大学建筑设计研究院集团有限公司
- 主要设计人　李伟江　邵　喆
- 本文执笔人　李伟江
- 获奖等级　　三等奖

作者简介：
　　李伟江，高级工程师，1997 年毕业于同济大学工程热物理专业，硕士；工作单位：同济大学建筑设计研究院集团有限公司；代表作品：寿光文化中心、唐山供电公司生产办公综合楼、南方报业传媒产业基地建设工程 2 号厂房、昌邑会议中心，G 建筑龙美术馆等。

一、工程概况

　　本项目位于上海市徐汇区滨江公共开放空间东段，丰溪路（龙腾大道）和瑞宁路交叉口东南，为改扩建工程。

　　本次设计地下建筑基本保留原结构，并做必要的加固处理，因功能需要，地下一层顶板部分拆除并将新的地下一层层高加高，以满足地下一层新的使用功能及设备管线需求。

　　地上部分，以保留原场地内的运煤漏斗构筑物为界，分东西两楼，总建筑面积 33007m²，地下：24614m²，地上：8393m²。地下二层为车库和设备用房，地下一层为展厅，部分为车库。地上二层包括了办公辅助用房、生活用房、商店、书吧、餐厅咖啡和培训教室、多功能公共大厅、综合展示中心等，建筑高度 12.9m。

建筑外观图

二、工程设计特点

　　本建筑的外观是建筑空间与结构的直接反映。独特的"伞"形结构具有一种原始空间的野性魅力，在形态上不仅对人的身体产生庇护感，亦与保留的工业文明时期的"煤漏斗"产生视觉呼应。"伞"形结构采用清水混凝土浇筑，其余部分则采用张拉铝板网及彩釉玻璃的组合幕墙，以不同的透明度对应不同的内部空间，夜晚溢出的光线将勾勒出"伞拱"的迷人线条以及内部空间的神秘色彩。建筑将致力于结构、机电系统及内外空间高度一致，由此产生的从结构到材料再到空间的直接性与朴素性，结合大尺度出挑所产生的力量感，使整个建筑与场地存留的工业文明气息浑然一体。

　　基于建筑方案的特点，对空间效果要求极高，整个高大空间内不允许有风口外露，故地上部分展厅采用地板送风方式。地下对温湿度要求高的展厅采用转轮除湿系统。

三、设计参数及空调冷热负荷

1. 室外设计参数（见表 1）
2. 室内设计参数（见表 2）
3. 空调系统分区及负荷（见表 3）

四、空调冷热源及设备选择

　　由于本项目功能分区较多，设计伊始就冷热

---

① 编者注：该工程设计主要图纸参见随书光盘。

室外设计参数　　　　表 1

季节	大气压力 (hPa)	空调计算干球温度 (℃)	空调计算湿球温度 (℃)	相对湿度 (%)	通风计算干球温度 (℃)	平均风速 (m/s)
夏季	1005.4	34.4	27.9	—	31.2	3.1
冬季	1025.4	-2.2	—	75	4.2	2.6

室内设计参数　　　　表 2

房间类型	夏季室内参数 (℃/%)	冬季室内参数 (℃/%)	人员密度 (p/m²)	新风量 [m³/(h·p)]
地下展厅	25±1/50±5	20±1/40±5	0.20	19
地上展厅	25±3/50±10	20±3/40±10	0.2	19
展品仓库	25±1/50±5	20±1/40±5	0.05	30
办公	25/60	20/-	0.15	30
培训教室	25/60	20/-	按座位	28
商店、餐厅	25/60	20/-	0.33	20
贵宾接待	25/60	20/-	0.20	30

系统分区及冷热负荷　　　　表 3

系统编号	服务区域	夏季总冷负荷 (W)	冬季总热负荷 (W)
1	地下办公	85915	-52595
2	展厅区	1035834	-715109
3	书吧、培训教室、报告厅	270042	176362
4	餐饮区	196236	-119559
5	贵宾接待	26214	-17139
6	西侧办公	38103	-18650

源是集中设置还是分散设置的问题与业主进行了深入探讨，最终确定了各个分区采用独立的冷热源系统，方便今后的运行管理。结合各个功能分区在使用上的差异，整个建筑共分为 6 个独立的空调系统。

（1）地下办公区：采用变制冷剂流量多联机加新风系统，新风由多联机新风机处理后直接送入人员活动区。

（2）展厅区：主机采用两台制额定冷量为 627kW 的风冷热泵机组，设置于一层室外绿化中，夏季提供温度为 7℃/12℃ 的冷冻水，冬季提供 45℃/40℃ 的空调热水。

（3）侧楼书吧、培训教室、报告厅：主机采用两台制额定冷量为 142kW 的风冷热泵机组，设置于一层室外绿化中。

（4）餐饮区：包括所有西餐厅、日式餐厅及咖啡吧，主机采用两台制额定冷量为 108kW 的风冷热泵机组，设置于一层室外绿化中。

（5）贵宾接待区：主机采用一台制额定冷量为 38kW 的风冷热泵机组，设置于一层室外绿化中。

（6）西侧办公区：空调系统采用变制冷剂流量多联机加新风系统。

五、空调系统形式

1. 空调风系统

地下展厅采用低速单风道全空气一次回风系统。由于地下展厅对温湿度精度要求较高，不仅要满足平时的使用要求，更要满足上海地区过渡季节特别是梅雨天气对除湿的要求，故新风先经过第一级盘管冷却除湿后，再经过转轮除湿处理，与室内回风混合，再经过第二级盘管降温后送入空调区域。在过渡季节可以仅开启除湿机进行除湿。

地下展厅夏季空气处理过程具体为：

（1）新风先经过第一级冷冻水除湿到点 W1，$t_{w1}=15℃$，$\varphi=90\%$，$h_{L1}=40.7kJ/kg_{干空气}$，$d_{w1}=10.1g/kg_{干空气}$。

（2）经过冷冻除湿后的新风 60% 的新风量再经过转轮除湿机处理到 W2 点，$t_{w2}=35℃$，$d_{w2}=11.1g/kg_{干空气}$，再与除湿机旁通的 40% 的新风量混合到 W3 点，$t_{w3}=28.3℃$，$d_{w2}=6.0g/kg_{干空气}$。

（3）经过转轮除湿机后的新风 W3 与室内一次回风 N 混合到 C1 点。

（4）C1 状态点经空调箱盘管等含湿量冷却到与室内热湿比线相交于送风状态点 O 点，$t_o=17℃$，$\varphi=70\%$。

空调季节，服务展厅区域的两台风冷热泵主机全部运行。梅雨季节，运行一台风冷热泵为转轮除湿机提供冷冻水，新风经处理转轮除湿机处理后，经过空调箱风机送入空调区域。

2. 气流组织

（1）地下一层展厅末端配合建筑装饰要求采用条缝形诱导送风口，在靠近空调机房处集中顶回风。

（2）地上展厅采用低速单风道全空气一次回风系统，末端采用地板诱导风口送风，回风通过"伞"形结构空腔在一层、二层回风，展厅水平风管均布置在地下一层预留的 1.5m 夹层内。地下一层跌落展厅部分也采用地板诱导风口送风。

3. 空调水系统

展厅区空调水系统采用一次泵变流量水系统，末端水系统采用异程的两管制水系统。展厅空调箱冷冻水回路采用了带水泵的水力模块，以控制冷冻水流量，达到精确控制送风问题的目的。末端采用地台风机盘管加新风系统的系统，空调箱支路和风机盘管支路分开设置，空调箱支路采用异程式系统，地台风机盘管支路采用同程式系统，各个支路设动态压差平衡阀调节水路水力平衡。

六、通风、防排烟及空调自控设计

1. 通风系统

（1）车库采用智能诱导机械排风系统，通过检测 CO 浓度来控制主送、排风机的启停。机械补风或车道自然补风。

（2）结合全空气系统的新风量设置相应的排风系统，空调季排风量为新风量的 80%，过渡季节全新风运行时，排风量为系统风量的 50%。

2. 防排烟系统

地上楼梯间有自然排烟条件的，采用自然排烟，楼梯间可开启外窗面积不小于 $2m^2$，顶层可开启外窗面积不小于 $0.8m^2$。地下剪刀楼梯间，最底层与室外地坪高差不大于 10，且首层有直接开向室外的门，不设置机械加压送风系统。地上、地下无自然排烟条件的，设机械加压送风系统。

地下一层展厅采用了机械排烟，排烟量按轴对称火灾模型计算排烟量，采用空调箱或者补风机进行排烟补风，补风量不小于排烟量的 50%，补风口设置于离地 0.2m 高度处。

地上展厅，由于整个建筑为清水混凝土，无法在顶层储烟仓布置排烟口，故采用了电动排烟窗形式的自然排烟方式，开窗面积按轴对称火灾模型计算。

3. 自动控制系统

该工程设置一套楼宇自控系统，空调自控系统为楼宇自控系统的一部分，风冷热泵机组、水泵、空调机组、新风机组、风机、电控阀件均纳入 DDC 空调自控系统。

系统将根据各用户的不同使用情况、同时使用率以及不同季节，设置各种操作模式，计算程序使用简洁的语言命令，将所有空调、通风的相关要素纳入其控制范围。

低速风管系统设温度自动控制与湿度自动控制，根据回风温度自动调节电动两通阀的开度，达到节能运行。风机盘管设三速开关及两通启闭阀控制室温。

七、心得与体会

对温湿度要求较高的展厅，采用转轮除湿机对新风先进行了深度除湿处理，再和回风混合经空调箱处理后送入室内，并在空调箱冷冻水回路采用了带水泵的水力模块，精确控制冷冻水流量，经过两个空调季的运行，各个房间温湿度等参数达到了设计要求，取得了很好的效果。

为配合建筑专业的要求，减少设备管线对建筑空间的影响，竖向管线全部布置在现浇混凝土结构空腔内。为了防止混凝土浇筑时产生的压力对风管造成破坏，经过现场多次试验，最终采用了在成品风管外设置一圈保护钢架，直接将风管放置于浇筑混凝土模板中间，现场成功实施，此做法在后续设计项目中值得借鉴。

北京建筑大学新校区图书馆

- 建设地点　　　北京市
- 设计时间　　　2011年3月～2013年7月
- 竣工日期　　　2014年12月
- 设计单位　　　同济大学建筑设计研究院（集团）有限公司
- 主要设计人　　钱必华　张峻毅　潘　涛
- 本文执笔人　　钱必华
- 获奖等级　　　三等奖

作者简介：

钱必华，高级工程师，毕业于同济大学暖通专业；工作单位：同济大学建筑设计研究院（集团）有限公司；代表作品：上海世博会临时展馆及配套设施、长风跨国采购中心、西安中国银行客服中心、上海自然博物馆、郑州中央广场、绍兴金沙广场、甘肃鸿运金茂综合体、吴中市民广场、南通国贸大厦、中国建设银行绍兴市分行等。

一、工程概况

本工程位于北京市大兴区黄村镇，北京建筑工程学院新校区规划 A-地块处，基地面积25208m²，总建筑面积约35625m²，其中地上建筑面积25026m²，地下建筑面积10599m²。建筑总高度29.92m，地上7层，地下1层。

建筑外观图

新图书馆位于基地的中轴线上，是整个校区景观视线与交通轴线的核心。多方位的能量场将简洁方正的建筑冲击磨砺，使其如同漂浮在宁静的水面上一般。水是场地的灵魂，平静的水面与绿色上升的缓坡相互映衬，使建筑更加空灵轻盈。新图书馆建筑在平面上由一个方盒，底部经过冲切构成。图书馆南面为入口广场，四周为浅水池环绕着整个建筑。图书馆的东面为已建及规划的教学建筑，两者之间保持了适当的距离，图书馆的西面北面为校园绿地。建筑以方形的边界对周边复杂的建筑关系形成了简明直接的回应，在这样的校园中心区需要一个高度几何化的空间形体，作为整个校园的图腾符号存在。

二、工程设计特点

1. 空调负荷的优化计算

（1）外遮阳系统

本项目网格状的外立面是有效的建筑外遮阳体系，通过控制不同方位网格的开合程度，有效地控制自然光线对室内的影响，外遮阳系统也可有效降低空调冷负荷。

（2）对图书馆使用习惯的调研

通过对北京建筑工程学院自习室使用习惯的调查（如群集系数、使用时间、座位使用比例等），合理确定空调负荷计算参数。有效降低冷水机组的冗余。

2. 合理设置空调冷热源

根据业主方的要求，教师加班情况较为普遍，故为教师办公区域设置独立的VRV系统，方便系统的独立控制与运行调节。

冬季热源采用校园热网，一次水经板换换热后为建筑提供空调及供暖系统的热源。本项目空调系统采用60℃/45℃的温差设计，可有效降低热水系统能耗。

3. 供暖系统的设置

为保证冬季室内舒适性，为一层门厅设置地板辐射供暖系统。

同时，根据北京地方使用习惯及管道防冻的要求，为七层办公区及各层外区卫生间设置散热片供暖。

4. 节能设计

（1）中庭排风装置

本项目为中庭设置排风机组及排风热回收机组，分别应对夏季及冬季两种运行工况。

由于中庭的烟囱效应，其顶部将积聚大量热空气。夏季工况下，开启屋顶的排风机组以尽快排除室内热空气，防止其蔓延到相连区域；冬季时则利用室内积聚的热空气预热室外新风，从而降低空调系统能耗，实现节能的效果。

（2）过渡季节变新风比运行

全空气系统混风箱连接回风新风处设置风量调节阀，以调节新风比，过渡季节可实现新风比大于75%运行。

三、设计参数及空调冷热负荷

1. 室外气象参数（见表1）

室外气象参数　　　　　　表1

	大气压力（hPa）	空调计算干球温度（℃）	空调计算湿球温度（℃）	相对湿度（%）	通风计算干球温度（℃）	风速（m/s）
夏季	998.5	33.6	26.3	—	29.9	1.9
冬季	1020.4	−9.8	—	37	−5.0	2.8

2. 室内设计参数（见表2）

室内设计参数　　　　　　表2

房间名称	夏季		冬季		新风量
	温度（℃）	相对湿度（%）	温度（℃）	相对湿度（%）	m³/(h·p)
临时展厅	26	55	18	40	20
会议室	26	55	20	40	20
休息厅	26	55	18	40	20
门厅、目录厅	27	55	18	40	20
阅览区	26	55	20	40	20
多功能厅	26	55	20	40	20
业务用房	26	55	20	40	30
小放映室	26	55	20	40	20

3. 冷热负荷

本工程总建筑面积35625m²（其中地下建筑面积10599m²）。

夏季空调冷负荷为3950kW，冬季空调热负荷为3600kW，供暖热负荷为428kW。

四、空调冷热源及设备选择

1. 空调冷源

（1）水冷螺杆式冷水机组主要负担地下一层至地上六层的阅览室以及办公室等区域，设备具体参数如表3所示。

冷水机组技术参数　　　　　　表3

名称	制冷量（kW）	输入功率（kW）	COP	供/回水温度（℃）	台数（台）
水冷螺杆式冷水机组	1025	203	5.0	6/12	3

（2）考虑教师办公区域有加班需求，故为其设置变冷媒流量多联变频机组，且设备的COP>3.00。

（3）冷冻机组及变频多联机系统均采用环保冷媒。

2. 空调及供暖热源

本项目采用校园热网作为冬季供暖与空调系统的热源，地下室能源中心内设置2台换热量为750×2kW的板式换热机组为空调系统提供热水，其中一次侧的供/回水温度为80℃/60℃，二次侧的供/回水温度为60℃/45℃。

能源中心内另设置2台制热量为180×2kW的板式换热机组为地板辐射供暖系统提供热水，其中一次侧的供/回水温度为80℃/60℃，二次侧的供/回水温度为60℃/50℃。

需要24h空调环境的房间采用独立空调，以利节能、控制和管理（如计算机房、弱电中心、值班室）。

五、空调系统形式

1. 空调风系统

（1）门厅、阅览区、多功能厅等大空间均采用全空气低速管道系统。

（2）小会议室、小开间办公室及中小报告厅采用风机盘管加新风系统。

（3）空调机组设置袋式过滤段、盘管段、湿膜加湿段及风机段等基本功能段。

（4）大部分空调机房内均设置多台空调机组，以便根据室内负荷的变化调整开启台数，节省运行费用。

（5）室内空间丰富，设计中兼顾室内装修风格及室内气流组织的要求采用各种形式的风口（大型喷口、条形风口、普通散流器等）以满足视觉效果与室内温湿度的要求。

2. 空调水系统

（1）空调水系统采用两管制水平异程垂直同程系统。

（2）空调水系统通过分集水器，分别供地下二层至地上二层的展厅及公共空间的空调机组使用。

（3）为解决水系统的不平衡性，末端空调箱回水管上设置比例式电动两通阀与动态平衡阀组合为一体的流量控制阀。

（4）为保证系统的密闭性，空调水系统定压采用气压罐定压方式。

3. 供暖系统

（1）校园热网进户后经分集水器分为三路，分别供七层办公室散热器、空调系统换热器以及门厅地板辐射供暖换热器使用。

（2）对一层门厅等大空间等设置地板辐射供暖。

（3）七层办公区及外区卫生间设置散热片供暖，采用机械双管下供下回系统，散热器供水管设置恒温阀，建筑物热力入口设置计量装置。

六、防排烟系统

1. 防烟系统

防烟系统地上地下分开设置。火灾时，保证前室有 25Pa 正压值，楼梯间有 50Pa 正压值。

2. 排烟系统

（1）地下车库设置机械排烟系统，排烟量均按 $6h^{-1}$ 换气次数计算，补风采用平时的机械送风系统。

（2）地下室面积大于 $50m^2$ 的房间以及长度大于 20m 的内走道均设置机械排烟系统，排烟量按每平方米不小于 $60m^3/h$ 计算。

（3）地上部分大于 20m 且无自然排烟条件的内走道均设置机械排烟系统，排烟量按每平方米不小于 $60m^3/h$ 计算。

（4）地上部分大于 $100m^2$ 的房间设置机械排烟系统，排烟量按每平方米不小于 $60m^3/h$ 计算。

（5）该项目内中庭空间为 7 层 32.6m 通高，从 B1 层到 6 层，总面积达到 $6454m^2$。远远超过规范规定的允许单一的最大分区面积（见图 1）。中庭体量硕大，且回廊部分（用于阅览区）与中庭相连。

图 1　中庭效果图

为满足中庭及回廊区域的开敞感和层次感的要求，同时满足消防相关要求，本项目通过进行消防性能化专题分析计算确定具体的排烟量进行机械排烟，最终确认其排烟量应大于 $300000m^3/h$。

七、心得与体会

由于建筑空间复杂，设计中根据防火分区来划分不用的空调系统，并结合图书馆的不同功能，采用不同的空调冷热源。

该建筑自竣工以来，空调及供暖效果均满足学校要求，受到学校的一致认可和好评。

武汉电影乐园①

- 建设地点　　湖北省武汉市
- 设计时间　　2011 年 11 月～2014 年 7 月
- 竣工日期　　2014 年 11 月
- 设计单位　　同济大学建筑设计研究院（集团）有限
　　　　　　　公司
- 主要设计人　顾　勇　沈雪峰　赵　鑫　季汪艇
　　　　　　　张晓磊
- 本文执笔人　季汪艇
- 获奖等级　　三等奖

作者简介：
顾勇，高级工程师，1993 年 7 月毕业于同济大学暖通专业；工作单位：同济大学建筑设计研究院（集团）有限公司；代表作品：古滇王国文化旅游名城、静安区 60 号项目、义乌世贸中心、中大国际 THECITY 项目、武汉电影乐园等。

一、工程概况

武汉电影乐园项目位于武汉中央文化旅游区，西、北两侧紧邻沙湖公园，南相邻沙湖南环路，东侧邻沙湖连通渠走廊，东侧红线距离沙湖大桥 61m，总用地面积 38576.93m²，建筑高度为 59.875m 的高层建筑，总建筑面积 101552.23m²，容积率为 1.27。其中地上建筑面积 48934.48m²；地下室建筑面积 52617.75。

建筑外观图

武汉电影乐园作为全球首个室内电影文化公园，汇集全球最新顶尖电影娱乐科技，容纳六大娱乐主题——包括 4D 影院、5D 影院、飞行影院、互动影院、时空影院、体验影院，以及电影主题购物、餐饮等服务设施。是以电影体验为主，集娱乐、商业、餐饮于一体的建筑综合体。

二、工程设计特点

本项目作为全国第一家室内电影主题乐园，除了整体面积规模大、业态多元化、人员密集之外，各个影院的演出形式多样，大量使用蒸汽、液氮、水汽、热风等舞台特效；影院内部空间造型复杂、吊顶形式多变；声光电等特效设备、投影机等放映设备、机械臂等舞台机械设备的发热量大且与观影人员在同一空间内。本项目空调系统的设计需满足常规人员热舒适要求，同时需要满足上述工艺要求，另外空调系统又不得影响舞台特效带来的视觉、味觉、味觉等感官效果。

三、设计参数及空调冷热负荷

本项目总冷负荷 8963kW，冷指标 89W/m²；总热负荷 5056kW，热指标 50W/m²。

四、空调冷热源及设备选择

选用两台 3516kW 离心式冷水机组和一台 1439kW 螺杆式冷水机组，所提供的冷冻水供/回水温度为 6℃/12℃，所要求的冷却水进/出水温度为 32℃/37℃。热源采用 3 台 1745kW 燃气真

---

① 编者注：该工程设计主要图纸参见随书光盘。

空热水锅炉，空调供/回水温度60℃/50℃。冷水机组与燃气真空热水锅炉机房机组设置在地下一层。

五、空调系统形式

中庭、影院等大空间采用全空气低速管道系统，3D互动影院、4D影院、飞行影院及其排队预演区等高大空间气流组织采用旋流风口上送侧下回；5D影院采用座椅送风下送侧上回方式；时空影院采用下送上回方式，接至太空舱内及基坑内；体验影院采用沿桥下布置风管筒型喷口侧送侧下回方式；办公等小空间采用风机盘管加新风系统。

空调水系统采用一次泵两管制系统，冷冻泵、热水循环泵变频运行；主机侧有限变流量，即通过冷水机组的最小流量不得低于额定流量的70%，负荷侧变流量。

六、通风、防排烟及空调自控设计

按照标准规范和技术措施进行车库、库房、卫生间等区域的通风设计；在飞行影院、4D影院、5D影院、互动影院、体验影院剧场内，液氮厂家根据工艺需要在部分区域设置空气氧含量探测仪，当测得的空气氧含量到达19.5%时，相应打开该区域的排烟系统及补风系统。

按照规范设置楼梯间和前室的防烟系统；按照规范设置走道和办公餐饮等小空间的排烟系统；影院和中庭按照性能化防火设计报告进行防排烟设计，互动影院排烟量按4h⁻¹换气次数计算，飞行影院排烟量按换气次数13h⁻¹计算，4D影院排烟量按换气次数13h⁻¹计算，5D影院观众及舞台部分排烟量按换气次数13h⁻¹计算，后台部分排烟量按换气次数4h⁻¹计算；体验影院排烟量按换气次数6h⁻¹计算，时空影院排烟量按换气次数13h⁻¹计算。

七、心得与体会

从以下几个方面介绍本项目设计过程中遇到的难点及应对措施：保证人员热舒适/呼吸安全、保证放映和机械设备稳定运行、降低对特效干扰等方面。

为提升观影效果及带入感，所有影院均配备液氮特效，且使用量较大，本项目设计日液氮使用量为51838L。氮气在大气中大量存在，但封闭空间中氮气浓度的升高会挤占空气中氧气的浓度，根据相关规范要求，为确保人员呼吸安全，受限空间氧气浓度不应低于19.5%。本项目暖通设计过程中，根据方案设计方及影院深化设计单位提供的各个空间每次演出的液氮消耗量、演出频次等信息，结合空调系统最小新风量运行工况及气流组织形式，分析室内氧气浓度变化，所有影院一天运行后氧气浓度均满足规范要求。但本项目主题影院相对封闭，多日连续运行后影厅内氧气浓度会低于规范要求。经计算，给出各个影厅的连续运行天数上限，供运营方参考；建议氮气使用量最大的飞行影院每天运行结束后，开启相应区域的排烟系统及补风系统进行全面换气；同时在使用氮气的场所，设置空气氧含量探测仪，当测得的空气氧含量到达19.5%时，相应打开该区域的排烟系统及补风系统。通过合理的设计，确保影厅内部的呼吸安全。

本项目主题影院的放映和机械设备主要分布于两个类型的空间：专用的控制/设备机房内；影厅或排队、预演区域内。其中前者统一采用VRF进行冷却；后者由于分布在影厅各个区域（如互动影院观影厅内部有48台投影仪）或发热量很大（如飞行影院内部的投影仪发热量为18kW，太空影院内部设备平台处的控制柜发热量为40kW），因此处理难度比较大。对影院内部的设备，基本的处理原则是发热量小（一般小于2kW）且分散的设备，利用空间内部的全面空调进行冷却，复核气流组织，确保设备不在气流组织的死角；对于发热量大的设备，设置局部排风措施，并根据情况设置空调送风管至设备周围或设备腔体内。

空调系统的气流组织对烟雾弥漫、热浪侵袭、水雾喷射、香气四溢等蒸汽、液氮、水汽、热风等营造的舞台特效影响较大。首先要求回风口远离特效发生装置，其次要求特效区域内风速不能过高（限值在0.2~0.5m/s不等）。同时，空间显热量大，单位面积送风量大；由于本项目影院层高在10~30m不等，为保证人员热舒适，多采用旋流风口顶送、球形喷口侧送等送风形式；因此室内风速很容易超过特效的要求。与各影院特效进行密切配合后，本项目采取以下两种解决方案：1）调整送回风口的位置或形式，确保效果；2）修改控制要求，对局部特效区域暂时停止空调，待特效结束后重新启动（经计算，确保空调关闭期间空间温升小于 2℃）。

室内电影乐园整体面积规模大、业态多元化、演出形式多样，要使得空调系统与演出完美融合，需根据方案设计方及影院深化设计单位提供的各项数据（包含瞬时发热量、持续时间、间歇时间、氮气使用量、演出不同阶段的室内噪声、风速要求）进行细致计算分析。只有精细化设计才能支持尖端娱乐。

上海自然博物馆（上海科技馆分馆）①

- 建设地点　　上海市
- 设计时间　　2007 年 8 月～2009 年 8 月
- 竣工日期　　2014 年 6 月
- 设计单位　　同济大学建筑设计研究院（集团）有限公司
- 主要设计人　钱必华　王　健　张峻毅
- 本文执笔人　钱必华
- 获奖等级　　三等奖

作者简介：

　　钱必华，高级工程师，毕业于同济大学暖通专业；

　　工作单位：同济大学建筑设计研究院（集团）有限公司；代表作品：上海世博会临时展馆及配套设施、长风跨国采购中心、西安中国银行客服中心、上海自然博物馆、郑州中央广场、绍兴金沙广场、甘肃鸿运金茂综合体、吴中市民广场、南通国贸大厦、中国建设银行绍兴市分行等。

一、工程概况

　　本工程位于上海市静安区，山海关路、大田路交界处，静安雕塑公园北部。建筑用地面积 12029m²，总建筑面积 45086m²，其中地上建筑面积 12128m²，地下建筑面积 32958m²，地上为 3 层、地下 2 层。地下二层展厅下方为地铁十三号线区间，两者整体建构，地上总高度 18m，总埋深 22m。

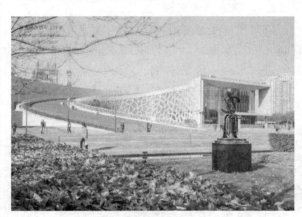

建筑外观图

　　建筑的整体形态灵感来源于绿螺的壳体形式，博物馆的内部参观流线围绕中心景观布置，博物馆的各展厅组织在螺旋式的空间秩序中，将内部功能与外观形式完全统一。螺旋上升的绿色屋面从雕塑公园内升起，使人联想到螺壳体的和谐形式和完美的构成比例。博物馆的功能被安排在这一绿色长带下的空间中，并围合出一面椭圆形水池，成为贯穿整个建筑的参观流线所围绕的中心焦点。

二、工程设计特点

　　本项目获得 2011 年度住房和城乡建设部颁发的中国绿色建筑设计评价标识三星级标识，并于 2015 年获得 LEED 金奖认证。

三、设计参数及空调冷热负荷

1. 室外气象参数（见表 1）

室外气象参数　　　　表 1

	大气压力（hpa）	空调计算干球温度（℃）	空调计算湿球温度（℃）	相对湿度（%）	通风计算干球温度（℃）	风速（m/s）
夏季	1005.3	34	28.2	—	32	3.2
冬季	1025.1	−4	—	75	3	3.1

---

① 编者注：该工程设计主要图纸参见随书光盘。

2. 室内设计参数（见表2）

室内设计参数 表2

房间名称	夏季		冬季		新风量
	温度（℃）	相对湿度（%）	温度（℃）	相对湿度（%）	m³/(h·p)
展厅	25	≤65	18	≥30	≥20
会议	25	≤60	20	—	≥30
门厅	26	≤65	18	—	≥20
报告厅	25	≤65	20	—	≥20
餐厅	25	≤65	20	—	≥20

3. 冷热负荷及指标（见表3）

冷热负荷及指标 表3

总冷负荷（kW）	5000	总热负荷（kW）	2475
冷耗指标（kW/m²）	0.17	热耗指标（kW/m²）	0.08

注：指标中的建筑面积已扣除地下车库及设备用房的面积。

四、空调冷热源及设备选择

1. 冷热源设计

空调冷热源采用地源热泵与常规制冷系统相结合的空调形式，其中地源热泵系统按冬季热负荷确定地埋管数量，所需冷负荷的多余部分由常规螺杆式冷水机组承担，夏季通过冷却塔将多余热量排除。具体配置如表4所示。

冷热源配置表 表4

名称	制冷量	输入功率	COP	台数
水冷螺杆式冷水机组	1561kW	304kW	5.17	2
螺杆式地源热泵机组	1000kW	240kW	4.6	2

2. 地埋管系统设计

本工程采用灌注桩埋管与地下连续墙埋管两种形式（其中地下连续墙又分为外围地下连续墙和地铁连续墙两部分）。具体情况如下：

（1）灌注桩埋管：灌注桩埋管393个，有效深度45m。

（2）地下连续墙埋管：

1）外围地下连续墙（D1，D2，D3，D4）：D1型地下连续墙内161个，有效深度35m；D2型地下连续墙内64个，有效深度38m；D3型地下连续墙内37个，有效深度30m；D4型地下连续墙内4个，有效深度34m（外围地下连续墙总计266个）。

2）地铁连续墙（D6）：D6型地铁连续墙内186个，有效深度18m。

设计中，灌注桩和地铁连续墙为一个埋管系统。

（3）夏季土壤换热器最大散热负荷为1639kW，冬季土壤换热器最大取热负荷为1178kW，根据地源热泵技术规程提供的公式计算，土壤换热器能够承担的系统夏季空调冷负荷为1366kW，系统冬季空调热负荷为1600kW。

（4）土壤换热器循环水温度夏季为35℃/30℃，冬季为5℃/9℃。

五、空调系统形式

1. 空调风系统

（1）各展厅均采用全空气定风量低速管道系统，其中高大空间采用旋流风口顶送或喷口侧风，集中回风。

（2）新风量可根据室内参观人数（通过自动售票系统）及室内CO_2浓度来确定，并实现过渡季节全新风或50%新风运行。

（3）大部分空调机房内均设置多台空调机组，以便根据室内负荷的变化调整开启台数，节省运行费用。

（4）展厅等大空间场通过CFD模拟，对大空间进行合理的自然通风设计

2. 空调冷热水系统

（1）由于受地铁限制，故空调水系统采用两管制异程式水系统，根据供回水的压差变化自动调整进入水路系统的水量。

（2）空调水系统通过分集水器，分别供地下二层至地上二层的展厅及公共空间的空调机组使用。

（3）为解决水系统的不平衡性，末端空调箱回水管上设置比例式电动两通阀与动态平衡阀组合为一体的流量控制阀。

（4）空调水系统定压采用气压罐定压方式。

（5）本工程空调末端水系统夏季的供/回水温度为6℃/13℃，冬季的供/回水温度为50℃/42℃。

六、防排烟设计

由于本工程的复杂空间，且展品种类丰富，

故进行了消防性能化的专项设计，以满足消防的要求。

1. 防烟系统

（1）所有地下防烟楼梯间（独立前室）均采用楼梯间直灌式送风或土建加压送风竖井方式，采用直灌式加压，送风量为普通加压风量的120％。

（2）所有地上封闭楼梯间均采用自然排烟方式。

2. 排烟系统

（1）由于地下展厅的防烟分区面积均大于500m²，故机械排烟风机的风量按各防烟分区中最大一个分区的排烟量确定，因本工程内部空间复杂，所以排烟量根据火灾规模确定。

（2）根据不同防烟模式分别用挡烟垂壁或挡烟卷帘将防烟分区进行分隔。

七、心得与体会

评价地源热泵系统节能效果的好坏，需要以空调系统的全年能耗模拟计算结果为依据。根据全年的冷热负荷，明确冷却塔的运行策略，平衡埋管侧的年放热、吸热总量。在保证地源热泵系统节能高效性的同时，地埋管初投资的回收期也应控制在合理范围内，从而使该设计有好的节能效果和经济效益。

山东省美术馆

- 建设地点　　　济南市
- 设计时间　　　2012 年 2~9 月
- 竣工日期　　　2013 年 9 月
- 设计单位　　　同济大学建筑设计研究院（集团）有限公司
- 主要设计人　　曾　刚　张　云
- 本文执笔人　　张　云
- 获奖等级　　　三等奖

作者简介：

张云，工程师，2011 年毕业于同济大学制冷及低温工程专业，硕士研究生；现就业于同济大学建筑设计研究院（集团）有限公司；代表作品：中铝上海南方总部、山东省美术馆等。

一、工程概况

项目位于山东省济南市，占地面积 10389m²，建筑面积 52138m²，高度 36m。

地上 5 层，建筑面积 41552m²，主要为大堂，展厅，展品库房及办公；地下 1 层，建筑面积 10586m²，主要为展品库房及机动车停车库。本建筑为一类高层建筑，设计使用年限为 100 年。

二、工程设计特点

1. 舒适性空调

本工程空调水系统采用一次泵定频变流量系统向空调末端供水，末端为两管制水系统，并结合平衡阀门进行水力调节。空调箱采用动态平衡电动调节阀，风机盘管采用动态平衡电动两通阀。动态平衡阀的引入极大地解决了空调水系统的水力不平衡问题，避免了常规阀门调节过程中"大流量，小温差"所产生的不必要的输送能耗。

2. 藏品库房恒温恒湿空调

本工程藏品库房以及珍品展示区根据藏品类型（主要为字画等艺术品）设置恒温恒湿空调系统。藏品库房采用与大楼舒适性中央空调系统完全独立的水冷恒温恒湿洁净式空调系统。藏品库冷源为专用的闭式冷却塔，根据藏品库房的功能划分，分室或分区设置水冷恒温恒湿洁净式空调系统，并对应分区设置的风冷热泵型冷媒直膨式

复合新风空调系统（热回收型）。水冷恒温恒湿洁净式空调机及新风室内机均置于专用空调机房内，新风空调室外机则置于大楼屋面通风处。藏品库房引入的室外新风经新风机组处理（夏季降温除湿、冬季加热升温）后再送入各恒温恒湿空调机组进行混风处理，以对空调区的温度和湿度实现解耦控制，避免因再热而引起大量的冷热抵消。

3. 空调自控系统

出于节能和优化空调系统运行的需要，本工程设楼宇自动控制系统。空调设备自控系统全部采用集散型直接数字控制系统。空调自控系统包括对主要冷、热源设备和空调通风设备的参数检测、参数与设备状态显示、自动调节与控制、工况自动转换、设备联锁与自动保护、能量计量以及中央监控与管理等内容。

三、设计参数及空调冷热负荷

1. 室外计算参数

城市：济南，纬度：36.6，经度：117.0，海拔高度（m）：170.3。

冬季大气压力（Pa）：101853.0；夏季大气压力（Pa）：99727.0；

冬季平均室外风速（m/s）：2.7；夏季平均室外风速（m/s）：2.8；

冬季空调室外设计干球温度（℃）：−7.7；夏季空调室外设计干球温度（℃）：34.8；

冬季通风室外设计干球温度（℃）：−3.6；

夏季通风室外设计干球温度（℃）：30.9；

冬季供暖室外计算干球温度（℃）：-5.2；

夏季空调室外设计湿球温度（℃）：27.0；

冬季空调室外设计相对湿度（%）：45.0；最大冻土深度（cm）：44.00。

2. 室内设计参数（见表1）

室内设计参数　　　　表1

| 房间名称 | 夏季 | | 冬季 | | 新风量 | 噪声标准 |
	温度（℃）	相对湿度（%）	温度（℃）	相对湿度（%）	[m³/（h·p）]	[dB（A）]
门厅、走道	26	60	18	30	20	≤50
展厅	25	55	20	40	20	≤45
办公、画室	25	55	20	40	30	≤45
会议室	25	55	18	40	30	≤40
藏品库房	20	55	20	55	1次/h	≤35

3. 冷热负荷

展览办公区：夏季计算空调冷负荷 5342kW；冬季计算空调热负荷 3252kW；

折合建筑单位指标为：冷指标：106W/m²；热指标：65W/m²。

藏品库房区：夏季计算空调冷负荷 142kW；冬季计算空调热负荷 141kW；

折合建筑单位指标为：冷指标：82W/m²；热指标：81W/m²。

四、空调冷热源及设备选择

本工程为集展览、办公、藏品保存功能于一体的现代综合美术馆，展览与办公区域运行时间较为规律，空调为舒适性空调系统，同时有市政热水管网可供使用，故采用水冷冷水机组＋板式换热器（水-水）作为的舒适性空调系统的冷热源。

本工程空调冷冻机房设置在地下一层，机房内设置 3 台（450RT）水冷离心冷水机组，提供空调系统夏季所需的冷冻水（6℃/12℃）；在该冷冻机房内同时设置 2 台水-水板式换热器（单台容量 2350kW）将市政供暖水（150℃/70℃）换热成冬季空调热水（60℃/45℃）作为本工程的冬季空调热源。

五、空调系统形式

1. 舒适性空调

室内空调末端设备根据不同的场合采用不同的形式：大型公共空间（门厅，展厅等）采用集中式全空气空调系统，设有空调机房，由集中的空调箱、送（回）风管、新（排）风管和散布的各种风口配件等组成；空调气流形式采用侧送双层百叶风口或顶送散流器送风口，回风口集中设在机房附近的吊顶上，加上外墙防水新风口和室内百叶排风口，构成完整的公共空间气流组织。

小型空间（办公室、修复室、会议及接待室等）采用半集中式空调系统，各层分别设有集中的新风空调机组及新风空调系统，分室设置变风量空调器或风机盘管，并设有新风风管和各种风口配件等；采用平顶门铰型百叶滤网回风口，或双层百叶侧送风口或散流器等，构成各自空间的气流组织。

根据卫生部 2006 年颁发的《公共场所集中空调通风系统卫生管理办法》的规定，各空调系统建议设光氢离子（或纳米光催化）空气净化装置。

2. 低温地板辐射供暖

中庭的一层地面设置低温热水地板辐射供暖系统以满足冬季高大空间供暖的舒适性需求。供暖低温热水（60℃/45℃）由冷冻机房热水分（集）水器接来。分集水器根据建筑功能分区，集水器箱内设温控调节阀，以分别控制各区域的室内温度。

3. 藏品库房专用恒温恒湿空调系统

藏品库房以及珍品展示区均设置恒温恒湿空调系统，它是与大楼舒适性中央空调系统完全独立的水冷恒温恒湿洁净式空调系统，冷热源为设置在屋顶的闭式冷却塔。

根据藏品库房的功能划分，分室或分区设置水冷恒温恒湿洁净式空调系统，并对应分区设置的风冷热泵型冷媒直膨式复合新风空调系统（热回收型）。水冷恒温恒湿洁净式空调机及新风室内机均置于地下室专用空调机房内，新风空调室外机则置于大楼屋面通风处。藏品库房引入的室外新风经新风机组处理（夏季降温除湿、冬季加热升温）后再送入各恒温恒湿空调机组进行混风处理，以对空调区的温度和湿度实现解耦控制，避免因再热而引起大量的冷热抵消。

珍品展示区采用自带内置型恒温恒湿空调机组的成品展柜，展柜内空调压缩机的发热量则直接排入展厅，由展厅的舒适性空调系统进行承担。

藏品库房区和敏感藏品封闭式展示区的空调系统均设置高中效空气过滤装置，高中效清滤器要求粒径不小于 $0.5\mu m$，效率不小于 70%，并不大于 95%。

六、通风、防排烟及空调自控设计

1. 防排烟系统设计

本建筑为高层建筑，其防烟楼梯间、合用前室均设置独立的加压送风系统。防烟楼梯间每两层设一个常开加压送风口，火灾时由消防中心直接启动其加压送风机；合用前室每层设一个常闭电动加压送风口，火灾时由消防中心电动（或就地手动）打开着火层及其相邻层合用前室的加压送风口，并联锁启动其加压送风机。防烟楼梯间的设计余压值为 50Pa，合用前室的设计余压值为 25Pa。各加压送风系统送风机的出风管上均设电动旁通泄压阀，并在楼梯间的 1/3 高度处以及各层合用前室内设置压差传感器，测量加压部位空气压力值与正常大气压（相邻疏散走道）的差值。加压送风系统启动后，当防烟楼梯间与相邻疏散走道的静压差≥设定值（60Pa，可调）时，泄压阀将受控打开泄压；当防烟楼梯间与走道的压差降至 50Pa 时，泄压阀将受控关闭。当合用前室与疏散走道的静压差≥设定值（30Pa，可调）时，该泄压阀将受控打开泄压；当合用前室与走道的压差降至 25Pa 时，泄压阀将受控关闭。

本工程不满足自然排烟条件的地下车库、中庭、超大内房间及超长内走廊均设置机械排烟系统，地上部分采用自然补风，地下室则设置机械补风系统，补风量不小于排烟量的 50%。

除已设机械排烟的房间外，地上各层其他面积大于 $100m^2$ 的房间和长度超过 20m 的走道均通过建筑开窗，火灾时自然排烟，有效开窗面积不小于房间面积的 2%。

不同部位加压送风量式机械排烟量如表 2 所示。

加压送风量式机械排烟量　　表 2

编号	部位	加压送风量或机械排烟量
A	防烟楼梯间（前室不送风）	25000m³/h
B	防烟楼梯间（前室送风）	20000m³/h
C	合用前室	16000m³/h
D	封闭内走廊、超大内房间	机械排烟量按 60m³/(h·m²)
E	中庭、地下室汽车库	机械排烟换气次数 6 次/时

2. 通风系统设计

地下汽车库设置独立的机械通风（兼排烟）系统，通过坡道自然补风或设置补风风机进行机械补风。地下车库排风系统采用根据室内 CO 浓度进行启停控制。

地下变电所、冷冻机房、水泵房等机电用房均设有独立的通风系统，同时设机械补风风机补入室外新风。卫生间均设置机械排风系统，由屋面的总排风风机箱排出污浊空气，同时形成卫生间负压，避免臭气外逸，并由公共空间自然补风。其他需要排除污浊空气或余热的房间、场所，也设有机械排风系统。不同房间通风量如表 3 所示。

不同房间通风量　　表 3

编号	房间名称	换气次数（h⁻¹）	附注
A	地下汽车库	6	机械排风、自然补风
B	变配电所	按热量平衡计算	机械排风、机械补风
C	空调冷冻机房	8	机械排风、机械补风
D	水泵房	4	机械排风、机械补风
E	卫生间	10	机械排风、自然补风
F	餐厅	按风量平衡计算	机械排风、空调补风
G	餐厅厨房	初加工 15，热厨 40	机械排风、空调补风

3. 空调自动控制设计

建筑楼宇自控系统由业主委托专业工程公司设计，暖通设备自控系统包含于其中，采用 DDC 控制。

空调自控系统包括对主要冷、热源设备和空调通风设备的参数检测、参数与设备状态显示、自动调节与控制、工况自动转换、设备联锁与自动保护、能量计量以及中央监控与管理，内容包括：

（1）主机控制：按冷（热）负荷与二次方面要求流量来决定合适的台数（台数控制），为使机组内每台机器运行时大致相当而自动调整运行优先顺序（自动顺序控制），与主机联动的水泵开关（水泵联动控制）

（2）水泵控制：按空调负荷流量决定运行台

数（台数控制），将首端压差限制在一定范围的旁通管的电动两通阀控制（压差旁通控制）

（3）新风机/空调机控制：以送/回风设定值为基准决定动态平衡电动调节阀的开度（送/回风温度控制），以室内湿度设定值为基准控制加湿器能力（加湿控制）。

（4）FCU控制：以室内温度设定值为基准决定动态平衡电动两通阀门的开闭（如比例或on-off）（室内温度控制）、（制冷/制热切换控制），同一空调区域设置集中控制器对FCU进行联动控制（多台联动控制）（或由强电系统控制）。

（5）所有配套使用的系统运行需设置相应的连锁控制。

（6）楼宇自控（BAS）还应具备下列功能：

1）测量、计算并显示本大楼空调系统负载端的实际用冷（或热）量，对冷水机组（或换热机组）、循环水泵、冷却塔和冷却水泵实行群控；

2）冷水机组和冷却塔的均时运行控制；

3）空调水系统压差旁通控制及冬、夏季压差设定值的自动切换；

4）所有通风、空调系统的启停控制及状态显示；

5）空调箱及新风机组表冷器热交换效率的测定及其低效（需清洗）报警；新风机组的送风温、湿度控制。

七、心得与体会

本项目于2013年10月"第十届中国艺术节"起正式启用，先后承办了"全国优秀美术作品展"、"山东省重大历史题材美术创作工程作品展"等各类大小型展览活动，并赢得了使用方的高度认可。

本项目启动伊始，设计团队就投入大量资源以求设计得尽善尽美，进行了多次项目实地考察，同类项目的调研，老馆旧址的参观，业主需求的紧密跟踪及确认。设计过程中，除常规的校对和审核外，还召开了部门内部的技术探讨和内部审查，严格的质量管控有效地保证了设计质量。

一分耕耘一分收获，本项目也因各方努力有幸获得了"2015年度全国优秀工程勘察设计行业奖建筑工程一等奖"等荣誉。

南京邮政一枢纽生产楼改建工程①

- 建设地点　　南京市
- 设计时间　　2009 年 5～11 月
- 竣工日期　　2012 年 7 月
- 设计单位　　南京市建筑设计研究院有限责任公司
- 主要设计人　张建忠
- 本文执笔人　石露露
- 获奖等级　　三等奖

作者简介：

张建忠，教授级高级工程师；1987 年 4 月毕业于同济大学暖通空调专业，硕士学历；现工作于南京市建筑设计研究院有限责任公司；代表作品：南京图书馆、德基广场、金奥大厦、南京鼓楼医院、鼓楼软件园江水源热泵区域空调、南京青奥城区域能源中心、中航科技城等。

一、工程概况

本项目是南京邮政局一枢纽生产楼的改建项目，位于南京市火车站东侧。工程为一栋主体为 5 层的邮政综合楼，总建筑面积 46041.77m²，地下 2 层，建筑面积为 23106.31m²，地下二层主要为配建机动车库、设备用房，战时为人防，地下一层为转运工艺、国际工艺和安检，同时布置非机动车库和火车站的战前广场配套设施。地上 5 层，建筑面积为 22935.46m²，地上一层为办公入口、邮政商业和速递工艺，二层为办公和邮政商业，三层以上都是办公，层高为 23.9m。

建筑外观图

二、工程设计特点

本项目遵循因地制宜、经济适用、以人为本的原则，办公楼部分公共区域采用地源热泵空调系统，末端采用水源多联机，以冬季负荷设计地埋管换热系统，以热平衡及夏季冷负荷对应排热量设计冷水机组及开式冷却塔辅助冷却系统。办公区域采用地下换热系统结合项目具体条件，采用基桩埋管与钻孔埋管相结合。该项目已投入运行，运行效果良好，节能效果显著。项目已通过江苏省住房和城乡建设厅可再生能源应用示范项目验收。特点及创新点如下：

（1）多项可再生能源技术的集成应用，显著提高夏热冬坑地区办公建筑节能率。

（2）首次采用桩基换热器与钻孔管换热器地下复合换热系统，优化地面管换热器设计，提高综合性能。

（3）空调侧与地源侧循环泵采用变频控制，热泵机组具有可变水量功能，将循环泵等能耗降到最低。

（4）自控与计量保证运行与行为节能；地温、热平衡实时监控，保证土壤热平衡与系统效率。

（5）室内末端采用风机盘管加新风系统和全空气系统，全空气系统设粗、中效过滤，新风系统采用粗效过滤，实现各房间新风供用，系统简洁，空气品质高。

---

① 编者注：该工程设计主要图纸参见随书光盘。

三、设计参数及空调冷热负荷

1. 室内设计参数（见表1）

室内设计参数　　表1

房间类型	夏季		冬季		新风量	噪声标准
	t_n（℃）	φ（%）	t_n（℃）	φ（%）	m³/(h·p)	NC
办公、管理用房	25	60	20	>35	30	45
会议	25	65	20	>35	30	45
餐厅	25	65	20	>35	20	50
商业	25	60	20	>35	30	55
门厅、走道	28	65	18	>35	20	50

2. 空调冷热负荷（见表2）

空调冷热负荷　　表2

建筑面积（m²）	空调冷负荷（kW）	出现时刻	面积冷指标（W/m²）	空调热负荷（kW）	面积热指标（W/m²）
大楼 46041.77	4361	16：00	95	2344	58
	3627（负荷系数0.83）			2284（负荷系数0.85）	

四、空调冷热源及设备选择

结合工程所在地的环境条件与负荷特点，为响应政府节能减排政策，办公楼部分公共区域采用地源热泵空调系统，末端采用水源多联机，以冬季负荷设计地埋管换热系统，以热平衡及夏季冷负荷对应排热量设计冷水机组及开式冷却塔辅助冷却系统。经过计算，选用2台地源热泵机组，单台制冷量为1070.3kW，输入功率204.1kW，单台制热量为1070.3kW，输入功率246.7kW；1台水冷螺杆冷水机组，制冷量为1487.0kW，输入功率293.6kW。

五、空调系统形式

本项目空调系统为地源热泵空调系统，公共区域末端采用风机盘管加新风系统，办公区域采用全空气系统，全空气系统设粗、中效过滤，新风系统采用粗效过滤，实现各房间新风供用，系统简洁，空气品质高。

六、通风、防排烟及空调自控设计

1. 通风

办公等房间通过送新风及自然排风实行通风换气，客房通过机械排风和送新风满足新风量要求及卫生标准。

2. 防排烟

（1）满足自然排烟条件的房间及走道采用自然排烟，可开启外窗面积不小于该房间或走道面积的2%，不满足自然排烟房间及走道采用机械排烟，排烟风机置于屋面。

（2）楼梯间均为封闭楼梯间，对外开窗面积满足自然排烟要求。

（3）地下汽车库、自行车库设机械排烟系统，与平时排风系统合用，排风量自走车库及自行车库按照6h⁻¹换气次数计算。当火灾发生时，平时排风系统转为排烟系统进行排烟。当烟气温度超过280℃时，排烟风机入口处的排烟防火阀PYH.2关闭并联动排烟风机关闭．排烟时设机械补风系统，补风量>50%排烟量，系统排烟时同时联动补风系统补风。排烟系统停止运行时，联动补风系统停止运行。

（4）通风空调系统原则上按使用功能及防火分区划分为若干系统，风管穿越防火分区及变形缝等处设防火阀。

3. 空调自控设计

采用数字直接控制系统；水泵、热泵、末端分项计量，设置地温及热平衡监测系统，保证土壤热平衡与系统高效运行。能耗数据可实时上传主管部门数据中心。

办公公共区域室内机由设备厂家配套提供室内控制器根据设定室温控制启停。

七、心得与体会

该项目于2012年7月竣工，空调系统已经过夏季和冬季运行工况，经测试，单位面积全年耗能量为77.27kWh/m²，螺杆式地源热泵机组性能指数为5.24，水冷螺杆式冷水机组性能指数为5.35，空调水系统冷水泵输送能效比为0.0194，风机单位耗功率为0.13W/(m³/h)，运行效果良好，有关节能标准达到设计要求，并高于国家相关规范要求。

苏州移动分公司工业园区新综合大楼①

- 建设地点　江苏省苏州市
- 设计时间　2009 年 08 月～2010 年 10 月
- 竣工日期　2014 年 03 月
- 设计单位　启迪设计集团股份有限公司
- 主要设计人　陆建清　朱陈超
- 本文执笔人　陆建清
- 获奖等级　三等奖

作者简介：

陆建清，高级工程师，1987 年 9 月毕业于扬州大学供热与通风专业；现就职于苏州设计研究院（现启迪设计集团股份有限公司）；代表作品主要：苏州国际博览中心、张家港 A 地块双子楼、苏州市市政府行政中心、苏州纳米科技城研发生产办公综合楼、江苏银行、苏州万达商业广场、通用电器（北京）医疗设备有限公司、中国移动苏州分公司等。

一、工程概况

本工程位于苏州工业园区金鸡湖东、翠园路南、万盛街东，紧邻苏州工业园区行政中心区，总用地面积 24997.76m²，总建筑面积85696.63m²，其中地上建筑面积60520.91m²，地下建筑面积25175.72m²，大楼的主要功能为办公。大楼的设计不仅要体现中国移动独特的文化个性，还要与周边的招商银行、苏州工业园区规划展示馆等建筑相协调，总体布局中主入口广场布置在基地北侧。北广场东部与对面的档案综合大楼广场形成呼应，规整的树阵与档案综合大楼的开敞铺地形成对比。

本工程节能设计以树立"绿色"楼宇标杆为目标，在建筑南立面的天窗上安装光伏发电板，太阳能集热与建筑设计一体化，如此形成的立面将和苏州的气候变化一致；裙房建筑设计中 4 个中庭为办公室提供了充足的自然采光和通风；裙房幕墙部分设计了具有绿色平台的双层幕墙系统。本工程的绿色建筑设计内容深刻理解了可持续发展理念，更好地推进中国移动的建筑节能工作。

二、工程设计特点

基于绿色节能技术的要求，本项目采用了多项绿色节能空调技术，包括地源热泵系统、一次泵变流量系统、全热新风交换系统以及 AHU 空调机组变新风量技术等。

空调冷源由地源热泵机组和离心式冷水机组提供，地源热泵热回收机组热回收技术夏季提供免费的生活热水，不论是夏季还是冬季各系统都能正常运行，在满足舒适性要求的前提下大大节约了运行费用，冬、夏季土壤吸热量和放热量也能达到平衡。

空调热源由城市热网提供蒸汽，减压后经一

建筑外观图

台组合式汽—水板式换热器换热后得到 60℃热水提供给空调末端使用，热水回水温度为 50℃。汽—水板式换热器机组通过调节蒸汽入口处的电动阀门控制蒸汽流量来适应系统热负荷的变化，以保证二次侧出水温度。

塔楼标准层办公区域使用时间相对集中，且对舒适性要求较高。为了满足业主对新风的需求及每个区域室温的可调要求，标准层的空调方式采用 VAV 变风量空调系统。冷冻水采用二次泵变流量系统，热水采用一次泵变流量系统，及时根据末端负荷调整系统冷热水量；空调水管采用两管制，空调水管立管采用同程式系统，水平支管设置静态平衡阀，空调机组回水管上设置动态平衡电动调节阀。

新风设置全热交换机组，利用排风对新风进行预冷（预热）处理减低新风负荷。

三、设计参数及空调冷热负荷

1. 设计参数

（1）苏州地区室外计算参数

夏季计算干球温度：34.4℃，夏季计算湿球温度：28.3℃；

冬季空调计算干球温度：−2.5℃，冬季计算相对湿度。

（2）苏州地区室内设计参数（见表1）

2. 空调冷热负荷

本工程空调总冷负荷为 9859kW，热负荷为 6100kW，单位建筑面积冷指标为 116W/m²，热负荷指标为 72W/m²。

室内设计参数　　　　　　　　　　　　　　　　　　　　　　表 1

功能区	夏季		冬季		新风量	噪声	照明密度	人员密度	设备功率
	温度（℃）	相对湿度（%）	温度（℃）	相对湿度（%）	[m³/(h·p)]	[dB(A)]	(W/m²)	(m²/p)	(W/m²)
大堂门厅	25～28	≤65	16～20	—	10	50	11	8	13
产业化配套用房	24～26	≤65	16～20	—	30	45	15	10	13
餐厅	24～26	≤55	18～20	—	20	45	11	2.5	5
会议室	24～27	≤55	18～20	—	20	40	9	2.5	5
办公区域	24～27	≤55	18～20	—	30	40	15	8	13

四、空调冷热源及设备选择

根据绿色建筑节能要求，本工程夏季冷源为地源热泵与离心式冷水机组组合供冷，冬季为地源热泵与市政蒸汽组合供热。

五、空调系统形式

裙房水系统采用一次泵变流量系统，塔楼标准层为 VAV 变风量系统，热水系统采用一次泵变流量、冷冻水系统采用二次泵变流量。

六、通风、防排烟及空调自控设计

空调系统采用分区控制，合理利用冷热源机组，使建筑物在部分负荷使用或处于部分冷热负荷时能根据实际需求提供恰当的能源供给。平时空调通风新风系统在人员密集场所如会议室等区域设置 CO_2 浓度探测器，与室内污染监测系统联锁，自动调节通风，改善室内空气品质，地下室设有 CO 浓度监测系统，根据 CO 浓度调整风机转速。

七、心得与体会

地源热泵是一种利用土壤所储藏的太阳能资源作为冷热源，进行能量转换的供暖制冷空调系统，地源热泵是利用清洁的可再生能源的一种技术。地表土壤和水体是一个巨大的太阳能集热器，它又是一个巨大的动态能量平衡系统，地表的土壤和水体自然地保持能量接受和发散相对的平衡，该项目的成功使得利用储存于其中的近乎无限的太阳能或地能成为现实。

特变电工沈阳变压器集团有限公司联合厂房①

- 建设地点　　辽宁省沈阳市
- 设计时间　　2007 年 10 月～2008 年 1 月
- 竣工日期　　2009 年 9 月
- 设计单位　　中国联合工程公司
- 主要设计人　任晓玲
- 本文执笔人　任晓玲
- 获奖等级　　三等奖

作者简介：

任晓玲，教授级高级工程师，1985 年毕业于哈尔滨建筑工程学院暖通空调专业；工作单位：中国联合工程公司；代表作品：宁夏小巨人机床有限公司迁建项目、厦门卷烟厂易地技术改造项目、杭州制氧机集团有限公司迁扩建项目等。

一、工程概况及参数要求

1. 工程概况

本工程位于沈阳经济技术开发区开发大路 32 号，为丙类联合厂房，建筑面积 86452m²，由线圈 A 车间、装配 A 车间、试验 A 大厅、绝缘车间、铁心车间、线圈 B 车间、装配 B 车间、试验 B 大厅和补偿电容器场地等组成，建筑高度在 11.25～38.15m 之间，为单层钢结构复合彩色夹心板墙体，预制发泡水泥复合大型屋面板结构。

建筑外观图

2. 室内设计计算参数及主要冷负荷（见表 1）

二、供暖、空调冷热源及设备选择

本厂房设置 2 个制冷站，各自选用 3 台离心式制冷机组，高效、节能，空调系统采用 DDC 直接数字控制系统，对厂房内温湿度等参数实现自动控制；冬季采用散热器＋高大空间循环加热机组供暖，热源为 95℃/70℃热水，由厂区内的汽水换热器提供。

三、工程设计特点

在本项目的设计中特别注重节能技术的应用，为业主提供了一个先进节能、经济合理，实用可靠的设计。

1. 空调方式及特点

（1）采用高大厂房分层空调技术

分层空调利用夏季送冷风时冷射流的自然下沉原理，通过合理的气流组织，实现仅对下部区域空调，对上部非空调区不空调或采用通风排除余热，从而降低空调冷量，也就节省了空调系统的初投资和运行费用；由于本项目联合厂房建筑高度在 11.25～38.15m 之间，而需要空调的高度在 4～8m 之间，因而采用分层空调可以有较大的节能效果。

各个厂房气流组织均采用上送（双侧送）下回的方式，送风口高度根据厂房空调高度及送风长度确定，利用落地放置的空调机组上的回风口或设在 2m 高处的水平回风口回风，确保了空调工作区处于回流区，给人带来较好的舒适感。

（2）空调系统特点

1）试验大厅在做试验时产生非常大的热量，单纯靠空调或通风系统难以满足温湿度要求，本

---

① 编者注：该工程设计主要图纸参见随书光盘。

室内设计参数及主要冷负荷　　　　表1

序号	房间名称	空调高度	冬季		夏季		降尘量 [mg/(d·m²)]	空调冷负荷 kW
			温度（℃）	湿度（%）	温度（℃）	湿度（%）		
1	线圈A车间	4m	>14	<50	<27	<50	10	1010
2	装配A车间	8m	>14	<50	<27	<50	20	2448
3	试验A大厅	8m	>14	<70	<27 <35	<70	不试验时 试验时	734
4	线圈B车间	4m	>14	<50	<27	<50	10	1245
5	装配B车间	8m	>14	<50	<27	<50	20	2510
6	试验大厅B	8m	>14	<70	<27 <35	<70	不试验时 试验时	720
7	绝缘车间	4m	>14	<50	<27	<50	20	1502
8	铁芯车间	4m	>14	<50	<27	<50	40	885
9	办公、会议	—	18	—	—	—	—	—
10	走廊、卫生间、水泵房	—	14	—	—	—	—	—
11	浴室、更衣	—	23~25	—	—	—	—	—

项目将两种方式有机结合，从而经济有效地满足了生产试验的使用要求。

2）本项目采用立柜式空调机组及组合式空调机组，分散放置于车间靠墙、柱子处及格构柱之间的钢平台上，不设专用的空调机房，在为业主节省了大面积的空调机房的同时，也节省了大量的土建费用，同时，大大减少了风管的尺寸，少占用车间内空间，新风机组就近取新风，以上措施均大大降低了系统的输送能耗。

3）本设计冬夏季采用最小新风量以利节能，装配车间及试验大厅的内部散热量非常大，在过渡季节充分利用室外空气的自然冷却能力，将新风量加大（最大至100%），可以大大推迟制冷机开启的时间，从而节省运行能耗，根据沈阳当地的气候特点，提前1~2h开启新风系统，利用室外空气的自然冷却能力，推迟制冷机的开启时间，同样达到节能的目的。

4）由于各个车间均有降尘量的要求，要求环境比较洁净，而沈阳地处北方，风沙较大，故厂房的门、窗不宜长时间开启以免室外脏空气进入车间，夏季空调系统开启，通过空调系统的过滤作用可保证室内的清洁，过渡季节空调系统不开启，仍可利用新风机组进风，屋顶风机排风，极大地改善了车间内的空气环境。

2. 供暖系统特点

（1）由于沈阳属于严寒地区，冬季供暖时间长达5个半月，且需24h连续供暖，因而冬季供暖系统的运行费用对企业来说至关重要，本设计采用散热器加高大空间循环加热机组相结合的供暖方式，而不利用空调系统供暖，经过测算，4~5年即可收回初投资增大的部分。

（2）散热器沿车间外墙、外窗布置，有效阻挡冷辐射，由于厂房高大，最高达38.15m，冬季热压非常大，高大空间循环加热机组将加热后的热空气从车间高处压向车间下部，有效减少了车间垂直方向的温度梯度，提高了供暖效果。

3. 通风、排烟系统特点

（1）试验大厅无外墙，无进风出路，而异常大的散热量又需要非常大的进风量，同时，试验大厅又有屏蔽要求，给进风井的设置带来很大的困难，本项目将屏蔽层内移，留出进风井，配合以机械进风，很好地解决了此难题。

（2）由于本联合厂房均属于丙类，根据《建筑设计防火规范》均应设置排烟系统，有条件的厂房采用了自然排烟方式以增加可靠性和降低造价，没有自然排烟条件的厂房采用机械排烟，并且兼用于平时排风，使排烟风机得以充分利用。

四、实际运行情况

本项目从2009年运行至今，空调效果良好，均达到了设计的要求，只是供暖设计中选用的高大空间加热机组业主没有采用，而是业主自行增加了散热器数量，而水管系统没有相应改变，因而局部影响了供暖效果，但是大部分时间段还是能达到设计温度。

中科院苏州纳米研究所二期工程①

- 建设地点　　江苏省苏州市
- 设计时间　　2009 年 5 月～2010 年 12 月
- 竣工日期　　2012 年 12 月
- 设计单位　　中衡设计集团股份有限公司
- 主要设计人　张　勇　姜肇锋　周　敏　李　鑫
- 本文执笔人　张　勇
- 获奖等级　　三等奖

作者简介:

　　张勇,高级工程师,1994 年毕业于同济大学供热、通风与空调工程本科专业,2014 年毕业于中国科学技术大学项目管理研究生专业;工作单位:中衡设计集团股份有限公司;代表工程:苏州工业园区圆融星座、苏州市广电总台现代传媒大厦、苏州中心、苏州工业园区月亮湾集中供冷工程等。

一、工程概况

　　本工程为中科院苏州纳米技术与纳米仿生研究所的二期工程,位于苏州工业园区新华路以北,新平路以东。本工程地下为 1 层,地上为 4 幢独立建筑,分别为研究中心、测试楼、中试实验楼和后勤用房,总建筑面积约 102645m²,地上 88802m²,地下 13843m²,其中:

　　研究中心:地上 16 层,功能为办公、会议、教室和研发室,建筑高度 69m,为一类高层公共建筑,地上建筑面积 38544m²;

　　测试楼:地上 4 层,功能为办公和研发室,建筑高度 18.6m,为多层建筑,地上建筑面积 7332m²;

　　中试实验楼:地上 6 层,功能为办公和实验室,建筑高度 27m,为二类高层建筑,地上建筑面积 32241m²;

　　后勤用房:地上 7 层,功能为餐厅、会议和客房,建筑高度 28.2m,为一类高层建筑,地上建筑面积 10685m²;

　　地下车库:地下 1 层,平时为汽车库和设备用房,战时为六级二等人员掩蔽所,建筑面积 13843m²。

　　本工程为绿色二星示范项目。

二、空调技术经济指标及冷热源

1. 空调冷热负荷

　　研究中心:夏季空调冷负荷 4900kW, $Q_c=130W/m^2$;冬季空调热负荷:3320kW, $Q_h=88W/m^2$;

　　测试楼:夏季空调冷负荷:1000kW, $Q_c=137W/m^2$;冬季空调热负荷:700kW, $Q_h=94W/m^2$;

　　D-后勤用房:夏季空调冷负荷:1390kW, $Q_c=130W/m^2$;冬季空调热负荷:700kW, $Q_h=70W/m^2$;

2. 空调冷热源

（1）研究中心和 B-测试楼

　　冷源:采用 1 台 1200kW 螺杆式地源热泵机组（全热回收型）＋1 台 3164kW 冰蓄冷机组＋1 台 2600kW 水冷离心式冷水机组联合供冷,冷冻水供/回水温度为 6℃/12℃;其中地源热泵机组为星三角启动,电机功率为 215kW,性能系数 COP 为 5.58,综合部分负荷性能系数 IPLV 为 6.26;水冷离心式螺杆式冷水机组为星三角启动,电机功率为 460kW,性能系数 COP 为 5.85,综合部分负荷性能系数 IPLV 为 6.20;水冷离心式（或螺杆式）冰蓄冷机组为星三角启动,电机功率为 545kW,性能系数 COP 为 5.80,综合部分负荷性能系数 IPLV 为 5.98；该主机有空调工况和制冰工况两种运行模式，冰蓄冷机组 24：00～8：00 制冰，总蓄冷量 16720kW（4755RH）。设计日负荷较大时由地源热泵、水冷离心机组与融冰联合供冷；部分负荷及过渡季时，通过优化控制，采用融冰单供冷模式为末端提供冷量，以节约运行费用。冰蓄冷系统，冷冻一次侧参数为 3.5℃/10.5℃，二次侧参数为 6℃/12℃。

运行策略：优先地源热泵系统，其次单融冰系统，最后常规电制冷系统。

热源：采用 2 台 1750kW 的常压燃气热水锅炉（效率≥92%）+1 台 1350kW 的螺杆式地源热泵机组（含生活热水负荷 700kW），锅炉的热水供/回水温度：90℃/70℃，经水水板换热交换后的空调热水供/回水温度为 45℃/40℃；地源热泵机组的空调热水供/回水温度为 45℃/40℃；

运行策略：优先地源热泵系统，其次热水锅炉系统。

地源热泵机组夏季制冷时全热回收热量为 1200kW，55℃/50℃，供生活热水使用。

（2）后勤用房

冷热源采用风冷型多联式机组，室外机组集中设置在屋顶。

三、设计特点

冰蓄冷系统：冷源采用 1 台 1200kW 螺杆式地源热泵机组（全热回收型）、1 台 3164kW 冰蓄冷机组和 1 台 2600kW 水冷离心式冷水机组，总蓄冰冷量为 16720kW（4755RT），占空调日总负荷的 50%。

全热回收型地源热泵系统：机载机组采用地源热泵，且带全热回收，在制冷的时候可以免费得到热水，预热生活用水，使能量充分得到梯级利用。

全年负荷热平衡计算：地源热泵的埋地管做了全年负荷热平衡分析，通过调节运行时间，使土壤侧保持热平衡，可再生能源得到充分的重复使用、再生使用，而冬天使用地源热泵，能使制热效率更高。

运行策略：夏季为优先地源热泵系统，其次是单融冰系统，最后是常规电制冷系统，省去冷却塔；冬季运行策略为优先地源热泵系统，其次是热水锅炉系统。

大温差系统：夏季冷冻水供/回水温度为 6℃/12℃，使流量减小，从而减少水泵输送能耗。

空调水系统：为四管制，既能满足平时的舒适性空调，又能满足局部内区研发区域的冬季制冷要求。

空调风系统：电镜实验室采用双风机全空气定风量低风速系统，其中屏蔽室采用侧面孔板送风，侧面回风，此层流速度在 0.25m/s，使温度场稳定均匀，温度波动值小于±0.1℃。其他区域大空间采用双风机全空气定风量低风速系统，小房间采用风机盘管加新风系统。

新排风热回收：教室、报告厅和开敞办公区域设置新、排风全热交换系统，效率大于 65%。

CO_2 浓度自动监测系统：在办公、会议等场所设置了 CO_2 自动监测系统，根据室内的 CO_2 的浓度自动调节新风量。

智能控制：空调主机及末端设置智能控制系统，根据实际建筑负荷实现空调系统和其他相关动力设备的自动运行、监控和自动报警等功能，节能率达 30%。

青岛华润万象城①

- 建设地点　　青岛市
- 设计时间　　2011 年 12 月～2015 年 5 月
- 竣工日期　　2015 年 5 月
- 设计单位　　青岛腾远设计事务所有限公司
- 主要设计人　曲志光　曲秋波　梁　斌
- 本文执笔人　曲秋波
- 获奖等级　　三等奖

作者简介：
　　曲志光，高级工程师，1994 年毕业于青岛建筑工程学院；工作单位：青岛腾远设计事务所有限公司；代表作品。青岛交警指挥中心办公楼、青岛工人文化宫办公楼、中国援马达加斯加国际会议中心、青岛市艺术中心、农业科技大厦暨凯悦国际大厦——办公楼等。

一、工程概况

　　本项目是集高端商业，餐饮娱乐、办公、会所及高档酒店式公寓于一体的城市综合开发项目。项目位于青岛市市南区山东路 6 号，紧邻青岛市政府．青岛华润万象城是全国最大的万象城，是全国业态组合最丰富的购物中心之一。

　　项目总建筑面积 52.7 万 m²，其中地上建筑面积 26.9 万 m²，地下建筑面积 23.0 万 m²。另有地上商业不计容面积 2.8 万 m²。该项目由 3 层地下室、地上 7 层主体商业、40 层的办公塔楼、34 层的公寓楼组成，办公楼、公寓楼均为超高层塔楼。万象城购物中心总面积 44.0 万 m²，办公楼 6.0 万 m²，公寓楼约 2.5 万 m²。办公塔楼 4 女儿墙顶绝对标高 199.0m。公寓塔楼 34 层，女儿墙顶绝对标高 150.59m。

建筑外观图

二、工程设计特点

　　本项目商业面积大，业态复杂，单层面积较大，根据工程特点，空调水系统采用四管制，冷源采用变流量电制冷机组，冷冻水输配系统采用一次泵二次泵均变频的二次泵系统，二次泵则分布安装于各负荷中心附近，一次泵与二次泵之间采用设在地下三层的管廊内的环网连接，环网管径 DN700。在水管环网的重要节点配设分区水阀，当其中一段管段故障时，可通过关断相应的阀组检修而不影响其他环路的运行，以提高系统可靠性。

三、设计参数及空调冷热负荷

1. 室外计算参数

青岛室外主要计算参数：

位置：北纬 36°04′，东经 120°20′，海拔 76m；

夏季室外计算干球温度：空调 29.4℃，通风 27.3℃；

夏季室外计算湿球温度：26℃；

冬季室外计算干球温度：空调—7.2℃，通风—0.5℃，供暖—5℃；

冬季空调室外计算相对湿度：63%；

包括工程项目室内外的设计参数及冷热负荷值等。

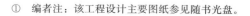

　　①　编者注：该工程设计主要图纸参见随书光盘。

2. 室内设计参数（见表1）

室内设计参数 表1

房间名称	夏季		冬季	新风量 [m³/(p·h)]	噪声 [dB(A)]
	温度 (℃)	相对湿度 (%)	温度 (℃)		
超市	26	60	18	20	40～45
百货	26	60	18	20	40～45
零售	26	60	18	20	40～45
餐饮	26	65	18	20	40～45
步行街	26	60	18	20	40～45
冰场	25	55	18	30	40～45

3. 冷热负荷

冷热负荷：冷负荷共计43165kW，其中含预留4期商场3411kW及预留4期办公4923kW。热负荷共计28900kW，不包含四期预留。

四、空调冷热源及设备选择

冷源：万象城购物中心制冷机房位于地下二层，共设置5台1986RT主机（其中1台为四期预留）为变流量运行，2台500RT主机为定流量运行。制冷机组采用环保冷媒R134a。

热源：采用三组水-水板式换热器（每组含三台换热器），三组循环水泵（每组三用一备），换热机组设置在地下三层商业换热站。

五、空调系统形式

商场购物走廊采用定风量全空气系统，店铺采用风机盘管加新风系统。大于1500m²的店铺预留空调机房，空调形式租户自定。为充分利用过渡季室外空气冷量，地上层商业步行街公共走廊的空调机采用全新风运行，最大新风量为系统风量的50%。各餐饮租户厨房排风管及补风管均独立设置，预留排风管、补风管、冷冻水管及凝结水管借口，由租户自行安装厨房补风风机。

六、通风、防排烟及空调自控设计

所有设备房、变配电室、地下车库、储藏室、卫生间、垃圾间及厨房均设机械通风系统（垃圾间及隔油间排风系统设活性炭过滤器），商场厨房排风系统由排风机、补风机及油烟净化设备组成，废气经净化处理，排除异味后再排至室外。

商场防排烟系统采用消防性能化设计，按消防性能化分析报告的要求。每个防烟楼梯间及其前室，合用前室和消防电梯前室，均设机械加压送风系统。商场排烟系统按如下设置：

（1）地下一层及地下二层的步行街按防火分区各自分别设置两个防烟分区，各防烟分区的排烟量不小于12万m³/h，同时配设相关的机械补风系统，排烟风机安装于裙房屋顶机房内。

（2）地上首层至三层的步行街设置机械排烟，每层步行街划分为5个防烟分区，每个防烟分区排烟量不小于12万m³/h，自然补风系统，排烟风机安装于裙房屋顶机房内。

（3）四层、五层步行街采用自然排烟，当火灾发生时，消防联动开启屋顶侧面玻璃窗，玻璃窗可开启面积不小于首层步行街走道面积的50%。

（4）商场所有地上、地下商铺配置机械排烟系统和机械补风系统，店铺的排烟系统采用竖向系统，排烟风机设于裙房屋顶。

七、心得与体会

项目面积大、功能复杂，进行工期长，在项目进行的过程中边施工边根据租户条件修改设计，经过努力项目2015年圆满竣工并投入使用。项目运行至今，运行良好。由于项目餐饮业态较多，冬季排油烟补风量达不到原设计的90%，出现了冬季底层步行街负压的状态，造成一层步行街冬季室内温度偏低。经过加大对餐饮租户补风机的检测与控制力度，并检查围护结构的严密性，加强竖向排烟风道出口的封闭性，减少烟囱效应等措施，有效改善了冬季低层的负压状态，降低了冷风侵入，提高了底层步行街的室内温度。

西双版纳国际度假区商业中心①

- 建设地点　　云南省西双版纳景洪市
- 设计时间　　2013 年 9 月～2014 年 11 月
- 竣工日期　　2015 年 7 月
- 设计单位　　广东省建筑设计研究院
- 主要设计人　浦　至　唐春成　朱少林　黎伟华等
- 本文执笔人　唐春成
- 获奖等级　　三等奖

作者简介：

唐春成，副主任工程师，2008 年 7 月毕业于桂林电子科技大学；工作单位：广东省建筑设计研究院；代表作品：前海冠泽金融中心城市综合体、民生互联网大厦、华润前海中心 T1 超高办公楼、中山远洋城、昆明万达文化酒店、西双版纳国际度假区商业中心等。

一、工程概况

西双版纳国际度假区商业中心项目位于景洪市市工业园区西双版纳国际旅游度假区，位于 B5 以南、C16 路以东和北环路以西。本工程有超市、商业、餐饮和电影院等业态，总建筑面积 77500m²，其中超市 8000m²，总高度 18.55m；商业空调面积：48222m²，超市空调面积：6190m²，地下一层，为超市及设备用房，地上三层为商业、餐饮及电影院等。本工程为多层商业建筑，耐火等级为一级。

建筑外观图

二、工程设计特点

（1）本工程采用水蓄冷系统＋水冷冷水机组系统。

（2）本工程设计达到国家绿色建筑一星级标准。

（3）水蓄冷系统：鉴于西双版纳地区有较好的峰谷电价政策，本工程考虑利用 2000m³ 的消防水池，做好保温、防水处理，平时作为空调的蓄冷水池用。利用原制冷机组在电价的低谷时段制冷蓄水，在电价的尖峰时段释放出冷量，以减小电制冷机组在电价的尖峰时段的运行负荷。

（4）本工程空调水系统为一次泵变流量系统，冷冻水泵采用变频水泵。根据冷（热）量用自动监测流量、温度等参数计算出冷（热）量，自动发出信号，控制水泵变频运行。

（5）室内人员密度相对较大的房间（如室内步行街、主力店等），设置 CO_2 浓度监测，采用新风需求控制。当室外空气焓值高于室内空气焓值时，新风量根据室内 CO_2 浓度控制新风量，但不得高于设计最小新风量，且不得低于设计最小新风量的 50%，同时使 CO_2 浓度维持在卫生标准规定的限值内，满足室内卫生要求的同时也节约能源。

（6）本工程的室内步行街、中庭经过消防性能化研究及消防设计专家评审后，确定采用开窗自然排烟能满足消防要求，具体排烟措施为在中庭顶上设置电动排烟窗，开窗面积为一层室内步行街面积的 20%，排烟窗保证在火灾时能电动或手动开启。

---

① 编者注：该工程设计主要图纸参见随书光盘。

三、设计参数及空调冷热负荷

1. 室外计算参数（见表1）

室外计算参数 表1

季节 \ 参数	干球温度（℃）空调	干球温度（℃）通风	湿球温度（℃）	相对湿度（%）	大气压力（kPa）
夏季	34.7	30.4	25.7	—	94.27
冬季	10.5	16.5	—	85	101.66

2. 室内计算参数（见表2）

室内设计参数 表2

功能 \ 参数	夏季设计参数 干球温度（℃）	夏季设计参数 相对湿度（%）	冬季设计参数 干球温度（℃）	冬季设计参数 相对湿度（%）	新风量 [m³/(h·p)]	噪声 [dB(A)]
超市	26	≤65	—	—	20	≤55
普通商铺	26	≤65	—	—	20	≤55
餐饮商铺	26	≤65	—	—	25	≤55
电影院	26	≤65	—	—	20	≤30
公共区域	26	≤65	—	—	20	≤55

3. 冷、热负荷

（1）本工程商业空调面积约48222m²，计算冷负荷为11068kW（3147RT），尖峰时刻蓄冷量为13921kWh，冷负荷指标为229W/m²。

（2）超市空调面积约6190m²，计算冷负荷为1101kW，冷负荷指标为178W/m²。

四、空调冷热源及设备选择

本工程商业与超市制冷系统分开设置。

1. 商业集中空调冷源

设置3台水冷离心主机，单台制冷量3164kW（900RT）和1台水冷螺杆主机，制冷量1392kW（400RT），冷水系统采用一次泵变流量，冷冻水供/回温度为6℃/12℃，冷却水供/回水温度32℃/37℃，冷冻水泵和冷却水泵与主机一一对应连接，冷却塔放在二层到屋顶。

本工程鉴于西双版纳地区有较好的峰谷电价政策，本工程考虑利用2000m³的消防水池，做好保温、防水处理，平时作为空调的蓄冷水池用，蓄冷量为13921kWh，设置2台板式换热器，单台换热量3500kW，蓄冷温度5℃/11℃。换热后供/回水温度6℃/12℃。

2. 超市空调冷源

设置2台水冷螺杆主机，制冷量574kW（163RT），3台冷冻水循环泵、3台冷却水循环泵和2台处理水量为154m³/h的冷却塔，冷水系统采用一次泵变流量，冷冻水供/回温度为6℃/12℃，冷却水供/回水温度32℃/37℃，冷冻水泵和冷却水泵与主机并联管连接，冷却塔放在二层到屋顶。

五、空调系统形式

1. 集中空调水路系统设计

商业集中空调系统：冷冻水系统为两管制一次泵变流量系统，总供回水管之间设置压差旁通装置，由于建筑有限高要求，系统定压采用膨胀罐自动补水排气定压。分集水器设置多个回路并设置静态平衡阀和能量计量装置。

冷冻水系统为两管制一次泵变流量系统，总供回水管之间设置压差旁通装置，系统定压采用开式膨胀水箱定压。

2. 空调末端

（1）超市、宝贝王、次主力店、电玩及电影院等大空间区域采用低速全空气系统，气流组织为上送上回，新风量按不同标准、不同季节作调整，过渡季可实现总送风量的70%新风运行，达到节能效果。

（2）物管办公、一般商铺、卫生间、KTV、影城办公区等房间均采用风机盘管加新风系统，气流组织为上送上回，室外新风经过设置屋面的新风空调器处理后经竖向新风井引入，再送入各层室内。

（3）三层各餐饮区采用风机盘管加新风系统，气流组织为上送上回，各餐饮区设置独立的新风系统，新风空调器吊装于各房间的顶板下，室外新风从屋面竖向新风井引入，再经各层新风空调器处理后送入室内。

六、通风、防排烟及空调自控设计

1. 新排风系统

商业新、排风系统采用竖向系统设计，新风机放在屋顶空调机房内，室外新风经过新风机处理后直接供到各商铺内，室内新风量的控制方法如下：室内人员密度相对较大的房间（如室内步行街、主力店等），设置 CO_2 浓度监测采用新风需求控制。当室外空气焓值高于室内空气焓值时，新风量根据室内 CO_2 浓度控制新风量，但不得高于设计最小新风量，且不得低于设计最小新风量的 50%，同时使 CO_2 浓度维持在卫生标准规定的限值内。为了保证室内风量平衡，室内设计了相应的排风系统。

2. 室内步行街排烟系统设计

本工程的室内步行街、中庭经过消防性能化研究及消防设计专家评审后，确定采用开窗自然排烟能满足消防要求，具体排烟措施为在中庭顶上设置电动排烟窗，开窗面积为一层室内步行街面积的 20%，排烟窗保证在火灾时能电动或手动开启。

七、心得与体会

（1）本工程所在地区有较好的峰谷电价政策，比较适合制冷系统与蓄冷系统相结合的方案，同时考虑到工程用地面积较为紧张，为了节省蓄冷水池占用更多的建筑面积，本工程把 $2000m^3$ 的消防水池，做好保温、防水处理后，作为水蓄冷用的水池，既为业主节约了建筑面积，又降低了系统的运行费用。

（2）本工程室内步行街的排烟系统设计，结合建筑消防的要求，以及根据消防性能化研究分析和消防设计专家评审后，一致认为室内步行街排烟系统采用开窗自然排烟可以满足消防要求，具体的实施手段为中庭的侧边及顶部设置电动排烟窗，开窗面积为室内步行街面积的 20%。

（3）本工程餐饮面积占比较大，且业态复杂，整个建筑的新排风系统较多且位置受限，前期的新、排风系统合理规划布置，是解决新排风气流短路的关键。

中广核大厦①

- 建设地点　　深圳市
- 设计时间　　2009 年 8 月～2010 年 11 月
- 竣工日期　　2015 年 5 月
- 设计单位　　广东省建筑设计研究院
- 主要设计人　浦　至　江宋标　朱少林　陈伟漫等
- 本文执笔人　浦　至
- 获奖等级　　三等奖

作者简介：

浦至，教授级高级工程师，1993 年 7 月毕业于重庆大学，硕士研究生；工作单位：广东省建筑设计研究院，主要代表作品：深圳华润中心（一期）（华润大厦、万象城）、深圳中心城广场、深圳中广核大厦、深圳招商蛇口海上世界城市综合体、中山远洋城等。

一、工程概况

中广核大厦位于深圳市深南大道和彩田路交汇处西北部，是深南大道由东往西进入 CBD 中心区的门户位置，总建筑面积 15.7 万 m²，为超高层甲级办公楼。地下 3 层，地上分为南、北两栋塔楼。其中：南楼建筑高度 164.75m，一～五层为办公配套，六层为数据机房，七～三十一层为集团自用办公，三十二～三十九层为出租办公，避难层为十五、二十八层；

北楼建筑高度 99.95m，一～三层为办公配套，四～二十四层为出租办公。

建筑外观图

① 编者注：该工程设计主要图纸参见随书光盘。

二、工程设计特点

（1）本工程采用冰蓄冷系统＋多联机系统。

（2）本工程设计达到国家绿色建筑二星级标准。

（3）数据机房空调系统：南塔六层核服集团数据机房设置水冷式恒温恒湿机房空调系统及中央空调两套系统，每个机房保证有 2 路独立空调供水，空调末端按照 N＋1 配置，确保机房空调系统的可靠性。

（4）北楼办公设置 24h 冷却水系统供办公楼租户电脑网络机房使用。

（5）办公设置新、排风全热交换器，回收部分排风能量，全热回收效率达到 65％以上；新风系统安装 PHT 光氢离子空气净化装置，改善和提高室内空气品质。

（6）计量系统：中央空调系统设置一套能量型计费系统，分区及分层供回水支管之间设置，由能量积算仪、电磁流量计和高精度温度传感器组成的一套能量表，自动统计各计量区域的实际空调用量，为中央空调计量收费提供依据。

（7）BIM 技术的应用：地下三层制冷机房在设计及施工安装中运用 BIM 技术，进行设备及管线的三维建模，优化管线布置，解决管线交叉，美化机房布置，提升视觉效果，指导现场施工。

三、设计参数及空调冷热负荷

1. 室外气象参数（见表1）

室外气象参数　　　　　　表1

季节 \ 参数	干球温度（℃）		湿球温度（℃）	相对湿度（%）	大气压力（kPa）
	空调	通风			
夏季	33.7	31.2	27.5	—	100.24
冬季	6	14.9	—	72	101.66

2. 室内计算参数（见表2）

室内计算参数　　　　　　表2

参数 \ 功能	夏季设计参数		冬季设计参数		新风量 [m³/(h·p)]	噪声 [dB(A)]
	干球温度（℃）	相对湿度（%）	干球温度（℃）	相对湿度（%）		
商业	26	50～60	—	—	20	≤55
展厅	26	50～60	—	—	20	≤55
报告厅、会议室	26	≤55	—	—	30	≤40
南楼七～二十七层办公	26	≤55	—	—	30	≤45
南楼三十二～三十九层办公、北楼办公	26	≤55	20	>45	30	≤45

3. 冷、热负荷

（1）南楼一～五层、七～三十一层、北楼一～三层，空调面积约45600m²，计算日尖峰冷负荷为8495kW（2415RT），全天总冷负荷27377RTh，冷负荷指标为186W/m²。

（2）南楼三十二～三十九层、北楼四～二十四层，空调面积约51100m²，计算冷负荷为8954kW，冷负荷指标为175W/m²。

四、空调冷热源及设备选择

本项目南楼一～五层为中广核集团办公配套的报告厅、展厅、会议室等，七～三十一层为集团自用办公，北楼一～三层办公大堂及自持商业等，合设集中空调系统；南楼三十二～三十九层、北楼四～二十四层为出租办公，为方便招租、计费及管理，满足客户空调使用的灵活性，采用多联机系统。

1. 集中空调冷源

深圳地区可申请峰谷电价政策，且差价较大，采用蓄冷空调，电价能得到政府补贴，符合冰蓄冷空调系统的适用条件。方案阶段，对冰蓄冷系统与常规中央空调系统进行了分析比较，最终选择冰蓄冷中央空调系统。

本工程采用部分负荷蓄冰、内融冰、主机上游串联式系统。选取3台双工况离心式制冷机组、1台基载制冷主机及3套内融冰钢盘管。双工况离心式制冷机组空调工况时（供/回水温度3.5℃/11℃）单台制冷量为1760kW，制冰工况时（供/回水温度-5.5℃/-2.5℃）单台制冷量为1126kW；基载制冷主机（供/回水温度6℃/11℃）制冷量为845kW；单套钢盘管蓄冰量为2800RTh。

冰蓄冷系统各工况通过阀门转换，有蓄冰工况、融冰供冷工况、冷机与融冰联合供冷工况、主机供冷工况以及部分主机供冷、部分主机蓄冰工况5种运行模式。

2. 出租办公冷源系统

南楼办公三十二～三十九层、北楼四～二十四层采用变制冷流量冷暖多联系统，本项目为保证建筑外立面的完整性及标准层的品质，选择集中设置，其中：南楼办公三十二～三十九层室外机统一放置在南楼屋面，室内外机最大高差为40m。北楼出租办公四～二十四层室外机分别设置于六层平台和屋面，其中四～十三层室外机设置在六层平台，十四～二十四层室外机设置在屋面，其室内外机最大高差分别为28m和44m。

五、空调系统形式

1. 集中空调水路系统设计

本项目制冷机房位于地下三层，建筑标高为-16.1m；南楼三十一层建筑标高为128.25m；北楼三层建筑标高为11.7m。

南楼竖向高度差为144.35m，一泵到顶设计，底部末端设备会超过1.6MPa。考虑到设备承压等因素，在南楼十五层避难层设置换热机房进行一次换热，一次侧供/回水温度6℃/11℃，二次侧供/回水温度7℃/12℃。十五层避难层建筑标高为62.45m，低区水系统最大工作压力为

114.55m，低区所有设备承压小于 1.6MPa；高区循环泵扬程为 300kPa，高区水系统最大工作压力为 111.9m，设备承压均小于 1.6MPa。

南楼空调水系统采用竖向异程式，水平同程式，北楼均采用异程式。

2. 空调末端

（1）办公大堂、报告厅等大空间采用全空气系统（风机变频），过渡季节加大新风运行。

（2）裙房其他小商铺采用风机盘管＋新风系统，新风经新风机组处理后送入室内。

（3）南楼七～二十七层办公采用风机盘管＋新风系统，新风经设置在避难层的转轮热回收新风机组处理后送入室内。

（4）南楼三十二～三十九层办公、北楼办公采用暗装风管式室内机＋新风系统，新风经多联新风室内机处理后送至室内。

六、通风、防排烟及空调自控设计

1. 新、排风系统

南楼新、排风系统竖向分五段设计，分别由设置在十五层、二十八层设备层和屋顶的转轮热回收新风机组集中处理后，由新风风管接至各个房间。

北楼新、排风系统竖向分三段设计，由设置在屋顶的转轮热回收新风机组预处理后，由风机送入各层，再经每层变制冷剂流量分体空调系统的新风机处理后接至各个房间，且新风支管设置定风量调节阀以保证其各层风量需求。

2. 防排烟系统设计

南、北楼防排烟系统竖向设计，避难层设有加压送风。为防止高层建筑发生火灾时，消防系统受室外风的影响，机械排烟系统的排烟口与机械补风、加压送风系统的取风口设置在不同的朝向。

七、心得与体会

（1）本项目设置冰蓄冷中央空调系统，项目采用部分蓄冰、冰盘管内融冰、主机上游串联式系统，通过与机房集成设计单位合作，优化制冷控制系统；竣工后，通过一年多的跟踪运行调试，系统运行稳定，经济效益明显，初步计算运行费用减少 25％。

（2）采取冰蓄冷技术除了要关注政府当地政策外，还需要关注电力峰谷时段与空调时段之间的关系，并且需要根据建筑的实际使用情况，合理确定系统的配置以及运行模式。

（3）高层建筑水系统设计时，应着重考虑在设备与管道承压能力的选择，并且充分利用其承压能力，以减小竖向分区，减少能耗损失。

（4）BIM 技术是设计的趋势，对于类似制冷机房等管线复杂的房间，设计阶段通过采用 BIM 技术进行三维模型设计，优化管线，既可有效解决管线交叉问题，又可以对机房布置进行美化，提升视觉效果，指导施工。

深圳机场新航站区地面交通中心①

- 建设地点　　深圳市
- 设计时间　　2008～2011 年
- 竣工日期　　2013 年 7 月
- 设计单位　　广东省建筑设计研究院
- 主要设计人　陈小辉　郭林文　廖坚卫
　　　　　　　郭　勇　廖　捷
- 本文执笔人　郭林文　廖　捷
- 获奖等级　　三等奖

作者简介:
　　郭林文，高级工程师，2005 年 12 月毕业于重庆大学，硕士研究生；现在广东省建筑设计研究院工作；代表作品：广东国际大厦改造、沈阳华强金廊城市广场一期、惠州华贸中心—商场、东莞市商业中心 F 区（海德广场）惠州报业传媒集团文化产业基地等。

一、工程概况

　　深圳机场新航站区地面交通中心（GTC），位于深圳机场新航站区，是一个连接深圳 T3 航站楼与航空城、轨道交通的多元化交通核心，承担着连接地上、地面和地下各类交通设施的任务，是深圳机场扩建工程中的核心项目。

　　工程总建筑面积 57928m²，南北长约 248m，东西长约 144m，地面上共分 3 层（地下为地铁站），屋面为三维曲面，一层的层高为 5.9m，二层的层高为 5.4m，三层的层高为 4.6m，屋面最高 27m，最低（檐口底）16.75m。

　　大楼一层主要与长途巴士衔接，主要功能空间有长途巴士候车厅、CIP 停车库及设备房、商店、咖啡厅等；二层为 GTC 主要功能层，与 T3 航站楼、的士车道边、短途巴士、停车楼、南停车场连接平台相衔接，主要功能空间有人员集散大厅、商铺、餐饮；三层与商务酒店衔接，主要功能空间有人员交通平台、餐饮区。

　　大楼设夏季集中中央空调系统，冬季不供暖，中央空调面积约 41443m²，夏季空调总冷负荷约为 8787kW，冷源由机场能源中心的集中冷站提供。大楼首层设有空调换热间，通过板式换热器提供空调冷冻水给大楼空调系统。

二、工程设计特点

　　（1）本工程冷源由深圳机场的能源中心提供，大楼不单独设制冷机组，集中冷源冷冻水一次侧的供/回水温度为 5.5℃/14℃，供回水温差为 8.5℃，考虑到本项目空调末端除了空调风柜外，还有部分区域采用了风机盘管，为最大限度利用一次水温，最终确定二次侧冷冻水供/回水温度为 6.5℃/14.5℃，温差 $\Delta t = 8℃$，水流量较之 5℃ 温差系统减少了 37.5%，节省了水泵的输送能耗和系统的运行费用。

　　（2）本工程换乘大厅为高大空间，而且面积巨大，为同一个防火分区，为了达到空调送风效果，除了沿四周商业街布置了球形喷口给大厅送风，还在中间喷口送风无法达到的区域设置了空调树送风，采用和深圳 T3 航站楼相同的空调

建筑外观图

①　编者注：该工程设计主要图纸参见随书光盘。

树，保证了整个机场室内的美观。采用这种空调送风方式，减少了空调风管耗材量，气流组织合理。

（3）为了达到节能的效果，所有给换乘大厅送风的组合柜式空调器全部加装变频器，负荷降低时，先通过变频器调低风量，再通过水管上的电动两通阀调小水量。这样在低负荷时可有效降低空调风系统的耗电量。

（4）由于集散大厅单层面积很大、空间高，靠近外门附近设置空调送风口有困难，为了保证这些区域室内环境舒适度，采用通过室内正压压出到室外所带来的空气流动来满足此区域的空调环境，故整个集散大厅除了公共卫生间和餐厅设有单独的机械排风、二层商业部分设置转轮排风热回收装置外，没有再在集散大厅设置单独的排风系统。工程竣工运行后，在靠近外门处不仅温湿度能满足舒适度，而且人员还能感受到吹风感，取得了良好的空调效果。

（5）本工程首层的 MDF、UPS、通信交接间等电信机房需要 24h 空调，而能源中心也可以提供 24h 的冷冻水给地面交通中心，因此设计时有讨论过是否应该采用能源中心的冷冻水作电信机房空调系统的冷源，但考虑到整个交通中心需要 24h 空调的机房总体面积不大，负荷较小，采用能源中心的冷水节能性不高。不如采用独立的精密空调和智能多联空调系统运营管理方便，最后放弃了用能源中心冷冻水供机房冷源的方案，根据不同电信机房等级对空调系统的不同要求，分别采用恒温恒湿精密空调和智能多联空调系统来保证电信机房内的温湿度要求。经过一年多的运行，管理方对这种系统比较满意。

（6）空调冷水泵均为变频水泵，根据空调末端负荷变化变频运行，节约了空调水系统输送能耗。

（7）本工程首层连通 3 层的中庭，净高超过 12m，原来消防性能报告提议采用屋顶设电动排烟窗来自然排烟方式，但由于建筑无法开启足够的天窗进行自然排烟，最后采用机械排烟方式，排烟风机吊装在屋顶桁架内，通过穿孔板连接中庭，风机隐藏在屋顶顶棚内，室内人员完全看不到风机，不仅满足了消防要求，而且没有影响室内美观。

三、设计参数及空调冷热负荷

1. 室外设计参数（见表1）

室外设计参数　　　　　　　表 1

参数\季节	干球温度（℃）		湿球温度（℃）	相对湿度（%）	大气压力（kPa）
	空调	通风			
夏季	33	31	28		100.34
冬季	6	14		70	101.76

2. 室内设计参数

室内设计参数　　　　　　　表 2

参数季节\功能房	干球温度（℃）		相对湿度（%）		新风量 [m³/(h·p)]	允许噪声标准 [dB(A)]
	夏季	冬季	夏季	冬季		
候车厅	26		≤65		20	≤50
商店	26		≤65		20	≤50
办公	26		≤60		30	≤45
餐厅	26		≤65		20	≤50
MDF、UPS、通讯交接间	23±1		40～55		5%	≤50
其他机房	18～28		35～75		5%或40	≤50

3. 空调冷负荷：8787kW。

四、空调冷热源及设备选择

本工程冷源由深圳机场的能源中心提供，大楼不单独设制冷机组，集中冷源冷冻水一次侧的供/回水温度为 5.5℃/14℃，供回水温差为 8.5℃，二次侧冷冻水供/回水温度为 6.5℃/14.5℃，温差 $\Delta t = 8℃$，为大温差系统。

大楼总建筑面积 56086m²，中央空调夏季空调总冷负荷约为 8787kW（2500RT，其中包括车库预留冷量），冷源由机场集中冷站提供。−0.5m 层的 MDF、UPS、通信交接间，根据使用方要求采用精密空调，其余 IDF 间、弱电间采用 24h 运行的多联空调或分体空调。板换的选用以实际冷量乘以 1.2 的系数，即板换为 3 台 3515kW。

五、空调系统形式

（1）候车厅、咖啡厅、商店、集散大厅、西餐厅、餐厅等大空间区域采用柜式空调机组全空气低速空调系统，气流组织为上送上回（侧回）。为保证房间人员的新风量标准及过渡季可加大新风量，设置新风导入管道及风阀。公共厕所设置机械排风，大空间正压排风。

（2）办公室及其他小房间等小空间区域采用风机盘管加新风系统，气流组织为上送上回，新风经过新风空调器处理后，通过风管直接送入空调房间。

六、通风、防排烟及空调自控设计

1. 通风换气次数

公共卫生间 $15h^{-1}$，配电房 $10h^{-1}$，水泵房 $6h^{-1}$，车库 $6h^{-1}$，车道 $6h^{-1}$，开关房 $10h^{-1}$，变电房按发热量计算。

2. 防排烟

根据性能化设计报告书，集散大厅原先是采用在屋顶设电动天窗自然排烟方式，后来由于建筑专业无法在屋顶开启地面面积 5% 的电动天窗面积，最后只得改为机械排烟方式，排烟量按《高层民用建筑设计防火规范》要求进行计算，计算总排烟量为 $1000000m^3/h$，共选用 20 台轴流式排烟风机，每台风机风量为 $50000m^3/h$，排烟风机均匀布置在屋顶顶棚内（风机与风机之间最大距离不超 60m），通过穿孔板连接中庭大空间，风机隐藏在屋顶顶棚内，室内人员完全看不到风机，没有影响室内美观。大楼竣工验收时，大厅机械排烟系统一次性顺利通过消防系统验收。采用这种机械排烟方式提高了消防时排烟的准确性，但增加了设备造价，此次增加机械排烟系统总共增加投资约 52 万元。本工程如此大空间最后采用机械排烟的方式，在国内工程项目中并不多见，可以作为以后类似项目的参考。

本建筑内若干个同侧相连的精品店铺，形成面积不大于 $1000m^2$（即 $500\sim1000m^2$）的"防火舱"，每个防火舱的机械排烟量不应小于 $60000m^3/h$；对于单个或几个店铺形成面积不大于 $400m^2$ 的"防火舱"，则每个防火舱的机械排烟量不应小于 $30000m^3/h$；对于单个或几个店铺形成面积不大于 $500m^2$（即 $400\sim500m^2$）的"防火舱"，则每个防火舱的机械排烟量不应小于 $38000m^3/h$（防火舱即防火单元；精品店铺包括

小商店、小餐厅等）；二层集散大厅与航站楼连通的廊桥两侧设置挡烟设施，其高度不小于 2.0m。

3. 空调自控设计

制冷系统：板式换热器、冷冻水泵、一次水的电动水阀一一对应联锁运行，根据系统冷负荷变化。自动或手动控制冷冻水泵的投入运转台数。开机程序：一次水进水电动水阀→冷冻水泵，停机程序则相反，而冷冻水泵亦可单独手动投入运转。

普通空调器（或新风空调器）：由设置在回风口（或送风管）处的温度传感器，控制比例积分式水路电动两通阀动作（比例积分两通阀具有断电自动复位功能），调节水量，达到回风（或送风）温度控制，温控器为单冷型。

变频组合式空调器：空调季节的负荷控制是根据回风温度的变化与设定的回风温度（26℃）进行比较分析确定。

风机盘管：一般风机盘管应配有风机三速手动开关和挂墙式温度控制器及双位式水路电动两通阀，温控器为单冷型。

变频多联的控制：各个系统的空调末端与对应的空调室外机连锁运行，根据系统的冷负荷变化即系统总回气管的压力变化，自动控制空调室外机的压缩机投入运转台数及变频控制（包括室外机相应风扇）。

变频多联室内末端的控制：各个系统的室内空调末端由设在区域内的线控器根据室内使用人员的设定控制室内的温度；同时，室内末端还可接受设在总控制室的集中控制器的远程控制，达到监视末端运行工况的目的。在线控器与集中控制器之间的协调上，优先控制权由使用方确定。

七、心得与体会

作为深圳机场扩建项目的交通中心，设计中沿用了深圳机场 T3 航站楼的风柱造型，保持了 2 个项目的一致性，由于深圳机场有独立的水蓄冷能源中心，因此本工程仅在建筑内设换热器和空调水泵，但在确定供回水温差时，没有采用能源中心提供的 8.5℃ 的温差，而是改为 8℃ 的温差，这样对空调末端选型有利。

本工程设计过程中，集散大厅原先是采用在

屋顶设电动天窗自然排烟方式，开始是考虑在屋顶开启地面面积 2% 的电动天窗面积，但消防性能化评审时，专家建议这种高大空间应参考中庭来设自然排烟窗面积，也就是屋顶电动天窗面积应达到 5% 地面面积，而建筑专业很难在屋顶开启地面面积 5% 的电动天窗面积，最后只得改为机械排烟方式，增加了 52 万的初投资，因此，在方案阶段对这种交通类高大空间采用何种排烟方式，应组织专家尽早进行评审确定，避免后期修改带来不便。

东莞市商业中心区 **F** 区（海德广场）①

- 建设地点　　东莞市
- 设计时间　　2006～2008 年
- 竣工日期　　2012 年 12 月
- 设计单位　　广东省建筑设计研究院
- 主要设计人　陈小辉　廖坚卫　郭林文
  　　　　　　赖文彬　钟铿　何花
  　　　　　　方标　屈永强
- 本文执笔人　郭林文
- 获奖等级　　三等奖

作者简介：

陈小辉，教授级高级工程师，1986年 6 月毕业于同济大学；现在广东省建筑设计研究院工作；代表作品：北京大学新理工教学楼群、广东广播中心、广州新白云国际机场航站楼、山东国际会展中心、东莞市商业中心区 F 区（海德广场）、广州白云国际机场扩建工程二号航站楼及配套设施交通中心等。

一、工程概况

东莞市商业中心区 F 区（海德广场）毗邻东莞市政府、市图书馆、旗峰公园等，是一个集地下车库、商场、酒店、办公等于一体的超高层大型建筑综合体，现为东莞市地标性建筑之一。工程占地面积 18417m²，建筑面积 21.55 万 m²，地上 37 层，地下 2 层，顶标高 150m。海德广场的建筑造型新颖独特，由 4 层裙楼及两栋塔楼组成，其中 34 层以上由钢桁架连廊连接，建筑总体造型成凯旋门样式，寓意为城市之门。

（1）地下一层作汽车库、酒店客房及设备用房；地下二层为汽车库及设备房，兼作战时人防区。（2）裙楼首层为银行、大堂、商场，二层为银行、商场，三层为会议中心、卡拉 OK、棋牌、宴会厅、西餐；四层主要为餐饮区。（3）A 塔楼五层及二十一层为避难层，六～十二层为办公用房，十三～二十、二十二～三十三层及连体三十四～三十七层为酒店客房。（4）B 塔楼五层及二十一层为避难层，六～十二层、十三～二十层及二十二～三十三层为办公用房，连体三十四～三十七为业主自用办公用房。

本大楼由酒店和写字楼两个业主各自独立经营，故集中中央空调系统也分成两个空调系统，设置两个制冷机房。两个制冷系统装机容量均为 2800RT（9845kW），冷冻水供/回水温度均为 7℃/12℃。酒店冬季供暖热源由锅炉房提供 0.6MPa 蒸汽，经入口减压为 0.4MPa 后，进入汽水板式热交换器交换出 50℃热水供给空调末端，热水供/回水温度为 50℃/40℃。同时，酒店单独设 2 台螺杆式全热回收机组回收热水供给酒店夏季生活热水，附属产冷量接入酒店冷冻水系统；办公三十四～三十七层连体部分为业主自用办公室，此部分采用独立的智能多联空调系统，共装机 288HP。裙楼餐厅、大堂等大空间采用柜式空调机组全空气低速空调系，塔楼办公和酒店客房均采用新风空调器（或带热回收的新风空调器）＋风机盘管的空调形式。

建筑外观图

二、工程设计特点

（1）本工程首先面临的就是一栋大楼由 2 个业主建设和运营管理的问题，尤其是在地下室和裙楼部分，建筑是连在一起的，每层都分成两部分，为了日后的运营管理方便，设计时集中中央空调系统也分成 2 个系统，每个系统的管道尽量不穿越另一业主管理的区域。

（2）本工程酒店部分选用了螺杆式全热回收机组，夏季供生活热水到客房，同时，附属产冷量接入酒店冷冻水系统。

（3）裙楼有条件的地方和塔楼办公部分均设置了排风热回收装置，回收排风余热，降低了空调系统装机容量，减少了空调运行能耗。但对于酒店客房部分，考虑到酒店对新风质量要求较高，为避免交叉感染，当年设计时未采用排风热回收装置，但随着空调技术的进步，非接触式的热交换技术已经比较成熟，目前对酒店客房部分也可以采用此技术。

（4）其他节能技术：制冷主机采用高效率的离心机和螺杆机组，并且采用大小机搭配，使得整个制冷系统能够在不同负荷时都处于高效率的运行状态。本大楼 A、B 塔楼竖向均分成高低区，塔楼二十二层以上所有二次空调水泵均为变频水泵，根据空调末端负荷变化变频运行，节约了空调输送能耗。本工程餐厅、大商场、宴会厅、大堂等大空间采用全空气系统，设计时尽量加大新风管径，过渡季节可全新风运行，以减少主机开启时间和负荷，节约运行费用。设置冷凝水回收装置，回收冷凝水至锅炉房内的凝结水箱。

（5）本工程变配电房采用空调降温系统，空调送风量根据房间内的散热量来计算。散热量 Q（kW）由电气专业提供，对于散热量较大的变压器房可参考 $Q=$ 变压器负荷 $\times$（1%～1.5%）估算，如 1 台 2000kVA 的变压器散热量约为 2000$\times$1%=20kW。

地下室变配电房采用直流式空调系统，不仅提高了室内值班人员的舒适度，而且减小了空调风管占用走廊的高度空间。

（6）本工程酒店部分地下一层设有多间客房，此部分建筑面积 5355m²，共划分 6 个防火分区。按照《高层民用建筑设计防火规范》第 8.5.2 条，每个防火分区需要设独立的空调新风机房、排风机房（消防排烟风机安装在排风机房，消防补风机安装在空调新风机房），这样在 5355m² 的区域就需要设置 6 个空调机房和 6 个排风机房，共 12 个机房，同时需要设 12 个竖井通至室外。

而建筑专业很难做到全部满足这些条件，最后经过和建筑专业协商，采用每个防火分区均设有排风兼排烟用的机房，相邻 2 个防火分区共用送风机房的方法，通过设电动防火阀来控制送风系统。这样就减少了风机房的数量，同时减少了初投资。

而且这部分区域集中了消防排烟风管、消防补风风管、平时空调新风管、平时排风管、空调水管等众多管线，通过合理布置机房和布置管线位置，最后达到了满足净高的要求。

（7）酒店客房部分，原先设计采用的是所有水管均走竖向管井再分到相邻客房的风机盘管的方式，但业主为了提高客房的有效使用面积，要求空调水管集中在核心筒然后每层分一对干管接到各个客房风机盘管的方式，为了避免水力失调，竖向干管和水平干管均为同程式供水方式。

三、设计参数及空调冷热负荷

1. 室外设计参数（见表 1）

室外设计参数　　　　表 1

参数\季节	干球温度（℃）		湿球温度（℃）	相对湿度（%）	大气压力（kPa）
	空调	通风			
夏季	33.5	31	27.7		100.45
冬季	5	13		70	101.95

2. 室内设计参数（见表 2）

室内设计参数　　　　表 2

参数季节\功能房	干球温度（℃）		相对湿度（%）		新风量 [m³/(h·p)]	允许噪声标准 [dB(A)]
	夏季	冬季	夏季	冬季		
大堂	27	16	≤65	≥40	10	≤50
客房	26	18	≤65	≥40	50	≤40
办公	26		≤60		30	≤45
会议	26		≤65		30	≤45
商场	26		≤65		20	≤50
餐厅	26		≤65		30	≤50
桑拿	26	18	≤65	≥40	30	≤50

3. 空调冷负荷：9792kW；空调热负荷：2000kW。

四、空调冷热源及设备选择

（1）制冷系统：由于酒店和写字楼是两个业主各自独立经营，故分 2 个空调系统，设置 2 个制冷机房。冷冻水泵、冷却水泵、冷却塔的容量与冷水机组容量相匹配。冷冻水供/回水温度为 7℃/12℃，冷却水进/出水温度为 32℃/37℃。裙楼冷冻水立管布置成异程式，各层水平干管布置成异程式，各个支路处设置静态平衡阀，客房立管及水平干管布置成同程式。

（2）供热系统：酒店系统热负荷 2000kW，酒店冬季热源蒸气由锅炉房提供 0.6MPa 蒸气，经入口减压为 0.4MPa 后，进入汽水板式热交换器交换出 50℃热水经泵加压，供给原冷冻水系统管网进入末端设备，热水供/回水温度为 50℃/40℃。

五、空调系统形式

（1）大堂、宴会厅、商场等大空间区域采用柜式空调机组全空气低速空调系统，气流组织为上送上回（侧回），为保证房间人员的鲜风量标准及过渡季可加大新风量，设置新风导入管道及风阀，公共厕所及中庭设置机械排风。

（2）客房．办公室及其他小房间等小空间区域采用风机盘管加新风系统，气流组织为上送上回，新风经过新风空调器（或全热交换器交换）处理后，通过风管直接送入空调房间。

六、通风、防排烟及空调自控设计

1. 通风换气次数
公共卫生间：15h^{-1}，配电房 8～10h^{-1}，水泵房 6h^{-1}，车库 6h^{-1}，变电房按发热量计算。

2. 防排烟系统
本工程属于超高层建筑，塔楼部分防排烟系统分段进行设计，排烟和正压送风均在避难层解决，其余地下室和裙楼部分均按《高层民用建筑设计防火规范》要求进行防排烟系统的设计。

3. 空调自控设计
制冷系统：冷水机组、冷冻水泵、冷却水泵、冷却塔、电动水阀一一对应联锁运行。根据系统冷负荷变化，自动或手动控制冷水机组的投入运转台数（包括相应的冷冻水泵、冷却水泵、冷却塔）。开机程序：冷却塔进水电动水阀→冷却水泵→冷却塔风机→冷冻水泵→冷水机组，停机程序则相反，而冷冻水泵、冷却水泵亦可单独手动投入运转。为了利于管网运行正常，冷冻水供回水总管间设置压差旁通装置，其电动两通阀按比例式调节运行。

空调器（或新风空调器）：由设置在回风口（或送风管）处的温度传感器，控制比例积分式水路电动两通阀动作（比例积分两通阀具有断电自动复位功能），调节水量，达到回风（或送风）温度控制。温控器为单冷型或冷暖型（按实际需要）。

风机盘管：一般风机盘管应配有风机三速手动开关和挂墙式温度控制器及双位式水路电动两通阀，温控器为单冷型或冷暖型（按实际需要）。

七、心得与体会

本工程采用了水-水热泵系统，项目投入使用后，可以为酒店提供生活热水，实际运行效果良好，但是在酒店装修设计过程中，二次设计单位为了减少机房面积，调整修改了很多空调末端的布置，原来设计的部分排风热回收装置被取消了，给项目的节能性带来一定影响。

其次，本项目在后期也有较大的改动，原来车库部分改为商业用房，此时土建已经施工完毕，只能尽量利用原来的土建进、排风井进行布置。这样导致商铺进风只能布置在车道入口附近，对空气质量有一定影响，是本项目的一个遗憾。

深圳正中高尔夫会所①

作者简介：
韩书生，高级工程师，1986 年毕业于哈尔滨工业大学暖通专业；现就职于悉地国际设计顾问（深圳）有限公司。

- 建设地点　　深圳市
- 设计时间　　2009 年 3～10 月
- 竣工日期　　2011 年 10 月
- 设计单位　　悉地国际设计顾问（深圳）有限公司
- 主要设计人　韩书生
- 本文执笔人　韩书生
- 获奖等级　　三等奖

一、工程概况

正中高尔夫会所位于深圳市龙岗区宝荷中信绿色高尔夫球场内，地处岭南地域，基地内青山延绵，鸟语花香，空气清新，紧临的龙湖水库更是碧水涟涟，清澈见底。

会所布局垂直于湖体的中心轴展开，各活动空间穿插两翼沿湖面水平延伸，并将三大功能体块通过平面的转折处理，使室内获得 270°的景观视野，让使用者能在室内眺望波光闪闪的水面和层层叠叠的绿岛山峦，欣赏如水墨画般意境的山水风光。

本项目建成后将成为一流的高尔夫球场会所，为会员提供优质的服务，为球场提供良好的景观。

建筑外观图

会所总建筑面积 9142m²，地下 1 层，地上 2 层，建筑高度 19.8m。地下层主要为会员提供各项服务的功能空间，如：更衣、足浴、淋浴及各类设备用房；一层有接待大堂、中西餐厅及工作人员办公室；二层是可以独立灵活使用的中餐包房和大会议室。

二、工程设计特点

项目所在地（深圳）属夏热冬暖地区，夏季需空调供冷季节较长制，冬天供暖期较短，一年四季需要热水供应。由于球场区属国家二级植被保护区，不允许建锅炉房有烟气排放产生环境污染，工程附近也没有热网供应，因此系统冷热源的选择对暖通空调、卫生热水加热方式设计尤为重要。

通过多方案比较及节能运行经济分析，结合项目地点面临龙湖水库的水资源便利环境条件，设计采用三功能全热回收湖水源热泵系统（见表 1）。

空调运行工况　　　　　　　　　　表 1

编号	空调运行工况	卫生热水工况	备注
1	夏季单独制冷运行。	不供应	
2	夏季制冷，同时供卫生热水。	供应	供冷高峰卫生热水温度低调至 45℃出水，保障供冷优先。
3	过渡季制冷，同时供卫生热水。	供应	

---

①　编者注：该工程设计主要图纸参见随书光盘。

续表

编号	空调运行工况	卫生热水工况	备注
4	冬季制热，同时供卫生热水。	供应	
5	冬季单独供卫生热水	供应	
6	夏季单独制热运行	不供应	

三、设计参数及空调冷热负荷

1. 室外设计计算参数（见表2）

室外设计计算参数　　　表2

季节	空调计算干球温度（℃）	夏季空调计算湿球温度（℃）	大气压力（kPa）	室外平均风速（m/s）
夏季	33.5	27.7	100.56	5.3
冬季	5	79	101.95	6.5

2. 室内设计计算参数（见表3）

室内设计计算参数　　　表3

夏季		冬季		新风量[m³/(h·p)]
干球温度（℃）	相对湿度（%）	干球温度（℃）	相对湿度（%）	
25	≤65	22	/	30～50

3. 冷热负荷（见表4）

冷热负荷　　　表4

夏季冷负荷（kW）	冬季热负荷（kW）	卫生热水负荷（kW）
900	234	700

四、空调冷热源及设备选择

根据工程需要的空调冷、热负荷及卫生热水负荷，作表5～表8所示的分析比较。

水源（热回收）热泵系统、VRV、风冷热泵和冷水机组系统比较　　　表5

项目＼方案	水源（热回收）热泵系统	VRV系统	风冷热泵系统	冷水机组＋锅炉系统
对建筑影响	需设置制冷机房，占用建筑面积；占用湖水面积，设置湖水抛管；无需考虑冷却塔位置	空调室外机需设在地面或屋面；对环境景观有影响	制冷机组需设置在地面或屋面；建筑需设置水泵房；对建筑造型及环境景观有影响	需设置制冷机房及锅炉房，占用建筑面积；冷却塔需设在地面或屋面；冷却塔对建筑造型及环境景观有影响
冷热源设备	地源热泵机组（热回收）＋湖水抛管＋水泵及辅助设备；机组夏季供冷，冬季供热；同时兼供卫生热水	空调室内机＋室外机；夏季供冷，冬季供热；加设锅炉供卫生热水	风冷热泵机组＋水泵及辅助设备；夏季供冷，冬季供热；加设锅炉供卫生热水	冷水机组＋冷却塔＋锅炉＋水泵及辅助设备；夏季供冷，冬季供热；供卫生热水
维护管理	较大	较小	较大	大
节能控制	微电脑控制器，简单灵活，可实现分区域计量，可与楼宇控制系统连接	变频控制，加置能源模块可方便计量、灵活多变，可与智能化楼宇系统连接	微电脑控制器，简单灵活，分区域计量，可与楼宇控制系统连接	微电脑控制器，简单灵活，分区域计量，可与楼宇控制系统连接
冷量调节	比例调节	变频调节	比例调节	比例调节
节能环保	能效比高5.1以上，湖水换热，无毒、无害；冬、夏季保证供冷供热的同时供给卫生热水；节能、绿色环保、零排放	能效比一般，3.4；节能变频运行；冬季极端温度时制热效率降低；风冷换热，热空气排放，污染环境	能效比较低，3.2，用水作为载体，无毒、无害；冬季极端温度时制热效率降低；风冷换热，热空气排放，污染环境	能效比高，5.1以上，用水作为载体，无毒、无害；冬季燃气锅炉制热，可供卫生热水；消耗天然气；有烟气排放，污染环境

初投资估算　　　表6

方案＼项目	设备名称	电量合计（kW）	设备初投资（万元）
水源热泵系统	130RT水源热泵机组2台，电量113kW（36×2＝72万元）；湖水盘管30000×25元/米＝75万元；冷冻水泵3台；100CMH，28M，15kW（3×0.8＝2.4万元）；冷却水泵3台，100CMH，28M，15kW；（3×0.8＝2.4万元）；制冷机房占地约180m²，土建价格5000元/m²；总计90万元	286	166.8

续表

项目 方案	设备名称	电量合计 （kW）	设备初投资 （万元）
风冷热泵 系统	130RT 风冷热泵机组 2 台，电量 143kW（36×2＝72 万元）； 冷冻水泵 3 台；100CMH，28M，15kW（3×0.8＝2.4 万元）； 空调水泵房占地约 60m²，土建价格 5000 元/m²；总计 3.0 万元； 400kW 燃气锅炉 2 台（卫生热水），电量 3kW（2×4.8＝9.6 万元）； 热水泵 3 台，80CMH，24M，11kW（3×0.8＝2.4 万元）； 锅炉房占地约 180m²，土建价格 5000 元/m²；总计 90 万元	362	179.4
VRV 系统	室内外机（480 元/m²）	274	440（不含卫生热水热源设备）
冷水机组＋ 锅炉房系统	130RT 冷水机组 2 台，电量 113kW（32×2＝64 万元）； 150T/h 冷却塔 2 台，电量 5.5kW（7×2＝14 万元）； 冷冻水泵 3 台，100CMH，28M，15kW（3×0.8＝2.4 万元）； 冷却水泵 3 台，150CMH，17M，15kW（3×1.2＝3.6 万元）； 400kW 燃气锅炉 2 台，电量 3kW（2×4.8＝9.6 万元）； 热水泵 3 台，80CMH，20M，11kW（3×0.8＝2.4 万元）； 制冷机房占地约 180m²，土建价格 5000 元/m²；总计 90 万元； 锅炉房占地约 180m²，土建价格 5000 元/m²；总计 90 万元	夏季：297 冬季：28	276

运行费用估算　　　　　　　　　　　　　　　　　　　　　　　　表 7

项目 \ 方案	水源 热泵系统	VRV 系统	风冷热泵系统	冷水机组系统
耗电量 （kW）	286	274	362	夏季：297 冬季：28
运行费用	按 3240h/a，电费按 0.89 元/度计算； 电费消耗 82.47 万元/a	按 3240h/a，电费按 0.89 元/度计算； 电量消耗 79.0 万元/a； 按 3240h/a 供卫生热水，燃气锅炉燃气费按 2.1 元/Nm³ 计算，燃气费为 54 万元/a	按 3240h/a，电费按 0.89 元/度计算； 按 3240h/a 供卫生热水，燃气锅炉燃气费按 2.1 元/Nm³ 计算，燃气费为 54 万元/a 总电费为 104.38 万元	夏季供冷按 2160h，电费按 0.89 元/度计算；总电费为 57.1 万元； 冬季供热及全年卫生热水，燃气锅炉燃气费按 2.1 元/Nm³ 计算，燃气费为 54 万元/a。 耗电量 3.46 万元； 总电费消耗为 60.56 万元
运行费总计	82.47 万元	133 万元	172.38 万元	114.56 万元

注：1.（深圳）夏季按 6 个月运行计算；冬季按 3 个月计算；
　　2. 每月 30 天，每天 12h；
　　3. 实际运行工况满负荷较少，运行费用会适当降低。

初投资及运行费分析比较　　　　　　　　　　　　　　　　　　　表 8

分类名称	水源热泵系统	VRV 系统	风冷热泵系统	冷水机组系统
初投资	166.8 万元	440 万元（未含锅炉设备造价）	179.4 万元	276
运行费	82.47 万元	133 万元	172.38 万元	114.56 万元
结论	初投资最低适中，运行费经济； 供冷供热合二为一，管理方便； 无需冷却塔，节能、绿色、零排放	初投资高，运行费较高； 运行维护管理方便； 需加设锅炉供卫生热水； 该建筑为坡屋顶风格，空调室外机只能设在地面，产生噪声污染、影响景区美观； 卫生热水锅炉有烟气排放	初投资较低，运行费高； 供冷供热合二为一，管理方便； 该建筑为坡屋顶风格，空调机组需设在地面，产生噪声、影响景区美观； 卫生热水锅炉有烟气排放	初投资稍高，运行费较高； 需地面设置冷却塔、产生噪音污染； 锅炉有烟气排放

注：因各方案系统室内末端设备、辅助设备及系统阀件、管材造价差别不大（VRV 系统除外），分析中假定投资运行费用均同等产生，故分析比较中没有计入。

经以上分析比较，设计选择采用湖水抛管形式的地源热泵（全热回收）系统；系统夏季供冷，冬季供热，全年供卫生热水。

五、空调系统形式

1. 冷热源设计

工程夏季冷负荷为 900kW。包括围护结构热、太阳辐射热、室内人体热、照明热、室内其他电子设备热、新风等各种负荷。

冬季供暖热负荷 234kW。

常年卫生热水负荷 700kW。

设计采用 130RT 水源热泵（热回收）机组 2 台，湖水侧循环泵 3 台（二用一备），用户侧循环泵 3 台（二用一备），卫生热水泵 3 台（二用一备）；用户侧、湖水侧定压罐分别定压。制冷机房平面图和系统图见图 1、图 2。

卫生热水设置有蓄热水箱。

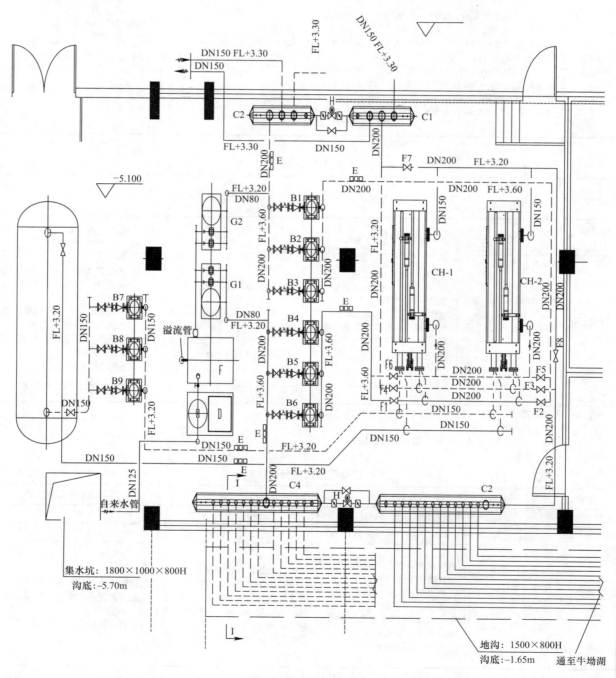

图 1　制冷机房平面图

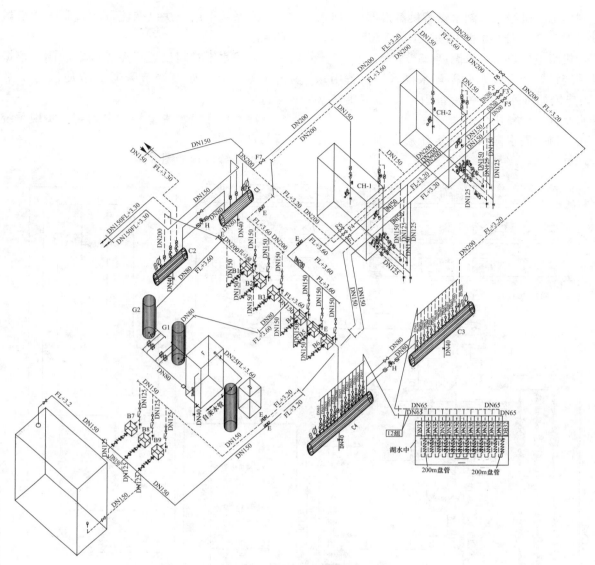

图2　制冷机房系统图

2. 空调水系统设计

根据冷热负荷计算值，设计采用湖水抛管地源热泵空调系统，即湖水换热系统＋水源热泵（热回收）机组＋室内空调末端系统，实现夏季制冷、冬季供暖，同时提供卫生热水。

（1）室外换热系统设计

根据工程当地湖水源的水文资料，夏季湖水温度28℃，冬季湖水温度13℃；考虑综合因素影响，设计夏季湖水设计取27℃；冬季湖水设计取12℃；采用湖底抛管换热的方法，设计要求距湖岸10m湖底清淤处理面积约4500m²，保证抛管区域湖水深度5.5m。

夏季湖水盘管换热前后水温度32℃/27℃，冬季湖水盘管换热前后水温度7℃/12℃；抛管采用DN32高密度聚乙烯管，查计算表得排管换热为30W/M；按满足最不利工况的需要，根据负荷计算得敷管长度约为30000（1＋5％）＝31500m（总换热负荷945kW）。每个盘管长度220m，共计144个盘管，抛管间距按4m设置，每个盘管施工采用混凝土块固定。

根据模拟计算分析，盘管区域冬夏季湖水温度变化±0.03℃左右，经当地水文部门审核批准，水温变化满足水资源环境保护标准要求。

（2）系统设计

水源热泵（热回收）机组采用2台130RT，为满足提供卫生热水需要，机组采用高温制热型配置；

制冷工况机组蒸发器供/回水温度7℃/12℃，来自湖水盘管供冷凝器的进/出水温度27℃/32℃，机组卫生热水出水温度55℃；

制热工况机组来自湖水盘管供蒸发器供/回水温度 12℃/7℃，冷凝器的进/出水温度 40℃/45℃，机组卫生热水出水温度 55℃；

系统设置 3 台湖水侧循环水泵（一台备用），3 台用户侧循环水泵（一台备用），3 台卫生热水循环水泵（一台备用）；

用户侧、湖水侧水系统定压罐分别定压；补水采用软化水。

水系统采用一次泵变流量二管制闭式机械循环系统。

供回水干管间设置压差控制电动阀，根据系统压差变化，通过调节旁通流量使制冷机节能运行。

冷水机组出水管上均设电动阀，实现系统运行的自动联锁控制。

水系统流程如图 3 所示。

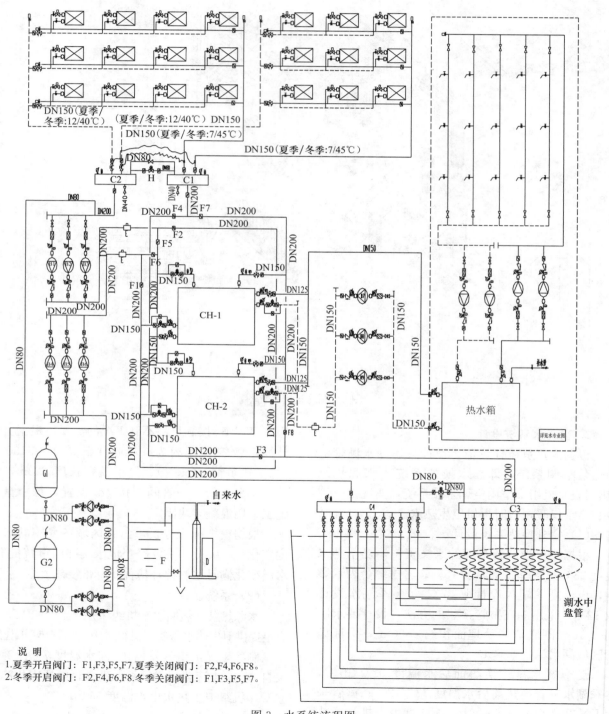

说 明

1.夏季开启阀门：F1,F3,F5,F7.夏季关闭阀门：F2,F4,F6,F8。
2.冬季开启阀门：F2,F4,F6,F8.冬季关闭阀门：F1,F3,F5,F7。

图 3　水系统流程图

3. 室内空调末端系统

办公、餐饮、球包、休息等用房采用风机盘管加新风系统。风机盘管上冷、热水管出口端均设有电动阀，连接室内温控装置，自动调节室内温度。送风口采用方形散流器或双层百叶风口，回风口选用门绞式带滤网双层百叶回风口。

每层功能区设置数台新风机组，机组设有换热盘管。机组上冷、热水管出口端均设有电动阀，根据室外不同季节温、湿度变化，自动调节冷、热水流量，满足新风的送风温度要求。

新风机组吊装于走廊吊顶内，由送风支管将新风送至各功能房间。送风支管上均设轻型蝶阀。送风口根据室内装修风格不同采用双层百叶风口或散流器；新风口采用防水型带滤网单层百叶。

厨房采用全新风系统，送风口采用散流器送风口，新风口采用防雨型层百叶风口。

首层门厅入口处均设空气幕。

4. 高效节能，运行费用低

（1）设备节能：采用高效换热技术，夏季湖水环路温度为 25～35℃，冷凝温度低，压缩机能效比（EER）比冷却塔式高出 20％。冬季湖水环路温度为 5～25℃，蒸发温度较高，压缩机能效比（EER）比风冷式高出 70％。若考虑室内风机功耗，空调机单机能效比 EER 高达 4.0～6.5，比一般空调设备节能 20％～40％。

（2）系统节能：冬季热泵供暖，比传统锅炉供暖费用低。一年运行费用比传统空调＋锅炉节省 20％～30％，比风冷和 VRV 中央空调节省 30％～40％。如果采用变频式空调机组和水泵变频调节，系统节能将更加可观。根据行业相关资料估计，设计安装良好的地源热泵系统，平均来说可以节约用户 30％～40％的供热制冷空调的运行费用。

（3）管理节能：当机组电脑板上配置通信口时，通过中央计算机可对系统集中监控，与楼宇控制系统接口，实现设备管理自动化及能量管理自动化。一个完整的计算机集散控制系统，可根据室内人员的增减及室外阳光直射等负荷的变化而自动调整热泵制冷或供暖出力，实现节能最大化，运行费用最小化；还可设置显示和打印设备，可存储、分析各种供暖、制冷、维修等经济及技术数据，促进系统运行最优化，使运行管理节能 10％～30％。

（4）运行节能：地源三联供系统能制冷供暖，又能供生活热水，一机多用，一套系统可以代替原来的锅炉加制冷机两套系统。由于地源热泵运行费用低，增加的初投资可在 2～5 年内收回，地源热泵系统在整个服务周期内的平均费用将低于传统的空调系统。

5. 绿色空调、清洁环保

地源热泵系统在冬季供暖时，不需要锅炉，无有害燃烧产物排放，可大幅度降低温室气体的排放，保护了环境。在夏季制冷时也是将热量转移到地下，没有任何气体及热量排放到大气中，如果得到广泛应用将可以大大降低温室效应，减缓全球变暖的进程。

六、通风、防排烟及空调自控设计

不满足自然排烟条件的楼梯间、前室及合用前室，内走廊及房间，均按规范要求设置机械排烟。

七、心得与体会

本工程于 2009 年 10 月完成设计，2010 年底竣工，2011 年正式投入使用。2013 年应业主要求，增加了游泳池设计，对新增的董事会宴会厅进行过装修改造，空调配置进行了相应调整。系统运行 3 年期间进行过 3 次回访，系统整体运行平稳，节能显著，效果很令业主满意！

但出现不足之处，夏季供冷工况时卫生热水出水温度稍低（45℃左右）；冬季供热工况时卫生热水出水温度满足要求（55℃左右）；建议在以后的同类系统设计中加设辅助加热措施。

本案空调设计中，由于本人专业水平有限，加上湖水源热泵技术行业中也没有统一的计算方法可依，各专业厂商间资料有较大差异，可能有诸多不妥之处，敬请同行及专家指正！

沈阳塔湾街东地块商业（一期）
中海广场①

- 建设地点　　沈阳市
- 设计时间　　2011年7月～2013年3月
- 竣工日期　　2013年12月
- 设计单位　　香港华艺设计顾问（深圳）有限公司
- 主要设计人　郑文国　文雪新　张　志　文建良
　　　　　　　严定传　肖书毅　李　琼　贺子丹
- 本文执笔人　文雪新
- 获奖等级　　三等奖

作者简介：

　　郑文国，教授级高级工程师，毕业于沈阳建筑工程学院供热通风与空调工程专业；现担任香港华艺设计顾问（深圳）有限公司暖通设计总监；代表作品：深圳中海油大厦、高铁客运站深圳北站、西安广播电视中心、沈阳中海寰宇天下商业综合体、襄阳市医疗中心、贵阳金融中心等。

一、工程概况

　　本工程位于辽宁省沈阳市皇姑区，为大型高层商业、办公综合建筑体，总建筑面积约18.8万m²，地上13.3万m²，地下5.5万m²，建筑总层数为23层，高度99.95m，属于一类高层。

　　一～六层为裙楼商业，其中包括大型超市、精品百货、餐饮、放映、运动，内部有两个中庭，增强空间体验和舒适性；两栋塔楼的七～二十三层为办公区域，办公空间采用开间无柱式设计，空间划分灵活。地下共有3层，地下一层为大型超市、卸货区及机动车停车库，地下二、地下三层为机动车停车库和设备用房。

建筑外观图

---

① 编者注：该工程设计主要图纸参见随书光盘。

二、工程设计特点

1. 制冷主机采用10kV高压离心主机

　　10kV高压主机采用高压直接供电，节省供配电投资30%左右，同时还能减少变压器和线路的电能耗损，降低维护费用。

2. 采用热管式能量回收机组

　　本项目所在地为沈阳市，属于严寒B区。常用的热回收机组类型有：转轮式热回收、板式热回收、乙二醇热回收、热管式热回收等，考虑到冬季室外新风温度低（－20.7℃）的特殊情况，利用排风对室外新风进行预热处理时，若采用转轮热回收机组，转轮芯体内会可能会出现结霜、结冰的情况，故本项目的热回收新风机组及空气处理机组中选用热管式热回收机组。

3. 商场区域过渡季节全新风运行；冬季内区免费供冷

　　过渡季节，当室外新风焓值低于室内设计工况点焓值时，全空气系统采用转换至全新风运行模式，关闭制冷主机，利用室外新风作为免费冷源，节省主机功耗。

　　冬季商场区域，根据内外分区对供冷、供热的不同需求，内区利用新风供冷，外区空调供热，合理分区，起到较好的节能效果，削减了运行费用。

三、设计参数及空调冷热负荷

本工程位于沈阳市，属于严寒 B 区，工程总建筑面积 18.8 万 m²，空调面积约 10.5 万 m²，空调冷负荷为 17.7MW，合 5038RT；冬季供热负荷约为 17.8MW。

四、空调冷热源及设备选择

考虑到运营和经济性，本工程各功能用房合并设置一套中央空调系统。

1. 冷源

本工程设计采用 2 台 2000RT（7032kW）的 10kV 高压水冷离心式冷水机组和 2 台 500RT（1758kW）的变频式水冷离心式冷水机组组合运行供冷；由于空调制冷机房与空调区域远近端距离相差较大，本系统空调冷冻水系统设计采用二级泵系统，一级泵选用两组共 6 台，3 大 3 小，分别与主机对应，二级泵按末端用户的性质分别进行设置，超市一组；两栋办公塔楼各设一组；裙房商业一组；裙房影院与商业共用管路，单设两台二级水泵，夜间影院单独运营时开启；二级泵均为变频运行，以节约运行费用。

冬季商业内区利用室外新风作为冷源，以减少能耗。

2. 热源

热源接自昆山西路的城市集中供热管网，热力公司提供的一次水最不利供/回水温度为 70℃/50℃。由此确定空调二次水的供/回水温度为 55℃/45℃。市政一次水经板式换热器后回至力管网，建筑内二次水按不同功能分区设有超市、裙房（包括多功能厅）、值班供暖，T1 塔楼及 T2 塔楼等五套换市政供热系统，各自独立运行。二次泵采用变频控制方式。

五、空调系统形式

1. 空调水系统

（1）空调冷、热水系统

1）裙房商业空调冷、热水采用负荷侧变流量系统，水系统尽可能采用同程式；写字楼空调冷、热水采用负荷侧变流量系统，水系统采用竖向同程式，水平向同程式。冷冻水供/回水温度为 7℃/12℃，热水供/回水温度为 55℃/45℃，主管道之间设置压差旁通阀，冷机侧流量维持恒定，市政一次热媒为变水量。

2）空调冷、热水系统均采用两管制。

办公楼夏天供冷冬天供热，冬夏工况通过电动阀门实现自动切换。

商业采用分区两管制，商业内区（即中庭共享空间）全年大部分时段供冷，冬季及过渡季节利用室外新风供冷，夏季利用主机供冷；商业外区南北分系统设置，夏季供冷冬天供热，过渡季节分区供冷或供热。供冷或供热工况通过电动阀门实现切换。

（2）空调冷却水系统

1）空调冷却水采用横流低噪声开式冷却塔，所有冷却塔设置在裙房屋面，冷却水由自来水自动补水。

2）冷却水供/回水温度为 32℃/37℃。

3）冷却水水处理采用综合水处理仪，综合水处理仪应具有防腐、防垢、杀菌灭藻、超净过滤功能。

（3）空调冷凝水系统

空调冷凝水集中收集，塔楼的冷凝水回收用于冷却塔的补水，裙房及地下室的冷凝水就近排放。

（4）供暖系统

裙房商业首层中庭设有值班供暖系统，使房间温度在空调供热系统未运行时不低于 5℃，采用低温地板辐射供暖系统；裙房商业首层的楼梯间内设散热器供暖系统；办公大楼首层入户大堂设有低温地板辐射供暖系统，以提高建筑室内环境空气品质。其他区域如地下超市、裙房商业、塔楼办公区及地下车库等均不设值班供暖系统，只利用空调系统供热。首层外门门斗内设电热空气幕。地下一层汽车库的入口处设电热空气幕阻挡室外冷风的侵入，地下一层汽车库的新风系统经加热后送入室内，以保证室温在 10℃左右，其他楼层的车库不设供暖系统。

2. 空调风系统

（1）裙房商业功能区、大空间的主力店、大型餐饮区域、零售等采用全空气低速送风系统。

（2）裙房小的区域如 KTV 包房、小的商铺、管理用房等均采用风机盘管加新风系统。

（3）中庭共享空间按层设置空调系统，组合式空调风柜放置于本层的空调机房内；组合式空调采用双风机带热回收机组，冬季采用室外空气消除室内余热。

（4）办公塔楼及商业裙房均设置竖向合用的新风系统，其新风机组放置于裙房及主楼屋面空调机房内，新风机采用新风换气机的方式，在排除室内污浊空气的同时送入室外新风，排风经热回收装置时将能量传递给新风对新风进行夏季预冷冬季预热，起到节能环保的作用。

（5）塔楼办公区的末端空调采用风机盘管＋新风系统形式。

六、通风、防排烟及空调自控设计

（1）本工程的防排烟系统要求能在消防控制中心集中监控并能远程启停；所有普通通风系统（排气扇除外）均要求能在楼宇自控中心远程监控和启停；所有通风排烟系统均要求能在现场控制开启以便于检修和试验。

（2）末端空调风柜的冷冻水回水管上设动态平衡调节阀，由送风温度控制通过盘管的水量，由回风温度控制送风机的风量，由回风二氧化碳浓度控制新回风比。

（3）裙房中庭内每层设计有两套全空气空调系统，冬季可根据室温情况调节送风温度，防止室温过高，亦即可以利用室外新风进行免费供冷。

中国北车集团大连机车车辆有限公司
大连机车旅顺基地建设项目
城轨车辆车体厂房铝合金车体
车间焊接烟气净化
空调系统设计①

- 建设地点　　大连市
- 设计时间　　2011 年 3～4 月
- 竣工日期　　2013 年 4 月
- 设计单位　　机械工业第六设计研究院有限公司
- 主要设计人　张桂生　钟顺林　张海舟　高洪澜
- 本文执笔人　张桂生　钟顺林
- 获奖等级　　三等奖

作者简介:

张桂生,高级工程师,1991 年毕业
于哈尔滨建筑工程学院;代表作品:大
连机床集团有限公司搬迁改造项目、中
钢西重易地搬迁项目、武汉重型机床厂
整体搬迁改造项目、郑州煤矿机械集团
有限责任公司高端液压支架生产基地建
设项目、中国北车大连机车旅顺基地建
设项目等。

一、工程概况

本项目为中国北车集团大连机车车辆有限公司大连机车旅顺基地建设项目城轨车辆车体厂房铝合金车体焊接车间,单层丁类厂房,建筑面积 9000m²,建筑高度 17m。

车间为铝合金车体焊接车间,工艺设备生产过程中产生大量焊接烟尘,根据工艺要求为保证焊接质量,车间内需满足室内夏季室温:$t \leqslant 26℃$,相对湿度≤65%;冬季室温:$t \geqslant 18℃$(室内温度),相对湿度≤65%。根据国家职业卫生标准 GBZ 2.1—2007 车间内焊接烟尘浓度≤4mg/m³。因此该车间为全封闭的高大(焊接烟尘)净化空调车间。同时排风的焊接烟尘浓度需满足大连地区较严格的大气污染排放标准。

二、工程设计特点

(1)室内采用置换通风的气流组织形式,送风系统采用置换送风筒将清洁空气均匀送至距室内地面约 2.00m 高处,将焊接烟尘稳步向上推升,同时控制送风速度,以避免应送风速度过大,导致焊接保护气体被破坏,影响生产工艺。烟尘稳步抬升后由设于车间顶部的回风口吸入进入净化空调机组进行净化,冷却去湿(加热加湿)处理达到卫生标准 1.2mg/m³ 后循环使用,以节约系统能耗。

(2)车间过渡季节采用全新风运行,室外空气直接送至室内,对车间进行降温后,带有含尘气体的回风,经高效过滤后满足室外大气排放要求后直接排至室外,以节约能耗。

(3)由于焊接烟尘颗粒物粒径较小,一般为 0.1～1μm,车间焊接烟尘浓度要求≤4mg/m³,过滤器选用高效聚四氟乙烯覆膜滤料,净化效率≥99.9%,以满足处理后空气循环使用的要求,

建筑外观图

---

① 编者注:该工程设计主要图纸参见随书光盘。

同时满足室外大气排放要求。

（4）本项目设计时采用CFD模拟仿真分析，合理设置室内送、回风口位置及风速、在满足室内卫生条件下合理降低送风风量，减少项目投资。

三、设计参数及空调冷热负荷

1. 当地气象参数（大连市）

夏季：

夏季空调室外计算（干球）温度	29.0℃；
夏季空调室外计算（湿球）温度	24.9℃；
夏季通风室外计算温度	26.3℃；
夏季室外平均风速	4.1m/s；
夏季最多风向及其频率	SSW 19％；
极端最高温度	35.3℃；
夏季大气压力	997.8hPa。

冬季：

冬季空调室外计算温度	−13.0℃；
冬季空调室外计算相对湿度	56％；
冬季通风室外计算温度	−3.9℃；
冬季室外平均风速	5.2m/s；
冬季最多风向及其频率	NNE 24％；
极端最低温度	−18.8℃；
冬季大气压力	1013.9hPa。

2. 室内设计参数

夏季：$t \leqslant 26℃$，相对湿度≤65％；

冬季：$t \geqslant 18℃$室内温度，相对湿度≤65％；含尘量≤4mg/m³。

3. 冷热负荷

系统总冷负荷为1960kW，冷源为制冷站提供的7℃/12℃冷水，总热负荷2000kW，热源由换热站提供的85℃/60℃热水。

四、空调系统、冷热源及设备选择

1. 空调系统设计

本铝合金焊接厂房共采用4台风量为70000m³/h的除尘除湿空气处理机组，采用置换送风，下送上回。总换气次数为2.1h⁻¹。送风系统采用电动送风筒低速送风，送风筒贴近地面布置在厂房立柱的左、右两侧，以保证厂房最佳送风效果。回风系统采用顶部风口集中回风，以满足分层送风气流组织的要求。

2. 空气处理过程

夏季空调处理过程为：回风滤筒高效过滤──满足室外排放标准后排风──新、回风混合──粗效过滤──减焓去湿（表冷）──送风机送出──均流消声──送入室内。

冬季空调处理过程为：回风滤筒高效过滤──满足室外排放标准后排风──新、回风混合──粗效过滤──等湿加热（热水加热）──送风机送出──均流消声──送入室内。

过渡季节实现全新风运行，回风通过高效过滤处理后，满足大连地区较严格的室外大气污染物排放标准后全部排出。

3. 气流组织

气流组织原理如图1所示。

4. 冷热源及设备选择

本项目总冷负荷$Q_1 = 1960kW$，选用2台螺杆式冷水机组，单台额定制冷量980kW，单台制冷机额定输入功率为180kW。系统的冷水泵选用三台卧式水泵（两用一备），单台水泵转速1480r/min，流量$G = 180m³/h$，扬程22m，选用立式气压罐定压设备补水定压。总热负荷为2000kW，

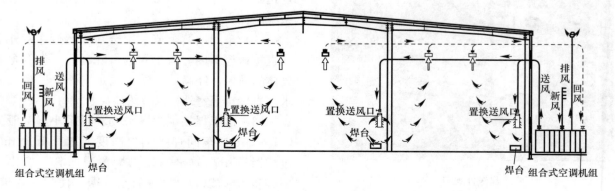

图1　气流组织原理图

由厂区集中换热站提供的 85℃/60℃ 热水直接供给除尘除湿空气处理机组。

五、自控设计

车间末端夏季由安装于除尘除湿空气处理机组混风表冷段回水管上的电动调节阀控制车间温度、湿度。冬季由装于除尘除湿空气处理机组混风加热段回水管上的电动调节阀控制车间温度。除尘除湿空气处理机组高效过滤段设置压差控制器，监测过滤器阻力变化，及时更换过滤器。

制冷站采用群机联控系统，通过检测供回水管上压差自动控制制冷机、水泵、冷却塔等设备的运行台数，时时监测各设备运行状态，同时在满足设计条件下，让设备处于高效区运行。

六、系统运行

本项目自 2013 年投入运行以来，未出现较大设备故障，系统运行稳定，其车间内部空气含尘量满足设计要求。按设计工艺资料，车间内焊接设备布置较多，含尘量较大，系统运行中需满足车间含尘量要求，总送风量较大，再加之设置有高效过滤，系统阻力较大。而实际运行时，由于经济形势的影响，初期运行时焊接设备投入较少，车间内焊接气体的量较小，由于设计未考虑系统变风量运行，系统能耗较高。若能根据车间含尘量控制风机转速，进而控制总送风量，使其在车间焊接设备运行较少时在满足车间内各项设计参数同时，降低总送风量，有利于系统节能及降低高效过滤器的更换成本。

重庆机床（集团）有限责任公司环保搬迁工程——大型、精密、数控机床产业化基地建设项目空调设计①

作者简介：

张桂生，高级工程师，1991 年毕业于哈尔滨建筑工程学院；代表作品：大连机床集团有限公司搬迁改造项目、中钢西重易地搬迁项目、武汉重型机床厂整体搬迁改造项目、郑州煤矿机械集团有限责任公司高端液压支架生产基地建设项目、中国北车大连机车旅顺基地建设项目等。

- 建设地点　　重庆市
- 设计时间　　2010 年 10 月～2012 年 6 月
- 竣工日期　　2014 年 6 月
- 设计单位　　机械工业第六设计研究院有限公司
- 主要设计人　张桂生　钟顺林　张海舟　马玉锋
　　　　　　　刘　杰　冯广卓　刘红宾　高洪澜
- 本文执笔人　张桂生　钟顺林
- 获奖等级　　三等奖

一、工程概况

本项目为重庆机床（集团）有限责任公司环保搬迁工程——大型、精密、数控机床产业化基地建设项目，建设地点位于重庆市南岸区茶园新城区，总建筑面积约为 186600m²。其中包括第一、二、三、四联合厂房、综合站房、科研大楼、食堂宿舍等。根据工艺要求厂区第一、二、三、四联合厂房夏季设计为空调厂房，其空调建筑面积约为 115000m²。

二、工程设计特点

（1）本项目采用集中制冷站，实现区域供冷，方便使用方对冷源系统集中管理，且较每个厂房设置单独制冷站，节省土建造价。

（2）本项目采用大温差系统，系统设计温差为 8℃；设计流量较常规 5℃温差减少 37.5%，降低水泵能耗，节约运行费用。同时减少冷冻水供回水管道管径，节省空调系统造价。

（3）制冷机选用 10kV 高压离心机，由市政 10kV 高压直接供电，较常规电压等级为 380V 的制冷机节省电气变压器设备及变电所土建投

资，同时由于采用 10kV 高压供电大幅降低电缆投资。

（4）由于设计制冷机由市政 10kV 高压直接供电，无变电所二次转换，降低电能损耗，节约系统运行费用。

（5）由于车间高度较高，平均约 13m，跨度较大，约 24m，为降低车间能耗，车间采用分层空调技术，末端选用大型远程射流空调机组设于车间中部，空调机组自带球形喷口气流组织采用侧送，下回风，人员处于回风区。

（6）末端选用大型远程射流空调机组设于车间中部，除可以满足大跨度车间的送风气流要求外，较全空气系统节约风系统的输送能耗，同时采用露点送风，在满足人员舒适度的情况下，以大温差送风，节约设备投资和运行能耗。

（7）车间末端采用温湿度独立控制，由安装于新风机组回水管上的电动调节阀控制车间湿度，安装于车间远程射流机组各环路回水管上的电动调节阀控制车间温度。

（8）制冷站采用群机联控系统，通过检测供回水管上压差自动控制制冷机、水泵、冷却塔等设备的运行台数，时时监测各设备运行状态。同时在满足设计条件下，让设备处于高效区运行。

---

① 编者注：该工程设计主要图纸参见随书光盘。

三、设计参数及空调冷热负荷

1. 当地气象参数（重庆市）
夏季：
夏季空调室外计算（干球）温度　35.5℃；
夏季空调室外计算（湿球）温度　26.5℃；
夏季室外平均风速　　　　　　　1.5m/s；
夏季最多风向及其频率　　　　　C，33%，
　　　　　　　　　　　　　　　ENE，8%；
极端最高温度　　　　　　　　　40.2℃；
夏季大气压力　　　　　　　　　963.8hPa。
冬季：
冬季空调室外计算温度　　　　　2.2℃；
冬季空调室外计算相对湿度　　　83%；

冬季室外平均风速　　　　　　　1.1m/s；
冬季最多风向及其频率　　　　　C　46%
　　　　　　　　　　　　　　　NNE 13%；
极端最低温度　　　　　　　　　−1.8℃；
冬季大气压力　　　　　　　　　980.6hPa。

2. 室内设计参数（见表1）

		室内设计参数			表1
序号	建筑名称	建筑面积（m²）	温度（℃）	湿度（%）	总冷负荷（kW）
1	第一联合厂房	55920	≤27	≤70	6470
2	第二联合厂房	41430	≤27	≤70	4400
3	第三联合厂房	21160	≤27	≤70	4296
4	第四联合厂房	47720	≤27	≤70	6223

注：厂房仅夏季空调，其他季节不考虑。

3. 能耗分析（见图1）

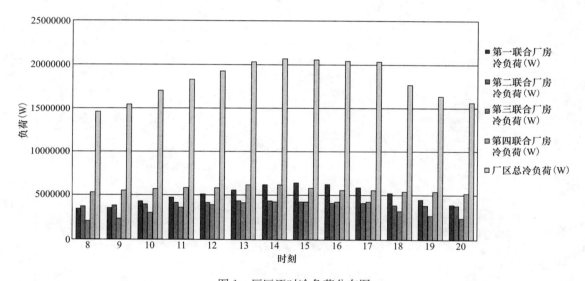

图1　厂区逐时冷负荷分布图

四、空调系统形式、冷热源及设备选择

本项目第一、二、三、四联合厂房夏季空调系统末端均采用大型远程射流空调机组＋空调新风的方式，新风机组采用组合式空调机组，气流组织采用侧送，下回风，人员处于回风区。冷源由厂区集中供给。厂区内设一个集中制冷站，总冷负荷20296kW，采用大温差小流量系统。冷冻水供/回水温度为5℃/13℃。制冷站内选用4台10kV离心式冷水机组，单台额定制冷量5074kW，

单台制冷机额定输入功率为910kW（10kV）。系统的冷水泵选用五台定频冷冻水泵（四用一备），型号为DFW250-400/4/110（单台转速1480r/min，流量580m³/h，扬程42m，耗电量110kW），选用立式气压罐定压设备补水定压。

五、自控设计

车间末端采用温湿度独立控制，由安装于新风机组回水管上的电动调节阀控制车间湿度，安装于车间远程射流机组各环路回水管上的电动调节阀控制车间温度。

制冷站采用群机联控系统，通过检测供回水管上压差自动控制制冷机、水泵、冷却塔等设备的运行台数，实时监测各设备运行状态，在满足设计的条件下，让设备处于高效区运行。

六、系统运行

项目自 2014 年投入运行以来，未出现较大设备故障，系统运行稳定。由于重庆地区湿度较大，车间围护结构密闭不严，车间外门长时间开启，实际运行时系统末端很难实现严格的温湿度独立控制，在极端天气时车间温度达到 27℃，且湿度短时间内超过 70%。但在室外环境较好，特别是在室外温度在 30℃ 以下时，车间 70% 以上的冷负荷主要是工艺设备散热，通过制冷机运行台数控制，车间的温度均能满足在 27℃ 以下，但是此时车间湿度一般在 50%，虽然满足工艺设备环境要求，但此时室内湿度较低，造成能源浪费，通过调试提高制冷机的供水温度到 7℃，系统仍能保证室温在 27℃ 以下，湿度在 70% 以下。因此，建议系统运行时增加室外温度控制环节，根据不同的室外温度环境，分时段控制制冷机的出水温度，以降低系统运行能耗。

浙江中烟工业公司杭州制造部"十一五"易地技术改造项目①

- 建设地点　　杭州市
- 设计时间　　2007 年 11 月～2009 年 8 月
- 竣工日期　　2013 年 12 月
- 设计单位　　机械工业第六设计研究院有限公司
- 主要设计人　王雷岗　梁晓辉　张吉炎
- 本文执笔人　王雷岗
- 获奖等级　　三等奖

作者简介：

王雷岗，高级工程师，2007 年 5 月毕业于西安建筑科技大学供热、供燃气、通风及空调工程专业，研究生学历；工作单位：机械工业第六设计研究院有限公司，代表作品：武汉卷烟厂、杭州卷烟厂、北京卷烟厂、井冈山卷烟厂、遵义卷烟厂、上海卷烟厂等。

一、工程概况

浙江中烟工业公司杭州制造部"十一五"易地技术改造项目总体规划将烟草生产及配套的各种功能完整紧密地组织在一个有机综合互动的片状结构内，以生产为核心，系统化辐射管理、生活、动力、仓储等建筑，形成了一个有机、高效又不失艺术性的现代化工业园区。园区建设用地面积约为 $667000m^2$（约 1000 亩），一期总建筑面积 $301521.7m^2$，容积率 0.94，建筑系数 41.48%，园区划分为六大功能区：厂前区、办公科研区、生产区、动力辅助区、仓储区和绿化景观区。

建筑外观图

二、工程设计特点

联合工房单体面积大，功能复杂，暖通专业

设计既要满足工艺生产对温湿度的严格要求，又要考虑节能减排的要求，以安全可靠、技术先进、节能环保为原则，其特点如下：

（1）工艺生产车间属于恒温恒湿车间，空调温湿度精度要求高，大部分区域的温度要求 $\pm2℃$；相对湿度要求 $\pm5\%$；空调多采用全空气空调系统，全年存在多工况温湿度控制策略，自控系统调节结构复杂。

（2）全年车间工艺设备散热量大，几乎全年需要送冷风（南方区域），空调冷负荷大，空调的送风量大，空调系统呈现大风量、小焓差特点。

（3）大部分车间的工艺排风量大，为了维持车间的风量平衡，空调系统的新风量大，能耗高，制冷空调系统能耗占卷烟厂全年总能耗 40% 左右，为了节能，新风量需求量大区域的空调采用双风机，过渡季节可以加大新风量，空调系统呈现全年变风量特点。

（4）车间散发烟草细微粉尘，空气过滤要求增加粗、中效过滤；另外，空调回风中带含焦油的烟尘，存在烟碱腐蚀，所以空调设备的用料应采用防腐材料。

（5）不同功能车间的形体结构决定了空调气流组织的灵活、多变，必须根据不同的空间选择合理的气流组织，选择合适的送风末端，保证空调区域温湿度的均匀性。

（6）车间内工艺要求空调、通风、防排烟、除尘、排潮、排气、异味处理等系统，各种系统

---

① 编者注：该工程设计主要图纸参见随书光盘。

繁多、复杂、点位分散、管线交叉较多，特别是空调、除尘系统管路庞大而复杂。

（7）由于卷烟厂生产、空调等能源消耗的波动较大，对公用动力设备的选型要求较高，公用动力设备既要满足负荷的波动要求，又要满足设备运行效率高的要求，因此宽幅适应的高效动力设备配置是绿色建筑和节能要求的前提。

（8）联合工房面积大，空调冷冻水系统、空调风系统、除尘系统的输送距离很长，输送能耗比较大，在满足使用功能的前提下如何降低输送能耗是一个必须要重视的问题。

（9）完善的空调自控系统及优化控制方式：包括空调全年多工况温湿度控制策略、变频冷水机组的运行台数控制策略、风机变频节能控制策略、冷冻及冷却泵变频节能控制策略、空调与冷机联机运行（变水温）节能控制策略等。

三、设计参数及空调冷热负荷

1. 室内设计参数（见表1）

联合工房空气温湿度参数表 表1

序号	房间名称	温度（℃）		相对湿度（%）	备注
		冬季	夏季		
1	制丝车间	20～24	26～30	65～75	
2	片烟配方库入库区	20～24	26～30	65～75	
3	真空回潮间	20～24	26～30	65～75	
4	糖料厨房	20～24	26～30	65～75	
5	残烟处理间	20～24	26～30	65～75	
6	贮叶房	32～37	32～37	65～75	
7	预配贮叶房	32～37	32～37	65～75	
8	掺配叶丝高架库	22±2	25±2	60±5	
9	成品烟丝高架库	22±2	25±2	60±5	
10	掺兑区	22±2	26±2	60±5	
11	成品烟丝高架库出入库区	22±2	26±2	60±5	
12	喂丝间	22±2	26±2	60±5	
13	卷接包车间	22±2	25±2	60±5	
14	滤棒成型发射间	22±2	25±2	55±5	
15	辅料周转库	22±2	26±2	60±5	
16	成品周转库	22±2	26±2	60±5	
17	辅料搭配区	22±2	26±2	60±5	
18	成品出库区	20±2	26±2	60±5	
19	分拣码垛区	20±2	26±2	60±5	
20	成品库	20～24	≤32	50～70	
21	制丝车间变电所		26～28		
22	掺兑区变电所		26～28		

续表

序号	房间名称	温度（℃）		相对湿度（%）	备注
		冬季	夏季		
23	卷接包车间变电所		26～28		
24	办公用房及景观廊	16～18	24～28		
25	生产车间有外窗辅房	18～20	24～26		
26	生产车间无外窗辅房	16～18	24～26		

注：上述各车间环境温湿度由浙江中烟工业公司杭州制造部提出。

2. 空调系统冷、热负荷、冬季加湿量（见表2）

联合工房冷、热负荷、冬季加湿量计算汇总表 表2

序号	负荷名称	单位	数量	备注
1	夏季冷负荷	kW	Σ29084	冷媒为7℃/12℃冷水（水温可变）
	其中：生产车间部分		24509	
	各生产车间辅房		4575	
2	冬季热负荷	kW	Σ15113	热媒为0.2～0.3MPa蒸汽
	其中：生产车间部分		12763	
	各生产车间辅房		2350	热媒为60℃/50℃热水
3	冬季加湿量	t/h	Σ10.660	加湿为0.2～0.3MPa蒸汽

四、空调冷热源及设备选择

空调主冷源为动力中心制冷站内设置的6台10kV高压离心式制冷机，单台额定制冷量5274kW，制冷机COP不低于5.61，综合部分负荷性能系数IPLV值不小于5.95，制冷机负荷可调范围为10%～100%，集中供联合工房、动力中心冬夏季空调制冷需求，供/回水温度为7℃/12℃（标准工况）。根据实测，制冷站能效比为4.5，根据美国制冷空调工程师协会（ASHRAE）关于冷水机房的评价标准进行评估，本项目制冷系统属于节能良好水平，节能表现优异。冷媒水由动力中心制冷机房冷水循环泵由厂区地下管廊管道供给联合工房，采用一次泵变流量系统，制冷机配套水泵选用变频水泵，根据负荷变化情况，调整设备运行流量，降低系统能耗。

空调辅助冷源分为两种，冬季配置冷却塔＋板换方式供冷（冷却塔免费供冷），用于替代制冷机冬季负荷，供水温度18～20℃，暖通专业冷却水集分水器转换分配；生产检修期间，根据各工段、功能房间实际生产需求，配置小型多联机、分体机等，用于企业局部工作的需求。

空调热源由厂区地下管廊动力管道供应高压蒸汽，经入口装置减压至 0.2～0.3MPa（表压）后，进入空调机组的加热加湿段，实现冬季空气的加热加湿过程。

空调冷热源的分级、分类配置，既考虑了主生产使用的管理及维护，又考虑了辅助生产的分散性和便利性，人性化、智能化的综合设计为能源的高效利用提供了平台支持。

五、空调系统形式

制丝车间、贮叶房、掺兑区、喂丝间、卷接包车间、滤棒成型发射间、辅料周转库、成品周转库空调系统为双风机组合式空调器，由回风粗效过滤段、回风机、排风段、新风段、中效过滤段、表冷挡水段、中间段、蒸汽加热段、蒸汽加湿段、送风机段组成。冬、夏季根据车间排风量固定新、回风比例，过渡季节加大新风量。同时送、回风机均设变频调速装置，根据工艺负荷变化变频调节风机风量。

片烟配方库入库区、真空回潮间、残烟处理间、膨胀烟丝梗丝入库区、掺配叶丝高架库、成品烟丝高架库、成品烟丝高架库出入库区、辅料搭配区、成品出库区、分拣码垛区、成品库空调系统为单风机组合式空调器，由新风、回风混合粗效过滤段、中效过滤段、表冷挡水段、中间段、蒸汽加热段、蒸汽加湿段、送风机段组成。全年固定新、回风比例。

风机配置变频调速装置，根据工艺负荷变化变频调节风机风量，节能显著。

空调系统根据不同的车间采用不同的气流组织形式，比如采用上送、上回；下送、上回；上下送、中间回等多种气流组织形式，保证空调区域送风的均匀性，送风无死角。

六、通风、防排烟及空调自控设计

（1）通风系统根据不同的空间结构形式采用机械通风、自然通风或混合式通风。

（2）防排烟系统严格按照防排烟规范进行设计，比较特殊的是联合工房内大空间的排烟系统设计，联合工房各车间空调回（排）风管兼作排烟风管，回风口兼作排烟口，并配置消防高温排烟专用风机。一旦发生火警，该防火分区系统中的双风机系统组合式空调器回风电动风阀关闭，排风电动风阀关闭，单风机系统组合式空调器回风电动风阀关闭，消防排烟高温风机前的排烟防火阀开启（平时常闭）开启，排烟风机运行，将烟气排出室外。当排烟风机入口处设置当烟气温度超过 280℃ 时能自行关闭的排烟防火阀，该阀应与排烟风机连锁，当该阀关闭时，排烟风机应能停止运转。

（3）空调自控系统设计：联合工房采用全空气中央空调系统，共配置 58 台工艺性组合式空调机组，空调总风量达 4540000m³/h，总装机功率达 4689kW。空调系统配置 PLC 自动控制系统，以保证各生产区域的恒温恒湿工艺要求和空调系统的节能运行。本项目实施了众多的空调节能控制策略，其中包括全年多工况分区节能控制、送风参数串级控制、变风量节能控制、变水温节能控制等。

1）夏季：控制表冷器电动两通阀的开度调节表冷器的冷水流量使室内相对湿度恒定；控制蒸汽加热电动两通阀的开度调节加热器的蒸汽流量使室温保持恒定。

2）冬季：控制蒸汽加热电动两通阀的开度调节加热器的蒸汽流量使室温保持恒定。当阀全关而室温仍高于给定值时，增大新风阀的开度。控制干蒸汽加湿器电动双通阀的蒸汽流量使室内相对湿度恒定。

3）春、秋季：对制丝车间和卷接包车间，春秋季联动控制新风阀、回风阀和排风阀的开度使室内相对湿度恒定，当新风阀全开，室内温度仍偏离给定值时，对送（回）风机实行转速控制，充分利用新风推迟开启制冷系统以达到节能的目的。

4）根据冷冻水供、回水温度和供水流量测量值，自动计算空调实际需冷量，再根据供、回水差压和旁通阀的开度，自动或手动（根据音响报警和数字信号提示）调整制冷机组的运行台数，达到最佳节能的目的。

七、心得与体会

项目空调系统投入运行后，由第三方（国家

空调设备质量监督检验中心）于 2012 年 7～8 月（夏季）对空调节能控制效果进行了现场测试，2012 年下半年综合能耗为 3.42kg/万支烟，其中空调能耗为 2.05kg/万支烟，空调能耗占建筑总能耗的比重约为 60％，获知了空调能耗是节能降耗的关键所在。以此为依据，杭州卷烟厂开展了节能管理与节能诊断工作，通过一系列的措施，在 2013 年第一季度综合能耗降为 2.96kg/万支烟，处于行业领先水平。

卷烟生产企业空调系统的节能空间巨大，必须通过逐步的探索和实践，不断降低空调系统能耗，使万支烟的综合能耗进一步降低，下一阶段空调系统的节能挖掘潜力方向如下：

（1）在满足生产需求的前提下，降低部分区域的空调运行标准；

（2）在保证室内温湿度控制精度的前提下，增大空调机组送风温差，减小空调送风量，降低风机运行电耗及再热负荷；

（3）空调机组增设等焓加湿工段，在过渡季（降温加湿时段）采用等焓加湿，节约制冷量及加湿蒸汽；

（4）在室外气象参数适宜时，增加新风量，甚至全新风运行；

（5）将温湿度独立控制的理念引入项目的节能改造，空调新风单独处理，进一步提升空调的运行效率；

（6）将余热回收与溶液调湿技术相结合，使卷烟生产过程中的余热得到更加充分的利用。

（7）进一步完善能耗检测、计量系统，充分发挥其在节能改造工作中的指导性作用。

郑州丹尼斯二七商业广场

- 建设地点　　河南省郑州市
- 设计时间　　2008 年 11 月～2009 年 12 月
- 竣工日期　　2015 年 4 月
- 设计单位　　郑州大学综合设计研究院有限公司
- 主要设计人　张伟东　王建华　刘艳军　朱　兵
　　　　　　　王　骞　娄文豪　李　锋
- 本文执笔人　张伟东　刘艳军
- 获奖等级　　三等奖

作者简介：

张伟东，高级工程师，1992 年毕业于同济大学供热通风与空调工程专业；工作单位：郑州大学综合设计研究院有限公司；代表作品：郑东新区信息电商产业园、紫云产业园和商丘奥林匹克活动中心等。

一、工程概况

本工程为郑州丹尼斯二七商业广场，位于河南省郑州市二七路和太康路的交界处西北角，地下 4 层，地上南侧 14 层，北侧 6 层，东北角酒店 24 层，钢筋混凝土框架剪力墙结构。本工程建筑性质为大型商业综合体，总用地面积 43697.47m²，建筑基底面积 23700.09m²，总建筑面积 396180.9m²，地上建筑面积：252598.82m²，地下建筑面积 143582.08m²，建筑高度 99.725m，容积率为 5.78。民用建筑设计分类等级为特级，建筑分类为一类高层建筑，耐火等级为一级。设计合理使用年限为 50 年，抗震设防烈度为 7.0 度。

建筑外观图

二、工程设计特点

1. 制冷站冷水机组大小搭配选择

根据冷水机组性能、建筑总冷负荷、建筑业态和空调运行时间等变化规律，合理选择冷水机组的台数和容量，在最小负荷时开启小型制冷机组满足使用要求，提供运行能效，达到经济运行的目的。

2. 空调水系统大温差小流量技术

大温差小流量是一个减少空调系统投资，降低能耗的先进观念。大温差的目的是优化空调系统各设备间的能耗配比，在保证舒适度的前提下减少冷量输配的能耗，或是减少冷却塔和末端空调箱的能耗，同时降低系统初投资。大温差可以在冷水侧或冷却水侧实现，也可以在空气侧实现。

3. 四管制空调系统

两管制系统是目前我国绝大多数高层民用建筑中空调水系统方式，其特点是由冷冻站的冷冻水和由热交换站来的热水在空调供水总管上合并，通过阀门切换，把冷热水用同一管道不同时地送至空气处理设备。四管制系统最大的优点是各末端设备可随时自由选择供热供冷的运行模式，相互没有干扰；因此，各末端设备所服务的空调区域均能独立控制温度等参数。

4. 免费供冷技术

冷却塔供冷也叫免费供冷，是指在常规空调水系统的基础上增设部分管路和设备，当室外湿球温度低到某个值以下时，关闭制冷机组，以流经冷却塔的循环冷却水直接或间接向空调系统供冷，提供建筑空调所需的冷负荷。众所周知，在空调系统中制冷机的能耗占有极高的比例，如用冷却塔来代替制冷机供冷，将节省可观的运行费用。

5．热回收空调系统

在建筑物空调系统负荷中，新风负荷的占比很大，节约新风负荷是空调系统节能的一项有力措施。而在空调通风系统中，排风相对于新风来说，含有热量（冬季）或冷量（夏季），利用全热交换器或显热交换器回收排风中的能量，即可减少新风的能耗。通常在新风机组和排风机组内安装一套热回收装置。一般夏季时，排风的温（湿）度比新风要低，利用排风（冷风）对引入室内的新风进行预冷，减少空调箱冷冻水的用量；冬季时，排风的温（湿）度比新风要高，利用排风（热风）对引入室内的新风进行预热，减少空调箱热水或蒸汽的用量。这样可将排风中的热量（冷量）传递给新风，从而实现热能的回收。

6．空调大管道热补偿及支架设计

管道支架膨胀螺栓的受力由以下几部分组成：一是管道自身钢材重量、管内介质质量、保温材料重量；二是管内水压和温度变化时产生的摩擦力，其摩擦力与正压力成正比；三是安装补偿器的弹性力；四是管内水压力产生的推力，管内水压力随着管路每一位置不同及流量不断变化而变化。

随着现代建筑物体量的增大和高度的增加，空调管道管径已达到DN700～DN800，管道固定支座所承受的推力可达到800～900kN以上。因此，对于此类问题，无论设计人员还是施工安装人员都必须给予高度重视，并委托有专业资质单位配合设计安装。

三、设计参数及空调冷热负荷

1．室外气象参数

夏季：干球温度：35.0℃，湿球温度：27.5℃，大气压力98.91kPa，日平均温度：30.1℃，平均风速：2.2m/s；

冬季：干球温度：−5.7℃，相对湿度56％，大气压力101.55kPa，平均风速：2.4m/s。

2．室内设计参数（见表1）

室内设计参数　　　　表1

房间名称	夏季温度（℃）	夏季相对湿度（％）	冬季温度（℃）	冬季相对湿度（％）	新风量（m³/h）
百货公司、超市	26～28	65～50	16～18	50～30	20
国际名品店	24～27	65～55	18～22	≥40	30

续表

房间名称	夏季温度（℃）	夏季相对湿度（％）	冬季温度（℃）	冬季相对湿度（％）	新风量（m³/h）
电影院、剧场	26～28	≤65	16～18	≥30	20
办公室	24～26	≤65	18～20	≥40	30
客房	24～27	65～50	18～22	≥30	50
餐厅、多功能厅	24～27	65～55	18～22	≥40	30

3．空调冷（热）负荷（见表2）

空调冷（热）负荷　　　　表2

区域	空调冷负荷（kW）	空调热负荷（kW）	生活热水热负荷（kW）	免费供冷负荷（kW）
商业	38466（10935RT）	21894	2000	10200
影院	700	680	—	—
剧院	190	160	—	—
酒店	4172（1186RT）	2980	2200	1000
总计	42900	25800	—	—

四、空调冷热源及设备选择

1．冷水机组选型

商业制冷机房设置4台制冷量为2150RT及3台制冷量为800RT的水冷式离心冷水机组，酒店制冷机房设置2台制冷量为600RT的离心式制冷机组及1台制冷量为300RT的螺杆式制冷机组，冷冻水供/回水温度为5℃/13℃，冷却水供/回水温度为32℃/40℃。

通过合理选择制冷机组台数和容量，保证建筑物处于部分负荷时，能根据实际需要提供恰当的能源供给，同时保证较高的能源转换效率，实现空调节能高效运行。

2．水泵系统

商业空调冷、热水采用一次泵变流量系统；酒店空调冷水采用一二次泵变流量系统，供热系统空调热水一次侧采用定流量系统，二次侧采用变流量系统。

通过大温差小流量及水泵变频技术，使水泵运行工况与实际需求保持一致，并保证水泵效率较高，达到节能目的。

3．空调水系统

百货公司区分为外区和内区，距外墙8m以内的空间为外区，其他区域为内区。外区采用风机盘管（四管制）系统，内区采用全空气空调（两管制）系统，机组均选用带热回收方式的空气处理机组；零售商店、精品区采用分为外区和内区，均采用风机盘管＋新风系统；外区风机盘管为四管制，内区风机盘管及新风为两管制；酒店客房及办公、健身、会议室等采用风机盘管＋新风系统，均为四管制。

通过设置不同的空调系统，能灵活实现同时供冷供热的需求，没有冷、热混合损失，实现大型商业综合体不同功能空调需求。

4. 免费供冷系统

水冷式免费供冷系统：当室外温度低于10℃时，采用冷却塔冷却水提供冷源，为其内区进行免费供冷，一次侧供/回水温度为6℃/11℃，二次侧供/回水温度为8℃/13℃。

风冷式免费供冷：百货内区采用AHU空调系统，过渡季及冬季直接采用室外新风对其内区进行免费供冷。

5. 全空气系统

商场、溜冰场和影院空调系统均采用全空气空调（两管制）系统，气流组织采用上（侧）送上回方式，空调机组均选用带热回收方式的空气处理机组。

五、节能创新点

1. 大温差小流量——减少初投资，节省运行费用

空调系统能耗比例一般为：冷水机组约占机房年能耗的58%，冷水泵和冷却水泵约占26%，冷却塔约占16%。若能通过特别的系统设计，减少水泵和冷却塔的耗能，将大大节省运行费用。

空调水系统采用大温差以后，冷却塔的年能耗降低23.1%，水泵的年能耗降低37.2%，冷水机组的年能耗增加7.8%，以上三项汇总，年冷水机房总能耗降低6.1%。

2. 四管制空调——分区控制，实现不同功能空调需求

对于大、中型空调工程，由于建筑的朝向不同，内区与外区冷、热负荷差异较大，各部位设备发热和人员密度不同，使用要求和使用时间不同，仅按冬、夏两季进行冷却、加热的转换已远不能满足要求。考虑到天气的变化无常，空调工况的转换必然是频繁的。当然，人的"忍耐"可以使转换次数变少，但那是以牺牲"舒适"为代价的。而就四管制而言，由于冷、热水系统是分开的，冷热可以各行其是，对负荷变化的适应性强，调节灵活，无须进行转换即可满足不同的需求。

3. 免费供冷——环保、节能、高效

冷却塔产生低温冷却水供入空调系统末端的时候，冷却塔和水泵等部件仍继续工作消耗电能，与冷水机组所消耗的电能相比要小得多，所以可以相对地将冷却塔供冷视为免费供冷。冷却塔供冷是利用自然冷源，对环境无污染，属于环保型系统。冷季或过渡季节采用冷却塔供冷技术对建筑物有内热源区域进行供冷是既节能又环保的技术。实验证明：当以室外湿球温度10℃为冷却塔的转换温度时，系统的节能率可以达到14.8%。

六、心得与体会

综合上述设计特点及节能创新点，本工程空调系统设计有减少初投资、节省运行费用、满足不同区域冷热需要、节能环保等优点。但也有以下几点不足之处：对空调自动控制系统要求精密，造价高；制冷站固定支架设置不足；餐饮区空调冷负荷指标偏低。

由于大型商业面积较大、进深大、楼层多，并且功能复杂多样、能耗大等特点，暖通空调设计既要满足商场的实际需求，还要具备一定的弹性，为商场日后的扩展留有一定的余地。暖通空调设计必须具有温度、湿度适度原则、节能原则、通风良好性原则和安全可靠性原则，满足多样化的商业模式，达到节约能源、保护环境、以人为本等绿色建筑要求。

武广高铁广州南站站房暖通空调系统设计①

- 建设地点　　广州市
- 设计时间　　2005 年 10 月～2010 年 1 月
- 竣工日期　　2015 年 7 月
- 设计单位　　中铁第四勘察设计院集团有限公司
　　　　　　 北京市建筑设计研究院有限公司
- 主要设计人　庄炜茜
- 本文执笔人　田利伟
- 获奖等级　　三等奖

作者简介：

　　庄炜茜，教授级高工，2000 年毕业于湖南大学暖通专业；就职于中铁第四勘察设计院集团有限公司；代表作品：南京地铁一、二号线，南京火车站，广州南站，苏州火车站，南京南火车站，武汉铁路局洗涤基地、餐饮基地等。

一、工程概况

广州南站为特大型旅客站房，是目前建成和在建的规模最大、功能最复杂、衔接方向最多的铁路旅客站房之一，主要承担着武广客运专线、广珠城际铁路、广深（港）客运专线、广茂铁路等旅客到发业务。候车室最高聚集人数 7000 人，高峰小时旅客发送量近期 2.11 万人/h，远期 2.84 万人/h。

站房位于广州市番禺区钟村镇石壁村建成区南部，距离市中心 17km，处于珠三角的核心地带。本工程总用地面积 25.74 万 m²，建筑密度 64.93%，绿地率 22.1%。建筑屋面南北向 580m，东西向 475m；中央站房南北向 192m，东西向 398m；屋面最高点 52m，雨棚屋面最高点 41.8m，总建筑面积 48.6 万 m²。共分 5 个基本层，包括：地下停车层（－4.00m）、地面出站层（0.00m）、站台层（＋12.00m）、高架候车层（＋21.00m）和高架夹层（＋27.00m）。轻钢屋面覆盖高架候车室及其两侧站台区域。

二、工程设计特点

广州南站站房通风空调系统设计采用了多项绿色节能技术，设计联合体开展"新广州火车站节能设计与建筑内热环境"专题研究，针对新广州火车站这一车流空间在下、候车空间在上，同时存在室内外直接连通的高大空间建筑，展开全年空调负荷动态模拟、围护结构节能优化设计、自然通风优化设计、采光模拟计算、空调送回风系统优化设计、室内空间舒适性和室内空气品质模拟计算、空调冷热源和空调系统控制设计工作。同时进行"冷冻站节能运行控制技术"专题研究，针对广州南站空调设计特点、空调负荷特征，展开空调冷冻水模糊预测算法、基于制冷机组效率特性的群控技术、空调系统变流量工况下的安全技术、空调冷却水系统自适应模糊优化算法、基于能量分配的水力动态平衡调控技术、空调系统节能控制方案设计及节能预测等方面的研究工作，

建筑外观图

---

① 编者注：该工程设计主要图纸参见随书光盘。

从而实现新广州火车站整体空调系统节能，同时为乘客提供较高质量的室内环境，使新广州火车站成为节能建筑的示范工程。

三、设计参数及空调冷热负荷

本工程的暖通空调设计内容包括：站房建筑的空调风系统、空调冷冻水系统、冷却水系统以及防排烟系统。空气调节与通风的室内外设计参数按照广州市当地的气象参数，室内主要功能区的设计参数按客运专线取值，具体如表1所示。

室内设计参数   表1

房间名称	夏季		新风量 [m³/(h·p)]	噪声 [dB(A)]
	温度（℃）	相对湿度（%）		
售票厅	26	≤65	10	50
贵宾室、休息室	25	≤65	20	35
办公室	26	≤65	30	40
商业用房	26	≤65	20	55
进出站大厅	27	≤65	10	50
候车大厅	27	≤65	10	45

通过以上设置，计算得广州南站夏季空调总冷负荷为27000kW，冬季不进行供热。

四、空调冷热源及设备选择

空调冷热源制冷方式采用电动压缩式冷水机组，共设置8台，其中4台制冷量5626kW冷水机组采用10kV高电压型，减少冷水机组启动时对电网的冲击、减少变压器的投资费用、减少变电室占地面积及安装费用、减少接线成本等，节约运行费用。另4台制冷量1125kW冷水机组选用380V常电压型，满足小冷量时使用。

冷冻水系统采用一次泵变水量系统空调，冷冻水管路为两管制异程式系统。冷冻水泵和冷却水泵，采用（N＋1备用）台数与冷冻机对应设置。冷却塔与冷冻机配套对应设置，设置在高架铁路旁的绿地内。

出站层两侧分别设置一个冷冻机房，每个机房安装10kV电压冷水机组和380V电压冷水机组各2台，担负建筑物本侧的空调负荷。冷冻机房内设各分区控制阀和能量计量装置，各分支管处设置电子式动态压差平衡阀。冷冻水供/回水温度7℃/12℃，冷却水供/回水温度32℃/37℃。冷水

机组采用环保冷媒，制冷性能系数COP和综合部分负荷性能系数IPLV符合《公共建筑节能设计标准》GB 50189—2005的要求。

贵宾候车室设置了专用冷热源，采用地源热泵系统，热泵机房设置在地下一层。当出站层冷冻机房正常运行时，由出站层冷水机组供应冷冻水；当出站层冷水机组停机期间，由热泵机组供应空调冷冻水。

五、空调系统形式

广州南站站房室内功能分区较多，不同区域的通风空调设计要求也不尽相同，针对各区域的使用功能，设计的空调通风方案如表2所示。

空调通风方案   表2

建筑物类型	空调通风方案
高架候车大厅	一次回风集中空调系统＋立柱式风机盘管
办公室	风机盘管加独立新风系统
出站层	全空气集中空调系统（带转轮式热回收）
消防值班控制室	可变制冷剂流量的空调系统，加新风空调系统
变电室	全新风系统送排风
地下汽车库	机械通风（送风5h⁻¹，排风6h⁻¹）

其中，高架候车区为高大空间，采用分层空调设计，空调系统布置形式为：两侧设置远程喷口送风，集中回风；中间区域划分多个送风区域，靠近结构柱子布置送风单元，3个侧面均布置空调送风口进行喷口送风，另一侧为回风口；中央通廊区域无法设置送风单元，为空调过渡区。

东西广厅是主要旅客通道，为了满足建筑专业对此区域通透宽敞的要求，结合空调负荷特点，采用集中空调系统，在靠近玻璃幕墙处设置地面送风口送风，大厅内部集中回风。

出站层主要满足旅客疏散和换乘的需要，基本为短时间停留，中心区域采用地面送风单元设置喷口送风，两侧区域在侧墙上安装喷口送风，集中设置回风口。出站层集中空调系统中，设置能量回收装置，部分回风先经过转轮式全热热交换装置与补充的新风作热交换，然后排至室外。

出站层的大型铁路信号机房，按照铁路通信、信号专业的设计要求，整个铁路信号机房参照《计算机房设计规范》设计，空调按照24h运转设计，与站房空调系统独立运行，房间内设置架空地板但不需要地板送风。信号机房的冷冻水由主

冷冻机房供应，在冬季高电压冷冻机停用期间，由常规电压变频冷冻机供应冷冻水。

按照卫生防疫要求，空调系统安装"空气消毒装置"，安装位置包括组合式空气处理机组内、风管内和吊顶机组内。

六、通风、防排烟及空调自控设计

在站房建筑满足国家现行规范的区域，按照消防规范设计；在站房建筑超出国家现行规范的区域，按照《广州站消防性能化设计专家评审意见》文件进行设计。

其中，高架候车层根据《广州站消防性能化报告》的建议，采用自然排烟方式，在屋顶、组合拱顶侧面及幕墙上设计自然排烟口；设备及办公用房按独立防火分区设计，按照现有规范设计防排烟系统；站台层的 VIP 候车室设置独立的机械排烟系统。

出站层根据《广州站消防性能化报告》，设置机械排烟系统，排烟量根据性能化报告计算取值，每个防烟分区排烟量 69500m³/h。利用部分空调机组作为排烟系统的补风，补风量不小于排烟风量的 50%；出站层南北两侧的商业、零售、行李等，根据《广州站消防性能化报告》设置机械排烟，排烟系统与出站大厅中心区域的排烟系统共用。

地下层的地下汽车库按照消防规范，设置机械排烟及机械补风系统，排烟量按换气次数不小于 6h⁻¹ 的要求设置，补风量不小于排烟量的 50%；每个自行车库设置独立的机械排烟及机械补风系统。地下非燃品库房，面积大于 500m² 的，设置机械排烟，排烟风量按照房间面积计算取值，与汽车库排烟共用排烟系统。

空调自控包括空调冷冻水模糊预测算法、基于制冷机组效率特性的群控技术、空调系统变流量工况下的安全技术、空调冷却水系统自适应模糊优化算法、基于能量分配的水力动态平衡调控技术、空调系统节能控制方案设计及节能预测等。

七、心得与体会

铁路车站旅客发送量大，候车室的内部环境直接体现着车站的服务质量，也关系到高铁建设的形象，高架候车区的室内环境受多方因素影响，包括有效的客流量预测、合理的围护结构热工性能以及准确的无组织渗风量等。由于客站设计和使用特点，进站口和各检票口门长时间处于开启状态，导致无组织渗风途径较多，空调时段渗风量较大，对空调负荷影响较大。因此，对准确计算无组织渗透风量并进行无组织渗风控制，是保证空调运行效果和实现空调运行节能的重要环节。

新建南宁至黎塘铁路南宁东站站房及相关工程^①

- 建设地点　　广西南宁市
- 设计时间　　2010 年 10 月～2014 年 9 月
- 竣工日期　　2014 年 12 月
- 设计单位　　中信建筑设计研究总院有限公司
- 主要设计人　昌爱文　陈焰华　刘付伟
- 本文执笔人　刘付伟
- 获奖等级　　三等奖

作者简介：
昌爱文，教授级高级工程师，1994年毕业于天津大学供热通风与空调工程专业；工作单位：中信建筑设计研究总院有限公司；代表作品：广发银行大厦、武汉新城国际博览中心有限公司洲际酒店及酒店式办公、武汉长江航运中心项目、襄阳博物馆等。

一、工程概况

南宁东站位于南宁市青秀区，是我国沟通中国-东盟铁路的国际性铁路交通综合枢纽工程。车场规模为 3 场 30 线 24 站台面，其中基本站台 2 座、中间站台 11 座，车场在垂直轨道的南北方向尺寸为 318.8m。站房平面布置跨越车场，主要候车空间高架于车场之上，站房平面尺寸南北长414.8m，东西最大面宽 186.0m，跨越车场的高架部分平面尺寸为 318.8m（南北长）×150.0m（东西宽），站房本身总建筑面积 14 万 m²，建筑总高度 48.1m，由出站层、站台层、高架层、商业夹层组成。

南宁东站的建设目标为：成为以铁路客运中心，集城市轨道交通、市域公路公交、市区公交、出租车、私家车、其他社会车辆等多种交通及交通方式的客运综合交通枢纽，并能体现南宁城市风貌，与当地文化、环境、气候、地貌相和谐。

建筑外观图

---

① 编者注：该工程设计主要图纸参见随书光盘。

二、工程设计特点

1. 完备的智能化能源管理系统

与一般公共建筑相比，现代大型铁路客站站房空间高大通透、出入口多、运营时间也较长，同时人流量及其变化也较大，其单位面积用能远大于一般公共建筑，因而暖通空调系统的运行优化控制尤为重要。

根据原铁道部科技研究开发计划重点课题"铁路客站采暖空调技术综合利用及关键技术研究"的研究成果，南宁东站地处夏热冬暖地区，以夏季供冷负荷为主，空调运营时间长，最佳的暖通空调控制技术与措施应为变频调速智能模糊控制系统。据此，南宁东站设有能源管理系统，由空调智能管控系统、智能照明系统、微机综合保护系统、动力系统等组成。

2. 结合建筑功能，合理设置空调机房

紧密结合站房装修在不影响建筑使用功能的情况下，分区就近设置空调机房，站房内共设有 74 台组合式空调机组，最大风量为 120000m³/h，最小风量为 25000m³/h。

本站房大多数空调机房均紧邻功能区，困难点在于高架层如何设置空调机房位置。高架层旅客候车区东西向跨度达到 125m，为保持站房空间的通透和视野的连续性，中间无任何构筑物，如果单靠设置在两侧的球形喷口难以满足候车厅中

间旅客的舒适性，所以结合两侧进站检票口，在进站检票口下方设置设备夹层，内设空调机组，通过高架层活动检修口和站台上方马道均可以到达设备夹层对空调系统进行维修。进站检票口上方设环形喷口，与进站检票口形成完整的视觉整体，既保持了站房空间的通透和视野的连续性，又有效保证了旅客的舒适性。

3. 合理布置冷水管路

因站房单层建筑面积较大（单层建筑面积达 $65000m^2$），空调水系统采用同程式系统不经济且不可行，因此本工程采用两管制异程式系统。为保证空调水系统的平衡，按风机盘管和组合式空调机组、东边和两边分别设置空调水系统，每个冷冻站均分成四路空调水系统，在每路水系统的支路回水管上均设有自力式压差阀。进站玻璃盒子下方的空调机组水管只能敷设在轨道上方，由于站台上方结构梁过大，各专业管线较多，吊顶与梁底之间的空间有限，轨道上方有火车线路接触网，所以空调水管横穿结构梁，提前预埋套管，为了便于检修，在空调水管下方设置检修马道，为了避免保温层被破坏及碎物坠落影响行车安全，水管保温后外缠防水玻璃纤维，再外包镀锌钢板做防护层。

4. 候车室区域的商业设计

为了方便旅客，也为了解决站房运营资金需求，在站房内设置有很多业态的商铺，商业部分主要集中在高架层和高架夹层。根据消防性能化意见，通过防火舱分成若干小商业，其中既有土特产零售、旅游咨询等，也有餐饮。因站房和商业不可能同时投入使用，而且商业业态以后也会发生变化，所以商业均采用风机盘管系统，在每个商业区域均预留空调冷水接口，可以根据商业的装修灵活安装，所有防火舱均设机械排烟系统，平时商业的排风系统利用排烟系统。对于设置餐饮区域的商业，均预先将油烟风管从屋顶一直安装到商铺内，商户进入后只需安装屋顶的风机和自己厨房内部的排油烟罩即可使用。为保证消防安全，油烟风管均采用 1.2mm 厚的不锈钢板制作，50mm 厚的离心玻璃棉保温，再外包耐火极限不小于 2h 的防火板。

5. 计算机专项辅助设计

南宁东站空间高大，送回风口数量大，多区域贯通，传统的实验测试和经验公式不能满足需

求。本工程利用 CFD 软件对整个站房进行建模，通过对南宁不同季节盛行的各种风向、风速工况下室内舒适性的模拟分析和高大空间送/排风口、设置方式、位置及室内送回风口类型、布局、送风量、送风速度、送风温度等对站房室内热环境影响规律的综合研究，辅助和优化设计方案与设备选型，在满足室内舒适性的前提下实现高大空间建筑的绿色节能目标。

三、设计参数及空调冷热负荷

室内设计参数如表 1 所示。

室内设计参数 表 1

房间	夏季		冬季		新风量 $[m^3/(h \cdot p)]$	噪声 [dB(A)]
	温度 (℃)	相对湿度 (%)	温度 (℃)	相对湿度 (%)		
候车厅、售票厅	27	<60	—	—	10	≤60
商业服务用房	27	<60	—	—	20	≤55
贵宾候车室	25	<60	22	≥30	20	≤45
办公室	26	<60	—	—	30	≤45

经过对站房空调区域进行逐项逐时的冷负荷计算，各区域冷热负荷见表 2。

冷热负荷表 表 2

房间	夏季最大冷负荷	冬季最大热负荷
候车室、售票厅、商业	16024kW	—
贵宾候车室	264kW	55kW
办公室	2368kW	—
四电用房	420kW	—

四、空调冷热源及设备选择

本工程位于夏热冬暖地区，除贵宾候车室外，其他所有区域空调系统只考虑夏天制冷，冬季不设供暖系统。经过实地调研，站房周围没有废热等可利用的再生能源，经多方案比较选用常规的冷水机组作为本项目的冷源。因站房空调负荷较大且布置有很多商业和办公用房，考虑到提高空调系统能效和部分负荷的调节性能，选用能效比高和调节灵活的离心式和螺杆式两种机组形式，螺杆式冷水机组便于在低负荷时运行调节。

根据各空调房间的使用及工艺要求，本站采用两种空调方式：候车室、售票厅、高架层和站

台层的商业用房空调系统采用集中供冷的水-空气系统，本工程设置了两个集中冷冻机房，分别设置在站房南、北两端的地下室内，每个冷冻站内设3台离心式冷水机组＋1台螺杆式冷水机组，夏季提供6℃/12℃冷水供空调系统使用。部分办公、售票室、客运用房、贵宾候车室等采用风冷智能变频冷暖空调系统，四电用房中通讯机械室、信息主机房、继电器室等采用风冷机房专用空调。设备参数见表3。

冷水机组技术参数 表3

设备名称	型号及规格	COP值
离心式冷水机组	冷量：2640kW；冷冻水：6℃/12℃，流量378m³/h，压降78kPa，承压1.6MPa；冷却水：32℃/37℃，流量532.8m³/h，压降46.9kPa；输入功率447.3kW，承压1.6MPa，重量12t	5.9
螺杆式冷水机组	冷量：1443kW；冷冻水：6℃/12℃，流量207m³/h，压降86kPa，承压1.6MPa，COP值6.0；冷却水：32℃/37℃，流量286m³/h，压降75.4kPa；输入功率239kW，承压1.6MPa，重量9t	6.0

五、空调系统形式

售票厅、候车厅、商业、基本站台候车室等大空间均为全空气系统，采用节能的分层空调方式，利用组合式空调机组＋低速风道系统，结合建筑造型及装修要求采用喷口侧送风和条缝型风口下送，集中回风，空调季节新风补给量由室内CO_2浓度探测器控制新风阀的开启大小而确定。新风管和回风管上均装有电动对开多叶调节阀，在过渡季节，回风管上的电动调节阀关闭，另一个新风管上的电动调节阀打开，空调机组全新风运行，此时需打开高架候车室上部所有电动天窗进行自然排风。

高架候车室上空设有机械排风系统，在空调季节运行。当空调系统全新风运行时，远程可开启外窗全部打开。高架候车室中间22个玻璃盒子下面所有风管均采用玻璃棉直接风管，其他所有空调风管、排风风管、排烟风管均采用镀锌钢板制作。

信息主机房、信号电源及继电器室、通信机械室等四电用房采用风冷机房专用空调机组，机组为上送侧回，空调风口采用防结露保温风口。

所有组合式空调机组的回风静压箱或送风主管上均装有纳米光子空气净化装置。

六、通风、防排烟及空调自控设计

（1）根据消防性能化评估意见，高架候车室和基本站台售票厅、基本站台候车室及商业服务用房等由设在上部的电控远程可开启外窗自然排烟，可开启面积不小于需排烟面积的2%。

（2）出站通道设置机械排烟系统，南北两端分别设了两台排烟风机，每台排烟风机风量为70000m³/h。考虑到平时通风换气需要，排烟风机兼作平时排风风机使用，以改善出站通道内的空气品质，进风靠上站台的楼梯自然进风。

（3）根据消防性能化评估意见，高架夹层连续布置的商业，店铺均按防火舱设计，设计有机械排烟系统，每个店铺的排烟量为45000m³/h，按消防性能化评估意见，只按一个防火舱失火考虑排烟量。

（4）出站层四个角的商业、高架层南北两端独立防火分区内的商业、21.9m处的商业设置有机械排烟系统，按不大于500m² 划分防烟分区，排烟量按照最大防烟分区面积每平方米不小于120m³/h计算。

（5）高架候车室和高架夹层候车室内的部分商业预留餐饮排油烟管道，排油烟风机设置在屋顶。厨房的废气需先经油烟净化除去油烟和气味后，并满足《饮食业油烟排放标准》GB 18483—2001中的最高允许排放浓度要求，再经厨房排风机排至室外。

（6）排油烟水平风管预留清洁口，定期由清理油污机器人清理，以避免油污附着在风管内壁，每个餐饮厨房排油烟量按照15000m³/h考虑，当排油烟量小于此数值时，风管尺寸应随之调整；厨房的补风通过候车大厅补入。

（7）南宁东站设有动态能源管理系统，由空调智能管控系统、智能照明系统、微机综合保护系统、动力系统等组成。空调、通风系统采用集散型控制系统，由中央管理站、局部通信网络、现场控制器（DDC）、各种传感器、电动执行机构组成，实现对空调进行参数检测、参数与设备状态显示、自动调节与控制、工况自动转换、设备联锁与自动保护、能量计量以及中央监控与管理等功能。空调设备和控制系统均提供与第三方管理系统的接口，实现远程控制与信息共享。冷冻站设有模糊智能控制系统，可以对冷源机房系统的冷冻水泵、冷却水泵、冷却塔完成电气控制、智能化控制、节能运行和设备管理，根据系统负荷的变化自动调节冷（热）源站所有设备的运行，同时实现冷水管路各分支冷量按需要进行分配，确保各支路能量满足设计要求并合理分配。

七、心得与体会

南宁东站作为大型交通型公共建筑，其空间复杂、人流量大，且布置许多商业，空调设计工作繁重且困难。合理设置自然通风窗口和空调机房，优化末端分层空调形式，采用灵活的水系统，对降低初投资和运行费用都起到了很大的作用。本项目于 2010 年 10 月开始设计，2014 年 12 月竣工，经过一年多的运行，业主反映各区域空调效果均良好，满足设计要求。随着中国高铁的快速发展，大型高铁站也会越来越多，本项目的设计为同类站房提供了设计参考。

雅砻江流域集控中心大楼建筑环境与设备设计①

- 建设地点　　成都市
- 设计时间　　2007年5月~2010年5月
- 竣工日期　　2013年2月
- 设计单位　　中国建筑西南设计研究院有限公司
- 主要设计人　刘明非　何伟峰　高庆龙　冯雅
- 本文执笔人　何伟峰
- 获奖等级　　三等奖

作者简介：
何伟峰，高级工程师，2005年毕业于重庆大学建筑环境与设备工程专业；工作单位：中国建筑西南设计院；代表作品：雅砻江流域集控中心大楼、成都金牛万达广场、成都新鸿基ICC B地块、成都金融后台服务中心、阿尔及利亚外交部大楼、四川省人民医院全科医生培养基地等。

一、工程概况

本工程位于成都市双林路二滩公司总部院内，项目分两期建设，一期为雅砻江流域集控中心办公大楼，二期由值班、休息室与食堂以及两栋楼之间的连廊组成，建筑总面积为66851.55m²。

建筑外观图

集控中心大楼为地下2层、地上最高25层，以办公、机房性质为主的综合性建筑。建筑高度为99.9m，属一类高层建筑。地下二层为汽车库，地下一层为汽车库和设备机房。一、二层主要功能为大堂、职工活动、会议等，三、四层主要功能为集控中心机房，五、六层为档案室，其余层均为办公、会议。

值班休息与食堂建筑高度为21.6m，地上5层，地下2层，为多层建筑，地下为汽车库及设备用房。

项目设有集中空调系统、分散式恒温恒湿空调系统、通风系统、防排烟系统、天然气系统。

二、工程设计特点

1. 双层混合式呼吸幕墙结构的应用与自然通风

作为西南地区首个大型呼吸式玻璃幕墙的公共建筑项目，我们研究考察了国内外众多案例，结合成都地区气候特点，在过渡季节如何利用好室外新风自然通风这一问题上进行了专题研究，利用CFD模拟计算，创新地推出了国内第一例混合式呼吸幕墙建筑，即将外呼吸幕墙与内呼吸幕墙的功能结合应用，使呼吸幕墙既可以在腔体内排风将室内废热排出也可以引进室外新风自然通风。

大楼南北向设置内外混合式呼吸双层低辐射

---

① 编者注：该工程设计主要图纸参见随书光盘。

玻璃幕墙，空调季节室内排风经过幕墙夹层，集中排放，以减少围护结构负荷。非空调季节利用幕墙上的特殊构件转换为室外新风直接进入室内，通过建筑内部房间各处高窗的设置，利用风压、热压的作用，进行热交换，以充分利用新风改善室内环境，达到节能目的。

（1）夏季：当外界温度高于设定的室内舒适温度时，排风机开启，将吸收太阳热能的热气流经双层幕墙腔体排到室外。夜晚，室内通风口开启，建筑利用夜间室外新风通风降温，建筑蓄冷，以降低白天空调能耗。

（2）春秋季：当外界温度低于设定的室内舒适温度时，通过特殊构件全部打开通风口，移开夹胶玻璃移门，打开各房间高窗，依靠风压、热压作用，加大新风引入量，降低空调使用率，以利于节能。

（3）冬季：有太阳辐射时，所有风口关闭，腔体的蓄热节省空调能耗，无太阳辐射时，排风机开启，室内热空气通过流经双层幕墙腔体排到室外，降低空调能耗。

本项目双层混合式呼吸幕墙的设计，满足了建筑立面的需求（曲线设计不能开窗），节约了空调系统能耗，在过渡季节有效地利用了室外新风，同时，也解决了室外环境的隔声、尽量减小"光污染"等问题。

2. 控制中心双冷源设计，确保机房恒温恒湿

雅砻江流域集控中心的主机室、计算机房、网络机房等全年、全天不间断使用，由于主机室内设备发热量大、负荷复杂，在设计中与工艺充分配合，准确计算设计负荷，本项目设置若干双冷源的恒温恒湿空调机，夏季采用集中空调冷源，其他季节采用风冷冷凝器的备用系统，使任意一台设备的检修均不会影响到机房的恒温恒湿要求，且能效比最大化。

3. 优化冷热源方案，设置能源管理系统，降低空调运行能耗

项目在全年动态能耗计算分析的基础上优化冷热源的选择，确保冷冻机在最大能效比状态下满足各季节、各时段负荷，按此原则配备冷冻机。冷冻水泵、热水泵均为变频泵。冷冻站设置机房能源自动管理系统，大大降低了空调能耗。

4. 与建筑专业立面充分协调，实现全新风运行

在不影响外立面的前提下，使所有全空气系统实现过渡季节全新风运行，最大限度利用室外新风，以节约能源。

三、设计参数及空调冷热负荷

1. 室外计算参数（见表1）

室外计算参数		表 1
夏季	空调计算干球温度	31.6℃
	空调计算湿球温度	26.7℃
	空调计算日平均温度	28℃
	通风计算温度	29℃
	平均风速	1.1m/s
	大气压力	947.7hPa
冬季	空调计算干球温度	1℃
	通风计算温度	6℃
	空调计算相对湿度	80%
	平均风速	0.9m/s
	大气压力	963.2hPa

2. 室内设计参数（见表2）

名称	夏季		冬季		新风量标准 $[m^3/(h \cdot p)]$	噪声标准 $[dB(A)]$
	温度（℃）	相对湿度（%）	温度（℃）	相对湿度（%）		
办公室、值班室	25	<65	20	>35	30	<45
会议室、培训教室	25	<65	20	>35	30	<50
大堂、参观大厅	27	<65	18	>35	10	<55
职工活动、棋牌室	25	<65	20	>35	30	<50
通信机房室	24±2	55±10	20±2	55±10	30	<55
二次计算机房	23±2	55±10	20±2	55±10	30	<55
数据中心机房	25±2	55±10	18±2	55±10	30	<55
档案室	26±2	55±10	20±2	55±10	30	<55

3. 空调冷热负荷

该工程采用集中空调，一、二期工程的空调总负荷：逐时计算总冷量为5100kW，总热量为3300kW。建筑面积冷负荷指标：$80W/m^2$，热负荷指标$52W/m^2$。

四、空调冷热源及设备选择

本大楼一、二期工程空调系统设置一个冷、热源中心。该中心设置在集控中心大楼地下一层。夏季空调冷水由水冷式螺杆机组供给，冷冻水供/回水温度为 7℃/12℃；冬季空调热水由燃气型热水机组提供，供/回水温度为 60℃/50℃。

本楼负荷特点是白天办公为集中负荷时段，夜间宿舍、办公室加班、档案库、集控机房及其值班室有部分负荷。按此负荷特点，为确保白天及夜间空调系统的正常运行，确定本设计冷水机组采用 4 台水冷式螺杆机组的配置，每台制冷量为 1336kW（380TR），该机组冷量应在 10%～100% 负荷间无级调节。

热水机组采用两台燃气型真空热水机组，为间接式，内置热交换器，每台制热量为 1740kW，燃料为天然气，每台机组最大耗气量为 182Nm³/h。

五、空调系统形式

1. 空调水系统

空调水系统为一次泵负荷侧变流量两管制闭式循环系统，高位膨胀水箱定压、补水，分为五个环路。空调水质通过设于管道上的水过滤器及全程水处理器处理。

空调水系统设计为垂直异程、水平同程式，水力平衡问题由设置在水平支管上的平衡阀解决。

2. 空调方式及气流组织

大堂、大会议厅、集控机房、档案库等区域均采用全空气系统空调，其中大会议厅为双风机系统，其余均为单风机系统。空调机房就近设置，空气处理机组采用柜式或组合式空调机组。

大堂的高度较高，其气流组织形式为旋流风口上送风，以解决冬季空调热风下送困难的问题，上部集中回风。其余全空气系统气流组织形式采用上部均匀送风、上部集中回风的方式。

办公、会议等均采用风机盘管加新风的空调方式。新风机设置在机房内。

对于一～四层内区办公室，为防止冬季出现过热现象，将该部分新风系统独立设置，以利用室外新风降低室内温度。

二层通信机房、三层二次通信及电源室、三层二次计算机房按建设方要求全年供冷，设置恒温恒湿空调机组，恒温恒湿空调机组设置双冷源，夏季由集中空调冷源提供冷水，其他季节由机组完成制冷，其风冷冷凝器设置在屋面。该部分空调气流组织形式除二层通信机房室为下送上回外，其余均为上送上回。

五～六层档案室按建设方要求设置恒温恒湿空调机组，冷热源由集中空调冷热源供给，气流组织形式为上送、集中回。

六、通风、防排烟及空调自控设计

1. 通风系统设计

主楼外围护结构采用呼吸式玻璃幕墙，空调季节室内的排风通过呼吸幕墙的夹层后集中排至室外，减少围护结构负荷。非空调季节利用幕墙上的特殊构件转换为室外新风直接进入室内，以充分利用新风改善室内环境。

内区房间设置独立的机械排风系统和新风系统，过渡季及冬季尽量利用新风满足室内舒适要求。

项目各设备用房、卫生间、厨房、车库等均设置机械排风系统，有自然进风的采用自然进风，无条件的采用机械进风。

2. 防排烟系统设计

本工程防排烟系统按照《高层民用建筑设计防火规范》设计，满足当时的国家规范及各项规定的要求。

3. 空调系统的监测与控制

为方便运行管理、节省能源，对空调系统实施中央监控，冷热源站房设置能源管理系统。控制和检测的内容包括：系统的运行管理、主要冷热源及空调设备的启停机、负荷调节及工况转换、设备的自动保护、故障诊断、远程室内热环境监测等。

七、心得与体会

暖通空调设计通过以上手段，致力于使本项目真正成为一个"节能"、"绿色"的生态办公楼，通过两年多的实际运行以及甲方反馈信息，进行了部分数据测试，并得出统计结果。大楼每年的单位面积的年能耗指标在 94kWh/(m² · a) 左右，与夏热冬冷地区调度机房类办公建筑的能耗水平一般在 110kWh/(m² · a) 左右相比较，有一定幅度的降低，每年节约建筑用电量 110 万 kWh，每年可节约运行费用约 86 万元，2013～2015 年累计节省运行费用约 258 万元。

项目基本达到了最初的设计目标，满足甲方对室内环境的要求以及节能的要求，得到了甲方和有关方的一致好评和充分肯定。

舟曲县党政机关统办楼①

作者简介：

杜学丽，工程师，2009 年毕业于西安建筑科技大学供热、供燃气通风空调工程专业；工作单位：甘肃省建筑设计院研究院；代表作品：陇南市灾后重建项目、舟曲 8.8 特大泥石流灾后重建项目、甘肃省残疾人综合服务基地、兰州市食品药品检验所实验楼项目等。

- 建设地点　　甘肃省舟曲县
- 设计时间　　2011 年 2～10 月
- 竣工日期　　2013 年 8 月
- 设计单位　　甘肃省建筑设计研究院
- 主要设计人　杜学丽　祁跃利　毛明强　王克勤
- 本文执笔人　杜学丽
- 获奖等级　　三等奖

一、工程概况

舟曲县位于甘肃省南部、甘南藏族自治州东南部、白龙江上游，地理坐标为东经 $103°51'30''\sim$ $104°45'30''$、北纬 $33°13'\sim34°01'$。

舟曲全县受地形影响，气候垂直变化明显，表现为大陆性气候与海洋性气候综合型的影响。四季不明显，但各有特征。春季气温稳定回升，降雨偏少，日照时数适中，时有春旱发生。夏季暖而无酷热，降水量增加不多，日照适中，灾害性天气较多。伏旱、冰雹危害严重，且偶有大暴雨造成山洪。秋季温凉多阴雨，多在十月上中旬有持续的降温过程，影响日照，易产生低温连阴雨天气。冬季降雪少，易成冬干，造成来年春旱。气候总的特点是：垂直气候显著，南北水域气候水平差异明显，冬无严寒，夏无酷暑，春温回升较快，秋季温凉阴雨。年日照时数为 1842.4h，占可照时数的 42％。年平均气温 13.5℃，历年极端最高气温为 35.2℃，最低气温为 −10.2℃。

舟曲县党政机关统办楼工程场地分为南北两块台地，高差约 4.5m。北侧较低场地沿街布置办公楼，南侧较高场地沿街布置办公楼，并在南侧中间布置会议中心。北侧及东西两侧底层架空作为停车场及设备用房。该工程总用地面积：14120m²（合 1.412hm²），总建筑面积：18002.42m²，其中办公业务用房（包括本楼内设备用房及架空停车

场），建筑面积：16405.41m²；会议中心（包括本楼内设备用房），建筑面积：1597.01m²，容积率：1.275。

建筑外观图

二、工程设计特点

（1）水源热泵较锅炉供热具有更加节能、环保和日常运行费用较低的明显优势，供冷效率比其他供冷设备高 30％以上。该项目可以有效地利用低品位的地下水能源，同时使用少量高品位的二次能源，大大减少温室气体 CO_2 和其他燃烧产生的污染物排放，是一种可持续发展的建筑节能新技术。其缺点是前期一次性投资较大，需要采用可靠的回灌措施，确保置换冷量或热量后的地下水全部回灌到同一含水层，并不得对地下水资

① 编者注：该工程设计主要图纸参见随书光盘。

源造成浪费及污染。系统投入运行后，对抽水量、回灌量及其水质进行定期监测。

（2）作为地源热泵工程项目，本工程前期调研充分，严格遵守《地源热泵系统工程技术规范》GB 50366—2005开展工作，对水质进行化验分析，通过抽水及回灌试验，确定单井抽水及回灌量。

（3）本项目属于舟曲8.8特大泥石流灾后重建项目，舟曲地处长江以北地区，属于夏热冬冷地区，舟曲办公楼夏季需要空调制冷，冬季需要进行供暖。针对舟曲县的气候特点，结合建筑场地的地质条件，该项目暖通专业设计了中央空调

三、设计参数及空调冷热负荷

1. 室外计算参数

夏季：空调室外计算干球温度：31.2℃，空调室外计算湿球温度：23.6℃，通风室外计算温度：28℃，大气压力：88.31kPa，室外风速1.8m/s；

冬季：空调室外计算干球温度：−2℃，空调室外计算相对湿度：58%，通风室外计算温度：3℃，大气压力：89.38kPa，室外风速：1.1m/s。

2. 室内设计参数（见表1）

室内设计参数　表1

房间	夏季			冬季			新风量 [m³/(h·p)]	室内噪声 [dB(A)]	备注
	室内温度（℃）	相对湿度（%）	风速（m/s）	室内温度（℃）	相对湿度（%）	风速（m/s）			
办公、会议、报告厅、指挥中心、接待室、打字复印室等	27	≤65	≤0.30	20	≥40	≤0.20	30	45	集中空调
门厅、政务大厅、休息厅	28	≤60	≤0.30	18	—	≤0.30	—	60	集中空调

3. 冷热负荷

本工程空调总冷负荷为1915kW，其中办公冷负荷为1610kW，冷负荷指标为100W/m²，报告厅及指挥中心冷负荷为305kW，冷负荷指标为160W/m²；空调总热负荷为1261kW，其中办公热负荷为1061kW，热负荷指标为67W/m²，报告厅及指挥中心热负荷为200kW，热负荷指标为120W/m²；冷热负荷均包括新风负荷。

四、空调冷热源及设备选择

舟曲地处长江以北地区，属于夏热冬冷地区，舟曲办公楼夏季需要空调制冷，冬季需要供暖。本工程在冷热源选择上进行了方案对比。首先，舟曲县没有规划集中供热管网，采用冬季集中供热＋夏季电制冷的冷水机组的方案无法实施；其次，舟曲县没有天然气管道敷设，燃煤锅炉污染比较严重，采用燃煤锅炉＋冷水机组的方案也是不提倡的；第三，采用VRV空调系统的优点在于操作性与舒适度比较好，但其一次性投资很高，该项目属于国家投资项目，投资过高，超过投资预算。

舟曲县地下水资源丰富，由建设单位委托的具有水文地质勘察资质的公司，对工程厂区的水文地质条件进行了勘察，勘察结果为地下水充足，该项目可以采用地下水作为空调系统的冷热源。

本工程空调系统冷、热源由水源热泵机组提供，水源热泵机组设于标高0.000处热泵机房内，选用两台PSRHH2402型水源螺杆热泵式机组，工作压力1.0Pa，制冷工况时冷水参数为12℃/7℃，冷却水（井水）进/出口温度为18℃/29℃；制热工况时热水参数为55℃/50℃，蒸发器（井水）进/出口温度为15℃/7℃，作为办公楼的冷热源。空调冷热水系统由变频定压柜控制。水源热泵机房设三台供暖循环泵，两用一备，配变频控制。设补水泵两台，一用一备。定压采用变频定压控制柜。补水采用软化水，选用一台自动软水器，自来水经软化后进入软化水箱。

本次冷热源设计内容只包括热泵机房工艺设计，水源井部分由甲方另行委托了具有水文地质勘察资质的公司进行设计。

五、空调系统形式

1. 空调风系统

该工程办公室、会议室等办公用房均采用风

机盘管加新风系统，气流组织为上送上回，新风经空气处理机组独立处理后经散流器送入室内。报告厅空调采用一次回风全空气空调系统，空调机选用带热回收的组合式空调机组，通风方式为旋流风口上送风，集中下回风。防灾减灾指挥中心空调采用一次回风全空气空调系统，空调机选用带热回收的组合式空调机组，通风方式为旋流风口上送风，集中下回风。

2. 空调水系统

空调水系统采用两管制异程式，一次泵变流量闭式机械循环系统，为两管制。冷、热水管道冬、夏手动切换。考虑到空调机组、风机盘管及新风机组的水压降不同，空调机组、风机盘管及新风机组分别设置了供、回水干管，便于调节。竖向均采用异程布置，下供下回。风机盘管及新风机组冷热水管道水平环路均采用同程式布置，敷设于各层吊顶内。

六、通风、防排烟及空调自控设计

1. 通风设计

该项目的相关设备用房均设计了符合国家相关设计规范要求的通风系统，另外水源热泵机房还设计了事故通风系统。

2. 防排烟设计

报告厅设计了机械排烟系统，排烟量按 $60m^3/(m^2 \cdot h)$ 计算，排烟风机选用一台消防高温排烟风机，排烟风机设于标高 12.3m 的风机房。排烟口选用多叶排烟口，火灾时由消控中心控制或手动开启着火层排烟口，并联锁排烟风机开启。报告厅门厅设机械排烟系统，排烟量按 $6h^{-1}$ 换气次数计算。排烟口选用多叶排烟口，火灾时，由消控中心控制或手动开启着火层排烟口，并联锁排烟风机开启。政务大厅设机械排烟系统，排烟量按 $60m^3/(m^2 \cdot h)$ 计算，排烟风机选用一台消防高温排烟风机，排烟风机设于屋面。排烟口选用多叶排烟口，火灾时由消控中心控制或手动开启着火层排烟口，并联锁排烟风机开启。

3. 空调自控设计

（1）空调机房内的所有设备设状态显示及故障报警。冷热水温度、压力、流量等参数记录显示，冷水机组及其相应的冷水泵等开关机顺序控制，冷热水泵设变频控制，根据负荷变化控制水泵流量及运行台数。

（2）回风管上设温、湿度传感器，其所测温、湿度与设定值比较，以控制回水管上的电动两通阀开度，以达到控制室内温、湿度的目的。同时设盘管防冻控制，由盘管出口处设置的防冻开关控制电动两通阀在温度低于设定值时开大并报警。

（3）自动控制根据供水总管和回水总管的温度、流量信号计算实际负荷并控制空调机组及水泵运行台数。

（4）所有新风管上的电动对开多叶调节阀与送风机启动联锁。所有的空气处理机组均设压差检测装置，当压差超过设定值时报警，以防止过滤器堵塞。所有的空气处理机组均设表冷（加热）器表面温度测定装置，以控制电动对开多叶调节阀及电动两通阀，防止冬季表冷（加热）器冻结。

（5）防排烟设备根据消防信号自动运行；空调设备根据消防信号，自动启、停运行。

（6）通风设备根据使用要求，按定时信号运行控制或根据温度信号运行控制。

七、心得与体会

（1）水源热泵较锅炉供热具有更加节能、环保和日常运行费用较低的明显优势，供冷效率比其他供冷设备高 30% 以上。该项目可以有效地利用低品位的地下水能源，同时使用少量高品位的二次能源，大大减少温室气体 CO_2 和其他燃烧产生的污染物排放，是一种可持续发展的建筑节能新技术。

（2）对于地下水资源较丰富的地区进行合理的勘察，在夏热供冷地区利用水源热泵技术作为冬季供暖夏季供冷的方式，COP 值高，可以产生较好的节能效益。

（3）本工程自 2013 年冬季投入使用以来，地下水水质的 pH 为 8.01～8.14，水温全年在 9.5±1℃，满足水源热泵对水质与水温的要求。单井涌水量在 $100m^3/h$ 左右，井水回灌的地质构造为冲洪积砂砾卵石，单位回灌量为 30～50m^3/h，系统运行状况良好。

盛达旅游大厦①

- 建设地点　　兰州市
- 设计时间　　2012 年 4 月～2013 年 6 月
- 竣工日期　　2015 年 6 月
- 设计单位　　甘肃省建筑设计研究院
- 主要设计人　韩小平　赵立新　毛明强
- 本文执笔人　韩小平
- 获奖等级　　三等奖

作者简介：

　　韩小平，高级工程师，1992 年毕业于重庆建筑工程学院；工作单位：甘肃省建筑设计研究院；代表作品：兰州鸿运润园住宅小区，定西市人民医院、兰州重离子医用加速器应用示范区，众邦国贸中心，盛达金城广场项目，中国科学院兰州分院综合办公楼及研究生教育基地综合楼等。

一、工程概况

　　本工程位于兰州市城关区天水中路与农民巷的交汇处，建设用地 3970m²，建筑面积 44575m²，建筑总高度 137.5m，属一类超高层综合楼，建筑耐火等级为一级，结构安全等级为一级，设计使用年限为 50 年。地上 35 层，一～六层裙房为商业，六～三十五层为写字间；地下共 2 层，地下一层为停车库，地下二层为消防水池、变配电室等设备用房。

二、工程设计特点

　　（1）由于管道层设置限制，高区系统（二十九～三十五层）换热器及循环水泵设于十二层避难层内。低区系统直供至二十七层，以充分利用制冷机组的承压能力，提高制冷机组直供的面积，减少高区换热器面积及日常运行费用。

　　（2）为提高一层黄金地段商业使用面积，一、二层商业合用新风系统，新风机组设于二层新风机房，裙房商业部分利用热回收式技术在集中处理新风的同时回收排风系统中的热（冷）量，减少能源消耗。

　　（3）根据地区气候特点，冬夏季新风负荷差距很大，为适应系统运行调节需要，空调机组与风机盘管供、回水立管分别设置，每层风机盘管水系统与立管连接的分支管上设置自力式压差控制阀，风机盘管回水管上设电动两通调节阀。空调机组及新风机组回水管上设动态压差平衡型电动调节阀。

建筑外观图

　　①　编者注：该工程设计主要图纸参见随书光盘。

三、设计参数及空调冷热负荷

1. 室外计算参数（兰州市，见表1）

室外计算参数　　　　表1

参数 季节	空调		通风 计算 温度 （℃）	供暖 计算 温度 （℃）	主导 风向	平均 风速 （m/s）	大气 压力 （kPa）
	干球 温度 （℃）	湿球温度 （℃）/ 相对湿度 （%）					
夏季	31.2	20.1	26.5		C 48% ESE 9%	1.2	84.32
冬季	−11.5	54	−5.3	−9.0	C 74% E 5%	0.5	85.15

2. 室内设计参数（见表2）

室内设计参数　　　　表2

房间名称	夏季		冬季		新风量标准	噪声
	温度 （℃）	相对 湿度 （%）	温度 （℃）	相对 湿度 （%）	[m³/(h·p)]	[dB(A)]
商场	26	50	18	≥30	19	≤50
会议室	26	50	20	≥30	14	≤40
办公室	26	50	20	≥30	30	≤40
门厅大堂	26	50	18	≥30	10	≤50

3. 冷热负荷

本工程夏季空调冷负荷为 3450kW；冬季空调热负荷为 3800kW。

四、空调冷热源及设备选择

该项目室外原有燃气热水锅炉房，冬季提供 85℃/60℃ 低温热水，故冬季采用两台板式换热器供热，单台换热量按总换热量的 65% 选取；空调冷源采用两台高效电动水冷离心式制冷机组，每台额定制冷量 1758kW，总装机制冷量 3516kW，供全楼夏季空调。

五、空调系统形式

空调水系统均采用两管制一次泵变流量系统，高区及低区空调水系统均采用高位膨胀水箱定压，高区膨胀水箱安装于屋面水箱间（标高 144.4m），低区膨胀水箱安装于二十八层（避难层）换热间内。每层风机盘管水系统与立管连接的分支管上设置自力式压差控制阀，风机盘管回水管上设电动两通调节阀。空调机组及新风机组回水管上设动态压差平衡型电动调节阀

一、二层商业采用风机盘管加热回收式新排风系统，热回收机组设于二层新风机房，集中处理新风同时回收排风系统中的热（冷）量。三～六层商业采用热回收型低速定风量一次回风全空气系统，气流组织为方形散流器上送风、格栅风口上部集中回风；办公标准层（七～三十五层）每层设置新风机房，新风经粗、中效过滤、冷却（加热）、加湿后直接送入室内。

六、通风、防排烟及空调自控设计

1. 通风防排烟系统

（1）地下二层水泵房、制冷机房设置机械排风，换气次数为 6h⁻¹。地下二层内走道及戊类库房设置机械排风，排风量按换气次数为 2h⁻¹ 计算。排风系统兼作内走道排烟，安装常闭多叶排烟口，火灾时排烟口自动开启，排风机切换为高速运行进行排烟，同时关闭平时排风支路，排烟量按最大防烟分区面积每平方米 120m³/h 计算，排风机采用双速风机，火灾时自动切换为高速运行。地下二层设置机械送风系统，补充水泵房、制冷机房、戊类库房的排风，同时作为内走道排烟系统的消防补风，补风量大于排烟量的 50%。

（2）变配电室设独立的送、排风系统，通风量按换气次数为 8h⁻¹ 计算。系统形式为上送，上、下各排 50%。送、排风系统总管上设置电动密闭风阀，当气体灭火系统运行时自动关闭，灭火后手动开启阀门及风机利用下部风口进行通风。

（3）地下一层停车库划分为一个防火分区，一个排烟分区，设置独立的机械送、排风系统，排风系统兼作火灾时的排烟系统，排风机采用双速风机，火灾时排风机自动切换为高速运行，排烟时送风机继续运行，补风量大于排烟量的 50%。

（4）防烟楼梯间及其前室、消防电梯合用前室均设机械加压送风系统，送风系统以避难层为界分段设计，加压送风机分别设置于裙房屋面、十二层风机房、二十八层风机房及屋面风机房，系统风量按《高层民用建筑设计防火规范》（2005 年版）的规定选取；避难层（十二层、二十八层）

设置机械加压送风系统，送风量按避难层净面积每平方米不小于 30m³/h 计算。

（5）标准层内走道设置机械排烟，多叶排烟口安装于走道吊顶下方，排烟风机设于屋面风机房，排烟量按最大防烟分区面积每平方米 120m³/h 计算。

2. 空调自控设计

（1）新风机组、组合式空调机组接管上的电动调节阀均与风机联锁控制。同时冬季空调机组、新风机组停机时，电动调节阀应保留 5% 开度，以防加热器冻裂。

（2）所有新风管上的电动对开多叶调节阀与送风机启动联锁。所有的空气处理机组均设压差检测装置，当压差超过设定值时报警，以防止过滤器堵塞。所有的空气处理机组均设表冷（加热）器表面温度测定装置，以控制电动对开多叶调节阀及电动两通阀，防止冬季表冷（加热）器冻结。

（3）送风系统由设于送风管上温、湿度传感器所测温、湿度与设定值比较，以控制回水管及加湿管上的电动两通调节阀的开度，达到控制室内温、湿度的目的。

（4）冷热水供回水总管设旁通电动调节阀及压差控制器，通过压差控制器根据供回水压差变化值与设定值对比来调节旁通电动阀的开度。

七、心得与体会

结合项目的特点及现有的能源条件，选择了最佳的冷热源方案。所有末端设备采用动态平衡比例式调节阀，有效控制了流量分配，避免了系统水力失调，保证空调末端在设计流量范围内正常运行。该建筑自竣工使用以来，空调系统运行平稳，节能效果良好，得到使用方的一致认可与好评。